JN118130

令和４年度版

原子力白書

令和 ５年７月

原子力委員会

本白書は再生紙を使用しております。

令和４年度版原子力白書の公表に当たって

原子力委員会委員長　**上坂　充**

我が国における原子力の研究、開発及び利用は、原子力基本法にのっとり、これを平和の目的に限り、安全の確保を旨とし、民主的な運営の下に自主的に行い、成果を公開し、進んで国際協力に資するという方針の下、将来におけるエネルギー資源を確保し、学術の進歩と産業の振興とを図り、もって人類社会の福祉と国民生活の水準向上に寄与するべく行われています。

原子力委員会では、平成29年７月に決定した「原子力利用に関する基本的考え方」について、原子力を取り巻く環境変化を踏まえて５年を目途に見直し、改定することとしていたことを受け、約１年にわたる有識者等からのヒアリング・議論を通して検討を行い、令和５年２月に改定しました。原子力白書は原子力行政のアーカイブであるとともに、今般改定した「原子力利用に関する基本的考え方」や、原子力委員会による「決定」や「見解」の内容をフォローする役割も担っており、毎年作成することとしています。今回の白書は、おおむね令和４年度の事柄を取りまとめ、広く国民の皆様にご紹介するものです。また、白書全体にわたって、コラムとしてトピックスや注目点を記載しております。

今回は特集として、カーボンニュートラルの実現やエネルギー安全保障の確保などの観点から、世界的に原子力イノベーションに向けた取組が進んでいることを踏まえ、革新炉開発や原子炉の安全研究、廃止措置のための研究、放射線利用等に関する研究などの幅広い分野での原子力に関する研究開発・イノベーションの動向について、社会実装に向けた課題も含めて紹介しました。原子力に関するイノベーションが花開くためには、社会実装に向けた課題なども早い段階から議論の俎上に載せ、透明性・客観性を持って国民からの信頼を確保しつつ、研究機関・産業界が連携して研究開発に取り組むことが求められます。

一方、第211回通常国会においては、原子力基本法等の改正を含む「GX脱炭素電源法」が成立し、原子力については、安全性の確保を大前提とした上で、その活用を進めるための措置が講じられました。我が国の原子力エネルギー利用に際しては、福島の復興・再生が再出発の起点であるということを認識しつつ、国民の信頼を大前提に進めていく必要があります。

原子力白書が、原子力政策の透明性向上に役立つことを期待するとともに、原子力利用に対する国民の理解を深める際の一助となれば幸いです。

目次

[用語集]

[コラム]

はじめに

1　原子力委員会について

我が国の原子力の研究、開発及び利用（以下「原子力利用」という。）は、1955 年 12 月 19 日に制定された原子力基本法（昭和 30 年法律第 186 号）に基づき、厳に平和の目的に限り、安全の確保を前提に、民主、自主、公開の原則の下で開始されました。同法に基づき、原子力委員会は、国の施策を計画的に遂行し、原子力行政の民主的運営を図るため、1956 年 1 月 1 日に設置されました。原子力委員会は、様々な政策課題に関する方針の決定や、関係行政機関の事務の調整等の機能を果たしてきました。

2　原子力委員会の役割の改革

東京電力株式会社福島第一原子力発電所事故（以下「東電福島第一原発事故」という。）を受けて、原子力をめぐる行政庁の体制の再編が行われるとともに、事故により原子力を取り巻く環境が大きく変化しました。これを踏まえ、「原子力委員会の在り方見直しのための有識者会議」が 2013 年 7 月に設置され、原子力委員会の役割についても抜本的な見直しが行われ、2014 年 6 月に原子力委員会設置法が改正されました。

その結果、原子力委員会は、関係組織からの中立性を確保しつつ、平和利用の確保等の原子力利用に関する重要事項にその機能の主軸を移すこととなりました。その上で、原子力委員会は、原子力に関する諸課題の管理、運営の視点に重点を置きつつ、原子力利用の理念となる分野横断的な基本的な考え方を定めながら、我が国の原子力利用の方向性を示す「羅針盤」として役割を果たしていくこととなりました。

求められる役割を踏まえ、2014 年 12 月に新たな原子力委員会が発足し、2022 年度末時点で、上坂充委員長、佐野利男委員、岡田往子委員の 3 名で活動をしています。また、2022 年 9 月からは青砥紀身参与、畑澤順参与の 2 名が、専門性に応じて会務に参画しています。新たな原子力委員会では、東電福島第一原発事故の発生を防ぐことができなかったことを真摯に反省し、その教訓を生かしていくとともに、より高い見地から、国民の便益や負担の視点を重視しつつ、原子力利用全体を見渡し、専門的見地や国際的教訓等に基づき、課題を指摘し、解決策を提案し、その取組状況を確認していくといった活動を行っています。

3　「原子力利用に関する基本的考え方」の策定

このような役割に鑑み、原子力委員会では、かつて策定してきた「原子力の研究、開発及び利用に関する長期計画」や「原子力政策大綱」のような網羅的かつ詳細な計画を策定しないものの、今後の原子力政策について政府としての長期的な方向性を示す羅針盤となる「原子力利用に関する基本的考え方」を策定することとしました。

新たな原子力委員会が発足して以降、東電福島第一原発事故及びその影響や、原子力を取り巻く環境変化、国内外の動向等について、有識者から広範に意見を聴取するとともに、意見交換を行い、これらの活動等を通じて国民の原子力に対する不信・不安の払拭に努め、信頼を得られるよう検討を進め、その中で様々な価値観や立場からの幅広い意見があったことを真摯に受け止めつつ、2017 年 7 月 20 日に「原子力利用に関する基本的考え方」を策定しました。さらに、翌 21 日の閣議において、政府として同考え方を尊重する旨が閣議決定されました。

4　「原子力利用に関する基本的考え方」の改定

2017 年に策定された「原子力利用に関する基本的考え方」では、「今日も含め原子力を取り巻く環境は常に大きく変化していくこと等も踏まえ、『原子力利用に関する基本的考え方』も 5 年を目途に適宜見直し、改定するものとする。」としており、原子力委員会において 2021 年 11 月に改定に向けた検討を開始することを公表後、2022 年 1 月からヒアリングや議論などを 1 年にわたって実施し、2023 年 2 月 20 日に改定しました。さらに、2 月 28 日に同考え方を政府として尊重する旨が閣議決定されました。

改定された「原子力利用に関する基本的考え方」（以下「基本的考え方」という。）は、ロシアによるウクライナ侵略などによるエネルギー安定供給不安や地政学リスクの高まり、カーボンニュートラル実現に向けた動きの拡大などの原子力を取り巻く環境変化を踏まえたものとなっています。また、2022 年 8 月に開催された GX[1]実行会議において、原子力に関する政治決断を要する事項（①再稼働への関係者の総力結集、②運転期間の延長など既設原発の最大限活用、③新たな安全メカニズムを組み込んだ次世代革新炉の開発・建設、④再処理・廃炉・最終処分のプロセス加速化）が提示されたことを踏まえ、原子力委員会としても、これら事項について政府全体の検討の動きもフォローしながら議論を進めた上での改定となりました。改定に向けては、2022 年 10 月 28 日に、5 年ぶりとなる原子力規制委員会と原子力委員会の意見交換会も公開で行われたほか、1 か月間の意見公募も実施し、寄せられた御意見（のべ 2,036 件）に対する原子力委員会の考え方について、2 回にわたり公開の委員会の場で議論し、御意見も踏まえたとりまとめが行われました。また、GX 実行会議を経て 2023 年 2 月 10 日に閣議決定された「GX 実現に向けた基本方針」や 2023 年 4 月 28 日の原子力関係閣僚会議で決定された「今後の原子力政策の方向性と行動指針」は「基本的考え方」の内容に整合的なものとなっております。

また、「基本的考え方」には、2017 年の策定以降に原子力委員会で決定した「我が国におけるプルトニウム利用の基本的な考え方」や「低レベル放射性廃棄物等の処理・処分に関する考え方について（見解）」、「医療用等ラジオアイソトープ製造・利用推進アクションプラン」などで示された考え方や目標などが盛り込まれています。

---

[1] Green Transformation

「原子力利用に関する基本的考え方」ポイント

1．基本的考え方について　及び　改定の背景

- 今後の原子力政策について**政府としての長期的方向性を示す羅針盤**となるものであり、**原子力利用の基本目標と各目標に関する重点的取組を定めている。**
- **平成29年（2017年）7月**に「原子力利用に関する基本的考え方」を**原子力委員会で決定、政府として尊重する旨閣議決定。**
- 「今日を含め原子力を取り巻く環境は常に大きく変化していくこと等も踏まえ、『原子力利用に関する基本的考え方』も**5年を目途に適宜見直し、改定するもの**とする。」との見直し規定があり、**令和3年11月には、改定に向けた検討を開始することについて原子力委員会にて公表**し、以来、有識者へのヒアリングと検討を重ね、**令和5年2月20日に原子力委員会で改定し、2月28日に閣議にて、政府として尊重する旨、決定された。**

2．本基本的考え方の理念

原子力利用について：

- **原子力はエネルギーとしての利用のみならず、工業、医療、農業分野における放射線利用など、幅広い分野において人類の発展に貢献しうる。**
- **エネルギー安全保障やカーボンニュートラルの達成に向けあらゆる選択肢を追求する観点から、原子力エネルギーの活用は我が国にとって重要。**
- **一方で、使い方を誤ると核兵器への転用や甚大な原子力災害をもたらし得ることを常に意識することが必要。**

⇒原子力のプラス面、マイナス面を正しく認識した上で、安全面での最大限の注意を払いつつ、原子力を賢く利用することが重要となる。

3．原子力を取り巻く現状と環境変化

- エネルギー安定供給不安/地政学リスクの高まり
- カーボンニュートラルに向けた動きの拡大
- 世界的な革新炉の開発・建設/既設原発の運転期間延長
- 原子力エネルギー事業の予見性の低下
- テロや軍事的脅威に対する原子力施設の安全性確保の再認識
- 非エネルギー分野での放射線利用拡大
- 経済安全保障の意識の高まり
- ジェンダーバランス等、多様性の確保の重要性増加

4．今後の重点的取組について

- **「安全神話」から決別し、安全性の確保が大前提という方針の下、安定的な原子力エネルギー利用を図る。その際、円滑な事業を進めるための環境整備に加え、放射性廃棄物処理・処分に係る課題や革新炉の開発・建設の検討等に伴って出てくる新たな課題等に目を背けることなく、国民と丁寧にコミュニケーションを図りつつ、国・業界それぞれの役割を果たす。**
- **原子力エネルギー利用のみならず、非エネルギー利用含め、原子力利用の基盤たるサプライチェーン・人材の維持強化を国・業界が一体となって取り組む。**

① 東電福島第一原発事故の反省と教訓
- 福島の着実な復興・再生
- ゼロリスクはないとの認識の下での継続的な安全性向上への取組・業務体制の確立・安全文化の醸成・防災対応の強化
- 国及び事業者による避難計画の策定支援等を通した住民の安全・安心の確保
- 原子力損害賠償の在り方についての慎重な検討

② エネルギー安定供給やカーボンニュートラルに資する原子力利用
- 原発事業の予見性の改善に向けた取組
- 既設原発の再稼働
- 効率的な安全確認
- 原発の長期運転
- 革新炉の開発・建設
- 安定的な核燃料サイクルに向けた取組
- 使用済燃料の貯蔵能力拡大

③ 国際潮流を踏まえた国内外での取組
- グローバル・スタンダードのフォローアップ
- グローバル人材・スタンダード形成への我が国の貢献
- 価値を共有する同志国政府や産業界間での、信頼性の高い原子力サプライチェーンの共同構築に向けた戦略的パートナーシップ構築

④ 原子力の平和利用及び核不拡散・核セキュリティ等の確保
- プルトニウムバランスの確保
- テロや軍事的脅威に対する課題への対応
- IAEA等と連携したウクライナ支援

⑤ 国民からの信頼回復
- ルール違反を起こさず、不都合な情報も隠蔽しない
- 専門的知見の橋渡し人材の育成

⑥ 国の関与の下での廃止措置及び放射性廃棄物の対応
- 今後本格化が見込まれる原発の廃止措置に必要な体制整備
- 処分方法等が決まっていない放射性廃棄物の対応
- 国が前面に立った高レベル放射性廃棄物対応

⑦ 放射線・ラジオアイソトープ(RI)の利用の展開
- 「医療用等ラジオアイソトープ製造・利用推進アクションプラン」の取組（重要RIの国内製造・安定供給等）
- 社会基盤維持・向上等に貢献しているという認知拡大及び工業等の様々な分野における利用の可能性拡大

⑧ イノベーションの創出に向けた取組
- 民間企業の活力発揮に資するなど成果を社会に還元する研究開発機関の役割
- 原子力イノベーションに向けた強力な国の支援
- サプライチェーン・技術基盤の維持・強化、多様化

⑨ 人材育成の強化
- 異分野・異文化の多種多様な人材交流・連携
- 産業界のニーズに応じた産学官の人材育成体制拡充
- 若手・女性、専門分野を問わず人材の多様性確保/次世代教育

「原子力利用に関する基本的考え方」改定において踏まえた主な環境変化

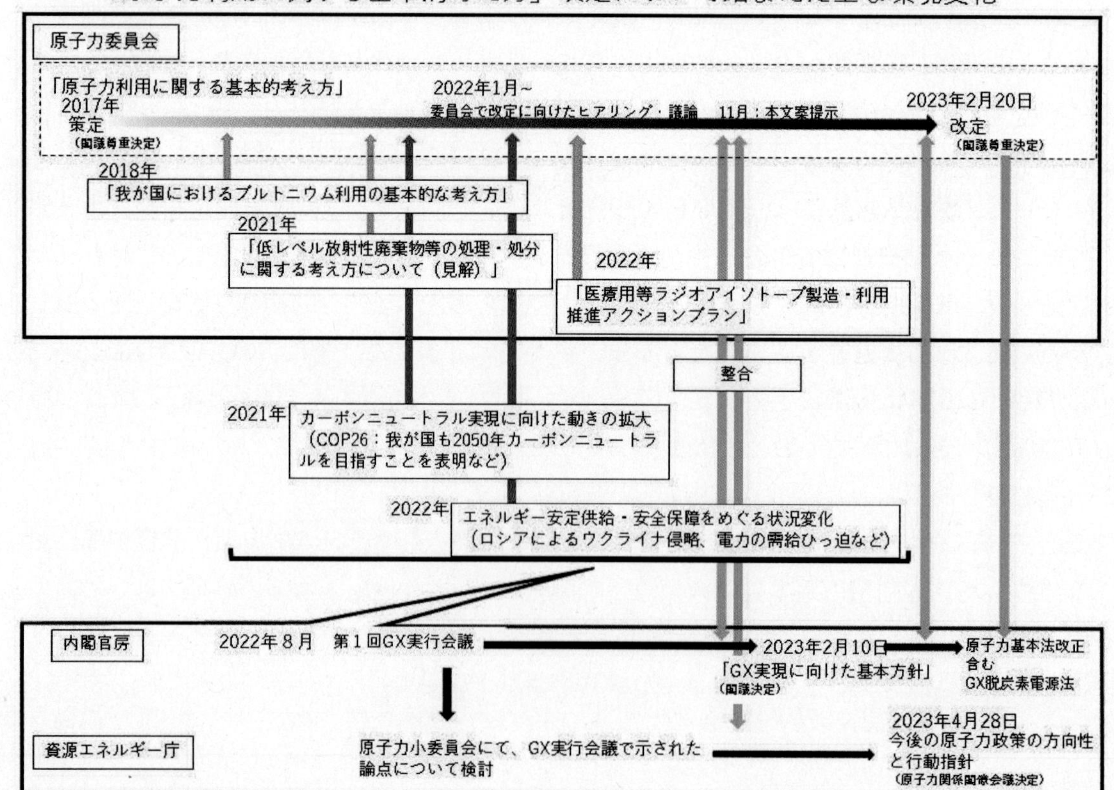

（出典）内閣府作成

5　「原子力基本法」の改正を含む「脱炭素社会の実現に向けた電気供給体制の確立を図るための電気事業法等の一部を改正する法律」の成立

「GX 実現に向けた基本方針」や「基本的考え方」等を踏まえ、第 211 回通常国会において、「脱炭素社会の実現に向けた電気供給体制の確立を図るための電気事業法等の一部を改正する法律」が成立し、脱炭素電源の利用促進を図りつつ、電気の安定供給を確保する観点から、地域と共生した再生可能エネルギーの最大限の導入拡大支援として、再生可能エネルギー導入に資する系統整備のための環境整備や、既存再生可能エネルギーの最大限の活用のための追加投資促進、地域との共生に向けた事業規律の強化といった措置のほか、原子力については、安全性の確保を大前提とした上で、その活用を進めるための措置が講じられました。

具体的には、まず、「原子力基本法」の改正においては、

○国及び原子力事業者が安全神話に陥り、東電福島第一原発事故を防止することができなかったことを真摯に反省した上で、原子力事故の発生を常に想定し、その防止に向けて最大限努力すること

○国は、電気の安定供給の確保、カーボンニュートラルの実現、エネルギー供給の自律性向上に資するよう、必要な措置を講ずる責務を有すること

○原子力事業者は、原子力事故の発生の防止や核物質防護のために必要な措置を講じるとともに、原子力事故に対処するための防災の態勢を充実強化する責務を有すること

を新たに規定するなど、エネルギーとしての原子力利用に係る原則が明確化されました。

また、「電気事業法」（昭和 39 年法律第 170 号）の改正においては、利用政策の観点から、発電用原子炉の運転期間に係る規律として、実質的な運転期間は「60 年」に制限するという現行の枠組みは維持した上で、①脱炭素電源の利用促進を図りつつ、電気の安定供給の確保に資すること、②自主的安全性向上や防災対策に係る態勢の不断の見直し等に事業者が取り組むことが見込まれる等の基準に適合する場合には、経済産業大臣の認可を受けて、東日本大震災以降の法制度の変更など、事業者から見て他律的な要素によって停止していた期間に限り、運転期間のカウントから除外することを認める仕組みが措置されました。

さらに、こうした電気事業法の改正に対応して、「核原料物質、核燃料物質及び原子炉の規制に関する法律」（昭和 32 年法律第 166 号）においては、運転期間に係る規定を削除した上で、高経年化した原子炉に対する規制の厳格化として、原子力事業者に対して、①運転開始から 30 年を超えて、その発電用原子炉を運転しようとする場合、10 年以内毎に、設備の劣化に関する技術的評価を行うこと、②その結果に基づき長期施設管理計画を作成し、原子力規制委員会の認可を受けることが、新たに義務付けられました。

加えて、「原子力発電における使用済燃料の再処理等の実施に関する法律」（平成17年法律第48号）においては、今後、国内の廃炉が本格化することを踏まえ、使用済燃料再処理機構（NuRO[2]）の業務への廃炉推進業務の追加や、原子力事業者に対するNuROへの廃炉拠出金の拠出の義務付けなど、円滑かつ着実な廃炉を推進するための仕組みが措置されました。

脱炭素社会の実現に向けた電気供給体制の確立を図るための
電気事業法等(※)の一部を改正する法律【GX脱炭素電源法】の概要（2023年５月成立）

※電気事業法、再生可能エネルギー電気の利用の促進に関する特別措置法（再エネ特措法）、原子力基本法、核原料物質、核燃料物質及び原子炉の規制に関する法律（炉規法）、原子力発電における使用済燃料の再処理等の実施に関する法律（再処理法）

背景・法律の概要

✓ ロシアのウクライナ侵略に起因する国際エネルギー市場の混乱や国内における電力需給ひっ迫等への対応に加え、グリーン・トランスフォーメーション（GX）が求められる中、脱炭素電源の利用促進を図りつつ、電気の安定供給を確保するための制度整備が必要。

✓ 本年2月10日(金)に閣議決定された「GX実現に向けた基本方針」に基づき、(1)地域と共生した再エネの最大限の導入促進、(2)安全確保を大前提とした原子力の活用に向け、所要の関連法を改正。

（１）地域と共生した再エネの最大限の導入拡大支援
（電気事業法、再エネ特措法）

① 再エネ導入に資する系統整備のための環境整備（電気事業法・再エネ特措法）
- 電気の安定供給の確保の観点から特に重要な送電線の整備計画を、経済産業大臣が認定する制度を新設
- 認定を受けた整備計画のうち、再エネの利用の促進に資するものについては、従来の運転開始後に加え、工事に着手した段階から系統交付金（再エネ賦課金）を交付
- 電力広域的運営推進機関の業務に、認定を受けた整備計画に係る送電線の整備に向けた貸付業務を追加

② 既存再エネの最大限の活用のための追加投資促進（再エネ特措法）
- 太陽光発電設備に係る早期の追加投資（更新・増設）を促すため、地域共生や円滑な廃棄を前提に、追加投資部分に、既設部分と区別した新たな買取価格を適用する制度を新設

③ 地域と共生した再エネ導入のための事業規律強化（再エネ特措法）
- 関係法令等の違反事業者に、FIT/FIPの国民負担による支援を一時留保する措置を導入
  違反が解消された場合は、相当額の取り戻しを認めることで、事業者の早期改善を促進する一方、違反が解消されなかった場合は、FIT/FIPの国民負担による支援額の返還命令を新たに措置
- 認定要件として、事業内容を周辺地域に対して事前周知することを追加（事業譲渡にも適用）
- 委託先事業者に対する監督義務を課し、委託先を含め関係法令遵守等を徹底

※１ 災害の危険性に直接影響を及ぼしうるような土地開発に関わる許認可（林地開発許可等）については、認定申請前の取得を求める等の対応も省令で措置。

（２）安全確保を大前提とした原子力の活用/廃炉の推進
（原子力基本法、炉規法、電気事業法、再処理法）

① 原子力発電の利用に係る原則の明確化（原子力基本法）
- 安全を最優先とすること、原子力利用の価値を明確化（安定供給、GXへの貢献等）
- 国・事業者の責務の明確化（廃炉・最終処分等のバックエンドのプロセス加速化、自主的安全性向上・防災対策等）

② 高経年化した原子炉に対する規制の厳格化（炉規法）
- 原子力事業者に対して、①運転開始から30年を超えて運転しようとする場合、10年以内毎に、設備の劣化に関する技術的評価を行うこと、②その結果に基づき長期施設管理計画を作成し、原子力規制委員会の認可を受けることを新たに法律で義務付け

③ 原子力発電の運転期間に関する規律の整備（電気事業法）
- 運転期間は40年とし、ⅰ)安定供給確保、ⅱ)GXへの貢献、ⅲ)自主的安全性向上や防災対策の不断の改善 について経済産業大臣の認可を受けた場合に限り延長を認める
- 延長期間は20年を基礎として、原子力事業者が予見し難い事由（安全規制に係る制度・運用の変更、仮処分命令 等）による停止期間（α）を考慮した期間に限定する　※原子力規制委員会による安全性確認が大前提

④ 円滑かつ着実な廃炉の推進（再処理法）
- 今後の廃炉の本格化に対応するため、使用済燃料再処理機構（NuRO(※)）に
  ⅰ)全国の廃炉の総合的調整、ⅱ)研究開発や設備調達等の共同実施、ⅲ)廃炉に必要な資金管理 等 の業務を追加
  （※） Nuclear Reprocessing Organization of Japan の略
- 原子力事業者に対して、NuROへの廃炉拠出金の拠出を義務付ける

※２ 炉規法については、平成29年改正により追加された同法第78条第25号の２の規定について同改正において併せて手当する必要があった所要の規定の整備を行う。
※３ 再処理法については、法律名を「原子力発電における使用済燃料の再処理等の実施に関する法律」から「原子力発電における使用済燃料の再処理等の実施及び廃炉の推進に関する法律」に改める。

(出典)内閣官房国会提出法案(第211回通常国会)「脱炭素社会の実現に向けた電気供給体制の確立を図るための電気事業法等の一部を改正する法律案」(2023年)に基づき作成

[2] Nuclear Reprocessing Organization of Japan

6　原子力白書の発刊

原子力委員会が設置されて以来、原子力白書を継続的に発刊してきましたが、東電福島第一原発事故の対応及びその後の原子力委員会の見直しの議論と新委員会の立ち上げを行う中で、約7年間休刊しました。新たな原子力委員会では、我が国の原子力利用に関する現状及び取組の全体像について国民の方々に説明責任を果たしていくことの重要性を踏まえ、原子力白書の発刊を再開することとしました。令和4年度版原子力白書は、2017年の発刊再開後、7回目の発刊となります。

原子力白書では、特集として、年度毎に原子力分野に関連したテーマを設定し、国内外の取組の分析と得られた教訓等を紹介しています。令和4年度版原子力白書の特集では、原子力に関する研究開発・イノベーションについて、原子力委員会としてのメッセージをまとめています。

第1章以降では、「基本的考え方」において示した基本目標に関する取組状況のフォローアップとして、同考え方の構成に基づき、福島の着実な復興・再生の推進、事故の教訓を真摯に受け止めた安全性向上や安全文化確立に向けた取組、環境や経済等への影響を踏まえた原子力のエネルギー利用、核燃料サイクル、国際連携、平和利用の担保、核セキュリティの確保、核軍縮・核不拡散体制、信頼回復に向けた情報発信やコミュニケーション、東電福島第一原発等の廃止措置、放射性廃棄物の処理・処分、放射線・放射性同位元素の利用、研究開発・原子力イノベーションの推進、人材育成といった原子力利用全体の現状や継続的な取組等の進捗について俯瞰的に説明しています。

なお、本書では、原則として2023年3月までの取組等を記載しています。ただし、一部の重要な事項については、2023年7月までの取組等も記載しています。

今後も継続的に原子力白書を発行し、我が国の原子力に関する現状及び国の取組等について国民に対し説明責任を果たしていくとともに、原子力白書や原子力委員会の活動を通じて、「基本的考え方」で指摘した事項に関する原子力関連機関の取組状況について原子力委員会自らが確認し、専門的見地や国際的教訓等を踏まえつつ指摘を行うなど、必要な役割を果たせるよう努めてまいります。

特集 原子力に関する研究開発・イノベーションの動向

<概要>

原子力イノベーションに向けた取組が世界的に進み、我が国でもグリーン成長戦略やGX[1]実現に向けた基本方針にて原子力の研究開発に焦点が当たっている。その流れを受け、白書では、革新炉開発や原子炉の安全研究、廃止措置のための研究、原子力エネルギー分野以外での放射線利用等に関する研究などの幅広い分野の最新動向について、全体像と注目すべきトピック（技術面や実装面でのブレークスルー等）の両面から紹介します。

1. 原子力利用に関する研究開発の全体像

原子力はエネルギーとしての利用のみならず、医療、工業、農業分野などにおける放射線利用など、その利用価値が認識されて以来、幅広い分野で利用されており、人類の発展、国民の生活水準の向上に貢献してきました。

原子力のエネルギー利用については、特に今般のエネルギー安全保障をめぐる問題やカーボンニュートラル実現に向けた動きの拡大などを受けて、重要性が増しており、加えて、医療、工業、農業分野などにおける放射線利用などの非エネルギー利用についても、年々規模が増加しております。今後も研究開発・イノベーションを通して更なる恩恵をもたらしうる原子力に関して、本章では、どのような課題があり、どのような研究開発が行われているのか、全体像を示します。

全体像を通して、原子力利用に関する幅広さや現在直面している課題、その課題解決によって得られる恩恵を発信し、原子力に関する研究開発への国民の関心を高め、さらには、原子力利用に関する課題に挑戦する進路を選択する者が増えることを期待します。

また、次章以降、原子力利用に関する研究開発・イノベーションの個別トピックについて、中立的・俯瞰的な視点から整理・分析を行い、全体像だけでなく、今後の原子力利用に関する研究開発・イノベーションの具体的な課題などについても紹介します。

まずは、2023年現在行われている原子力利用に関する研究開発・イノベーションに至るまでの歴史を紹介します。

(1) 世界における原子力利用に関する研究開発の歴史

人類は、古代ギリシャの時代では自然哲学として、近代では自然科学として、すなわち真理の探究において「原子」の存在を予想し、19 世紀初めにその存在が提唱されました。19 世紀末から 20 世紀初頭にかけて、エックス線（X 線）を始めとする放射線と放射性同位元

[1] Green Transformation

素（ラジオアイソトープ。RI[2]）が発見され、医学分野において、これらを利用した診断や治療が開始されました。これが、原子力利用（放射線利用）の始まりです。

また、同時期に、特殊相対性理論が発表され、その中で質量とエネルギーの等価性($E=mc^2$)が導き出されました。その後、核変換実験、中性子照射による核反応に関する実験などを通して、原子からエネルギーを取り出す、すなわち、原子力のエネルギー利用の可能性の追求が始まりました。

第二次世界大戦を背景に、原子力のエネルギー利用は、核兵器の可能性を追求する方向へと進み、マンハッタン計画下で 1942 年に原子炉臨界実験における核分裂連鎖反応の実証を経て、原子爆弾が開発されました。第二次世界大戦後には、1951 年に原子力による初めての発電実験に成功し、原子力エネルギーの平和利用として、発電への利用が進められました。あわせて、原子力発電の制御や安全性向上、発生する放射性廃棄物の処理・処分や廃止措置などに関する研究開発が進展していきました。また、原子力発電は、他の発電方法と比較して万一の事故が発生した場合の被害が大きいという懸念があることや、発生する放射性廃棄物の処分・管理が現世代だけでは終わらないことなどから、社会科学的側面での研究も、原子力発電の利用が進むにつれて、行われていきました。

他方、X 線や RI の発見とほとんど時を同じくして始まった医療分野における放射線や RI を用いた診断や治療の研究では、1930 年代に加速器（サイクロトロン）が開発されると、様々な RI 製造が行われ、第二次世界大戦後には、原子炉を用いた RI 製造が開始され、それらを活用する研究開発が進んでいきました。また、人類の放射線障害の経験も始まりました。これに対しては、はじめは個々の場において、次いで国や学会等の組織レベルで放射線防護の取組がなされるようになり、現在では国際放射線防護委員会（ICRP[3]）が指導的役割を果たしています。

医療以外の分野では、第二次世界大戦以前から、放射線の透過作用を利用した非破壊検査などの研究が進展してきました。我が国でも第二次世界大戦以前から、サイクロトロンを用いた RI の製造やそれらを用いた植物生理学、放射線生物学への利用研究が行われていました。

第二次世界大戦後には、原子炉や加速器の研究開発が進んだことを背景に、放射線の電離作用に基づく照射効果を用いた高分子などの材料加工の研究が開始されました。また、食品への放射線照射による芽止め効果などに注目した、放射線の農業利用の研究も活発になりました。我が国でも、応用範囲や線量範囲などの研究が早期に開始され、現在ではジャガイモへの照射が許可されています。食品照射以外にも、滅菌や害虫防除利用に向けた研究開発もされ、実際に利用されています。

上記のとおり、原子力は、真理の探究から始まり、様々な研究開発を経て、幅広い分野で実用化され、国民の生活水準の向上に貢献してきたといえます。

[2] Radioisotope
[3] International Commission on Radiological Protection

(2) 原子力利用に関する研究開発の全体像

自然哲学、自然科学として、真理の探究から始まった原子力分野は、研究開発を経て、幅広い分野で国民の生活と密接なものとなってきました。本項では、現在、原子力利用に関して、どのような目標に向け、どのような課題解決を目指した研究開発が行われているのかについて例示し、全体像を示します（図 1)。なお、全体像の中で例示している研究開発目標及びその背景は表 1のとおりです。

また、次章以降では、原子力に関する研究開発・イノベーションに関する国立研究開発法人日本原子力研究開発機構（JAEA[4]、以下「原子力機構」という。）などによる我が国における動向や海外における動向について、以下を個別トピックとして取り上げます。

トピック1：安全性向上と脱炭素推進を兼ね備えた革新炉の開発
トピック2：水素発生を抑制する事故耐性燃料の開発
トピック3：原子炉の長期利用に向けた経年劣化評価手法の開発
トピック4：高線量を克服する廃炉に向けた技術開発
トピック5：核変換による使用済燃料の有害度低減への挑戦
トピック6：経済・社会活動を支える放射線による内部透視技術開発
トピック7：原子力利用に関する社会科学の側面からの研究

全体像の中では、次章以降で取り上げる研究開発・イノベーションの個別トピックがどの項目に紐づいているのか分かるように整理しています。

なお、本特集のトピック1～7の文中で引用している参考資料1～31については、巻末の資料編7.特集：「原子力に関する研究開発・イノベーションの動向」の参考資料に掲載しています。

[4] Japan Atomic Energy Agency

表 1 研究開発目標及びその背景

◇エネルギー利用

目標	背景
原子炉の安全性向上	東京電力株式会社福島第一原子力発電所（以下「東電福島第一原発」という。）事故後、「安全神話」から決別し、不断に安全性向上に向けた取組を続ける重要性が共有された。特に、事故耐性燃料（ATF[5]）の開発や事故時などに自然に止まる、自然に冷える、自然に収束するなどの受動的安全メカニズムの開発など、シビアアクシデント対策についての取組は東電福島第一原発事故後、必須となっている。また、世界的に、60 年を超える運転期間が認可された原発も存在しており、高経年化に関する知見拡充も必須となっている。
放射性廃棄物の処理・処分	原子力発電所から生じる放射性廃棄物は、熱を生み、放射線を放つため、一般の廃棄物とは異なり長期間にわたって人類から隔離して管理する処分が必要である。処分場概念設計として複数の選択肢がある中で、どの方法にするかは決まっておらず、信頼性向上のための技術的研究が続いている。
核燃料サイクルシステムの確立	我が国はエネルギー自給率が低く、原子力発電についてもウランは輸入に頼っている。高速炉を用いた核燃料サイクルが実現し、クローズドなサイクルが完成すれば、一度ウランを輸入したのちは、自国で燃料を生み出すことができ、エネルギー安全保障上、望ましい。完全な核燃料サイクルはどの国においても実現していない。
多目的利用の実用化	カーボンニュートラルを目指す上で、エネルギー源としてあらゆる選択肢を確保することが重要であり、出力が変動する再生可能エネルギーとの共存の観点では、蓄電のみではなく、原子力も再生可能エネルギーをカバーする電源としての役割が期待される。また、原子力から得られる熱を利用した製鉄業等向けの水素製造や化学工業への熱供給、原子炉から出る中性子を用いた RI 製造などの多目的利用の実用化が期待される。
廃止措置の安全な実施	東電福島第一原発の廃炉は 40 年以上を要する長期の事業となる見込みである。高線量下での作業の必要性、内部に残る燃料デブリの取り出し、廃炉作業で生じる低レベル放射性廃棄物の処理・処分（リサイクル）など課題が山積している。東電福島第一原発以外にも、国内外で原子力施設の廃止措置が、今後本格化する。

[5] Accident Tolerant Fuel

◇放射線・RI 利用

目標	背景
医療利用（放射線・RI による診断・治療）	診断用として幅広く活用されてきた放射線・RI であるが、近年は転移がんに有効な治療法としてアルファ線（α線）放出 RI による核医学治療が注目されている。α線放出 RI は諸外国において国策として供給体制の構築が進められており、我が国も、重要 RI の国産化を進める方針である。
工業利用（非破壊検査による社会インフラの保全、材料加工・滅菌等）	橋梁や高速道路などの保全においては、内部を非破壊で検査することができる放射線の活用が重要となっている。その際に、放射線を発生する装置の小型化などの利便性向上や、放射線の観測装置の性能向上などが必要となる。 また、電離作用のある放射線を照射することで材料を加工する技術は、半導体製造や新材料の開発などで活用されており、ニーズを踏まえた新材料開発等が行われている。
農業利用（品種改良、食品・農産物処理等）	食料自給率の低い我が国で、農作物を最適化して効率よく生産することは非常に重要な課題である。また、農作物への放射線照射による芽止めには従来ガンマ線（γ線）や高エネルギーの電子線が用いられてきたが、そのためには大規模な施設や輸送・保守が困難なコバルト線源が必要であり、それらが不要となる低エネルギーの放射線による食品・農産物の処理についての研究が行われている。

◇社会科学研究、学術研究

目標	背景
放射線の健康影響に関する理解促進	放射線は学校教育の中で必修科目として十分には教育されていない。放射線に対して、その影響が正確に理解されず、過剰な拒否反応を示す例もあるため、正確な情報提供が重要である一方、正しく理解している人の間でも、それぞれのリスク許容度が異なるため、リスク許容度も踏まえたコミュニケーションが重要となる。 また、放射線モニタリングや被ばく線量評価の性能等を向上することも、住民の防護措置等の観点から、放射線への理解促進において重要である。
原子力利用への信頼回復	原子力利用（特に原子力のエネルギー利用）については、東電福島第一原発事故を経て、依然として、国民の間には原子力発電に対する不安感や、原子力政策を推進してきた政府・事業者に対する不信感・反発が存在し、原子力に対する社会的な信頼は十分に獲得されていない状況である。政府や事業者は、原子力の社会的信頼の獲得に向けて、継続して取り組んでいく必要がある。
知のフロンティアの拡大	放射線による非破壊検査の学術研究への応用や、原子核自体の観測による素粒子論の検証など、知のフロンティア拡大に貢献する面も多くある。

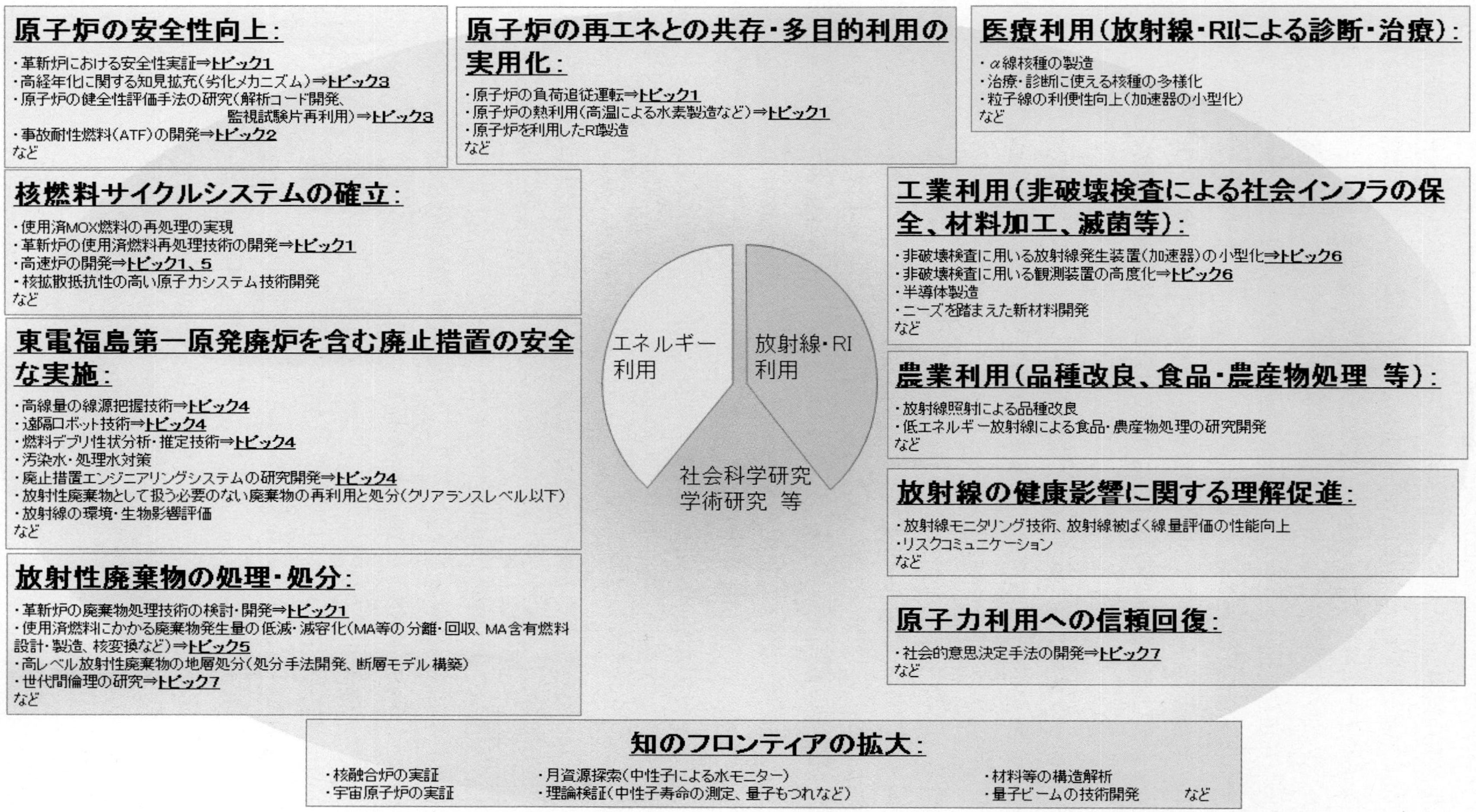

原子炉の安全性向上：

・革新炉における安全性実証⇒トピック1
・高経年化に関する知見拡充（劣化メカニズム）⇒トピック3
・原子炉の健全性評価手法の研究（解析コード開発、監視試験片再利用）⇒トピック3
・事故耐性燃料（ATF）の開発⇒トピック2
など

原子炉の再エネとの共存・多目的利用の実用化：

・原子炉の負荷追従運転⇒トピック1
・原子炉の熱利用（高温による水素製造など）⇒トピック1
・原子炉を利用したRI製造
など

医療利用（放射線・RIによる診断・治療）：

・α線核種の製造
・治療・診断に使える核種の多様化
・粒子線の利便性向上（加速器の小型化）
など

核燃料サイクルシステムの確立：

・使用済MOX燃料の再処理の実現
・革新炉の使用済燃料再処理技術の開発⇒トピック1
・高速炉の開発⇒トピック1、5
・核拡散抵抗性の高い原子力システム技術開発
など

工業利用（非破壊検査による社会インフラの保全、材料加工、滅菌等）：

・非破壊検査に用いる放射線発生装置（加速器）の小型化⇒トピック6
・非破壊検査に用いる観測装置の高度化⇒トピック6
・半導体製造
・ニーズを踏まえた新材料開発
など

エネルギー利用
放射線・RI利用
社会科学研究 学術研究 等

東電福島第一原発廃炉を含む廃止措置の安全な実施：

・高線量の線源把握技術⇒トピック4
・遠隔ロボット技術⇒トピック4
・燃料デブリ性状分析・推定技術⇒トピック4
・汚染水・処理水対策
・廃止措置エンジニアリングシステムの研究開発⇒トピック4
・放射性廃棄物として扱う必要のない廃棄物の再利用と処分（クリアランスレベル以下）
・放射線の環境・生物影響評価
など

農業利用（品種改良、食品・農産物処理　等）：

・放射線照射による品種改良
・低エネルギー放射線による食品・農産物処理の研究開発
など

放射線の健康影響に関する理解促進：

・放射線モニタリング技術、放射線被ばく線量評価の性能向上
・リスクコミュニケーション
など

放射性廃棄物の処理・処分：

・革新炉の廃棄物処理技術の検討・開発⇒トピック1
・使用済燃料にかかる廃棄物発生量の低減・減容化（MA等の分離・回収、MA含有燃料設計・製造、核変換など）⇒トピック5
・高レベル放射性廃棄物の地層処分（処分手法開発、断層モデル構築）
・世代間倫理の研究⇒トピック7
など

原子力利用への信頼回復：

・社会的意思決定手法の開発⇒トピック7
など

知のフロンティアの拡大：

・核融合炉の実証
・宇宙原子炉の実証
・月資源探索（中性子による水モニター）
・理論検証（中性子寿命の測定、量子もつれなど）
・材料等の構造解析
・量子ビームの技術開発　など

図 1　原子力利用に関する研究開発全体像

（出典）内閣府作成

2. トピック１：安全性向上と脱炭素推進を兼ね備えた革新炉の開発

地球温暖化対策の観点から、産業構造・社会構造をクリーンエネルギー中心へ転換するグリーントランスフォーメーション（GX）が国際的に注目されています。我が国では、2023 年 2 月に「GX 実現に向けた基本方針」が閣議決定されました。同方針では、「再生可能エネルギー、原子力などエネルギー安全保障に寄与し、脱炭素効果の高い電源を最大限活用する。」「この原子力を活用していくため、原子力の安全性向上を目指し、新たな安全メカニズムを組み込んだ次世代革新炉の開発・建設に取り組む。」とされています。ここでは、世界で開発が進められている革新炉の中で、小型軽水炉、高温ガス炉（HTGR[6]）、ナトリウム冷却高速炉（SFR[7]）の 3 種類（参考資料 1）について、研究開発の状況や課題を紹介します。

(1)　各炉型に固有の安全性向上技術の技術開発の動向

東電福島第一原発の事故後に策定された新規制基準では、自然災害[8]や航空機衝突などに起因する、冷却や電源などの安全機能の喪失を防止する対策の拡充や、万一重大事故が発生しても対処できる設備・手順を新たに要求事項としました。これは「深層防護」の概念のうち、重大事故が発生しても原子炉施設内での収束を実現させ、敷地外緊急時対応の必要性を回避するという第 4 レベルまでの対策が確実に講じられるための要求事項です。現在、国内外で、外部からの電源や動力が無くなるような非常時でも炉心や格納容器を冷却できるという概念の「受動的安全」に係る技術開発が進められています（参考資料 2）。

受動的安全とは次のような機能を指します。

- 「止める」に加えて、「自然に止まる」機能
- 「冷やす」に加えて、「自然に冷える」機能
- 万一重大事故に至っても、炉容器内・格納容器内に「閉じ込める」機能

この考え方自体は特に新しいものではなく、東電福島第一原発事故以前から技術開発が進められているものです。今後新たに建設する原子炉に対して、受動的安全を有する設備を取り入れていくような、より積極的な研究開発が進められています。

例えば、我が国の企業も参画して米国で開発が進んでいる小型軽水炉 VOYGR は、自然災害や航空機衝突など外部ハザードへの耐性を強化するためにプラントを半地下に設置し、原子炉と格納容器から構成されるモジュールを大きな地下プール内に設置します。万一事故が起きても、プール内の水で炉心を冷却でき、さらに、水が蒸発しても空冷で「自然に冷える」設計となっています。

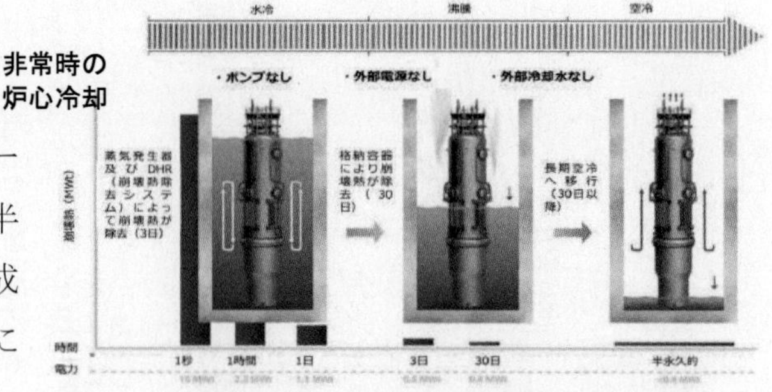

図 2 小型軽水炉 VOYGR の受動的安全概念図

(出典)第 23 回総合資源エネルギー調査会 原子力小委員会 資料 10(2021 年)

---

[6] High Temperature Gas-cooled Reactor

[7] Sodium-cooled Fast Reactor

[8] 地震、津波、竜巻、火山噴火など

高温ガス炉では、1,600℃でも核分裂生成物の「閉じ込め」が可能なセラミックス被覆燃料を採用し、炉内構造物に熱容量が大きく熱伝導率も高い黒鉛を利用することにより、炉心が高温になっても原子炉容器の外側へ伝熱、放熱され、燃料が「自然に冷える」ようにしています（参考資料 3）。また、炉心は高温になると自然に核分裂反応が収まるという特徴を持ちます。これらにより、電源や冷却材の喪失や制御棒が挿入されない時でも自然に原子炉出力が低下し、炉心が「自然に冷え」、放射性物質を炉内に「閉じ込める」ことができる設計です（参考資料 4）。さらに、冷却材にヘリウムガスを使うため、水と被覆燃料の反応による水素の発生や水素爆発が起こりにくいのが特徴です。我が国では原子力機構の HTTR[9]を用い、電源喪失等により炉心冷却機能が喪失した場合等、一連の安全対策の実証試験を行っています（参考資料 5）。

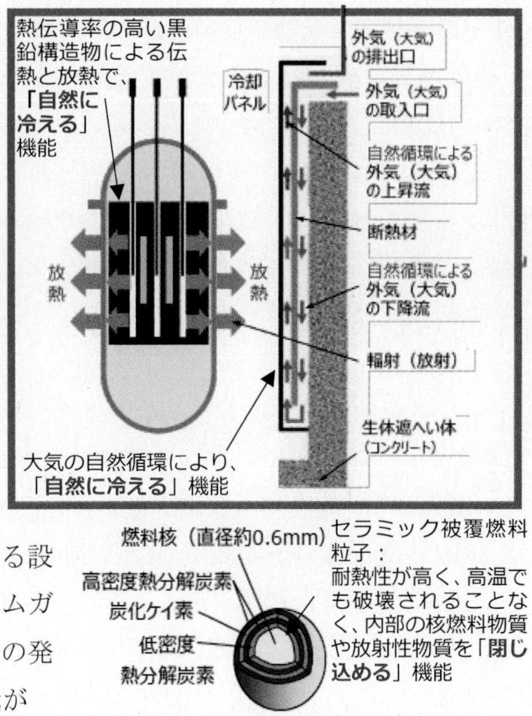

図 3　高温ガス炉の受動的安全概念図

（出典）「次世代革新炉の開発に必要な研究開発基盤の整備に関する提言」（2023 年）及び「第1回　総合資源エネルギー調査会原子力小委員会革新炉ワーキンググループ　資料 6」を基に内閣府作成

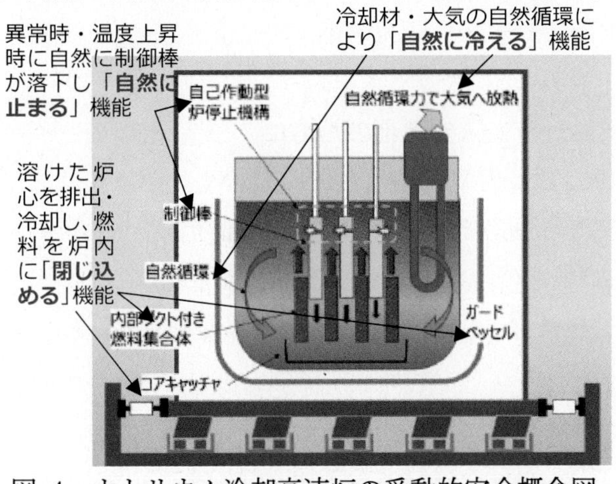

図 4　ナトリウム冷却高速炉の受動的安全概念図

（出典）次世代革新炉の開発に必要な研究開発基盤の整備に関する提言(2023 年)

高速中性子を利用するナトリウム冷却高速炉では、冷却材である液体ナトリウムの駆動ポンプが動かなくても自然循環により炉心の熱を大気に放出し炉心温度が「自然に冷える」研究開発や、万一炉内の温度が上昇しても自動的に制御棒が落下して「自然に止まる」機能の開発などが進められています（参考資料 6）。

「もんじゅ」で問題になったナトリウム冷却材の取扱い（参考資料 7）についても、配管からのナトリウム漏えいに備えた二重カバーの開発、火災が発生しないよう原子炉建屋内を窒素で充填する技術の研究開発、ナトリウムにナノ粒子を添加して水との反応を抑える基礎研究などが進められています。ナトリウム取扱い経験のある海外諸国との連携も含め、知見拡充していくことが重要です。また、我が国が主導してナトリウム冷却高速炉用維持規格[10]の策定を国際的に進めています。

[9] High Temperature Engineering Test Reactor：高温工学試験研究炉
[10] 原子力施設が運転開始後も必要な性能を維持していることを確認するための基準。アメリカ機械学会（ASME）規格 Code Case N-875 として発行された。

(2)　原子炉の型を問わない共通の安全性向上対策について

特に地震の多い日本に設置する原子炉に必要な技術として、3次元免震装置の開発も進んでいます。これまでの水平方向の揺れに加え、上下方向の揺れを減衰する技術を組み合わせた構造となっており、設置とメンテナンスが容易になります。

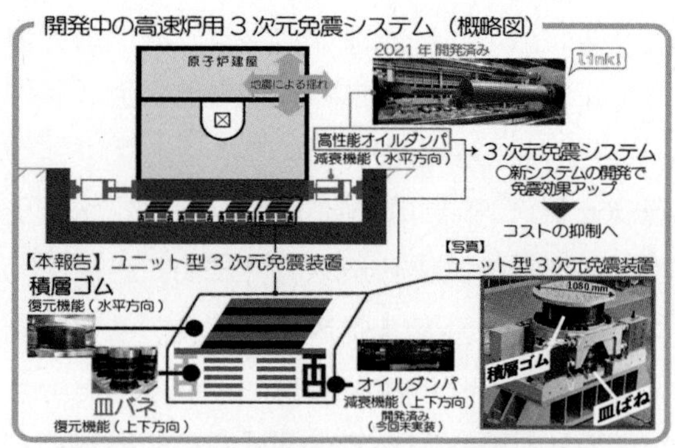

図 5　3次元免震システム概略図

(出典)原子力機構プレスリリース「多方向の地震力低減可能なユニット型3次元免震装置を開発」(2022年9月2日)

(1)の安全性向上技術や上記安全対策が「新たな安全神話」につながってはなりません。重大事故が施設内で収束することを目標にしながらも、万一、事故が施設内で収束しなかった場合の影響緩和に資する技術開発に加え、放射能の有害な影響から人と環境を防護するため、立地自治体なども含めた敷地内外での防災・減災対策など、緊急時対応の検討もあわせて進めることを忘れてはなりません。

(3)　2050年カーボンニュートラルの実現への貢献に向けて

2050年カーボンニュートラルに向けて、第6次エネルギー基本計画では再生可能エネルギーを電源構成の中心に据えています。今後の再生可能エネルギー導入の拡大や水素社会実現に向けた取組の強化に向けた原子力の貢献に係る研究開発の動向を紹介します。

①　再生可能エネルギー導入拡大に伴う需給バランス安定化のために

電気は大量に貯蔵することができないため、常に需要に合わせ供給を調整しなければなりません。この需給バランスの調整は、停電等の問題が発生しないように注意しながら行われています。このように、需要に応じた出力調整を伴う発電を負荷追従運転と呼びます。太陽光発電や風力発電は人間が制御できない気象条件により発電量が大きく変動するため、他の電源で負荷追従運転を行い、調整する必要があります。原子力発電の割合が約70%のフランスでは、1982年から負荷追従運転は商用運転モードで取り入れられていますが、我が国では主に火力発電により負荷追従運転を行い、需給バランスを維持しています。2050年カーボンニュートラルの実現に向けて再生可能エネルギーが増加し、火力発電が減少する状況では、原子力発電による負荷追従運転が期待され、その研究開発が進んでいます。

複数のモジュールを連結して発電する小型軽水炉は、モジュールごとの制御が可能であるため負荷追従運転が容易であり、再生可能エネルギーによる発電量が供給過多になる場合の調整にも適しています。高温ガス炉では、ヘリウムガスタービンと組み合わせて出力を制御することにより、火力発電と同程度の能力である、定格出力比で毎分5%、最大20%までの負荷追従性能を持つ設計のものも開発が進められています。また、高速炉も1日単位での負荷追従運転が可能であることに加え、溶融塩を用いた蓄熱システム等と組み合わせることで柔軟な負荷追従性をもたせる研究開発が進められています。

ただし、炉型によっては出力の増減に伴う材料の熱疲労や発電量を下げた際に蓄積される核分裂生成物による毒作用の考慮などの対応は必要です（参考資料 8）。

②　カーボンフリー水素の製造を目的とする原子炉の研究開発

革新炉は、熱利用や水素製造といった、発電以外の用途での利用も注目されています。例えば、CO2 排出量が多い製鉄業や石油精製、アンモニア製造などでは、GX 実現に向けてカーボンフリー水素のニーズが高まっています。特に排出量の 26%を占める製鉄業では鉄鉱石を還元するために水素を活用することを検討しています。なお、還元反応は吸熱反応であるため、より高温の水素を使うことが望まれています。

CO2 を発生しない水素製造方法には、水の電解、IS[11]プロセス法、高温水蒸気電解法、メタン熱分解法などがあります（参考資料 9）が、効率的な水素製造にはできるだけ高い反応温度を必要とします。原子炉施設から得られる熱は、小型軽水炉で約 300℃、高速炉で約 500℃、高温ガス炉で約 900℃ですが、その中でも、より高温の熱を供給できる高温ガス炉と組み合わせたカーボンフリー水素製造技術の研究開発が進んでいます。

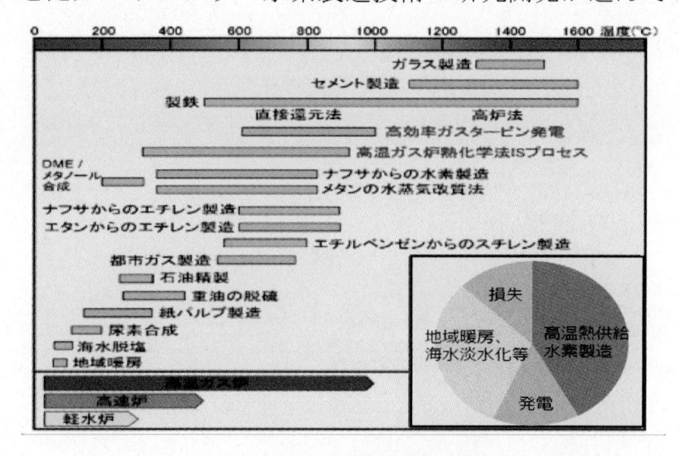

図 6　熱利用温度帯

(出典)経済産業省 第 51 回総合資源エネルギー調査会 基本政策分科会 資料 3 原子力機構「カーボンニュートラル・エネルギー安定供給に貢献する次世代革新炉」(2022 年)

あわせて、まずは現在進めている HTTR を用いた原子炉と水素製造施設を接続する研究開発や、水素製造に必要な高温を長期間維持できるような研究開発を発展させるとともに、実証レベルでの検証などを行う必要があります。

さらに、原子力由来の水素を普及展開するためには、需要に応じた水素供給が必要です。例えば、我が国の製鉄業の競争力維持の観点からは、水素価格を現状の炭素還元と同程度（約 8 円/N ㎥（参考資料 10））にする必要がありますが、これはグリーン成長戦略で提示された 2050 年における水素コスト目標の 20 円/N ㎥とも大きく乖離しています。原子力による水素製造を社会実装するに当たっては、製造する水素のコスト低減等に向けた研究開発や様々な水素製造技術間の経済性等の客観的な比較評価が不可欠です。

---

[11] Iodine-Sulfur

③　発生する放射性廃棄物等の処理・処分に関する研究開発など

出力 30 万ｋＷ以下の小型モジュール炉（SMR[12]）は炉心が小さい設計のため、既存の発電炉と比較して発生する使用済燃料や低レベル放射性廃棄物の量が増加する見込み（参考資料 11）ですが、一方で VOYGR では低レベル放射性廃棄物の発生量は減るという試算もあります（参考資料 12）。低レベル放射性廃棄物については、原子力委員会が 2021 年に「低レベル放射性廃棄物等の処理・処分に関する考え方について（見解）」で「廃止措置等における廃棄物の発生を極力防止し、放射性廃棄物の量と体積の両面から発生量を最小化する必要がある。」と示しています。今後、発生する廃棄物対応を踏まえた炉型設計、更には廃棄物の処理・処分方法の研究開発も必要です。

また、高温ガス炉により製造したカーボンフリー水素や発生する熱の利用に当たっては、水素や熱を利用する施設（例えば、高温の水素を利用することが期待される製鉄用の高炉）の近くに高温ガス炉と水素製造施設・熱供給施設を設置することが望まれます。原子力施設の立地には用地の確保を含めた地元との調整、環境アセスメント、規制当局による審査等が必要で、実際に原子炉を運転するまでには様々なプロセスを経る必要があります。「GX 実現に向けた基本方針」では高温ガス炉を含めた次世代革新炉の運転開始が「立地地域の理解確保を前提に」2030 年代からと見込まれているように、その点でも立地予定地域とのコミュニケーションは極めて重要な課題です。適切なタイミングで社会実装できるよう、技術開発と並行してこのようなことも念頭に置いて進める必要があります。

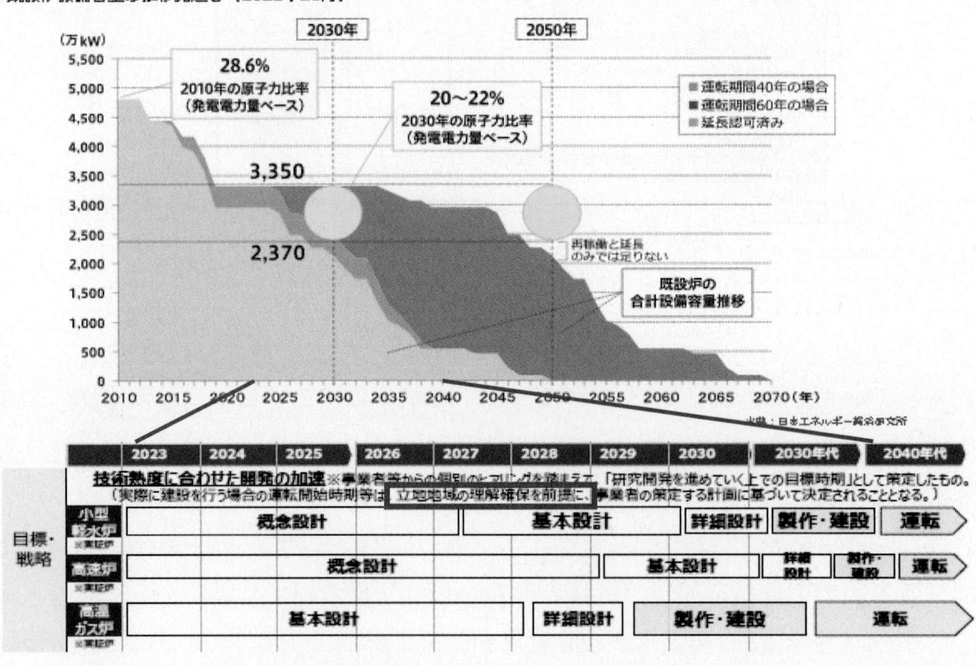

図 7 原子力発電比率及び革新炉運転開始の見込

(出典)日本原子力文化財団原子力総合パンフレット 2021 年度版 、GX 実現に向けた基本方針 参考資料 p.18 を基に内閣府作成)

---

[12] Small Modular Reactor

(4)　まとめ

一口に革新炉といっても、最も重要な安全性の確保については、各炉型の特徴を踏まえた固有の安全性を高める技術開発が進んでおり、その上で、従来のベースロード電源を目的とした運用に加えて、負荷追従運転を担う電源としての研究開発や、水素製造・熱供給や医療用 RI の製造などの非エネルギー分野における多目的利用の研究開発も進んでいます。

SMR等の革新炉では、脱炭素化等社会課題解決に向けて、出力が変動する再生可能エネルギーとの共存、熱や水素の供給、ラジオアイソトープ製造など、電力供給以外の多目的利用についても世界的に検討が進められている。

TANDEMプロジェクト

SMRが出力変動のある再生可能エネルギーなどの他のエネルギー源や蓄電システムとの共存を図り、電力だけでなく、熱や水素の供給の可能性を有する点を踏まえ、SMRを安全かつ効率的にエネルギー系統に組み込むための方策を探るEUプロジェクト。

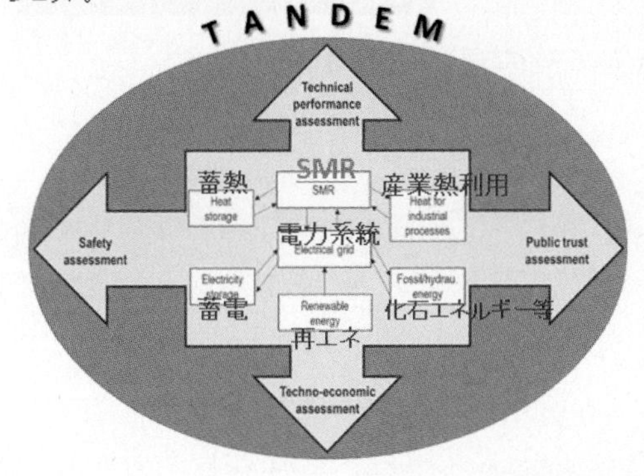

原子力利用によるクリーン水素の供給

原子力エネルギー利用により、二酸化炭素の排出のない水素を、出力が変動する再生可能エネルギーよりも安定的かつより小さいスペース、低コストで生産できる可能性があり、多くの国で研究開発が進められている。将来的には、革新炉等から発生する高温の熱を利用した高効率な水素製造の検討が進められている。

温度	製造法	効率	プロジェクト事例等
低温 ※既存炉のほとんどが300℃程度の熱の発生に限られる。	水電解	約60%	ナインマイルポイント原発（米）、関西電力（日）等複数
高温 ※いくつかの革新炉では500～1000℃の高温を作り出すことが可能。	高温水蒸気電解/熱化学プロセス	80%超	<高温水蒸気電解> プレーリー・アイランド原発（米）、EDF（英）、東芝ESS（日）　等 <熱化学プロセス> ISプロセス：JAEA（日）、清華大学核能・新能技術研究院（INET）（中）　等 HySプロセス：サバンナリバー国立研究所（米）　等

※その他、CO_2を地下で貯留するCCSを利用した化石燃料由来の水素製造（高温が必要となる）など、様々なクリーン水素製造の検討が進められている。

図 8　革新炉の多目的利用について

（出典）原子力委員会「原子力利用に関する基本的考え方　参考資料」(2023 年)

「原子力利用に関する基本的考え方」(2023 年）では、基礎・基盤研究を重視するとともに、将来の実用化を見据えた個々の技術の客観的な比較・検証、事業化段階でのライフサイクル全体を見据えた包括的な開発・導入に向けた検討が重要と指摘しています。また、革新炉を用いた発電以外の多目的利用では、需要動向等を踏まえ既存技術との競争優位性などの客観的評価や需要サイドとの共同開発など、実用化に向けた現実的な取組を検討すべきであるとも指摘しています。

革新炉は再生可能エネルギー導入を拡大するために必要な負荷追従運転や、水素社会の実現にも貢献できる高いポテンシャルがあります。一方で、現時点では負荷追従や水素製造に係る原子力の位置付けが明確ではありません。負荷追従運転や水素社会構築における原子力の役割を明確にすることにより、今後の再生可能エネルギー導入や水素製造の拡大に当たり事業者の事業予見性が高まり、研究開発が促進されることが期待されます。

2050 年カーボンニュートラルの実現や非エネルギー分野における原子力利用に向けては、個々の技術開発に加え、早い段階からの規制対応など、社会実装を達成するために必要な課題を解決することも極めて重要です（参考資料 13)。

3.　トピック２：水素発生を抑制する事故耐性燃料の開発

(1)　開発の概要と目的

事故耐性燃料(ATF)は、通常運転時から事故状態も含めた性能を向上させることにより、原子力発電の安全性を高める技術の一つとして期待されています。東電福島第一原発事故では炉心（燃料）の冷却機能が喪失し、高温となった燃料の被覆管と水蒸気との酸化反応により水素が発生するとともに炉心損傷に至りました。発生した水素は原子炉建屋に漏えい、滞留し爆発に至ったと考えられています（図 9)。

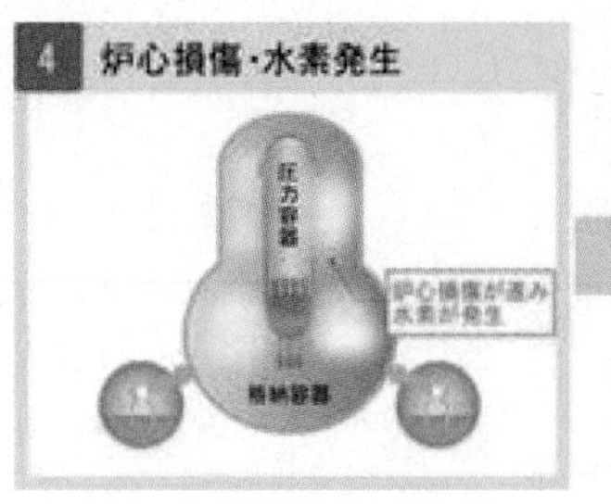

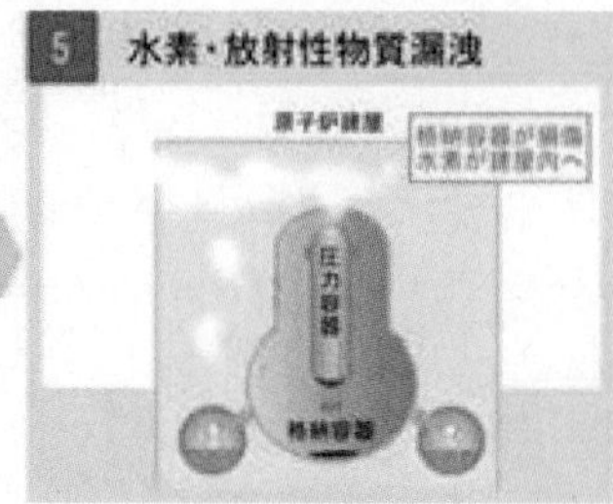

図 9　東電福島第一原発事故の経過の概要

(出典)東京電力ホールディングス(株)「福島第一原子力発電所 1～3 号機の事故の経過の概要」を基に作成

この事故の教訓を踏まえ、水素発生の抑制など事故時の耐性を向上させる燃料開発が国内外で進められています。現行の発電用軽水炉の燃料集合体は、ジルコニウム合金の被覆管内に二酸化ウラン(UO2)の焼結体ペレットを装荷した多数の燃料棒により構成されています（図 10)。ジルコニウム合金被覆管は、軽水炉の使用環境において耐腐食性とともに、熱中性子吸収が少ないため効率的な核分裂反応に寄与できる優れた特性を有しますが、高温状態で水（水蒸気）との酸化反応により熱と水素を発生させます。事故耐性燃料の開発は、この酸化反応の抑制を主な目的としています。

他方、燃料は、利用する電力事業者にとって魅力あるものでなければ実機への導入が進みません。そのためには、安全性向上はもちろんのこと経済性も重要な要素となります。米国等の事故耐性燃料開発プログラムでは、被覆管の開発のほか、燃料ペレットの改良、燃料の長期利用のための高燃焼度化など総合的な性能向上を目指しています。

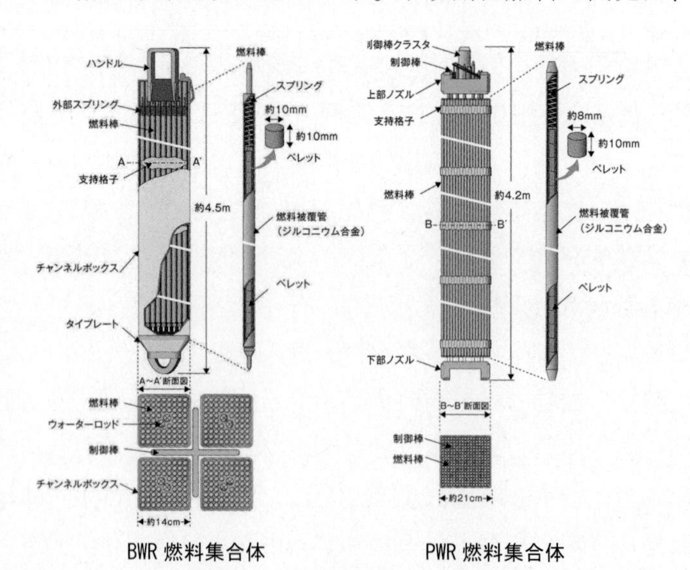

図 10　軽水炉燃料の概要

(出典)一般財団法人原子力文化財団「原子力・エネルギー図面集(2021 年版)」を基に作成

(2) 我が国における開発状況

我が国では、酸化反応を抑制するためにジルコニウム合金表面にクロムコーティング処理した被覆管、ジルコニウム以外の材料として改良ステンレス鋼及び炭化ケイ素複合材を採用した被覆管やチャンネルボックスの開発が行われています（表 2）。これらは2030年代半ば以降の実用化を目指しています。2015年度からは経済産業省の開発事業による支援も得て、民間のプラント・燃料メーカと原子力機構が協働し、米国や経済協力開発機構／原子力機関（OECD/NEA[13]）等との国際的な連携も行う体制の下に進められています。

表 2 我が国における事故耐性燃料の開発状況

開発項目	開発の概要・狙い	開発状況等
クロムコーティングジルコニウム被覆管 (PWR燃料向け)	・現行のジルコニウム合金被覆管表面にクロム（Cr）被膜を形成し耐酸化性向上や水素発生の抑制を実現する ・現行設計からの変更が小さく最も実用化に近い ・被膜形成手法の確立や被覆管健全性等の確認を行う	・LOCA模擬試験による耐バースト性能[14]や事故時を想定した試験による被膜の酸化抑制効果など基本性能を確認
改良ステンレス鋼被覆管 (BWR燃料向け)	・ステンレス鋼系の FeCrAl-ODS 鋼の採用により耐酸化性向上や水素発生の抑制を実現する ・FeCrAl-ODS鋼は高速炉の燃料被覆管材料・製造技術に基づき開発されており実用化に比較的近い[15] ・軽水炉環境下での健全性等の確認を行う	・応力腐食割れ感受性に対するセシウム[16]分圧依存性や日米協力による LOCA 模擬試験で高い耐バースト性能等が確認されている
炭化ケイ素複合材被覆管 (BWR・PWR燃料向け)・チャンネルボックス (BWR燃料向け)	・炭化ケイ素（SiC）複合材（SiC繊維を編み成型）を採用し高温環境下での安定性向上や水素発生抑制を実現する ・SiC は耐熱性とともに酸やアルカリに侵され難いなど優れた特性を持つが、国内外ともに燃料構成材料としての実績はなく実用化には時間が必要 ・被覆管等の製作性や耐食性、気密性等の確認を行う	・実機スケール試作に向けた製造プロセスや高い密封性・耐食性を有する端栓接合技術等が確認されている

(出典)第12回原子力委員会資料第1号 原子力機構「日本における事故耐性燃料研究の現状及び今後の見通し」(2023年)を基に内閣府作成

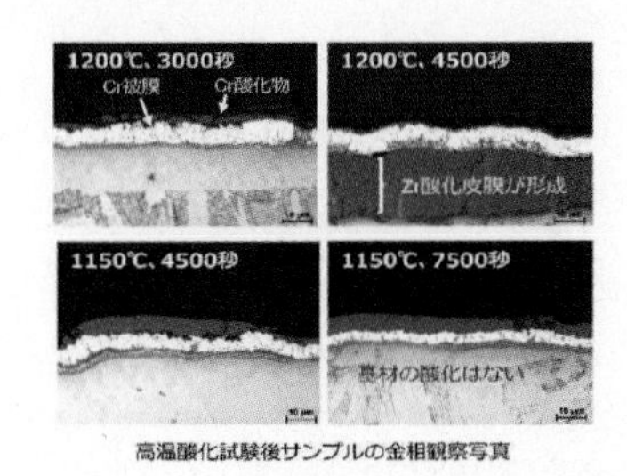

クロムコーティングジルコニウム被覆管
外観と Cr 被覆高温酸化試験結果

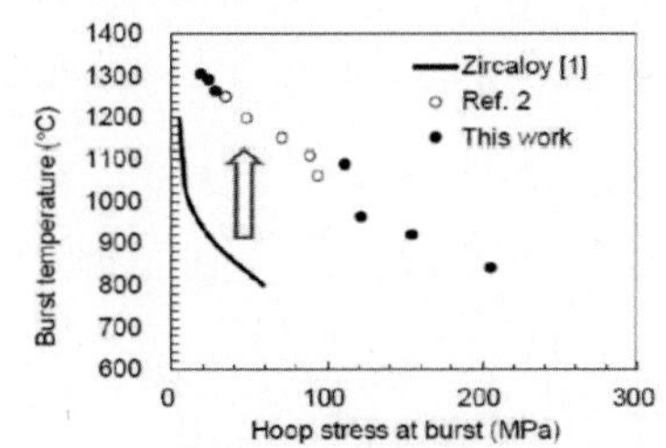

改良ステンレス鋼被覆管
耐バースト試験結果

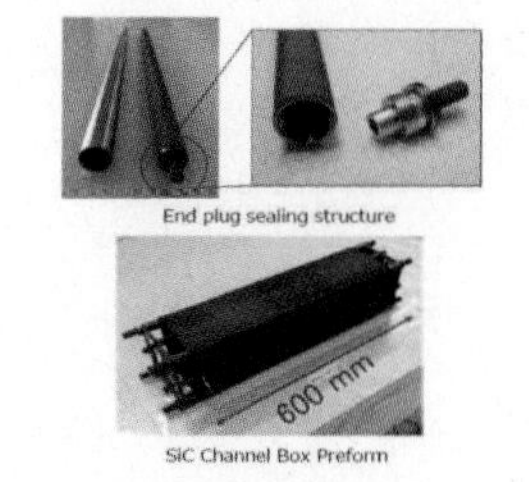

SiC 複合材被覆管
被覆管・端栓・チャンネルボックスの試作結果

図 11 我が国における事故耐性燃料の開発状況(成果例)

(出典)第12回原子力委員会資料第1号 原子力機構「日本における事故耐性燃料研究の現状及び今後の見通し」(2023年)を基に作成

[13] Organisation for Economic Co-operation and Development/Nuclear Energy Agency
[14] LOCA(Loss of Coolant Accident)の模擬条件下における被覆管の内圧・温度と破断(バースト)の関係を評価
[15] 1960年代開発初期の軽水炉の一部にステンレス鋼系の被覆管が採用されていた実績がある
[16] 核分裂生成物のセシウム(Cs)とステンレス鋼の応力腐食割れ(SCC)の関係を評価

現状は開発中の被覆管の基本性能の確認や製作性の検討などが行われており、技術成熟度（TRL[17]）は原理実証から工学実証に移行した段階（9 段階の 3 から 4 程度）と評価されています。今後、海外試験炉における照射試験や商用発電炉による試験照射[18]を行い、開発技術の安全性や健全性などを十分に確認した上で実用に供される計画です（図 12)。

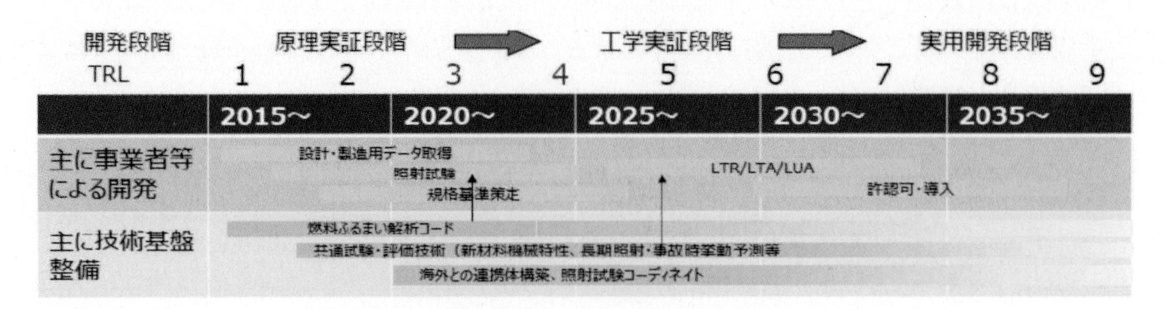

図 12 実用化までの開発ステップ

(出典)原子力の安全性向上に資する技術開発事業での事故耐性燃料の開発，東京大学・原子力機構主催「事故耐性燃料開発に関するワークショップ」講演資料,2023/12/21 を基に作成

(3) 海外における開発状況

事故耐性燃料の概念は、東電福島第一原発事故後に米国エネルギー省（DOE[19]）によって提案されたものでもあり、米国では 2012 年から開発が推進されています。

欧州では持続可能な経済活動を促進する「EU タクソノミー」において、一定要件を満たす原子力発電を適格とする追補的委任規則が 2023 年 1 月から施行されました。この適格条件では、既設および新設の発電用原子炉に対する規制当局の認可済み事故耐性燃料の使用について 2025 年まで免除するとされており、フランス等においても開発が急がれています。

米国

事故耐性燃料のような先進的技術の実用化には、産業界の要請に適合していること及び安全規制上の認可取得が必要であることから、DOE は産業界、国立研究所、大学、米国原子力規制委員会（NRC[20]）及び国際機関等と共にロードマップを策定して開発プログラムを進めています。現在、コーティングジルコニウム合金被覆管、FeCrAl 被覆管、炭化ケイ素被覆管、改良 UO2 燃料[21]、高密度燃料が開発されています（図 13)。この内、コーティングジルコニウム合金被覆管、FeCrAl 被覆管及び改良 UO2 燃料について、商用発電炉を用いた照射試験が 2018 年より逐次開始されており、実用化に近づきつつあります。また、NRC は、事故耐性燃料の利用に係る安全規制について、開発プログラムの進捗と並行し、ステークホルダーとのコミュニケーションをとりながら整備を進めています。

---

[17] Technology Readiness Levels

[18] 日米民生用原子力研究開発ワーキンググループ（CNWG）の枠組みの下に米国試験炉にて照射試験を行う計画

[19] Department of Energy

[20] Nuclear Regulatory Commission

[21] 燃料ペレットの剛性を下げて被覆管の損傷リスクを低減することや、セラミック粒径を大きくしペレット内の核分裂生成ガスの保持を促進して想定される事故時の放射性ガスを減少させることを狙っている。

フランス

早期実用化が可能と考えられるコーティングジルコニウム合金被覆管及び改良 UO2 燃料について、電力会社及び燃料ベンダーにより開発が進められています。2023 年から 5 か年程度をかけてフランス国内の商用発電炉を使用した照射試験等が計画されています。また、フランス原子力安全局（ASN[22]）は、事故耐性燃料の実用化に際して電力会社に商用原子炉での安全確認を求めています。開発している燃料ベンダーは、先行する米国での知見を踏まえ許認可を支援する予定としています。

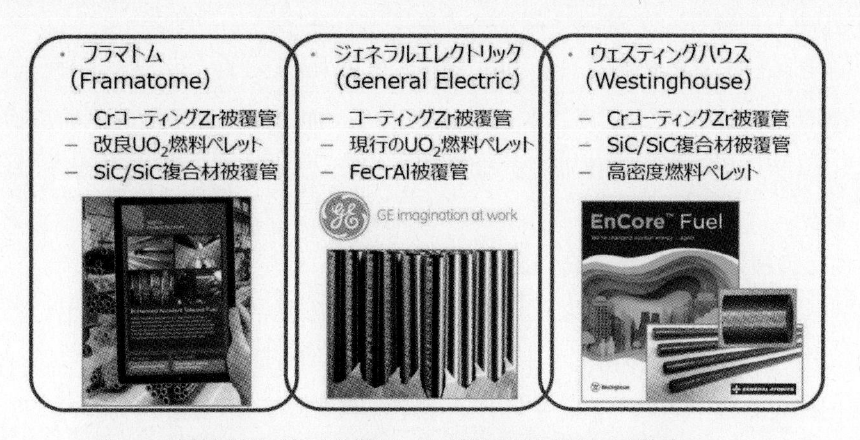

図 13 米国産業界が主導する事故耐性燃料の開発

（出典）第 12 回原子力委員会資料第 1 号 原子力機構「日本における事故耐性燃料研究の現状及び今後の見通し」（2023 年）を基に作成

(4) まとめ

東電福島第一原発事故を契機に、我が国では炉心損傷などの重大事故の発生防止と影響緩和を主な目的として事故耐性燃料の開発が進められています。これには熱及び水素の発生を抑制することにより炉心損傷を遅らせる効果が期待されていますが、重大事故時における性能向上のみでは利用側である電気事業者の導入意欲を喚起することは難しいのではないかとの指摘もあります。米国等での取組に見られるように、事故耐性燃料の開発は燃料の総合的な性能向上を目指すものであると捉えて進めていくことが望まれます。

また、現在の技術成熟度はまだ原理実証の最終段階か工学的実証の初期段階に過ぎません。利用を実現していくためには、商用炉を用いた実証試験等が必須となります。このため、技術開発を行うプラント・燃料メーカー及び原子力機構などの研究機関や大学等、開発成果を利用する電気事業者並びに安全規制を行う原子力規制委員会の 3 者がロードマップを共有し、今以上に円滑にコミュニケーションを図りながら開発を進めていく必要があります。

事故耐性燃料のライフサイクル全般にわたる検討も開発技術の実装に向けて必要です。使用済燃料の中間貯蔵や再処理における課題検討や、サプライチェーン及び技術・人材の維持・発展に係る取組についても今後期待されるところです。

[22] Autorité de sûreté nucléaire

4. トピック3：原子炉の長期利用に向けた経年劣化評価手法の開発

(1) 原子力発電施設の経年劣化に関する研究の意義

原子力発電施設にかかわらず、全てのものは時間の経過とともに劣化します。安全性の確保が大前提となる原発利用においては、発電用原子炉設置者に発電用原子炉施設の高経年化に関する健全性の評価が義務付けられています。2023 年に行われた法改正により、発電用原子炉の運転期間に関して、原子力規制委員会による厳格な審査が行われることを前提に、経済産業大臣が一定の停止期間に限り、追加的な延長を認めることが可能となったことから、高経年化した原子炉の健全性確保への関心が高まっています。

発電用原子炉施設の多くの機器は取替可能であり、保守・管理・交換を適切に行うことで、経年劣化の影響を軽減できるため、本トピックでは、主に取替困難機器や構造物（以下「取替困難機器」という。）の経年劣化に関する課題・研究、知見拡充の取組について紹介します。

(2) 経年劣化の種類及び知見拡充が必要な事象

原子力規制委員会は、高経年化技術評価の対象となる経年劣化事象の抽出の際に、「低サイクル疲労」、「中性子照射脆化」、「照射誘起型応力腐食割れ」、「二相ステンレス鋼の熱時効」、「電気・計装品の絶縁低下」、「コンクリートの強度低下及び遮へい能力低下」の 6 事象については必ず抽出することを求めています(参考資料 14、15、16、17)。

これらを含め、劣化評価が行われています。発電用原子炉施設のほとんどの機器は、図 14 の③「劣化を管理するための措置（保全活動）」として、安全性を確保するための基準を満たすように機器の補修・取替等が行われ性能を維持します。一方、補修・取替等の実施が困難な取替困難機器もあります。その機器が劣化して、安全性を確保するための基準を下回るかどうかが原子炉の寿命を判断するうえで重要なポイントとなります。そのため、発電用原子炉施設の長期運転を目指す場合には、特に取替困難機器の経年劣化事象に関する劣化進展の予測精度を高めることが、重要な知見拡充の取組の一つであると言えます。

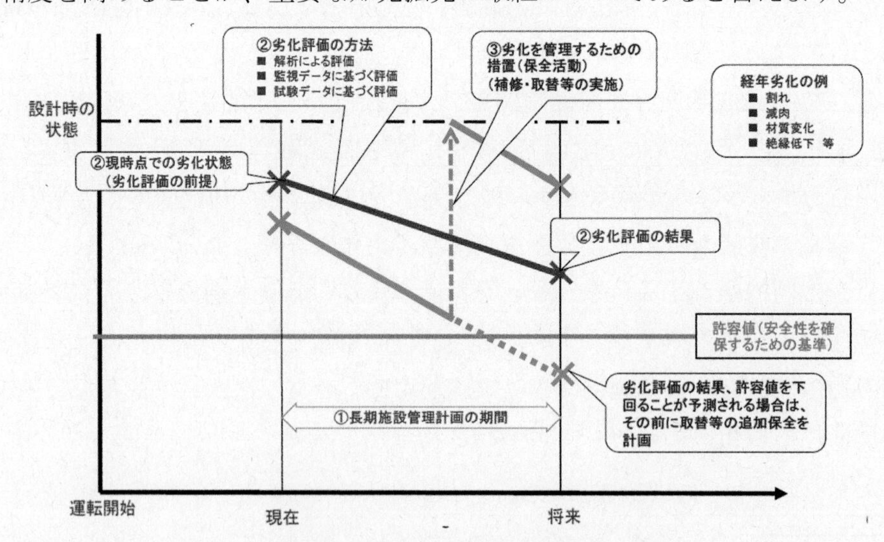

図 14 発電用原子炉の規制制度の枠組み

(出典)原子力規制委員会 高経年化した発電用原子炉の安全規制に関する検討チーム

原子力エネルギー協議会（以下「ATENA[23]」という。）が2022年に取りまとめた「安全な長期運転に向けた経年劣化に関する知見拡充レポート」において、取替困難な原子炉圧力容器、原子炉格納容器、コンクリート構造物の取替困難な部位毎に経年劣化事象：

① 継続的な実機保全により健全性を評価・管理している事象

② プラントライフマネジメント評価で定量的評価を行っている事象のうち時間依存性がない事象

の組合せを整理し、①及び②以外に分類される事象（原子炉圧力容器の中性子照射脆化）について、知見拡充が必要であると整理されました（参考資料18）。

(3) 中性子照射脆化

中性子照射脆化とは、中性子の照射により材料の粘り強さ（靭性）が低下し、破壊に対する抵抗力（破壊靭性）が低下（脆化）する劣化事象です。図 15のとおり、ある温度での原子炉圧力容器の鋼材の破壊靭性は、照射脆化により低下（同じ破壊靭性になる温度が上昇）します。原子炉圧力容器の鋼材に亀裂が存在すると想定した場合、その亀裂の先端に加わる破壊力（応力拡大係数）を鋼材のもつ破壊靭性が上回ることが、亀裂の進展を防ぎ、原子炉圧力容器の破壊を防止する十分条件になります。中性子照射脆化に係る原子炉圧力容器の健全性評価の際には、脆性破壊に対して最も厳しい加圧熱衝撃（PTS[24]）事象を想定することとしており、図 15のイメージにあるPTS時の応力拡大係数の推移を示す曲線と破壊靭性を示す曲線とが交わらないことを健全性評価では確認します（参考資料19）。

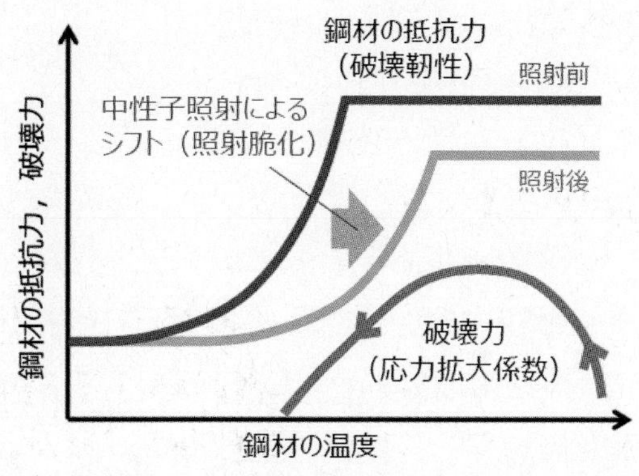

図 15 原子炉圧力容器の鋼材の抵抗力と破壊力

（出典）第17回原子力委員会 資料第1号 電力中央研究所「原子炉の長期運転での構造健全性について」(2022年)

中性子照射脆化に関する知見拡充に向けては、以下のような研究課題があります。

- 脆化メカニズムの解明を通した劣化予測精度の向上
- 監視試験片の再利用
- 不確かさを考慮した健全性評価手法の実用化

---

[23] Atomic Energy Association

[24] Pressurized Thermal Shock。事故発生後、原子炉圧力容器内に冷水が注入されて、原子炉圧力容器の内面が急冷され、熱応力と内圧により、内面に高い応力が発生する事象。

①　脆化メカニズムの解明などを通した劣化予測精度の向上

電力中央研究所（以下「電中研」という。）や原子力機構などでは、中性子照射による材料劣化のメカニズムを解明することで、材料劣化評価の精度向上・脆化予測法の改良を目指しています。

中性子照射脆化のメカニズムとしては、材料内の原子が中性子に弾かれ、欠陥や不純物のクラスターができることにより起こる（図 16）ことがわかっていますが、高照射量領域における脆化の詳しいメカニズムについては継続的に確認していくことが重要です。

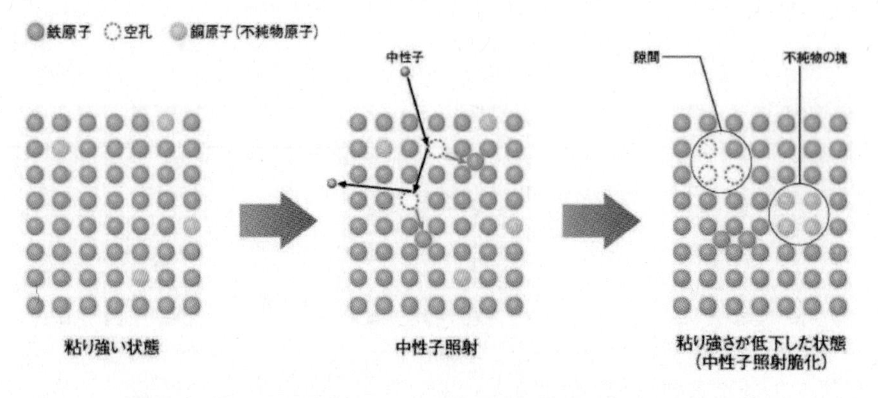

図 16　中性子照射に伴う原子構造の変化（イメージ）
（出典）ATENA ウェブサイト（2022 年）

実際に、原子の位置を分析できる 3 次元アトムプローブ（APT[25]）や、欠陥やその周辺の元素を分析可能な陽電子消滅法などを用いて、中性子が照射された材料に対して微細組織変化の分析が進められています（図 17）。

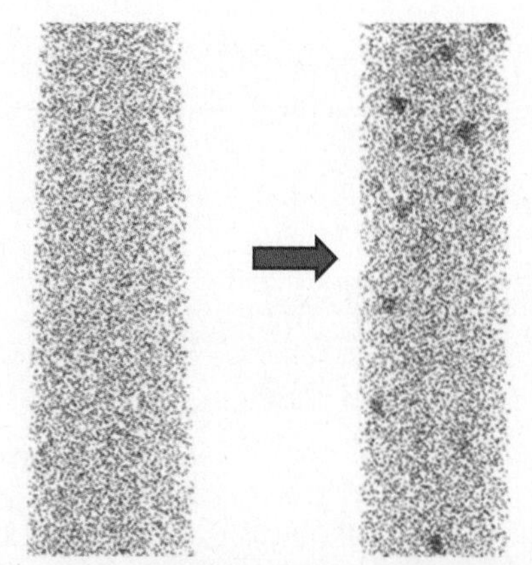

図 17　照射前（左）と照射後（右）の原子炉圧力容器鋼の 3 次元アトムプローブ分析結果
（出典）電力中央研究所より提供

現行の国内で用いられている脆化予測法では、不純物原子のクラスターなどは脆化要因として考慮されていますが、欠陥（空孔型欠陥や転位ループ）など、十分に考慮されていない脆化要因もあります。将来の脆化予測精度の向上（予測法の改良）のためには、脆化量と微細組織変化の定量的関係の分析を進め、データ収集を行い、クラスターなどの形成やその脆化への影響を理解することが重要な課題となっています。また、監視試験片から得られるデータを基にした機械学習による統計解析などによる予測精度の向上に向けた取組も行われています。

---

25 Atom Probe Tomography

② 監視試験片の再利用や不確かさを考慮した健全性評価手法の実用化

原子炉圧力容器には、運転期間中の中性子照射脆化の状況を確認するために、建設時に原子炉圧力容器内壁近傍に「監視試験片」を配置しています。これを計画的に取り出して、試験により評価しています。原子炉圧力容器内に配置されている監視試験片数には限りがあるため、長期運転を想定すると、一度取り出した監視試験片を試験後に再利用することも検討する必要があります。そこで、電中研や原子力機構などによって、試験済み監視試験片から微小試験片を取り出すことを想定し、微小試験片による照射脆化の評価に向けた研究が行われています。特に、試験炉や商用炉において実際に中性子を照射した微小試験片を用いた評価の適用性の検証が重要となっています。

また、監視試験片の評価などからの劣化進展の予測や構造物の破壊に係る評価には、様々な因子の不確かさがあります。このため、確率論的破壊力学に基づく評価を通じて構造物の破壊が発生する確率についての定量的評価も重要です。

原子力機構では、不確かさを考慮可能な確率論的破壊力学に基づく解析コードを開発し、2023 年 2 月には、国内軽水炉の全ての炉型・全ての過渡条件を対象として破損確率を算出できるように改良したものを公開しました（図 18）。この確率論的破壊力学による評価手法は、任意の亀裂や中性子照射量などを想定した場合の健全性（破損確率・頻度）を定量的に把握するものです。監視試験片の評価により得られる脆化量等の情報を解析コードに設定することで、原子炉圧力容器の現実的な健全性を定量的に評価できるようになります。

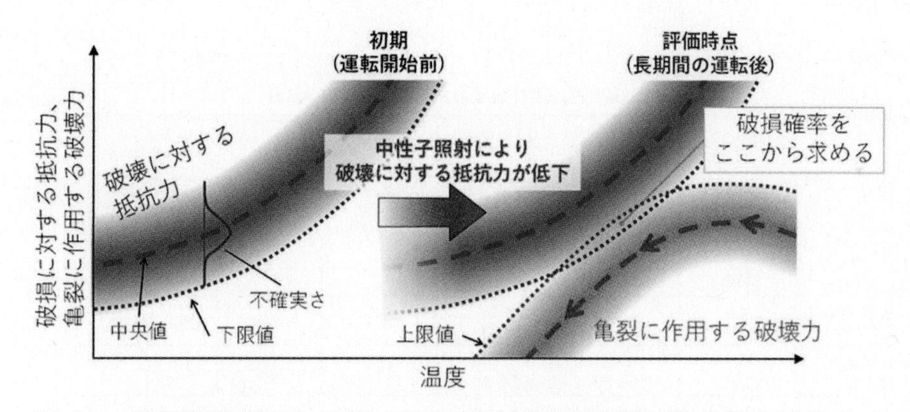

図 18　長期間運転される軽水炉の原子炉圧力容器の健全性を確かめる
-確率論的破壊力学に基づく破損確率の評価-

（出典）原子力機構　プレスリリース（2023 年）

なお、この確率論的破壊力学による評価手法は、他の保全活動が可能な部位にも適用可能です。原子炉圧力容器以外の機器の劣化事象において、保守による破損確率・頻度への影響の確認や非破壊検査の頻度の合理化も期待できます。

(4)　そのほかの取替困難機器の経年劣化事象について

原子炉の寿命に影響する取替困難機器の劣化事象は、原子炉圧力容器の中性子照射脆化のほかに、コンクリート構造物の強度低下や遮へい能力低下があります。中性子照射脆化は運転停止期間中は進展しませんが、コンクリート構造物の劣化は運転停止期間中でも進展するものもあり、前述のとおり、高経年化技術評価の際に必ず評価する対象としています。

コンクリート構造物の強度低下には、熱によるものや中性化[26]によるものなどがあります。例えばコンクリート構造物の中性化による強度低下については、①鉄筋が腐食し始める中性化深さと、②評価したい運転開始後の経過時点（例えば運転開始 60 年後）の中性化深さ推定値を比較することで、健全性を評価します。具体的には、①鉄筋が腐食し始める中性化深さについては、コンクリート表面から鉄筋外側までの最短距離を非破壊検査で測定します。②評価したい運転開始後の経過時点の中性化深さ推定値については、複数の中性化速度式[27]による推定値のうち最大値を評価に用いています。一つは、調査時点の中性化実測深さから推定する方法です。現状、非破壊検査による信頼性の高い測定手法はなく、使用環境条件が最も厳しくなる場所からコアサンプル等を採取して中性化深さを実測し、中性化速度式によって推定値を算出します。もう一つは、調査時点の環境条件（二酸化炭素濃度や湿度等）等を測定し、それらと中性化期間を中性化速度式に代入して推定値を算出する方法です。例として、関西電力株式会社美浜発電所 3 号炉運転期間延長認可時（2016 年）の劣化状況評価を図　19 に示します。図より、中性化速度式によって運転開始後 60 年経過時点に算定した中性化深さ（最大中性化深さ推定値）は、鉄筋が腐食し始める中性化深さを下回っていることが確認されています。

運転開始後60年後時点と鉄筋が腐食し始める時点の中性化深さの比較

	中性化深さ(cm)			鉄筋が腐食し始める時の中性化深さ※2 (cm)	判定	備考（強度試験結果）	
	測定値（調査時点の運転開始後経過年）	推定値※1					
		調査時点※2（中性化速度式）	運転開始後60年経過時点（中性化速度式）			平均圧縮強度 (N/mm²)	設計基準強度 (N/mm²)
内部コンクリート（上部）	0.5 (38年)	4.3 (森永式)	**5.3 (森永式)**	**6.0**	**OK**	–	–
原子炉補助建屋（基礎マット）	4.3 (38年)	3.1 (岸谷式)	**5.3 (√t式)**	**10.0**	**OK**	19.0 ≧	17.7
取水構造物（気中帯）	0.1 (38年)	2.0 (岸谷式)	**2.5 (岸谷式)**	**8.55**	**OK**	32.0 ≧	23.5

※1：岸谷式、森永式及び実測値に基づく√t式による評価結果のうち最大値を記載
※2：屋内（外部遮蔽壁、原子炉補助建屋）はかぶり厚さに2cmを加えた値、屋外（取水構造物）はかぶり厚さの値

図　19　運転開始後 60 年後時点と鉄筋が腐食し始める時点の中性化深さの比較
（出典）第 385 回原子力発電所の新規制基準適合性に係る審査会合（2016 年）資料 3-6-1 を一部修正

このように、原子炉の長期利用に向けた健全性評価においては、サンプル調査や非破壊検査による調査時点の劣化状況を基に、予測式などを用いて将来の劣化状況を予測することとなります。そのため、長期にわたる安定的な運転のためには、特に取替困難機器における

[26] 大気中の二酸化炭素がコンクリートと接触することによってコンクリート中の水酸化カルシウムと反応しアルカリ性を失う中性化が表面から進行し、鉄筋を腐食させる。
[27] 一般的に、中性化は、材齢の平方根に比例して進展することが確認されており、対象のコンクリート構造物が置かれた環境条件などが比例係数を決定する。

様々な経年劣化事象について、新たな知見や技術等を基に、リスク情報の活用や非破壊検査の活用など、継続的に現状の劣化状況の調査精度及び劣化進展の予測精度の向上などに努めることが重要となります。

(5) まとめ

原子力発電施設の長期にわたる安定的な運転の大前提となる安全性の確保のためには、経年劣化に関する知見を拡充し、劣化進展の予測精度の向上や、不確かさを考慮した健全性評価手法を開発・実用化をしていくこと、さらには、研究機関と規制当局の情報交換を通じた規制への取り込みなどを進めていくことが重要です。また、今回は主に中性子照射脆化に焦点を絞りましたが、それ以外の物理的な経年劣化事象も考慮してリスクを評価することが重要であり、確率論的リスク評価の更なる深化が重要です。

また、東電福島第一原発事故は、タービン建屋の地下に安全系の電源設備が設置されている設計の自主的改善がされなかったことが一因であったことを踏まえると、物理的な経年劣化事象だけでなく、非物理的な劣化である「設計の古さ」に対する事業者の自主的取組や規制側からの検討も重要な取組です。「設計の古さ」としては、例えば、安全にかかわる設計思想や実装されている設備が、技術の進歩した今の時代に求められる安全水準を満たさなくなることなどが考えられます。このような「設計の古さ」に対しては、科学的・技術的な観点から新しい知見をバックフィットで取り入れるなど、既存の制度の枠組みを活用しつつ、どのように「設計の古さ」に対応していくかについては、原子力規制委員会において検討されています。

経年劣化に関する知見拡充の取組については、国際的な取組も進んでいます。例えば、OECD/NEA では、スウェーデンの企業が運営組織を務め、運転中の原子炉（軽水炉）における材料劣化の調査・理解促進を目的とした5年間のプロジェクトが2021年に開始されており、我が国も参画しています。データが限られる中、長期間の運転実績を有する海外の経年劣化に関する知見から学ぶことも極めて重要です。

我が国は、東電福島第一原発事故の反省と教訓を踏まえ、原子力発電の安全性向上に向けた国際的な取組において貢献する責務があるといえます。また、原子力関連機関は、原子力発電所の経年劣化に対する安全性確保の取組及びその安全性に関する科学的・客観的データについて、透明性をもって国民に分かりやすく発信し、理解を深め、原子力利用に関する政策全体に対する信頼を回復することが重要です。原子力委員会も、継続して俯瞰的立場から原子力エネルギー利用を含む原子力政策全体の情報発信を行っていきます。

5. トピック４：高線量を克服する廃炉に向けた技術開発

(1) 東電福島第一原発の廃炉と通常炉の廃止措置の特徴

東電福島第一原発のように炉心溶融が大規模に発生した原子炉（事故炉）と施設寿命を終え通常の状態で運転停止した原子炉（通常炉）では、その状態に異なる点が多くあります（表3）。事故炉の主な特徴としては、圧力容器、格納容器の燃料デブリの存在、放射性物質を含む汚染水の発生、燃料デブリ等から遊離又は流出した放射性物質の飛散による原子炉等の建屋内の高線量化等、状態が不明な要素が多いことが挙げられます。

表 3 通常炉の廃止措置と東電福島第一原発の廃炉の特徴

	通常炉の廃止措置	東電福島第一原発の廃炉
① 燃料搬出（発熱体かつ臨界リスクがあり、放射性物質量が最も多いため優先して搬出する）	• 炉心、燃料貯蔵施設、使用済燃料プールに存在し、既存機器によって搬出可能	• 事故により既存機器で使用済燃料を搬出できない可能性がある • 使用済燃料自体が破損している可能性がある • 炉心装荷燃料は燃料デブリとなり、炉心外へ流出している（性状、存在領域、量及び冷却状況の詳細調査が必要）
② 汚染状況調査	• 原子炉など 1 次系統の機器や原子炉付近構造物など、汚染範囲が予想可能であり、効率的な遂行が可能	• 事故により様々な干渉物が存在 • 高線量雰囲気のため調査対象へ近づくことが難しく、未調査区画が存在（遠隔調査技術の開発が求められる）
③ 除染	• 既存技術で除染可能 • 効率性・経済性が重要となる（二次廃棄物、作業員被ばく低減等の対応は必要）	• 高線量雰囲気のため除染対象に近づくことのできない領域が多数存在 • 除染範囲が莫大（線源把握技術や遠隔除染技術の開発が求められる）
④ 原子炉領域以外の周辺設備の解体	• 既存技術で解体可能	• 通常廃止措置であれば線量がそこまで高くないタービン等の周辺設備が汚染している
⑤ 原子炉領域・原子炉建屋等の解体	• 国内での商用炉完了実績はまだない（動力試験炉（JPDR[28]）では実績あり。東海発電所、浜岡原発 1 号機、2 号機では 2024 年度から解体予定）	• 格納容器内に燃料デブリが存在 • 震災による建屋の健全性低下 • タービン建屋など、通常廃止措置であれば線量がそこまで高くない領域が汚染している
⑥ 廃棄物処理・処分	• 処分場が未定	• 燃料デブリや廃棄物の処理方法が未定（燃料デブリの性状把握技術の開発が求められる） • 処分方法、処分場が未定
⑦ その他	–	• 地下水等の流入に伴い高線量の汚染水が発生（汚染水の発生低減や、放射性物質の除去技術が求められる。）

（出典）内閣府作成

[28] Japan Power Demonstration Reactor

事故炉の廃炉では、汚染水・処理水対策を進めるとともに、原子炉建屋内や燃料デブリの状態など不明な点が多い中で、ステップ・バイ・ステップで進めざるを得ません。廃炉を安全、確実、合理的、迅速及び現場指向で進めるためには、現場の技術的課題（ニーズ）に基づいた総合的な研究開発が必要です。これらの技術的課題は、土木・建築、メカニクス、ロボティクス、安全確保など多岐にわたるため、総合的なシステム技術として全体を構築する必要があります。なお、ここでは東電福島第一原発の廃止措置を「廃炉」、通常炉についは「廃止措置」と呼びます。

(2)　東電福島第一原発廃炉に係る研究開発

東電福島第一原発建屋内は、原子炉内から漏えい、飛散した放射性物質の汚染により高い放射線量を示す場所が点在しています。作業員の被ばくリスクを回避するため、高線量の線源の把握や除染、燃料デブリ取り出しを遠隔で作業をするための技術が開発されています。また、汚染水・処理水対策や放射性廃棄物の処理など様々な分野で研究開発が進められていますが、廃炉は格納容器、圧力容器内に燃料デブリ等が残存したままという厳しい高線量環境下で作業を行わざるを得ないことから、ここでは高線量に対応するための線源把握技術、遠隔技術、燃料デブリの性状把握のための分析・推定技術について紹介します(参考資料 20)。

①　線源把握技術

原子炉建屋内は、事故による損傷状態が不明な場所が残り、未だに線量率が高いため環境改善が必要です。また、効率的な作業計画から現場作業を実現するためには、関係者間での情報共有が必要です。そのような中、建屋内の放射線量等のデータを収集し、仮想現実技術（VR）等のデジタル技術によってサイバー空間上に可視化する技術が求められます。高線量の建屋内では、十分な線量点を測定することは出来ないため、令和３年度廃炉・汚染水対策事業において、建屋内の線量率（実測値）から線源の分布を逆解析により推定し、画像化するシステムのプロトタイプが構築されました。このシステムでは、テスト線源を配置して計算で得た線量率分布をほぼ再現することができます(図 20)。今後、東電福島第一原発建屋内等での実測データを用いた有効性確認などを行いつつ、プロトタイプシステムの高度化（現場適用性、推定精度及び操作性の向上)が進められていきます。

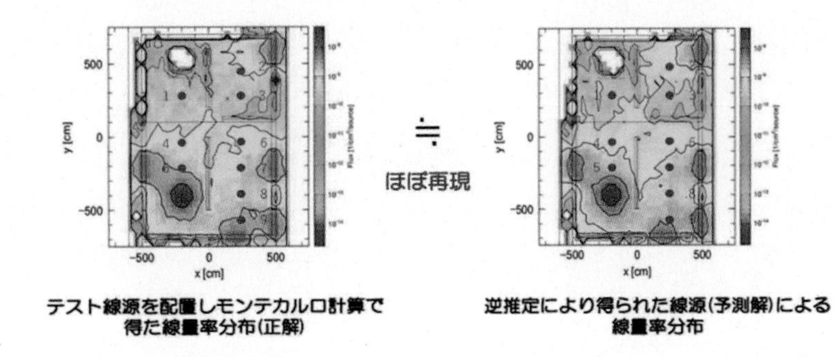

図 20　線量率分布の比較（テスト線源によるモンテカルロコード PHITS の計算結果と逆推定線源による PHITS の計算結果）
(出典)RIST ニュース No.68(2022)

はじめに 特集 第1章 第2章 第3章 第4章 第5章 第6章 第7章 第8章 第9章 資料編 用語集

②　遠隔技術

燃料デブリが存在している原子炉格納容器内は放射線量が高く人が近づくことができないため、その取り出しにはロボットやその遠隔技術が必要です。格納容器内は狭く堆積物もあり、内部へアクセスする貫通孔も大きなものではありません。また、燃料デブリは貫通孔から遠い場所に存在します。このため遠隔操作するロボットアームの適用が考えられ、それには①狭い環境や貫通孔に合わせた細さ、②遠距離に対応するための長さ、③自重によるたわみを生じない強度のある太さ、がバランス良く備わっていることが重要です。そういった現場環境に対応できるロボットアーム(図 21)が日英共同開発で進められており、原子力機構の楢葉遠隔技術開発センターで性能確認試験やモックアップ試験、操作訓練が行われています。その中で、抽出された改善点をもとに、制御プログラム修正・精度向上、アーム動作速度上昇、ケーブル取付治具の改良、視認性向上、把持部の改良等が行われています。また、燃料デブリの取り出し規模を拡大していくためには、ロボットアーム等の遠隔装置の長期にわたる安全で確実な運転継続性の確保も必要であり、そのための遠隔保守技術も開発が重要です。

図 21　ロボットアーム最大伸長時の状況

(出典)東京電力ホールディングス(株)福島第一原子力発電所の廃炉のための技術戦略プラン 2022

なお、放射線の影響を受けやすい制御装置をケーブル等でつなぎ低線量環境下に設置する高放射線対策や、現在主流となっている電動駆動式ではなく、駆動力や操作性の高い油圧式や水圧式による駆動方式など既存技術を利用したロボットの開発も行われています。

③　燃料デブリの性状把握のための分析・推定技術

原子力機構の廃炉環境国際共同研究センター（CLADS[1]）では、炉内状況を把握するため、遠隔操作ロボット等により採取した原子炉格納容器底部の堆積物等の計測・分析が進められていますが、燃料デブリの性状を正確に捉えた結果はまだ得られていません。燃料デブリに含まれる核物質は、種類が多く均質ではないため、物性値等の不確かさの幅が大きく、現状では保守的に安全対策を検討しています。より正確な燃料デブリの性状把握によって、この不確かさの幅を低減することができれば、過度に裕度の高い安全対策をすることなく、迅速かつ合理的な廃炉作業が可能となります。その際には、サンプル分析に比べ、一回につき短時間かつ多量に検査可能な非破壊検査の活用も重要となります。これらの分析結果は、燃料デブリの取り出し工法、保管・管理、処理処分の取組への展開が期待されます。また、燃料デブリに含まれるウランの計量管理に係る国際原子力機関（IAEA[2]）の保障措置など核物質

---

[1] Collaborative Laboratories for Advanced Decommissioning Science
[2] International Atomic Energy Agency

管理にも展開が期待されますが、今後燃料デブリ内部までの測定も必要になります(図 22)。

廃炉・汚染水・処理水対策事業において、これまでの原子炉建屋の内部調査で採取された未知の微粒子の分析を通じて、分析技術、分析データと評価の過程、その結果からの推定データとその根拠について、データベース(debrisWiki)が構築されています。これらのデータベースは東京電力ホールディングス株式会社（以下「東京電力」という。）等の関係機関やOECD/NEAの国際プロジェクトに提示され、共同で解析が実施されています。

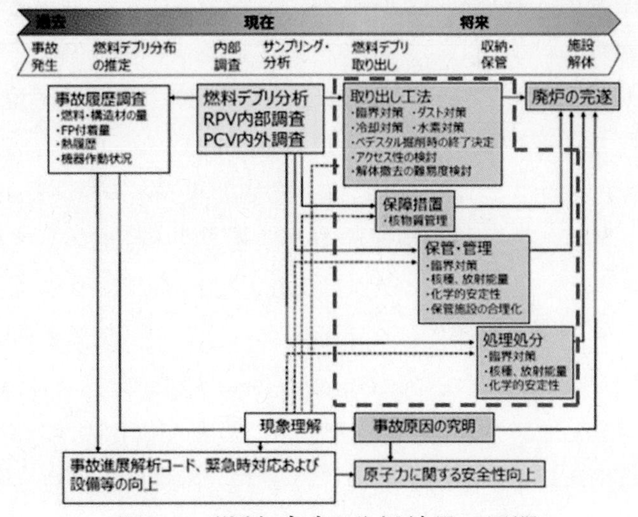

図 22　燃料デブリ分析結果の展開

(出典)第 9 回原子力委員会資料第 1 号「東京電力ホールディングス(株)福島第一原子力発電所の廃炉に向けた技術開発の全体像(技術戦略プラン 2022 より)」(2023)を基に作成

また、燃料デブリを取り出すに当たっては、核燃料成分であるウランの有無やその量が重要な情報となります。燃料デブリは、安全対策を講じた容器で保管し、設備を備えた施設に輸送して分析することを計画していますが、分析に時間を要するため、分析の迅速化が課題となっています。このため、燃料デブリを取り出す作業現場で簡易的かつ迅速に分析できるように、測定する面を鏡面仕上げにすることなく簡便に非破壊分析が可能なレーザー誘起ブレークダウン分光法（LIBS[31]）等を用いた分析手法の確立と性能評価が進められています。ただし、この手法は固さの異なる鉄筋やコンクリート等の複合材料も測定できますが、分析対象の表面に含まれる元素を同定する分析手法であり、1 回に分析できる量は少量です(図 23)。今後、燃料デブリ取り出し量が拡大された場合、効率的に分析するためには、収納容器に密封後に測定できるような非破壊の計測の適用方法の検討が必要です。

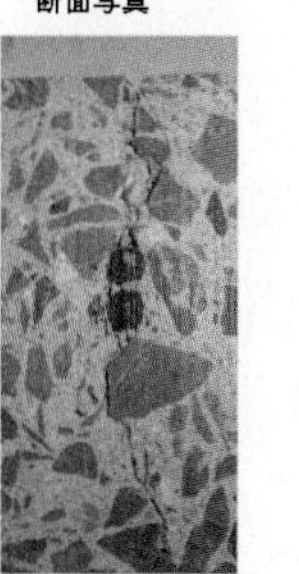

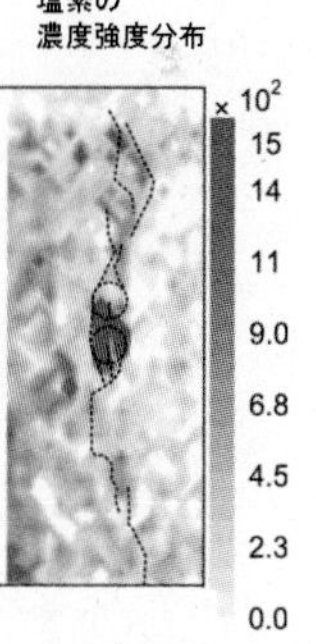

図 23　LIBSによる面的に計測した例

(注)コンクリートの断面写真と塩素の濃度強度の分布を示しており、色が濃いほど塩素の濃度が高いことを表している。また、破線は鉄筋や亀裂を表している。
(出典)レーザーセンシング学会誌　第2巻第2号(2021)レーザー誘起ブレークダウン分光法の計測原理と応用例を基に作成

[31] Laser-Induced Breakdown Spectroscopy

(3) 通常炉の廃止措置に係る研究開発

① 通常炉の廃止措置の状況

世界の廃止措置の状況は、2022年10月時点で、186基が廃止措置中[32]で、17基の廃止措置が完了しています。そのため、我が国の廃止措置は、海外の技術を含めた既存技術を組み合わせながら進められています。一方で、ロボットシステム等の個別技術の開発も進められています。また、既存技術の組み合わせの観点からも、廃止措置の工程全体のマネジメントを行うためのシステムが重要となっています。

② 個別技術の開発

ロボット工学とリモートシステム(遠隔技術)は、廃止措置や放射性廃棄物の管理における放射線環境での作業で必要不可欠な技術です。OECD/NEAの「原子力バックエンドにおけるロボットおよびリモートシステムの適用に関する専門家グループ」(EGRRS[33])でも、放射性廃棄物の管理や廃止措置等の高放射線環境での作業では、幅広いレベルでの自動化や自律性を含むロボット工学やリモートシステムが重要とされています。

我が国においても、原子力機構では自律解体ロボットシステムの研究開発が進められています。これまでの研究でレーザーによる自動切断の手法が確立できたことから、ロボットが自動で対象物を認識してアプローチし、把持する自動制御化の開発の段階にあり、3次元計測が可能なカメラを活用した検討を進めています。今後は、適用する場に応じた精密性や処理速度を考慮した自動制御システムの開発が重要です。

③ 廃止措置エンジニアリングシステムの研究開発

廃止措置を円滑に実施するためには、安全かつ効率的に実施することも必要です。このため、放射性廃棄物の処分を念頭におき、発生する廃棄物の処理・処分までの管理を含めた廃止措置の工程全体をマネジメントするシステムが求められています。原子力機構の「ふげん」の廃止措置では、廃止措置を安全かつ合理的に進めるために、計画段階における作業員の被ばく低減、コスト最小化を考慮した作業計画立案、実施段階における現場の作業支援や発生する廃棄物の処理処分に向けた情報管理等を行う廃止措置エンジニアリング支援システム(DEXUS[34])を廃止措置着手前から構築しました。廃止措置着手後は、仮想現実技術(VR)や可視化技術、最新の「ふげん」の解体実績を踏まえた評価手法の高度化が進められています(参考資料21)。

また、原子力機構は施設の特徴や類似性、解体工法等を基に廃止措置費用を短時間で効率的に計算できる評価コード(DECOST[35])を開発してきました(図24)。実際の廃止措置実施方針における費用算出に適用される予定です。なお、今後も定期的に見直し、新たな解体実績データや廃止措置環境の変化等が反映されていきます。また、コード利用マニュアルの作成

---

[32] 運転を終了し廃止を決定した原子力施設の数も含む。
[33] The Expert Group on the Application of Robotic and Remote Systems in the Nuclear Back-end
OECD/NEAの放射性廃棄物管理委員会(RWMC)および原子力施設の廃止措置およびレガシー管理委員会(CDLM)の後援の下で設立。
[34] Decommissioning Engineering Support System⇒DECSUS⇒DEXUS
[35] The Simplified Decommissioning Cost Estimation Code for Nuclear Facilities

や説明会の開催を通じて、原子力機構以外の原子力事業者の利用を支援していくことが示されています。

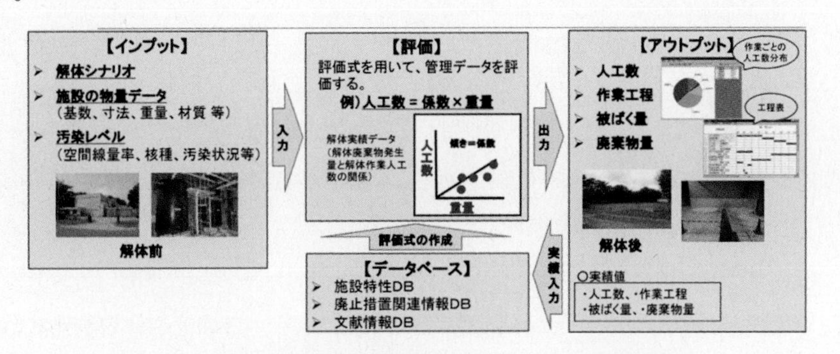

図 24　廃止措置費用簡易評価コード（DECOST）

（出典）科学技術・学術審議会研究計画・評価分科会原子力科学技術委員会原子力施設廃止措置等作業部会（第 4 回）資料 3-2　原子力機構「「原子力機構の原子力施設の廃止措置に関する研究開発の在り方について（案）」に対する機構としての意見」（2018 年）

(4)　まとめ

廃炉や廃止措置を、安全性の確保を大前提として、着実かつ効率的に実施するため、施設等の解体や除染等の作業により発生する放射性廃棄物の処理・処分等を含めた廃棄物管理に一体的に取り組む必要があります。また、廃炉や廃止措置に係る原子力規制当局の審査手続等の法制度への対応など、分野を超えた技術・知見の確保・蓄積が必要です。廃炉や廃止措置では、こうした複雑な作業工程全体を見通した計画を作成し、総合的なシステム技術として適切にマネジメントすることが重要であり、また、当初想定していなかった状況や課題に直面する可能性もあることから、定期的に計画を見直すなど柔軟性も必要となります。とりわけ東電福島第一原発の廃炉については、燃料デブリの取り出しなど世界でも類がない特殊性があるため、原子力国際機関等国際社会との連携も重要です。例えば、2021 年 1 月、東京電力と英国原子力公社（UKAEA[36]）において研究・技術開発協力が締結され、原子力施設の廃止措置支援技術やロボット遠隔操作技術に関する 4 カ年計画の共同研究が行われています。また、廃炉や廃止措置を進めていく際は、国民の理解を得ることが重要です。科学的に正確な情報・データを出すだけではなく、国民に寄り添った情報・データの示し方も検討しつつ着実に対応する必要があります。

東電福島第一原発の廃炉で得られた、ロボット技術、遠隔操作技術、分析技術、汚染水処理技術や放射性廃棄物管理、それらを総合的なシステムとしてマネジメントする経験は、通常炉の廃止措置やバックエンドの取組を安全に進める上でも必要となります。今後、原子力施設の廃止措置が世界的に実施されることが見込まれており、これらの技術や知見を国際社会に共有し、活用することで、国内外における原子力利用全体における安全性の確保にも貢献することが期待されます。

[36] United Kingdom Atomic Energy Authority

6. トピック5：核変換による使用済燃料の有害度低減への挑戦

(1) 使用済燃料の分離変換技術とその意義

原子力発電では、ウランなどに中性子を衝突させることで生じる核分裂反応を利用していますが、その際、ウランなどが核分裂以外の反応により、放射線を放出しながらマイナーアクチノイド（以下「MA[37]」という。）と呼ばれる別の核種に変化するものもあります。核分裂反応した場合は、セシウムやストロンチウムといった様々な核分裂生成物（以下「FP[38]」という。）が生じます（参考資料22）。

我が国では、使用済燃料を再処理してウランとプルトニウムを回収し、残ったMAとFPは高レベル放射性廃棄物として地層処分する方針ですが、これらには発熱量が大きな核種や、半減期が極めて長い核種が含まれます（図 25、参考資料23）。

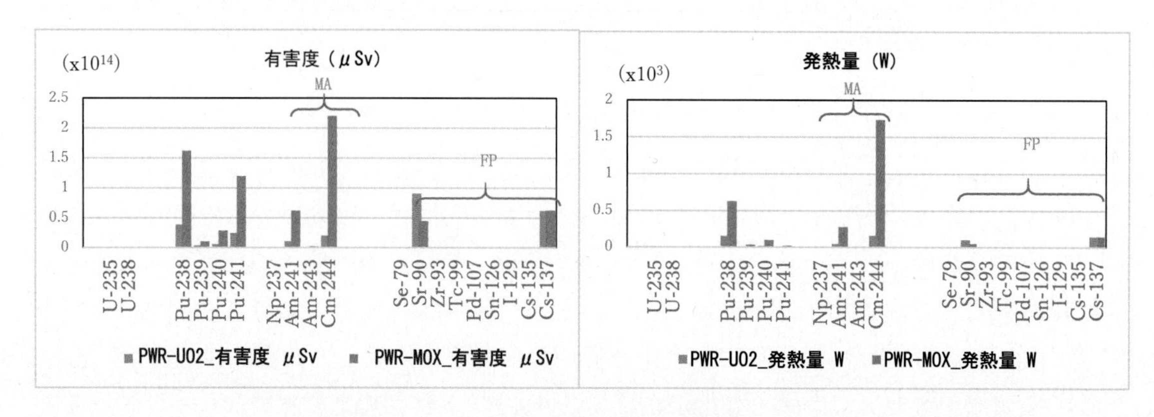

図 25 使用済燃料1トン中に含まれる各核種による有害度と発熱量
（PWR-UO2と-MOXの比較）

※PWR-UO2, -MOX いずれも 45GWd/t、5年冷却
（出典）使用済燃料の核種組成：安藤、高野；「使用済軽水炉燃料の核種組成評価」JAERI-Research 99-004 1999.2）より引用

発熱量が大きな核種が含まれると、地層処分設備の熱的健全性を担保する観点から、廃棄物同士を密に置くことができず、地層処分場の規模を大きくする必要があります。また、半減期が長い核種が含まれると、有害度が十分に低減するまで極めて長期間の年月が必要となります。このような核種を分離して別の核種に変換することで（分離変換）、高レベル放射性廃棄物の減容化・有害度低減、地層処分場の規模低減、廃棄物を処分するまでに貯蔵する期間の短縮などが実現することが期待されています[39]。例えば、高レベル放射性廃棄物の

---

[37] Minor Actinide：アクチノイドに属する超ウラン元素（TRU）の内、プルトニウムを除いたネプツニウム（Np）、アメリシウム（Am）、キュリウム（Cm）等の元素の総称。

[38] Fission Product

[39] 原子力委員会の研究開発専門部会分離変換技術検討会「分離変換技術に関する研究開発の現状と今後の進め方（2009年）」においても、分離変換の意義として、①潜在的有害度の低減、②地層処分場に対する要求の軽減、③廃棄物処分体系の設計における自由度の増大を挙げている。その他、分離変換技術に求められる性能要求として、プルトニウムとMA等の高線量物質と共存によって転用が困難となる核拡散抵抗性についても着目されている。

有害度低減効果については、天然ウランレベルの有害度まで低減するのに要する期間は、使用済燃料からウランとプルトニウムを取り除く現在の再処理により10万年（使用済燃料をそのまま直接処分する場合）が8千年に、更にMAを取り除くことにより300年程度にまで大幅に短縮させることができると期待されています。また、図 26のように、一定のシナリオの下、MA のリサイクル等により、必要となる処分場面積についても大幅な低減を図ることが可能となると期待されています。

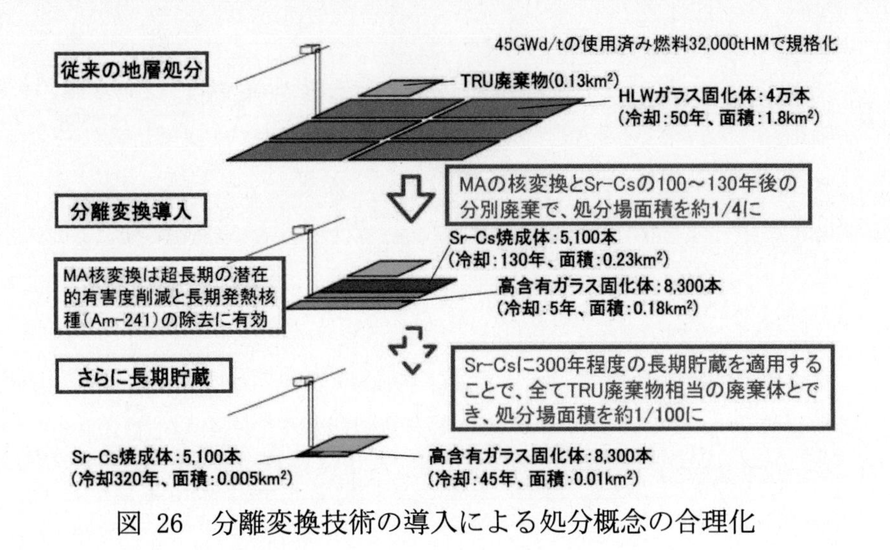

図 26　分離変換技術の導入による処分概念の合理化

（出所）原子力機構「分離変換技術の目的（2021年6月)」

分離変換技術の導入によるメリットは、使用済燃料の種別によっても異なります。これは、使用済燃料の種別によって、半減期と発熱量が異なる様々な核種の含有量の割合が異なることに起因します。使用済MOX[40]燃料に含まれるMAの割合は大きく、また燃料を長時間使用するほど（燃焼度が高いほど）MAが増加し、使用済燃料の取り出しから再処理までの冷却期間が長く経過するほど、ストロンチウム90などの比較的短寿命のFPが減少する一方で、プルトニウム等に起因するアメリシウム241等のMAが増加し、MAを分離変換する意義が大きくなると言えます（参考資料24)。

ただし、MA等の分離変換技術を用いたとしても、放射性廃棄物の最終的な地層処分が不要になるわけではなく、実際に上記のような効果を得るためには工学的に解決しなければならない多くの課題もあります。しかしながら、地層処分場による物理的及び時間的な負担の軽減は、将来世代も含めた地層処分場立地地域の負担軽減を意味し、立地間や世代間の公平性の観点から極めて重要です。

[40] Mixed　Oxide

(2) 分離変換技術を活用した使用済燃料の処理・処分プロセス

MA 等の分離変換を行うためには、MA 等の分離回収プロセス、分離した MA 等を含有させた燃料製造プロセス、更に当該燃料に中性子を照射する核変換プロセスが必要ですが、それぞれのプロセスには様々な手法・技術があり、どういった組合せで MA 等の分離変換を行っていくのか、分離変換を利用した核燃料サイクルをどの程度回していくのかなど、技術面、経済面、さらには、投入するエネルギー、低レベル放射性廃棄物含めた発生放射性廃棄物の性状や量等を踏まえた総合的なシナリオ評価が必要です。

表 4 分離変換に必要となる様々な技術

分離回収プロセス	○**湿式法**・・・水溶液や有機溶媒中で使用済燃料からの MA 等の分離回収を行う化学プロセス。これまで商用化された核燃料再処理プラントで使っている PUREX 法も湿式法の一つ。 ○**乾式法**・・・溶液を用いず、溶融塩や液体金属などを溶媒として電解精製等の手法により分離回収を行う化学プロセス。実用化で後れを取るが、溶媒劣化が少ないなどの利点から国際的に研究開発も進む。 ※上記に加え、何を分離対象とするか（MA のみ分離するのか、その場合 MA の中で何を分離するのか[41]、また、現状、核変換技術が概念検討に留まっている FP の分離をどうするのか等）といった検討課題がある。 ※分離回収方式の選択に当たっては、既存技術との親和性や使用済燃料の性状（MA 等含有割合等）などの観点が考慮されることになる。
燃料形態	○**酸化物燃料**・・・ウランとプルトニウムの MOX 燃料の利用実績に伴う知見が活用可能。 ○**金属燃料**・・・酸化物に比して実績面では劣るが、中性子スペクトル硬化による高効率な MA 核変換、射出鋳造法の採用による簡素な遠隔製造プロセスが可能とされている。 ○**窒化物燃料**・・・開発の歴史は浅いが、照射下での安定性に優れ、核分裂生成ガス放出も酸化物燃料などと比べて低減できるとされている。
核変換プロセス	○**高速炉**・・・発電用の高速炉内で核変換を行うプロセス。MA の装荷方法として、全ての燃料に均質に MA を混合する概念（均質型）と通常の燃料体とは別により高い比率で MA を装荷した燃料体を装荷する概念（非均質型）がある。 ○**階層型（ADS）**・・・加速器駆動システム（ADS）を利用した核変換を主目的とする核変換プロセス。高速炉利用と異なり、発電システムとは別の施設が必要とはなるが、発電炉としての炉心特性への影響を考える必要がないため、より効率的な核変換が可能。

上述のように、分離変換に必要な各プロセスにおいて様々な技術が研究されていますが、本節では、これまで原子力委員会研究開発専門部会分離変換技術検討会等で主概念とされた、湿式法による MA 分離・回収、MOX 燃料、高速炉均質型システムによる核変換における一連のプロセスを取り上げます。

湿式法による MA 分離・回収では、ネプツニウムはウラン及びプルトニウムと一緒に回収することが可能であるため、アメリシウムとキュリウムを分離回収の対象とします。アメリ

[41] 放射線量・発熱量が大きく、システム全体としての削減が困難とされているキュリウムの扱い等。

シウムとキュリウムは化学的性質が希土類元素（RE）と似ているため、これらを一括して分離した後、アメリシウムとキュリウムを分離・回収します。燃料製造においては、高速炉用MOX燃料にMAを均質に添加するため、通常の高速炉用MOX燃料よりも発熱量と放射線量が高く、遠隔で製造する必要があります（表 5）。

表 5　MA装荷（5wt%）新燃料による発熱量、放射線量への影響（通常MOX燃料に対する比）

	崩壊熱	中性子放出量	γ線強度
新燃料	2.2倍	100倍	2.1倍
（参考）使用済燃料 ※燃焼度：80GWd/t	2.8倍	19倍	1倍

（出典）一般社団法人日本原子力学会「分離変換技術総論」（2016年）

また、原子炉の安全性確保等の観点から、装荷できるMAは燃料の3～5%程度とされています。高速炉を用いた核変換では、主にプルトニウムの核分裂反応を利用して発電しながら、MAにも高速中性子を衝突させて核反応を発生させます。高速炉の運転中にも新たなMAが発生するため、全てのMAを核変換することはできませんが、使用済燃料を再処理し、核変換を繰り返すことでMAの総量を平衡状態にすることができると考えられています。ただし、高速炉の使用済燃料の再処理は、プルトニウムを多く含むことなどから軽水炉燃料の再処理よりも技術的ハードルが高くなります。

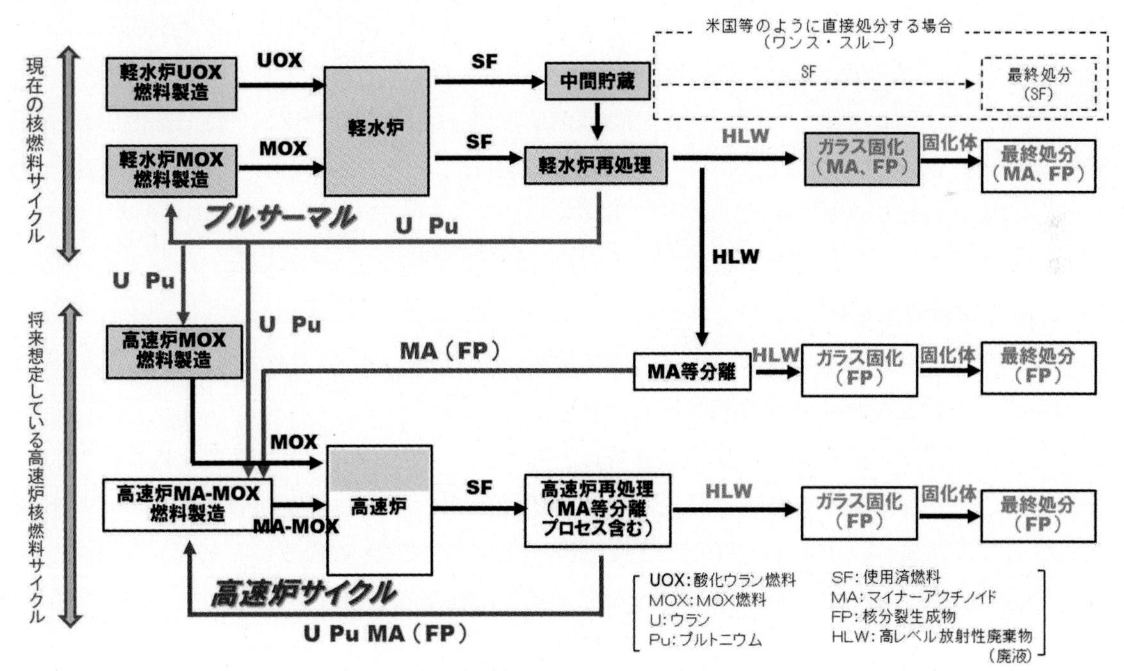

図 27　MAを含む核燃料サイクルの例

（注）網掛けされた施設（プロセス含む）は、技術開発が進んでおり、実用化のレベルに達していると判断される。
（出典）内閣府作成

(3) 分離変換技術の導入による定量的な試算結果（一例）

我が国で2005年度から2010年度にかけて実施された高速増殖炉サイクル実用化研究開発（FaCTプロジェクト[42]）における計算によると、高速炉による核変換は、MA含有率が4%程度の場合、約2年の運転期間で装荷したMAの30～40%を変換できると評価されています。これを基に一定の前提を置いて100万kWの高速炉1基でMAの核変換を行った場合、同100万kWの軽水炉約3.1基から発生するMAを変換できると推計されます（参考資料25）。ただし、実際にこのような効果が得られるかどうかは実態に即した精緻な検証が必要となります。

(4) 国際的な動向

分離変換技術は、フランスやロシアなど、主に使用済燃料を再処理する方針の国で研究が進められています。フランスは、1992年から総合的な研究開発を開始し、高速炉を開発する理由の1つにMAの核変換を挙げています。2019年には高速原型炉ASTRID[43]の建設計画が中止されましたが、高速炉サイクルを目指す方針は継続しています。なお、フランスはバタイユ法に基づいた調査やASNの意見書において、分離変換は限られた核種のみ可能で、その過程でも地層処分の必要な廃棄物を生み出すなど地層処分の必要性をなくすことはできないとの結論を出しています（参考資料26）。また、米国は使用済燃料を直接処分する方針ですが、将来の選択肢を確保する観点から再処理技術の研究を継続しています。さらに、加速器を用いた核変換技術の開発も進められており、ベルギーを中心としたEU全体での研究プロジェクト（MYRRHA[44]計画）を実施中です。

OECD/NEAも2021年に、分離変換を含む核燃料サイクルの2050年までの工業化に向けた準備を進めることを目指したタスクフォースを立ち上げました。このように、分離変換技術は国際的にも研究が進められています。

(5) 研究開発の現状

ここでも、一例として、湿式法によるMA分離回収、MOX燃料、高速炉均質型システムによる核変換の研究開発の状況を取り上げます。

分離回収技術では、分離プロセスの構築と、実廃液を対象とした小規模実証試験が行われています。我が国では原子力機構が複数の技術開発を進めており、MA回収率90～99.9%を達成しました。今後は、経済性も含めて各技術のメリットと課題を検討した上で、活用する技術を選択し、放射線による溶媒劣化評価など、工学規模での成立性を確認する必要があります。MA回収率は上述の分離変換技術の有害度低減効果や必要となる廃棄物処分場面積等に大きく影響しますので、経済性向上の観点も含め、総合的な研究開発を進めていくことが重要となります（参考資料27、28）。

---

[42] Fast Reactor Cycle Technology Development Project
[43] Advanced Sodium technological Reactor for Industrial Demonstration
[44] Multi-purpose hybrid Research Reactor for Hight-Tech Application

燃料製造技術に関しては、原子炉内での挙動把握等のためMA添加による物性値への影響等の基礎データが取得されています。また、高速炉用燃料はプルトニウムを多く含む影響で軽水炉燃料よりも製造が難しいですが、MA を添加することで発熱量や中性子放等出量が更に高くなるため、被ばくを防止するための遠隔自動化等が必要となり難易度が更に上がります。こういった課題も踏まえた上で施設の設計を具体化する必要があります。

高速炉による核変換は、原型炉を用いたサンプル試料への照射が行われ、核変換効率等のデータが取得されてきました。更なる基礎データの拡充を図り、原子炉として成立するために必要なデータを整備して設計につなげることが求められます。

表 6 分離変換技術の実績と課題

	実績	課題	TRL[45]
分離・回収	実験室規模実験でNpとAmの回収率99.9%を達成	経済性、廃棄物発生量の抑制、REとの分離、工学規模での実証	4-6
MOX燃料関連	原型炉におけるAm含有試験燃料の照射実験で基礎データを取得	製造方法の原理実証、分離回収プロセスとの整合性確認	4-6
高速炉変換	原型炉における2%添加ペレット照射試験でNpとAmの変換率を実測(25%前後)	原子炉データの取得、MA装荷炉心の設計	4-5

(出典)一般社団法人日本原子力学会「分離変換技術総論」(2016 年)、科学技術・学術審議会研究計画・評価分科会 原子力科学技術委員会 原子力研究開発・基盤・人材作業部会 群分離・核変換技術評価タスクフォース(第2回)資料 2-2 原子力機構「今後の研究開発の進め方」(2021 年)、OECD/NEA「State-of-the-art Report on Innovative Fuels for Advanced Nuclear Systems」(2014 年)、IAEA「STATUS OF MINOR ACTINIDE FUEL DEVELOPMENT」(2009 年)を基に内閣府作成

(6) まとめ

上述のように分離変換技術は、高レベル放射性廃棄物の最終的な地層処分を不要にするものではありませんが、大幅な減容化や有害度低減が可能であり、原子力の持続可能な活用を実現する上で極めて重要な技術になり得ます。一方、その効果は前提条件や技術選択を含めた全体シナリオによって大きく変化するため、技術の成熟度を考慮しつつ、コストとベネフィットを十分比較検証することが必要です。また、発電用高速炉を利用する場合など、分離変換技術の研究開発は、必ずしも分離変換性能を限りなく高くすることが求められているのではなく、全体システムの中で実現可能な姿を考えていくことも必要となります。現在、様々な技術が研究されているものの、現時点ではいずれも実験室レベルであり、工業レベルとのギャップはまだ大きいと言えます。工業レベルでの成立性を確認するためには、より大規模な実証が必要となりますが、そのために必要となる新たな施設等に対して、投資に見合うだけの価値があるか、国際連携や産業界との連携の観点も含めつつ、透明性確保の上、経済的・社会的側面からも精査しなければなりません。

資源に乏しい我が国は、ウラン資源を最大限に活用できる核燃料サイクル政策を進めてきました。分離変換技術のコストとベネフィットを考える上では、高速炉の活用など、我が国の核燃料サイクルの在り方も含めた検討が重要であり、関係者が連携しつつ方針を決めていく必要があります。

[45]技術の着想から実用までを9段階に分けて技術成熟度を評価する指標。各数値の定義は評価者によって異なるが、1～3が概念開発段階、4～6が原理実証段階、7～9が性能実証段階に相当。

はじめに
特集
第1章
第2章
第3章
第4章
第5章
第6章
第7章
第8章
第9章
資料編
用語集

7. トピック6：経済・社会活動を支える放射線による内部透視技術開発

放射線は自然界の中に存在しており、人々は常に放射線（自然放射線）を受けています。放射線は「物を通りぬける（透過力）」「物の性質や状態を変える」などの特殊な能力を有しており、この特徴を生かして人々の身近なところで使用されています。その例の一つとして、非破壊検査があります。病院等でのレントゲン検査や空港等での手荷物検査は、X線という放射線の透過力を利用した非破壊検査の一つです（図 28）。

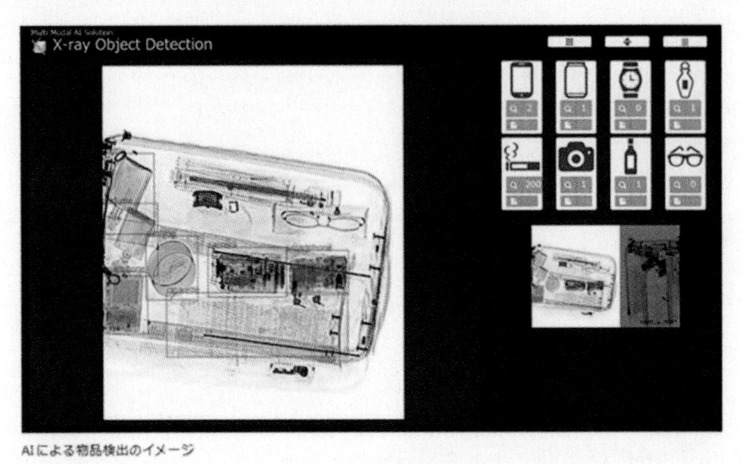

図 28　AIを利用した画像解析検査（手荷物検査）

（出典）NTTデータ webページ　https://www.nttdata.com/jp/ja/data-insight/2019/0520/

本トピックでは非壊検査について紹介します（医療用RIを含む、幅広い放射線・RI利用については第7章参照）。

(1)　非破壊検査

①　非破壊検査とは

検査対象を破壊せずに内部や表面の傷・劣化を検査する技術が非破壊検査です。

持続可能な社会を実現するためには、インフラの整備・維持管理を適切に実施することが不可欠です。インフラ部品の製品加工段階時や製品完成時の検査、また整備後の維持管理における非破壊試験の適用は、製品や設備の信頼性を高めて長期間にわたって利用することに役立ち、また廃棄物量の低減にもつながります。このように、非破壊検査は社会の安全を確保するための技術の一つであり、今後も重要性が高まると考えられています。

主な検査対象として、鉄道、航空機、橋梁、ビル、地中埋設物、化学プラントや原子力発電所等が挙げられます。

②　非破壊検査の種類

非破壊検査には、液体や粉体を表面に塗布してその模様から判断したり、超音波や放射線を利用して得る画像から判断したりする試験方法があります。表7に主な非破壊検査の試験方法を示します。

表 7　主な非破壊検査の試験方法

名称	特徴
浸透探傷試験 Penetrant Testing (PT)	• 被検査体表面に特殊な浸透液を塗布し、指示模様により材料表面の微細欠陥を検出 • 携帯性が良い
磁粉探傷試験 Magnetic Particle Testing (MT)	• 磁化した被検査体表面に磁粉を散布し、磁粉模様により表面層の欠陥を検出 • 経済的で操作性が良い
放射線透過試験 Radiographic Testing (RT)	• 放射線を被検査体に照射し、透過映像（写真）により内部の欠陥を検出 • 機器や配管の内部欠陥を検出するのに優れた検査方法として、広く利用 • 医療レントゲン写真のように内部の状態を写真で把握でき、記録性や視認性に優れている（他の試験方法では確認が難しい表面や内部の欠陥の 2 次元的な形・大きさ・分布や種類などが分かる） • 放射線の進行方向に奥行きのある内部欠陥を検出しやすい • 材質や結晶構造の影響を受けにくい(金属、非金属を問わず適用できる)
超音波探傷試験 Ultrasonic Testing (UT)	• 超音波の反射を利用し、被検査体内部の欠陥を検出 • 検査装置が小型 • 検査の自動化が可能
渦流探傷試験 Electromagnetic Testing (ET)	• 被検査体に渦電流を流し、欠陥によって生ずるインピーダンス（交流回路における電気抵抗の値）の変化を利用し、表面層の欠陥を検出 • 検査の自動化が可能 • 検査速度が速い

(出典)内閣府作成

(2)　放射線透過試験

①　非破壊検査に用いられる放射線

非破壊検査に用いる放射線には様々な種類があります。その特徴や利用例を表 8 に整理しています。これらは、大きく分けると、a)透過線を利用するもの、相互作用による、b)散乱線を利用するもの、c)二次的な放射線を利用するもの、の三つに区分できます。

a) 健康診断の X 線写真と同様に、対象物を透過した放射線の濃淡画像等を見て内部の欠陥等を検査するもの
b) 対象物が非常に厚く、透過線の検出が困難な場合などに、照射した放射線が対象物表面近くで散乱された放射線を検出して対象物の表面近くの内部を検査する手法
c) 対象物と利用する放射線との間における、特に特徴的な相互作用（例えば核反応）の結果放出される放射線を検出して、対象物中の特定の核種の存在を検査するもの

表 8　非破壊検査に用いることができる主な放射線の特徴や利用例

名称	X線	γ線	中性子	ミューオン
特徴	• 原子から発生する電磁波。 • 高密度な物質、また原子番号の大きな原子からなる物質ほど透過しにくくなる。	• 原子核のエネルギー準位の遷移等によって放出される電磁波。 • γ線は一般にX線よりも高エネルギーで透過力が強い。	• 原子核を構成する粒子の一つ。 • 中性子の流れを中性子線という。 • 中性子線は、水・コンクリートなど水素を多く含む物質で遮へいが可能。	• 電子と同じ性質を持つ素粒子、 • 質量は電子の約200倍 • 電子又は陽電子と同様に電荷をもっている。 • 宇宙から降り注ぐ宇宙線に含まれる。
主な利用	【スクリーニングに適している】 • レントゲン検査 • 手荷物検査 • 橋梁検査 • 金属製品や半導体などの検査	• 各種プラントや工場における品質管理	【対象物中のウランの有無を調べるなどに適している】 • 機械の中を移動する燃料やオイルの様子、生物中の水分の移動の観察 • 物質内の原子の並び方や分子の構造の観測	【巨大構造物の中の調査などに適している】 • トンネル内の空洞探査 • ピラミッド内部可視化（クフ王のピラミッド） • 高層ビルや大型タンクの密度や地下鉄駅の深さの調査等 • 火山体内部のラジオグラフィー
利点・課題	• 線源（放射線源、加速器、原子炉）を必要とする。 • 取扱いのための資格（放射線取扱主任者、エックス線作業主任者）や放射線の防護対策が必要。	• 電源設備を必要とせず機動性に優れている。 • 検査技術の面ではエネルギーが限定されている。 • 安全管理面では常時放射線を放出している。 • 経済性においては線源の交換が必要。	• 線源（放射線源、加速器、原子炉）を必要とする。 • 取扱いのための資格（放射線取扱主任者）や放射線の防護対策が必要。	• 線源が必要なく、装置全体が簡便。 • 従来型の非破壊検査に用いられる放射線（γ線、中性子）とは、対象物との相互作用が異なるので、高線量率のバックグラウンド下でも適用できる。 • 検出方法が飛跡の解析。数多くの飛跡を検出する場合は、飛跡解析の自動化が必要。

(出典)内閣府作成

(3)　放射線非破壊検査の研究開発・イノベーティブな適用の方向性・最近の事例

①　インフラや製造プラントの維持管理等のための放射線非破壊検査装置の小型化・利便性向上に向けた取組

高度経済成長期に造られたコンクリート構造物の多くは設計寿命が近づいており、検査することが法律で義務付けられています。一般的に、目視検査や打音検査などの表面スクリーニングが行われていますが、構造物内部の詳しい状況を知ることが大きな課題でした。内部を検査する方法として、電磁波レーダ、超音波、放射線などの利用が考えられますが、放射線の利用では、そのエネルギーを高めるなどにより、より深くまで測定できるようになる特徴があり、効率的な放射線の利用のために、装置の小型化等利便性の更なる向上が求められています。

東京大学では民間企業と共同で、X線を発生させるための電子の加速にXバンド(9.3GHz)を利用しコンパクト化した可搬型電子ライナックX線源(X線エネルギーが950keVと3.95MeVの2種類)を2016年に開発しました。この電子ライナックX線源は、コンパクトで高エネルギーX線の発生強度が高いのが特徴です。通常の検査技術では判断が困難な部材深部における破損や損傷等に対してX線技術により可視化を行い、残存耐力を評価することができるとされています。これら一連の装置によって、厚さ200〜800mmのコンクリート中の鉄筋について、その腐食状況や腐食進行につながるグラウト充填不良の確認等についての検査がその場でできるようになるなど、構造物のより深部まで測定できるようになっています(図 29)。

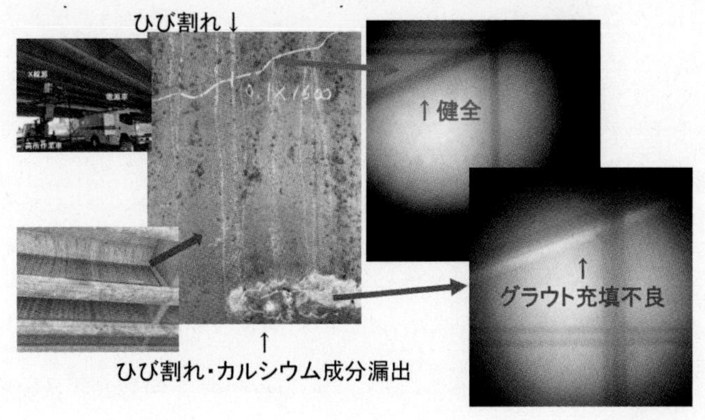

図 29　PC(プレストコンクリート)橋シースへのグラウト未充填

(出典)第34回原子力委員会資料第1号　上坂充「加速器小型化の最前線について」(2018年)

また、沿岸や山間部の橋(橋梁)などのコンクリート構造物の塩害による劣化は中性子を使うことによって非破壊で診断することができることから、理化学研究所は民間企業と共同で、超小型の中性子塩分計RANS-μを2021年に開発しました。この装置は、橋梁点検車に搭載可能で、中性子源にカリホルニウム252を利用し、透過能力の高い中性子と、中性子とコンクリート中の原子核との反応で発生するγ線を測定することで、コンクリート表面から鉄筋が存在する深さまでの塩分濃度を非破壊で測定することができます。この装置によって、これまでの塩害による劣化診断における課題であった、構造物に穴をあけてコンクリートを採取する検査の必要がなくなります。

核物質検知の分野では、原子力機構は、2016年に警視庁科学警察研究所及び京都大学複合原子力科学研究所と共同で、容易に持ち運びができる核物質検知装置の原理実証実験に成功しました。新たに開発した核物質検知装置では、中性子源としてこれまで用いていた加速器に代わって放射線源(カリホルニウム252)を用いることで、コンパクト化が図られています。中性子の放出と停止を繰り返すことができる加速器とは異なり、常に中性子が放出されている放射線源をそのまま使っても検知が困難でしたが、放射線源を高速回転させることにより、中性子の強度を疑似的に変化させる回転照射装置を考案・開発することで、小型化が実現しました(参考資料29)。この核物質検知装置の普及によって核テロの抑止につながると期待されています。

②　原子力施設における高線量下での高性能放射線非破壊検査

原子力施設においても、容器や配管、これらの溶接部などの健全性評価のために放射線による非破壊検査が利用されています。高線量であること等により内部に人が入ることが困難である東電福島第一原発でも、廃炉作業において放射線による非破壊検査は多く使用されています。しかしながら、中性子やγ線等が飛び交うとりわけ高線量下の原子炉内の様子を非破壊で検査するには、中性子、γ線、X線を利用した従来型の非破壊検査では困難な場合もあります。そこで、中性子、γ線の高線量雰囲気下でも使用可能で、かつ透過力の高いミューオンを使った非破壊検査が実施されました。また、東電福島第一原発の廃炉作業では今後、燃料デブリの取り出しが計画されており、燃料デブリの成分分析や濃度推定を非破壊で実施する技術も求められています。以下では、これらの研究開発の動向について紹介します。

1)　ミューオンを使った非破壊検査

ミューオンは電子の約200倍の質量を持つ素粒子であり、正又は負の電荷を持ち、電子/陽電子と似た性質を持ちます。地表に降り注ぐ宇宙線の主な成分はミューオン（宇宙線ミューオン）であり、海抜0m付近の地上では、1平方センチメートル当たり毎分1個程度が飛来します。高いエネルギーを持つものは、数kmの厚さの岩盤も透過します。

このような、線源として特別な設備・装置を必要とせず、透過力が大きいというミューオンの特徴から、ピラミッドのような大型構造物や、地下の地盤、火山の内部構造など、γ線や中性子などの通常の放射線では見ることができない透視画像を得ることができます。

技術研究組合国際廃炉研究開発機構（IRID[46]）と大学共同利用機関法人高エネルギー加速器研究機構は、原子炉を通過する宇宙線ミューオンの測定により炉内燃料デブリを検知する技術を開発しました。2号機において2016年3月～7月に測定を実施し、主要な構造体（格納容器外周の遮蔽コンクリート、使用済燃料プール等）の影を確認しました。得られたデータを評価した結果、圧力容器底部に燃料デブリと考えられる高密度の物質が存在していることを確認しました。

2)　高エネルギーX線を用いた分析システムによる燃料デブリの分析に向けた取組

東電福島第一原発では燃料デブリの取り出しが計画されており、燃料デブリの成分分析や濃度推定を非破壊で実施可能な技術が求められています。橋梁やコンクリート構造物の検査など、産業界でも幅広く利用されている高エネルギーX線を原子力分野に適用するための研究開発を、東京大学では実施しています。エネルギーの異なる二つのX線間の吸収の度合いの違いを計測することによって材料の特性を同定できる技術を利用して、2台のX線発生装置と2台の2次元検出器を回転させてCT[47]画像を撮影し、燃料デブリ内の組成や特性を

---

[46] International Research Institute for Nuclear Decommissioning
[47] Computed Tomography

即座に同定するようにしています（図 30）。実際に、ウランの代わりに鉛を使った模擬燃料デブリで性能を確認しています。

本技術においては、検出器も重要な要素技術です。特に高エネルギーのX線の測定においては、検出器であるシンチレーターが重要です。高エネルギーX線は、透過力が大きいため、通常の検出器を使うと、ほとんどが通過してしまい、必要な情報を得ることが困難です。そこで、厚いシンチレーターを設置することで、通過するX線のうち、かなりの割合を止め、測定することを可能にしています。

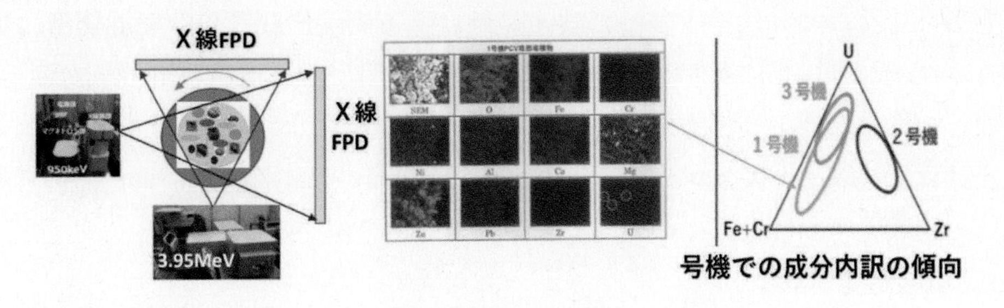

図 30　小型ライナック（直線加速器）を用いた分析システム

（出典）第5回原子力委員会資料第2号　高橋浩之「放射線検出システムの開発について」（2023年）

(4)　まとめ

本トピックでは、放射線利用、とりわけ非破壊検査に焦点を当てて紹介しました。放射線による非破壊検査は、インフラ施設や製造プラントの維持管理や核テロ抑止のための核物質検知など、様々な分野で活用されているほか、東電福島第一原発事故を受けた廃炉作業、その他原子力施設をめぐる様々な場面で用いられています。

非破壊検査は対象物を破壊せずに内部や表面の傷・劣化を検査する技術ですが、精度向上のための研究開発や適用分野を広げる検討を継続的に実施することが重要であり、現在適用されていない分野と放射線利用を始めとする非破壊検査の関係者が情報交換できるような場を増やすことも必要だと考えられます。放射線を利用する非破壊検査についても、最新の研究開発成果の発信や他産業等の検査ニーズの情報収集を進めていくことが重要です。また、研究開発に加え、放射線利用では特に、適切な規制整備や利用基準作成[48]、放射線技師などの人材の育成等、実務上の課題への対応を含めた総合的な取組も不可欠と考えられます（参考資料 30）。

48　例えば、放射性同位元素等の規制に関する法律施行令において、許可使用に係る使用の場所の一時的変更の届出に関して、放射線発生装置の使用の目的が限定列挙されており、直線加速装置（原子力規制委員会が定めるエネルギーを超えるエネルギーを有する放射線を発生しないものに限る。）については、橋梁又は橋脚の非破壊検査に限るとされている。

8. トピック7：原子力利用に関する社会科学の側面からの研究

国民から懸念が持たれている原子力の利用に当たっては、研究開発の段階から、社会からの信頼獲得に向けた取組、さらには、そのための国民とのコミュニケーションが不可欠です。本トピックでは、そういった観点を踏まえ、原子力利用にまつわる社会科学研究についても紹介します。

原子力のエネルギー利用をめぐっては、歴史的経緯から導入当初より社会的課題として国民の間には様々な意見がありました。さらに、一部の原子力発電所等施設の立地、高レベル放射性廃棄物処分施設の立地を巡るNIMBY[49] 問題や世代間倫理に係る課題、東電福島第一原発事故を契機に浮かび上がった安全規制に係る制度的問題や放射線影響に係るリスクコミュニケーション等に関連し、社会的意思決定に関わる基礎的理論、方法論、さらに実践研究などの様々な社会科学的研究がなされてきています。本トピックでは、これらの中から、社会的意思決定、リスクコミュニケーション、情報の信頼性、及び世代間倫理をとりあげ、研究の現状や方向性などについてそれぞれ幾つかの例を紹介します。

(1) 社会的意思決定

原子力政策を進めるに当たっては、この問題を社会的に考え、ステークホルダー間の対話を深めた上で、納得のできる形で合意形成を図ることが重要であり、その際、過去の良好事例及び失敗事例等の経験に学び、対象事案に対して有効に活用していくことが重要です。ここでは、社会的意思決定に関わる要素として、市民参加、世論形成、意思決定の科学的方法論及び迷惑施設に伴うNIMBY問題を取り上げ、近年の研究等の動向を紹介します。

① 市民参加

失敗事例に学び、その後の新たな方策を定め直し、前進をみた事例としては、高レベル放射性廃棄物地層処分の予定地選定の例があります。例えば、フランスでは、予定地選定段階での住民等の反対運動を契機にプロジェクト推進が 1 年間凍結され、その後国民的な議論を経て、進め方を新たに策定しなおし、2022 年度末時点で、予定地を選定する段階に至っています。スウェーデンでも反対運動があり、現地調査を一旦凍結し、社会の広い層から専門家による議論と議論の公表を経て、予定地選定に至っています。この二つのケースでは、国民や社会科学系の専門家等が参加して議論が行われ、例えば、世代間の責任と選択権という倫理的観点に対応した段階的な処分の実施という具体案が提案されました。

② 世論調査

原子力を活用していくためには、国民の意見を正しく把握することが重要です。一般財団法人日本原子力文化財団は、原子力に関する世論の動向や情報の受け手の意識を正確に把握することを目的として2006年度から全国規模の世論調査を経年的、定点的に実施しています。

16回目の2022年度調査は、2022年9月から10月にかけて実施され、調査結果が2023年

[49] Not In My Back Yard。産業廃棄物の処分場や発電施設などの整備に際して社会的に当該施設の必要性は認識しているが、その施設がいざ自分の家の近くに建設されるとなると、反対すること。

3月に公表されました。調査結果の一例として、原子力に対するイメージに関する質問の中から、安全性と信頼性及び必要性と有用性について図 31 に紹介します。

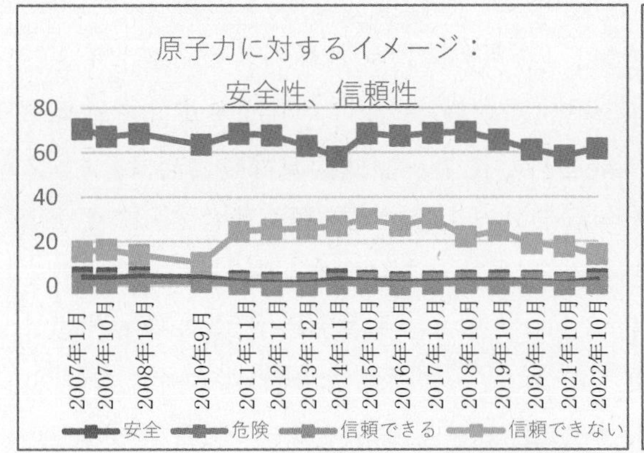

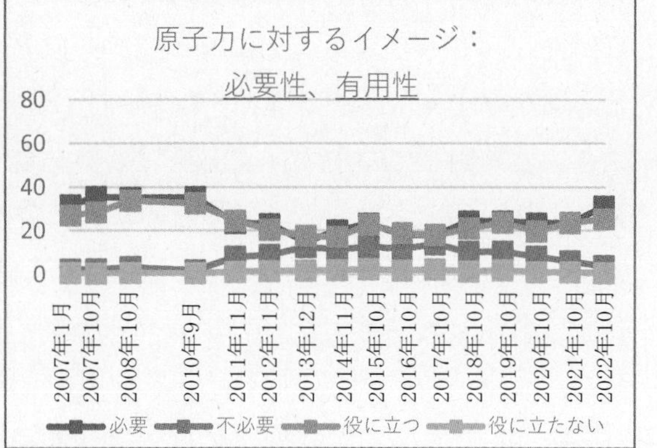

図 31　世論調査結果：原子力に対するイメージ

（出典）一般財団法人日本原子力文化財団「原子力に関する世論調査（2022 年度）」を基に作成

また、国民の意識を捉える手法の一つとして、従来の世論調査結果に伴う民意の代表性に関わる課題を改善する方法としてスタンフォード大学で考案された討論型世論調査の試みがあります。通常の世論調査は1回で意見を調査しますが、討論型世論調査は、資料や専門家からの十分な情報の提供と小グループでの議論の前後でアンケート調査を実施し、意見や態度の変化を見るものです。我が国でも実施例があり、原子力に関連した研究としては、例えば、高レベル放射性廃棄物の処分問題をテーマとしたオンライン上の討論型世論調査も行われています（参考資料 31）。

③　意思決定の科学

日本リスク学会のレギュラトリーサイエンスタスクグループでは、意思決定の科学であるレギュラトリーサイエンス（RS）[50]の検討を実施してきています。RS の事例分析やリスク比較をテーマとし、意思決定のための判定基準の検討も念頭に、歴史的な変遷や身近にあるリスクや近年注目されているリスク等の観点からの議論を行っています。

④　NIMBY 問題

NIMBY 問題については、迷惑施設等の立地問題として、社会全体としての必要性が理解できたとしても、自分のところには来てほしくないという、総論賛成各論反対という言い方で説明されることが多くありますが、総論でも必ずしも賛成ばかりではないこともあります。受益者となる多数の人々の当事者性の低さが熟考を欠いた発言・判断に繋がり、健全な議論ができない場合も指摘されています。このようなことから、例えば、リスクとベネフィット評価では決められないことも想定した、受益者や受苦者等に対する人々の認識を掘り下げる研究や、社会心理学の知見に基づく実験・調査等が実施されています。

[50]Regulatory Science。科学技術の成果を人と社会に役立てることを目的に、根拠に基づく的確な予測、評価、判断を行い、科学技術の成果を人と社会との調和の上で最も望ましい姿に調整するための科学。

(2) リスクコミュニケーション

リスクコミュニケーションについて、様々な定義がありますが、リスクに関する情報をステークホルダー間で共有するために行われる活動を指すことは共通しています。

例えば、日本リスクコミュニケーション協会は、「有事の際に、内外のステークホルダーと適切なコミュニケーションを図ること。これを迅速に進めるため、平時より準備を進めること」と説明しています。文部科学省の安全・安心科学技術及び社会連携委員会は、「リスクのより適切なマネジメントのために、社会の各層が対話・共考・協働を通じて、多様な情報及び見方の共有を図る活動」と定義しています。

リスクコミュニケーションが成立するためには、コミュニケーションの場の参加者間で互いの信頼があり、その上で信用性のある情報に基づいて、その場に相応しい方法によって対話がなされることが必要であるとされており、信頼、コミュニケーション・対話等の観点から様々な研究が進められています。信頼は、今日の科学技術政策や環境リスクマネジメントにおいて、重要な問題と位置付けられていて、科学技術や政策がもたらすリスクベネフィットの認知に強く影響し、ひいてはそれらの受容や賛否を決めることに繋がると指摘されています。信頼に関する研究の一つでは、信頼性と信頼を、信頼する側・される側の特性として区別し、信頼性を「自然の秩序に対する期待」と「道徳的秩序に対する期待」で構成されると紹介しています（図 32）。

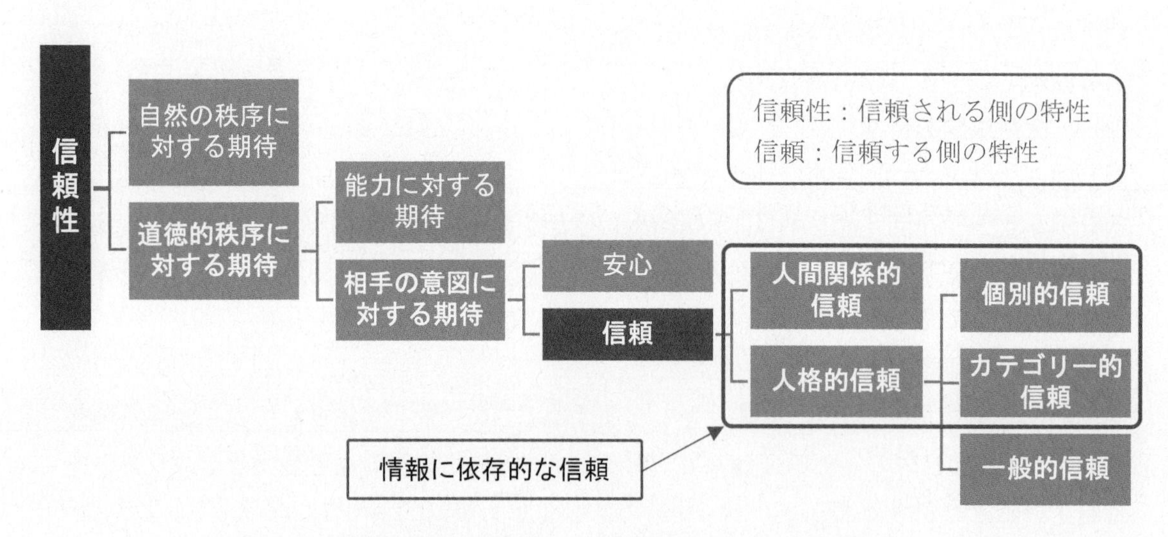

図 32 信頼の構造の概念：「道徳的秩序に対する期待」

（出典）山岸俊男「信頼の構造 こころと社会の進化ゲーム」東京大学出版会(1988 年 5 月) 47 ページを基に内閣府作成

特に原子力技術の利用に関わるリスクに対しては、国民が独力で対応することは困難であり、国や専門家等の判断・指導などの下に対応することになりますが、その際には国や専門家に対する国民の信頼が不可欠になります（図 33）。

東電福島第一原発事故後の専門家と一般の人々との間の関係からは、信頼回復を促すコミュニケーションに関して事例と教訓があり、放射線及びそれに関連するリスクへの専門家の対応に関し、支援の時期とその内容等を調査し、将来、同様な災害や事故等が発生した際の有効な対応の検討を可能にする調査・分析等が進められています。

日本リスク学会では、実践的なリスクコミュニケーションの評価手法の確立を目的とし、リスクコミュニケーションの「構成要素」と評価の際の指標となる「リスクコミュニケーションの評価軸」等の検討が進められています。その他、情報提供やコミュニケーション方法と、原子力発電等に関する社会的受容性との関係性等に関する研究も行われています。

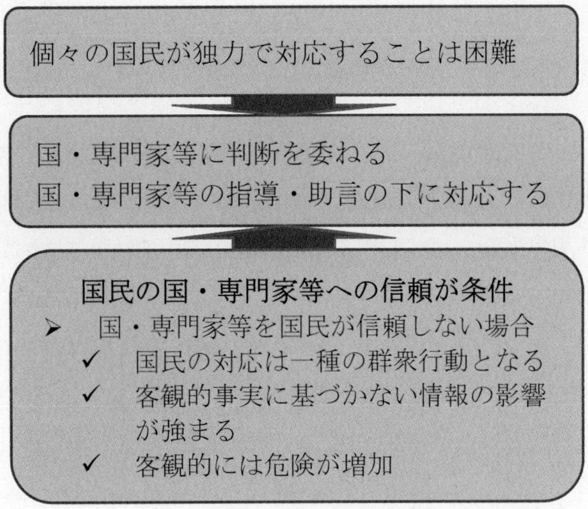

個々の国民が独力で対応することは困難

国・専門家等に判断を委ねる
国・専門家等の指導・助言の下に対応する

国民の国・専門家等への信頼が条件
- ➢ 国・専門家等を国民が信頼しない場合
  - ✓ 国民の対応は一種の群衆行動となる
  - ✓ 客観的事実に基づかない情報の影響が強まる
  - ✓ 客観的には危険が増加

図 33　原子力技術利用に関わるリスク

出典：日本学術会議公開シンポジウム「原子力総合シンポジウム」土田昭司「社会心理学的観点から原子力のコミュニケーションを考える」(2020年)に基づき内閣府作成

リスクコミュニケーションを行う人材育成も重要です。文部科学省の安全・安心科学技術及び社会連携委員会は、「リスクコミュニケーションの推進方策」において、リスクコミュニケーションを適切に行うことのできる人材の育成・確保の重要性を挙げており、リスクコミュニケーションを担う人材の育成や、その研究が行われています。

(3)　情報の信頼性

原子力に限らず、政策検討過程では、国民の意見の聴取は不可欠です。国民が意見形成の際に入手する政策関連情報については、政府機関や関連研究機関などの公的情報、大学や研究機関等の専門機関からの情報、テレビ新聞等のマスメディア情報、加えて近年ではSNS上で様々な形の情報が発信され関連する情報の入手が容易になっています。情報入手の容易さが増したメリットがある一方、情報の信頼性に関わる課題への対応がより重要性を増してきています。

初等・中等教育においては特に、教科書が正確でかつ生徒に理解しやすく記述されていることは極めて重要ですが、実際には、不正確である記述や事実と異なる記述などが散見されます。一般社団法人日本原子力学会では、原子力・放射線関連箇所の記述の正確性や適切性について調査を行い、事実関係の誤りの訂正やより適切な記述への具体的記載例の提示、適切で明解な記述、バランスの取れた記述、好ましい取組など良好事例の評価と奨励について報告書を作成しています。報告書は、文部科学省や各教科書出版会社、一般社団法人教科書協会、教育界・学界などの関係機関に提出して改善を促しています 。

原子力を含めすべての情報の信頼性に関わるものとして、日本学術会議の情報学委員会安全・安心社会と情報技術分科会では、2017年8月に取りまとめた報告書「社会の発展と安全・安心を支える情報基盤の普及に向けて」において、高度情報化社会における情報基盤の強靭化のための技術的及び制度整備の報告を行っています。また、インターネット、SNS上のフェイクニュースなど不正確な虚偽情報の拡散等による不適切な行動の助長などの社会問題への対応に関し、国内外のメディア、広告関連企業、大学などにより2022年12月にOP技術[51]研究組合 が発足し、ウェブコンテンツの作成者などの情報を検証可能にし、第三者認証済みの良質な記事やメディアを容易に見分けられるようにするOP技術の開発を進めています。コンテンツ作成者や流通経路の透明性を高め、信頼できる発信者を識別可能にし、情報の信頼性を高めることにつながることが期待されます 。

(4) 将来世代の権利に配慮した現世代の責任：応益原則と応能原則の融合

地層処分問題が世代間に関わる課題を含むとの認識の下、世代間の問題についてこれまでに研究や検討が進められてきました。

OECD/NEAは、1995年に取りまとめた「長寿命放射性廃棄物の地層処分の環境的および倫理的基礎」において、将来世代にリスクの可能性と負担を残すであろう現世代の責任の観点から世代間の公平について検討し、地層処分計画を段階的に実施することで、科学の進歩と社会の受容性の両面にとり数十年にわたる状況の変化に適応できる余地が残り、将来、ほかの選択肢が開発され得る可能性を排除しないこと（現世代の責任と将来世代の選択を保持）等を結論付けました。スウェーデンでは、「不確実性の中での倫理的行動に関するセミナー」（1987年に開催）において、我々の世代が将来の世代に対して負う責任の議論がなされ、1988年に報告書「放射性廃棄物の倫理的側面」が公表されました。

近年は、世代間の問題に関して様々な研究が行われています。例えば、倫理に関わる議論では、高レベル放射性廃棄物処分のほかにも、地球温暖化やゲノム編集などに関して未来倫理が論じられています。地層処分に関しては法哲学で議論されている「世代間正義」の観点から、原子力エネルギーを享受している現世代が費用等を負担する応益原則と、高レベル放射性廃棄物処分は各世代の能力に応じてなされるべきとする応能原則との間の問題として世代ごとの民主的な意思決定プロセスを探る議論が行われています。

世代間民主主義では、将来世代をこの枠組みに包摂する方法に伴う課題の議論も行われています。各世代の能力に応じた応能原則の「問題の先送り」的な側面の解決に向けた、将来世代を現在の民主的政治過程に含める検討として、存在しない将来世代に代わって例えば7世代先の「仮想将来世代」を現世代に導入し、新たな社会を創造する枠組みである、「フューチャー・デザイン」の研究や実践も行われています 。

[51] Originator Profile技術。インターネット上のコンテンツ作成者、デジタル広告の出稿元などの情報を検証可能な形で付与する技術で、信頼できる発信者を識別可能にする技術。

(5)　まとめ

東電福島第一原発事故の経験から、原子力利用に当たっては第一に国民からの信頼が必要であることが再認識されました。

原子力利用政策の議論においては、まず、人々の間で信頼感が醸成されるために必要とされる諸条件及び環境の整備並びに手続の公平性等に関わる事項を体系的に整理するとともに、その有効な実施方法を検討することも必要とされます。

施設立地に関しては、国レベル、地域レベルで信頼の構造が異なることに留意し、地域に即した信頼構造の中に決定の方法を整合させていくなどの検討も必要です。

リスクコミュニケーションに関しても、リスクを有する施設等の受入れに当たり、コミュニケーション、対話の在り方については、福島第一原発事故後の取組含め、過去の事例や現在進行中の事例から得られる教訓が、具体的な実施に当たっての有益な情報となります。その際、多くの地域に共通するもの、当該地域に特有な事情によるものの見極めも大切です。

新しい技術が社会に導入されていく際には、倫理的あるいは道徳的検討を経て、新たな社会制度や規範が必要になる場合があります。高レベル放射性廃棄物の地層処分をめぐる議論では、原子力の恩恵を直接享受する世代の責任と将来世代の選択権の確保に配慮した処分方策という世代間倫理が議論されてきました。さらに、将来世代を含めた世代間民主主義の可能性等の議論が進められています。地球温暖化等を含め、現代の技術開発が抱える将来世代への影響問題及び対策を、どのように現代の意思決定に含み込むのが妥当か、という、より広い範囲への議論として展開されています。

9. 原子力委員会メッセージ：研究開発を通じたイノベーションへの期待と課題

本年度の原子力白書の特集は「研究開発・イノベーション」を取り上げました。カーボンニュートラルに向けた世界的な動きが加速するとともに、電力の安定供給が世界的な課題として認識されるようになる中、新たな安全メカニズムを組み込んだ革新炉の研究開発状況などが世界的に注目を集めております。また、本特集で紹介したように、革新炉に限らず、原子力をめぐる様々な分野において、エネルギー利用のみならず、放射線利用のような非エネルギー利用の分野においても、関係者による精力的な研究開発が進められており、社会に大きな利便性をもたらすイノベーションが起きることが期待されます。

国としても、原子力利用の安全性を高め、様々なメリットを享受できるよう、GX 実現の観点からも、これらの研究開発を強力に支援していくことが重要ですが、効果的な研究開発が行えるよう、また、原子力利用にかかる国民の懸念に誠実に応えられるよう、対応を図っていく必要があります。2023 年 2 月に原子力委員会が改定した「原子力利用に関する基本的考え方」では、国が研究開発を支援するに当たり、以下のような点を指摘しています。

- 将来の実用化を見据えて、科学的・工学的な課題も含め個々の技術を継続的かつ客観的に比較・検証しつつ研究開発を進めていくことが重要。
- 放射性廃棄物の処理・処分含め、事業化段階でのライフサイクル全体を見据えた包括的な開発・導入に向けた検討を行うことが、原子力イノベーションの実現には重要。
- 革新炉の多目的利用などに関して、現在利用されている（非原子力）技術との競争優位性なども客観的に評価するとともに、開発の適切な段階から需要サイドと共同開発するなどの実用化に向けた現実的な取組を検討すべき。
- 非原子力産業も参入ができるような環境を整えることが重要。

原子力分野に限らず、関係機関や研究者による研究開発についての説明では、研究開発が成功した場合のメリットが強調される傾向がありますが、上述のように、社会で実装していく上で、失敗からも謙虚に学ぶとともに、科学的・工学的な課題を含めた技術の客観的な検証を進めていくことが極めて重要です。また、革新炉の開発等では、放射性廃棄物処理・処分などを含め、原子力事業のライフサイクル全体に対する影響、さらには、放射線利用や水素製造など多目的利用については、同じ目的が実現可能な非原子力技術も存在することから、経済性、サプライチェーン等の総合的な観点から中立な比較検討を進め、規制面での対応も十分できるのかといった観点も含め、国民に丁寧に情報提供を図っていくことが極めて重要です。

研究開発は、実験室レベルから実証レベル、さらには、実用化レベルと研究開発の段階が進むにつれ、より大規模な設備などを必要とするため、予算規模は飛躍的に増大する傾向にあります。研究開発に必要な実証設備等の整備に当たっては、当該設備で何を実施・解明しようとしているのかなどの目的や意義を、また、経済性を含めた実用化までの見通しがどうなっているのかなどを、国民に対して丁寧に説明していく必要があるほか、社会実装を念頭に置きつつ、効果的・効率的に研究開発を進めていくため、事業を担う産業界が主体的に関与する産学連携や国際連携などを積極的に進めていくことも重要です。実験レベル（TRL：～5）から工業レベル（TRL：6～）においては、実用化に向けた技術対応レベルや必要となる予算レベルなどにおいて、大きなギャップが存在する点を十分に踏まえることが重要です。

技術成熟度（TRL）について

技術開発の相対的なレベル	TRL	TRLの定義
システムの運転段階	TRL 9	想定される全ての条件で運転された実システム
システムの試運転段階	TRL 8	試験と実証を通じて完成し性能確認された実システム
	TRL 7	フルスケールで、同様な（原型的な）システムを、現実的な環境において実証しているレベル
技術の実証段階	TRL 6	工学規模で、同様な（原型的な）システムを、現実的な環境において検証しているレベル
技術の開発段階	TRL 5	実験室規模で、同様なシステムを、現実的な環境において検証しているレベル
	TRL 4	実験室環境で、機器・サブシステムを検証しているレベル
実現可能性を示すための研究段階	TRL 3	解析や実験によって、概念の重要な機能・特性を証明しているレベル
	TRL 2	技術概念・その適用性を確認しているレベル
基礎技術の研究段階	TRL 1	基本原理を確認しているレベル

研究開発上の大きなギャップ

Technology Readiness Assessment Guide, U.S. DOE, DOE G 413.3-4A, 9-15-2011

（出典）資源エネルギー庁高速炉開発会議戦略ワーキンググループ（第10回）資料2を基に内閣府作成

原子力利用は、国民からの信頼があってこそ成り立ちます。GX 実現の観点から原子力は重要な選択肢の一つですが、国民に疑念を抱かれぬよう、その研究開発に当たっては、課題などマイナス面を含め、国民に対する透明性を確保して行われることが重要です。原子力委員会としても、引き続き中立・俯瞰的な立場で、「言うべきことはしっかり言う」というスタンスで取り組んでまいる所存です。

研究開発に当たって求められる態度

- **研究のための研究とならないよう、技術のメリットを強調するだけでなく、社会実装に向けて、科学的・工学的な課題を含めた技術の客観的な検証を進めていくべき。**
- **放射性廃棄物対策、事業段階でのサプライチェーン、規制対応、経済性など、事業全体のライフサイクルベースに対する影響を早い段階から議論の俎上に載せるべき。**
- **社会実装を促進するため、事業を担う産業界の主体性を活かす産学連携や国際連携を積極的に進めることが必要。**

➡ **原子力利用によるイノベーションが花開くよう、国民からの信頼が大前提という認識を持ちつつ、関係者が総力を結集して、研究開発に取り組むことを期待。**

第1章 「安全神話」から決別し、東電福島第一原発事故の反省と教訓を学ぶ

1−1 福島の着実な復興・再生と事故の反省・教訓への対応

東京電力株式会社福島第一原子力発電所（以下「東電福島第一原発」という。）事故は、福島県民を始め多くの国民に多大な被害を及ぼし、これにより、我が国のみならず国際的にも原子力への不信や不安が著しく高まり、原子力政策に大きな変動をもたらしました。放射線リスクへの懸念等を含む、こうした不信・不安に対して真摯に向き合い、その軽減に向けた取組を一層進めていくとともに、事故の発生を防止できなかったことを反省し、国内外の諸機関が取りまとめた事故の調査報告書の指摘等を含めて、得られた教訓を生かしていくことが重要です。

また、事故から12年が経過した現在も、多数の住民の方々が避難を余儀なくされ、風評被害等の課題が残る等、事故の影響が続いています。東電福島第一原発事故及び福島の復興・再生は我が国の今後の原子力政策の原点です。福島の復興・再生に向けて全力で取り組み続けることは重要であり、引き続き以下のような取組が進められています。

- ALPS[1]処理水の処分を含む東電福島第一原発の廃炉と事故状況の究明
- 放射性物質に汚染された廃棄物の処理施設、中間貯蔵施設の整備と、廃棄物や除去土壌等の輸送、貯蔵、埋立処分等
- 避難指示の解除と、避難住民の方々の早期帰還に向けた安全・安心対策、事業・生業の再建や風評被害対策等の生活再建に向けた支援への取組
- 福島イノベーション・コースト構想や福島国際研究教育機構を始めとした、復興・再生に向けた取組

(1) 東電福島第一原発事故の調査・検証

① 東電福島第一原発事故に関する調査報告書

事故後、国内外の諸機関が事故の調査・検証を行い、多くの提言等を取りまとめ、事故調査報告書として公表してきました（表 1-1）。

国会に設置された「東京電力福島原子力発電所事故調査委員会」（以下「国会事故調」という。）の報告書では、規制当局に対する国会の監視、政府の危機管理体制の見直し、被災住民に対する政府の対応、電気事業者の監視、新しい規制組織の要件、原子力法規制の見直し、独立調査委員会の活用、の七つの提言が出されました。提言を受けて政府が講じた措置については、国会への報告書を当面の間毎年提出することが義務付けられており[2]、政府は年度ごとに報告書を取りまとめ、国会に提出しています。2021 年度に政府が講じた主な措

[1] Advanced Liquid Processing System
[2] 国会法（昭和22年法律第79号）附則第11項において規定。

置は、2022年6月に閣議決定された「令和3年度 東京電力福島原子力発電所事故調査委員会の報告書を受けて講じた措置」に取りまとめられています。

政府に設置された「東京電力福島原子力発電所における事故調査・検証委員会」(以下「政府事故調」という。)の報告書においても、安全対策・防災対策の基本的視点に関するもの、原子力発電の安全対策に関するもの、原子力災害に対応する態勢に関するもの、被害の防止・軽減策に関するもの、国際的調和に関するもの、関係機関の在り方に関するもの、継続的な原因解明・被害調査に関するものの7項目についての提言が出されました。政府は、これらの提言を受けて講じた措置についても、報告書を取りまとめています。

表 1-1 東電福島第一原発事故に関する主な事故調査報告書

報告書名	発行元	発行年月
東京電力福島原子力発電所事故調査委員会報告書	東京電力福島原子力発電所事故調査委員会（国会事故調）	2012年7月
東京電力福島原子力発電所における事故調査・検証委員会最終報告	東京電力福島原子力発電所における事故調査・検証委員会（政府事故調）	2012年7月
福島原子力事故調査報告書	東京電力株式会社	2012年6月
福島原発事故独立検証委員会 調査・検証報告書	福島原発事故独立検証委員会(民間事故調)	2012年2月
福島原発事故10年検証委員会 民間事故調最終報告書	一般財団法人アジア・パシフィック・イニシアティブ	2021年2月
福島第一原子力発電所事故 その全貌と明日に向けた提言 －学会事故調　最終報告書－	一般社団法人日本原子力学会 東京電力福島第一原子力発電所事故に関する調査委員会（学会事故調）	2014年3月
学会事故調最終報告書における提言への取り組み状況（第1回調査報告書）	一般社団法人日本原子力学会 福島第一原子力発電所廃炉検討委員会	2016年3月
福島第一原子力発電所事故に関する調査委員会報告における提言の実行度調査－10年目のフォローアップ－	一般社団法人日本原子力学会 学会事故調提言フォローワーキンググループ	2021年5月
The Fukushima Daiichi Accident Report by the Director General	国際原子力機関（IAEA）	2015年8月
The Fukushima Daiichi Nuclear Power Plant Accident: OECD/NEA Nuclear Safety Response and Lessons Learnt	経済協力開発機構/原子力機関（OECD/NEA）	2013年9月
Five Years after the Fukushima Daiichi Accident: Nuclear Safety Improvement and Lessons Learnt	経済協力開発機構/原子力機関（OECD/NEA）	2016年2月
Fukushima Daiichi Nuclear Power Plant Accident, Ten Years On Progress, Lessons and Challenges	経済協力開発機構/原子力機関（OECD/NEA）	2021年3月

(出典)各報告書等に基づき作成

② 事故原因の解明に向けた取組

国会事故調や政府事故調、国際原子力機関（IAEA[3]）事務局長報告書等において、事故の大きな要因は、津波を起因として電源を喪失し、原子炉を冷却する機能が失われたことにあるとされています。

原子力規制委員会では、国会事故調報告書において未解明問題として指摘されている事項について継続的に調査・分析を行っており、2014年10月に「東京電力福島第一原子力発電所事故の分析　中間報告書」を、2021年3月に「東京電力福島第一原子力発電所事故の調査・分析に係る中間取りまとめ～2019年9月から2021年3月までの検討～」を公表しました。2023年3月には、2021年3月の中間取りまとめに盛り込んだ内容の一部に対して更なる検討等を加えた「東京電力福島第一原子力発電所事故の調査・分析に係る中間取りまとめ（2023年版）」を公表しました。今後の廃炉作業の進捗等に伴って明らかにされる事項等の存在も念頭に、東京電力ホールディングス株式会社（以下「東京電力」という。）の取組も踏まえつつ、原子力規制委員会において調査・分析を継続することとしています。なお、原子力規制委員会は、事故分析と廃炉作業を両立するために必要な事項について関係機関と公開で議論・調整する場として「福島第一原子力発電所廃炉・事故調査に係る連絡・調整会議」を設置しており、2022年度は当該会議が2回開催されました。

経済協力開発機構/原子力機関（OECD/NEA[4]）は、国立研究開発法人日本原子力研究開発機構（以下「原子力機構」という。）を運営機関として「福島第一原子力発電所の原子炉建屋及び格納容器内情報の分析（ARC-F[5]）」プロジェクトを2019年1月から開始しました。同プロジェクトは、詳細に事故の状況を探り、今後の軽水炉の安全性向上研究に役立てることを目的としたものです。2022年7月には、後継となる「福島第一原子力発電所事故情報の収集及び評価（FACE[6]）プロジェクト」の第一回の会合がフランスのパリで開催され、プロジェクトの展望と課題、損傷した原子炉内部に関する最近の研究について議論されました。また、OECD/NEAは、「福島第一原子力発電所の事故進展シナリオ評価に基づく燃料デブリと核分裂生成物の熱力学特性の解明に係る協力（TCOFF[7]）プロジェクト」の第2フェーズを2022年8月から開始しました。2017年から2020年までの第1フェーズで得られた成果をベースに東電福島第一原発以外も含めた検討を行うなど、範囲を拡大した取組が実施されます。2023年2月には東京で第一回会合が開催されました[8]。

---

[3] International Atomic Energy Agency
[4] Organisation for Economic Co-operation and Development/Nuclear Energy Agency
[5] Analysis of Information from Reactor Building and Containment Vessels of Fukushima Daiichi Nuclear Power Station
[6] Fukushima Daiichi Nuclear Power Station Accident Information Collection and Evaluation
[7] Thermodynamic Characterisation of Fuel Debris and Fission Products Based on Scenario Analysis of Severe Accident Progression at Fukushima Daiichi Nuclear Power Station
[8] 各プロジェクトの詳細は、第1章1-3コラム「OECD/NEAによる過酷事故研究の取組」を参照。

(2)　福島の復興・再生に向けた取組

①　被災地の復興・再生に係る基本方針

東電福島第一原発事故により、発電所周辺地域では地震と津波の被害に加えて、放出された放射性物質による環境汚染が引き起こされ、現在も多数の住民の方々が避難を余儀なくされるなど、事故の影響が続いています。このような状況に対処するため、政府一丸となって福島の復興・再生の取組を進めています（図 1-1）。

2021 年 4 月には、「廃炉・汚染水・処理水対策関係閣僚等会議」の下に「ALPS 処理水の処分に関する基本方針の着実な実行に向けた関係閣僚等会議」が設置されました。廃炉・汚染水・処理水対策チームは東電福島第一原発の廃炉や汚染水・処理水対策への対応、原子力被災者生活支援チームは避難指示区域の見直しや原子力被災者の生活支援等の役割を担っています。復興庁は、復旧・復興の取組として、長期避難者への対策や早期帰還の支援、避難指示区域等における公共インフラの復旧等の対応を行っています。環境省は、放射性物質で汚染された土壌等の除染や廃棄物処理、除染に伴って発生した土壌や廃棄物を安全に集中的に管理・保管する中間貯蔵施設の整備、ALPS 処理水に係る海域モニタリング等に取り組んでいます。福島の現地では、原子力災害対策本部の現地対策本部、廃炉・汚染水・処理水対策現地事務所、復興庁の福島復興局、環境省の福島地方環境事務所が対応に当たっています。

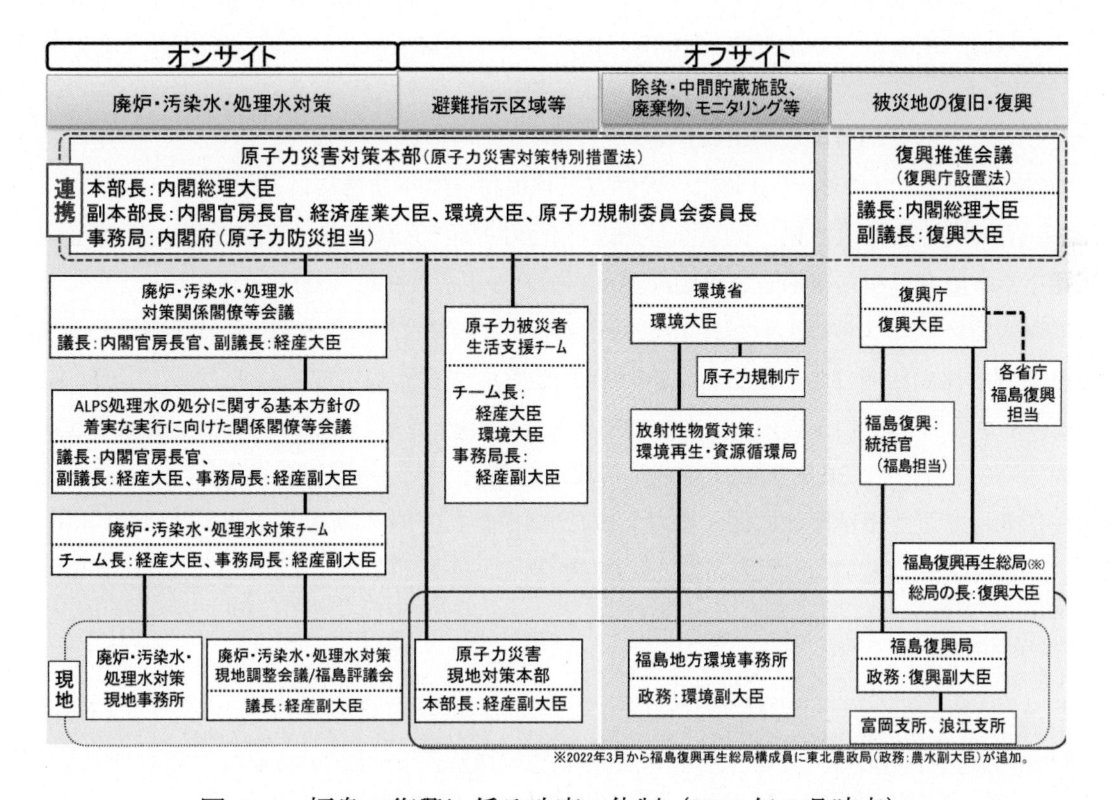

図 1-1　福島の復興に係る政府の体制（2023 年 3 月時点）

（出典）復興庁「福島の復興・再生に向けた取組」（2023 年）

東日本大震災から12年が経過する中、2021年度から2025年度までの5年間は「第2期復興・創生期間」と位置付けられています。2021年3月には「『第2期復興・創生期間』以降における東日本大震災からの復興の基本方針」が閣議決定され、福島の復興・再生には中長期的な対応が必要であり、第2期復興・創生期間以降も引き続き国が前面に立って取り組むことが示されました。避難指示が解除された地域における生活環境の整備、長期避難者への支援、特定復興再生拠点区域の整備、福島イノベーション・コースト構想の推進、福島国際研究教育機構の取組、事業者・農林漁業者の再建、風評の払拭に向けた取組等を引き続き進めるとともに、新たな住民の移住・定住の促進、交流人口・関係人口の拡大等を行い、第2期復興・創生期間の5年目に当たる2025年度に復興事業全体の在り方の見直しを行うとしています。

② 放射線影響への対策

1) 避難指示区域の状況

東電福島第一原発事故を受け、年間の被ばく線量を基準として、避難指示解除準備区域[9]、居住制限区域[10]、帰還困難区域[11]が設定されました。避難指示の解除は、①空間線量率で推定された年間積算線量（図 1-3）が20ミリシーベルト以下になることが確実であること、②電気、ガス、上下水道、主要交通網、通信等の日常生活に必須なインフラや医療・介護・郵便等の生活関連サービスがおおむね復旧すること、子供の生活環境を中心とする除染作業が十分に進捗すること、③県、市町村、住民との十分な協議の3要件を踏まえて行われます。2020年3月には、全ての避難指示解除準備区域、居住制限区域の避難指示が解除されるとともに、帰還困難区域内に設定された特定復興再生拠点区域[12]の一部区域[13]の避難指示も解除されました。2022年6月には大熊町と葛尾村、同年8月には双葉町、2023年3月には浪江町の特定復興再生拠点区域の避難指示が解除され、富岡町、飯舘村は2023年春頃の避難指示解除を目指し、帰還環境整備が進められました[14]（図 1-4）。

帰還困難区域のうち特定復興再生拠点区域外については、2020年12月に決定された「特定復興再生拠点区域外の土地活用に向けた避難指示解除について」（原子力災害対策本部）に基づき、意向を有する地元自治体を対象として、土地活用に向けた避難指示解除の仕組みを運用しています[15]。また、2021年8月に決定された「特定復興再生拠点区域外への帰還・居住に向けた避難指示解除に関する考え方」（原子力災害対策本部・復興推進会議）に基づき、2020年代をかけて、帰還に関する意向を個別に丁寧に把握した上で、帰還に必要な箇

[9] 年間積算線量が20ミリシーベルト以下となることが確実であると確認された区域。
[10] 年間積算線量が20ミリシーベルトを超えるおそれがあると確認された区域。
[11] 2012年3月時点での年間積算線量が50ミリシーベルトを超え、事故後5年間を経過してもなお、年間積算線量が20ミリシーベルトを下回らないおそれがあるとされた区域。
[12] 将来にわたって居住を制限するとされてきた帰還困難区域内で、避難指示を解除し、居住を可能とすることを目指す区域。
[13] JR常磐線の全線開通に合わせ、駅周辺の地域について、先行的に避難指示を解除。
[14] 2023年4月には富岡町、同年5月には飯舘村の特定復興再生拠点区域の避難指示を解除。
[15] 2023年5月には飯舘村の特定復興再生拠点区域外の公園用地の避難指示を解除。

所を除染し、避難指示解除の取組を進めていくこととしています（図 1-2）。2023 年 2 月には、特定復興再生拠点区域外において避難指示解除による住民の帰還及び当該住民の帰還後の生活の再建を目指す「特定帰還居住区域（仮称）」を創設する「福島復興再生特別措置法の一部を改正する法律案」が閣議決定され、第 211 回国会に提出されました。「特定帰還居住区域（仮称）」は、①放射線量を一定基準以下に低減できること、②一体的な日常生活圏を構成していた、かつ、事故前の住居で生活の再建を図ることができること、③計画的かつ効率的な公共施設等の整備ができること、④拠点区域と一体的に復興再生できることを要件とし、帰還住民の日常生活に必要な宅地、道路、集会所、墓地等を含む範囲で設定されます。これにより、避難指示解除の取組を着実に進め、帰還意向のある住民の帰還の実現・居住人口の回復を通じた自治体全体の復興を後押ししていくこととしています。

図 1-2　特定復興再生拠点区域外の避難指示解除の流れ

（出典）内閣府原子力被災者生活支援チームにおいて作成

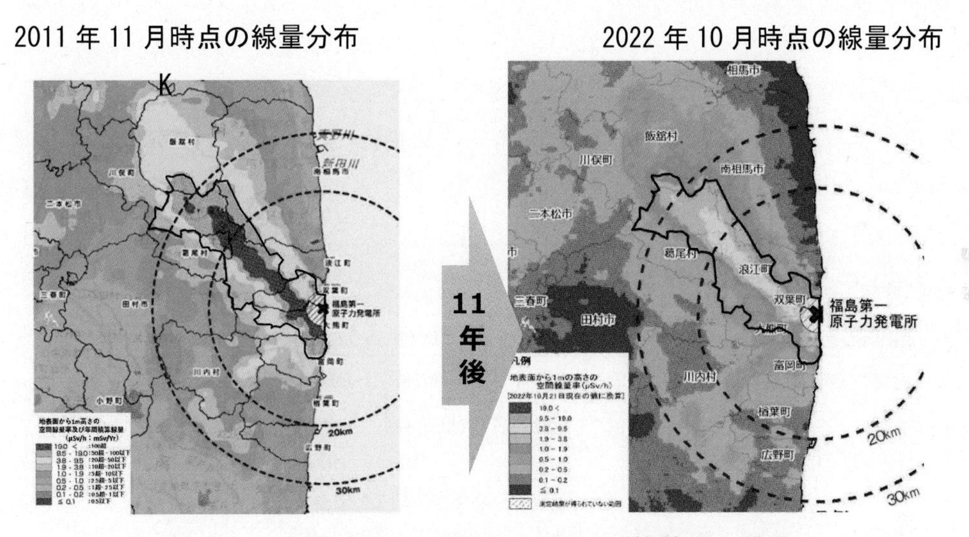

図 1-3　空間線量から推計した年間積算線量の推移

（注）黒枠囲いのエリアは帰還困難区域。

（出典）文部科学省「文部科学省による第 4 次航空機モニタリングの測定結果について」（2011 年）及び原子力規制委員会「福島県及びその近隣県における航空機モニタリングの結果について」（2023 年）に基づき内閣府原子力被災者生活支援チーム作成

2011年4月時点	2013年8月時点	2023年5月時点
（事故直後の区域設定が完了）	（避難指示区域の見直しが完了）	（葛尾村、大熊町、双葉町、浪江町、富岡町、飯舘村の特定復興再生拠点区域の避難指示解除）

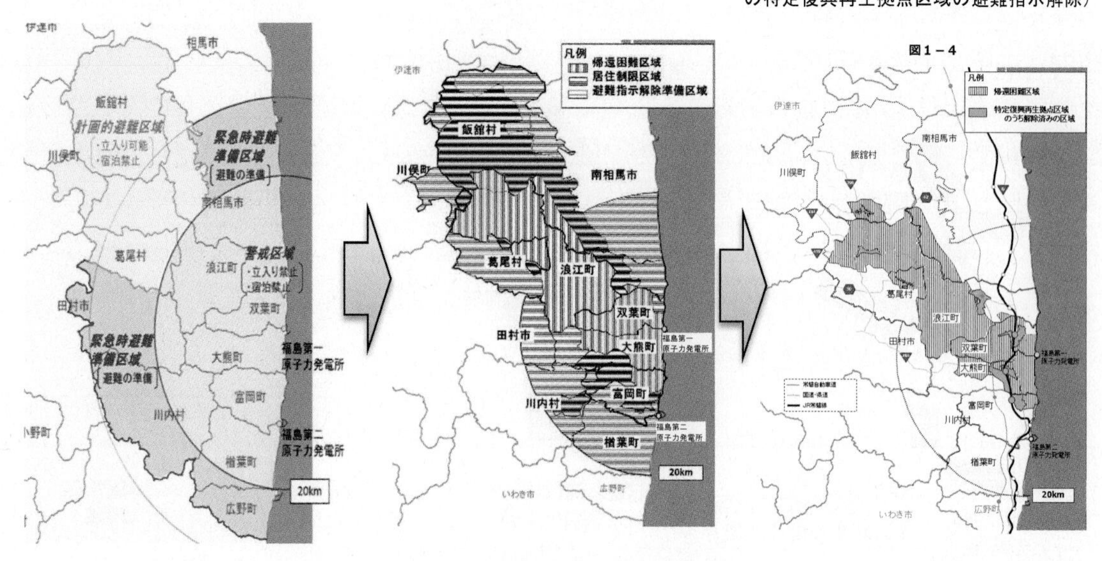

図 1-4　避難指示区域の変遷

（出典）内閣府原子力被災者生活支援チーム「避難指示区域の見直しについて」（2013年）、第11回原子力委員会資料第2号
内閣府原子力被災者生活支援チーム「福島における避難指示解除と本格復興に向けて」（2022年）等に基づき作成

2)　食品中の放射性物質への対応

2012年4月に、厚生労働省では、より一層の食品の安全と安心の確保をするために、事故後の緊急的な対応としてではなく、長期的な観点から新たな基準値を設定しました。この基準値は、コーデックス委員会[16]が定めた国際的な指標を踏まえ、食品の摂取により受ける放射線量が年間1ミリシーベルトを超えないようにとの考え方で設定されています（図 1-5）。

放射性物質を含む食品からの被ばく**線量の上限**を、年間5ミリシーベルトから
年間1ミリシーベルトに引き下げ、これをもとに放射性セシウムの基準値を設定しました。

放射性セシウムの暫定規制値　（単位：ベクレル/kg）

食品群	野菜類	穀類	肉・卵・魚・その他	牛乳・乳製品	飲料水
規制値	500			200	200

※放射性ストロンチウムを含めて規制値を設定

放射性セシウムの新基準値　（単位：ベクレル/kg）

食品群	一般食品	乳児用食品	牛乳	飲料水
基準値	100	50	50	10

※放射性ストロンチウム、プルトニウムなどを含めて基準値を設定

図 1-5　食品中の放射性物質の新たな基準値の概要

（出典）厚生労働省「食品中の放射性物質の新たな基準値」（2012年）

食品中の放射性物質については、原子力災害対策本部の定める「検査計画、出荷制限等の品目・区域の設定・解除の考え方」（2011年4月策定、2023年3月改正）を踏まえ、17都県[17]を中心とした地方公共団体によって検査が実施されています。農林水産物に含まれる放

16　消費者の健康の保護等を目的として設置された、食品の国際規格等を作成する国際的な政府間機関。
17　青森県、岩手県、秋田県、宮城県、山形県、福島県、茨城県、栃木県、群馬県、千葉県、埼玉県、東京都、神奈川県、新潟県、山梨県、長野県、静岡県。

射性物質の濃度水準は低下しており、2018年度以降は、キノコ・山菜類、水産物を除き、基準値を超過した食品は見られなくなっています（表 1-2）。

福島県産米については、2012 年から全量全袋検査により安全性の確認が行われてきましたが、カリウム肥料の追加施用による放射性物質の吸収抑制等の徹底した生産対策も奏功し、2015年からは基準値を超えるものは検出されていません。そのため、2020年産米からは、被災12市町村[18]を除く福島県内全域において、全量全袋検査から旧市町村[19]ごとに3点の検査頻度で実施するモニタリングへと移行しています。また、2022 年度産米から広野町と川内村についてもモニタリングへと移行しています。

また、厚生労働省は、全国15地域で実際に流通する食品を対象に、食品中の放射性セシウムから受ける年間放射線量の推定を行っています。2022年2・3月の調査では、年間上限線量（年間1ミリシーベルト）の0.1%以下と推定されています[20]。

諸外国・地域では、東電福島第一原発事故後に輸入規制措置が取られました。2022年7月26 日時点で、規制措置を設けた 55 の国・地域のうち、43 の国・地域で規制措置が撤廃され、輸入規制を継続している国・地域は12になっています（表 1-3）。2022年度は、英国とインドネシアで輸入規制措置が撤廃されました。風評被害を防ぐとともに、輸入規制の緩和・撤廃に向け、我が国における食品中の放射性物質への対応等について、より分かりやすい形で国内外に発信していくなどの取組を継続しています[21]。

表 1-2　農林水産物の放射性物質の検査結果（17都県）

品目		基準値超過割合		
		2020年度注1	2021年度注1	2022年度注1（～12月31日）
農畜産物	米	0%	0%	0%
	麦	0%	0%	0%
	豆類	0%	0%	0%
	野菜類	0%	0%	0%
	果実類	0%	0%	0%
	茶注2	0%	0%	0%
	その他地域特産物	0%	0%	0%
	原乳	0%	0%	0%
	肉・卵（野生鳥獣肉除く）	0%	0%	0%
キノコ・山菜類		1.4%	1.2%	0.9%
水産物注3		0.02%	0.03%	0.02%

(注1)穀類(米、大豆等)について、生産年度と検査年度が異なる場合は、生産年度の結果に含めている。
(注2)飲料水の基準値(10Bq/kg)が適用される緑茶のみ計上。
(注3)水産物については全国を集計。
(出典)農林水産省「令和4年度の農産物に含まれる放射性セシウム濃度の検査結果(令和4年4月～)」に掲載の「平成23年3月～現在(令和4年12月31日時点)までの検査結果の概要」に基づき作成

18 田村市、南相馬市、広野町、楢葉町、富岡町、川内村、大熊町、双葉町、浪江町、葛尾村、飯舘村及び川俣町（旧山木屋村）。

19 1950年2月1日時点の市町村。

20 詳しいデータは厚生労働省ウェブサイト「流通食品での調査（マーケットバスケット調査）」を参照。（https://www.mhlw.go.jp/shinsai_jouhou/dl/market_basket_leaf.pdf）

21 第1章1-1(2)⑤4)「風評払拭・リスクコミュニケーションの強化」を参照。

表 1-3　諸外国・地域の食品等の輸入規制の状況（2022 年 7 月 26 日時点）

<table>
<tr><th colspan="3">規制措置の内容／国・地域数</th><th>国・地域名</th></tr>
<tr><td rowspan="3">事故後
輸入規制
を措置
55</td><td colspan="2">規制措置を撤廃した国・地域　43</td><td>カナダ、ミャンマー、セルビア、チリ、メキシコ、ペルー、ギニア、ニュージーランド、コロンビア、マレーシア、エクアドル、ベトナム、イラク、豪州、タイ、ボリビア、インド、クウェート、ネパール、イラン、モーリシャス、カタール、ウクライナ、パキスタン、サウジアラビア、アルゼンチン、トルコ、ニューカレドニア、ブラジル、オマーン、バーレーン、コンゴ民主共和国、ブルネイ、フィリピン、モロッコ、エジプト、レバノン、アラブ首長国連邦（UAE[22]）、イスラエル、シンガポール、米国、英国、インドネシア</td></tr>
<tr><td rowspan="2">輸入規制
を継続
して措置
12</td><td>一部の都県等を対象に輸入停止　5</td><td>韓国、中国、台湾、香港、マカオ</td></tr>
<tr><td>一部又は全ての都道府県を対象に検査証明書等を要求　7</td><td>欧州連合（EU）、欧州自由貿易連合（EFTA[23]（アイスランド、ノルウェー、スイス、リヒテンシュタイン））、フランス領ポリネシア、ロシア</td></tr>
</table>

（注 1）規制措置の内容に応じて分類。規制措置の対象となる都道府県や品目は国・地域によって異なる。
（注 2）タイ及び UAE 政府は、検疫等の理由により輸出不可能な野生鳥獣肉を除き撤廃。
（注 3）北アイルランドについては、英 EU 間の合意に基づき、EU による輸入規制が継続。
（出典）農林水産省「原発事故による諸外国・地域の食品等の輸入規制の緩和・撤廃」（2022 年）に基づき作成

③　放射線影響の把握

1)　放射線による健康影響の調査

福島県は県民の被ばく線量の評価を行うとともに、県民の健康状態を把握し、将来にわたる県民の健康の維持、増進を図ることを目的に、県民健康調査を実施しています（図 1-6）。この中では基本調査と詳細調査が実施されており、個々人が調査結果を記録・保管できるようにしています。国は、交付金を拠出するなど、県を財政的に支援しています。

国は 2015 年 2 月に公表した「東京電力福島第一原子力発電所事故に伴う住民の健康管理のあり方に関する専門家会議の中間取りまとめを踏まえた環境省における当面の施策の方向性」に基づき、事故初期における被ばく線量の把握・評価の推進、福島県及び福島近隣県における疾病罹患動向の把握、福島県の県民健康調査「甲状腺検査」の充実、リスクコミュニケーション事業の継続・充実の取組を進めています。

原子放射線の影響に関する国連科学委員会（UNSCEAR[24]）は 2021 年 3 月に、東電福島第一原発事故による放射線被ばくとその影響に関して、2019 年末までに公表された関連する全ての科学的知見を取りまとめた報告書を公表しました。同報告書では、被ばく線量の推計、健康リスクの評価を行い、放射線被ばくによる住民への健康影響が観察される可能性は低い旨が記載されています[25]。また、同報告書は UNSCEAR の 2013 年報告書の主な知見と結論を概して確認するものであった、としています。

---

[22] United Arab Emirates
[23] European Free Trade Association
[24] United Nations Scientific Committee on the Effects of Atomic Radiation
[25] 第 3 章コラム「UNSCEAR の報告書：東電福島第一原発事故による放射線被ばくの影響」を参照。

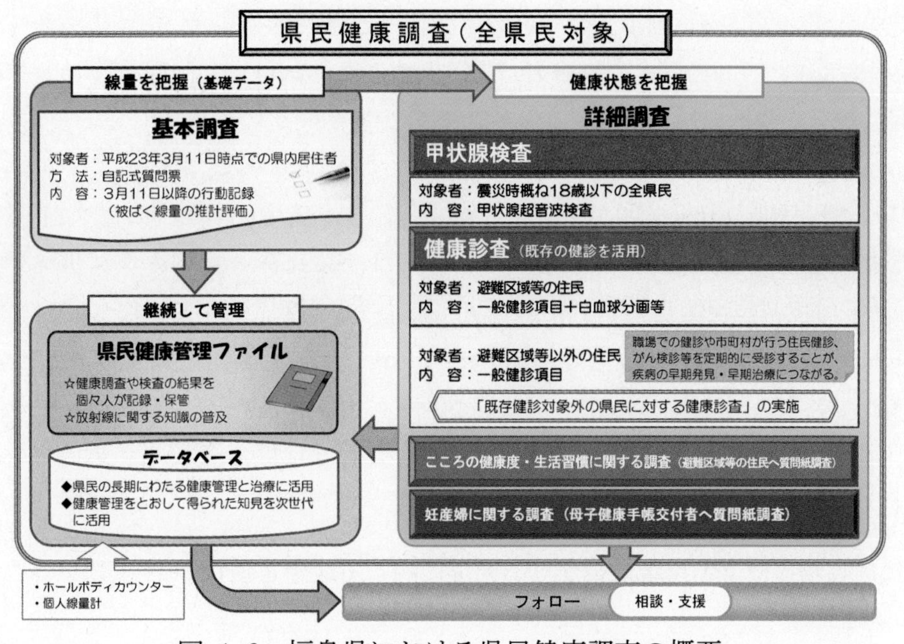

図 1-6　福島県における県民健康調査の概要

（出典）ふくしま復興ステーション「県民健康調査について」

2)　東電福島第一原発事故に係る環境放射線モニタリング

東電福島第一原発事故に係る放射線モニタリングを確実かつ計画的に実施することを目的として、政府は原子力災害対策本部の下にモニタリング調整会議を設置し、「総合モニタリング計画」（2011 年 8 月決定、2023 年 3 月改定）に基づき、関係府省、地方公共団体、原子力事業者等が連携して放射線モニタリングを実施しています。その結果は原子力規制委員会から「放射線モニタリング情報[26]」として公表されており、特に空間線量率については、全国のモニタリングポストによる測定結果をリアルタイムで確認できます。

また、原子力規制委員会では、帰還困難区域等のうち、要望のあった浪江町、大熊町、富岡町、楢葉町、葛尾村、双葉町の区域を対象として、測定器を搭載した測定車による走行サーベイ及び測定器を背負った測定者による歩行サーベイも実施しています（図 1-7）。

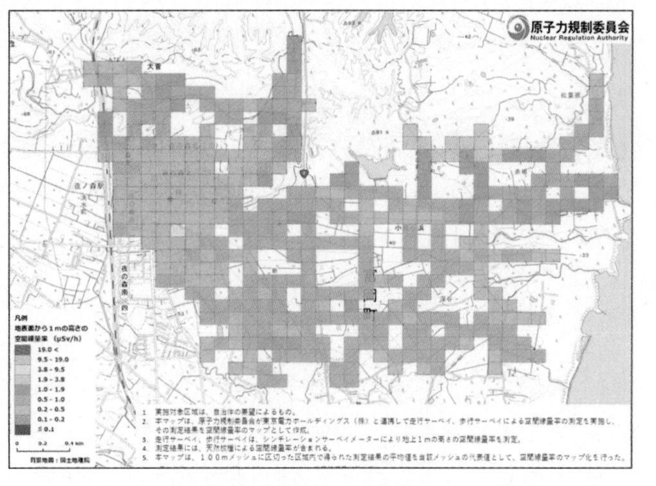

図 1-7　富岡町における走行サーベイ及び歩行サーベイの結果（2021 年 9 月 6 日～8 日測定）

（出典）原子力規制委員会「帰還困難区域等を対象とした詳細モニタリング結果について」（2022 年）

[26] https://radioactivity.nra.go.jp/ja/

海洋モニタリングについては、データの信頼性及び透明性の維持向上のため、IAEA との協力により、2014 年から、東電福島第一原発近傍の海洋試料を共同採取の上、それぞれの分析機関が個別に分析を行い、結果を比較する分析機関間比較を実施しています。2022 年6月にIAEAが公表した2021年の実施結果をまとめた報告書では、海洋モニタリング計画に参画している我が国の分析機関が引き続き高い正確性と能力を有していると評価されました。ALPS処理水に係る海域モニタリングについては、2021年3月にモニタリング調整会議の下に「海域環境の監視測定タスクフォース」を設置し、関係機関で連携して取り組んでいます。2023年2月にはトリチウム等に係るモニタリング結果等を掲載する「ALPS処理水に係る海域モニタリング情報」サイト[27]が公開されました。また、ALPS処理水の安全性に関するIAEAのレビューの一部として、我が国のALPS処理水に係る海域モニタリングの結果の裏付けを行うためIAEAが分析機関間比較評価を行います。

④　放射性物質による環境汚染からの回復に関する取組と現状

1)　除染の取組

「平成二十三年三月十一日に発生した東北地方太平洋沖地震に伴う原子力発電所の事故により放出された放射性物質による環境の汚染への対処に関する特別措置法」(平成 23 年法律第110号。以下「放射性物質汚染対処特措法」という。)に基づき、福島県内の11市町村の除染特別地域については国が除染を担当し、そのうち帰還困難区域を除く地域については2017年3月に面的除染が完了しました。その他の地域については、国が汚染状況重点調査地域を指定して市町村が除染を実施し、2018年3月に面的除染が完了しました。また、特定復興再生拠点区域では、区域内の帰還環境整備に向けた除染・インフラ整備等が集中的に実施されています。

2)　除染に伴い発生した除去土壌及び放射性物質に汚染された廃棄物の処理[28]

ｲ)　除去土壌及び廃棄物の処理における役割分担

放射性物質汚染対処特措法に基づき、除染特別地域において発生した除去土壌等及び汚染廃棄物対策地域[29](以下「対策地域」という。)の廃棄物については、国が収集・運搬・保管及び処分を担当することとされています。その他の地域については、8,000Bq/kg 超の廃棄物は国が、それ以外の除去土壌及び廃棄物は市区町村又は排出事業者が、それぞれ処理責任を負うこととされています。

なお、放射能濃度が8,000Bq/kg以下に減衰した指定廃棄物については、通常の廃棄物と同様に管理型処分場等で処分することができます。指定解除後の廃棄物の処理については、国が技術的支援及び財政的支援を行うこととしています。

---

[27] https://shorisui-monitoring.env.go.jp/

[28] ここで示す濃度基準の対象核種は放射性セシウム(セシウム134(Cs-134)及びセシウム137(Cs-137))。

[29] 楢葉町、富岡町、大熊町、双葉町、浪江町、葛尾村及び飯舘村の全域並びに南相馬市、川俣町及び川内村の区域のうち警戒区域及び計画的避難区域であった区域。2022 年 3 月 31 日に田村市において汚染廃棄物対策地域の指定を解除。

ロ)　福島県における除去土壌等及び特定廃棄物の処理

福島県内の除染に伴い発生した除去土壌等については、中間貯蔵施設に輸送され、中間貯蔵開始後30年以内に福島県外で最終処分を完了するために必要な措置を講ずることとされています（図 1-8左）。2023年3月末時点で累積約1,346万m^3の除去土壌等（帰還困難区域を含む）の搬入が完了しており、2022年1月に環境省が公表した「令和5年度（2023年度）の中間貯蔵施設事業の方針」では、特定復興再生拠点区域等で発生した除去土壌等の搬入を進めること等が示されています。

福島県における除去土壌等以外の廃棄物については、放射能濃度が8,000Bq/kgを超え環境大臣の指定を受けた「指定廃棄物」と、対策地域にある廃棄物のうち一定要件に該当する「対策地域内廃棄物」の二つを、合わせて「特定廃棄物」と呼びます（図 1-8右）。2023年3月末時点で約41万tが指定廃棄物として指定を受けており、2023年3月末時点で対策地域内の災害廃棄物等約333万tの仮置場への搬入が完了しました。これらの災害廃棄物等は、仮設焼却施設により減容化を図るとともに、金属くず、コンクリートくず等は安全性が確認された上で、再生利用を行っています。特定廃棄物のうち、放射能濃度が10万Bq/kgを超えるものは中間貯蔵施設に、10万Bq/kg以下のものは富岡町にある既存の管理型処分場（旧フクシマエコテッククリーンセンター）に搬入することとされており、2023年3月末時点で累計269,376袋の廃棄物が管理型処分場へ搬入されています。また、当該処分場に搬入する廃棄物のうち放射性セシウムの溶出量が多いと想定される焼却飛灰等については、安全に埋立処分できるよう、セメント固型化処理が行われています。

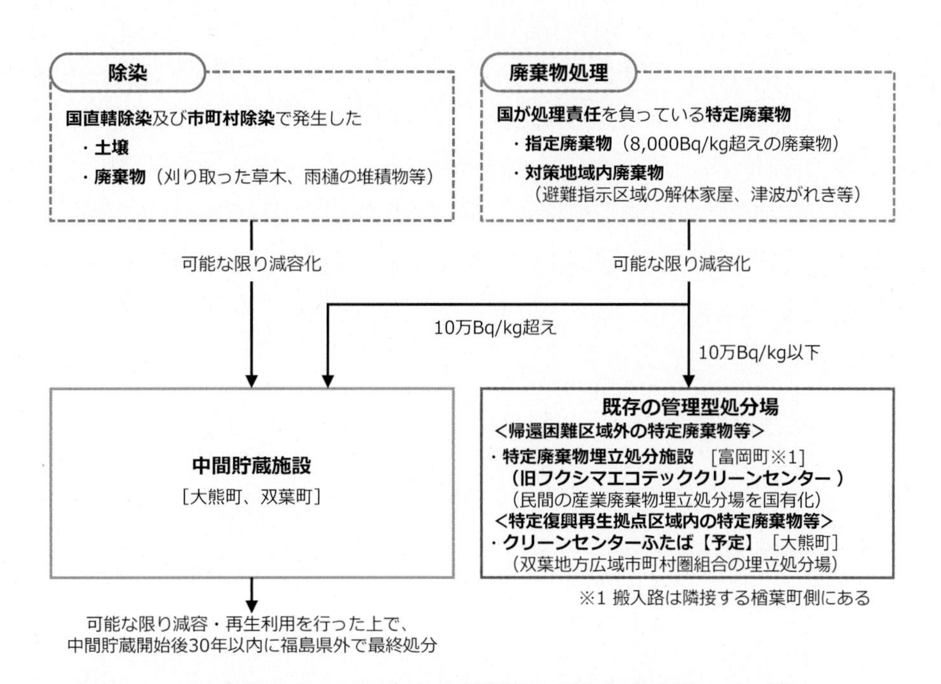

図 1-8　福島県における除去土壌等及び特定廃棄物の処理フロー

（出典）環境省「被災地の復興・再生に向けた環境省の取組」(2022年)に基づき作成

ハ)　福島県における除去土壌等の中間貯蔵及び最終処分に向けた取組

福島県内の除去土壌等及び10万Bq/kgを超える特定廃棄物等を最終処分するまでの間、安全に集中的に管理・保管する施設として中間貯蔵施設が整備されています。中間貯蔵施設については、「中間貯蔵・環境安全事業株式会社法」（平成15年法律第44号）において「中間貯蔵開始後30年以内に、福島県外で最終処分を完了するために必要な措置を講ずる」こととされています。県外最終処分の実現に向けて、最終処分量を低減するため、除去土壌等の減容・再生利用に係る技術開発の検討が進められるとともに、除去土壌再生利用の実証事業を実施してきました。

2022年度は、飯舘村長沼地区における実証事業で、農地造成、水田試験及び花き類の栽培試験を実施しました。これまでに飯舘村長沼地区の実証事業で得られた結果からは、空間線量率等の上昇は見られず、盛土の浸透水の放射能濃度は概ね検出下限値未満となっています。また、福島県外においても実証事業を実施すべく、関係機関等との調整を開始しました。

減容・再生利用技術の開発に関しては、2022年度も大熊町の中間貯蔵施設内に整備している技術実証フィールドにおいて、中間貯蔵施設内の除去土壌等も活用した技術実証を行いました。また、2022年度は双葉町の中間貯蔵施設内において、仮設灰処理施設で生じる飛灰の洗浄技術・安定化に係る基盤技術の実証試験を開始しました。

そして、福島県内除去土壌等の県外最終処分の実現に向け、減容・再生利用の必要性・安全性等に関する全国での理解醸成活動の取組の一つとして、2022年度は2021年度に引き続き、全国各地で対話フォーラムを開催しており、これまで、第5回を広島市内で2022年7月に、第6回を高松市内で同年10月に、第7回を新潟市内で2023年1月に、第8回を仙台市内で同年3月に開催しました。さらに、2022年度も引き続き、一般の方向けに飯舘村長沼地区の実証事業に係る現地見学会を開催したほか、大学生等への環境再生事業に関する講義、現地見学会等を実施する等、次世代に対する理解醸成活動も実施しました。

加えて、中間貯蔵施設にて分別した除去土壌の表面を土で覆い、観葉植物を植えた鉢植えを、2020年3月以降、首相官邸、環境省本省内の環境大臣室等、新宿御苑や地方環境事務所等の環境省関連施設や関係省庁等に設置を進めています。なお、鉢植えを設置した前後の空間線量率にいずれも変化は見られていません。

ニ)　福島県以外の都県における除去土壌等及び指定廃棄物の処理

福島県以外では、2022 年 12 月末時点で 9 都県[30]において約 2.4 万 t が指定廃棄物として指定を受けています。指定廃棄物が多量に発生し、保管がひっ迫している宮城県、栃木県及び千葉県では、国が当該県内に長期管理施設を設置する方針であり、また、茨城県及び群馬県では、8,000Bq/kg 以下になったものを、指定解除の仕組み等を活用しながら段階的に既存の処分場等で処理する方針が決定されるなど、各県の実情に応じた取組が進められています（図 1-9）。

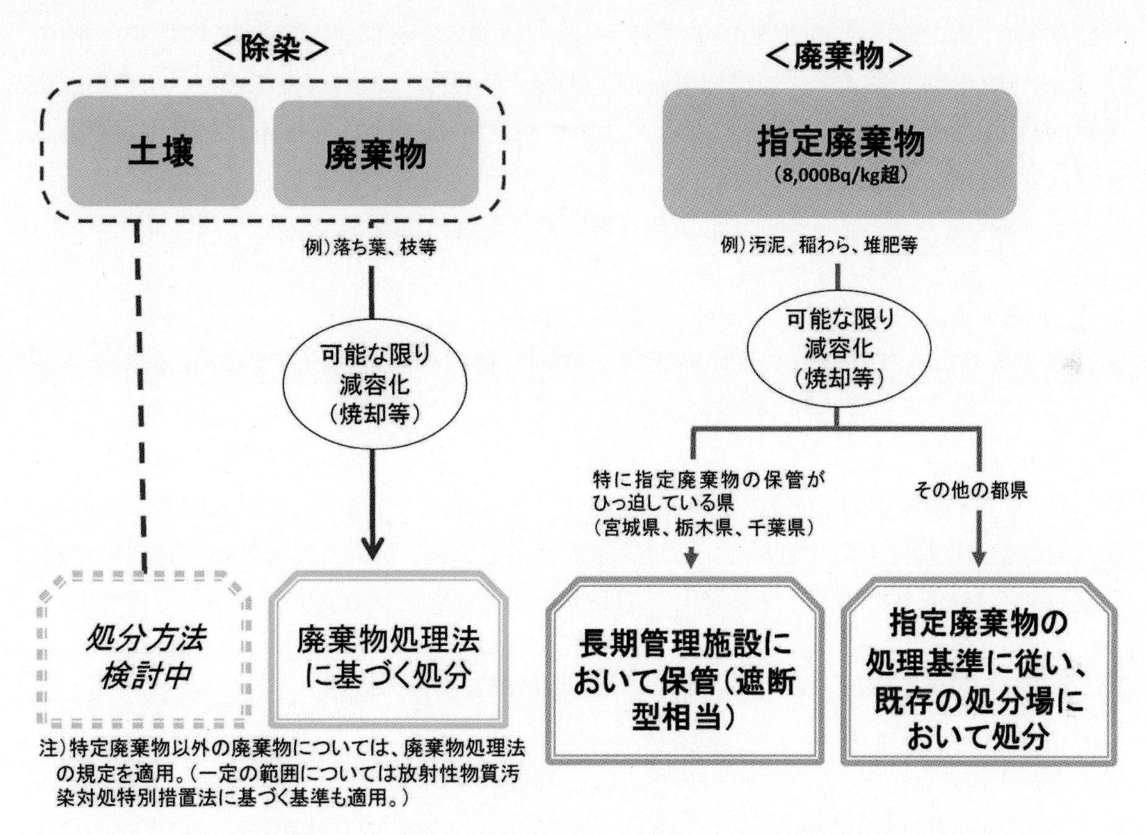

図 1-9　福島県以外の都県における除去土壌等及び指定廃棄物の処理フロー

(出典)第 2 回原子力委員会資料第 1 号　環境省「東日本大震災からの被災地の復興・再生に向けた環境省の取組」(2021 年)

---

[30] 岩手県、宮城県、茨城県、栃木県、群馬県、千葉県、東京都、神奈川県、新潟県。

⑤　被災地支援に関する取組と現状

1）　早期帰還に向けた支援の取組

避難指示区域からの避難対象者数は、2023年4月時点では約8千人[31]となっています。事故から12年が経過し、帰還困難区域を除く地域では避難指示が解除され、福島の復興及び再生に向けた取組には着実な進展が見られる一方で、避難生活の長期化に伴って、健康、仕事、暮らし等の様々な面で引き続き課題に直面している住民の方々もいます。復興の動きを加速するため、早期帰還支援、新生活支援の対策、安全・安心対策の充実、帰還支援への福島再生加速化交付金の活用、帰還住民のコミュニティ形成の支援等の取組に、国と地元が一体となって注力しています。

帰還困難区域においては、2018年5月までに、双葉町、大熊町、浪江町、富岡町、飯舘村、葛尾村の特定復興再生拠点区域復興再生計画が認定されました。このうち、大熊町、葛尾村は2022年6月に、双葉町では同年8月に、浪江町では2023年3月に、特定復興再生拠点区域の避難指示が解除されました。また、富岡町、飯舘村は2023年春頃の特定復興再生拠点区域の避難指示解除を目指し、帰還環境整備が進められました[32]。

2）　生活の再建や自立に向けた支援の取組

2015年8月に国、福島県、民間の構成により創設された「福島相双復興官民合同チーム」は、12 市町村の被災事業者や農業者を個別に訪問し、専門家によるコンサルティングや国の支援策の活用等を通じ、事業再開や自立を支援しています。また、分野横断・広域的な観点から、生活・事業環境整備のためのまちづくり専門家支援や、域外からの人材の呼び込み、域内での創業支援にも取り組んでいます。2021年6月には、浜通り地域等15市町村の水産仲買・加工業者への個別訪問を開始し、販路開拓や人材確保等の支援を実施しています。

3）　新たな産業の創出・生活の開始に向けた広域的な復興の取組

2015年7月、「福島12市町村の将来像に関する有識者検討会」において、30年から40年後の姿を見据えた2020年の課題と解決の方向が提言として取りまとめられました。2020年を提言の中期的な目標年としていたことから、2021年3月に同有識者検討会の提言が見直され、持続可能な地域・生活の実現、広域的な視点に立った協力・連携、世界に貢献する新しい福島型の地域再生という基本的方向の下、創造的復興を成し遂げた姿が示されました。

これらの取組の一つにも挙げられている「福島イノベーション・コースト構想」は、東日本大震災及び原子力災害によって失われた浜通り地域等の産業を回復するため、当該地域の新たな産業基盤の構築を目指すものです。廃炉、ロボット・ドローン、エネルギー・環境・リサイクル、農林水産業、医療関連、航空宇宙の六つの重点分野において、取組を推進して

---

[31] 市町村から聞き取った情報（2023年4月1日時点の住民登録数）を基に、内閣府原子力被災者生活支援チームが集計。

[32] 2023年4月には富岡町、同年5月には飯舘村の特定復興再生拠点区域の避難指示を解除。その他の避難指示解除の状況については、第1章1-1(2)②1)「避難指示区域の状況」を参照。

います。ロボット分野では、ロボットやドローンの実証等の拠点として「福島ロボットテストフィールド」（南相馬市、浪江町）の運営を支援しており、エネルギー分野では、「福島水素エネルギー研究フィールド」（浪江町）において再生可能エネルギー由来の水素製造を行う等の取組を行っています。

さらに、福島イノベーション・コースト構想を更に発展させ、福島を始め東北の復興を実現するための夢や希望となるとともに、我が国の科学技術力・産業競争力の強化を牽引し、経済成長や国民生活の向上に貢献する、世界に冠たる「創造的復興の中核拠点」として、「福島国際研究教育機構」（F-REI（エフレイ）[33]）の整備に向けた取組が進められました（図 1-10）。

2022 年 3 月に、復興推進会議において「福島国際研究教育機構」の基本構想が決定され、同機構が持つ研究開発機能、産業化機能、人材育成機能、司令塔機能の内容等が示されました。また、同年 5 月に公布された「福島復興再生特別措置法（平成 24 年法律第 25 号）の一部を改正する法律」（令和 4 年法律第 54 号）において、福島国際研究教育機構の設立と同機構の研究開発等に関する基本計画の策定が法定化されました。同年 8 月には機構の研究開発等に関する基本計画である「新産業創出等研究開発基本計画」が決定され、9 月には機構を浪江町に立地することが決定されました。11 月からは福島国際研究教育機構設立委員会が開催され、2023 年 4 月の機構設立に向けた準備がされました[34]。

図 1-10　福島国際研究教育機構（2023 年 4 月設立）の概要

(出典)第 1 回福島国際研究教育機構設立委員会資料 3 復興庁「福島国際研究教育機構(F-REI)の概要及びこれまでの設立準備状況について」(2022 年)

[33] Fukushima Institute for Research, Education and Innovation

[34] 福島国際研究教育機構は 2023 年 4 月 1 日に設立された。

4) 風評払拭・リスクコミュニケーションの強化

2017 年に復興庁を中心とした関係府省庁において取りまとめられた「風評払拭・リスクコミュニケーション強化戦略」では、科学的根拠に基づかない風評や偏見・差別は、放射線に関する正しい知識や福島県における食品中の放射性物質に関する検査結果等が十分に周知されていないことなどに主たる原因があるとしています。同戦略に基づき、「知ってもらう」、「食べてもらう」、「来てもらう」の観点から、政府一体となって国内外に向けた情報発信等に取り組んでいます。例えば、「知ってもらう」取組として、復興庁作成のUNSCEARの報告書解説動画「【医師がやさしく解説】国連機関発表/福島の原発事故による放射線の健康影響[35]（2021年 12月公開）」などのメディアミックスによる情報発信や、学校における放射線副読本[36]の活用の促進等を実施しています。

取組状況については、「原子力災害による風評被害を含む影響への対策タスクフォース」において継続的なフォローアップが行われています。2021 年 8 月に開催された同タスクフォースでは、同年 4 月に「東京電力ホールディングス株式会社福島第一原子力発電所における多核種除去設備等処理水の処分に関する基本方針」（以下「ALPS 処理水の処分に関する基本方針」という。）が公表されたことを受け、安全性のみならず、消費者等の「安心」につなげることを意識しつつ、届けて理解してもらう情報発信を関係府省庁が連携して展開すること等の考え方に立った「ALPS 処理水に係る理解醸成に向けた情報発信等施策パッケージ」を取りまとめました。2022 年 4 月 26 日には同パッケージが改訂され、関係府省庁において情報発信等の取組が強化されています[37]。

また、復興庁は、風評被害の払拭と風化対策を図るための情報発信の手法を考える「持続可能な復興広報を考える検討会議」を設置し、2023 年 3 月に議論の結果を取りまとめた報告書を公表しました。今後、同会議での有識者等による提案や助言を反映して、関係府省庁がそれぞれ取組を実施していきます。例えば、外務省が海外に向けて専門家や地元漁業者のインタビュー等を交えてALPS 処理水について説明する番組や動画を放送･配信することや、農林水産省が海外の専門家に対して水産物の安全性に関するモニタリングの方法や結果等について説明することが盛り込まれています。

5) 原子力損害賠償の取組

我が国においては、原子炉の運転等により原子力損害が生じた場合における損害賠償に関する基本的制度である「原子力損害の賠償に関する法律」（昭和 36 年法律第 147 号）が制定されています。同法に基づき、文部科学省に設置された「原子力損害賠償紛争審査会」（以

---

35 https://www.youtube.com/watch?v=

36 2021 年に改訂（2022 年一部修正）し、最新の状況を踏まえた時点更新や復興が進展している被災地の姿の紹介（ALPS 処理水に関する記載の追記等）を行うなど内容を充実。

37 ALPS 処理水の海洋放出に関する理解醸成に向けた取組については第 5 章 5-4 (3)「東電福島第一原発の廃炉に関する情報発信やコミュニケーション活動」を、ALPS 処理水の海洋放出に関しては第 6 章 6-1 (2) ①「汚染水・処理水対策」を参照。

下「審査会」という。）において、被害者の迅速、公平かつ適正な救済のために、賠償すべき損害として一定の類型化が可能な損害項目やその範囲等を示した指針（以下「中間指針」という。）を順次策定するとともに、必要に応じて見直しを行ってきました。直近では、東電福島第一原発事故に伴う 7 つの集団訴訟に関して、東京電力の損害賠償額に係る部分の高裁判決が 2022 年 3 月に確定したことを受け、審査会の専門委員による各高裁判決の詳細な調査・分析を踏まえ、同年 12 月に中間指針第五次追補を策定しました。

中間指針第五次追補では、損害額の目安が賠償の上限ではないことはもとより、中間指針で示されなかったものや対象区域として明示されなかった地域が直ちに賠償の対象とならないというものではなく、個別具体的な事情に応じて相当因果関係のある損害と認められるものはすべて賠償の対象となるとしています。さらに、東京電力に対し、合理的かつ柔軟な対応と同時に被害者の心情にも配慮した誠実な対応を求めています。

原子力損害賠償の迅速かつ適切な実施及び電気の安定供給等の確保を図るため、原子力損害賠償・廃炉等支援機構（NDF[38]）は、原子力事業者からの負担金の収納、原子力事業者が損害賠償を実施する上での資金援助、損害賠償の円滑な実施を支援するための情報提供及び助言、廃炉の主な課題に関する具体的な戦略の策定、廃炉に関する研究開発の企画・進捗管理、廃炉等積立金制度に基づく廃炉の推進、廃炉の適性かつ着実な実施のための情報提供を実施しています。また、原子力損害賠償紛争解決センターにおいては、事故の被害を受けた方からの申立てにより、仲介委員が当事者双方から事情を聴き取り、損害の調査・検討を行い、和解の仲介業務を実施しています（図 1-11）。

東京電力は中間指針等を踏まえた損害賠償を実施しており、2023 年 3 月末時点で、総額約 10 兆 7,200 億円の支払を行っています。

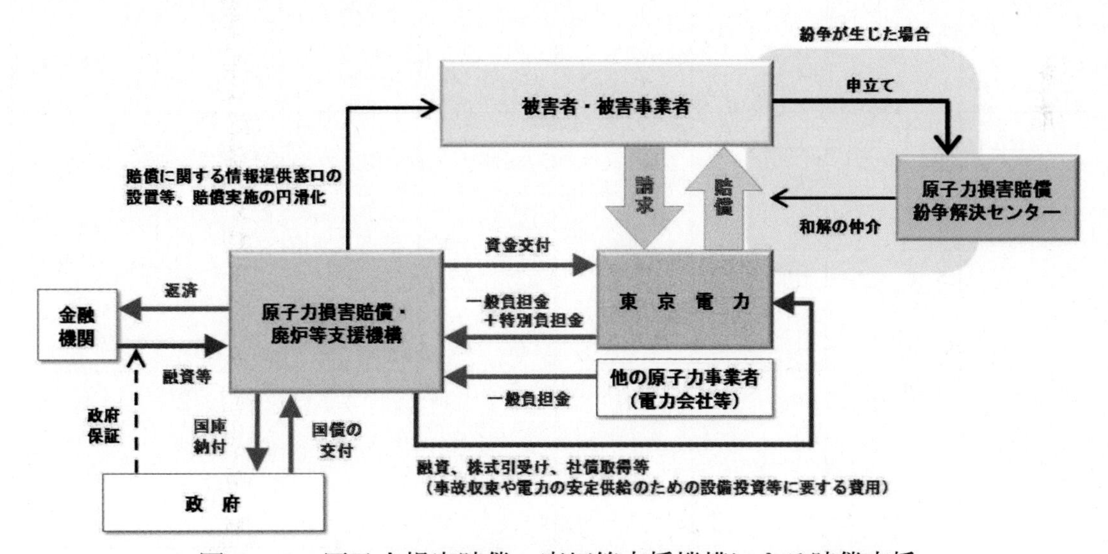

図 1-11　原子力損害賠償・廃炉等支援機構による賠償支援

（出典）経済産業省「平成 26 年度　エネルギー白書」（2015 年）に基づき作成

[38] Nuclear Damage Compensation and Decommissioning Facilitation Corporation

なお、2023 年 2 月に原子力委員会が決定した「原子力利用に関する基本的考え方」（以下「基本的考え方」という。）では、原子力事業者と国との役割分担の在り方等について、引き続き慎重な検討が必要であるとしています。また、国際的な原子力損害賠償体制構築に向けて、我が国が締結している「原子力損害の補完的な補償に関する条約（CSC）」について、近隣諸国を始めとする各国に対しても締結を働きかけるなどの対応を図っていくこととしている、と記載しています（表 1-4）。

表 1-4　諸外国の原子力損害賠償制度の概要

国名		日本	米国	英国	フランス	ドイツ	韓国	スイス
①事業者賠償責任	有限・無限	無限	有限 126 億ドル	有限 1.4 億ポンド	有限 9150 万ユーロ	無限	有限 3 億 SDR	無限
②免責事由		・社会的動乱 ・異常に巨大な天災地変	・戦争行為	・武力紛争	・武力紛争 ・異常に巨大な自然災害	なし	・武力紛争	なし[※4]
③準備資金[※1]		【保険等】 ①民間・政府保険 1,200 億円 【条約の拠出金】 ②CSC 0.472 億 SDR	【保険等】 ①民間保険 3.8 億ドル ②事業者共済 122 億ドル 【条約の拠出金】 ③CSC 0.306 億 SDR	【保険等】 ①民間保険 1.4 億ポンド 【条約の拠出金】 ②ブラッセル補足条約 1.25 億 SDR	【保険等】 ①民間保険 9,150 万ユーロ 【条約の拠出金】 ②ブラッセル補足条約 1.25 億 SDR	【保険等】 ①民間保険 2.5 億ユーロ ②事業者共済 22.5 億ユーロ ※①②で対応不可の場合、25 億ユーロまで国家補償 【条約の拠出金】 ③ブラッセル補足条約 1.25 億 SDR	【保険等】 ①民間・政府保険[※2] 500 億ウォン	【保険等】[※3] ①民間保険 11 億スイスフラン ②国家補償 13.2 億ユーロから①を差し引いた額 ※①で対応不可の場合、13.2 億ユーロまで国家補償 【条約の拠出金】[※3] ③改正ブラッセル補足条約 3 億ユーロ
④準備される資金を上回る場合		・機構を通じた政府による資金援助（事業者の相互扶助を前提）	・大統領が議会に補償計画を提出	・国会の議決の範囲内で主務官庁から補償	・9,150 万ユーロ以上は規定なし ・デクレ（政令）により準備資金の分配を決定	・事故事業者は資力の限り賠償 ・事故事業者の資力を超える場合は、命令により利用可能な資金の分配を決定	責任限度額（3 億 SDR）までは政府援助 3 億 SDR 以上は規定なし	・事故事業者は資力の限り賠償 ・事故事業者の資力を超える場合は、議会が補償計画を定める
⑤賠償措置に関連する批准した発効済の条約		CSC	CSC	パリ条約 ブラッセル補足条約	パリ条約 ブラッセル補足条約	パリ条約 ブラッセル補足条約	ー	ー ※改正パリ条約・ブラッセル補足条約には批准済みだが未発効。

※1 最も高い限度額。原子炉以外の再処理・加工施設については限度額が低い場合あり。
※2 2015 年 1 月付で保険限度額が 3 億 SDR まで引き上げられている模様。
※3 スイスについては、改正パリ条約・改正ブラッセル補足条約に合わせた法令改正後のものであり、条約未発効のため未施行の段階の内容。
（出典） 原子力委員会 第1回原子力損害賠償制度専門部会「諸外国の原子力損害賠償制度の概要」（2015 年）を基に作成。

1−2 ゼロリスクはないとの認識の下での安全性向上

東電福島第一原発事故の教訓を踏まえ、国内外において原子力安全対策の強化が図られています。我が国では、原子力行政体制の見直しが行われ、新規制基準や新たな検査制度の導入が進められてきています。また、従来の日本的組織や国民性の弱点を克服した安全文化醸成の取組や、事業者等による自主的な安全性向上の取組も行われています。

一方で、あらゆる科学技術はリスクとベネフィットの両面を有し、ゼロリスクはあり得ません。原子力についても、常に事故は起きる可能性があるとの認識の下、原子力固有のリスクを認め、どこまで安全対策を講じてもリスクが残存するとの認識を持ち続けつつも、リスクを除去・低減する取組を継続していくことが重要です。

(1) 原子力安全対策に関する基本的枠組み

① 国際的な動向

東電福島第一原発事故は国際社会に大きな影響を与えました。事故を受けて、国際機関や諸外国においては、原子力安全を強化するための取組が進められています。

IAEAでは2011年9月に「原子力安全に関するIAEA行動計画」が策定され、IAEA加盟国はこの行動計画に従って自国の原子力安全の枠組みを強化するための様々な取組を実施しています。また、IAEA において策定される原子力利用に係る安全基準文書（安全原則、安全要件、安全指針）のうち、ほとんどの安全要件が東電福島第一原発事故の教訓を踏まえて改訂されました。2021年11月には、東電福島第一原発事故後10年の間に各国及び国際機関がとった行動の教訓と経験を振り返り、今後の原子力安全の更なる強化に向けた道筋を確認することを目的として、原子力安全専門家会議が開催されました。

OECD/NEA は、各国の規制機関が今後取り組むべき優先度の高い事項を示しています。特に、原子力の安全確保においては、人的・組織的要素や安全文化の醸成が重要であるとし、OECD/NEA加盟国による継続的な安全性向上の取組を支援しています。

米国や欧州諸国においても、事故の教訓を踏まえ、より一層の安全性向上に向けた追加の安全対策の検討や導入を進めています。例えば米国では、事故直後に米国原子力規制委員会（NRC[39]）に設置された短期タスクフォースの勧告に基づき、規制の見直しや電気事業者に対する安全性強化措置の要請を進めています。EU では、事故直後に域内の原子力発電所に対してストレステスト（耐性検査）を行うとともに、原子力安全に関するEU指令が2014年7月に改定され、EU全体での原子力安全規制に関する規則が強化されました。

[39] Nuclear Regulatory Commission

②　国や事業者等の役割

1)　国の役割

IAEAの安全原則[40]では、政府の役割について「独立した規制機関を含む安全のための効果的な法令上及び行政上の枠組みが定められ、維持されなければならない」とされています。

我が国では、東電福島第一原発事故の反省を踏まえて原子力行政体制が見直され、2012年6月に原子力規制委員会が発足しました。原子力規制委員会は、図 1-12に示す五つの活動原則を掲げ、情報公開を徹底し、意思決定プロセスの透明性や中立性の確保を図っています。

また、原子力規制委員会は、「透明で開かれた組織」の活動原則に沿って、外部とのコミュニケーションにも取り組んでおり、規制活動の状況や改善等に関して原子力事業者や地元関係者等との意見交換[41]を行っています。また、IAEA及びOECD/NEA等の国際機関や諸外国の原子力規制機関との連携・協力を通じ、我が国の知見、経験を国際社会と共有することに努めています。

使命
原子力に対する確かな規制を通じて、人と環境を守ることが原子力規制委員会の使命である。

活動原則
原子力規制委員会は、事務局である原子力規制庁とともに、その使命を果たすため、以下の原則に沿って、職務を遂行する。

（1）独立した意思決定
何ものにもとらわれず、科学的・技術的な見地から、独立して意思決定を行う。

（2）実効ある行動
形式主義を排し、現場を重視する姿勢を貫き、真に実効ある規制を追求する。

（3）透明で開かれた組織
意思決定のプロセスを含め、規制にかかわる情報の開示を徹底する。また、国内外の多様な意見に耳を傾け、孤立と独善を戒める。

（4）向上心と責任感
常に最新の知見に学び、自らを磨くことに努め、倫理観、使命感、誇りを持って職務を遂行する。

（5）緊急時即応
いかなる事態にも、組織的かつ即応に対応する。また、そのための体制を平時から整える。

図 1-12　原子力規制委員会の組織理念

（出典）原子力規制委員会「原子力規制委員会5年間の主な取組」（2018年）

2)　原子力事業者等の役割

IAEAの安全原則では、「安全のための一義的な責任は、放射線リスクを生じる施設と活動に責任を負う個人又は組織が負わなければならない」と規定し、安全確保の一義的な責任は原子力事業者等にあるとしています。また、事故を防止し、その影響を緩和するための第一の手段は「深層防護[42]」であるとしています。我が国の新規制基準（後述）においても、この深層防護を基本とし、また、徹底したものとなっています。

原子力事業者等は、新規制基準に基づき安全確保のために各防護レベルで様々な措置を

---

[40] IAEA Fundamental Safety Principles, IAEA Safety Standards Series No. SF-1, IAEA, Vienna (2006)

[41] 原子力事業者との意見交換は第1章1-2(4)②「原子力エネルギー協議会（ATENA）における取組」、地元関係者との意見交換は第5章5-4(1)「国による情報発信やコミュニケーション活動」を参照

[42] 深層防護とは、一連の独立した防護層の組み合わせにより実装され、ある層の対策が機能しなくなった場合、後続の層の対策により防護するという概念

講じています（図 1-13）。また、新規制基準に対応するだけでなく、最新の知見を踏まえつつ、安全性向上に資する措置を自ら講じる責務を有しています[43]。

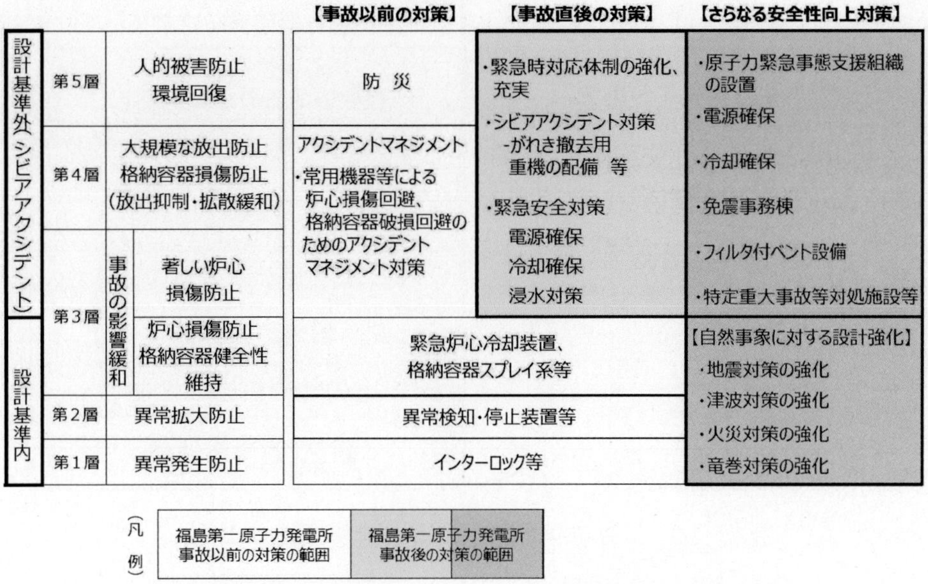

			【事故以前の対策】	【事故直後の対策】	【さらなる安全性向上対策】
設計基準外（シビアアクシデント）	第5層	人的被害防止 環境回復	防災	・緊急時対応体制の強化、充実 ・シビアアクシデント対策 -がれき撤去用重機の配備 等 ・緊急安全対策 電源確保 冷却確保 浸水対策	・原子力緊急事態支援組織の設置 ・電源確保 ・冷却確保 ・免震事務棟 ・フィルタ付ベント設備 ・特定重大事故等対処施設等
	第4層	大規模な放出防止 格納容器損傷防止 （放出抑制・拡散緩和）	アクシデントマネジメント ・常用機器等による炉心損傷回避、格納容器破損回避のためのアクシデントマネジメント対策		
	第3層	事故の影響緩和：著しい炉心損傷防止			
設計基準内	第3層	事故の影響緩和：炉心損傷防止 格納容器健全性維持	緊急炉心冷却装置、格納容器スプレイ系等		【自然事象に対する設計強化】 ・地震対策の強化 ・津波対策の強化 ・火災対策の強化 ・竜巻対策の強化
	第2層	異常拡大防止	異常検知・停止装置等		
	第1層	異常発生防止	インターロック等		

（凡例）福島第一原子力発電所事故以前の対策の範囲／福島第一原子力発電所事故後の対策の範囲

図 1-13　設計によるリスク低減具体的施策

（出典）総合資源エネルギー調査会自主的安全性向上・技術・人材 WG 第 21 回会合資料，電気事業連合会「原子力の自主的安全性向上に向けたこれまでの取り組みと今後の対応について」(2018 年)を基に作成

③　原子力安全規制に関する法的枠組みと規制の実施

1)　新規制基準の導入

「核原料物質、核燃料物質及び原子炉の規制に関する法律」（昭和 32 年法律第 166 号。以下「原子炉等規制法」という。）は、2012 年の改正により、その目的に国民の健康の保護や環境の保全等が追加されました。また、原子力安全規制の強化のため、既に許可を得た原子力施設に対しても最新の規制基準への適合を義務付ける「バックフィット制度」の導入や、運転可能期間を 40 年とし、認可を受けた場合は 1 回に限り最大 20 年延長できる「運転期間延長認可制度」の導入等が新たに規定されました。

この改正を受け、2013 年 7 月に実用発電用原子炉施設の新規制基準が、同年 12 月に核燃料施設等の新規制基準が、それぞれ施行されました。新規制基準では、地震や津波等の自然災害や火災等への対策を強化するとともに、万が一重大事故やテロリズムが発生した場合に対処するための規定が新設されました（図 1-14）。テロリズムによって原子炉を冷却する機能が喪失し、炉心が著しく損傷した場合に備えて設置が義務付けられた特定重大事故等対処施設[44]については、2019 年 10 月の審査基準改正により、テロリズム以外による重大事故等発生時にも対処できるように体制を整備することが求められるようになりました。

43　第 1 章 1-2(4)「原子力事業者等による自主的安全性向上」を参照。
44　第 1 章 1-3(1)「過酷事故対策」を参照。

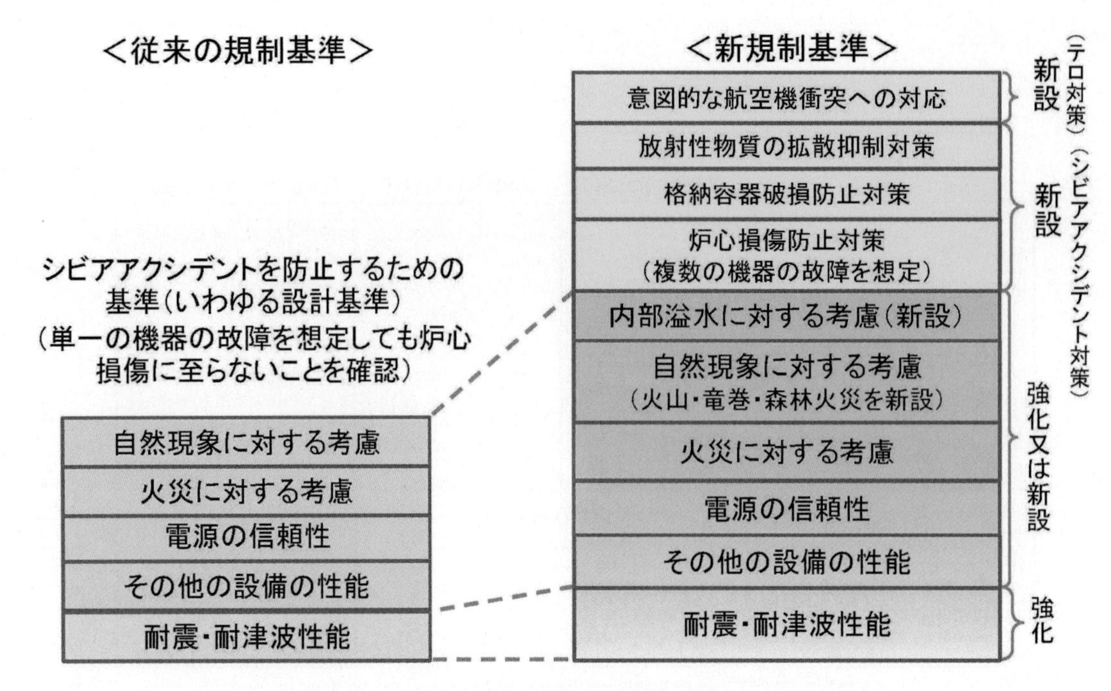

図 1-14　従来の規制基準と新規制基準との比較

（出典）原子力規制委員会「実用発電用原子炉に係る新規制基準について－概要－」（2013 年）

2)　新たな検査制度「原子力規制検査」の導入

原子力規制委員会は、2020 年 4 月から、新たな検査制度である原子力規制検査の運用を開始しました。従来の検査制度では、事業者が安全確保に一義的責任を負うことが不明確であること、事業者全ての安全活動に目が行き届いていないこと、安全上重要なものに焦点を当てにくい体系となっていること、事業者の視点に影響された検査になる可能性が高いこと等が問題点として挙げられていました。これらの課題を踏まえた見直しにより、原子力規制検査は、「いつでも」「どこでも」「何にでも」原子力規制委員会のチェックが行き届く検査の実施により、安全確保の視点から事業者の取組状況を評定することを通じて、事業者が自ら安全確保の水準を向上する取組を促進するという特徴を有しており、リスク情報の活用等を取り入れた体系となっています。

原子力規制検査では、原子力規制庁による検査、事業者からの安全実績指標の報告、重要度の評価、総合的な評定が行われます（図 1-15）。重要度の評価では、事業者の安全活動の劣化状態を評価し、重要度に応じて複数段階に分類します。総合的な評定では、5 段階の対応区分への設定が行われ、監視程度の設定により原子力規制検査等に反映されます。

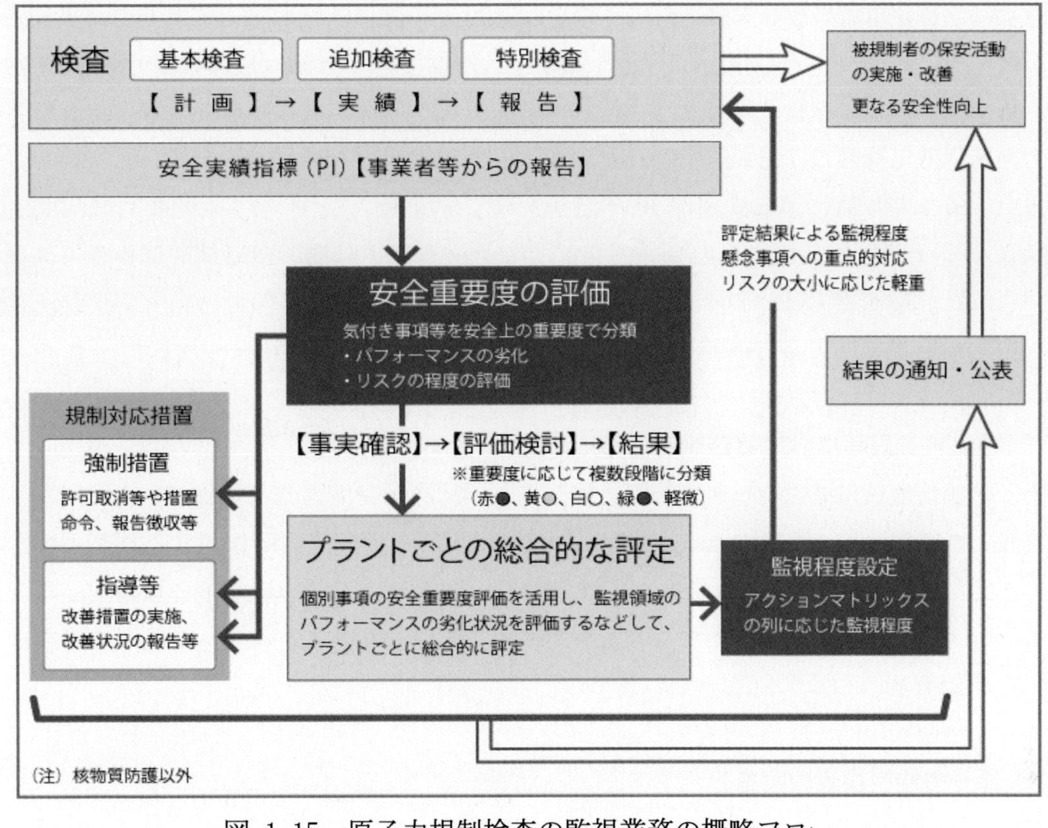

図 1-15　原子力規制検査の監視業務の概略フロー

(出典)原子力規制庁「原子力規制検査の概要」

3)　原子炉等規制法等に基づく規制の実施

(ｲ)　実用発電用原子炉施設における新規制基準への適合

実用発電用原子炉施設については、原子力規制委員会が、原子炉等規制法に基づき、設計・建設段階、運転段階の各段階の規制を行っています。設計・建設段階では、原子炉設置（変更）許可、設計及び工事の計画の認可、保安規定（変更）認可の審査等を行います。運転段階では、定期的な原子力規制検査等を通じて、事業者の安全活動におけるパフォーマンスを監視します。新規制基準への適合性審査の結果、2023 年 3 月末時点で 17 基が設置変更許可を受けており、そのうち 10 基が再稼働しています[45]。

発電用原子炉設置者は、原子炉等規制法に基づき、定期的に施設の安全性の向上のための評価（以下「安全性向上評価」という。）を行い、その結果を原子力規制委員会に届け出ることが義務付けられています。2022 年度には、九州電力株式会社（以下「九州電力」という。）川内原子力発電所 1 号機、四国電力株式会社（以下「四国電力」という。）伊方発電所 3 号機、九州電力川内原子力発電所 2 号機、玄海原子力発電所 4 号機、関西電力株式会社（以下「関西電力」という。）大飯発電所 4 号機、高浜発電所 3 号機及び美浜発電所 3 号機の安全性向上評価の届出がありました。

[45] 第 2 章 2-1(2)「我が国の原子力発電の状況」を参照。

さらに、特定重大事故等対処施設については、2022年度に、関西電力美浜発電所3号機、大飯発電所3号機及び4号機、九州電力玄海原子力発電所3号機及び4号機で運用が開始され、再稼働中の全ての原子炉で運用されています。また、同年8月には東京電力柏崎刈羽原子力発電所6号機及び7号機で、特定重大事故等対処施設に係る設置変更が許可されました。

また、2023年以降に運転期間が40年以上となる再稼働炉について、九州電力は、2022年10月に原子力規制委員会に川内原子力発電所1号機及び2号機の運転期間延長認可申請を行いました。関西電力は、同年11月に高浜発電所3号機及び4号機について劣化状況評価を実施した結果を踏まえて運転期間延長認可申請を行うことを決定しています[46]。

ロ） 核燃料施設等における新規制基準への適合

原子炉等規制法に基づき、製錬施設、加工施設、試験研究用等原子炉施設、使用済燃料貯蔵施設、再処理施設、廃棄物埋設施設、廃棄物管理施設、使用施設等に対する規制が行われています。これらの施設は、取り扱う核燃料物質の形態や施設の構造が多種多様であることから、それぞれの特徴を踏まえた基準を策定する方針が採られています。これらの施設についても新規制基準への適合性審査が進められています。

ハ） 原子力規制検査の実施

2022年度に行われた原子力規制検査では、検査対象となった実用発電用原子炉及び核燃料施設等のうち、東京電力柏崎刈羽原子力発電所を除く施設については、事業者の自律的な改善が見込める状態である「第1区分」（表 1-6）と評価されました。

東京電力柏崎刈羽原子力発電所に関しては、2020年度の原子力規制検査において、IDカード不正使用事案が重要度「白」（表 1-5）、核物質防護設備の機能一部喪失事案が「赤」（表 1-5）と評価されました。これらの個別事案の重要度評価の結果を踏まえ、原子力規制委員会は2021年3月に、東京電力柏崎刈羽原子力発電所の原子力規制検査に係る対応区分を「第4区分」（表 1-6）に変更し、追加検査を行うことを決定しました。同年4月には、東京電力に対し、対応区分が「第1区分」となるまで柏崎刈羽原子力発電所における特定核燃料物質の移動を禁止する是正措置命令を発出しました。追加検査は、同年4月から9月にかけてフェーズⅠが実施された後、東京電力が提出した改善措置報告書の精査を経て、同年10月には、フェーズⅡへと移行しました。原子力規制委員会は、2022年9月にはフェーズⅡの追加検査における3つの確認方針（強固な核物質防護の実現、自律的に改善する仕組の定着、改善措置を一過性のものとしない仕組の構築）とそれに基づく確認項目、確認の視点、確認内容及び検査の対象を整理しました。2023年3月時点では追加検査を実施しており、確認内容に記載された事項が実現されているかどうかを具体的に確認しています。

[46] 2023年4月25日に高浜発電所3号機及び4号機の運転期間延長許可申請が受理された。

表 1-5　実用発電用原子炉施設の検査指摘事項に対する重要度の分類

重要度	検査指摘事項の重要度及び安全実績指標の活動実績に応じた分類
緑 ●	機能又は性能への影響があるが限定的かつ極めて小さなものであり、事業者の改善措置活動により改善が見込める水準
白 ○	機能又は性能への影響があり、安全裕度の低下は小さいものの、規制関与の下で改善を図るべき水準
黄 ●	機能又は性能への影響があり、安全裕度の低下が大きい水準
赤 ●	機能又は性能への影響が大きい水準

(出典)原子力規制庁「用語説明集」に基づき作成

表 1-6　実用発電用原子炉施設及び核燃料施設等の追加検査対応区分の分類

対応区分	施設の状態
第 1 区分	各監視領域における活動目的は満足しており、事業者の自律的な改善が見込める状態
第 2 区分	各監視領域における活動目的は満足しているが、事業者が行う安全活動に軽微な劣化がある状態
第 3 区分	各監視領域における活動目的は満足しているが、事業者が行う安全活動に中程度の劣化がある状態
第 4 区分	各監視領域における活動目的は満足しているが、事業者が行う安全活動に長期間にわたる又は重大な劣化がある状態
第 5 区分	監視領域における活動目的を満足していないため、プラントの運転が許容されない状態

(出典)原子力規制庁「用語説明集」に基づき作成

日本原子力発電株式会社（以下「日本原子力発電」という。）敦賀発電所に関しては、同発電所 2 号機の新規制基準適合性審査においてボーリング柱状図データの書換えが発覚したため、2020 年 10 月に、同社の品質管理について審査とは別に原子力規制検査で確認する方針が示されました。原子力規制委員会は 2021 年 8 月に、原子力規制検査によって同社のトレーサビリティが確保される業務プロセス等の構築が確認されるまでの間は、審査会合を実施しないこととしました。これを受けて、原子力規制庁は複数回にわたる検査を実施し、2022 年 10 月に原子力規制委員会に検査結果を報告しました。検査の結果、調査データのトレーサビリティの確保や評価結果の判断根拠の明確化に関する業務プロセスの構築がなされるとともに、現時点で確認した範囲においては品質を確保する取組がなされているものと判断されました。敦賀発電所 2 号機の新規制基準適合性審査会合は、2022 年 12 月から再開されています[47]。

47 なお、その後の審査会合において審査資料の誤りが多数確認されたため、2023 年 4 月に原子力規制委員会は、日本原子力発電に対して、設置変更許可申請書の補正を同年 8 月 31 日までに求める指導文書を発出することを決定している。

(2)　原子力安全対策に関する継続的な取組

①　原子力安全規制の継続的な改善

原子力規制委員会は、国内外における最新の技術的知見や動向を考慮し、規制の継続的な改善に取り組んでいます。

原子力規制委員会は、実用発電用原子炉について、2022年4月から9月にかけて実施された原子力事業者経営層との意見交換の結果を踏まえて、2022年9月に審査の進め方を見直しました(図 1-16)。具体的には、できる限り手戻りがなくなるよう、事業者の対応方針を確認するための審査会合を頻度高く開催すること、原子力規制庁からの指摘が申請者に正確に理解されていることを確認する場を設け、必要に応じ文書化を行うこと等の取組を行うこととしており、原子力規制庁はこの方針に従って審査を進めています。

原子力規制検査の運用に関しては、確認された課題や検査の実施状況等を踏まえた改善策等を検討するため、「検査制度に関する意見交換会合」が実施されています。2022年度は3回開催され、原子力規制検査の実施状況や運用の改善、ガイド類の見直し、核燃料施設等の重要度評価手法等について、外部有識者や事業者等を交えた幅広い意見交換が行われました。

提案１　できるだけ早い段階での確認事項や論点の提示
提案２　公開の場における「審査の進め方」に関する議論及び共有
提案３　審査会合における論点や確認事項の書面による事前通知
提案４　原子力規制委員又は原子力規制庁職員の現地確認の機会を増加
提案５　基準や審査ガイドの内容の明確化

図 1-16　電力会社経営層との意見交換において、事業者から示された提案

(出典)第37回原子力規制委員会資料「電力会社経営層との意見交換を踏まえた新規制基準適合性に係る審査の進め方」(2022年)に基づき作成

また、原子力規制委員会における規制基準の継続的改善の一環として、東電福島第一原発事故の分析から得られた知見の規制への取り入れが行われています。2021年3月の中間取りまとめまでに得られた知見の規制への取り入れについては、水素防護、ベント機能、減圧機能の3つに分類した上で検討が進められています(表 1-7)。このうち、水素防護に関する知見については、同年12月、2022年5月、8月に検討状況の中間報告が行われました。その後、原子炉格納容器ベントの沸騰水型軽水炉(BWR[48])における原子炉建屋の水素防護対策としての位置付けを明確化するため、2023年2月に「実用発電用原子炉及びその附属施設の位置、構造及び設備の基準に関する規則の解釈」等が改正されました。またこれに先立ち、2022年12月の「第3回東京電力福島第一原子力発電所事故に関する知見の規制への取

[48] Boiling Water Reactor

り入れに関する作業チーム事業者意見聴取会合」において、原子力エネルギー協議会[49]（ATENA[50]）より原子炉建屋の水素防護対策に係るアクションプランが提示されています。

表 1-7 「東京電力福島第一原子力発電所事故の調査・分析に係る中間取りまとめ」から得られた知見等の分類表

分類	得られた知見等
水素防護	• 水素爆発時の映像及び損傷状況から、原子炉建屋の破損の主要因は、原子炉建屋内に滞留した水素の爆燃（水素濃度8%程度）によって生じた圧力によることを示唆している。
	• 3号機のベント成功回数は2回。このベントによって4号機原子炉建屋内に水素が流入し、40時間にわたって水素が滞留した後、爆発に至った。
ベント機能	• 耐圧強化ベントラインの非常用ガス処理系配管への接続により、自号機非常用ガス処理系及び原子炉建屋内へのベントガスの逆流、汚染及び水素流入による原子炉建屋の破損リスクの拡大が生じた。
	• 1/2号機共用排気筒の内部に排気筒頂部までの排気配管がなく、排気筒内にベントガスが滞留、排気筒下部の高い汚染の原因となった。
	• サプレッションチェンバ・スクラビング注3において、炉心溶融後のベント時には真空破壊弁の故障によりドライウェル注4中の気体がスクラビングを経由せずに原子炉格納容器外に放出される可能性がある。
減圧機能	• 主蒸気逃がし安全弁の逃がし弁機能の不安定動作（中途開閉状態の継続と開信号解除の不成立）が確認された。
	• 主蒸気逃がし安全弁の安全弁機能の作動開始圧力の低下が確認された。
	• 自動減圧系が設計意図と異なる条件の成立（サプレッションチェンバ圧力の上昇による低圧注水系ポンプの背圧上昇を誤検知すること）で作動したことにより原子炉格納容器圧力がラプチャーディスクの破壊圧力に達し、ベントが成立した。

（注1）原子炉格納容器内の圧力を降下させるため内部の気体の排出(ベント)に使用する放出口までの配管
（注2）原子炉格納容器内の圧力が設定値以上に上昇した際に圧力差によりラプチャーディスクが破壊され内部の気体を排出して圧力を下げる
（注3）サプレッションチェンバ(圧力抑制室)保有水中に原子炉格納容器内発生蒸気を吐出して凝縮させるが、その際、水中にエアロゾル状やガス状の放射性物質が捕獲される
（注4）原子炉格納容器のうち原子炉圧力容器等を格納する部分であってサプレッションチェンバ以外の部分
（出典）第25回原子力規制委員会資料7-1「第48回技術情報検討会の結果概要」(2021年)に基づき作成

[49] 原子力エネルギー協議会の詳細は、第1章1-2（4）②「原子力エネルギー協議会（ATENA）における取組」を参照。
[50] Atomic Energy Association

② 原子力安全研究

原子力規制委員会では、「原子力規制委員会における安全研究の基本方針」(2016 年 7 月原子力規制委員会決定、2019 年 5 月改正)に基づき、「今後推進すべき安全研究の分野及びその実施方針」を原則として毎年度策定し、安全研究を実施しています。2022 年 7 月に策定した同実施方針では、横断的原子力安全、原子炉施設、核燃料サイクル・廃棄物、原子力災害対策・放射線防護等、技術基盤の構築・維持の五つのカテゴリーについて、今後推進すべき安全研究の分野(表 1-8)を選定し、2023 年度以降の安全研究プロジェクトの概要を示しています。また、国際的な認識の共有や限られた試験施設を活用した試験データの取得及び最新知見の取得の観点から、IAEA や OECD/NEA 等の国際機関、米国の NRC やフランスの放射線防護原子力安全研究所(IRSN[51])等の諸外国の規制関係機関との連携を積極的に推進し、安全研究の国際動向や我が国の課題との共通性等を踏まえた上で、共同研究に積極的に参加しています。

経済産業省では、「軽水炉安全技術・人材ロードマップ」(2015 年 6 月自主的安全性向上・技術・人材ワーキンググループ決定、2017 年 3 月改訂)において優先度が高いとされた課題の解決等に向けて、「原子力の安全性向上に資する技術開発事業」を推進しています。

文部科学省では、「原子力システム研究開発事業」において、原子力分野の基盤技術開発の一つとしてプラント安全分野(核特性解析、核データ評価、熱水力解析、構造・機械解析、プラント安全解析等)を挙げ、計算科学技術を活用した知識統合・技術統合を進めています。

原子力機構や国立研究開発法人量子科学技術研究開発機構(以下「量研」という。)では、原子力規制委員会等と連携し、それぞれの専門領域に応じた安全研究を実施しています。具体的には、原子力機構は原子炉施設、核燃料サイクル施設、廃棄物処理・処分、原子力防災等の分野における先導的・先進的な研究等を、量研は長期間を要する低線量の被ばく等による放射線の人への影響評価を含め、放射線安全・防護及び被ばく医療等に係る分野の研究をそれぞれ推進しています。

一般財団法人電力中央研究所の原子力リスク研究センター(NRRC[52])は、原子力事業者等の安全性向上に向けた取組を支援するため、確率論的リスク評価(PRA[53])手法やリスクマネジメント手法に関する研究を実施しています。また、地震、津波、竜巻、火山噴火等の外部事象に対する原子力施設のフラジリティ(地震動の強さに対する機器、建物・構築物等の損傷確率)評価手法の開発も進めています。なお、過酷事故に関する各機関の安全研究については、第 1 章 1-3(2)「過酷事故に関する原子力安全研究」にまとめています。

---

[51] Institut de radioprotection et de sûreté nucléaire
[52] Nuclear Risk Research Center
[53] Probabilistic Risk Assessment

表 1-8　「今後推進すべき安全研究の分野及びその実施方針」
（令和 5 年度以降の安全研究に向けて）において示された分野

カテゴリー	分野	カテゴリー	分野
横断的 原子力安全	外部事象（地震、津波、火山等）	核燃料サイクル ・廃棄物	核燃料サイクル施設
	火災防護		放射性廃棄物埋設施設
原子炉施設	リスク評価		廃止措置・クリアランス
	シビアアクシデント（軽水炉）	原子力災害対策 ・放射線防護等	原子力災害対策
	炉物理（軽水炉）		放射線防護
	核燃料		保障措置・核物質防護
	材料・構造	技術基盤の 構築・維持	―
	特定原子力施設		

（出典）原子力規制委員会「今後推進すべき安全研究の分野及びその実施方針（令和 5 年度以降の安全研究に向けて）」（2022年）に基づき作成

(3)　安全神話からの脱却と安全文化の醸成

①　国民性を踏まえた安全文化の確立

IAEA では、安全文化を「全てに優先して原子力施設等の安全と防護の問題が取り扱われ、その重要性に相応しい注意が確実に払われるようになっている組織、個人の備えるべき特性及び態度が組み合わさったもの」としています。2016 年に OECD/NEA が取りまとめた規制機関の安全文化に関する報告書においても、安全文化に国民性が影響を及ぼすという指摘があるように、国民性は価値観や社会構造に組み込まれており、個人の仕事の仕方や組織の活動にも影響を及ぼすと考えられます。我が国においては、特有の思い込み（マインドセット）やグループシンク（集団思考や集団浅慮）、同調圧力、現状維持志向が強いことが課題の一つとして考えられます。

国や原子力関係事業者等の原子力関連機関の関係者は、国民や地方公共団体等のステークホルダーの声に耳を傾け、従来の日本的組織や国民性の良いところは生かしつつ、一方で上記のような弱点を克服した安全文化を確立していくことが不可欠です。

②　原子力規制委員会における取組

原子力規制委員会は、2015 年に決定した「原子力安全文化に関する宣言」（図　1-17）に基づき、IAEA 総合規制評価サービス（IRRS[54]）による指摘等を踏まえながら、マネジメントシステムの継続的改善と安全文化の育成・維持に取り組んでいます。

[54] Integrated Regulatory Review Service

2020年7月には、「マネジメントシステム及び原子力安全文化に関する行動計画」を策定しました。同行動計画では、マネジメントシステムの継続的改善について、全ての業務のプロセスとしての整理や、全ての主要プロセスのマニュアル作成等を段階的に進める計画が示されています。また、原子力規制委員会の原子力安全文化の育成・維持に関しては、原子力安全文化に係るPDCAサイクルの実践や、原子力安全文化の「理解」及び自己の役割の「認識」の深化等に段階的に取り組むとしています。2023年3月に公表された「令和5年度原子力規制委員会年度業務計画」においても、安全文化の育成・維持について取り組むこと等が示されています。

1．安全の最優先
2．リスクの程度を考慮した意思決定
3．安全文化の浸透と維持向上
4．高度な専門性の保持と組織的な学習
5．コミュニケーションの充実
6．常に問いかける姿勢
7．厳格かつ慎重な判断と迅速な行動
8．核セキュリティとの調和

図 1-17　原子力規制委員会の「原子力安全文化に関する宣言」に示された行動指針
(出典)原子力規制委員会「原子力安全文化に関する宣言」(2015年)に基づき作成

2023年1月、原子力規制委員会は原子力発電所の運転期間に関する原子力規制庁と資源エネルギー庁との面談に係り、その透明性を確保するため、「原子力規制委員会の業務運営の透明性の確保のための方針」を改正しました。この改正により、被規制者等との面談と同様に、原子力規制委員又は原子力規制庁職員がノーリターンルール対象組織等[55]と面談する際は不開示情報を除き日程・参加者、議事要旨、資料を公開することが決定されました。

③　原子力事業者等における取組

原子力発電所においては、原子炉等規制法と一般社団法人日本電気協会「原子力安全のためのマネジメントシステム規程[56]」に基づき、安全文化醸成の活動が行われています。同規程は、事業者の自主的な改善努力によるパフォーマンスの向上に重点を置いたものとして、2021年5月に改定版が発刊されました。

また、2012年に設置された原子力事業者の自主規制組織である一般社団法人原子力安全推進協会[57]（JANSI[58]）は、安全文化に関して7原則を掲げ（図 1-18)、それぞれの原則に対して主な要素とその内容を整理し、具体的な対応のための基礎としています。さらに、JANSIでは、原子力安全及びモラルの向上を図るため、会員組織の経営者、管理者等の各層を対象に、安全文化推進セミナー等の活動を行っています。

[55] 原子力利用の推進に係る事務を所掌する行政組織。具体的には、経済産業省、文部科学省、内閣府。
[56] 一般社団法人日本電気協会原子力規格委員会が制定した民間規格。規格番号はJEAC4111-2021。
[57] 第1章1-2(4)①「原子力安全推進協会（JANSI）における取組」を参照。
[58] Japan Nuclear Safety Institute

1．安全最優先の価値観
2．トップのリーダーシップ
3．安全確保の仕組み
4．円滑なコミュニケーション
5．問いかけ・学ぶ姿勢
6．リスクの認識
7．活気ある職場環境

図 1-18　JANSI の安全文化の 7 原則

（出典）一般社団法人原子力安全推進協会「JANSI の活動と安全文化」（2014 年）に基づき作成

(4)　原子力事業者等による自主的安全性向上

①　原子力安全推進協会（JANSI）における取組

JANSI は、事業者の安全性向上の活動を評価するとともに、提言や支援を行うことにより事業者の安全性及び信頼性を高める活動を牽引する役割を担っています。

JANSI は「日本の原子力業界における世界最高水準の安全性（エクセレンス）の追求」をミッションに掲げ、エクセレンスの設定、事業者に対する評価及び支援のサイクルを回しています（図 1-19）。評価や支援の過程における提言や勧告の策定に当たっては、外部専門家や海外機関によるレビューを受けることで、客観性を担保しています。また、JANSI は、「最高経営責任者(CEO[59])の関与」、「原子力安全に重点」、「産業界からの支援」、「責任」、「独立性」の 5 つを原則としています。JANSI と事業者は、原子力産業界における自主規制の目指す姿の実現に向けて、「共同体」として取り組むとしています（図 1-20）。

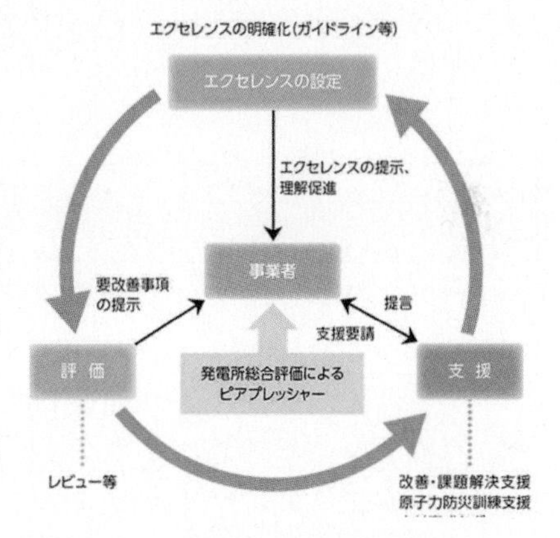

図 1-19　JANSI の活動サイクル

（出典）一般社団法人原子力安全推進協会「JANSI について」

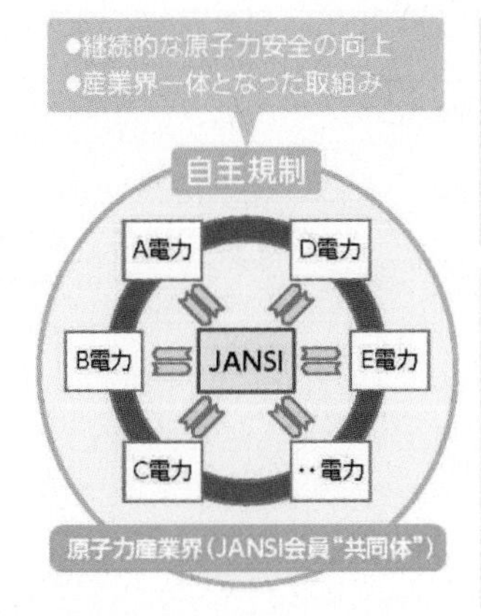

JANSI会員（事業者）
- 自主規制の主体として、共同体としての責務を果たし、一体的な安全性向上への取組みを継続
- 原子力施設の安全に対する個別および集団的責任
- 自主規制組織がミッションを遂行するための権威の付与

JANSI（自主規制組織）
- 自主規制を効果的、効率的に進める役割と責任
  - 自主規制活動を評価・監視するWatchdog
  - 活動を活性化するCatalyst
  - 道程を示し、活動を促進するFacilitator
  - 確固とした拠りどころとしてのAccountable Agent
- 自主規制組織の権威の裏付となる技術力
- 規制との適切な関係

図 1-20　原子力産業界における自主規制の目指す姿　～JANSI と事業者の役割と責任～

（出典）一般社団法人原子力安全推進協会パンフレット（2020 年）

[59] Chief Executive Officer

2021 年 3 月には、東電福島第一原発事故の教訓の一層の活用を促進するために、関連する教訓や事例を整理した「福島第一事故の教訓集」を策定しました。教訓集では、政府事故調の委員長所感を踏まえて整理された八つの知見に基づき、23 の教訓、71 の教訓細目とその解説が示されています（表 1-9）。

表 1-9　「福島第一事故の教訓集」に示された知見及び教訓

知見	教訓の項目名
1. あり得ることは起こる。あり得ないと思うことも起こる。	1-1 前提条件、発生確率、知見の確立
	1-2 事柄や経験に学ぶ
	1-3 論理的にリスクを評価
2. 見たくないものは見えない。見たいものが見える。	2-1 見たくないものに向き合う姿勢
	2-2 見落としを減らすための体系化
3. 可能な限りの想定と十分な準備をする。	3-1 設備・システムの信頼度向上
	3-2 最悪に備えたきめ細かな設備形成
	3-3 外部の監視および外部設備の固縛・分散管理
	3-4 不測の事態に対応できる訓練
	3-5 危機管理を念頭に置いた操作
4. 形を作っただけでは機能しない。仕組みは作れるが、目的は共有されない。	4-1 構成員の自覚
	4-2 現場本部と支援組織の役割分担
	4-3 トップの機能
	4-4 緊急時のコミュニケーション
5. 全ては変わるのであり、変化に柔軟に対応する。	5-1 新知見、環境変化への対応姿勢
6. 危険の存在を認め、危険に正対して議論できる文化を作る。	6-1 危険に正対して議論できる文化
7. 自分の目で見て自分の頭で考え、判断・行動することが重要であることを認識し、そのような能力を涵養することが重要である。	7-1 想定外へ対応できる応用力
	7-2 レジリエンスの強化
	7-3 緊急時に対する資質・能力の育成
8. その他：緊急時対応を行う職員の環境整備を図る。対外発表、渉外業務を適切に行い、海外対応にも気を配る。	8-1 労働環境の整備
	8-2 対外発表
	8-3 渉外対応
	8-4 国際関係

（出典）一般社団法人原子力安全推進協会「福島第一事故の教訓集」（2021 年）

また、JANSI は、活動成果を報告するとともに、活動をより実効性のあるものとするため、国内外の有識者等と意見交換を行う年次会合を開催しています。2023 年 3 月に開催された「JANSI Annual Conference 2023」では、約 100 名の協会会員や国内外の有識者等が会場参加し、約 400 名がオンライン視聴により参加しました。同会合では、2022 年 11 月に JANSI が設立 10 年の節目を迎えたこと等を踏まえて、次の 10 年を見据えた戦略・行動計画の策定に資するため、これまでの活動の成果を確認するとともに、今後の活動への期待、展望等をテーマとしたパネルディスカッション等を実施しました。

②　原子力エネルギー協議会（ATENA）における取組

原子力産業界による自律的かつ継続的な安全性向上の取組を定着させていくために、原子力産業界全体の知見・リソースを効果的に活用し、規制当局等とも対話を行いながら、効果ある安全対策を立案し、原子力事業者の現場への導入を促す組織として、2018 年に原子力エネルギー協議会（ATENA）が設立されました（図 1-21）。

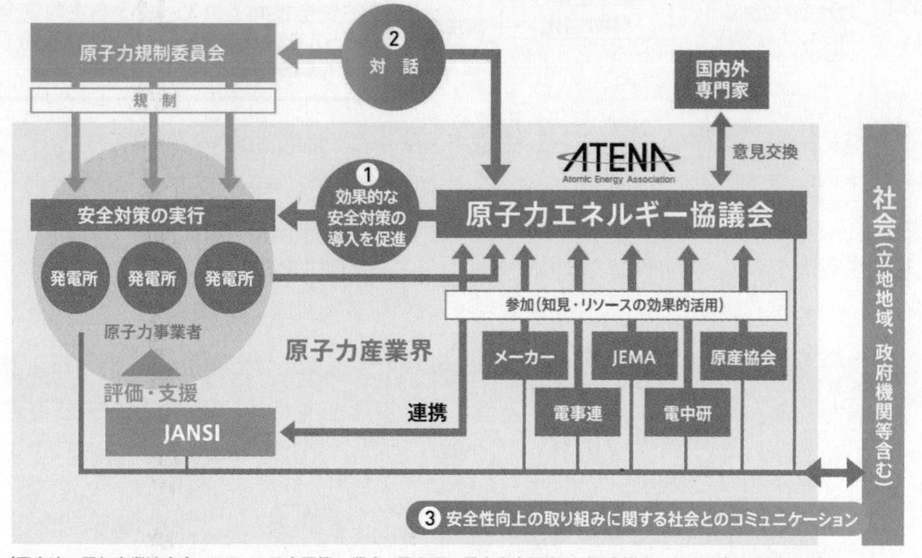

図 1-21 原子力エネルギー協議会（ATENA）の役割

(出典)原子力エネルギー協議会パンフレット

ATENA は、原子力発電所の安全性を更に高い水準へ引き上げることをミッションとしており、原子力の安全に関する共通的な技術課題として、新知見・新技術の積極活用、外的事象への備え、自主的安全性向上の取組を促進する仕組みの 3 点を自ら特定し、課題解決に取り組んでいます（図 1-22）。さらに、JANSI を含む原子力産業界全体で連携し、国内外の最新の知見や規制当局による検討会等の状況等を踏まえた上で、共通的な技術課題に対して優先的に取り組むテーマを特定しています。特定されたテーマリストについては、ATENA の取組姿勢である「自ら一歩先んじて」「改善余地がないか常に問い直す」に従い、再評価及び更新が毎年行われています。2022 年度は、新たに「多様な設備による安全性向上のための保安規定改定ガイドライン」が策定され、「原子力規制検査において活用する安全実績指標（PI）に関するガイドライン」及び後段に記載する「原子力発電所におけるデジタル安全保護回路のソフトウェア共通要因故障緩和対策に関する技術要件書」を改定しました。

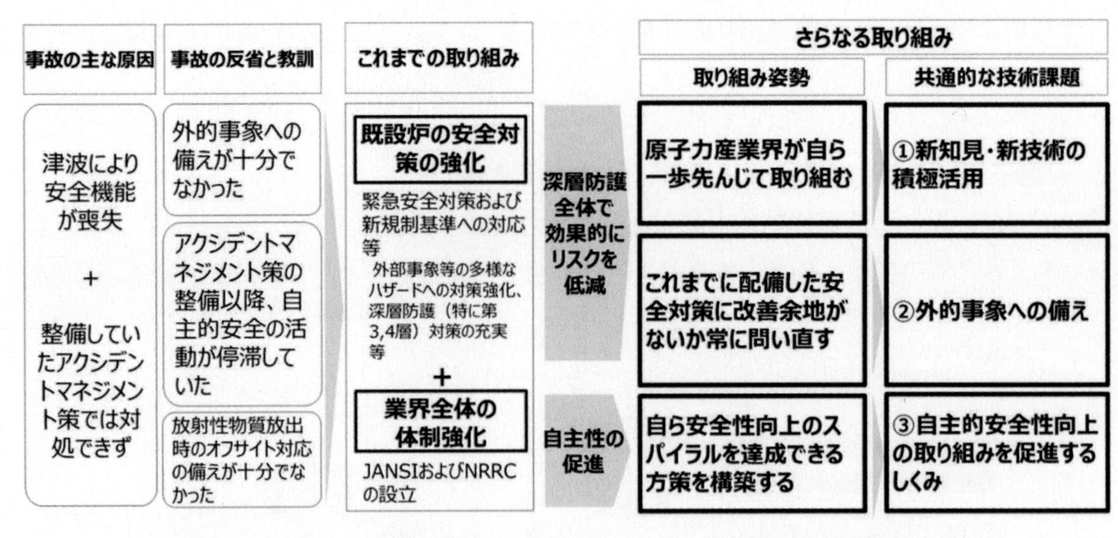

図 1-22　原子力産業界として取り組むべき共通的な技術課題の抽出

(出典)原子力エネルギー協議会「2022 年度事業の概要」(2022 年)

また安全性向上という共通の目的の下、規制当局と対話を行うことも ATENA の重要な役割の一つです。原子力規制委員会が開催する「主要原子力施設設置者の原子力部門の責任者との意見交換会」(以下「CNO[60]会議」という。）では、原子力発電の課題や事業者等の取組等について議論が行われています。2022 年度は 4 月、7 月、12 月に CNO 会議が開催され、ATENA や事業者の取組等に加え、規制当局の関心事項についても意見交換が行われました。

このように ATENA は規制当局との対話も踏まえて、原子力発電所の安全性を更に高い水準へ引き上げる取組を行っています。例えば、2019 年から 2020 年までにかけて計 5 回開催された原子力規制委員会の「発電用原子炉施設におけるデジタル安全保護系の共通要因故障対策等に関する検討チーム」では、デジタル安全保護系の共通要因故障対策について、原子力規制委員会の対策水準を踏まえて対策を自律的に進めていくための対応方針を ATENA が提示し、原子力規制委員会が事業者自らの安全性向上をフォローする方向で対策を進めることになりました（図 1-23)。2020 年 12 月、ATENA は事業者が自主的に対策を行うに当たり、対策設備である多様化設備への要求事項及びその有効性評価手法を技術要件として示すことを意図して「原子力発電所におけるデジタル安全保護回路のソフトウェア共通要因故障緩和対策に関する技術要件書」を整備しました。2022 年 10 月には、事業者の対策進捗に伴う解説追加及び表現適正化、国内基準及び規格動向の反映並びに海外規制動向の反映を行い、改定版を公表しました。

[60] Chief Nuclear Officer

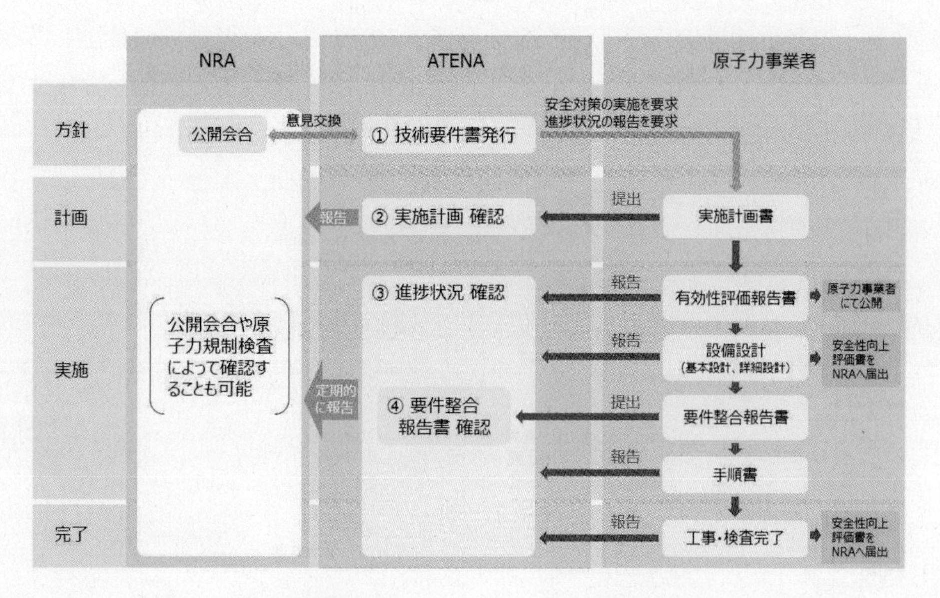

図 1-23　デジタル安全保護系のソフトウェア共通要因故障への対応フロー図

(出典)原子力エネルギー協議会「デジタル安全保護系のソフトウェア共通要因故障への対応」(2022 年)

ATENA は、原子力産業界の関係者が取り組むべき今後の課題を共有する機会として、毎年フォーラムを開催しています。2023 年 2 月に開催された「ATENA フォーラム 2023」では、「自主的安全性向上への ATENA の取り組み～現在の到達点と課題～」をテーマとしたパネルディスカッション等が実施されました。

③　リスク情報の活用

東電福島第一原発事故以前は、発生頻度の低い事象の取扱いに関しては対応が十分ではありませんでした。原子力事業者等は事故の教訓を踏まえ、このような災害のリスクを見逃さず安全性を更に向上させるため、確率論的リスク評価（PRA）を活用した安全対策の検討に取り組んでいます（図 1-24）。

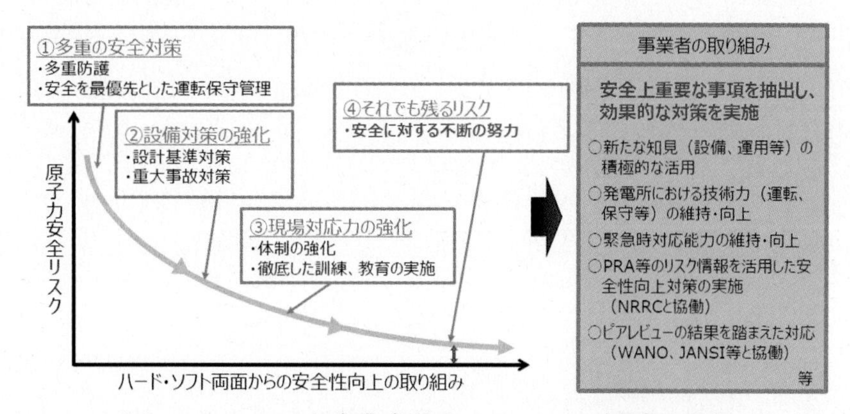

図 1-24　原子力事業者等によるリスク低減の取組

(出典)第 5 回原子力委員会資料第 1-1 号 電気事業連合会「原子力発電の安全性向上におけるリスク情報の活用について」(2018 年)

PRAは、原子力発電所等の施設で起こり得る事故のシナリオを網羅的に抽出し、その発生頻度と影響の大きさを定量的に評価することで、原子力発電所の脆弱箇所を見つけ出すための手法です（図 1-25）。PRA手法及びリスクマネジメント手法に係る研究開発の中核は一般財団法人電力中央研究所の原子力リスク研究センター（NRRC）が担っており、原子力事業者等はNRRCとの連携を通じてPRAの高度化に取り組んでいます。

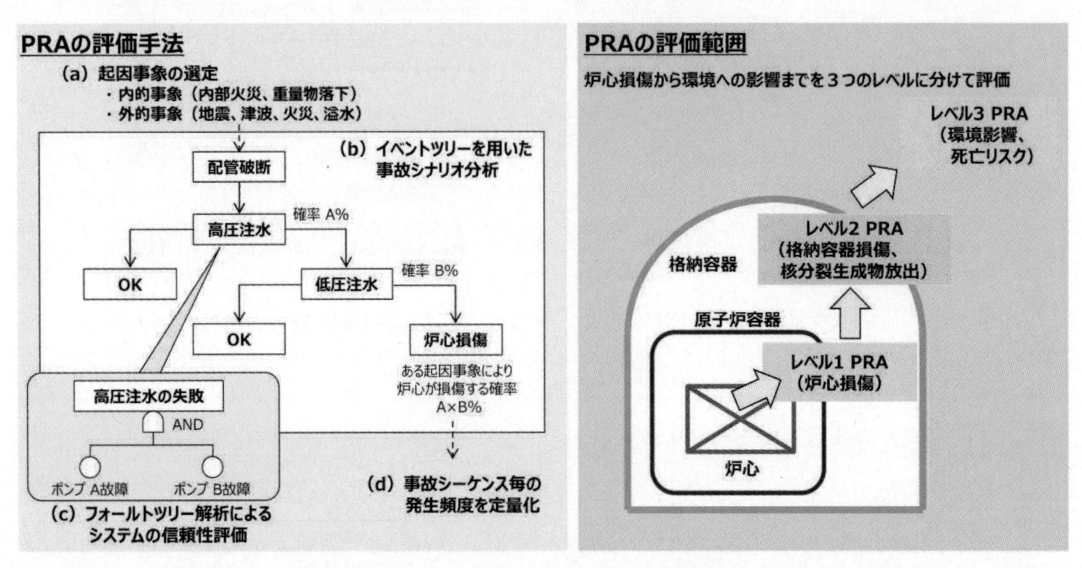

図 1-25　確率論的リスク評価（PRA）の評価手法と評価の範囲

（出典）第 14 回 総合資源エネルギー調査会 電力・ガス事業分科会原子力小委員会資料 3 資源エネルギー庁「原子力の自主的な安全性の向上について」（2018 年）

また、原子力発電事業者は、発電所の取組を適切に評価し、より効果的にリスクを低減し安全性を向上させる仕組みとして、PRA 等から得られるリスク情報を活用した意思決定（RIDM[61]）を発電所のリスクマネジメントに導入することを目指しています。原子力発電事業者は、RIDM の導入に向けて、2020 年 3 月末又はプラント再稼働までの期間をフェーズ 1 と位置付け、RIDM による自律的な安全性向上のマネジメントの仕組みの整備を進めてきました（図 1-26）。具体的には、パフォーマンス監視・評価、リスク評価、意思決定・実施、是正処置プログラム（CAP[62]）、コンフィグレーション管理について、指標の設定やガイドラインの策定が行われました。

[61] Risk-Informed Decision-Making

[62] Corrective Action Program

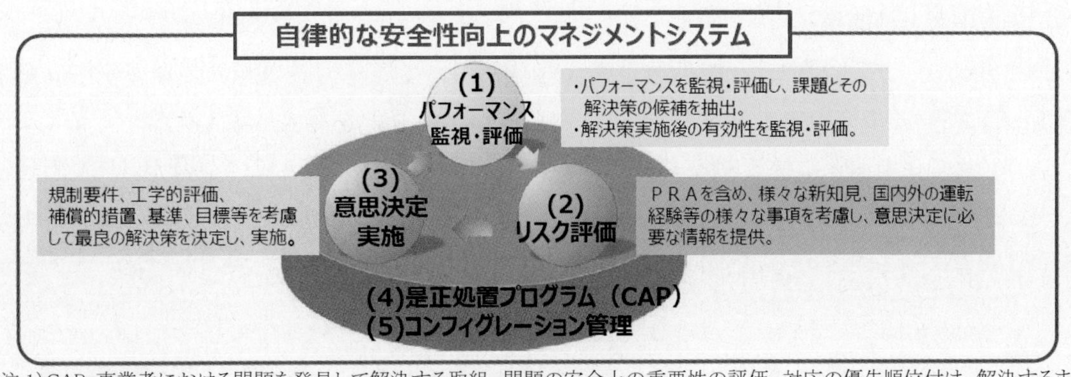

(注 1)CAP:事業者における問題を発見して解決する取組。問題の安全上の重要性の評価、対応の優先順位付け、解決するまで管理していくプロセスを含む。
(注 2)コンフィグレーション管理:設計要件、施設の物理構成、施設構成情報の 3 要素の一貫性を維持するための取組。

図 1-26　リスク情報を活用した意思決定（RIDM）によるリスクマネジメントの概念図

(出典)第 5 回原子力委員会資料 1-1 号 電気事業連合会「原子力発電の安全性向上におけるリスク情報の活用について」(2018 年)

このようなフェーズ 1 での取組状況を踏まえ、原子力発電事業者は、フェーズ 2（2020 年 4 月又はプラント再稼働以降）において継続、拡張、発展させていくべき取組をまとめ、2020 年 6 月に「リスク情報活用の実現に向けた戦略プラン及びアクションプラン」を改訂しました。フェーズ 2 では、フェーズ 1 で整備したリスクマネジメントを実践し、2020 年 4 月に導入された原子力規制検査[63]において有効性を示しながら、その改善及び適用範囲の拡大に取り組むとしており、原子力規制検査の制度定着を図るため、産業界の連携が緊密に行われています（図 1-27）。

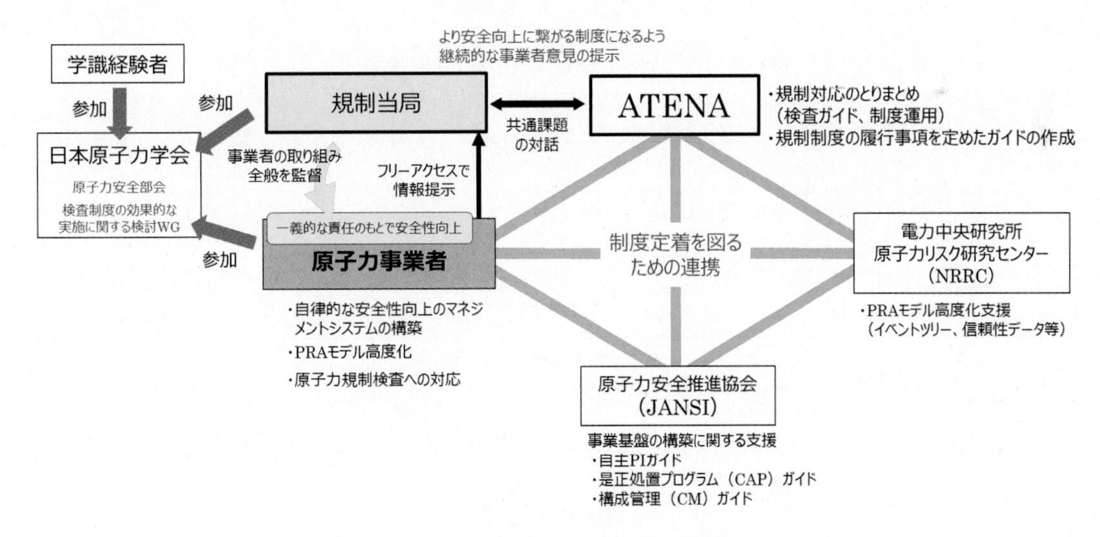

図 1-27　原子力規制検査への産業界の対応

(出典)ATENA フォーラム 2021　原子力エネルギー協議会「安全性向上に向けた ATENA の活動～現状と課題～」(2021 年)

[63] リスク情報の活用や安全実績指標（PI）の反映等を導入。第 1 章 1-2(1)③2）「新たな検査制度『原子力規制検査』の導入」を参照。PIはPerformance Indexの略。

④ IAEAとの連携

2022年5月、関西電力は、美浜発電所3号機において原子力発電所の長期運転を支援するIAEAのプログラムSALTO[64]の調査チームを招へいすることを発表しました。

SALTOは、長期運転に係る組織や体制等の経年劣化マネジメント等の活動がIAEAの最新の安全基準を満足しているかを評価するものです（図 1-28）。また、評価の結果を踏まえて、事業者に対して更なる改善に向けた推奨事項や提案事項を提供します。

- ✧ 物理的な経年劣化のマネジメント
- ✧ 技術における非物理的な経年劣化（obsolescence）のマネジメント
- ✧ 長期運転のためのプログラム
- ✧ 経年劣化のマネジメント及び長期運転の正当化に係る定期安全レビュー
- ✧ 記録と報告
- ✧ 長期運転のための人的資源、能力及び知識のマネジメント

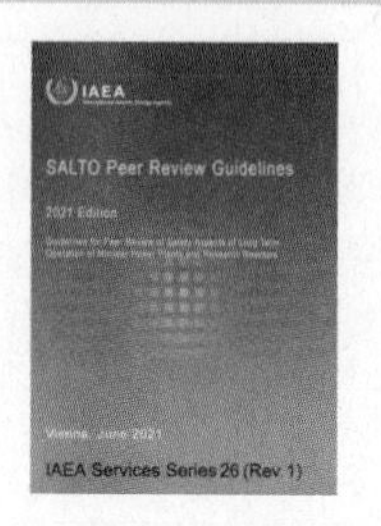

図 1-28 SALTOの主な評価対象

（出典）IAEA「SALTO Peer Review Guidelines 2021 Edition」（2021年）に基づき作成

美浜発電所3号機におけるSALTOチームの調査は2024年度末までに実施され、その後、調査結果を踏まえたフォローアップ調査の実施が2026年度に予定されています。我が国では、初めてのSALTOの招へい事例となり、今後の成果が期待されます。なお、海外では、2022年は南アフリカ等でSALTOが実施されています（表 1-10）。

表 1-10 2022年のSALTOの実施状況

実施時期	実施国	実施発電所	種類
3月22日～3月31日	南アフリカ	コーベルグ	SALTOミッション
6月7日～6月10日	ブラジル	アングラ 1号機	プレSALTOミッション フォローアップ調査
6月21日～6月24日	メキシコ	ラグナ・ベルデ	フォローアップ調査
8月30日～9月8日	スウェーデン	オスカーシャム 3号機	プレSALTOミッション

※プレSALTOミッションとは、長期運転に向けた準備の初期段階で実施される、経年劣化のマネジメントや準備を対象とした調査。

（出典）IAEA「Peer Review and Advisory Services Calendar」に基づき作成

64 Safety Aspects of Long Term Operation

コラム　～他産業における安全文化醸成の取組～

原子力産業は、東電福島第一原発事故のように一度の事故が多大な被害を及ぼすことがあるため、あらゆる産業の中でも特に、必要な安全対策投資に加え、安全に対する高い意識を持ち、安全文化を醸成することが求められます。ここでは、原子力産業と同様に、一度の事故が多大な被害を及ぼす可能性がある中で安全文化醸成の取組を進めてきた事例として、航空産業の取組を取り上げます。

航空産業では、技術の進歩やヒューマンファクター研究によって事故発生率が減少していきましたが、1990 年代には事故発生率が横ばいとなりました。事故を分析すると、組織体質や職場風土などが事故に関与していることが明らかとなり、航空産業は更なる安全性向上を目指して、2000 年頃から安全管理と安全文化醸成に取り組み始めました。例えば、日本航空株式会社は、2005 年 3 月に国土交通大臣から受けた事業改善命令に対する改善措置として、安全組織体制の強化や安全意識改善への取組などを実施しました。具体的には、安全管理を支える安全文化として「報告する文化」、「公正な文化」、「必要な情報が行き渡る文化」、「学ぶ文化」の醸成に向けた取組が進められました。業界全体でみても、1999 年から事業者間で情報を共有する仕組みが構築されており、2014 年には航空安全情報自発報告制度に発展しました。同制度では、第三者機関が、自発的に報告されたヒヤリハットを匿名化した上で分析し、情報を事業者に共有するとともに改善を提案しています。

我が国の原子力産業においても、2003 年からトラブル情報などを事業者間で共有するデータベース「ニューシア」が運用されています。また、東電福島第一原発事故の教訓に学び、JANSI を中心とした事業者による自主的安全性向上及び安全文化醸成が進められています。これらの取組が陳腐化することなく、安全確保に向けて有効であり続けるように、他産業の事例も参考にしながら継続的に改善していくことが重要です。

日本航空株式会社における安全文化醸成に向けた取組例

取組例	取組における考え方・概要
トップのコミットメント	• トップが率先して安全を絶対に守り抜くという強い意志を示し、計画に表すことが重要
非懲戒方針	• 危ないことを危ないと躊躇なく報告できる、自分の失敗を共有できる職場風土が重要 • トラブルに至る前の自発的報告制度を導入し、教訓の共有化を推進するため、十分に注意していたにもかかわらず発生したと判断されるヒューマンエラーは懲戒対象外と明記
2.5 人称の視点	• 自分が顧客だったらと考える 1 人称の視点と、家族等が顧客だったらと考える 2 人称の視点を持ちつつ、プロとして冷静な専門的判断を下す 3 人称の視点で冷静に業務に当たる 2.5 人称の視点が重要
事故の風化防止	• 安全の本質を理解するため、事実を認識し、正面に向き合うことが必要 • 事故から学ぶための安全啓発センターを活用した教育 • 自らの業務と安全のつながりを考え、各自が安全宣言を行う

(出典)第 4 回総合資源エネルギー調査会電力・ガス事業分科会原子力小委員会 原子力の自主的安全性向上に関するワーキンググループ資料 4 日本航空株式会社「JAL グループの安全の取り組み～安全文化の醸成～」(2013 年)に基づき作成

はじめに 特集 第1章 第2章 第3章 第4章 第5章 第6章 第7章 第8章 第9章 資料編 用語集

コラム　～自主的安全性向上に向けた原子力事業者による取組～

原子力事業者は、規制基準を満たせば事故は発生しないという認識を持つのではなく、東電福島第一原発事故の反省と教訓に加え、最新の科学的知見や他分野のリスクマネジメントの経験等も踏まえて、自主的に不断の安全性向上に努めていく必要があります。

東電福島第一原発事故後、我が国では原子力事業者等を始めとする産業界が一般社団法人原子力安全推進協会（JANSI）、原子力エネルギー協議会（ATENA）及び一般財団法人電力中央研究所の原子力リスク研究センター（NRRC）を設立し、自主的・継続的に安全性向上の取組を進めています。加えて、各事業者は、それぞれの組織文化や特徴を考慮した安全性向上の取組を実施しています。

例えば、関西電力では、事業運営等の改善に取り組むため、弁護士などの社外有識者を主体に構成する「原子力安全検証委員会」を設置しています。同委員会では法律、原子力、品質管理、安全等の各分野の有識者から、独立的な立場で安全文化醸成活動や自主的安全性向上の取組状況等について助言を得ています。また、検証委員は各発電所の安全対策の取組状況を視察し、発電所員との意見交換等も行っています。

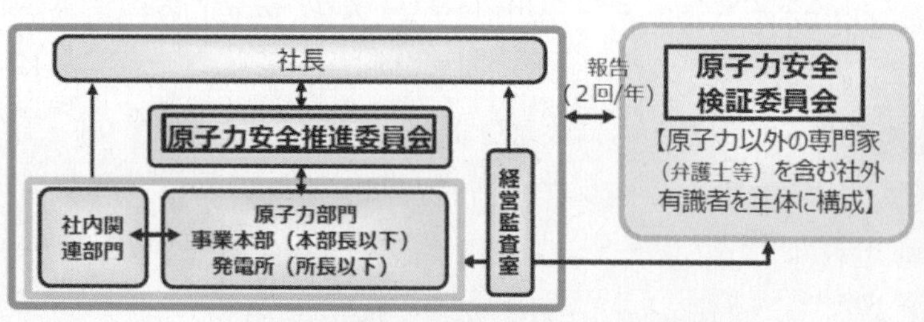

関西電力原子力安全検証委員会の体系図（左図）と
検証委員による発電所視察の様子（右写真）

(出典)第32回総合資源エネルギー調査会電力・ガス事業分科会原子力小委員会資料4　電気事業連合会「安全神話からの脱却と安全マネジメント改革の取組み」(2022年)

また、九州電力では、他産業等の外部からも学びを得ることを目的に、航空会社や自動車メーカー等の電力業界以外も含む企業等と、安全や品質等に関する業務経験や教訓等に関して意見交換する場を毎年設けています。

さらに、電気事業連合会は2022年10月、上記のような各事業者の安全マネジメントの取組について業界全体で情報共有するため、各事業者の原子力部門の責任者（CNO）で構成する「安全マネジメント改革タスクチーム」を設置しました。同タスクチームでは、各事業者のベストプラクティスを共有するとともに、他事業者への展開を検討し、更なる安全マネジメント改革を進めています。

1－3 過酷事故の発生防止とその影響低減に関する取組

国民の安全を確保する上で、多量の放射性物質が環境中に放出される事態を招くおそれのある過酷事故の発生を防止すること及び万一発生してしまった場合の影響を低減することは非常に重要です。現在、原子力事業者等は、新規制基準を踏まえた過酷事故対策を講じるとともに、国や研究開発機関を含む原子力関係機関は、過酷事故に対する理解を深め、更なる安全対策に生かすための研究開発を進めています。今後も、深層防護の考えを徹底し、継続的に過酷事故の発生防止及び万一発生した場合の対策の実行性を向上していくことが必要です。

(1)　過酷事故対策

東電福島第一原発事故の教訓を踏まえ、原子力事業者等は、新規制基準への適合性を含め、過酷事故の発生を防止するための対策や、万一事故が発生した場合でも事故の影響を低減するための対策を新たに講じています（図 1-29）。

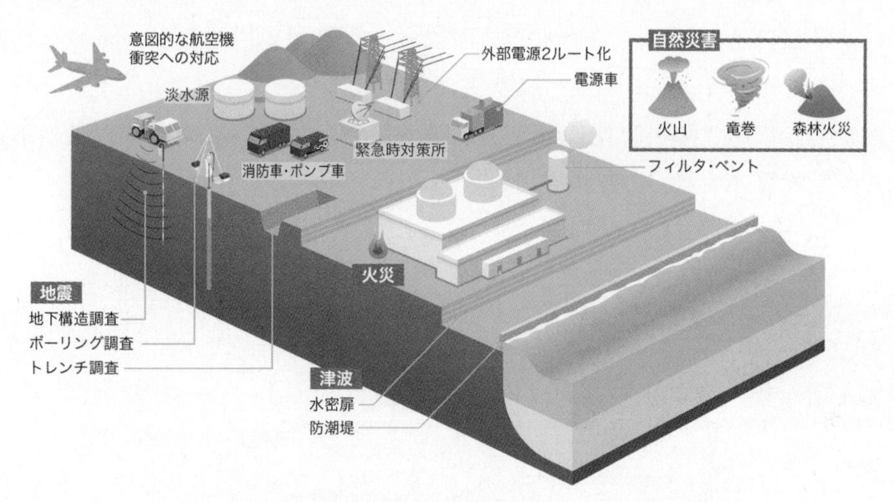

図 1-29　新規制基準で求められる主な安全対策

（出典）電気事業連合会「原子力コンセンサス」（2023 年）

津波への対策としては、発電所敷地内への津波の浸入を防ぐための防波壁や防潮堤を設置するとともに、それらを超える高さの津波によって敷地内が浸水した場合でも建物内の重要な機器やエリアの浸水を防止するための防水壁や水密扉を設置しています（図 1-30 左・中央）。

また、地震による送電鉄塔の倒壊や津波による発電所内非常用電源の浸水を想定し、敷地内の高台に配備された発電機や電源車から電力を供給する等、電源設備の多様化や分散配置も行っています（図 1-30 右）。さらに、地震や津波などで複数の冷却設備が失われた場合でも原子炉や使用済燃料プールを冷却し続けるための多様な注水設備や手段を確保しています。予備タンクや貯水池、海水等を水源とし、ポンプ車や可搬型ポンプにより、原子炉や使用済燃料プールの冷却・注水を行うことができます。

防波壁や防潮堤の設置

扉の水密化

電源車の配備

図 1-30　津波や地震への対策

（出典）電気事業連合会「原子力発電所の安全対策」に基づき作成

炉心を冷却し続けることができず、燃料が損傷に至った場合を想定した対策も講じられています（図 1-31）。格納容器や原子炉建屋内での水素爆発を防止するため、水素と酸素を結合させて水にする静的触媒式水素再結合装置や、短時間のうちに多量の水素を燃焼し除去できる電気式水素燃焼装置、原子炉建屋上部から水素を排出する設備を設置しています。また、格納容器の過圧による破損を防止するため、格納容器内の気体を排出し圧力を下げるフィルタベント設備を設置しています。気体に含まれる放射性物質はフィルタで除去されるため、放出に伴う周辺環境の土壌汚染リスクを低減します。さらに、原子炉建屋や格納容器が破損した場合でも、屋外に配備した放水設備から破損箇所に向けて大量の水を放出することで放射性物質の大気への拡散を抑制します。

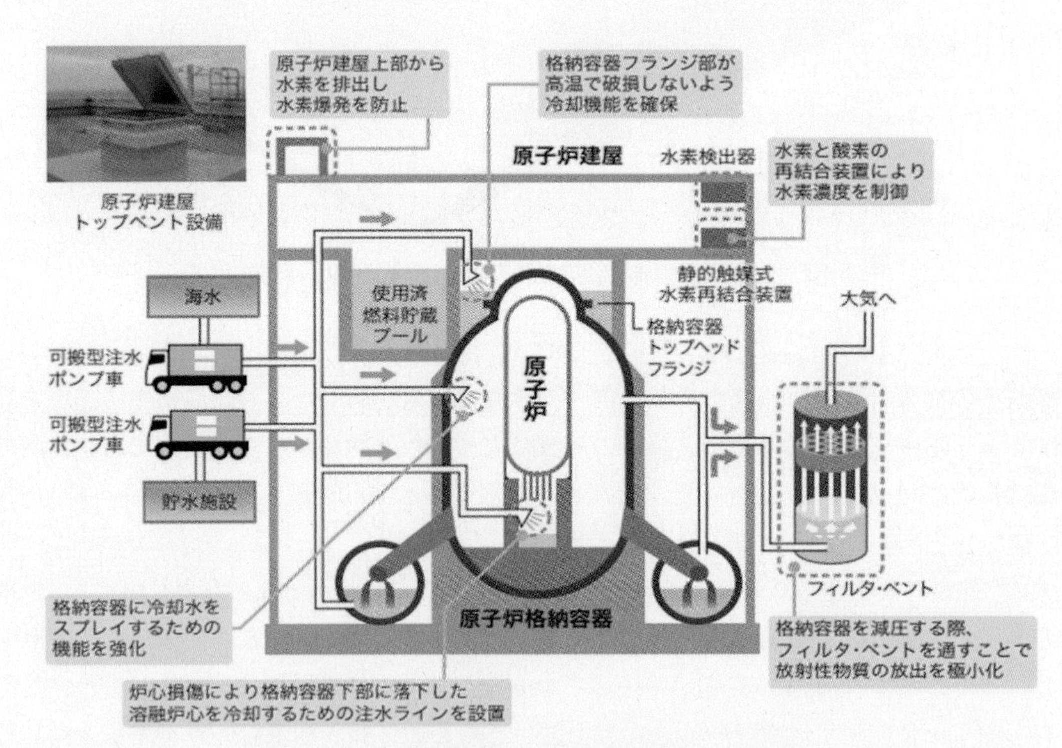

図 1-31　過酷事故への対策例（BWR の事例）

（出典）電気事業連合会「原子力コンセンサス」（2023 年）

意図的な航空機の衝突等のテロリズムによって原子炉を冷却する機能が喪失し、炉心が著しく損傷した場合に備えて、原子炉格納容器の破損を防止するための機能を有する特定重大事故等対処施設の設置も進められており、2023 年 3 月時点で再稼働中の全ての原子炉で運用されています[65]（図 1-32）。同施設は、テロ行為によって炉心が損傷した場合でも放射性物質の異常な放出を抑制するため、原子炉建屋とは離れた場所に設置され、炉心や格納容器内への注水設備、電源設備、通信連絡設備を格納するものです。また、これらの設備を制御するための緊急時制御室も備えています。

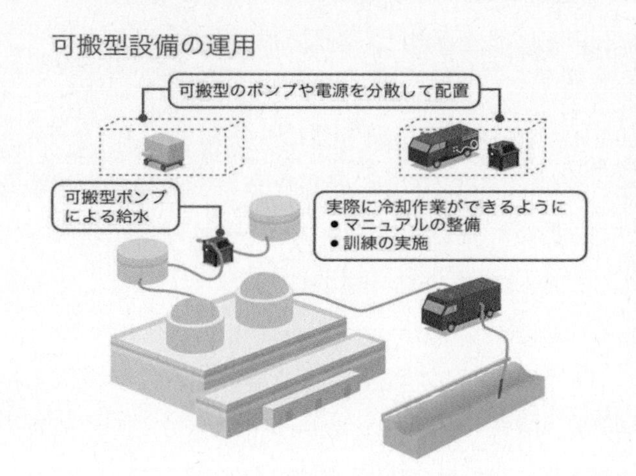

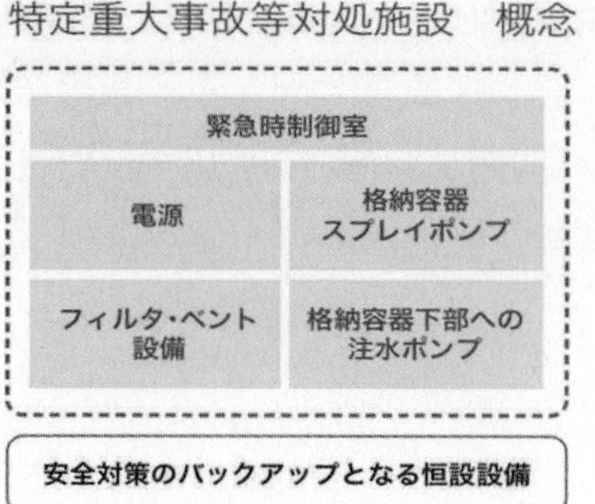

図 1-32　テロへの対策

（出典）電気事業連合会「原子力コンセンサス」（2023 年）

(2)　過酷事故に関する原子力安全研究

①　原子力規制委員会における過酷事故に関する安全研究

原子力規制委員会は、過酷事故研究を通じて、新規制基準に基づき原子力事業者等が策定した過酷事故対策の妥当性を審査する際に必要となる技術的知見や評価手法を整備し、関連する規格基準類に反映しています。

過酷事故時に発生する物理化学現象の中には、予測や評価に大きな不確実性を伴う現象が存在します。原子力規制委員会は、これらの重要な現象を解明し、最新の知見を拡充するための研究に取り組んでいます。特に、過酷事故時の格納容器内における水素等の気体の挙動、格納容器内に落下した溶融炉心がコンクリートを侵食する反応、溶融炉心の冷却性等について、関係機関と協力し、国内外の施設を用いた実験を行っています。実験で得られた知見は、過酷事故時の安全性を評価するための解析コードの開発や精度向上、確率論的リスク評価（PRA）手法の高度化に活用しています。また、OECD/NEA が行う国際共同プロジェクトに参加し、国内外の専門家から最新の情報を収集しています。

---

[65] 第 1 章 1-2(1)③3) ｲ)「実用発電用原子炉施設における新規制基準への適合」を参照。

② 経済産業省における過酷事故に関する安全研究

経済産業省は、「軽水炉安全技術・人材ロードマップ」の中で優先度が高いとされた課題の解決に向けた技術開発を支援しています。過酷事故が発生した場合でも事故対応のための猶予期間を確保するため、過酷事故条件下でも損傷しにくい新型燃料部材の開発等に取り組んでいます。また、原子力発電所の包括的なリスク評価手法の高度化のため、地震や津波を対象とした確率論的リスク評価（PRA）手法の高度化にも取り組んでいます。

③ 文部科学省・原子力機構における過酷事故に関する安全研究

文部科学省は、原子力機構が所有する研究施設を活用し、過酷事故を回避するために必要となる安全評価用データの取得等に取り組んでいます。原子力機構では、安全研究センター、廃炉環境国際共同研究センター（CLADS[66]）等が過酷事故研究に取り組んでいます。

安全研究センターは、原子炉安全性研究炉（NSRR[67]）等の多様な施設を活用した実験を通じて、原子力規制委員会への技術的支援や長期的視点から先導的・先進的な安全研究を実施しており、過酷事故の防止や影響緩和に関する評価、放射性物質の環境への放出とその影響に関する研究について重点的に取り組んでいます。

CLADSは、東電福島第一原発の廃炉に向けた研究の一環として、事故進展解析による炉内状況の把握、燃料の破損・溶融挙動の解明、溶融炉心・コンクリート反応による生成物の特性把握、セシウム等の放射性物質の化学挙動に関する知見の取得に取り組んでいます。これらの成果の一部は、現行の過酷事故用解析コードの高度化や事故対策の高度化等、将来の安全研究に役立てることとなっています。

④ 電力中央研究所における過酷事故に関する安全研究

一般財団法人電力中央研究所の原子力リスク研究センター（NRRC）は、過酷事故状況下における運転員による機器操作等の信頼性評価や過酷事故時に放出される放射性物質による公衆や環境への影響の評価に関する技術開発に取り組んでいます。

(3) 過酷事故プラットフォーム

「過酷事故プラットフォーム[68]」では、原子力機構を中心とした関係各機関の協力の下で、過酷事故の推移や個別現象、その影響と対策を俯瞰的に理解すること、また、これらを体系的に学習する研修資料とすることを目的とし、SA[69]アーカイブズ（軽水炉過酷事故技術資料）の整備を行っています。2019年に完成したSAアーカイブズ及び講義資料の初版について、活用方法の検討を行うとともに、公開に向けた手続を進めています。

---

66 Collaborative Laboratories for Advanced Decommissioning Science
67 Nuclear Safety Research Reactor
68 プラットフォームについては、第8章8-1(3)「原子力関係組織の連携による知識基盤の構築」を参照。
69 Severe Accident

コラム ～OECD/NEAによる過酷事故研究の取組～

OECD/NEA は、我が国を含めた各国の関係機関が参加し、過酷事故に関する現象の解明や事故の防止・緩和に関する国際共同研究プロジェクトを実施しています。

2022 年は、新たに 12 か国 23 機関が参加する「福島第一原子力発電所事故情報の収集及び評価（FACE）プロジェクト」を開始しました。また、2017 年から 2020 年まで実施した「福島第一原子力発電所の事故進展シナリオ評価に基づく燃料デブリと核分裂生成物の熱力学特性の解明に係る協力（TCOFF）プロジェクト」の第 2 フェーズを開始しました。

FACE プロジェクトは、OECD/NEA が東電福島第一原発事故に関する分析や燃料デブリの取り出し準備に関して過去に実施した「福島第一原発事故のベンチマーク研究（BSAF[70]）プロジェクト」に続く、「燃料デブリの分析に関する予備的研究（PreADES[71]）」及び「福島第一原子力発電所の原子炉建屋及び格納容器内情報の分析（ARC-F）」を統合して拡張したプロジェクトです。事故シナリオ解釈の精査、過酷事故進展のモデリングの改善、原子炉の安全性向上に向けたデータや情報等の共有のためのコミュニケーションの三つを主要な作業スコープとして、2026 年まで実施予定です。

TCOFF プロジェクトは、2017 年に開始され、2020 年までを第 1 フェーズとして燃料デブリや核分裂生成物等の化学反応に関する基礎データを収集し、燃料デブリや事故進展挙動の解析に適した熱力学データベースの整備を行いました。第 2 フェーズでは、第 1 フェーズで得られた成果をベースに、シビアアクシデント条件下での ATF 材料の挙動に関する研究や、福島第一原子力発電所の原子炉以外の原子炉設計を対象とした検討など、その範囲を広げて 2025 年までの予定で実施されます。

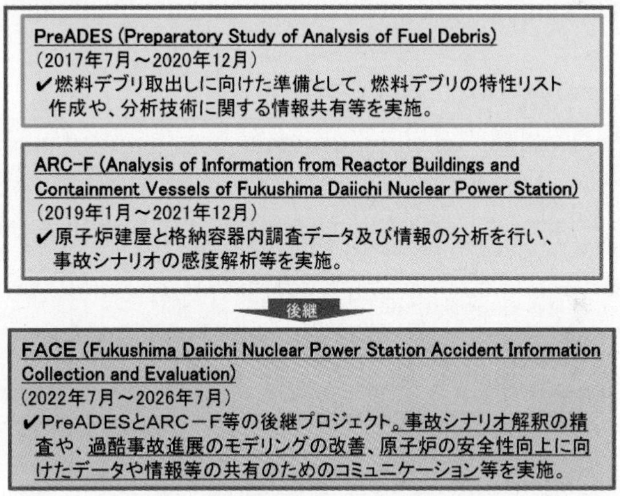

PreADES (Preparatory Study of Analysis of Fuel Debris)
（2017年7月～2020年12月）
✔燃料デブリ取出しに向けた準備として、燃料デブリの特性リスト作成や、分析技術に関する情報共有等を実施。

ARC-F (Analysis of Information from Reactor Buildings and Containment Vessels of Fukushima Daiichi Nuclear Power Station)
（2019年1月～2021年12月）
✔原子炉建屋と格納容器内調査データ及び情報の分析を行い、事故シナリオの感度解析等を実施。

後継

FACE (Fukushima Daiichi Nuclear Power Station Accident Information Collection and Evaluation)
（2022年7月～2026年7月）
✔PreADESとARC－F等の後継プロジェクト。事故シナリオ解釈の精査や、過酷事故進展のモデリングの改善、原子炉の安全性向上に向けたデータや情報等の共有のためのコミュニケーション等を実施。

OECD/NEA による東電福島第一原発事故に関する分析プロジェクトの変遷

（出典）第 38 回原子力委員会参考資料第 1-2 号 内閣府「『原子力利用に関する基本的考え方』前回策定時からの環境変化」（2022 年）

[70] Benchmark Study of the Accident at the Fukushima Daiichi Nuclear Power Station
[71] Preparatory Study on Analysis of Fuel Debris

1−4 健康影響の低減に重点を置いた防災・減災の推進

万一原子力災害が発生した場合には、原子力施設周辺住民や環境等に対する放射線影響を最小限に留めるとともに、被害に対し応急対策を的確かつ迅速に実施することが不可欠です。そのため、東電福島第一原発事故の教訓を踏まえて、原子力災害対策に関する枠組み及び原子力防災体制が見直されました。これにより、緊急時の体制や機能が強化されるとともに、平時から、防災計画の策定や訓練を始めとした緊急時対応能力の維持・向上が図られています。

更なる原子力災害対策の充実に向けては、放射線被ばくリスクと避難等に伴うその他の健康上のリスクを比較した上で必要な対策を行う等の柔軟な視点も重要となります。

(1)　原子力災害対策及び原子力防災の枠組み

東電福島第一原発事故後、各事故調査報告書の提言等を基に、我が国の原子力災害対策に関する枠組みが抜本的に見直されました。緊急時の対応は「原子力災害対策特別措置法」（平成11年法律第156号。以下「原災法」という。）に基づく原子力災害対策本部が、平時の対応は「原子力基本法」（昭和30年法律第186号）に基づく原子力防災会議が、それぞれ総合調整を担う体制となっています（図 1-33）。

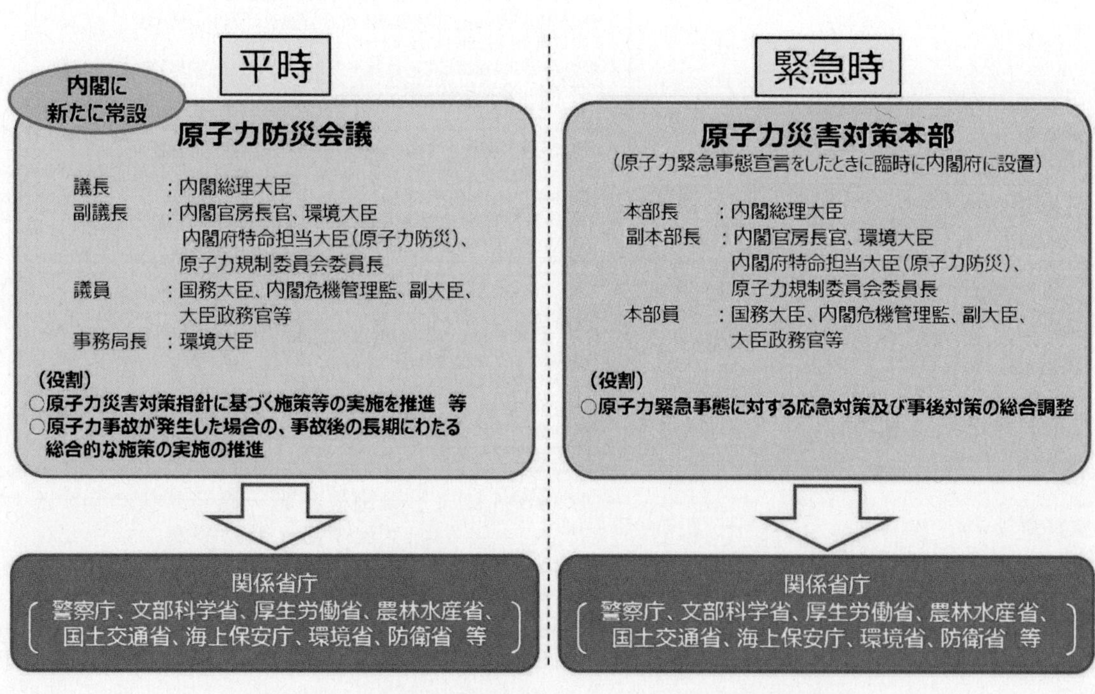

図 1-33　平時及び緊急時における原子力防災体制

（出典）原子力規制庁パンフレット（2022年）に基づき作成

(2)　緊急時の原子力災害対策の充実に向けた取組

①　「原子力災害対策指針」の策定

原子力災害対策を円滑に実施するため、各種事故調査報告書の提言やIAEA安全基準を踏まえ、2012年10月に原子力規制委員会が「原子力災害対策指針」を策定しました。

また、同指針は、新たに得られた知見や防災訓練の結果等を踏まえ、継続的な改定が行われています。2022年度は、4月に甲状腺被ばく線量モニタリング及び原子力災害医療体制に係る改正が行われ、同年 7 月には防災業務関係者の放射線防護対策の充実等に係る改正が行われました。

②　緊急時の放射線モニタリングの充実

緊急時には、原子力災害対策指針に基づき、国の指揮の下で、地方公共団体、原子力事業者及び関係機関が連携して緊急時モニタリングを実施します。また、避難や一時移転等の防護措置の実施を判断する基準（運用上の介入レベル）が導入されており、国及び地方公共団体は、緊急時モニタリングの実測値をこの基準に照らして、必要な措置を行うこととされています（図 1-34、図 1-35）。さらに、原子力規制庁は、「緊急時モニタリングについて（原子力災害対策指針補足参考資料）」を公表するなど、緊急時モニタリングの体制の整備及び充実・強化を図っています。

③　原子力事業者等による緊急時対応の強化

原子力災害対策指針では、原子力事業者が原子力災害対策について大きな責務を有すると明記されています。原子力事業者は、原子力発電所における事故を収束させるために必要な設備等を発電所敷地内に配備するとともに、自治体との協働等を通じて敷地外からの支援を行うための組織・体制も構築しています。

図 1-34　防護措置実行の意思決定の枠組み

（出典）原子力規制庁「原子力災害対策指針の概要」

<table>
<tr><td></td><td colspan="6">原子力災害対策指針</td><td colspan="3">（参考）IAEA（EPR-NPP-OILｓ）</td></tr>
<tr><td></td><td>基準の種類</td><td>基準の概要</td><td colspan="3">初期設定値※1</td><td>防護措置の概要</td><td>基準の種類</td><td colspan="2">初期設定値</td></tr>
<tr><td rowspan="3">緊急防護措置</td><td>OIL1</td><td>地表面からの放射線、再浮遊した放射性物質の吸入、不注意な経口摂取による被ばく影響を防止するため、住民等を数時間内に避難や屋内退避等させるための基準</td><td colspan="3">500μSv/h
（地上１m で計測した場合の空間放射線量率※2）</td><td>数時間内を目途に区域を特定し、避難等を実施。(移動が困難な者の一時屋内退避を含む)</td><td>OIL1</td><td colspan="2">1,000μSv/h</td></tr>
<tr><td rowspan="2">OIL4</td><td rowspan="2">不注意な経口摂取、皮膚汚染からの外部被ばくを防止するため、除染を講ずるための基準</td><td colspan="3">β線：40,000 cpm※3
（皮膚から数 cm での検出器の計数率）</td><td rowspan="2">避難又は一時移転の基準に基づいて避難等した避難者等に避難退域時検査を実施して、基準を超える際は迅速に簡易除染等を実施。</td><td rowspan="2">OIL4</td><td colspan="2" rowspan="2">γ線：1μSv/h
β線：60,000 cpm</td></tr>
<tr><td colspan="3">β線：13,000cpm※4【１か月後の値】
（皮膚から数 cm での検出器の計数率）</td></tr>
<tr><td>早期防護措置</td><td>OIL2</td><td>地表面からの放射線、再浮遊した放射性物質の吸入、不注意な経口摂取による被ばく影響を防止するため、地域生産物※5の摂取を制限するとともに、住民等を１週間程度内に一時移転させるための基準</td><td colspan="3">20μSv/h
（地上１m で計測した場合の空間放射線量率※2）</td><td>１日内を目途に区域を特定し、地域生産物の摂取を制限するとともに、１週間程度内に一時移転を実施。</td><td>OIL2</td><td colspan="2">100μSv/h
(炉停止後10日間)
25μSv/h
(11日以降)</td></tr>
<tr><td rowspan="6">飲食物摂取制限※9</td><td>飲食物に係るスクリーニング基準</td><td>OIL6による飲食物の摂取制限を判断する準備として、飲食物中の放射性核種濃度測定を実施すべき地域を特定する際の基準</td><td colspan="3">0.5μSv/h※6
（地上１m で計測した場合の空間放射線量率※2）</td><td>数日内を目途に飲食物中の放射性核種濃度を測定すべき区域を特定。</td><td>OIL3</td><td colspan="2">1μSv/h</td></tr>
<tr><td rowspan="5">OIL6</td><td rowspan="5">経口摂取による被ばく影響を防止するため、飲食物の摂取を制限する際の基準</td><td>核種※7</td><td>飲料水
牛乳・乳製品</td><td>野菜類、穀類、肉、卵、魚、その他</td><td rowspan="5">１週間内を目途に飲食物中の放射性核種濃度の測定と分析を行い、基準を超えるものにつき摂取制限を迅速に実施。</td><td rowspan="3">OIL7</td><td>核種</td><td>飲料水
牛乳
食べ物</td></tr>
<tr><td>放射性ヨウ素</td><td>300Bq/kg</td><td>2,000Bq/kg※8</td><td>I-131</td><td>1,000Bq/kg</td></tr>
<tr><td>放射性セシウム</td><td>200Bq/kg</td><td>500Bq/kg</td><td>Cs-137</td><td>200Bq/kg</td></tr>
<tr><td>プルトニウム及び超ウラン元素のアルファ核種</td><td>1Bq/kg</td><td>10Bq/kg</td><td rowspan="2">OIL6</td><td colspan="2" rowspan="2">357核種ごとの値を設定、うち、
I-131：3,000Bq/kg
Cs-137：2,000Bq/kg
U-238：100Bq/kg
Pu-239：50Bq/kg</td></tr>
<tr><td>ウラン</td><td>20Bq/kg</td><td>100Bq/kg</td></tr>
</table>

※1「初期設定値」とは緊急事態当初に用いるOILの値であり、地上沈着した放射性核種組成が明確になった時点で必要な場合にはOILの初期設定値は改定される。
※2 本値は地上1mで計測した場合の空間放射線量率である。実際の適用に当たっては、空間放射線量率計測機器の設置場所における線量率と地上1mでの線量率との差異を考慮して、判断基準の値を補正する必要がある。OIL1については緊急時モニタリングにより得られた空間放射線量率（1時間値）がOIL1の基準値を超えた場合、OIL2については、空間放射線量率の時間的・空間的な変化を参照しつつ、緊急時モニタリングにより得られた空間放射線量率（1時間値）がOIL2の基準値を超えたときから起算しておおむね1日が経過した時点の空間放射線量率（1時間値）がOIL2の基準値を超えた場合に、防護措置の実施が必要であると判断する。
※3 我が国において広く用いられているβ線の入射窓面積が20cm²の検出器を利用した場合の計数率であり、表面汚染密度は約120Bq/cm²相当となる。他の計測器を使用して測定する場合には、この表面汚染密度から入射窓面積や検出効率を勘案した計数率を求める必要がある。
※4 ※3と同様、表面汚染密度は約40Bq/cm²相当となり、計測器の仕様が異なる場合には、計数率の換算が必要である。
※5「地域生産物」とは、放出された放射性物質により直接汚染される野外で生産された食品であって、数週間以内に消費されるもの（例えば野菜、該当地域の牧草を食べた牛の乳）をいう。
※6 実効性を考慮して、計測場所の自然放射線によるバックグラウンドによる寄与も含めた値とする。
※7 その他の核種の設定の必要性も含めて今後検討する。その際、IAEAのGSG－2におけるOIL6を参考として数値を設定する。
※8 根菜、芋類を除く野菜類が対象。
※9 IAEAでは、飲食物摂取制限が効果的かつ効率的に行われるよう、飲食物中の放射性核種濃度の測定が開始されるまでの間の暫定的な飲食物摂取制限の実施及び当該測定の対象の決定に係る基準であるOIL3等を設定しているが、我が国では、放射性核種濃度を測定すべき区域を特定するための基準である「飲食物に係るスクリーニング基準」を定める

図 1-35　原子力災害対策指針の OIL 比較

（出典）原子力委員会「原子力災害対策指針」（2022 年）及び原子力規制庁「包括的判断基準（CG）及び運用上の介入レベル（OIL）について」（平成 30 年 4 月 11 日）を基に内閣府作成

(3)　原子力防災の充実に向けた平時からの取組

①　地域防災計画・避難計画に関する取組

原子力災害対策重点区域[72]を設定する都道府県及び市町村は、防災基本計画及び原子力災害対策指針に基づく情報提供や防護措置の準備を含めた必要な対応策を地域防災計画（原子力災害対策編）にあらかじめ定めておく必要があります。

本計画の策定に当たっては、地域原子力防災協議会において、関係地方公共団体の地域防災計画・避難計画の具体化・充実化を支援するとともに、地域の避難計画を含む緊急時対応が原子力災害対策指針等に照らし具体的かつ合理的なものであることを確認しています（図 1-36）。また、内閣府は、協議会における確認結果について、了承を求めるため原子力防災会議に報告しています。2023 年 3 月末までに、川内地域、伊方地域、高浜地域、泊地域、玄海地域、大飯地域、女川地域、美浜地域及び島根地域の計 9 地域の緊急時対応について、原子力防災会議において、それらの確認結果が報告され、了承されています。さらに、緊急時対応が了承された地域については、PDCA サイクルに基づき、原子力防災対策の更なる充実、強化を図っており、2023 年 3 月末までに、伊方地域では 3 回、泊地域、高浜地域、玄海地域及び川内地域ではそれぞれ 2 回、女川地域及び大飯地域ではそれぞれ 1 回、緊急

72　住民等に対する被ばくの防護措置を短期間で効率的に行うために、重点的に原子力災害に特有な対策が講じられる区域のこと。

時対応が改定されています。

また、新型コロナウイルス感染症流行下での対応として、内閣府が 2020 年 11 月に策定した「新型コロナウイルス感染拡大を踏まえた感染症の流行下での原子力災害時における防護措置の実施ガイドライン」に基づき、各地域の実情に合わせた原子力災害対策が進められています。

さらに、原子力避難道の整備等、原子力災害時における避難の円滑化は、地域住民の安全・安心の観点からも重要です。関係自治体や関係省庁が参加する地域原子力防災協議会等も活用し、地域の声を聞きながら、避難道の整備が促進されるよう、関係省庁の連携により継続的な取組が行われています。

例えば、鹿児島県では、原子力災害時の住民避難をより円滑なものとするために、2022 年 4 月よりスマートフォンアプリ「鹿児島県原子力防災アプリ」の運用を開始するなど、ICT 機器を用いた原子力防災の取組が進められています。

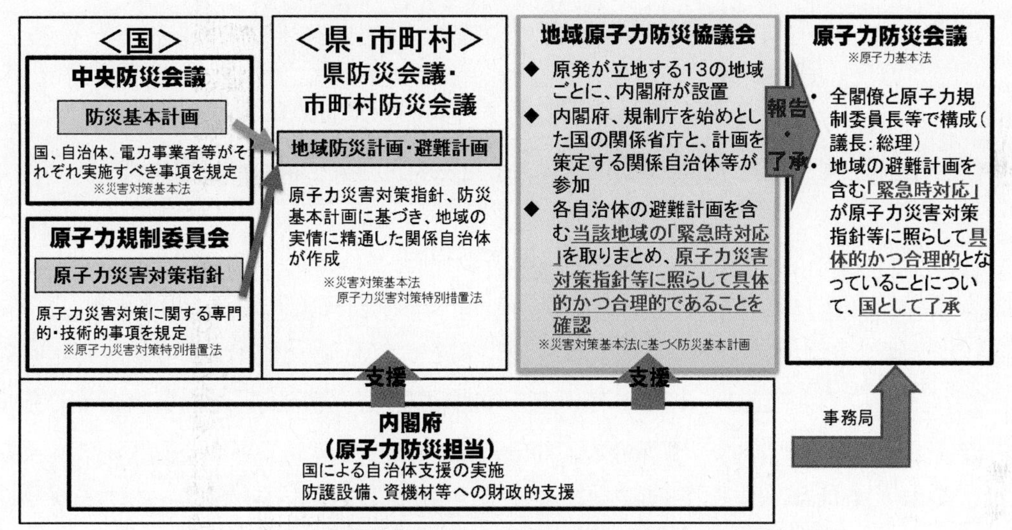

図 1-36　地域防災計画・避難計画の策定と支援体制

(出典)内閣府「地域防災計画・避難計画の策定と支援体制」

②　原子力総合防災訓練の実施

原子力災害発生時の対応体制を検証すること等を目的として、原災法に基づき、原子力緊急事態を想定して、国、地方公共団体、原子力事業者等が合同で原子力総合防災訓練を実施しています。

2022 年度は、2022 年 11 月に関西電力美浜発電所を対象とし、国、地方公共団体、原子力事業者等の参加の下で実施されました。同訓練は、国、地方公共団体及び原子力事業者における防災体制や関係機関における協力体制の実効性の確認、原子力緊急事態における中央と現地の体制やマニュアルに定められた手順の確認、「美浜地域の緊急時対応」に定められた避難計画の検証、訓練結果を踏まえた教訓事項の抽出、緊急時対応等の検討、原子力災害対策に係る要員の技能の習熟及び原子力防災に関する住民理解の促進を目的として実施されました（図 1-37）。

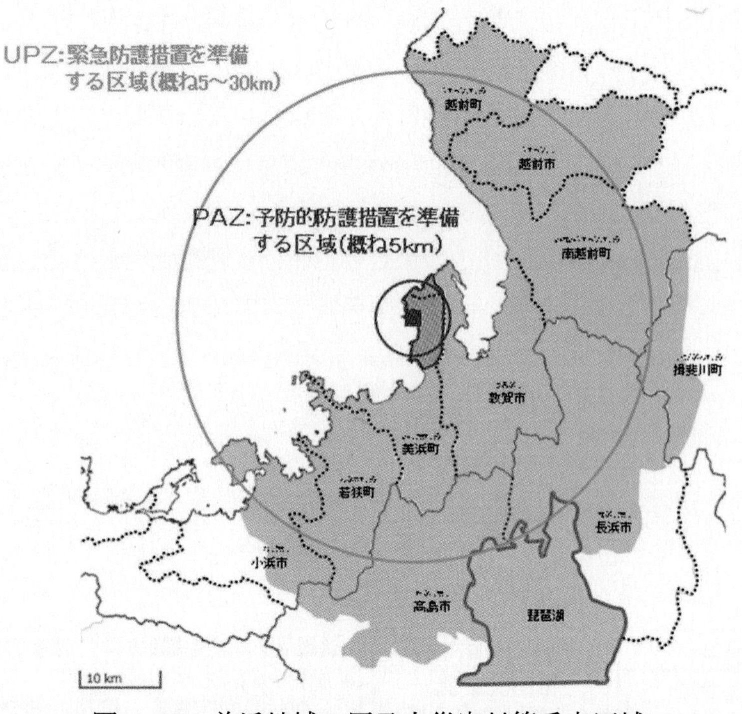

図 1-37　美浜地域の原子力災害対策重点区域

（出典）国土地理院ホームページ（http://maps.gsi.go.jp/#9/35.795538/136.051941）
「白地図」国土地理院（http://maps.gsi.go.jp/#10/35.703032/135.964050）をもとに内閣府（原子力防災）作成

③　平常時の環境放射線モニタリングに関する取組

「大気汚染防止法」（昭和43年法律第97号）及び「水質汚濁防止法」（昭和45年法律第138号）に基づき、環境省において放射性物質による大気汚染・水質汚濁の状況を常時監視し、「放射性物質の常時監視[73]」にて公開しています。また、環境放射能水準調査等の各種調査が関係省庁、独立行政法人、地方公共団体等の関係機関によって実施されており、それらにより得られた結果は、原子力規制委員会の「放射線モニタリング情報[74]」のポータルサイトや「日本の環境放射能と放射線[75]」のウェブサイト等に公開されています。

1)　原子力施設周辺等の環境モニタリング

原子力規制委員会は、原子力施設の周辺地域等における放射線の影響や全国の放射能水準を調査するため、全国47都道府県における環境放射能水準調査、原子力発電所等周辺海域等（全16海域）における海水等の放射能分析、原子力発電施設等の立地・隣接道府県（24道府県）が実施する放射能調査及び環境放射能水準調査として各都道府県が設置し実施しているモニタリングポストの空間線量率の測定結果を取りまとめ、原子力規制委員会の放射線モニタリング情報のポータルサイトで公表しています。

[73] https://www.env.go.jp/air/rmcm/index.html
[74] https://radioactivity.nra.go.jp/ja/
[75] https://www.kankyo-hoshano.go.jp/

また、環境省は、2001 年 1 月から、環境放射線等モニタリング調査として、離島等（全国 10 か所）において、空間線量率及び大気浮遊じんの全 α、全 β 放射能濃度の連続自動モニタリング並びに測定所周辺で採取した環境試料（大気浮遊じん、土壌、陸水等）の放射性核種分析を実施しています。これらの調査で得られたデータは、環境省のウェブサイト「環境放射線等モニタリングデータ公開システム[76]」で公開されています。

2) 国外における原子力関係事象の発生に伴うモニタリングの強化

「国外における原子力関係事象発生時の対応要領」（2005 年放射能対策連絡会議決定）では、国外で発生する原子力関係事象についてモニタリングの強化等の必要な対応を図ることとしています。原子力規制庁は、国外において原子力関係事象が発生した場合に空間放射線量率の状況をきめ細かく把握できるよう、モニタリングポストの整備等を行っています。

3) 原子力艦の寄港に伴う放射能調査

米国原子力艦の寄港に伴う放射能調査は、海上保安庁、水産庁、関係地方公共団体等の協力を得て、原子力規制委員会が実施しています。2022 年 4 月から 2023 年 3 月末までに横須賀港（神奈川県）、佐世保港（長崎県）、金武中城港（沖縄県）において実施された調査結果では、放射能による周辺環境への影響はありませんでした。

4) モニタリング技術の改良

緊急時及び平常時のモニタリングを適切に実施するためには、継続的にモニタリングの技術基盤の整備、実施方法の見直し、技能の維持を図ることが重要です。そのため、原子力規制委員会は、環境放射線モニタリング技術検討チームを開催して、モニタリングに係る技術検討を進めています。2022 年 6 月には同チーム等における技術的な検討結果を踏まえ、「放射能測定法シリーズ No. 36 大気中放射性物質測定法」が制定されました。

④ 原子力事業者による防災の取組強化

原災法第 3 条には、原子力災害の拡大の防止及び復旧に対する原子力事業者の責務が明記されています。原子力事業者は、原災法の規定に基づき、原子力事業者防災業務計画を原子力規制委員会に提出[77]するとともに、防災訓練を実施し、その結果を原子力規制委員会へ報告しています。原子力規制委員会は、「原子力事業者防災訓練報告会」を開催し、各事業者が実施した訓練の評価結果の説明や良好事例の紹介を行うとともに、同報告会の下で「訓練シナリオ開発ワーキンググループ」を開催し、指揮者の判断能力や現場の対応力の向上につながる訓練シナリオの作成等を行うなど、防災訓練の改善を図っています。

---

[76] https://housyasen.env.go.jp/

[77] 原子力規制委員会のウェブサイトにおいて公表。
https://www.nra.go.jp/activity/bousai/measure/emergency_action_plan/index.html

第2章 エネルギー安定供給やカーボンニュートラルに資する安全な原子力エネルギー利用

2－1 原子力のエネルギー利用の位置付けと現状

世界では、東電福島第一原発事故以降、脱原子力を進める国もありますが、電力需要の増加への対応と地球温暖化対策を両立する手段として原子力発電を活用していこうとする動きも見られます。また、欧州を中心に、新型コロナウイルス感染症の世界的流行からの経済回復に際して脱炭素化も同時に進めていく「グリーン・リカバリー」が大きな潮流となっており、環境に配慮したグリーン投資を推進する動きが見られます。さらに、ロシアによるウクライナ侵略の影響を受けた世界的なエネルギー価格の高騰やエネルギーの安全保障への懸念の高まりが起きています。

一方、我が国では、東電福島第一原発事故により一度全ての原子力発電所の稼働が停止されました。2023 年 3 月末時点で 10 基の原子炉が再稼働していますが、発電電力量に占める原子力発電比率は事故前に比べて大きく低下しています。2021 年 10 月に閣議決定された第 6 次エネルギー基本計画では、原子力は実用段階にある脱炭素化の選択肢であるとしています。このような認識の下で、国民からの信頼確保に努め、安全性の確保を大前提として、原子力エネルギー利用に係る取組が進められています。

2023 年 2 月 20 日、原子力委員会は「原子力利用に関する基本的考え方」を公表し、2050 年カーボンニュートラルの実現やロシアによるウクライナ侵略等を踏まえたエネルギー安全保障の確保において原子力エネルギー利用は重要であるとした上で、安全性確保を大前提として原子力エネルギーの利用を進める方針を掲げました。

また、グリーントランスフォーメーション[1]（以下「GX」という。）を実行するべく内閣総理大臣決裁により設置された GX 実行会議が取りまとめた「GX 実現に向けた基本方針～今後 10 年を見据えたロードマップ～」が、2023 年 2 月 10 日に閣議決定されました。同基本方針では、「再生可能エネルギー、原子力などエネルギー安全保障に寄与し、脱炭素効果の高い電源を最大限活用する」、「原子力の利用に当たっては、事故への反省と教訓を一時も忘れず、安全神話に陥ることなく安全性を最優先とすることが大前提」という基本的考え方を示し、今後の対応として、次世代革新炉の開発・建設への取組及び既存の原子力発電所の運転期間に関する在り方の整理等が盛り込まれました。

さらに、2022 年 12 月 23 日の原子力関係閣僚会議では、第 6 次エネルギー基本計画及び「原子力利用に関する基本的考え方」（パブリックコメント案）に則り、GX 実行会議の議論等を踏まえ、「今後の原子力政策の方向性と行動指針（案）」[2]を公表しました。

[1] 産業革命以来の化石エネルギー中心の産業構造・社会構造をクリーンエネルギー中心へ転換すること。
[2] 2023 年 4 月 28 日に開催された原子力関係閣僚会議において決定された。

(1)　我が国におけるエネルギー利用の方針

「基本的考え方」は今後の原子力政策について政府としての長期的方向性を示す羅針盤となるものであり、原子力利用の基本目標と各目標に関する重点的取組が定められています。原子力を取り巻く環境が常に大きく変化していくこと等も踏まえ、同文書は5年を目途に適宜見直し、改定するものとされています。原子力委員会では2021年11月から、2017年に決定した「基本的考え方」の改定に向けた検討が進められてきました。2023年2月20日に原子力委員会決定、同年2月28日に政府として尊重する旨閣議決定された「基本的考え方」では、経済成長及び国際競争力の維持、国民負担の抑制を図りつつ、2050年カーボンニュートラルを実現できるよう、あらゆる選択肢を追求することが必要として、「既設原子力発電所の再稼働」、「原子力発電所の長期運転」、「安全性の効率的な確認」、「革新炉の開発・建設」を新たに重点的取組に記載しています。

- 既設原子力発電所の再稼働

世界の動きを踏まえ、安全性確保を大前提として、立地地域と国民の理解確保を図りつつ、原発の再稼働に加え、既設の原発の利用率の向上や長期にわたる安定的な利用に取り組むべき。加えて、立地地域との共生に向けて、国が前面に立って丁寧な理解促進活動や、地元のニーズを踏まえ、それぞれの実態に即した地域振興に取り組む必要がある。

- 原子力発電所の長期運転

電力の安定供給及び2050年カーボンニュートラルの実現の観点からも、長期運転を進めることが合理的であり、安全性を損なうことのない形で、安全規制・原子力エネルギー利用両面から検討することが重要である（図 2-1）。また、原子力関係事業者等としても、圧力容器の中性子照射脆化など高経年化に伴う劣化に関する科学的データを国民に分かりやすい形で示し、国民の安心につなげていくことが重要。

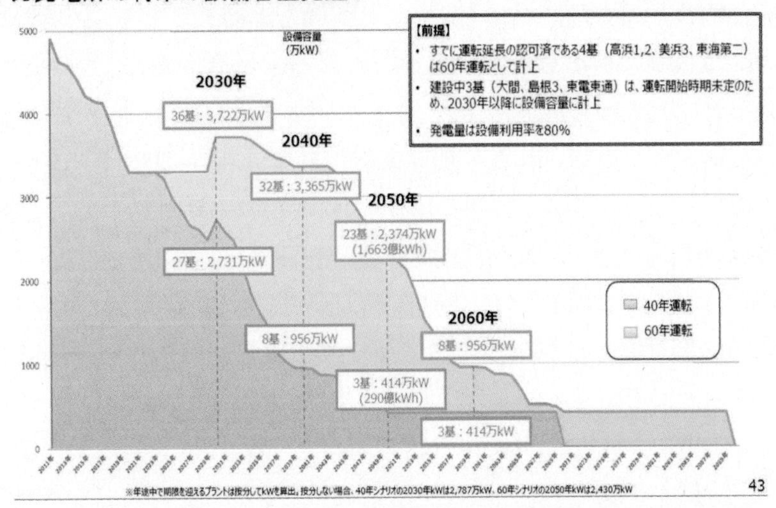

図 2-1　国内原子力発電所の将来の設備容量見通し

（出典）第24回総合資源エネルギー調査会電力・ガス事業分科会　原子力小委員会　資料3「今後の原子力政策について」

- 安全性の効率的な確認

規制当局と発電事業者・学協会間のコミュニケーション強化や規制当局による審査論点の明確化、発電事業者による適切な裏付けデータの提示など、審査効率化に向けて双方が必要な対応を実施すべき。

- 革新炉の開発・建設

世界市場への展開も見据え、民間の活力を活かしながら、英米仏等の原子力先進諸国との共同研究等の協力を通じ、革新炉の国際的な開発・建設の動きに戦略的に関与を深めていくことが重要。我が国で導入を検討していく際には、革新軽水炉や小型軽水炉、高温ガス炉、高速炉等に関して、それぞれの特徴、目的、実現までの時間軸の違い等を踏まえつつ、投資に向けた事業環境整備や国際的規制調和の動向のフォローアップと、事業者からの炉型等の提案を踏まえた早い適切な段階での国内規制整備、負荷追従運転など再生可能エネルギーとの共存に向けた検討、開発からバックエンドまでを含めた革新炉特有の課題への対応なども必要。

菅内閣総理大臣（当時）は、2020年10月の所信表明演説において、2050年までに温室効果ガスの排出を全体としてゼロにする2050年カーボンニュートラルの実現を目指すことを宣言しました。

2021年6月には、2050年カーボンニュートラルへの挑戦を経済と環境の好循環につなげるための産業政策であるグリーン成長戦略が具体化されました。同戦略では、温暖化への対応を経済成長の制約やコストとする時代は終わり、従来の発想を転換し積極的に対策を行うことが産業構造や社会経済の変革をもたらし、次なる大きな成長につながっていくとの認識の下で、成長が期待される14の重要分野を示しています。その一つとして、原子力については、「可能な限り依存度を低減しつつ、原子力規制委員会により世界で最も厳しい水準の規制基準に適合すると認められた場合には、再稼働を進めるとともに、実効性のある原子力規制や原子力防災体制の構築を着実に推進する。安全性等に優れた炉の追求など将来に向けた研究開発・人材育成等を推進する。」としています。

このような動向も踏まえて改訂された「地球温暖化対策計画」（2021年10月閣議決定）では、2050年カーボンニュートラルの実現に向けた我が国の中期目標として、2030年度の温室効果ガス排出を2013年度から46%削減することを目指し、さらに、50%の高みに向けて挑戦を続けていくことが示されました。同日に閣議決定された第6次エネルギー基本計画は、気候変動問題への対応と我が国のエネルギー需給構造が抱える課題の克服という二つの大きな視点を踏まえて策定されました。同計画では、安全性（Safety）を前提とした上で、エネルギーの安定供給（Energy Security）を第一とし、経済効率性の向上（Economic Efficiency）による低コストでのエネルギー供給を実現し、同時に、環境への適合（Environment）を図る「S+3E」を、エネルギー政策を進める上での大原則としています。また、現時点で安定的かつ効率的なエネルギー需給構造を一手に支えられるような単独の完璧なエネルギー源は存在せず、多層的な供給構造を実現することが必要であるとしています。原子力発電については、「安全性の確保を大前提に、長期的なエネルギー需給構造の安定性に寄与する重要なベースロード電源」と位置付けており（図 2-2）、2030 年度における電源構成では 20～22%程度を見込んでいます。

①安定供給 (Energy Security)	• 優れた安定供給性と効率性（燃料投入量に対するエネルギー出力が圧倒的に大きく、数年にわたって国内保有燃料だけで生産が維持できる準国産エネルギー源） ＋ 高い技術自給率（国内にサプライチェーンを維持） ＋ レジリエンス向上への貢献（回転電源としての価値、太平洋側・日本海側に分散立地）
②経済効率性 (Economic Efficiency)	• 運転コストが低廉（安全対策費用や事故費用、サイクル費用が増額してもなお低廉） • 燃料価格変動の影響をうけにくい（数年にわたって国内保有量だけで運転可能）
③環境適合 (Environment)	• 運転時にCO2を排出しない • ライフサイクルCO2排出量が少ない

図 2-2　原子力エネルギーの 3E の特性

（出典）資源エネルギー庁「2030 年度におけるエネルギー需給の見通し（関連資料）」（2021 年）に基づき作成

岸田内閣総理大臣は、2021 年 10 月の所信表明演説において、2050 年カーボンニュートラルの実現に向け、温暖化対策を成長につなげるクリーンエネルギー戦略を策定する方針を示し、2022 年 5 月には「クリーンエネルギー戦略 中間整理」が公表されました[3]。

この「クリーンエネルギー戦略 中間整理」を踏まえ、2022 年 7 月には産業革命以来の化石燃料中心の経済・社会、産業構造をクリーンエネルギー中心に移行させ、経済社会システム全体の変革をするべく、必要な施策を検討する GX 実行会議を内閣総理大臣決裁により設置しました。2022 年 8 月の第 2 回 GX 実行会議で、岸田内閣総理大臣は GX の推進におけるエネルギー政策の遅滞解消の必要性を述べ、再生可能エネルギー導入拡大と併せて、原子力発電所の再稼働や運転期間の延長、次世代革新炉の開発・建設等を検討するよう指示しました。

経済産業省の総合資源エネルギー調査会電力・ガス事業分科会原子力小委員会は、第 6 次エネルギー基本計画で提起された原子力政策に係る課題や論点について議論を行い、2022 年 9 月に「原子力小委員会の中間論点整理」を公表しました。さらに、同委員会は、前述の第 2 回 GX 実行会議において岸田内閣総理大臣よりエネルギー安定供給確保に向けた具体的な検討指示が示されたことも受けて、原子力政策に係る各課題への対応の方向性と行動指針について検討を進め、同年 12 月 8 日には「今後の原子力政策の方向性と実現に向けた行動指針（案）」を公表しました。

[3] https://www.meti.go.jp/shingikai/sankoshin/sangyo_gijutsu/green_transformation/index.html

2022年12月16日に開催された総合資源エネルギー調査会基本政策分科会では、この行動指針（案）について報告されるとともに、再生可能エネルギー等の論点も含めてエネルギーの安定供給の確保に向けた検討課題への取りまとめに関する議論が行われました。

これらの検討を受けて、GX実行会議は「GX実現に向けた基本方針～今後10年を見据えたロードマップ～」を取りまとめました（2023年2月10日閣議決定）。同基本方針では、エネルギーの供給サイドにおいて「再生可能エネルギー、原子力などエネルギー安全保障に寄与し、脱炭素効果の高い電源を最大限活用する」及び「原子力の利用に当たっては、事故への反省と教訓を一時も忘れず、安全神話に陥ることなく安全性を最優先とすることが大前提」という基本的考え方が示されています。加えて、今後の対応として、将来にわたって持続的に原子力を活用するために次世代革新炉の開発・建設に取り組むこと及び既存の原子力発電所を可能な限り活用するため運転期間に関する在り方を整理すること等が盛り込まれました。

「GX実現に向けた基本方針」に基づき、2023年2月28日に、「脱炭素社会の実現に向けた電気供給体制の確立を図るための電気事業法等の一部を改正する法律案」が閣議決定され、第211回通常国会に提出されました[4]。原子力の活用・廃炉の推進に関連した法律の改正として、原子力発電の利用に係る原則の明確化に向けた原子力基本法の改正、高経年化した原子力に関する規制の厳格化に係る原子炉等規制法の改正、原子力発電の運転期間についての規制の整備に係る電気事業法（昭和39年法律第170号）の改正、廃炉の推進に係る「原子力発電における使用済燃料の再処理等の実施に関する法律」（平成17年法律第48号。平成28年法律第40号により改正。以下「再処理等拠出金法」という。）の改正が含まれています。

また、2022年12月23日に約4年ぶりに開催された原子力関係閣僚会議では、第6次エネルギー基本計画及び「基本的考え方」（パブリックコメント案）に則り、並びにGX実行会議における議論等を踏まえて、今後の原子力政策に係る主要な課題と、その解決に向けた対応の方向性、そして政府及び原子力事業者等の関係者による行動の指針を整理した「今後の原子力政策の方向性と行動指針（案）」[5]が公表されました。今後、政府及び事業者等の関係者は、可能なものから早期に、同行動指針に示した内容の実行に向けたアクションを具体化していくこととなります。

(2) 我が国の原子力発電の状況

2010年度における我が国の発電設備に占める原子力発電設備容量[6]の割合は20.1%、原子力発電の設備利用率[7]は67.3%、発電量に占める原子力発電電力量の割合は25.1%でした

---

[4] 2023年5月31日に参議院本会議で可決され、成立した。
[5] 2023年4月28日に開催された原子力関係閣僚会議において決定された。
[6] 発電所が単位時間当たりに生産可能な電気エネルギーの量（単位はW、kWなど）。
[7] 発電所が、ある期間において実際に作り出した電力量と、その期間定格出力で運転したと仮定した時に得られる電力量（定格電気出力とその期間の時間との掛け算）との比率を百分率で表したもの。

（図 2-3、図 2-4）。しかし、2011 年の東電福島第一原発事故により、我が国の原子力利用を取り巻く環境は大きく変化しました。事故後、全国の原子力発電所は順次運転を停止し、2012 年 5 月には、我が国で稼働している原子炉の基数が 42 年ぶりに 0 基となりました。

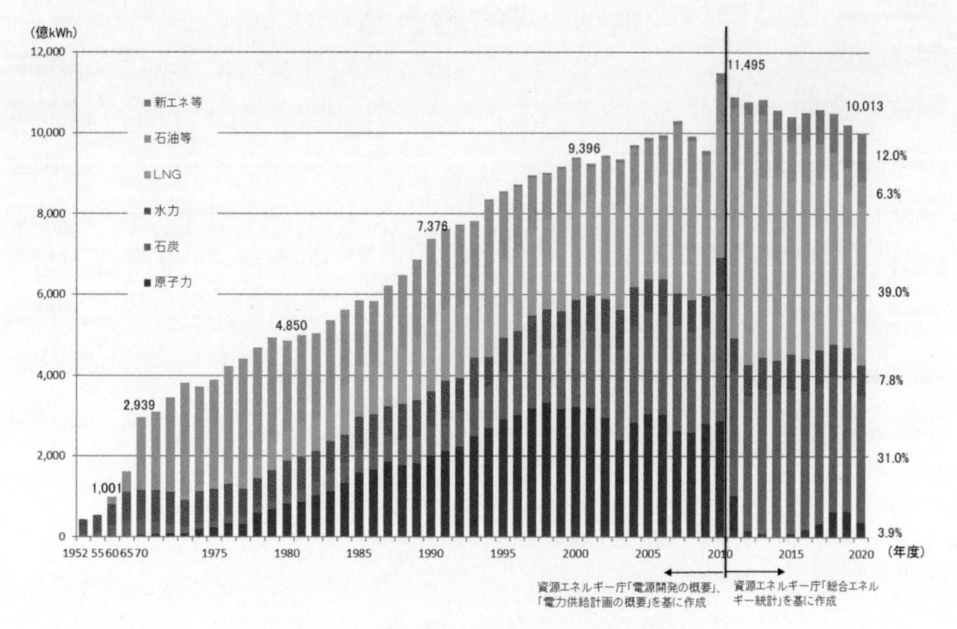

図 2-3　我が国の発電電力量の推移

（注）2009 年度以前分は「電源開発の概要」、「電力供給計画の概要」を、2010 年度以降分は「総合エネルギー統計」を基に作成
（出典）経済産業省「令和 3 年度　エネルギー白書」（2022 年）

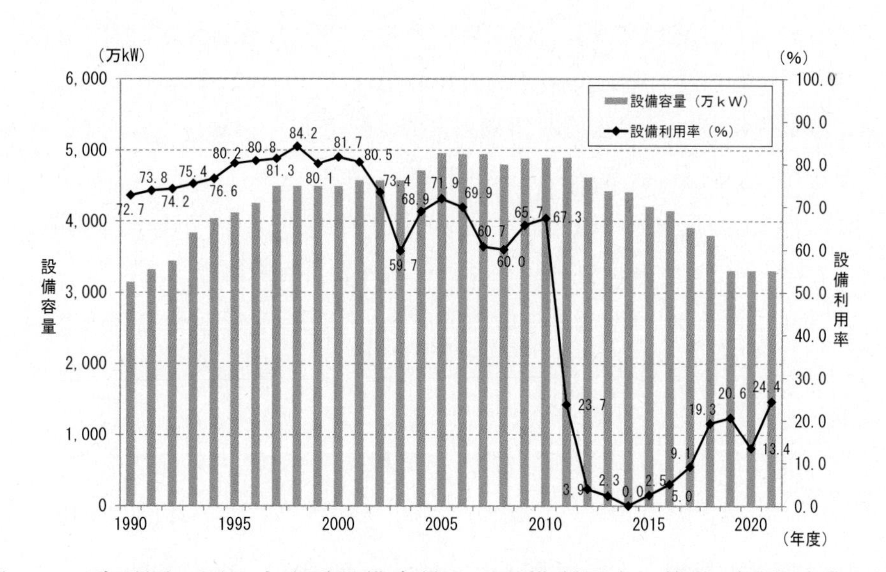

図 2-4　我が国の原子力発電設備容量及び設備利用率の推移（電気事業用）

（出典）一般社団法人日本原子力産業協会「2021 年度の原子力発電設備利用率は 24.4%」、資源エネルギー庁「2021 年度電力調査統計表」等に基づき作成

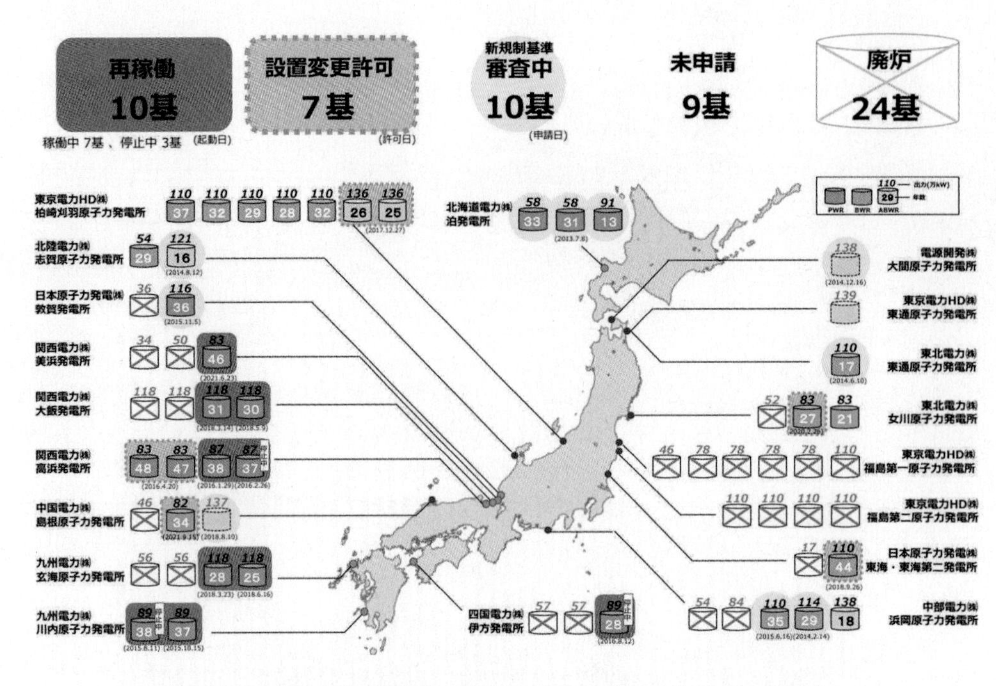

図 2-5 原子力発電所の状況（2023 年 2 月 24 日時点）

(出典)資源エネルギー庁「日本の原子力発電所の状況」(2023 年)

2023 年 2 月末時点の原子力発電所の状況は、図 2-5 のとおりです。2013 年の新規制基準の導入以降、17 基の発電所が原子炉設置変更許可を受け、うち 10 基が営業運転を再開（再稼働）しています。なお、新規制基準では特定重大事故等対処施設[8]の設置期限を本体の設計及び工事の計画の認可日から 5 年としており、設置期限までに特定重大事故等対処施設が完成していない場合、運転することはできません。2022 年度は、2021 年 10 月に設置期限を迎えて運転を停止した関西電力美浜発電所 3 号機のほか、大飯発電所 3 号機、九州電力玄海原子力発電所 3 号機及び 4 号機は設置期限までに特定重大事故等対処施設が完成せず、運転停止せざるを得ない期間がありました。2023 年 3 月末時点で、これら 4 基を含む再稼働済みの 10 基はいずれも特定重大事故等対処施設の運用を開始し、本格運転を再開しています。

2023 年 3 月末時点で、設置変更許可を受けたものの再稼働に至っていない原子力発電所は 7 基です。そのうち、2021 年 9 月に設置変更許可を受けた中国電力株式会社（以下「中国電力」という。）島根原子力発電所 2 号機については、2022 年 6 月、島根県知事が再稼働を容認する判断をした旨を島根県議会で表明しました。

そのほかに、建設中の原子力発電所も含め、新規制基準への適合性を審査中の炉が 10 基、適合性の審査へ未申請の炉が 9 基あります。一方、廃止措置計画が認可され廃止措置中の原子炉が 18 基となり（第 6 章　表 6-2）、特定原子力施設に係る実施計画を基に廃炉が行われる東電福島第一原発 6 基を合わせて、合計 24 基の実用発電用原子炉が運転を終了しています。

---

[8] 第 1 章 1-2(1)③1)「新規制基準の導入」、第 1 章 1-3(1)「過酷事故対策」を参照。

我が国では、2012 年の原子炉等規制法の改正により、原子炉の運転期間が運転開始から 40 年と規定されました。ただし、運転期間の満了に際し、原子力規制委員会の認可を受けた場合に、1 回に限り運転期間を最大 20 年延長することを認める制度（運転期間延長認可制度）も導入されています[9]。2023 年 3 月時点で、関西電力高浜発電所 1、2 号機、美浜発電所 3 号機及び日本原子力発電株式会社東海第二発電所が、運転期間の延長を認められています（図 2-6）。このうち関西電力の 3 基については、2021 年 4 月に福井県から再稼働への理解が表明されました。さらに、同年 7 月には美浜発電所 3 号機が運転を再開し、運転期間が 40 年を超えた原子炉としては国内初の運転となりました。また、2023 年以降に運転期間が 40 年以上となる再稼働炉について、九州電力は、2022 年 10 月 12 日に原子力規制委員会に川内原子力発電所の 1 号機及び 2 号機の運転期間延長認可申請を行いました。2022 年 11 月 25 日、関西電力は、高浜発電所 3 号機及び 4 号機について劣化状況評価を実施した結果を踏まえて運転期間延長認可申請を行うことを決定しています[10]。なお、2023 年 1 月 30 日に、運転中の高浜発電所 4 号機において、原子炉が自動停止したことから、関西電力は原子力規制委員会に対して報告を行いました。原子力規制委員会は関西電力からの原因と対策に係る報告を受けて、当該事象が安全上重要でない事象と評価し、今後、原子力規制検査において、関西電力の是正処置等の実施状況を確認することとしています。

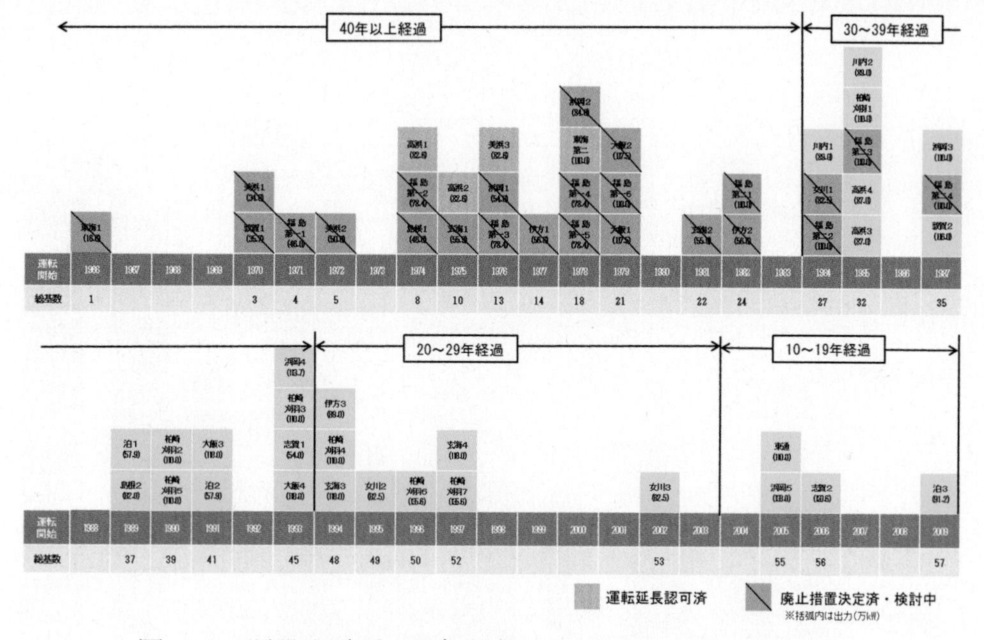

図 2-6　既設発電所の運転年数の状況（2023 年 3 月時点）

(出典)一般社団法人日本原子力産業協会「日本の原子力発電炉(運転中、建設中、建設準備中など)」(2023 年 3 月 7 日)等に基づき、第 3 回総合資源エネルギー調査会電力・ガス事業分科会電気料金審査専門小委員会廃炉に係る会計制度検証ワーキンググループ資料 4 資源エネルギー庁「廃炉を円滑に進めるための会計関連制度の課題」(2014 年)を一部編集

---

[9] 第 211 回通常国会に提出され、2023 年 5 月 31 日に成立した「脱炭素社会の実現に向けた電気供給体制の確立を図るための電気事業法等の一部を改正する法律」における運転期間に関する枠組みについては、第 2 章 2-2(1)「着実な軽水炉利用」を参照。

[10] 2023 年 4 月 25 日に高浜発電所 3 号機及び 4 号機の運転期間延長認可申請が受理された。

(3)　電力供給の安定性・エネルギーセキュリティと原子力

3E の構成要素の一つであるエネルギーの安定供給（Energy Security）の確保のため、我が国では 1970 年代のオイルショック以降、原子力を含む電源の多様化を進めてきました。しかし、東電福島第一原発事故後、原子力発電所が運転を停止し、我が国の電源構成は石炭や液化天然ガス（LNG[11]）等の化石燃料に大きく依存する構造となっています（図 2-3）。

ロシアによるウクライナ侵略等、国際情勢の不安定化等を背景として、欧州諸国がロシア産天然ガスからの脱却を図った結果、短期的な需給バランスが大きく崩れ、2022 年 3 月に天然ガスの価格は大きく高騰し、また、石炭の価格も急騰しました。このような状況を踏まえて、石炭や LNG が電源構成の多くを占める我が国においては、エネルギーの安定供給の確保に向けた対策が今まで以上に重要となっています。

すぐに使えるエネルギー資源に乏しい我が国にとって、燃料投入量に対するエネルギー出力が圧倒的に大きく、数年にわたって国内保有燃料だけで生産が維持でき、優れた安定供給性を有する原子力発電は、エネルギーセキュリティを確保する重要な手段の一つです。我が国と同様に自国にエネルギー資源を持たない韓国やフランス等は、原子力を除いた場合のエネルギー自給率が低くなっています。例えばフランスでは、原子力を除いた場合のエネルギー自給率は 13％と我が国より若干高い程度ですが、原子力利用により自給率は 55％へと大幅に上昇します（図 2-7）。

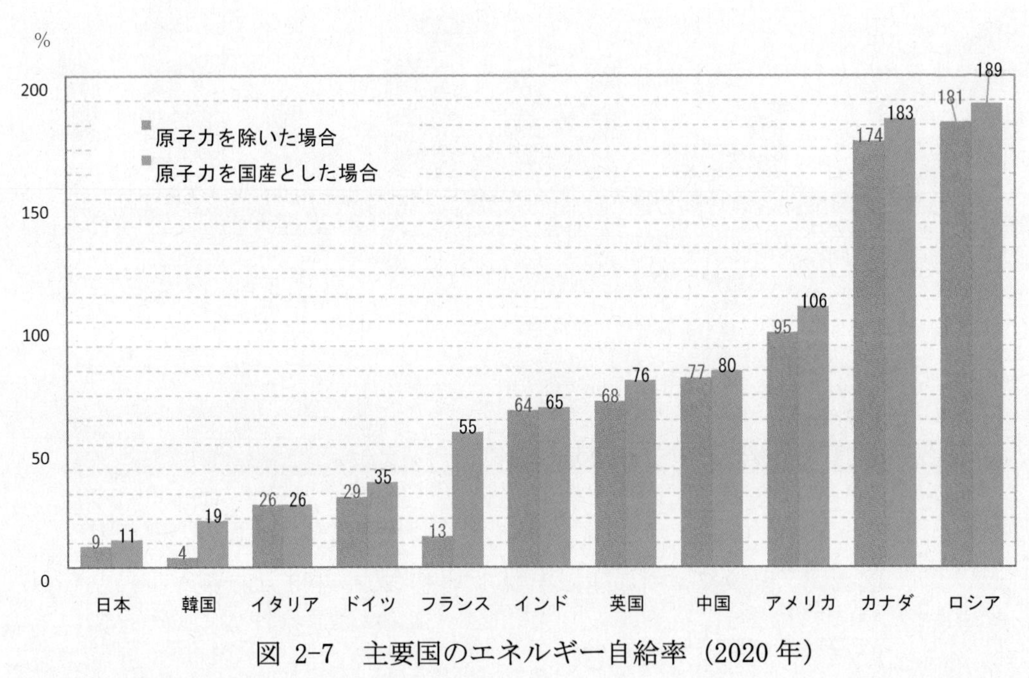

図 2-7　主要国のエネルギー自給率（2020 年）

（出典）IEA「World Energy Balances」（2022 年）に基づき作成

---

11 Liquefied Natural Gas

(4) 電力供給の経済性と原子力

3Eの構成要素である経済効率性の向上（Economic Efficiency）のためには、低コストでのエネルギー供給を実現することが重要です。我が国では、東電福島第一原発事故後、原子力発電所の運転停止に伴い火力発電の焚き増しが行われたため、化石燃料の輸入が増加しました。また、再生可能エネルギーで発電された電気をあらかじめ決められた価格で電力会社が買い取る「固定価格買取（FIT[12]）制度」では、買取費用の一部を「賦課金」として電気料金を通じて国民が負担します。これらの影響により、近年、我が国では電気料金が上昇しています。2015年から2016年にかけては、一部の原子力発電所の再稼働と化石燃料の価格下落により電気料金上昇に歯止めがかかりましたが、以降は再び上昇し、家庭向け電気料金、産業向け電気料金ともに2010年と比較して高い水準が続いています（図 2-8）。

すぐに使えるエネルギー資源に乏しい我が国では燃料の輸入価格が電気料金に大きく影響します。特に2022年以降、ウクライナ侵略による石炭及びLNG等の燃料価格高騰や円安の進行、卸電力取引市場価格（スポット市場価格）の高騰等を背景に（図 2-9）、複数の電気事業者が、家庭向け等料金を中心とした値上げを申請しています。

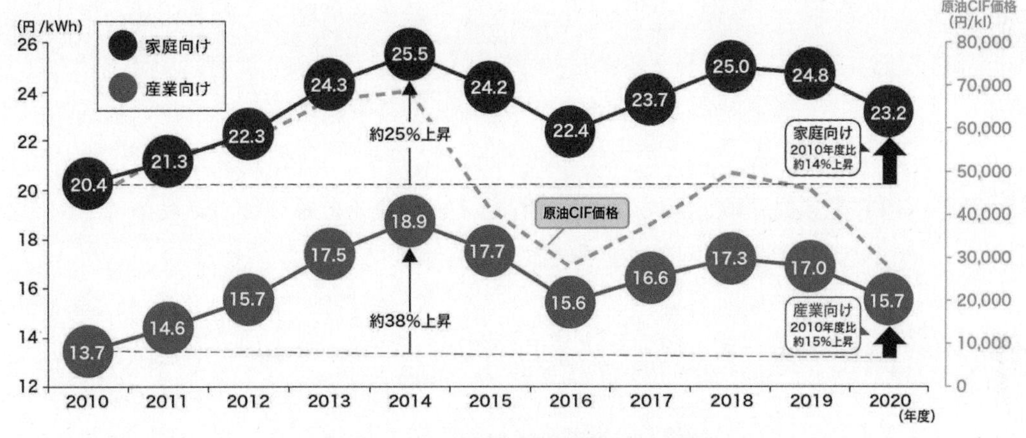

図 2-8 我が国の電気料金の推移

(注1)原価CIF価格:輸入額に輸送料、保険料等を加えた貿易取引の価格
(注2)発受電月報、各電力会社決算資料を基に作成
(出典)資源エネルギー庁「日本のエネルギー2021年度版『エネルギーの今を知る10の質問』」(2022年)に基づき作成

[12] Feed in Tariff

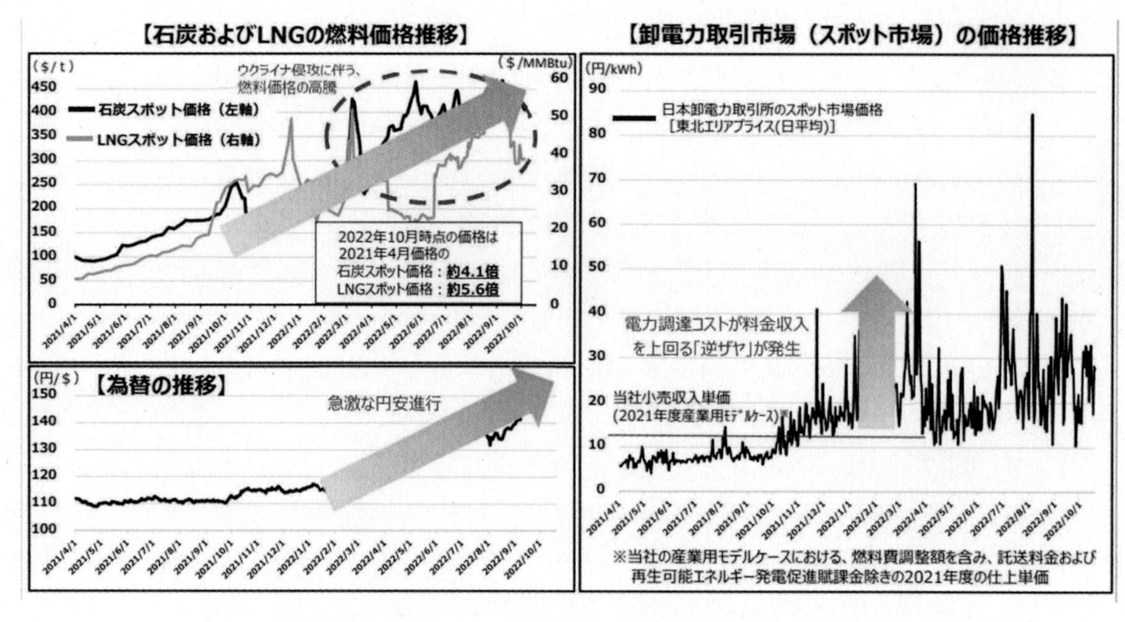

図 2-9　燃料価格と卸電力取引市場の高騰（東北エリアの例）

（出典）第72回公共料金等専門調査会 資料3-1 東北電力株式会社「規制料金値上げ申請の概要について」(2023年)

なお、2020年6月に「強靱かつ持続可能な電気供給体制の確立を図るための電気事業法等の一部を改正する法律」（令和2年法律第49号）が成立し、FIT制度に加えて新たに、再生可能エネルギーの市場価格の水準に対して、「賦課金」を原資とする一定の補助額を交付する「フィードインプレミアム（FIP[13]）制度」が定められ、2022年度に制度が開始されました。高い水準の電気料金は、国民生活のみならず、製造業を始めとする産業にも大きな負担となるため、発電に掛かるコストを下げることも重要です。

原子力発電の経済性に関する特性として、運転コストが低廉であると言われております。資源エネルギー庁の発電コスト検証ワーキンググループが2021年に行った試算では、2015年に同ワーキンググループが実施した試算の考え方を踏襲し、発電に直接関係する費用だけでなく、廃炉費用、高レベル放射性廃棄物の最終処分を含む核燃料サイクル費用等の将来発生する費用、損害賠償や除染を含む事故対応費用、電源立地交付金や研究開発等の政策経費も全て含めた試算を実施しています。また、新規制基準への対応状況を踏まえた追加的安全対策費の増額や東電福島第一原発事故の対応費用の増額、核燃料サイクル費用の変更を試算結果に反映しています。以上の試算の結果、2020年時点における原子力発電の発電コストは11.5円/kWh～と見積もられています（表 2-1）。今後も発電コストの算出に当たっては様々な状況の変化に応じて適宜検証や見直しを実施することが重要です。

13 Feed in Premium

表 2-1　2020年時点におけるモデルプラント試算による電源別発電コスト

電源	原子力	火力			再生可能エネルギー			
		石炭火力	LNG 火力	石油火力	陸上風力	太陽光(事業用)	小水力	地熱
設備容量(kW)	120 万	70 万	85 万	40 万	3 万	250	200	3 万
設備利用率(%)	70	70	70	30	25.4	17.2	60	83
稼働年数(年)	40	40	40	40	25	25	40	40
発電コスト(円/kWh)	11.5〜	12.5	10.7	26.7	19.8	12.9	25.3	16.7

(出典)総合資源エネルギー調査会基本政策分科会発電コスト検証ワーキンググループ「基本政策分科会に対する発電コスト検証に関する報告」(2021 年)に基づき作成

また、原子力発電に使用されるウランと、LNG、石油、石炭等の化石燃料とでは、発電に必要な燃料の量が大きく異なります。100 万 kW の発電所を 1 年間運転するために、LNG は 95 万 t、石油は 155 万 t、石炭は 235 万 t が必要となる一方で、ウランの必要量は 21t です（図 2-10）。自国にすぐに使えるエネルギー資源を持たず輸入に依存している我が国にとって、必要な燃料の量が多いということは、燃料の購入費用だけでなく、燃料の国内への輸送コストの増大にもつながります。化石燃料の場合、燃料価格は産出国の政治情勢や為替レートの変動の影響も受けます。このように、原子力発電には、化石燃料と比較して必要な燃料量が少なく、燃料価格変動の影響を受けにくいという特性もあります。

再生可能エネルギー導入に伴う賦課金増大や化石燃料の市場価格変動による影響がある中、電気料金の上昇を抑えるためにも、安全最優先での原子力発電所の再稼働を進めることは有効です。

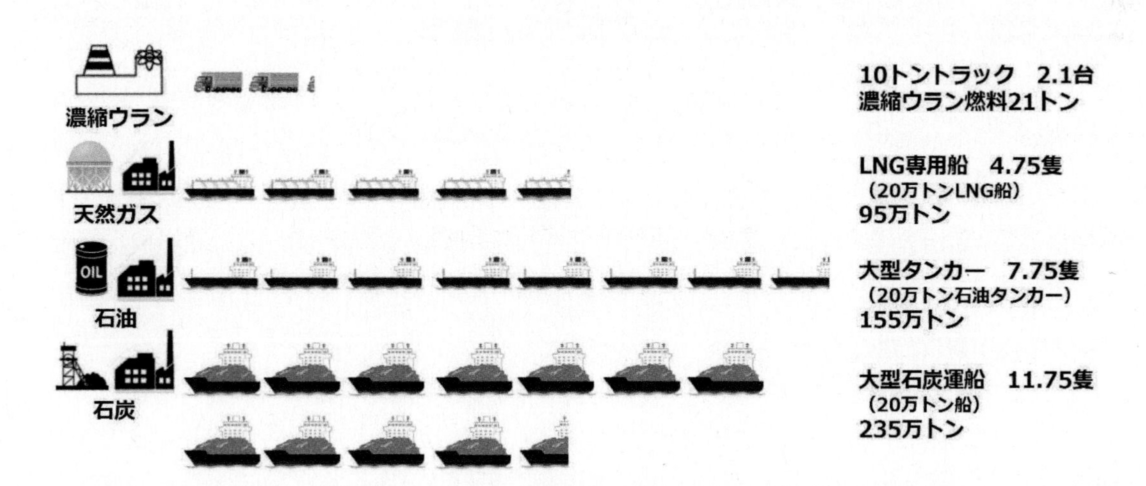

図 2-10　100 万 kW の発電設備を 1 年間運転するために必要な燃料

(出典)資源エネルギー庁スペシャルコンテンツ「原発のコストを考える」(2017 年)

(5)　地球温暖化対策と原子力

3E の構成要素の一つである環境への適合（Environment）に関しては、もはや、温暖化への対応は経済成長の制約ではありません。積極的に温暖化対策を行うことが、産業構造や経済社会の変革をもたらし、大きな成長につながるという発想の転換が必要です。2020 年以降の温暖化対策の国際枠組みを定めた「パリ協定」では、世界共通の目標として、工業化以前からの世界全体の平均気温の上昇を 2℃より十分に下回るものに抑えるとともに、1.5℃に抑える努力を継続することとしています。2022 年 11 月にエジプトで開催された国連気候変動枠組条約第 27 回締約国会議（COP[14]27）では、第 26 回締約国会議（COP26）の結果を引き継いで、世界全体の平均気温の上昇を 1.5℃に抑える取組の実施の重要性が再確認されました。この目標を達成するためには、温室効果ガスの人為的な発生源による排出量と吸収源による除去量との間の均衡を達成するカーボンニュートラルを目指すことになります。

我が国では、2050 年カーボンニュートラルを目指し、2021 年 6 月にグリーン成長戦略が具体化されました。同戦略では、大胆な投資を行い、イノベーションを起こすといった民間企業の前向きな挑戦を全力で応援することが、政府の役割であるとしています。その上で、予算や税制、金融、規制改革・標準化、国際連携等あらゆる政策ツールを総動員し、関係省庁が一体となって取り組んでいくため、原子力産業を含む 14 の重要分野（図 2-11）において「実行計画」が策定されました。

図 2-11　グリーン成長戦略（2021 年 6 月策定）における 14 の重要分野

（出典）経済産業省「2050 年カーボンニュートラルに伴うグリーン成長戦略」（広報資料）（2021 年）

原子力産業分野の実行計画では、原子力は大量かつ安定的にカーボンフリーの電力を供給することが可能な上、技術自給率も高いとしており、更なるイノベーションによって、安全性・信頼性・効率性の一層の向上、放射性廃棄物の有害度低減・減容化、資源の有効利用による資源循環性の向上を達成していく方針です。また、再生可能エネルギーとの共存、カーボンフリーな水素製造や熱利用といった多様な社会的要請に応えることも可能であるとしています。軽水炉の更なる安全性向上はもちろんのこと、それへの貢献も見据えた革新的技術の原子力イノベーションに向けた研究開発も進めていくため、四つの目標を掲げ、2050 年までの時間軸の工程表を提示しました（図 2-12）。

---

[14] Conference of the Parties

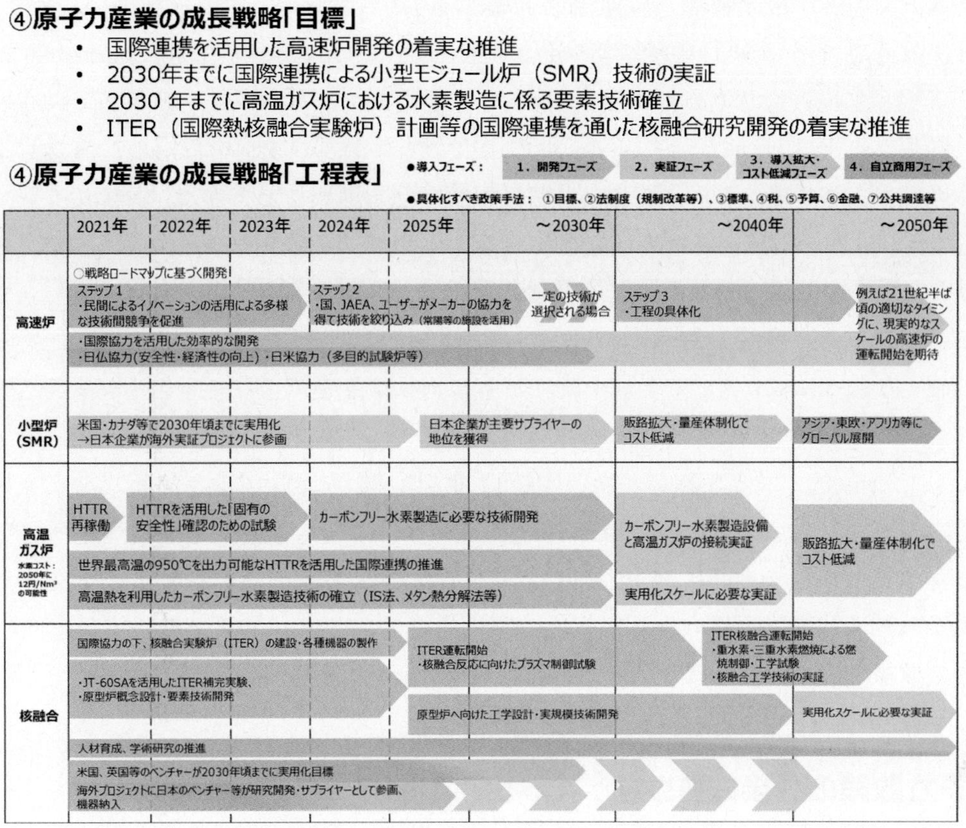

④原子力産業の成長戦略「目標」

- 国際連携を活用した高速炉開発の着実な推進
- 2030年までに国際連携による小型モジュール炉（SMR）技術の実証
- 2030 年までに高温ガス炉における水素製造に係る要素技術確立
- ITER（国際熱核融合実験炉）計画等の国際連携を通じた核融合研究開発の着実な推進

④原子力産業の成長戦略「工程表」

●導入フェーズ：　1．開発フェーズ　2．実証フェーズ　3．導入拡大・コスト低減フェーズ　4．自立商用フェーズ

●具体化すべき政策手法：　①目標、②法制度（規制改革等）、③標準、④税、⑤予算、⑥金融、⑦公共調達等

2021年　2022年　2023年　2024年　2025年　～2030年　～2040年　～2050年

高速炉
○戦略ロードマップに基づく開発
ステップ１
・民間によるイノベーションの活用による多様な技術間競争を促進
ステップ２
・国、JAEA、ユーザーがメーカーの協力を得て技術を絞り込み（常陽等の施設を活用）
一定の技術が選択される場合
ステップ３
・工程の具体化
例えば21世紀半ば頃の適切なタイミングに、現実的なスケールの高速炉の運転開始を期待
・国際協力を活用した効率的な開発
・日仏協力(安全性・経済性の向上)・日米協力（多目的試験炉等）

小型炉（SMR）
米国・カナダ等で2030年頃までに実用化
→日本企業が海外実証プロジェクトに参画
日本企業が主要サプライヤーの地位を獲得
販路拡大・量産体制化でコスト低減
アジア・東欧・アフリカ等にグローバル展開

高温ガス炉
水素コスト：2050年に12円/Nm³の可能性
HTTR再稼働
HTTRを活用した「固有の安全性」確認のための試験
カーボンフリー水素製造に必要な技術開発
カーボンフリー水素製造設備と高温ガス炉の接続実証
販路拡大・量産体制化でコスト低減
世界最高温の950℃を出力可能なHTTRを活用した国際連携の推進
高温熱を利用したカーボンフリー水素製造技術の確立（IS法、メタン熱分解法等）
実用化スケールに必要な実証

核融合
国際協力の下、核融合実験炉（ITER）の建設・各種機器の製作
ITER運転開始
・核融合反応に向けたプラズマ制御試験
ITER核融合運転開始
・重水素-三重水素燃焼による燃焼制御・工学試験
・核融合工学技術の実証
・JT-60SAを活用したITER補完実験、
・原型炉概念設計・要素技術開発
原型炉へ向けた工学設計・実規模技術開発
実用化スケールに必要な実証
人材育成、学術研究の推進
米国、英国等のベンチャーが2030年頃までに実用化目標
海外プロジェクトに日本のベンチャー等が研究開発・サプライヤーとして参画、機器納入

図 2-12　グリーン成長戦略（2021 年 6 月策定）における原子力産業の工程表

（出典）経済産業省「2050 年カーボンニュートラルに伴うグリーン成長戦略」（本文，概要資料）（2021 年）に基づき作成

第 6 次エネルギー基本計画（2021 年 10 月閣議決定）では、気候変動問題への対応について、GX 等を的確に捉え、民間の投資とイノベーションの促進と雇用の維持・創出を図りながら、社会経済構造のパラダイムシフトにつなげることが不可欠であるとされています。

グリーン成長戦略やエネルギー基本計画等のカーボンニュートラルに関する各計画において掲げられた目標を踏まえて、クリーンエネルギー中心の経済社会・産業構造の転換に向けた政策対応や成長が期待される各産業の具体的な道筋等を整理するクリーンエネルギー戦略の策定が検討されています。2022 年 5 月に「クリーンエネルギー戦略 中間整理」が公表され、ロシアによるウクライナ侵略や電力需給ひっ迫を踏まえたエネルギー安全保障の確保と脱炭素化を進める政策とその具体的な取組が整理されました。原子力については、エネルギー安全保障及び脱炭素の効果が高い電源として原子力の有効活用を進める方針が記載され、GX の方向性としてサプライチェーン、技術、人材維持の取組の支援や軽水炉・高速炉・小型モジュール炉（SMR[15]）等の研究開発の加速化、国際プロジェクトへの参画が挙げられています。

[15] Small Modular Reactor

「クリーンエネルギー戦略 中間整理」に基づき、GX の実行に必要な施策について 2022 年7月に設置された GX 実行会議にて検討が進められました。同検討を経て、2023 年2月 10 日に「GX 実現に向けた基本方針～今後 10 年を見据えたロードマップ～」が閣議決定されました。同基本方針は、「化石エネルギーへの過度な依存からの脱却を目指し、需要サイドにおける徹底した省エネルギー、製造業の燃料転換などを進めるとともに、供給サイドにおいては、足元の危機を乗り切るためにも再生可能エネルギー、原子力などエネルギー安全保障に寄与し、脱炭素効果の高い電源を最大限活用する」ことを基本的考え方としています。原子力の活用に向けた今後の対応については、2030 年度電源構成に占める原子力比率 20～22％の確実な達成に向けて、安全最優先で着実に再稼働を進めていくとともに、自主的な安全性向上、立地地域との共生及び国民各層とのコミュニケーションの深化・充実に取り組むこと示しています。また、将来にわたって持続的に原子力を活用するため新たな安全メカニズムを組み込んだ次世代革新炉の開発・建設に取り組むこと、既存の原子力発電所を可能な限り活用するため運転期間に関する在り方を整理すること及び核燃料サイクル推進、廃炉の着実かつ効率的な実現に向けた仕組みの整備を進めること、最終処分の実現に向けた国主導での取組の抜本強化に取り組むことを盛り込んでいます（図 2-13）。

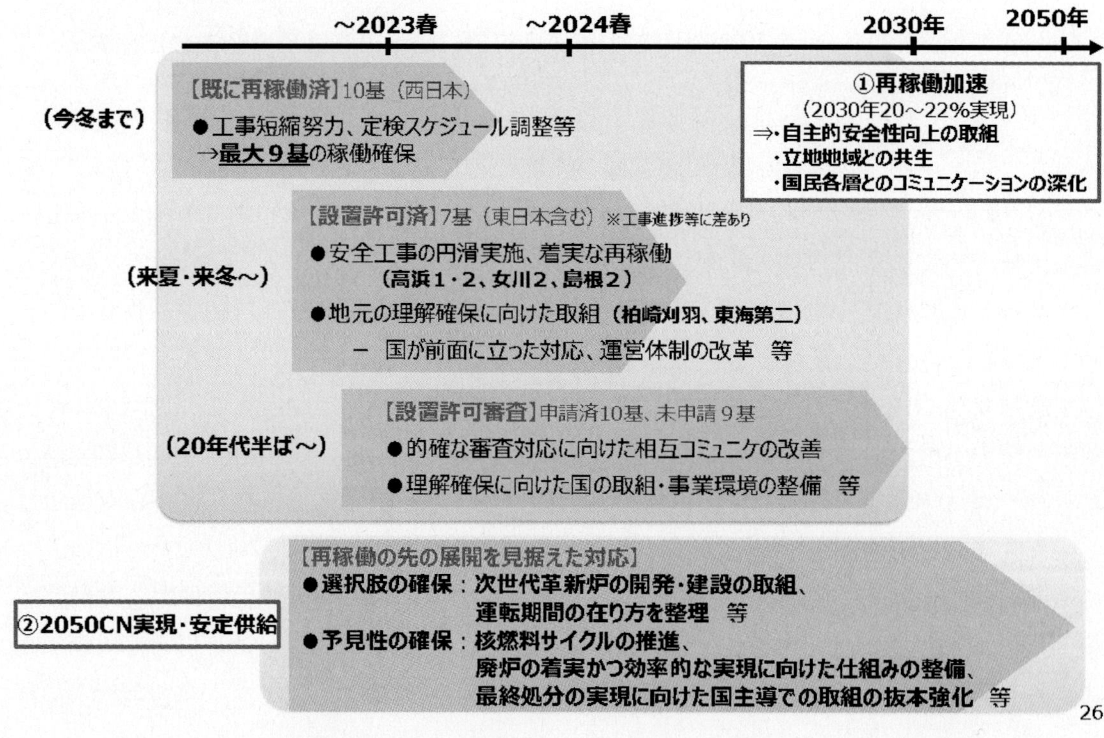

図 2-13 GX 実現に向けた基本方針における原子力政策の今後の進め方

（出典）内閣官房「GX実現に向けた基本方針 参考資料」（2023 年）に基づき作成

我が国における発電に伴う二酸化炭素排出量は、東日本大震災後の原子力発電所の運転停止及び火力発電量の増加に伴い、2011 年度から 2013 年度までは増加傾向でしたが、エネルギー消費量の減少、再生可能エネルギーの導入拡大、原子力発電所の再稼働により、2014 年度以降は減少傾向にあります（図 2-14）。原子力発電所の再稼働を進めることは、温室効果ガス排出削減の観点からも重要であると考えられます。

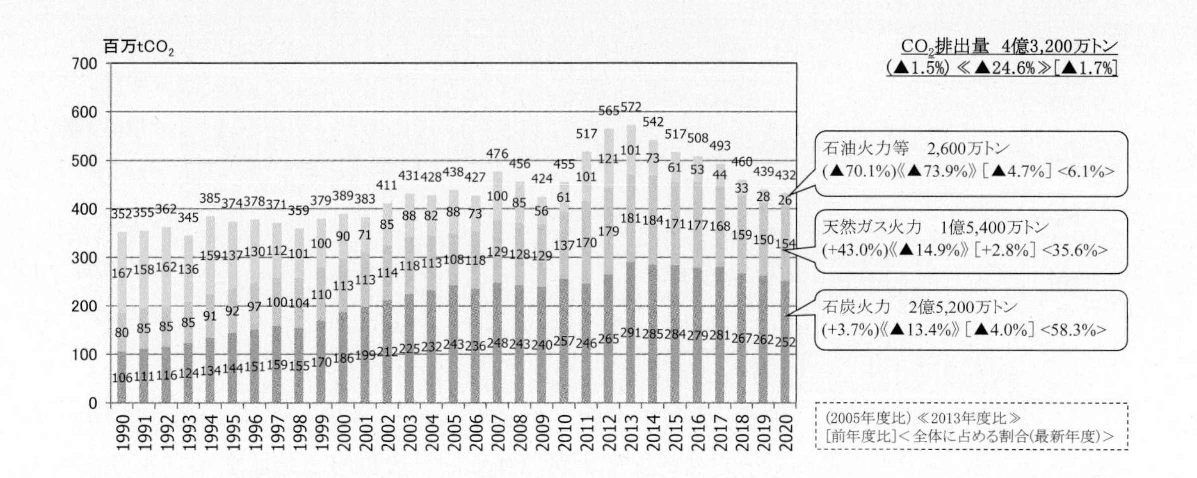

図 2-14　全電源（事業用発電、自家発電）の発電に伴う燃料種別の二酸化炭素排出量

（出典）環境省「2020 年度（令和 2 年度）の温室効果ガス排出量（確報値）に関する分析について（資料集）」（2022 年）

(6)　世界の原子力発電の状況と中長期的な将来見通し

2010 年以降、2022 年までの間に、世界では 76 基の原子炉の営業運転が開始されているとともに、90 基の原子炉の建設が開始され、81 基が閉鎖されています[16]。

2023 年 3 月時点で、世界で運転中の原子炉は 437 基、原子力発電設備容量は 3 億 9,346 万 kW に達しており、建設中のものを含めると総計 495 基、4 億 5,811 万 kW となります。また、世界の原子力発電電力量は、2011 年の東電福島第一原発事故後に一旦落ち込みましたが、2013 年以降は順調に回復しています（図 2-15、図 2-16）。ただし 2020 年は新型コロナウイルス感染症に伴う電力需要の全体的な低下の影響もあり、原子力発電電力量は低下しています。

---

16 資料編 6(2)「世界の原子力発電所の運転開始・着工・閉鎖の推移（2010 年以降）」を参照。

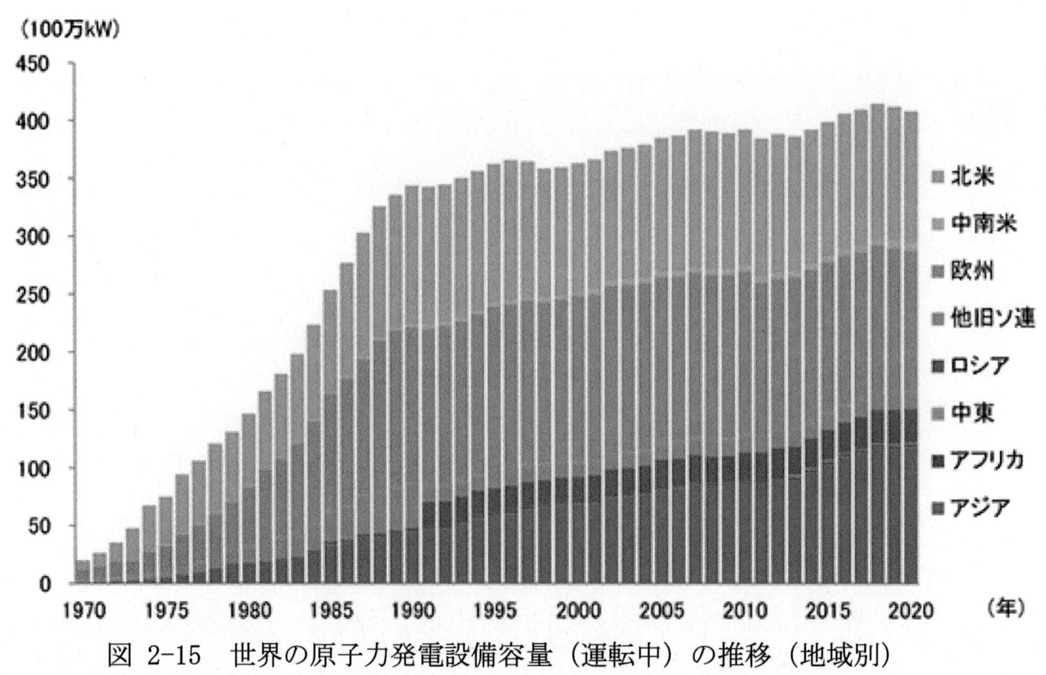

図 2-15　世界の原子力発電設備容量（運転中）の推移（地域別）

(注)日本原子力産業協会「世界の原子力発電開発の動向 2021 年版」を基に経済産業省が作成。
(出典)経済産業省「令和 3 年度　エネルギー白書」(2022 年)

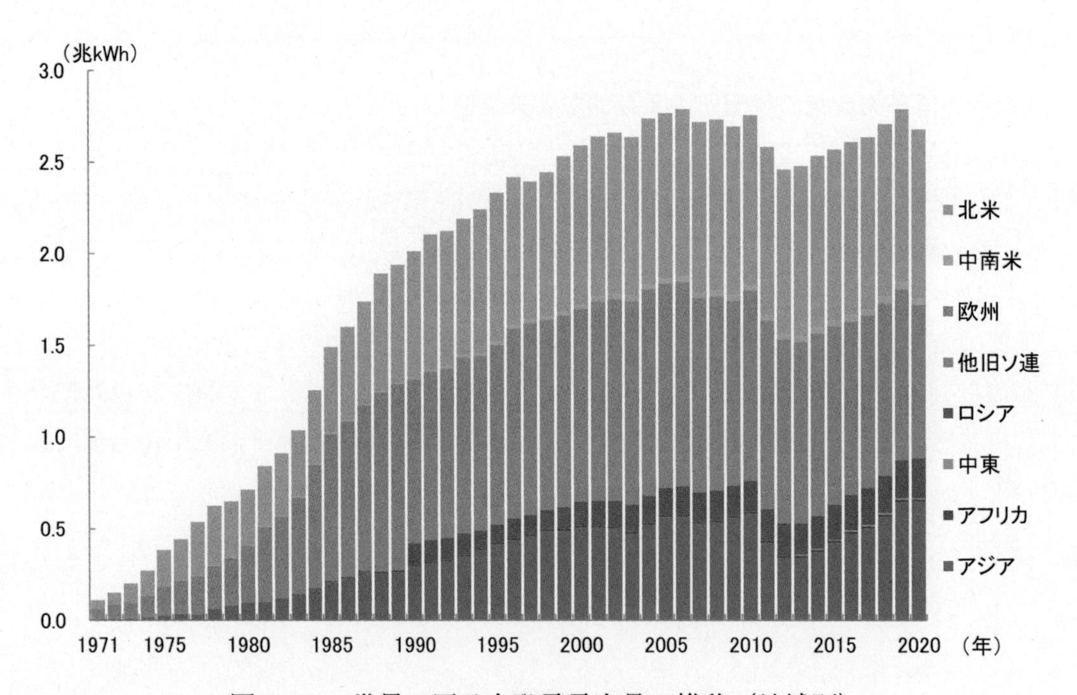

図 2-16　世界の原子力発電電力量の推移（地域別）

(注)IEA「World Energy Balances 2021 Edition」を基に経済産業省が作成。
(出典)経済産業省「令和 3 年度　エネルギー白書」(2022 年)に基づき作成

ウクライナ（旧ソ連）のチョルノービリ原子力発電所の事故[17]、東電福島第一原発事故を経て、西欧諸国の中にはドイツ、イタリア、スイス等のように脱原子力政策に転じる国々が現れました。アジアでも、韓国が脱原子力の方針を示しました。

しかし、そのほかのアジア、東欧、中近東等では、経済成長に伴う電力需要と電力の低炭素化に対応するため、東電福島第一原発事故後も原子力開発が進展しました。特に中国では原子力開発が積極的に進められ、2020 年には発電電力量がフランスを上回り、世界 2 位となりました（図 2-17 左）。

近年は、原子力利用先進国[18]においても、低炭素電源としての役割に加え、エネルギー安全保障の観点から、原子力発電の重要性が再認識されてきています。世界最大の原子力利用国である米国（図 2-17 左）では、早期に閉鎖する原子力発電所も見られる一方で、80 年運転に向けた取組を行う原子力発電所も増加しています。

発電電力量に占める原子力比率が 65%を超え世界首位のフランス（図 2-17 右）では、マクロン大統領が 2022 年 2 月に「フランスの原子力ルネッサンス」を宣言し、原子炉 6 基の新規建設を行うとともに、更に 8 基の増設を検討する方針を示しました。フランス政府は、原子力と再生可能エネルギーを自国のエネルギーの二本柱として、共に拡大する意向です。

欧州では、原子力発電を低炭素電源と位置付け、地球温暖化対策とエネルギー安定供給両立の手段として、その価値を再評価し、原子力発電所を新設、維持する機運が高まっています。また、ロシアによるウクライナ侵略に伴う電力ひっ迫の問題への対応として、原子力発電の利用方針を見直す国も出てきました。例えば、2022 年末に最後の 3 基を閉鎖して脱原子力を完了する予定だったドイツでは、冬期の電力確保のため、2022 年 12 月に法改正を行い、これら 3 基の運転を 2023 年 4 月 15 日まで延長しました[19]。

アジアでも、韓国で 2022 年に発足した尹錫悦（ユン・ソンニョル）政権が、7 月にエネルギー政策を発表し、白紙化されていた 2 基の原子炉建設計画を再開するとともに、2030 年の原子力発電比率を 30%以上に拡大する方針を示し、前政権の脱原子力方針を撤回しました。

---

[17] 1986 年 4 月 26 日に、旧ソ連ウクライナ共和国のチョルノービリ原子力発電所 4 号機で発生した事故。急激な出力の上昇による原子炉や建屋の破壊に伴い大量の放射性物質が外部に放出され、ウクライナ、ロシア、ベラルーシや隣接する欧州諸国を中心に広範囲に飛散。

[18] 第 3 章 3-1(2)「海外の原子力発電主要国の動向」を参照。

[19] 2023 年 4 月 15 日に、3 基の原子炉の運転が停止され、脱原子力が完了した。

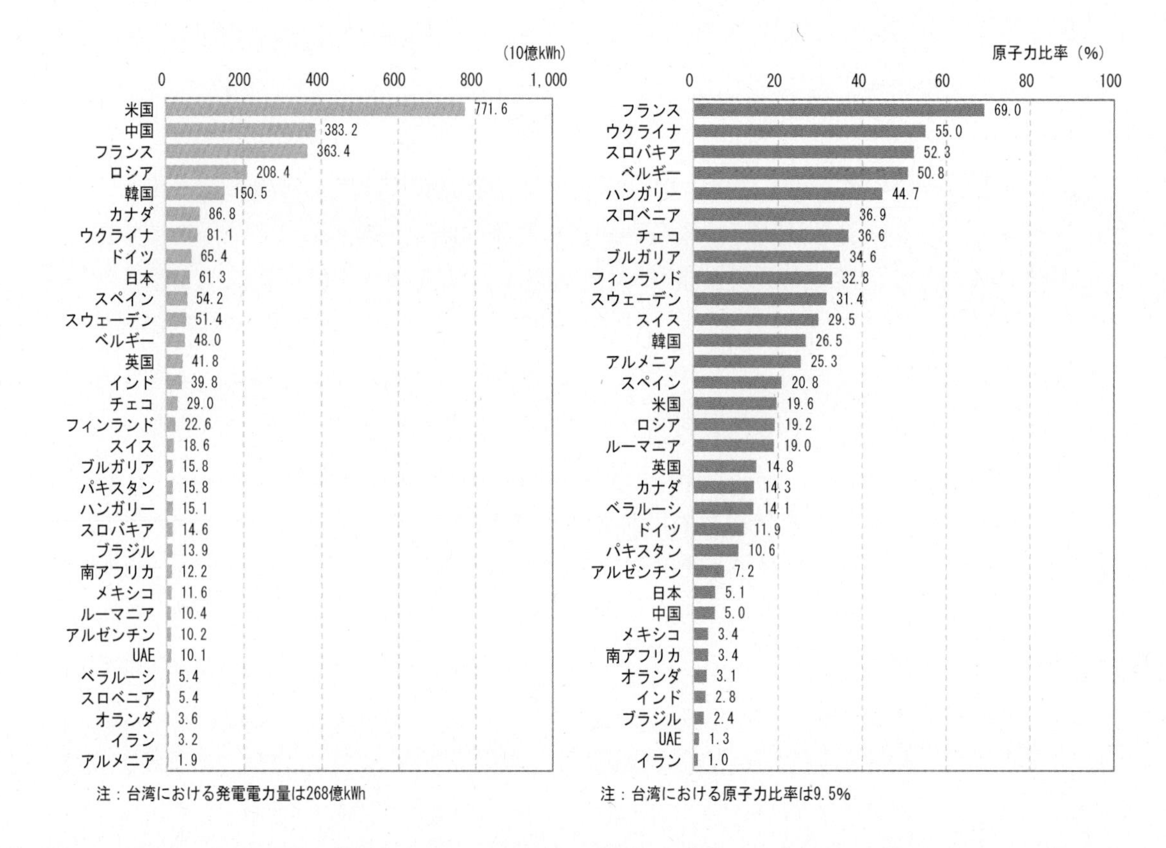

図 2-17　各国の原子力発電電力量（左）及び発電電力量に占める原子力比率（右）（2021 年）
（出典）IAEA「Energy, Electricity and Nuclear Power Estimates for the Period up to 2050」（2022 年）に基づき作成

IAEA が 2022 年 9 月に発表した年次報告書「2050 年までのエネルギー、電力、原子力発電の予測 2022 年版」では、原子力発電の設備容量について、2021 年度版の報告書と同様に、①現在の市場や大幅な技術革新等、原子力を取り巻く環境が大きく変化しないと仮定した保守的な「低位ケース」と、②パリ協定締約国による温室効果ガス排出削減で原子力の果たす役割が拡大することを前提にした「高位ケース」を設定して、それぞれ見通しを示しています（図 2-18）。低位ケースでは、図 2-19 左のように閉鎖と新設がほぼ均衡して推移し、中期的には原子力発電設備容量がわずかに減少するものの、2050 年頃には現状から微増する傾向が示されています。高位ケースでは、既存炉の運転期間延長等により図 2-19 右のように閉鎖が抑えられ、また特に 2030 年以降に原子炉新設が拡大することから、2050 年には 2021 年から倍以上に増加すると予測されています。

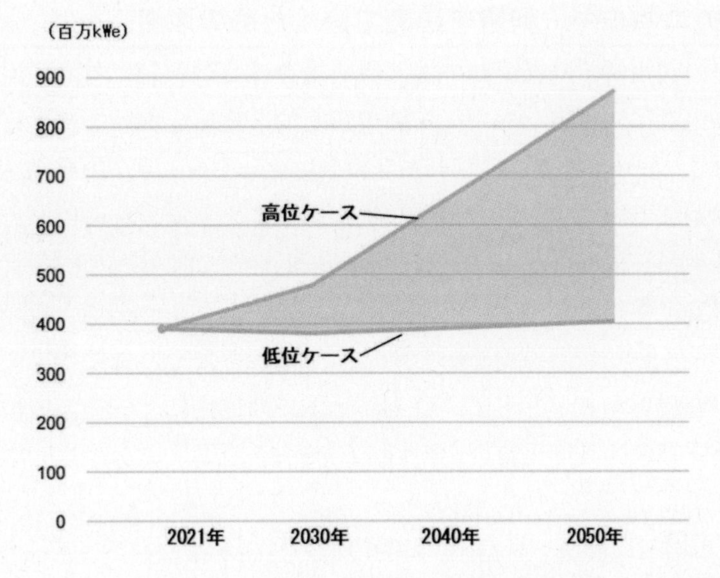

図 2-18　IAEAによる2050年までの原子力発電設備容量の推移見通し
(出典)IAEA「Energy, Electricity and Nuclear Power Estimates for the Period up to 2050」(2022年)に基づき作成

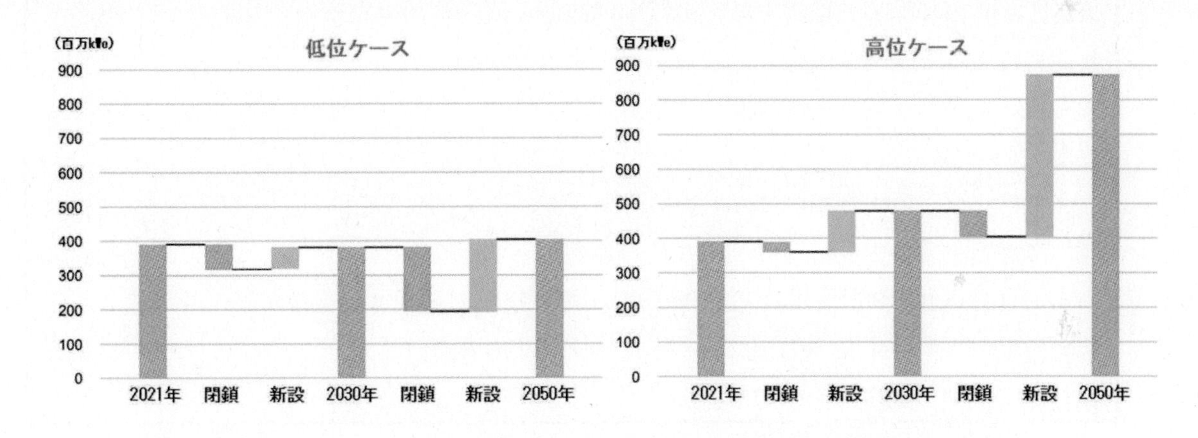

図 2-19　IAEAによる2050年までの原子力発電所閉鎖・新設見通し
(出典)IAEA「Energy, Electricity and Nuclear Power Estimates for the Period up to 2050」(2022年)に基づき作成

2－2 原子力のエネルギー利用を進めていくための取組

エネルギーの安定供給、経済効率性、環境適合性等の課題に対し、原子力エネルギーは、地球温暖化対策に貢献しつつ、安価で安定的に電気を供給できる電源の役割を果たすことが期待されます。また、電力小売全面自由化により、原子力発電も電力市場の競争原理の下に置かれています。このような状況を踏まえ、安全性の確保を大前提に適切に原子力のエネルギー利用を進めていくことが必要です。

特に電力の安定供給及び 2050 年カーボンニュートラルの実現の観点からも、安全規制・原子力エネルギー利用の両面から原子力発電所を安全に長期利用するために必要な規制の在り方を整理するとともに、産業界全体での連携による経年劣化評価に必要な知見の拡充や保守管理の高度化及びその科学的データを国民に分かりやすく示していくこと等が重要です。

また、世界市場への展開も見据え、民間の活力を生かしながら、原子力先進諸国との共同研究等の協力を通じ、革新炉の国際的な開発・建設の動きに戦略的に関与を深めていくことが重要となります。我が国で革新炉の導入を進めていく際には、革新軽水炉や小型軽水炉、高温ガス炉、高速炉等に関して、それぞれの特徴、目的、実現までの時間軸の違い等を踏まえつつ、新たに組み込まれる安全技術の実証や投資に向けた事業環境整備、事業者からの炉型等の提案を踏まえた早い適切な段階での規制整備・国際的な規制調和、負荷追従運転など再生可能エネルギーとの共存に向けた検討、開発からバックエンドまでを含めた革新炉特有の課題への対応などについて、国際的な動きも踏まえた検討が必要です。

さらに、原子力規制委員会による厳格な審査の下で、使用済燃料の貯蔵・管理を含め、使用済燃料を資源として有効利用する核燃料サイクルの確立に向けて着実に取り組んでいくことも重要です。使用済 MOX[20]燃料の再処理技術の早期実現化や革新炉を導入する場合の対応を含め、中長期の核燃料サイクル全体の運用の安定化に向けて、官民が柔軟性をもって取り組む必要があります。

(1)　着実な軽水炉利用

2016 年の電力小売全面自由化により、従来の地域独占[21]や総括原価方式[22]による投資回収の保証制度が撤廃され、原子力発電も電力自由競争の枠組みの中に置かれています。一方で、原子力発電には、事故炉廃炉の資金確保や原子力損害賠償のように、市場原理のみに基づく解決が困難な課題があります（図 2-20）。このような課題に対応するため、事故炉の廃炉を行う原子力事業者に対して、廃炉に必要な資金を NDF に積み立てることが義務付けられています。

---

[20] Mixed Oxide（ウラン・プルトニウム混合酸化物）
[21] 特定地域の電力販売をその地域の電力会社 1 社が独占できる枠組み。
[22] 総原価を算定し、これを基に販売料金単価を定める枠組み。

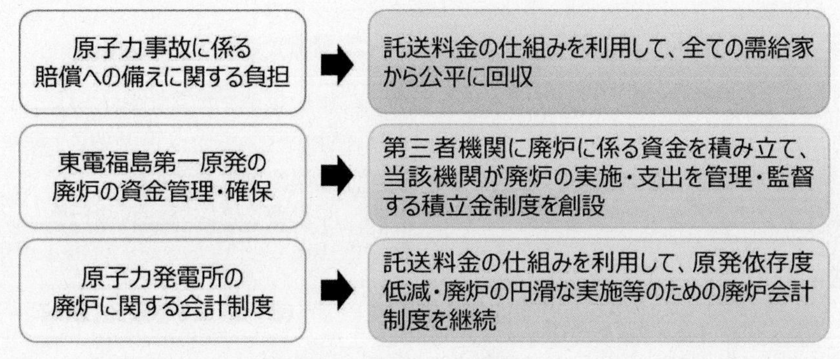

図 2-20　自由化の下での財務・会計上の課題への対応の基本的な考え方

(出典)総合資源エネルギー調査会基本政策分科会電力システム改革貫徹のための政策小委員会「電力システム改革貫徹のための政策小委員会　中間とりまとめ」(2017 年)に基づき作成

電力を安定供給でき、火力電源に比べ燃料費が低いといった特性を持つ原子力発電所を長期的に利用するため、原子力事業者等を含む産業界は、安全性向上に係る自律的・継続的な取組を進めています[23]。

また、2022 年 8 月の第 2 回 GX 実行会議において岸田内閣総理大臣よりエネルギー安定供給確保に向けた具体的な検討指示が示されたことも受けて、経済産業省の総合資源エネルギー調査会電力・ガス事業分科会原子力小委員会での検討が進められ、同年 12 月の総合資源エネルギー調査会基本政策分科会において、原子力規制委員会による安全性確認を大前提とし、地域の理解・受容性確保や革新技術による安全性向上等の要素にも配慮しつつ、原子力利用政策の観点から運転期間に関する制度を改正する方針が示されました（図 2-21)。2023 年 2 月 28 日には、原子力発電の運転期間は 40 年とした上で、安定供給確保、GX への貢献などの観点から経済産業大臣の認可を受けた場合に限り、運転期間の延長を認めることとし、「運転期間は最長で 60 年に制限する」という現行の枠組みは維持した上で、原子力事業者が予見し難い事由による停止期間に限り、60 年の運転期間のカウントから除外するための「脱炭素社会の実現に向けた電気供給体制の確立を図るための電気事業法等の一部を改正する法律案」が閣議決定されました。

なお、原子力規制委員会は、「発電用原子炉施設の利用をどのくらいの期間認めることとするかは、原子力の利用の在り方に関する政策判断にほかならず、原子力規制委員会が意見を述べるべき事柄ではない」との見解を 2020 年 7 月に示しており、上記のとおり利用政策側において原子力利用政策の観点から運転期間に関する制度を改正する方針が示されたことを受け、高経年化した発電用原子炉に関する安全規制の検討を行い、2023 年 2 月 13 日には、運転開始後 30 年を超えて運転する場合は 10 年以内の期間ごとに長期施設管理計画を策定し、原子力規制委員会の認可を受けることなどを求める「高経年化した発電用原子炉に関する安全規制の概要」を決定しました（図 2-22)。また、同年 2 月 15 日には、高経年化した発電用原子炉に関する安全規制の詳細について検討するため、「高経年化した発電用原子炉の安全規制に関する検討チーム」の設置が決定されました。

---

[23] 第 1 章 1-2(4)「原子力事業者等による自主的安全性向上」を参照。

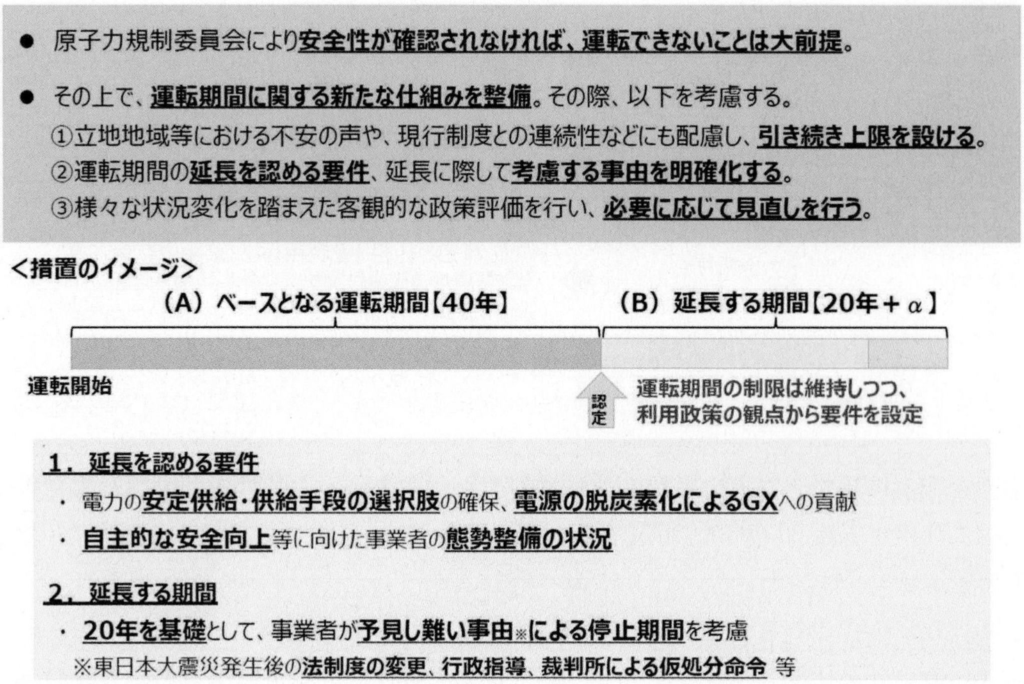

● 原子力規制委員会により安全性が確認されなければ、運転できないことは大前提。
● その上で、運転期間に関する新たな仕組みを整備。その際、以下を考慮する。
①立地地域等における不安の声や、現行制度との連続性などにも配慮し、引き続き上限を設ける。
②運転期間の延長を認める要件、延長に際して考慮する事由を明確化する。
③様々な状況変化を踏まえた客観的な政策評価を行い、必要に応じて見直しを行う。
＜措置のイメージ＞
（A）ベースとなる運転期間【40年】
（B）延長する期間【20年＋α】
運転開始
認定
運転期間の制限は維持しつつ、
利用政策の観点から要件を設定
1．延長を認める要件
・ 電力の安定供給・供給手段の選択肢の確保、電源の脱炭素化によるGXへの貢献
・ 自主的な安全向上等に向けた事業者の態勢整備の状況
2．延長する期間
・ 20年を基礎として、事業者が予見し難い事由※による停止期間を考慮
※東日本大震災発生後の法制度の変更、行政指導、裁判所による仮処分命令 等

図 2-21 安全性の確保を大前提とした運転期間の延長

(出典)第 35 回 総合資源エネルギー調査会 電力・ガス事業分科会 原子力小委員会 資料 5「今後の原子力政策の方向性と実現に向けた行動指針(案)のポイント」(2022 年)

高経年化した原子炉に係る安全規制制度（現行と今後の制度案）
（参考5）
高経年化技術評価制度
現 行
運転開始後30年のタイミング（以降10年ごと）で、事業者が原子炉施設を安全に運転・管理するために定める保安規定について、経年劣化に関する技術的な評価結果やこれを踏まえた長期施設管理方針が災害の防止上支障がないことを審査
10年ごとの審査・認可
申請
・技術評価結果
・長期施設管理方針
認可
・技術評価結果※
運転期間延長認可制度
運転開始後40年のタイミングで、劣化状態の点検結果、劣化状況に関する技術評価結果やこれを踏まえた施設管理方針から原子炉施設の技術基準適合性を審査
・特別点検結果
・技術評価結果※
・長期施設管理方針
※特別点検を結果を踏まえた評価
最大20年の運転延長
統合
検討案
検討中の制度案イメージ
運転開始後30年を超えて運転するタイミング（以降10年以内ごと）で、長期施設管理計画（現在の長期施設管理方針の内容に加え、劣化状態の点検方法及び結果、経年劣化に関する技術的な評価方法及び結果等）から災害の防止上支障がないこと及び原子炉施設の技術基準適合性を審査
長期施設管理計画
・長期施設管理方針
・劣化状態の点検方法・結果
・技術評価の方法・結果 等
10年以内ごとの審査・認可
※運転期間については利用政策側が検討
運転開始後30年
運転開始後40年
運転開始後50年
運転開始後60年

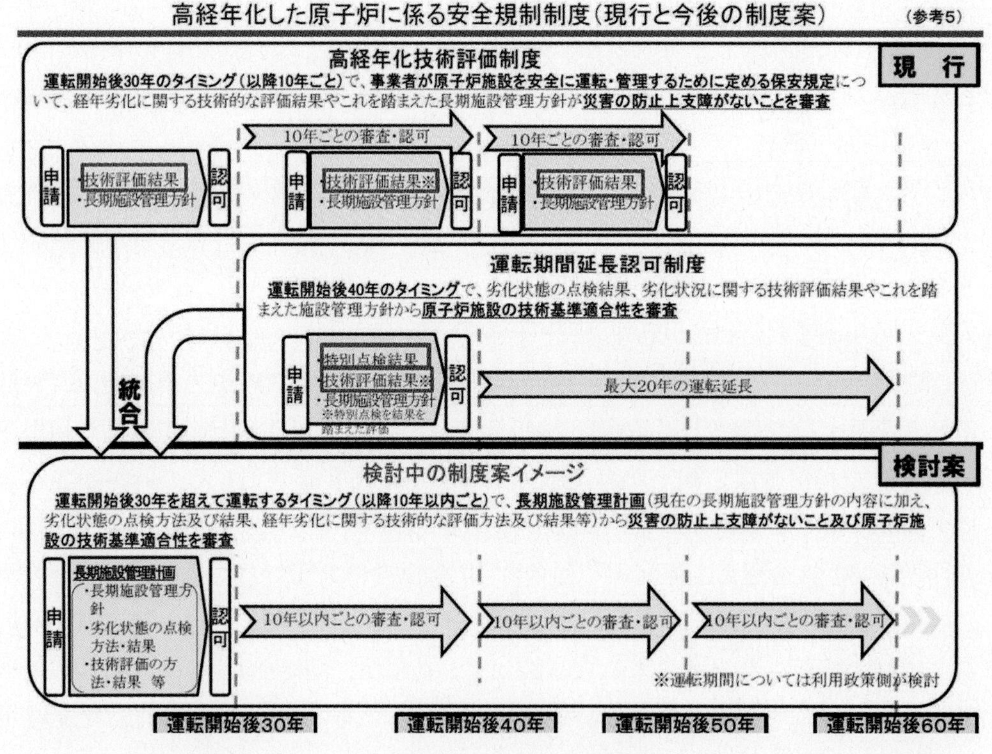

図 2-22 高経年化した原子炉に係る安全規制制度（現行と今後の制度案）

(出典)第 55 回原子力規制委員会 資料1「高経年化した発電用原子炉に関する安全規制の検討(第 3 回)」(2022 年)

(2)　革新炉の開発・利用

カーボンニュートラルやエネルギー安全保障等の観点から、新たな安全メカニズムを組み込んだ革新炉の開発・建設が世界中で加速しています。新しい概念を持つ革新炉の開発は、我が国の原子力サプライチェーンの維持・強化、将来を担う人材の参入意欲向上にもつながることも期待されます。我が国においても、原子力先進諸国との共同研究等の協力を通じて、官民の連携により国際的な開発・建設の動きにも戦略的に関与を深めていくことが重要です[24]。

革新炉には、多くの国で稼働している大型の軽水炉をベースに新たな安全メカニズムを組み込んだ革新軽水炉、小型モジュール炉（SMR）や、水素製造や熱供給、電力系統の柔軟性向上への貢献など原子力の多目的利用が可能な高温ガス炉、放射性廃棄物の減容と有害度低減、資源の有効利用に加えて医療用ラジオアイソトープ製造で注目される高速炉など、様々なものが存在します（図 2-23、図 2-24）。

- 革新炉とは、**安全性、廃棄物、エネルギー効率、核不拡散性等の観点から優れた技術を取り入れた先進的な原子炉。**
  （参考：米原子力エネルギー革新法（2017年））
- 小型モジュール炉（SMR）の定義は、国や機関により様々であり、定まっていない。

革新炉の区分

革新炉<定義>	大型	小型
軽水炉	革新軽水炉	小型モジュール炉（SMR）
第4世代炉等	大型第4世代炉	

※第4世代炉：黎明期の原子炉（第1世代）、現行の軽水炉等（第2世代）、改良型軽水炉等（第3世代）に続く原子力システムの概念

SMRの定義

米国			英国		OECD/NEA		IAEA	
AR	SMR	・軽水炉 ・30万kWe未満	SMR	・第3世代炉 ・小型 ・モジュール	SMR	・1～30万kWe ・モジュール（連続生産） ・第3世代炉 ・第4世代炉	SMR	・30万kWeまで ・モジュール ・先進的 ・固有の安全性 ・全ての炉型 -第3世代炉 -第4世代炉
	・非軽水炉（全ての炉型）		AMR	・第4世代炉 ・モジュール <核融合炉>				

図 2-23　革新炉の定義

（出典）総合資源エネルギー調査会原子力小委員会革新炉ワーキンググループ（第1回）資料 6 資源エネルギー庁「エネルギーを巡る社会動向を踏まえた革新炉開発の価値」（2022 年）

[24] 革新炉開発の詳細な動向は、第 8 章 8-2「研究開発・イノベーションの推進」を参照。

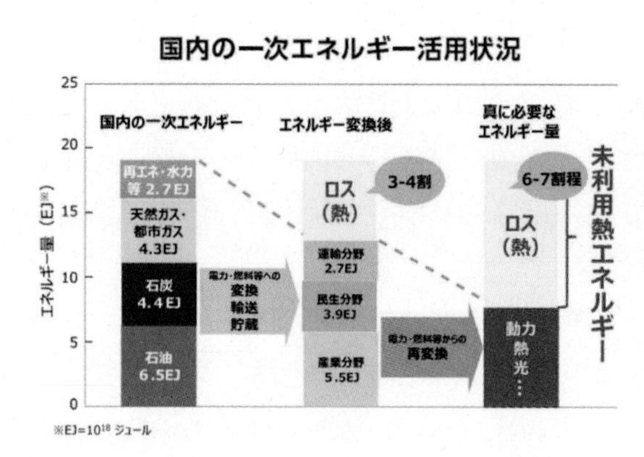

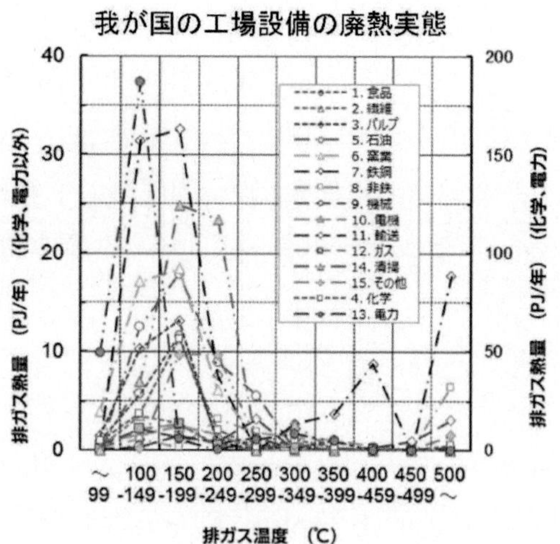

図 2-24　熱利用について

（出典）国立研究開発法人 新エネルギー・産業技術総合開発機構 事業紹介パンフレット「省エネルギーへのフロンティア 未利用エネルギーの革新的活用技術研究開発」(2023年)に基づき作成

革新炉の多目的利用についても大いに期待されますが、例えば、水素製造については、再生可能エネルギーを利用した水の電気分解など様々な水素製造・調達手法との競合関係や役割分担などの整理が必要になり、また、熱供給については、熱が電気と異なり遠隔地への供給や蓄熱の経済性成立が難しいなどの背景から、未利用熱の活用は原子力以外の産業でも長年の課題となっていることを踏まえ、検討することも重要です。その際、革新炉の需要地近接立地や需要施設との安全かつ柔軟な接続、需要量と供給量のバランス、多目的施設の担い手の確保の必要性など、革新炉の多目的利用を進めるが故に必要となる対策や事業化の実現可能性について検討していく必要があります。

2022年8月の第2回GX実行会議では、岸田内閣総理大臣は次世代革新炉の開発・建設等を進めていく方針も明らかにしました。これを受けて、同年12月の総合資源エネルギー調査会基本政策分科会において、原子力の価値実現、技術・人材維持・強化に向けて、地域理解を前提に、次世代革新炉の開発・建設を推進するという方針が示されました。まずは廃止決定炉の建替えを対象に、バックエンド問題の進展も踏まえつつ具体化を進めていくこととしています（図 2-25）。また、2023年2月に策定された「GX実現に向けた基本方針 ～今後10年を見据えたロードマップ～」では、新たな安全メカニズムを組み込んだ次世代革新炉の開発・建設に取り組むこととし、その上で地域の理解確保を大前提に、廃炉を決定した原発の敷地内での次世代革新炉への建替えを対象に、六ヶ所再処理工場の竣工等のバックエンド問題の進展も踏まえつつ具体化を進めていくこととしています。

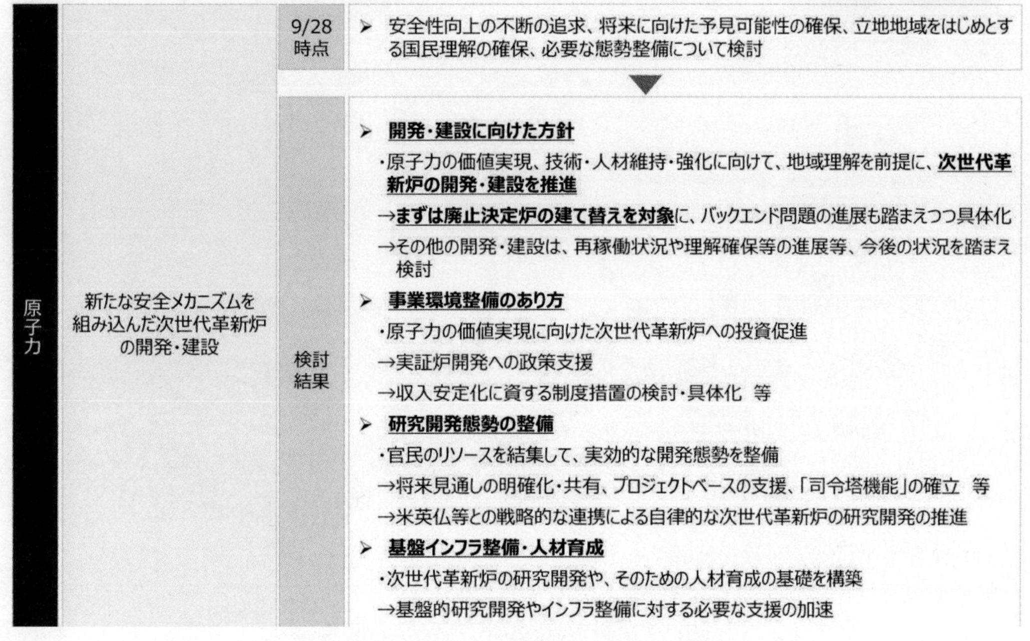

図 2-25 次世代革新炉の開発・建設

(出典)総合資源エネルギー調査会基本政策分科会(第 52 回会合)資料 1 資源エネルギー庁「エネルギーの安定供給の確保」(2022 年)

(3) 核燃料サイクルに関する取組

① 核燃料サイクルの概念

「核燃料サイクル」とは、原子力発電所で発生する使用済燃料を再処理し、回収されるプルトニウム等を再び燃料として有効利用することです。核燃料サイクルは、ウラン燃料の生産から発電までの上流側プロセスと、使用済燃料の再利用や放射性廃棄物の適切な処理・処分等からなる下流側プロセスに大別されます（図 2-26）。

上流側のプロセスは、天然ウランの確保・採掘・製錬、六フッ化ウランへの転換、核分裂しやすいウラン 235 の割合を高めるウラン濃縮、二酸化ウランへの再転換、ウラン燃料の成型加工、ウラン燃料を用いた発電からなります。

下流側のプロセスは、使用済燃料の中間貯蔵、使用済燃料からウラン及びプルトニウムを分離・回収するとともに残りの核分裂生成物等をガラス固化する再処理、ウラン・プルトニウム混合酸化物（MOX）燃料の成型加工、MOX 燃料を軽水炉で利用するプルサーマル、放射性廃棄物の適切な処理・処分等からなります。なお、再処理を行わない政策を採っている国では、原子炉から取り出した使用済燃料については、冷却後、直接、高レベル放射性廃棄物として処分（直接処分）される方針です。

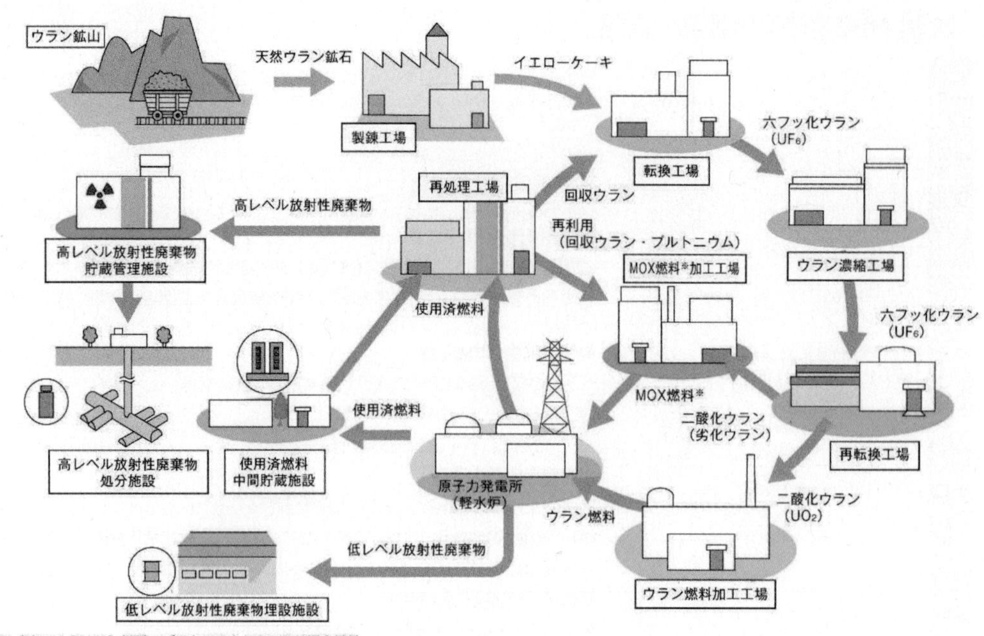

図 2-26　核燃料サイクルの概念

(出典)一般財団法人日本原子力文化財団「原子力・エネルギー図面集」(2016 年)

②　核燃料サイクルに関する我が国の基本方針

エネルギー資源の大部分を輸入に依存している我が国では、資源の有効利用、高レベル放射性廃棄物の減容化・有害度低減等の観点から、核燃料サイクルの推進を基本方針としています。この基本方針に基づき、核燃料サイクル施設や原子力発電所の立地地域を始めとする国民の理解と協力を得つつ、安全性の確保を大前提に、国や原子力事業者等による中長期的な取組が進められています（図 2-27）。

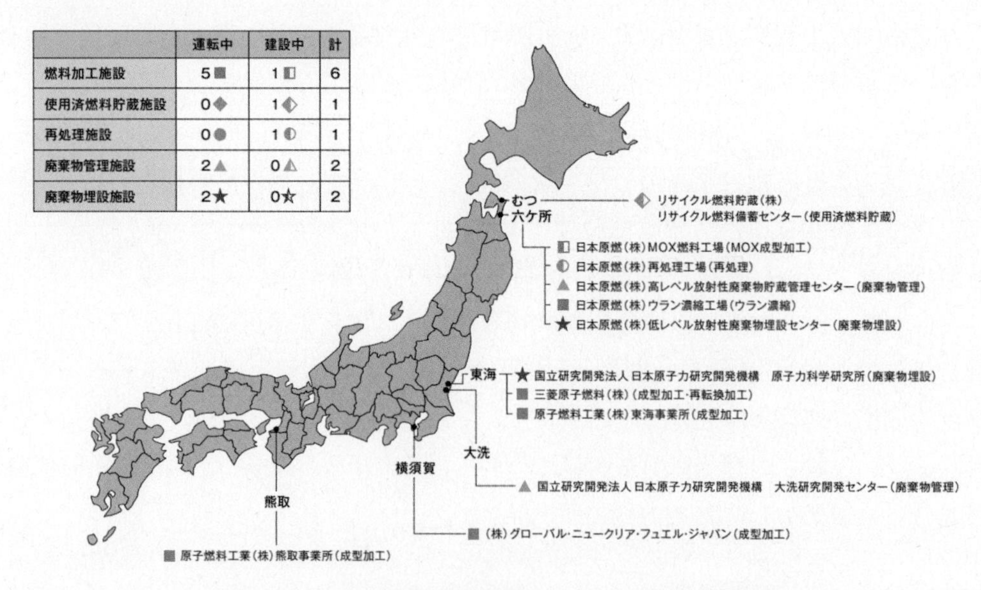

	運転中	建設中	計
燃料加工施設	5■	1◧	6
使用済燃料貯蔵施設	0◆	1◈	1
再処理施設	0●	1◐	1
廃棄物管理施設	2▲	0△	2
廃棄物埋設施設	2★	0☆	2

図 2-27　我が国の核燃料サイクル施設立地地点

(出典)一般財団法人日本原子力文化財団「原子力・エネルギー図面集」(2017 年)

このうちウラン濃縮施設や使用済燃料の再処理施設は、核兵器の材料となる高濃縮ウランやプルトニウムを製造するための施設に転用されないことを保障する必要があります。我が国は、原子力基本法において原子力利用を厳に平和の目的に限るとともに、IAEA 保障措置の厳格な適用を受け、原子力の平和利用を担保しています。また、利用目的のないプルトニウムは持たないとの原則を引き続き堅持し、プルトニウムの適切な管理と利用に係る取組を実施しています[25]。

③　天然ウランの確保に関する取組

天然ウランの生産国は、政治情勢が比較的安定している複数の地域に分散しています（図 2-28）。我が国においても、カナダやオーストラリアを中心に様々な国から天然ウランを輸入しています。また、ウランは国内での燃料備蓄効果が高く、資源の供給安定性に優れています。冷戦構造の崩壊後、高濃縮ウランの希釈による発電用燃料への転用が開始されたことにより生産量は一時落ち込みましたが、需要はほぼ横ばいで推移しており、2011 年の東電福島第一原発事故以降も一定量の生産が維持されています（図 2-29）。

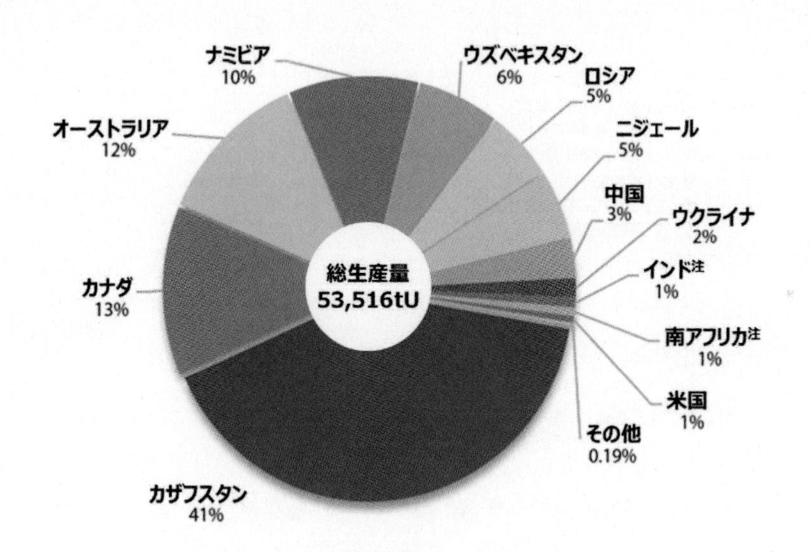

図 2-28　ウラン生産国の内訳（2018 年）

（注）インドと南アフリカは、OECD/NEA 及び IAEA による推定値。
（出典）OECD/NEA & IAEA「Uranium 2020: Resources, Production and Demand」（2020 年）に基づき作成

---

25 第 4 章 4-1(3)「政策上の平和利用」を参照。

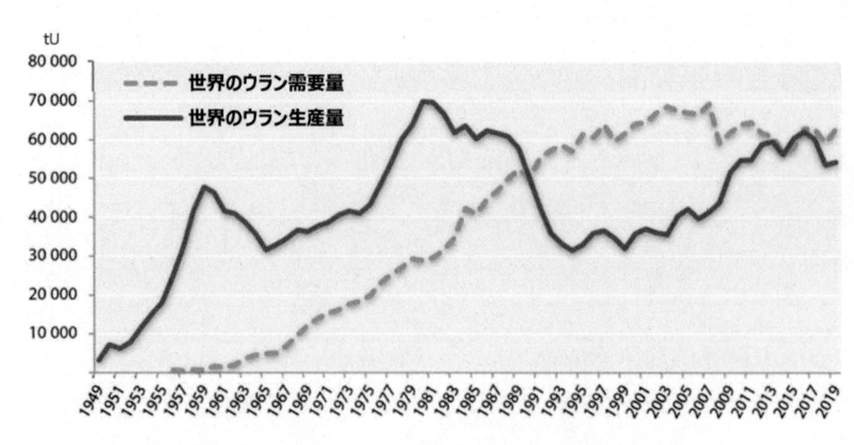

図 2-29　ウラン需給の変遷

(出典)OECD/NEA & IAEA「Uranium 2020: Resources, Production and Demand」(2020 年)に基づき作成

国際的なウラン価格は、2005 年以降、大きく変動しています。スポット契約価格[26]は、2007 年から 2008 年までにかけて急上昇した後、2009 年には急落しました。一方で、長期契約価格は 2012 年頃まで上昇を続けましたが、その後は下降傾向にあります。近年では、スポット契約価格が 75 米ドル／kgU 程度、長期契約価格が 100 米ドル／kgU 程度で推移しています（図 2-30）。

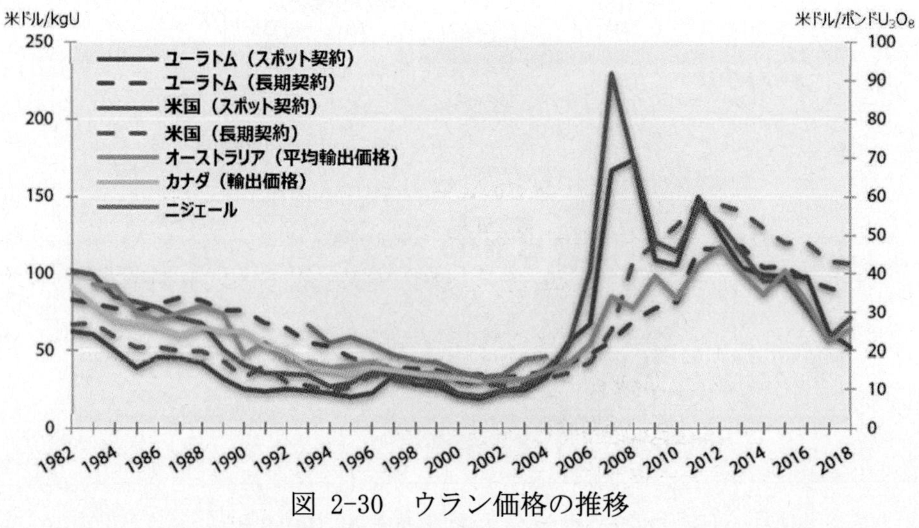

図 2-30　ウラン価格の推移

(出典)OECD/NEA & IAEA「Uranium 2020: Resources, Production and Demand」(2020 年)に基づき作成

ウラン資源量について、OECD/NEA と IAEA が共同で公表した報告書「Uranium 2020: Resources, Production and Demand」では、2019 年末における既知資源量は 1997 年に比べて増加しており、中長期的に見るとウラン資源量は増加してきたといえます。なお、2017 年から 2019 年にかけて増加した既知資源量の大部分は、既知のウラン鉱床で新たに特定された資源と、既に特定されていたウラン資源の再評価に起因するものであるとされています。

[26] 長期契約等で定めた価格ではなく、一回の取引ごとに交渉で取り決めた価格。

一方で、今後の見通しについては、中国やインド等、世界的に原子力発電が拡大してウラン需要が高くなるケースでは、中長期的にウラン需給ひっ迫の可能性が高まると予測されています（図 2-31）。天然ウランの全量を海外から輸入している我が国にとって、安定的に天然ウランを調達することは重要な課題です。資源エネルギー庁は、資源国との関係強化に資する探鉱等について、独立行政法人エネルギー・金属鉱物資源機構（JOGMEC[27]）への支援を実施し、ウラン調達の多角化や安定供給の確保を図っています。

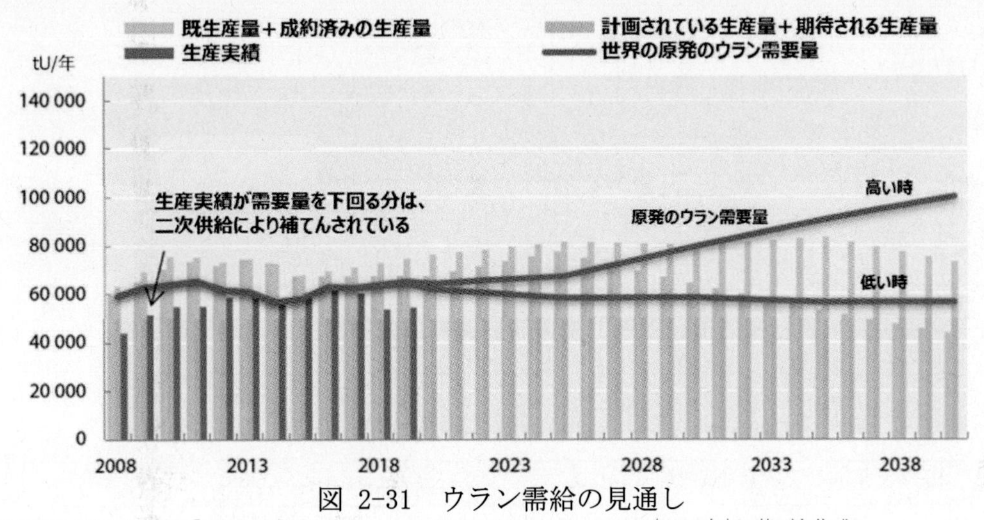

図 2-31　ウラン需給の見通し

（出典）OECD/NEA & IAEA「Uranium 2020: Resources, Production and Demand」(2020 年)に基づき作成

④　ウラン濃縮に関する取組

原子力発電所で利用されるウラン 235 は、天然ウラン中には 0.7%程度しか含まれていないため、3～5%まで濃縮した上で燃料として使用されています（図 2-32）。初期にはガス拡散法というウラン濃縮手法が用いられていましたが、現在は、遠心分離法が主流になっています。我が国では、日本原燃株式会社（以下「日本原燃」という。）の六ヶ所ウラン濃縮工場（濃縮能力は年間 450tSWU[28]）において、1992 年から濃縮ウランが生産されています。2012 年からは、日本原燃が開発した、より高性能で経済性に優れた新型遠心分離機が段階的に導入されています。

世界のウラン濃縮能力は表 2-2 のとおりです。なお、ロシアは世界最大のウラン濃縮能力を有しますが、ロシアによるウクライナ侵略後の脱ロシアを巡る世界的な動きが、今後ウラン濃縮を含めた世界的な原子力のサプライチェーンに影響を及ぼす可能性があります。地政学リスクが高まる中、価値を共有する同志国政府や産業界の間で、信頼性の高い原子力サプライチェーンの共同構築に向けた戦略的なパートナーシップ構築を進めていくべきである旨を、「基本的考え方」の中で重点的取組として盛り込んでいます。

[27] Japan Organization for Metals and Energy Security。2022 年 5 月に法改正に伴う業務の追加を踏まえ、2023 年 4 月の改正法施行に合わせ、正式名称の変更がなされたが、英語略称は産資源国で認知され、浸透していることから、引き続き JOGMEC としている。

[28] Separative Work Unit：天然ウランから濃縮ウランを製造する際に必要な作業量を表す単位。

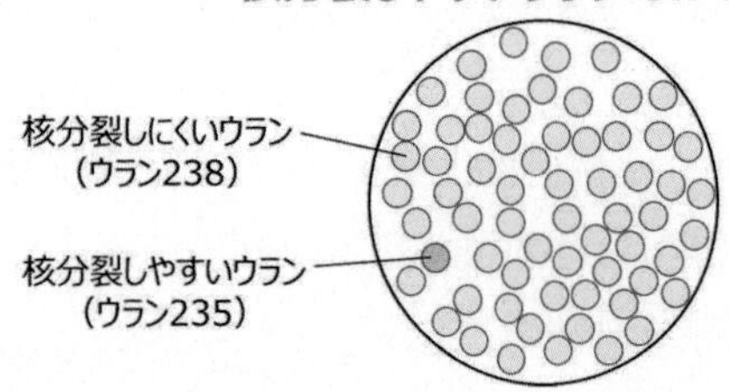

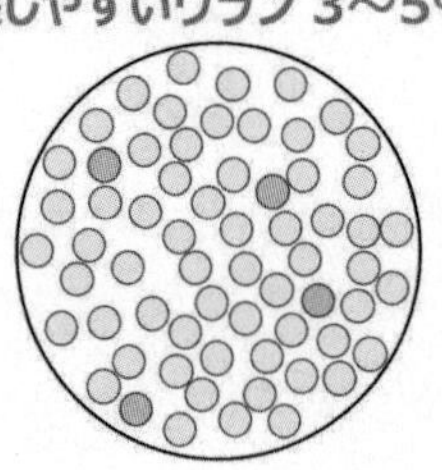

図 2-32　ウラン濃縮のイメージ

(出典)内閣府作成

表 2-2　世界のウラン濃縮能力（2020年）

国	事業者	施設所在地	濃縮能力 (tSWU/年)
フランス	オラノ社	ピエールラット	7,500
ドイツ	ウレンコ社	グロナウ	13,700
オランダ		アルメロ	
英国		カーペンハースト	
日本	日本原燃	青森県六ヶ所村	450
米国	ウレンコ社	ニューメキシコ	4,900
ロシア	テネックス社	アンガルスク、ノヴォウラリスク、ジェレノゴルスク、セベルスク	27,700
中国	核工業集団公司（CNNC[29]）	陝西省漢中、甘粛省蘭州	6,300
その他	アルゼンチン、ブラジル、インド、パキスタン、イランの施設		66

(出典)日本原燃「濃縮事業の概要」、世界原子力協会(WNA)「Uranium Enrichment」(2022年)等に基づき作成

⑤　濃縮ウランの再転換・ウラン燃料の成型加工に関する取組

濃縮ウランから軽水炉用のウラン燃料を製造するためには、六フッ化ウランから粉末状の二酸化ウランにする再転換工程と、粉末状の二酸化ウランをペレット状に成型、焼結し、被覆管の中に収納して燃料集合体に組み立てる成型加工工程の二つの工程が必要となります。再転換工程については、国内では三菱原子燃料株式会社のみが実施しています。なお、東電福島第一原発事故前は、海外で濃縮し再転換されたものの輸入も行われていました。成型加工工程については、国内では三菱原子燃料株式会社、株式会社グローバル・ニュークリア・フュエル・ジャパン及び原子燃料工業株式会社の3社が実施しています。

[29] China National Nuclear Corporation

⑥　使用済燃料の貯蔵に関する取組

軽水炉でウラン燃料を使用することにより発生した使用済燃料は、再処理されるまでの間、各原子力発電所の貯蔵プールや中間貯蔵施設等で貯蔵・管理されています。

各原子力発電所では、2021 年 3 月末時点で、合計約 16,240tU[30]の使用済燃料が貯蔵・管理されています（表 2-3）。

表 2-3　各原子力発電所（軽水炉）の使用済燃料の貯蔵量及び管理容量（2021 年 3 月末時点）

電力会社	発電所名	2021年3月末時点				試算値<4サイクル(約5年)後>※1		
		1炉心(tU)	1取替分(tU)	管理容量※2(tU)	使用済燃料貯蔵量(tU)	管理容量※2(A)(tU)	使用済燃料貯蔵量(B)(tU)	貯蔵割合(B)/(A)x100(%)
北海道電力	泊	170	50	1,020	400	1,020	600	59
東北電力	女川	200	40	860	480	860	640	74
	東通	130	30	440	100	440	220	50
東京電力HD	福島第一	580	140	※3 2,260	2,130	2,260	2,130	94
	福島第二	0	0	1,880	1,650	1,880	1,650	88
	柏崎刈羽	960	230	2,910	2,370	※4 2,920	※5 2,920	※5 100
中部電力	浜岡	410	100	※6 1,300	1,130	※7 1,700	1,530	90
北陸電力	志賀	210	50	690	150	690	350	51
関西電力	美浜	70	20	620	470	※8 620	550	89
	高浜	290	100	1,730	1,340	1,730	※9 1,730	※9 100
	大飯	180	60	2,100	1,740	2,100	1,980	94
中国電力	島根	100	20	680	460	680	540	79
四国電力	伊方	70	20	※10 930	720	※11 1,430	800	56
九州電力	玄海	180	60	1,190	1,080	※12 1,920	1,320	69
	川内	150	50	1,290	1,030	1,290	1,230	95
日本原子力発電	敦賀	90	30	910	630	910	750	82
	東海第二	130	30	440	370	※13 510	490	96
合計		3,920	1,030	21,250	16,240	22,960	19,430	

※1：各社の使用済燃料貯蔵量については、下記仮定の条件により算定した試算値であり、具体的な再稼働を前提としたものではない。
　○各発電所の全号機を対象。（廃炉を決定した女川１号機、福島第一、福島第二、浜岡１・２号機、美浜１・２号機、大飯１・２号機、伊方１・２号機、島根１号機、玄海１・２号機、敦賀１号機を除く）
　○貯蔵量は、２０２１年３月末時点の使用済燃料貯蔵量に、４サイクル運転分の使用済燃料発生量（４取替分）を加えた値。（単純発生量のみを考慮）
　○１サイクルは、運転期間１３ヶ月、定期検査期間３ヶ月と仮定。（この場合、４サイクルは約５年となる）
※２：管理容量は、原則として「貯蔵容量から１炉心＋１取替分を差し引いた容量」。なお、運転を終了したプラントについては、貯蔵容量と同じとしている。
※３：福島第一については、廃炉作業中であり第一回推進協議会時点（2015 年 9 月末値）を参考値とし、その後の廃炉作業に伴う乾式キャスク仮保管設備拡張等は除外している
※４：柏崎刈羽５号機については、使用済燃料貯蔵設備の貯蔵能力の増強（リラッキング）に関する工事未実施であるが、工事完了後の管理容量予定値を記載。
※５：柏崎刈羽については、約２．５サイクル（３年程度）で管理容量に達する。（運転時期は未考慮）
※６：浜岡１，２号炉は廃止措置中であり、燃料プール管理容量から除外している。
※７：浜岡４号機については、乾式貯蔵施設の設置に関する申請中であり、竣工後の管理容量予定値を記載。
※８：美浜３号機については、耐震性向上対策工事後の管理容量を記載。
※９：高浜については、約４サイクル（５年程度）で管理容量に達する。（運転時期は未考慮）
※10：伊方１号機は廃止措置中で、燃料搬出が完了しているため、使用済燃料ピット管理容量から除外している。
※11：伊方３号機については、乾式貯蔵施設の設置に関する申請中であり、竣工後の管理容量予定値を記載。
※12：玄海については、使用済燃料貯蔵設備の貯蔵能力の増強（リラッキング）並びに乾式貯蔵施設の竣工後の管理容量予定値を記載。
※13：東海第二については、乾式貯蔵キャスクを２４基（現状＋７基）とした管理容量を記載。
注）　四捨五入の関係で、合計値は、各項目を加算した数値と一致しない部分がある

(出典)電気事業連合会「使用済燃料貯蔵対策の取組強化について(「使用済燃料対策推進計画」)」(2021 年)

一部の原子力発電所では貯蔵容量がひっ迫しており、原子力発電所の再稼働による使用済燃料の発生等が見込まれる中、貯蔵能力の拡大が重要な課題です。このような状況を踏まえ、「使用済燃料対策に関するアクションプラン」（2015 年 10 月最終処分関係閣僚会議）に基づき電気事業者が策定する「使用済燃料対策推進計画」は、2021 年 5 月に改定されました。同計画では、発電所敷地内の使用済燃料貯蔵施設の増容量化（リラッキング[31]、乾式貯蔵施設[32]の設置等）、中間貯蔵施設の建設・活用等により、2020 年代半ばに 4,000tU 程度、2030 年頃に 2,000tU 程度、合わせて 6,000tU 程度の使用済燃料貯蔵対策を行う方針を示しました。また、約 4,600tU 相当の貯蔵容量拡大について具体的な進捗が得られている一方で、まだ運用開始に至っておらず、全体計画の実現に向けて更なる取組を進める必要があるとしています。

---

[30] ウランが金属の状態であるときの質量を示す単位。
[31] 貯蔵用プール内の使用済燃料の貯蔵ラックの間隔を狭めることにより、貯蔵能力を増やすこと。
[32] 貯蔵用プールで水を循環させ冷却する湿式貯蔵によって十分冷却された使用済燃料を、金属製の頑丈な容器（乾式キャスク）に収納し、空気の自然対流によって冷却する貯蔵方法。

2022 年末時点で、原子力規制委員会は四国電力伊方発電所及び九州電力玄海原子力発電所における使用済燃料乾式貯蔵施設の設置に係る原子炉設置変更をそれぞれ許可しています（図 2-33）。

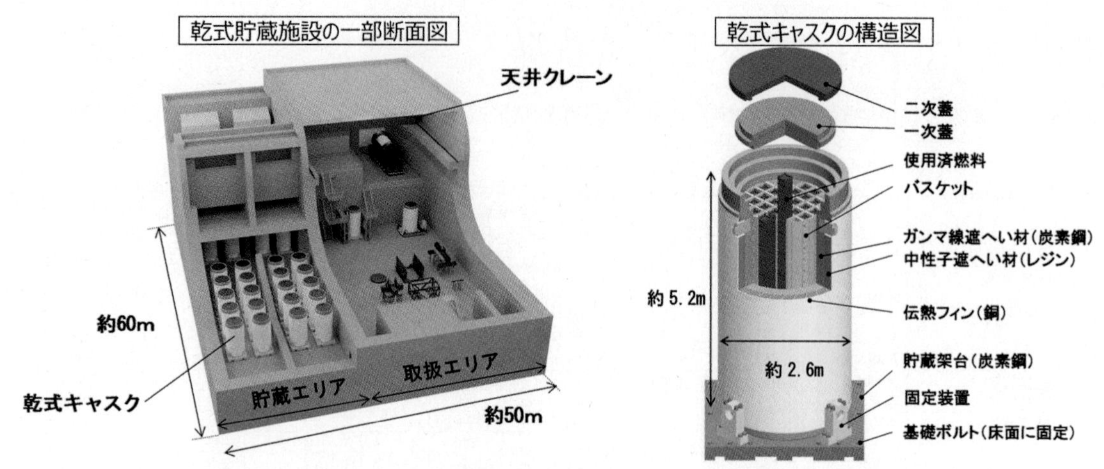

図 2-33　玄海原子力発電所に設置予定の乾式貯蔵施設のイメージ

（出典）第 65 回原子力規制委員会資料 4　原子力規制委員会「九州電力株式会社玄海原子力発電所 3 号炉及び 4 号炉の発電用原子炉設置変更許可申請書に関する審査の結果の案の取りまとめについて（案）―使用済燃料乾式貯蔵施設の設置―」（2021 年）に基づき作成

東京電力と日本原子力発電の両社が設立したリサイクル燃料貯蔵株式会社のリサイクル燃料備蓄センター（むつ中間貯蔵施設）は、最終的に 5,000t の貯蔵容量拡大を計画している中間貯蔵施設です。原子力規制委員会による新規制基準への適合性審査の結果、同施設は 2020 年 11 月に使用済燃料の貯蔵事業の変更許可を受けました。安全審査の進捗を踏まえ、追加工事の工程見直しが行われ、事業開始時期は 2023 年度に延期されています。

また、使用済燃料対策に関するアクションプランに基づいて設置された使用済燃料対策推進協議会では、使用済燃料対策推進計画を踏まえた電気事業者の取組状況について確認を行っています。2021 年 5 月に開催された第 6 回協議会では、使用済燃料対策計画の実現に向け、業界全体で最大限の努力を行う必要性等が確認されました。

⑦　使用済燃料の再処理に関する取組

1)　使用済燃料再処理機構の設立

再処理等が将来にわたって着実に実施されるよう、再処理等拠出金法に基づき、2016 年 10 月に使用済燃料再処理機構（以下「再処理機構」という。）[33]が設立されました（図 2-34）。原子力事業者は、再処理等に必要な資金を、拠出金として再処理機構に納付しています。

[33] 再処理機構の使用済燃料再処理等実施中期計画の認可に係る原子力委員会の意見聴取については、第 4 章 4-1(3)④「プルトニウム・バランスに関する取組」を参照。

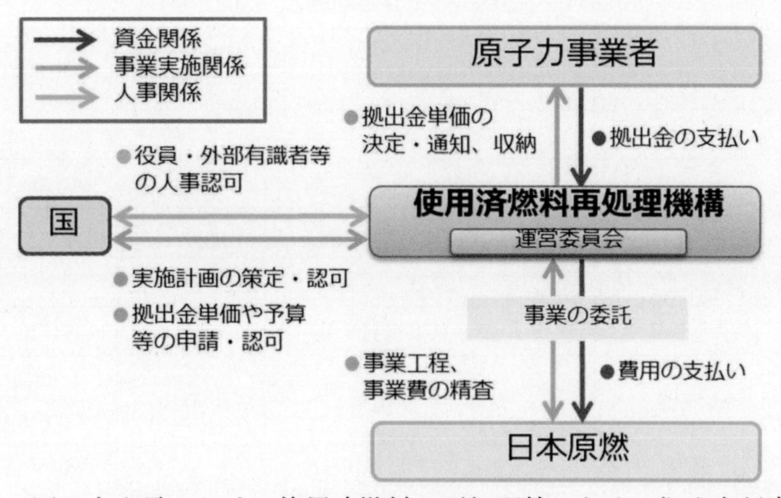

図 2-34　原子力発電における使用済燃料の再処理等のための拠出金制度の概要

(出典)第 20 回総合資源エネルギー調査会基本政策分科会資料 2 資源エネルギー庁「使用済燃料の再処理等に係る制度の見直しについて」(2016 年)に基づき作成

2)　使用済燃料の再処理の推進

使用済燃料は、中間貯蔵施設等において貯蔵された後、再処理によりウラン及びプルトニウムが分離・回収されます。

日本原燃再処理事業所の六ヶ所再処理工場（再処理能力は年間 800tU）では、2000 年 12 月から使用済燃料の受入れ・貯蔵が開始され、2023 年 3 月末時点で約 3,393t が搬入され、そのうち約425tがアクティブ試験[34]において再処理されています。原子力規制委員会は2020 年 7 月、新規制基準への適合性審査の結果、同事業所における再処理の事業変更許可を行いました。これを受け、安全性向上対策工事の工程見直しが行われ、施設の竣工時期は 2022 年度上期とされました。2022 年 12 月には、更なる竣工時期の見直しが行われ、2024 年度上期のできるだけ早期に延期されています。

我が国では、原子力機構の東海再処理施設を中心として再処理及び再処理技術に関する研究開発を行い、1977 年から 2007 年まで累積で約 1,140t の使用済燃料の再処理を実施しました。この過程を通じて得られた技術は、日本原燃への移転がほぼ完了しています。2018 年 6 月には東海再処理施設の廃止措置計画が原子力規制委員会により認可され、放射性物質に伴うリスクを速やかに低減させるため、高レベル放射性廃液のガラス固化等を最優先で進めることとしています。

また、我が国の使用済燃料の一部は、英国及びフランスの再処理施設で再処理されてきました。世界の再処理能力は表 2-4 のとおりです。

[34] 再処理工場の操業開始に向けて実施される試験運転のうち、最終段階の試験運転として、実際の使用済燃料を用いてプルトニウムを抽出する試験。

表 2-4　世界の主な再処理施設（2022 年）

<table>
<tr><th>国名</th><th>運転者</th><th colspan="2">所在地（施設名）</th><th>再処理能力
（tU/年）</th><th>営業開始時期</th></tr>
<tr><td>フランス</td><td>オラノ社</td><td colspan="2">ラ・アーグ</td><td>1,700</td><td>1966 年</td></tr>
<tr><td rowspan="2">英国</td><td rowspan="2">セラフィールド社</td><td rowspan="2">カンブリア・
シースケール</td><td>（ソープ）</td><td>900</td><td>1994 年（2018 年閉鎖）</td></tr>
<tr><td>（マグノックス）</td><td>1,000</td><td>1964 年（2022 年閉鎖）</td></tr>
<tr><td>ロシア</td><td>生産公社マヤーク</td><td colspan="2">チェリャビンスク</td><td>400</td><td>1977 年</td></tr>
<tr><td rowspan="2">日本</td><td>原子力機構</td><td colspan="2">茨城県東海村</td><td>120</td><td>1981 年（廃止措置中）</td></tr>
<tr><td>日本原燃</td><td colspan="2">青森県六ヶ所村</td><td>800</td><td>2024 年度上期の
できるだけ早期</td></tr>
</table>

（出典）一般財団法人日本原子力文化財団「原子力・エネルギー図面集」（2022 年）、日本原燃株式会社「再処理施設および廃棄物管理施設のしゅん工時期見直しに伴う工事計画の変更届出について」（2022 年）等に基づき作成

⑧　ウラン・プルトニウム混合酸化物（MOX）燃料製造に関する取組

再処理施設で回収されたウラン及びプルトニウムは、MOX 燃料へと成型加工されます。我が国では、日本原燃が商用の軽水炉用 MOX 燃料加工施設（最大加工能力は年間 130tHM[35]）の建設を進めています。原子力規制委員会による新規制基準への適合性審査の結果、同施設は 2020 年 12 月に加工事業の変更許可を受けました。これに伴い、安全性向上対策のために必要な工事工程の精査が行われ、同施設の竣工時期は 2024 年度上期に延期されています。

また、原子力機構を中心として、高速増殖原型炉もんじゅ（以下「もんじゅ」という。）、高速実験炉原子炉施設（以下「常陽」という。）等の高速増殖炉、新型転換炉等に使用するための MOX 燃料製造（成型加工）に関する研究開発の実績があり、2010 年までに累積で約 173tHM の MOX 燃料が製造されました。

海外の再処理施設で回収された我が国のプルトニウムは、MOX 燃料に加工された上で我が国に輸送されています。2022 年度は、9 月から 11 月にかけてフランスから関西電力高浜発電所に 16 体の MOX 燃料が輸送されました。なお、1999 年に関西電力が英国核燃料会社へ委託加工した MOX 燃料で、データの改ざん問題が発覚しました。これを受けて、関西電力は 2004 年 7 月にフランスの MOX 燃料加工施設等に対する品質保証システム監査において、品質保証システムが MOX 燃料調達を進めるに当たって適切であることを確認しています。世界の MOX 燃料加工能力は表 2-5 のとおりです。

[35] MOX 燃料中のプルトニウムとウラン金属成分の質量。

表 2-5　世界の主なMOX燃料加工施設（2022年）

国名	運転者	所在地	MOX燃料製造能力(tHM/年)	営業開始時期
フランス	オラノ社	バニョルーシュルーセズ	195	1974年
日本	原子力機構	茨城県東海村	4.5	1988年
	日本原燃	青森県六ヶ所村	130（最大）	2024年度上期竣工予定
ベルギー	FBFCインターナショナル社	デッセル	200	1960年（2015年閉鎖）

(出典)一般財団法人日本原子力文化財団「原子力・エネルギー図面集」(2022年)等に基づき作成

⑨　軽水炉によるMOX燃料利用（プルサーマル）に関する取組

MOX燃料を原子力発電所の軽水炉で利用することを、「プルサーマル」といいます。我が国では、第6次エネルギー基本計画において、関係自治体や国際社会の理解を得つつ、プルサーマルを着実に推進することとしています。

2018年7月に改定された原子力委員会の「我が国におけるプルトニウム利用の基本的な考え方」では、プルトニウムの需給バランスを確保し、プルトニウム保有量を必要最小限とする方針が明示されています[36]。これを踏まえ、電気事業連合会は2020年12月に、新たなプルサーマル計画を公表しました。同計画では、プルトニウム保有量の適切な管理のため、自社で保有するプルトニウムを自社の責任で消費することを前提として、2030年度までに少なくとも12基の原子炉でプルサーマルの実施を目指し、引き続きプルサーマルの推進を図るとしています。加えて、電気事業連合会は、2023年2月に新たなプルトニウム利用計画を公表しました[37]。

また、第6次エネルギー基本計画、「基本的考え方」（パブリックコメント案）に則り、GX実行会議における議論等を踏まえて、2022年12月に原子力関係閣僚会議が公表した「今後の原子力政策の方向性と行動指針（案）」では、プルサーマルの推進等に当たって、以下の取組をすることが示されました。

- 事業者による、プルサーマルに係る地元理解の確保等に向けた取組の強化
- 国による、プルサーマルを推進する自治体向けの交付金制度の創設
- 国・関係者による、使用済MOX燃料の再処理技術の早期確立に向けた研究開発の加速、官民連携による国際協力の推進、これも踏まえた処理・処分の方策の検討
  （※2030年代後半の技術確立を目途に取り組む）

使用済MOX燃料の再処理技術の確立に向けた研究開発については、2021年度から、再処理プロセス全体の成立性の検討、及び要素技術の開発を目的とした研究開発を開始しています（図2-35）。

[36] 第4章4-1(3)①「我が国におけるプルトニウム利用の基本的な考え方」を参照。
[37] 第4章4-1(3)③「プルトニウム利用目的の確認」を参照。

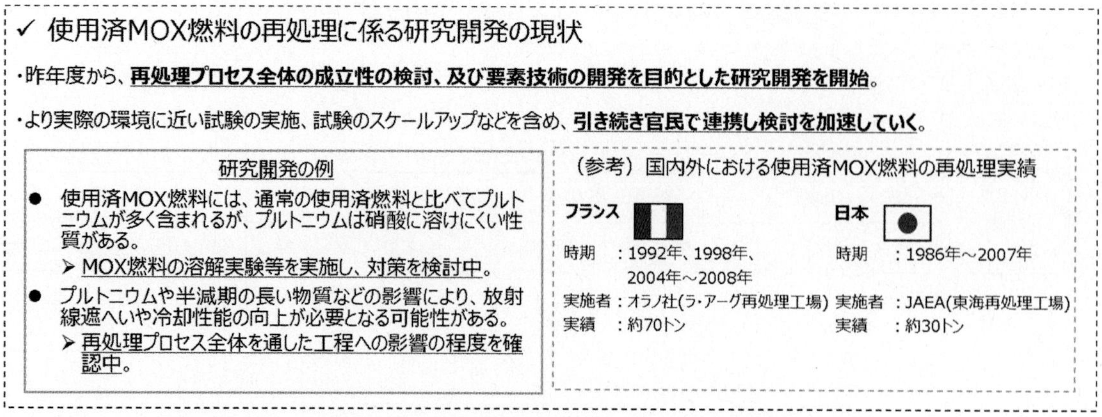

✓ 使用済MOX燃料の再処理に係る研究開発の現状

・昨年度から、**再処理プロセス全体の成立性の検討、及び要素技術の開発を目的とした研究開発を開始**。

・より実際の環境に近い試験の実施、試験のスケールアップなどを含め、**引き続き官民で連携し検討を加速していく**。

研究開発の例

- 使用済MOX燃料には、通常の使用済燃料と比べてプルトニウムが多く含まれるが、プルトニウムは硝酸に溶けにくい性質がある。
  - ➤ MOX燃料の溶解実験等を実施し、対策を検討中。
- プルトニウムや半減期の長い物質などの影響により、放射線遮へいや冷却性能の向上が必要となる可能性がある。
  - ➤ 再処理プロセス全体を通した工程への影響の程度を確認中。

（参考）国内外における使用済MOX燃料の再処理実績

フランス
時期　：1992年、1998年、2004年～2008年
実施者：オラノ社(ラ・アーグ再処理工場)
実績　：約70トン

日本
時期　：1986年～2007年
実施者：JAEA(東海再処理工場)
実績　：約30トン

図 2-35　使用済 MOX 燃料の再処理に係る研究開発の現状

(出典)第 34 回総合資源エネルギー調査会　電力・ガス事業分科会　原子力小委員会　資料 3「原子力政策に関する今後の検討事項について」に基づき作成

海外では、1970 年代からプルサーマルの導入が開始され、2022 年 1 月時点で、約 7,200 体以上の MOX 燃料の利用実績があります。我が国では、表 2-6 に示す 5 基においてプルサーマルを実施した実績があります。このうち東電福島第一原発 3 号機を除く 4 基は、新規制基準への適合審査に係る設置変更許可を受けて再稼働しています。また、プルサーマルを行う計画で、中国電力島根原子力発電所 2 号機が 2021 年 9 月に設置変更許可を受けており、建設中の電源開発株式会社大間原子力発電所を含む 3 基が原子力規制委員会による審査中です。大間原子力発電所では、運転開始時には全燃料の約 3 分の 1 を MOX 燃料とし、その後 5 年から 10 年をかけて MOX 燃料の割合を段階的に増加させ、最終的には全て MOX 燃料による発電を行う予定です。

表 2-6　我が国の軽水炉における MOX 燃料利用実績

電力会社名	発電所名	装荷注開始	MOX 燃料の累積装荷数	状況
九州電力	玄海 3	2009 年	36 体	再稼働
四国電力	伊方 3	2010 年	21 体	再稼働
関西電力	高浜 3	2010 年	28 体	再稼働
	高浜 4	2016 年	20 体	再稼働
東京電力	福島第一 3	2010 年	32 体	2012 年 4 月廃止

(注)原子炉の炉心に燃料集合体を入れること。
(出典)内閣府公表資料に基づき内閣府作成

一方、上述のように、使用済 MOX 燃料の再処理技術の確立にはまだ課題が残っており、MOX 燃料の使用を重ねるたびにプルトニウム 240 などの発電に適さないプルトニウムの同位体が増えるといった課題もあり、将来的に、対応に向けた検討も必要となります。

コラム　～諸外国における MOX 燃料利用実績～

持続可能な社会に向けて、環境保全と経済活動の両立が世界中で強く求められています。資源を再利用、リサイクルし有効活用することで、「ごみ」として廃棄されるものの量を最小限にする循環型経済への移行も、持続可能な社会の実現に不可欠な取組の一つです。

MOX 燃料を利用する核燃料サイクルは、原子力発電所で発生した使用済燃料をリサイクルすることで、資源を有効活用し、放射性廃棄物の量や有害度を最小化する手段です。世界では、欧州を中心に、1960 年代から MOX 燃料利用に向けた取組が行われてきました。

MOX 燃料の利用実績が世界で最も多いのは原子力大国のフランスで、それに次ぐのは脱原子力国のドイツです。ドイツでは、2005 年まで行っていた国外の再処理によって回収したプルトニウムを、MOX 燃料として国内の原子炉で消費するよう法的に義務付けられており、2016 年までに全て MOX 燃料として国内の軽水炉に装荷済みです。

世界の MOX 利用の現状（2023 年 1 月 1 日時点）

国名	原子力発電所	炉型	グロス出力 (MW)	装荷開始	累積装荷体数 (2021年末時点)
ベルギー	チアンジュ2号機	PWR	1,055	1994[※1]	不明
	ドール3号機	PWR	1,056	1994	不明
フランス	フェニックス	FBR	140	1973	
	サンローラン・デゾーB1号機	PWR	956	1987	
	サンローラン・デゾーB2号機	PWR	956	1988	
	グラブリーヌ3号機	PWR	951	1989	
	グラブリーヌ4号機	PWR	951	1989	
	ダンピエール1号機	PWR	937	1990	
	ダンピエール2号機	PWR	937	1993	
	ルブレイエ2号機	PWR	951	1994	
	トリカスタン2号機	PWR	955	1996	
	トリカスタン3号機	PWR	955	1996	
	トリカスタン1号機	PWR	955	1997	
	トリカスタン4号機	PWR	955	1997	3,500
	グラブリーヌ1号機	PWR	951	1997	
	ルブレイエ1号機	PWR	951	1997	
	ダンピエール3号機	PWR	937	1998	
	グラブリーヌ2号機	PWR	951	1998	
	ダンピエール4号機	PWR	937	1998	
	シノンB4号機	PWR	954	1998	
	シノンB2号機	PWR	954	1999	
	シノンB3号機	PWR	954	1999	
	シノンB1号機	PWR	954	2000	
	グラブリーヌ6号機	PWR	951	2008	
	グラブリーヌ5号機	PWR	951	(2010)	
ドイツ	オブリッヒハイム[※2]	PWR	357	1972	78
	ネッカー1号機[※3]	PWR	840	1982	32
	ウンターベーザー[※3]	PWR	1,410	1984 to 2009	200
	グラーフェンラインフェルト[※4]	PWR	1,345	1985 to 2012	164
	フィリップスブルグ2号機[※5]	PWR	1,458	1989	228
	グローンデ[※6]	PWR	1,430	1988 to 2018	140
	ブロックドルフ[※6]	PWR	1,440	1989 to 2019	272
	グンドレミンゲンC号機[※6]	BWR	1,344	1995	376
	グンドレミンゲンB号機[※4]	BWR	1,344	1996	532
	イザール2号機	PWR	1,475	1998 to 2019	212
	ネッカー2号機	PWR	1,400	1998	96
	エムスラント	PWR	1,406	2004	144
インド	カクラパー1号機	PHWR	202	2003	
	タラプール1号機	BWR	160	1994	
	タラプール2号機	BWR	160	1995	
	PFBR	FBR	500		
オランダ	ボルセラ	PWR	512	2014	48
ロシア	ベロヤルスク3号機	FBR	600	2003	
	ベロヤルスク4号機	FBR	885	2020	18
スイス	ベツナウ1号機	PWR	380	1978	124 } 232
	ベツナウ2号機	PWR	380	1984	108
	ゲスゲン	PWR	1,060	1997 to 2012	48
	ライプシュタット	BWR	1,200	装荷認可	
	ミューレベルク[※7]	BWR	372	装荷認可	
スウェーデン	オスカーシャム1号機	BWR	465	装荷認可	
	オスカーシャム2号機	BWR	630	装荷認可	
	オスカーシャム3号機	BWR	1,205	装荷認可	
米国	カトーバ1号機	PWR	1,205	2005[※8]	4
	ロバート・E・ギネイ	PWR	602	1980[※9] to 1985	4
日本	ふげん[※10]	ATR	165	1981	772
	もんじゅ[※11]	FBR	280	1993	
	玄海3号機	PWR	1,180	2009	20
	伊方3号機	PWR	890	2010	21
	高浜3号機	PWR	870	2010	28
	高浜4号機	PWR	870	2016[※13]	20
	福島第一3号機[※12]	BWR	784	2010	32
	柏崎刈羽3号機	BWR	1,100	装荷認可[※15]	
	浜岡4号機	BWR	1,137	装荷認可[※15]	
	島根2号機	BWR	820	装荷認可[※15]	
	女川3号機	BWR	825	装荷認可[※15]	
	泊3号機	PWR	912	装荷認可[※15]	
	大間[※14]	ABWR	1,383	装荷認可[※15]	

※1：2003年，MOX利用終了
※2：2005年5月11日，閉鎖（CD）
※3：2011年8月7日，閉鎖（CD）
※4：2017年12月31日，閉鎖（CD）
※5：2019年12月31日，閉鎖（CD）
※6：2021年12月31日，閉鎖（CD）
※7：2019年12月20日，閉鎖（CD）
※8：2005年，4体の燃料集合体が装荷された。装荷年数は約4年。
※9：1980年，4体の燃料集合体が装荷された。
※10：2003年3月29日，閉鎖（CD）
※11：2016年12月21日，廃止決定
※12：2012年4月19日，廃止
※13：2016年，4体の燃料集合体が装荷され、臨界達成後停止。その後2017年に営業運転開始。
※14：建設中
※15：旧規制基準での装荷認可
（注）データはアンケート回答による判明分のみを掲載。

（出典）一般財団法人日本原子力文化財団「原子力・エネルギー図面集」（2023 年）を一部内閣府修正

⑩ 高速炉によるMOX燃料利用に関する方向性

我が国では、高速炉開発の推進を含めた核燃料サイクルの推進を基本方針としています。「もんじゅ」は、MOX燃料を高速炉で利用する「高速炉サイクル」の研究開発の中核として位置付けられていました。しかし、様々な状況変化を経て、2016年12月に開催された第6回原子力関係閣僚会議において「『もんじゅ』の取扱いに関する政府方針」及び「高速炉開発の方針」が決定され、「もんじゅ」は廃止措置に移行し、併せて将来の高速炉開発における新たな役割を担うよう位置付けられました。2018年12月には、第9回原子力関係閣僚会議において高速炉開発に関する「戦略ロードマップ」が決定され、高速炉の本格利用が期待される時期は21世紀後半のいずれかのタイミングとなる可能性があるとされています。

原子力委員会は、戦略ロードマップの決定に先立ち、高速炉開発に関する見解を発表しました（図 2-36）。同見解では、原子力技術の可能性の一つとして高速炉開発を支持しつつ、軽水炉の長期利用も念頭に置き、市場で使われてこそ意味のあるものとの意識で常に取り組むことが必要不可欠であるとしています。

2023年2月に公表された「基本的考え方」（改定版）では、将来の高速炉を中心とした核燃料サイクルの実現に向けては、「もんじゅ」に係る今までの取組の経緯とその反省とともに、これまで得られた様々な技術的成果及び知見を活かし、国として、戦略的柔軟性を持たせつつ、商用炉建設に向けた実証炉の開発・建設の在り方や商業化ビジネスとしての成立条件や目標を含めた方向性を検討するとともに、必要な研究開発や基盤インフラの整備等の取組を進めるとしています。また、従前の放射性廃棄物の減容と有害度低減やウラン資源の有効利用のメリットのほか、高速炉におけるラジオアイソトープ（RI[38]）製造などの原子力イノベーション及び社会への貢献などの多様な役割が期待されていることも踏まえる必要があると言及しています。

戦略ロードマップ案について
- ✧ 民間主導のイノベーションを促進することや多様な選択肢、柔軟性を確保するなど、これまでの原子力委員会の考え方を踏まえたものと評価する。

高速炉について
- ✧ 高速炉は原子力技術の可能性の一つであるが、経済性に十分留意することが必要である。
- ✧ 再処理技術が確立していることが前提である以上は、軽水炉核燃料サイクル技術の実用化の知見を十分に生かすことも重要である。国民の利益と負担の観点から、安価な電力を安全かつ安定的に供給するという原点を改めて強く意識し、多様な選択肢と柔軟性を維持しつつ、市場で使われてこそ意味のあるものとの意識で常に取り組むことが必要不可欠であろう。

高速炉と核燃料サイクルの今後の検討について
- ✧ 国民の利益や原子力発電技術の維持、国際市場への対応の観点で検討を進めること、また、これまで得られてきた技術的成果や知見を踏まえて、その在り方や方向性を将来にわたって引き続き検討していくことが必要である。

図 2-36 「高速炉開発について（見解）」の概要
（出典）原子力委員会「高速炉開発について（見解）」（2018年）に基づき作成

38 Radioisotope

第 6 次エネルギー基本計画では、高速炉開発の方針及び戦略ロードマップの下で、米国やフランス等と国際協力を進めつつ、高速炉等の研究開発に取り組むとしています。

これまで戦略ロードマップに基づき、高速炉開発のステップ 1 として 2018 年から当面 5 年間程度を目途に民間のイノベーションによる多様な技術間競争が実施されてきました。一方で、2023 年度末にはステップ 1 の多様な技術間競争の結果を評価し、2024 年度以降の技術の絞り込みを実施するステップ 2 に向けて高速炉開発の道筋を検討する必要があります。そのため、高速炉開発の方針の具体化を目的とする「高速炉開発会議の戦略ワーキンググループ」の下に、2022 年 7 月、「高速炉技術評価委員会」が設置され、事業横断的に多様な高速炉技術の評価を行いました。これらの評価結果に基づき、今後の支援方針の明確化等に向けて支援対象・進め方のイメージを具体化するため、2022 年 12 月に開催された原子力関係閣僚会議において「戦略ロードマップ」が改訂されました。

改訂された「戦略ロードマップ」においては、高速炉の技術を評価した結果、常陽・もんじゅ等を経て民間企業による研究開発が進展し、国際的にも導入が進んでいるナトリウム冷却高速炉が、今後開発を進めるに当たって最有望と評価し、2024 年度以降に実証炉の概念設計や必要な研究開発を進めていくこととしています（図 2-37）。

高速炉の研究開発に関しては、第 8 章 8-2(4)「高速炉に関する研究開発」に記載しています。

<高速炉技術の評価>

●技術の成熟度、市場性、国際連携等の観点から、複数の高速炉技術を評価。

●その結果、常陽・もんじゅ等を経て民間企業による研究開発が進展し、国際的にも導入が進んでいる**ナトリウム冷却高速炉が、今後開発を進めるに当たって最有望と評価**。

※軽水冷却やトリウム溶融塩冷却は、「燃料技術の実現性、基礎的な研究の継続が引き続き必要」と評価。

<今後の開発の作業計画>

2023 年夏：炉概念の仕様を選定
2024 年度～2028 年度：実証炉の概念設計・研究開発
2026 年頃：燃料技術の具体的な検討
2028 年頃：実証炉の基本設計・許認可手続きへの移行判断

図 2-37　「戦略ロードマップ」改訂案の主なポイント
（出典）第 10 回原子力関係閣僚会議資料 1-1 原子力関係閣僚会議「戦略ロードマップ改訂案の概要」(2022 年)

第3章　国際潮流を踏まえた国内外での取組

3−1 国際的な原子力の利用と産業の動向

世界では、東電福島第一原発事故後、脱原発に転じる国々が現れた一方で、電力需要増大への対応と地球温暖化対策の両立がグローバルな課題として認識されるようになってきました。こうした中、英国やフランスは、原子力を継続的に発電に利用する方針を示しており、米国では既存の軽水炉の長期運転を進める政策が実施されています。また、これらの国々やカナダ等では、革新炉の導入に向けた開発が加速しています。また、ロシアのウクライナ侵略に端を発するエネルギー危機を受けて、原子力発電の重要性が再認識されるようになっています。こうした動きを背景として、アジア、中近東、アフリカ等では、新たに原子力開発を進めている国もあります。さらに、ロシアや中国に加えて米国、フランス、韓国などを中心に、これらの新興国に対して積極的に自国の原子力発電技術を輸出する動きも見られます。

このように社会・経済全体がグローバル化している中、世界の状況を踏まえた我が国の原子力利用の在り方が問われています。我が国の原子力関係機関は、国際機関の活動、海外諸国の原子力発電所の導入及び研究開発等の動向を的確に把握し、国際的な知見や経験を収集・共有・活用し、様々な仕組みを我が国の原子力利用に適用していく必要があります。

(1)　国際機関等の動向

①　国際原子力機関（IAEA）

IAEA は、原子力の平和的利用を促進すること、原子力の軍事利用への転用を防止すること、を目的として 1957 年に設置されました。IAEA には 2023 年 3 月末時点で 176 か国が加盟しており、約 40 名の日本人職員が IAEA 事務局で勤務しています。IAEA は発電のほか、がん治療や食糧生産性の向上等、非発電分野も含めた様々な目的のために原子力技術を活用する取組を行っています。

原子力安全分野において、IAEA は、健康を守るため及び人命や財産に対する危険を最小限に抑えるために安全基準を策定又は採用する権限を与えられており、各種の国際的な安全基準・指針の作成及び普及を行っています。IAEA が策定する安全基準には、安全原則（Safety Fundamentals）、安全要件（Safety Requirements）及び安全指針（Safety Guides）の 3 種類があります。このうち、安全原則は、防護と安全に関する基本安全目標や原則を定めており、安全要件は現在及び将来にわたっても人及び環境を防護するために遵守すべき要件を定めています。安全指針は、こうした要件をどのように遵守すべきかに関する勧告や指針を示しています。

2023 年には、原子力施設の立地評価における、人間が原因となって発生する外的事象に関連する危険性への対応に関する勧告を示した安全指針[1]を公表しています。また、IAEA は、2022 年 2 月 24 日のロシアのウクライナ侵略以降、ウクライナにおける原子力施設の安全や核セキュリティの確保等のための取組を進めています。IAEA の取組については、本章のコラム「IAEA によるロシアのウクライナ侵略に対する対応」にまとめています。

最近の我が国との関連では、IAEA は東電福島第一原発における ALPS 処理水の安全性に関するレビューを行っており、2022 年 4 月に公表した報告書では、東京電力が実施した放射線環境影響評価について、包括的で詳細な分析を行った結果として、人への放射線影響は我が国の規制当局が定める水準より大幅に小さいことが確認されたとしています。また、2022 年 11 月には、2 回目となる ALPS 処理水の安全性に関するレビューが行われました[2]。

コラム　～IAEA の報告書：気候変動対策における原子力の役割～

IAEA は、国連気候変動枠組条約第 26 回締約国会議（COP26）を目前に控えた 2021 年 10 月に、報告書「ネットゼロ世界に向けた原子力（Nuclear Energy for a Net Zero World）」を発表しました。この報告書では、原子力が化石燃料に代替し、再生可能エネルギーの拡大に貢献し、クリーンな水素を大量に製造するための経済的な電源となることにより、パリ協定の目標や国連の持続可能な開発目標（SDGs[3]）の達成に向けて重要な役割を果たすとしています。このような役割を踏まえ、IAEA は同報告書において、原子力の拡大を加速するために以下を含む一連の行動を取ることを勧告しています。

- ✧ カーボンプライシングや、低炭素エネルギーを評価するための方策を導入。
- ✧ 低炭素電源への投資に向けて、客観的で技術的に中立な枠組を採用。
- ✧ 市場、規制、政策において、低炭素エネルギーシステムの信頼性及びレジリエンスへの原子力エネルギーの貢献が評価され報われるように保証。
- ✧ 「グリーンディール」や新型コロナウイルス感染症流行後の経済回復の一環として、原子炉の運転寿命延長を含め、原子力に対する公共・民間投資を促進。
- ✧ エネルギーインフラに対する気候変動リスクを軽減するために、電源システムの多様化を促進し、電力の安定供給と質を確保。

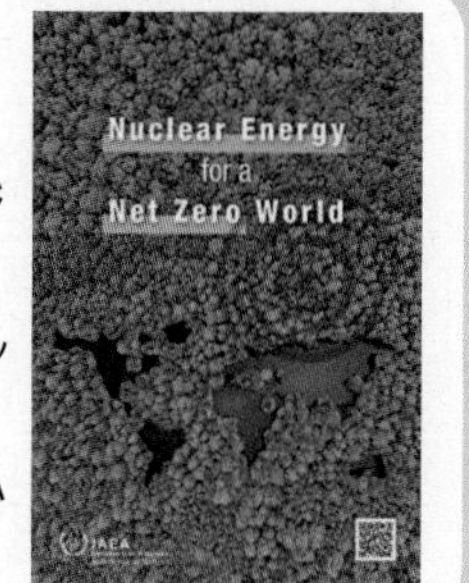

[1] Hazards Associated with Human Induced External Events in Site Evaluation for Nuclear Installations, IAEA Safety Standards Series No.SSG-79

[2] ALPS 処理水対策については、第 6 章 6-1 (2) ①「汚染水・処理水対策」を参照。

[3] Sustainable Development Goals

②　経済協力開発機構/原子力機関（OECD/NEA）

OECD/NEA は、加盟国間の協力を促進することにより、安全かつ環境的にも受け入れられる経済的なエネルギー資源としての原子力エネルギーの発展に貢献することを目的として、原子力政策、技術に関する情報・意見交換、行政上・規制上の問題の検討、各国法の調査及び経済的側面の研究等を実施しています。OECD/NEA には 2023 年 3 月末時点で 34 か国[4]が加盟しており、加盟各国代表により構成される運営委員会が政策的な決定を行い、具体的な活動は 8 つの常設技術委員会等で実施しています（図 3-1）。また、1 名の日本人幹部職員が勤務しています。

OECD/NEA は、原子力安全や放射性廃棄物管理分野を中心に原子力科学や放射線防護、原子力法分野の共同プロジェクトやデータベースプロジェクトを実施・運用しており、加盟各国で知見や経験を共有するとともに、専門家による議論や検討等を行い多くの成果を報告書として公表しています。

我が国に関係する主な活動として、東電福島第一原発事故に関し、事故後の各国の対応状況や原子力安全の観点から今後国際的に実施していく事項等に関するレポートの作成[5]や高レベル放射性廃棄物の最終処分に関する取組についてのピアレビューの実施などがあります。

図 3-1　OECD/NEA の委員会組織図

(出典)外務省「経済協力開発機構／原子力機関(OECD／NEA)」及び OECD/NEA「NEA Mandates and Structures」に基づき作成

---

[4] 34 か国のうち、ロシアは 2022 年 6 月 11 日から参加停止。

[5] 第 1 章　1-1 (1) の表 1-1 を参照。

③　原子放射線の影響に関する国連科学委員会（UNSCEAR）

UNSCEAR は、1950 年代に大気圏核実験が頻繁に行われ、大量に放出された放射性物質による環境や健康への影響についての懸念が増大する中、1955 年の国連総会決議により設立されました。UNSCEAR には 2023 年 3 月末時点で 31 か国が加盟しており、科学的・中立的な立場から、放射線の人・環境等への影響等について調査・評価等を行い、毎年国連総会へ結果の概要を報告するとともに、数年ごとに詳細な報告書を出版しています。

2021 年 3 月には、「2011 年東日本大震災後の福島第一原子力発電所における事故による放射線被ばくのレベルと影響：UNSCEAR2013 年報告書刊行後に発表された知見の影響」（UNSCEAR2020 年/2021 年報告書）を公表しました。

④　世界原子力協会（WNA）

世界原子力協会（WNA[6]）は、原子力発電を推進し原子力産業を支援する世界的な業界団体であり、情報の提供を通じて原子力発電に対する理解を広めるとともに、原子力産業界として共通の立場を示し、エネルギーをめぐる議論に貢献していくことを使命としています。WNA には、世界の原子炉ベンダー、原子力発電事業者に加え、エンジニアリングや建設、研究開発を行う企業・組織等、産業全体をカバーするメンバーが参加しており、「原子力産業界の相互協力」、「一般向けの原子力基本情報やニュースの提供」、「国際機関やメディア等、エネルギーに関する意思決定や情報伝播に影響を持つステークホルダーとのコミュニケーション」の三つの分野での活動を行っています。

コラム　～UNSCEAR の報告書：東電福島第一原発事故による放射線被ばくの影響～

UNSCEAR は、2021 年 3 月に表題「福島第一原子力発電所における事故による放射線被ばくのレベルと影響：UNSCEAR2013 年報告書刊行後に発表された知見の影響」の UNSCEAR2020 年/2021 年報告書を取りまとめました。また、2022 年 3 月には同報告書の日本語版も公表されました。同報告書では、下記のように、被ばく線量の推計、健康リスクの評価を行い、放射線被ばくによる住民への健康影響が観察される可能性は低い旨が記載されています。

- ✧ 見直された公衆の線量は当委員会の 2013 年報告書と比較して減少、又は同程度であった。よって当委員会は、放射線被ばくが直接の原因となるような将来的な健康影響は見られそうにないと引き続きみなしている。
- ✧ 放射線被ばくから推測できる甲状腺がん増加のリスクは、検討されたどの年齢層でも識別できなかった可能性が高いことを示唆している。
- ✧ 福島で観測されている小児甲状腺がんは、放射線被ばくに関連しているようには見えず、高感度の超音波スクリーニングを適用した結果であると推測している。

[6] World Nuclear Association

⑤　世界原子力発電事業者協会（WANO）

世界原子力発電事業者協会（WANO[7]）は、チョルノービリ原子力発電所事故を契機に、自社・自国内のみでの取組には限界があると認識した世界の原子力発電事業者によって 1989 年に設立されました。

WANO は、世界の原子力発電所の運転上の安全性と信頼性を最高レベルに高めるために、共同でアセスメントやベンチマーキングを行い、更に相互支援、情報交換や良好事例の学習を通じて原子力発電所の運転性能（パフォーマンス）の向上を図ることを使命としています。この使命の下で、原子力発電所に対する他国事業者の専門家チームによるピアレビュー、原子力発電所の運転経験・知見の収集分析・共有、各種ガイドライン等の作成、ワークショップやトレーニングプログラムの提供等を実施しています。なお、2023 年 1 月 1 日には、千種直樹氏が日本人で初めて CEO に着任しました。

(2)　海外の原子力発電主要国の動向

①　米国

米国は、2023 年 3 月末時点で 92 基の実用発電用原子炉が稼働する、世界第 1 位の原子力発電利用国です。2023 年 3 月には、新たにボーグル原子力発電所 3 号機が初臨界を達成し、4 号機も温態機能試験が開始されています。

原子力発電に対しては、共和・民主両党の超党派的な支持が得られています。民主党のバイデン現政権も、気候変動対策の一環として、先進的な原子力技術等、クリーンエネルギー技術の商用化を速やかに進める方針を示しています。エネルギー省（DOE[8]）が 2020 年に開始した「先進的原子炉実証プログラム（ARDP[9]）」等では、民間企業を対象として先進炉の開発支援を行っています。また、2021 年に成立したインフラ投資・雇用法では、経済的な困難によって運転中の原子力プラントが早期閉鎖するのを防ぐための運転継続支援プログラムが導入されています。さらに、2022 年 8 月に成立したインフレ抑制法には、運転中のプラントを対象とした税制優遇措置が盛り込まれています。

また、2021 年に連邦政府は国際支援プログラム「小型モジュール炉（SMR）技術の責任ある利用のための基礎インフラ（FIRST[10]）」を始動させ、2022 年内には米国政府がガーナやルーマニア、ウクライナにおいて SMR の導入を支援する取組を進めることが公表されています。このうちガーナに対する支援には我が国も参画することになっています。

米国における原子力安全規制は、原子力規制委員会（NRC）が担っています。NRC は、稼働実績とリスク情報に基づく原子炉監視プロセス等を導入することで、合理的な規制の施行

---

[7] World Association of Nuclear Operators
[8] Department of Energy
[9] Advanced Reactor Demonstration Program
[10] Foundational Infrastructure for Responsible Use of Small Modular Reactor Technology

に努めています。また、産業界の自主規制機関である原子力発電運転協会（INPO[11]）や、原子力産業界の代表組織である原子力エネルギー協会（NEI[12]）も、安全性の向上に向けた取組を進めています。

また、原子力発電所の80年運転に向けて、2度目となる20年間の運転認可更新が進められています。2023年3月末時点で、NRCから2度目の運転認可更新の承認を受けて80年運転が可能となった原子炉が6基[13]、NRCが2度目の運転認可更新を審査中の原子炉が10基となっています。そのほか、SMRの導入に向けて、2023年1月、NRCは米国ニュースケール社のSMRの設計認証を行いました。

民生・軍事起源の使用済燃料や高レベル放射性廃棄物については、同一の処分場で地層処分する方針に基づき、ネバダ州ユッカマウンテンでの処分場建設が計画されています。2009年に発足したオバマ民主党政権は、同計画を中止する方針でした。2017年に誕生したトランプ共和党政権は一転して計画継続を表明しましたが、2018から2021会計年度にかけて連邦議会は同計画への予算配分を認めませんでした。2021年1月発足のバイデン民主党政権下での2022及び2023会計年度予算要求では同計画の予算は要求されていません。

コラム ～IAEAによるロシアのウクライナ侵略に対する対応～

IAEAは、2022年2月のロシアのウクライナ侵略以降、ウクライナにおける原子力施設の安全や核セキュリティの確保等のために、以下のような取組を進めています。

- ✧ 理事会が決議を採択、ウクライナにおけるロシアの行動を非難（2022年3月、9月、11月）
- ✧ グロッシー事務局長及び支援ミッションによるウクライナ国内の原子力関連施設の訪問
- ✧ チョルノービリサイト及び立入禁止区域へのミッションの派遣
- ✧ ザポリッジャ原子力発電所への支援ミッションの派遣
- ✧ ザポリッジャ原子力発電所の状況、IAEAによる同原発周辺における保護区域設置の提案等について議論するための、グロッシー事務局長によるウクライナ及びロシアの関係者との協議
- ✧ 遠隔からの支援、資機材の提供、人的支援、迅速な支援の展開の4点に注力した、原子力安全と核セキュリティのための技術支援の提供
- ✧ ウクライナ国内の原子力関連施設における専門家の常駐

我が国は、こうしたIAEAの取組を評価するとともに、同取組を支援するために2023年3月末時点で計約1200万ユーロを拠出することを表明しました。

---

[11] Institute of Nuclear Power Operations

[12] Nuclear Energy Institute

[13] ただし、このうち4基の原子炉では、環境影響評価手続上の問題が解消されるまでの間は、運転認可の有効期間を1度目の運転認可の更新で認められた期間までに変更するとの決定をNRCが行っています。

② フランス

フランスは米国に次ぐ世界第2位の原子力発電設備容量を擁し、2023年3月末時点で56基の原子炉が稼働中です。我が国と同様に化石燃料資源の乏しいフランスは、総発電電力量の約7割を原子力で賄う原子力立国です。現在10年ぶりの新規原子炉となるフラマンビル3号機の建設が進められています。

2020年4月に政府が公表した改定版多年度エネルギー計画（PPE[14]）では、2035年までに原子力発電比率を50%に削減するため、最大14基の90万kW級原子炉を閉鎖する一方で、2035年以降の低炭素電源確保のため原子炉新設の要否を検討する方針が示されました。この方針に基づき送電系統運用会社が検討を行い、2050年までに欧州加圧水型原子炉（EPR[15]）14基を建設し、既設炉との合計で40GW以上の原子力発電容量を確保するシナリオの経済性が最も高いとする分析結果を2021年10月に公表しました。

この分析結果を受け、マクロン大統領は、同年11月に原子炉を新設する方針を示しました。2022年2月には、6基の新設と更に8基の新設検討を行うとともに、前述の2035年までの90万kW級原子炉の閉鎖方針を撤回し、全て50年超運転することを発表しました。

政府は、前述の政策を推進すべく、2022年11月に、新設の円滑化に向けて体制を強化し、手続を簡略化する法案を発表しました。また、新設に向けた公聴会手続や、建設が予定される改良型EPR（EPR2）の安全審査も進められています。2023年にはPPEも改定される見込みです。

また、原子炉新設に向けた体制強化の一環として、政府は2022年7月に、国内の全原子力発電所を所有運転するフランス電力（EDF[16]）を完全国有化する方針を発表しました。

フランス政府は原子炉等の輸出を支持しており、燃料サイクル事業はオラノ社、原子炉製造事業はフラマトム社が、それぞれ担っています。フラマトム社が開発したEPRは、既に中国で2基の運転が開始されているほか、フランスで1基、英国で2基が建設中であるのに加えて、英国では更に2基の建設計画が進められています。

高レベル放射性廃棄物処分に関しては、2006年に制定された「放射性廃棄物等管理計画法」に基づき、「可逆性のある地層処分」を基本方針として、放射性廃棄物管理機関（ANDRA[17]）がフランス東部ビュール近傍で高レベル放射性廃棄物等の地層処分場の設置に向けた準備を進めています。ANDRAは2023年1月に設置許可申請を行っており、処分場の操業開始は2030年頃を予定しています。

---

[14] Programmations pluriannuelles de l’énergie
[15] European Pressurised Water Reactor
[16] Électricité de France
[17] Agence nationale pour la gestion des déchets radioactifs

③　ロシア

ロシアでは、2023 年 3 月末時点で 37 基の原子炉が稼働中です。この中には、SMR かつ世界初の浮揚式原子力発電所であるアカデミック・ロモノソフの 2 基、ナトリウム冷却型高速炉の原型炉 1 基と実証炉 1 基も含まれています。また、3 基の原子炉が建設中ですが、そのうちの 1 基は、鉛冷却高速炉のパイロット実証炉 BREST-300 で、2021 年 6 月に建設が開始されました。

プーチン大統領は、2021 年 10 月の演説において、ロシアが 2060 年までにカーボンニュートラルを実現することを宣言しています。また、ロシアは 2045 年までに発電に占める原子力比率を 25%に高める方針です（2021 年の原子力比率は約 20 %）。原子力行政では、国営企業ロスアトムが民生・軍事両方の原子力利用を担当し、連邦環境・技術・原子力監督局が民生利用に係る安全規制・検査を実施しています。原子力事業の海外展開も積極的に進めており、ロスアトムは旧ソ連圏以外のイラン、中国、インドにおいてロシア型加圧水型軽水炉（VVER[18]）を運転開始させているほか、エジプト、トルコ、バングラデシュ等にも進出しています。原子炉や関連サービスの供給と併せて、建設コストの融資や投資建設（Build）・所有（Own）・運転（Operate）を担う BOO 方式での契約も行っており、初期投資費用の確保が大きな課題となっている輸出先国に対するロシアの強みとなっています。ただし、従来 VVER 導入国に対する核燃料供給は、ロシア企業が中心でしたが、特にロシアのウクライナ侵略後、ウクライナを始め複数の国で、米国ウェスチングハウス社やフランスのフラマトム社といった、ロシア以外の国から VVER の燃料を調達する動きが広がっています。

なお、ロシアのシベリア南東部・アンガルスクには、核燃料供給保証[19]を目的として、国際ウラン濃縮センター（IUEC[20]）が設立され、IAEA の監視の下、約 120 t の低濃縮ウランが備蓄されています。

④　中国

中国では、2023 年 3 月末時点で 55 基の原子炉が稼働中で、設備容量は合計 5,000 万 kW を超えています。原子力発電の利用拡大が進められており、21 基の原子炉が建設中です。

中国では 2030 年までに二酸化炭素の排出をピークアウトさせ、2060 年までにカーボンニュートラルを実現するとの気候目標が掲げられており、その達成の手段の一つとして、原子力開発が進められています。2021 年 3 月には、2021 年から 2025 年までを対象とした「第 14 次五か年計画」が策定され、2025 年までに原子力発電の設備容量を 7,000 万 kW とする目標が示されています。

---

[18] Voda Voda Energo Reactor

[19] 第 4 章 4-3(3)⑤「核燃料供給保証に関する取組」を参照。

[20] International Uranium Enrichment Centre

中国は軽水炉の国産化及び海外展開にも力を入れており、中国核工業集団公司（CNNC）と中国広核集団（CGN[21]）が双方の第3世代炉設計を統合して開発した華龍1号は、中国国内では福清5、6号機が営業運転を開始し、更に10基が建設中です。海外でも、華龍1号を採用したパキスタンのカラチ原子力発電所において、2021年5月に2号機が営業運転を開始し、2022年3月に3号機が送電網に接続されました。また、英国でも華龍1号の建設等が検討されている（表3-1）ほか、中東やアジア、南米においても協力覚書の作成等を進めています。

さらに、高速炉、高温ガス炉、SMR等の開発も進められています。SMRについては玲龍1号（多目的モジュール化小型加圧水原子炉）と命名されたプラントの建設が2021年7月に開始されました。また、高温ガス炉では、実証炉の石島湾発電所が2021年12月に送電を開始しています。

⑤ 英国

英国では、2023年3月末時点で9基の原子炉が稼働中です。北海の油田・ガス田の枯渇や気候変動が問題となる中、英国政府は原子炉新設を推進していく政策方針を掲げており、2023年3月末時点で2基の建設と、2基の計画が進められています（表3-1）。

図 3-2　建設中のヒンクリーポイントC原子力発電所

（出典）EDFエナジー社ウェブサイト「Latest images from Hinkley Point C」

英国政府は、ロシアによるウクライナ侵略に伴うエネルギー危機を受けて、2022年4月に「英国エネルギー安全保障戦略」を公表しました。この文書では、英国は原子力利用で世界のパイオニアであったにもかかわらず、その後はこれまでの政府が原子力分野に必要な投資を行ってこなかったため、他国から遅れを取るようになったとの認識が示されています。その上で、後述するようにSMRを含めた原子炉の建設プロジェクトを推進する方針を示しています。

気候変動対策技術への投資計画を示す「10-Point Plan」（2020年11月公表）及び2050年温室効果ガス排出量実質ゼロに向けた主要政策を示す「ネットゼロ戦略」（2021年10月公表）では、大型炉の新設に向けた支援措置を講じることや、SMR等の先進原子力技術を選択肢として維持するための新たなファンドを創設することが示されました。さらに、上述した「英国エネルギー安全保障戦略」では、原子力導入の加速化がうたわれています。具体的な目標として、長期的には2050年までに原子力発電設備容量を最大2,400万kWに増強し、原子力発電比率を25%に引き上げるとしています。また、短・中期的には現在建設中のヒンクリーポイントC原子力発電所に加えて、2024年までに1件の建設プロジェクトを確定させ、2030年までには最大8基の原子炉建設を承認するとしています。

[21] China General Nuclear Power Corporation

ヒンクリーポイントC原子力発電所は、フランスのEDFとCGNの出資によって建設が進められており、1号機は2027年の運転開始が見込まれています。計画中のサイズウェルCについては2022年11月に、経済支援策の適用と、EDFと英国政府が50%ずつ出資して建設することが決定しました。ブラッドウェルBについては、EDFとCGNが出資して計画が進められています。2022年2月には建設される華龍1号の一般設計評価[22]が完了し、設計が基準に適合していることが認証されました。

またSMRについては、ロールス・ロイスSMR社が中心となり、2030年頃の発電開始を目指して開発が進められています。2021年11月には革新原子力ファンド等から資金拠出が行われ、2022年3月には同社製SMRの一般設計評価が開始されました。また、同年11月に同社は、有望な建設候補地として4か所のサイトを特定する評価報告書を発表しました。

表 3-1　英国での大型原子炉新設プロジェクト（2023年3月末時点）

実施主体	サイト	炉型	基数	状況
EDFとCGN	ヒンクリーポイントC	EPR	2	建設中
EDFと英国政府	サイズウェルC	EPR	2	計画中
EDFとCGN	ブラッドウェルB	華龍1号	2	提案中

(注)各プロジェクトへのEDFとCGNの出資比率はサイトによって異なる。
(出典)WNA「Nuclear Power in the United Kingdom」に基づき作成

高レベル放射性廃棄物処分に関しては、英国政府は2006年、国内起源の使用済燃料の再処理で生じるガラス固化体について、再処理施設内で貯蔵した後、地層処分する方針を決定しました。2018年に公開した白書「地層処分の実施－地域との協働：放射性廃棄物の長期管理」に基づき、地域との協働に基づくサイト選定プロセスを開始しています。2021年11月には、カンブリア州コープランド市中部において、自治体組織の参加を得ながら地層処分施設の立地可能性を検討するコミュニティパートナーシップが英国内で初めて設立されました。2023年3月末時点では、同州コープランド市南部、同州アラデール市、リンカシャー州イーストリンジー市においてもコミュニティパートナーシップが設立されています。

⑥　韓国

韓国では、2023年3月末時点で25基の原子炉が稼働中です。また、3基が建設中です。

2022年5月に発足した尹錫悦（ユン・ソンニョル）政権は、文在寅（ムン・ジェイン）前政権の脱原子力政策を撤回し、原子力開発を推進する政策を打ち出しています。2022年7月の閣議では「新政権のエネルギー政策の方向性」が採択されました。その中では2050年のカーボンニュートラル実現に向けた「エネルギーミックスの再構築」がうたわれ、原子力については、原子力発電比率を現在の28%から2030年には30%以上に引き上げることとされました。

[22] 英国内で初めて建設される原子炉設計に対して、建設サイトとは無関係に安全性や環境保護の観点から評価し、規制基準への適合を認証する制度。建設には別途許認可の取得が必要。

また、その目標を実現するため、既設炉の運転期間延長、建設中の4基（そのうちの1基は既に運転を開始しています）の竣工、中断された2基の建設計画の早期再開を実施することが掲げられました。これらの施策は、2023年1月に策定された「第10次電力需給基本計画」に盛り込まれています。

韓国では、前政権において国内では脱原子力政策が進められていたものの海外への進出は進められており、これまでに韓国電力公社（KEPCO[23]）は、アラブ首長国連邦（UAE）のバラカ原子力発電所において4基の韓国次世代軽水炉APR-1400の建設を進めており（図 3-3）、1号機が2021年4月、2号機が2022年3月、3号機が2023年2月に、それぞれ営業運転を開始しています。尹政権も、海外への原子力展開も積極的に進める方針です。「新政府のエネルギー政策の方向性」では、「新エネルギー産業の輸出産業化」が打ち出され、原子力産業を輸出産業化するとし、2030年までに10基の原子炉を海外から受注する目標を示しています。韓国政府は、サウジアラビア、チェコ、ポーランド、トルコ等の原子炉の新設を計画する国に対してアプローチしています。

図 3-3　バラカ原子力発電所

（出典）Emirates Nuclear Energy Corporation「Barakah Nuclear Energy Plant」

⑦　カナダ

カナダでは、2023年3月末時点で19基の原子炉が稼働中です。カナダは世界有数のウラン生産国の一つであり、世界全体の生産量の約22%を占めています。原子炉は全てカナダ型重水炉（CANDU[24]炉）で、国内で生産される天然ウランを濃縮せずに燃料として使用しています。

カナダは2050年カーボンニュートラルの達成に加えて、電力需要に対応するため、原子力発電を今後とも継続する方針です。ただし、原子力発電所が立地する州政府や原子力事業者は、新増設よりも既設炉の改修・寿命延長計画を優先的に進めています。オンタリオ州では10基の既設炉を段階的に改修する計画で、2020年6月にはダーリントン2号機が改修工事を終了したのに続いて、同年9月に同3号機、2022年2月には同1号機の改修工事が開始されています。

一方で、SMRの研究開発に力を入れており、2020年12月には連邦政府が「SMR行動計画」を公表しました。同計画では、2020年代後半にカナダでSMR初号機を運転開始することを想定し、政府に加え産学官、自治体、先住民や市民組織等が参加する「チームカナダ」体制で、SMRを通じた低炭素化や国際的なリーダーシップ獲得、原子力産業における能力やダイバーシティ拡大に向けた取組を行う方針です。

---

[23] Korea Electric Power Corporation
[24] Canadian Deuterium Uranium

具体的なSMRの建設計画としては、オンタリオ・パワー・ジェネレーション社が2021年12月に、またサスクパワー社は2022年6月に米国GE日立ニュークリア・エナジー社のBWRX-300を選定しました。さらに、カナダ原子力研究所（CNL[25]）がSMRの実証施設建設・運転プロジェクトを進めているほか、安全規制機関であるカナダ原子力安全委員会（CNSC[26]）が、小型炉や先進炉を対象とした許認可前ベンダー設計審査を進めています。

放射性廃棄物の管理・処分については、使用済燃料の再処理は行わず、高レベル放射性廃棄物として処分する方針をとっており、使用済燃料は現在原子力発電所サイト内の施設で保管されています。処分の実施主体として設立された核燃料廃棄物管理機関（NWMO[27]）による処分サイト選定プロセスが進められており、2か所の自治体を対象として現地調査が実施されています。2024年秋には1か所の好ましいとされるサイトが選定される予定です。

⑧　その他

ドイツは当初、2022年末に3基の原子炉を閉鎖して脱原子力を完了させる予定でした。しかしながら、ロシアのウクライナ侵略などを背景に、電力やエネルギー供給の状況が厳しいことを踏まえ、2022年10月に、これら3基の運転を2023年4月15日まで延長し、脱原子力完了を後倒しすることを決定しました[28]。

また、EUでは、持続可能な経済活動を明示し、その活動が満たすべき条件をEU共通の規則として定める「EUタクソノミー」が策定されています。欧州委員会（EC[29]）は2022年2月に、原子力を持続可能な経済活動としてEUタクソノミーに含め、その条件を定める規則を採択しました。この規則は、欧州議会・理事会の審査を経て確定し、2023年1月1日に発効しています。規則では、原子力を持続可能な経済活動と認定するに当たって、2050年までの高レベル放射性廃棄物処分場操業に向けて詳細に文書化された計画があること、全ての極低レベル、低レベル、中レベル放射性廃棄物について最終処分施設が稼働していること等の条件が設けられています（図 3-4）。

上記以外の原子力発電を行っている諸外国の動向については資料編「6. 世界の原子力に係る基本政策」に、低レベル放射性廃棄物の扱いについては第6章コラム「～海外事例：諸外国における低レベル放射性廃棄物の分類と処分方法～」にまとめています。

---

[25] Canadian Nuclear Laboratories

[26] Canadian Nuclear Safety Commission

[27] Nuclear Waste Management Organization

[28] 2023年4月15日に、3基の原子炉の運転が停止され、脱原子力が完了した。

[29] European Commission

- 2022年7月、欧州議会及び欧州理事会で、持続可能な経済活動として一定の要件を満たす原子力発電等をEUタクソノミー※1 適格とする方針を含む補完的委任法令※2 案を可決。2023年1月より発効（適用開始）

※1EUタクソノミー：サステナブル（持続可能な）経済活動を明示化・体系化する分類システム。
※2補完的委任法令：「一定の要件」を満たす原子力関連活動をカーボンニュートラル型経済への移行に重要な役割を有する「移行（ transitional ）」な経済活動であるとし、EU のサステナビリティ方針（気候変動緩和・適合）に資する活動と整理。対象となる経済活動は、（1）革新炉の研究開発・実証・導入、（2）新規発電設備の建設・安全運転（2045年までの建設許可取得）、（3）運転期間延長のための既設発電設備の改良（2040年までの許可取得）

「一定の要件」の例
- ライフサイクル温室効果ガス排出原単位 100g CO2e/kWh 未満
- 放射性廃棄物管理基金と廃炉措置基金制度の整備、耐用年数終了時に放射性廃棄物管理・廃炉推定コストに対応した利用可能な資源が担保されていることを証明
- 低・中レベル放射性廃棄物の処分施設を有する
- 2050 年までに高レベル放射性廃棄物処分施設が運用開始可能となるよう詳細かつ文書化された計画を有する
- 既設原子力発電設備の改良に関しては、合理的かつ実行可能な安全改良工事を実施、事故耐性の高い燃料を利用

図 3-4 EU タクソノミー

(出典)第 37 回原子力委員会 資料 1-2 号 又吉由香「脱炭素社会への移行に向けた資本市場の取組み～EU タクソノミー適用開始等を受けた「原子力」を巡る国内外動向～」(2022 年)に基づき作成

(3) 我が国の原子力産業の国際的動向

我が国では、2006 年の株式会社東芝による米国ウェスチングハウス社買収を皮切りに、株式会社日立製作所と米国ゼネラル・エレクトリック社がそれぞれの原子力部門に相互に出資する新会社（米国の GE 日立ニュークリア・エナジー社、日本法人である日立 GE ニュークリア・エナジー株式会社）の設立、三菱重工業株式会社とフランス AREVA NP 社[30]による合弁会社 ATMEA の設立など、各社とも海外企業との関係を強化してきました。

しかし、近年、一部では海外プロジェクトから撤退する動きも見られます。株式会社東芝は、2017 年 3 月のウェスチングハウス社による米国連邦倒産法第 11 章に基づく再生手続の申立てにより、2018 年 8 月に、カナダに本拠を置く投資ファンドのブルックフィールド・ビジネス・パートナーズへのウェスチングハウス社の全株式の譲渡を完了しました。また、株式会社日立製作所は、2020 年 9 月に、英国における原子力発電所建設プロジェクトからの撤退を公表しています。

一方で、新たに海外事業に参画する事例も見られます。2021 年 4 月には日揮ホールディングス株式会社が、同年 5 月には株式会社 IHI が、2022 年 4 月には株式会社国際協力銀行（JBIC[31]）が米国ニュースケール社に出資し、同社の SMR 事業に参画することを公表しました。また、フランスではフラマトム社の株式の 19.5%を三菱重工株式会社が、またオラノ社の株式の 5%ずつを三菱重工株式会社と日本原燃がそれぞれ出資しているのに加えて、三菱重工業株式会社及び三菱 FBR システムズ株式会社は、日仏間及び日米間の高速炉開発に参画しています[32]。

---

[30] 現在は機能の一部をフラマトム社に移管。
[31] Japan Bank for International Cooperation
[32] 第 8 章 8-2(4)②「高速炉開発に関する国際協力」を参照。

3－2 原子力産業の国際展開における環境社会や安全に関する配慮等

東電福島第一原発事故後も、多くの国が原子力を継続的に利用しており、新規導入を検討する国もあります。我が国としても、東電福島第一原発事故の教訓を踏まえ、高い品質を持つ原子力技術等を諸外国に提供することを通じて、国際的な原子力利用に貢献していく必要があります。我が国の原子力産業が国際展開する上で、国や原子力関係事業者等は、国際ルールに従いつつ、厳格かつ適切に対応することが求められます。

(1)　原子力施設主要資機材の輸出等における環境社会や安全に関する配慮

我が国の原子炉施設において使用される主要資機材の輸出等を行う際に、公的信用付与実施機関（株式会社日本貿易保険（NEXI[33]）又はJBIC）が公的信用（貿易保険、融資等）を付与する場合には、「OECD環境及び社会への影響に関するコモンアプローチ」（2001年。以下「コモンアプローチ」という。）[34]遵守の一環として、対象となるプロジェクトについて、プロジェクト実施者によって環境や地域社会に与える影響[35]を回避又は最小化するような適切な配慮がなされているかについて確認を行うこととしています。

これに加えて、NEXI及びJBICは、公的信用を付与するか否かの決定に際して、国際認識も踏まえ対象となるプロジェクトの実施者が情報公開や住民参加への配慮を適切に行っているかを確認するための指針を策定し、2018年4月から運用を開始しています。

また、安全に関しては、コモンアプローチ遵守の一環として、国は、輸出相手国において安全確保等に係る国際的取決めが遵守されているか、国内制度が整備されているか等について事実関係の確認を行い、NEXI及びJBICに対し情報提供を行う[36]こととしています。

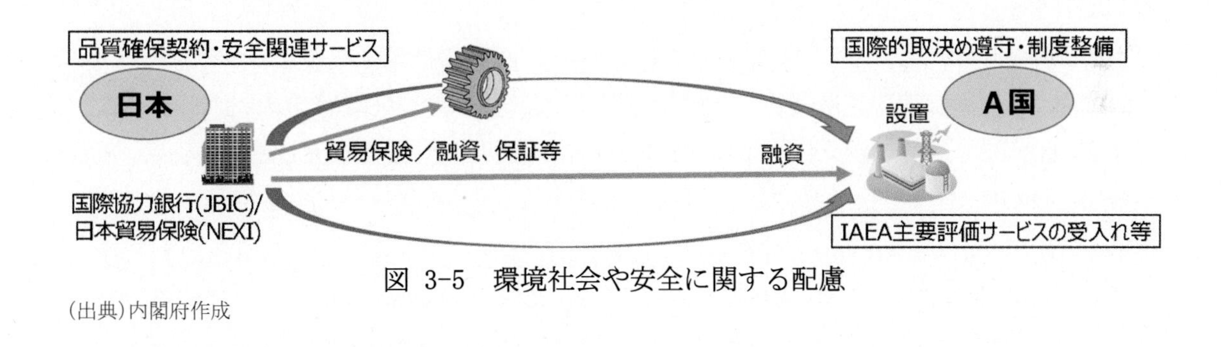

図 3-5　環境社会や安全に関する配慮

(出典)内閣府作成

---

[33] Nippon Export and Investment Insurance

[34] 途上国等へのインフラ投資において環境や社会への影響に配慮すべきとの問題意識から、輸出国が公的信用付与を行うに当たっては、事前に環境や社会に与える潜在的影響について評価することを求めるもので、OECD加盟国に対して道義的義務が課されています。

[35] 環境や地域社会に与える影響としては、大気、水、土壌、廃棄物、事故、水利用、生態系及び生物相等を通じた人間の健康と安全への影響及び自然環境への影響、人権の尊重を含む社会的関心事項（非自発的住民移転、先住民族、文化遺産、景観、労働環境、地域社会の衛生・安全・保安等）、越境又は地球規模の環境問題への影響が含まれます。

[36] 国は、「原子力施設主要資機材の輸出等に係る公的信用付与に伴う安全配慮等確認の実施に関する要綱」（2015年10月原子力関係閣僚会議決定）に即して確認を行います。

3−3 グローバル化の中での国内外の連携・協力の推進

> 我が国は、グローバル化の中での原子力の平和利用において、国内外での連携や協力を進め、東電福島第一原発事故の経験と教訓を世界と共有しつつ、国際社会における原子力の安全性強化に取り組んでいく必要があります。我が国は、途上国や先進国との間で二国間、多国間の協力を推進するとともに、国際機関の活動にも積極的に関与し、原子力の平和的利用の促進に取り組んでいます。

(1) 国際機関への参加・協力

IAEAやOECD/NEAにおいては、原子力施設及び放射性廃棄物処分の安全性、原子力技術の開発や核燃料サイクルにおける経済性、技術面での検討等、技術的側面を中心に、これに政策的側面を併せた活動が行われています。

① IAEAを通じた我が国の国際協力

IAEAは、発電分野及び非発電分野（保健・医療、食糧・農業、環境・水資源管理、産業応用等）に係る原子力技術の平和的利用の促進に取り組んでいます。我が国は、拠出金を通じた支援のほか、専門家の派遣等を通じて人的、技術的、財政的な支援を行っています。

1) 拠出金を通じた支援

IAEAは、原子力の平和的利用促進の一環として、途上国を中心とするIAEA加盟国に対して、原子力技術に係る技術協力活動を実施しています。我が国は、同活動の主要な財源である技術協力基金（TCF[37]）の分担額の全額を1970年以降一貫して拠出し、IAEAの同活動を支援しています。

また、我が国は、原子力の平和的利用の促進に係るIAEAの活動を支援するため、2010年5月に開催された核兵器不拡散条約（NPT[38]）運用検討会議にて設立された平和的利用イニシアティブ（PUI[39]）を通じた支援も行っています。PUIに対しては、25か国及び欧州委員会（EC）が拠出を行っており、我が国も2022年度までに合計5,400万ユーロ以上（政府開発援助）を拠出しています。

IAEAのプロジェクトには国内の大学・研究機関、企業等が参画・協力しており、PUI拠出により国内組織とIAEAの連携を強化し、我が国の優れた人材・技術の国際展開も支援しています。我が国は2022年度にも、特に放射線治療施設が整備されていない国を対象として放射線によるがん治療の確立・拡大を支援するために、IAEA事務局長が立ち上げた「Rays of Hope」事業に対して、PUIを通じて100万ユーロを拠出しています。

---

[37] Technical Cooperation Fund
[38] Treaty on the Non-Proliferation of Nuclear Weapons
[39] Peaceful Uses Initiative

2) 原子力科学技術に関する研究、開発及び訓練のための地域協力協定（RCA）に係る協力

「原子力科学技術に関する研究、開発及び訓練のための地域協力協定」（RCA[40]）は、IAEAの活動の一環として、アジア・大洋州地域のIAEA加盟国を対象に、原子力科学技術分野での共同研究や技術協力を促進・調整することを目的として1972年に発効しました。基本的な枠組みは残しつつ一部を改正して2017年に発効した新協定の下では、2023年3月末時点で、我が国を含む22の締約国が、RCAの下で実施される農業、医療・健康、環境、工業分野の技術協力プロジェクトに参加しています。

我が国は、RCA総会、RCA政府代表者会合、ワーキンググループ会合等への出席を通じて、RCAの政策の決定に積極的に関与しているほか、我が国の専門家や研究機関、大学や病院の協力の下、各分野のプロジェクトに参画し、関連会合の開催や専門家派遣等を含む様々な協力を行っています。特に、放射線医療分野において長年主導的な役割を果たしており、アジア・大洋州地域のがん治療の発展に貢献しています。

3) 原子力安全の向上に向けた協力

IAEAでは、加盟国の原子力安全の高度化に資するべく国際的な規格基準の検討・策定が行われており、我が国も、原子力施設、放射線防護、放射性廃棄物及び放射性物質の輸送に係るIAEA安全基準文書[41]の継続的な見直し活動に協力しています。

また、東電福島第一原発事故後、IAEAと我が国は事故対応と国際的な原子力安全強化のため緊密に協力しています。IAEAは、2013年に福島県内に原子力事故対応等のための緊急時対応援助ネットワーク（RANET[42]）の研修センター（CBC[43]）を指定しました。また、量研は2017年にCBCとして指定され、2020年11月にCBCとして再指定を受けました。CBCでは、国内及びIAEA加盟国の政府関係者等向けに、原子力緊急事態時の準備及び対応の強化を目的としたIAEAワークショップが1年に数回程度開催されています。

さらに、IAEAは2021年11月に、東電福島第一原発事故後10年の間に各国や国際機関が取った行動の教訓・経験を振り返り、今後の原子力安全の更なる強化に向けた道筋を確認することを目的として、原子力安全専門家会議をハイブリッド形式で開催しました。会議には我が国を始め各国から、規制当局を含む政府関係者、電力事業者、原子力専門家、有識者等が参加しました。

---

[40] Regional Cooperative Agreement for Research, Development and Training Related to Nuclear Science and Technology

[41] 安全原則（Safety Fundamentals）、安全要件（Safety Requirements）、安全指針（Safety Guides）の3段階の階層構造。各国の上級政府職員で構成される安全基準委員会で承認を経て策定。2023年3月末時点で、約130件の安全基準文書が策定済み。

[42] Response and Assistance Network（2000年にIAEA事務局により設立された、原子力事故又は放射線緊急事態発生時の国際的な支援の枠組み。2023年2月時点の参加国は、我が国を含む41か国。）

[43] Capacity Building Centre

なお、我が国は、IAEA との協力の下、東電福島第一原発の廃炉と敷地外の環境修復活動を進めており、ALPS 処理水の取扱いについて IAEA は、安全性・規制面に関するレビューやモニタリングを行っています。ALPS 処理水の取扱いを始めとする東電福島第一原発の廃炉における IAEA との協力については、第 6 章 6-1「東電福島第一原発の廃止措置」にまとめています。

4) 原子力発電の導入に必要な人材育成の支援

IAEA は、原子力発電新規導入国・拡大国の国内基盤整備のための人材育成の支援を行っており、我が国はその取組に協力しています。その一環として、我が国側のホストを原子力人材育成ネットワークが務め、IAEA との共催により、「IAEA 原子力発電基盤整備訓練コース」や「Japan-IAEA 原子力エネルギーマネジメントスクール (NEMS[44])」等を開催しています。2022 年には 7 月から 8 月にかけて、東京大学で NEMS が開催されました。NEMS の目的は、将来、各国のリーダーとなることが期待される若手人材に原子力に関連する幅広い課題について学ぶ機会を与えることであり、11 名の外国人研修生と 13 名の日本人研修生が参加しました (図 3-6)。

図 3-6 Japan-IAEA 原子力エネルギーマネジメントスクールの開講式の様子

(出典)第 37 回原子力委員会資料第 3 号 東京大学 出町和之「Japan-IAEA 原子力エネルギーマネジメントスクール開催報告」(2022 年)

5) 革新的原子炉及び燃料サイクルに関する国際プロジェクト (INPRO)

革新的原子炉及び燃料サイクルに関する国際プロジェクト (INPRO[45]) は、エネルギー需要増加への対応の一環として、2000年にIAEAの呼び掛けにより発足したプロジェクトです。安全性、経済性、核拡散抵抗性等を高いレベルで実現し、原子力エネルギーの持続可能な発展を促進する革新的システムの整備のための国際協力を目的としています。2023年3月末時点で、我が国を含む43か国と1機関 (EC) が参加しています。

---

[44] Nuclear Energy Management School

[45] International Project on Innovative Nuclear Reactors and Fuel Cycles

② OECD/NEA を通じた原子力安全研究への参加

我が国は、OECD/NEA における様々な原子力安全研究等にも参加しています。また、原子力規制委員会は、2022 年 11 月に、OECD/NEA との共催により「東京電力福島第一原子力発電所事故後 10 年の規制活動に関する国際規制者会議-10 年間の規制活動の総括と今後の展望」を東京で開催しています。この会議では、東電福島第一原発事故後の規制枠組みの変遷、信頼構築と透明性等四つのセッションと各セッションを取りまとめたセッションが行われました。

コラム ～IAEA 総会～

IAEA 総会は、毎年 1 回、各加盟国の閣僚級代表等が参加して開催されます。2022 年 9 月に第 66 回総会が開催され、高市内閣府特命担当大臣が一般討論演説（ビデオ録画）を行い、以下の我が国の取組等について説明しました。なお、第 66 回総会には、我が国政府代表として、上坂原子力委員会委員長と引原在ウィーン日本政府代表部大使が出席しました。

- 岸田総理による NPT 第 10 回運用検討会議における「ヒロシマ・アクション・プラン」の発表
- ロシアによるウクライナ侵略や原子力施設又はその付近でのロシアの軍事行為への非難と、ウクライナ原子力施設の安全等の確保に向けた IAEA の努力への評価
- 原子力の平和利用（「Rays of Hope」事業への支援、東電福島第一原発の教訓を踏まえた IAEA との協働）
- 東電福島第一原発の廃炉に向けた取組（ALPS 処理水の取扱い）
- 保障措置の強化・効率化に向けた IAEA の取組の支持
- 北朝鮮の核問題（北朝鮮に対する全ての大量破壊兵器、あらゆる射程の弾道ミサイル及び関連する計画の完全な、検証可能な、かつ、不可逆的な廃棄に向けた具体的な措置の要求）
- イランの核問題（核合意をめぐる取組への貢献等）
- ジェンダー平等の実現（マリー・キュリー奨学金事業への立ち上げ段階からの支援）

第 66 回 IAEA 総会で演説する高市内閣府特命担当大臣

（出典）外務省ウェブサイト

(2)　二国間原子力協定及び二国間協力

①　二国間原子力協定に関する動向

我が国は、移転される原子力関連資機材等の平和利用及び核不拡散の確保等を目的として、二国間原子力協定を締結しています。2023年3月末時点で、我が国は、カナダ、オーストラリア、中国、米国、フランス、英国、欧州原子力共同体（以下「ユーラトム」という。）、カザフスタン、韓国、ベトナム、ヨルダン、ロシア、トルコ、UAE及びインドとの間で二国間原子力協定を締結しています。なお、我が国を含む主要国（米国、フランス、英国、中国、ロシア、インド）における、二国間原子力協定に関する最近の主な動向は表 3-2のとおりです。

表 3-2　主要国における二国間の原子力協定等に関する最近の主な動向（過去3年間）

国名・地域名	動向	
インドーEU	2020年7月	インドとユーラトムが原子力研究開発に関する協力協定に署名
米国ーポーランド	2020年10月	米国とポーランドが原子力開発に関する協力協定に署名
米国ーブルガリア	2020年10月	米国とブルガリアが原子力協力覚書に署名
ロシアーブルンジ	2021年4月	ロシアとブルンジが原子力協力覚書に署名
米国ーガーナ	2021年7月	米国とガーナが原子力協力覚書に署名
日本ー英国	2021年9月	日英原子力協定改正議定書が発効
米国ーフィリピン	2022年3月	米国とフィリピンが戦略的原子力協力覚書に署名
米国ーアルメニア	2022年5月	米国とアルメニアが原子力協力覚書に署名

（出典）各国関連機関発表に基づき作成

②　米国との協力

我が国と米国は、日米原子力協定を締結し様々な協力を行ってきています。同協定は2018年7月に当初の有効期間を満了しましたが、6か月前に日米いずれかが終了通告を行わない限り存続することとなっており、現在も効力を有しています[46]。同協定は、我が国の原子力活動の基盤の一つをなすだけでなく、日米関係の観点からも極めて重要です。

また、2012年の日米首脳会談を受けて設立された「民生用原子力協力に関する日米二国間委員会」が定期的に開催されています。同委員会の下には、核セキュリティ、民生用原子力の研究開発、原子力安全及び規制関連、緊急事態管理、廃炉及び環境管理の5項目に関するワーキンググループが設置されています。

我が国と米国の原子力分野における協力に関して、2023年1月に西村経済産業大臣がグランホルムDOE長官と会談を行い、共同声明を発表しました。声明では、両国が次世代革新

[46]　（日米原子力協定第16条1及び2）
1　（略）この協定は、三十年間効力を有するものとし、その後は、2の規定に従って終了する時まで効力を存続する。
2　いずれの一方の当事国政府も、六箇月前に他方の当事国政府に対して文書による通告を与えることにより、最初の三十年の期間の終わりに又はその後いつでもこの協定を終了させることができる。

炉の開発・建設、既設炉の最大限活用、ウラン燃料を含む原子力燃料及び原子力部品の強靭なサプライチェーン構築等を進めていくことが表明されています。

③　フランスとの協力

我が国とフランスは、原子力規制、核燃料サイクル、放射性廃棄物管理等の分野において、長年にわたり協力関係を構築してきました。2023 年 3 月に「原子力エネルギーに関する日仏委員会」の第 11 回会合が開催され、両国の原子力エネルギー政策、高速炉・革新炉（特に SMR）、原子力安全協力、核セキュリティ、原子力事故の緊急事態対応、核燃料サイクル施設におけるバックエンド、最終処分、東電福島第一原発の廃炉の現状、ALPS 処理水の海洋放出等について意見交換が行われました。

④　英国との協力

2012 年の日英首脳会談を受けて開始された「日英原子力年次対話」の第 11 回会合が、2022 年 11 月に東京においてハイブリッド形式で開催され、原子力研究・開発、廃炉と環境回復、原子力政策、パブリック・コミュニケーション、原子力安全と規制に関する両国の取組について意見交換が行われました。また、原子力機構と英国国立原子力研究所（NNL[47]）は、高温ガス炉技術の実証で協力しています。2022 年 9 月には、原子力機構が、NNL や英国企業と結成されたチームの一員として、英国政府による新型モジュール炉（AMR[48]）研究開発・実証プログラムへ参画することが発表されています。

⑤　その他

1)　文部科学省による放射線利用技術等国際交流（研究者育成事業・講師育成事業）

文部科学省は 1985 年から原子力分野での研究交流制度を実施しており、近隣アジア諸国の原子力研究者や技術者を我が国の研究機関や大学へ招へいし、放射線利用技術や原子力基盤技術等に関する研究、研修活動を実施しています。

また、講師育成事業では、アジア諸国から講師候補者を我が国に招へいし、専門家による講義や各種実験装置等を使用した実習、原子力関連施設への訪問等を通じて、母国において技術指導ができる原子力分野の講師を育成しています。加えて、講師育成研修の修了生が中心となり、母国で研修を運営し、講師を務めます。我が国から相手機関に専門家を派遣し、講義を行うとともに、各国の研修の自立化に向けたアドバイスを行っています（図 3-7）。2022 年度は、3 年ぶりに対面開催で研修等を実施しました。

図 3-7　招へい者の研修の様子
(出典)原子力機構提供資料

47 National Nuclear Laboratory
48 Advanced Modular Reactor

2)　経済産業省による原子力発電導入支援に関する取組

経済産業省資源エネルギー庁は、原子力発電を新たに導入・拡大しようとする国に対し、我が国の原子力事故から得られた教訓等を共有する取組を行っています。2022 年度はインドネシア、ポーランド、チェコ、ガーナ等の原子力発電導入国等について、オンライン形式のセミナー開催や我が国専門家等の派遣等を通じて、原子力発電導入に必要な法制度整備や人材育成等を中心とした基盤整備の支援を行いました。

3)　外務省による各国に対する非核化協力

旧ソ連時代に核兵器が配備されていたウクライナ、カザフスタン、ベラルーシの 3 か国は、独立後、非核兵器国として IAEA の保障措置を受けることとなりました。しかし、技術的基盤を欠いていたため、我が国は 3 か国に対して国内計量管理制度確立支援や機材供与等の協力を実施し、非核化への取組を支援してきました。

4)　革新炉等の研究開発における協力

高温ガス炉や高速炉等の革新的な原子炉等に関する研究開発に当たっては、政府間や研究機関間で協力覚書等を作成し、取組を進めています[49]。

(3)　多国間協力

①　国際原子力エネルギー協力フレームワーク（IFNEC）における協力

2010 年に発足した国際原子力エネルギー協力フレームワーク（IFNEC[50]）は、原子力安全、核セキュリティ、核不拡散を確保しつつ、原子力の平和利用を促進するための互恵的なアプローチを目指し、参加国間の協力の場を提供することを目的としています。

我が国も、原子力の平和利用の拡大に向けて、我が国の経験と知見を生かしながら各国と協力する方針を表明しています。

IFNEC は、2023 年 3 月末時点で、参加国 33 か国、オブザーバー国 31 か国、オブザーバー機関 5 機関で組織されています。各参加国、機関の閣僚級メンバーで構成される閣僚級会合、米国、アルゼンチン、中国、日本、ケニアの 5 か国の局長級メンバーにより構成され、活動を実施する主体である運営グループ、特定分野での活動を実施するワーキンググループの 3 階層で構成されており、我が国は運営グループの副議長を務めています[51]。

[49] 第 8 章 8-2「研究開発・イノベーションの推進」を参照。
[50] International Framework for Nuclear Energy Cooperation
[51] 参加国 34 か国、6 か国の局長級メンバーのうち、ロシアは 2022 年 5 月 6 日から参加停止。

②　アジア原子力協力フォーラム（FNCA）における協力

地理的に我が国に近い近隣アジア諸国は、経済的にも我が国と密接な関わりがあり、農業・工業・医療・環境の各分野での放射線の利用、研究用原子炉（以下「研究炉」という。）の利用、原子力発電所建設や安全な運転体制の確立等、多くの課題を共有しています。

アジア原子力協力フォーラム（FNCA[52]）は、原子力技術の平和的で安全な利用を進め、社会・経済的発展を促進することを目的とした我が国主導の地域協力枠組みで、日本、オーストラリア、バングラデシュ、中国、インドネシア、カザフスタン、韓国、マレーシア、モンゴル、フィリピン、タイ及びベトナムの 12 か国が参加しています（IAEA がオブザーバー参加)。毎年 1 回内閣府主催により、大臣級会合、スタディ・パネル、コーディネーター会合の 3 つの会合と、それらの準備会合である上級行政官会合を開催しています（図　3-8)。また、文部科学省が中心となって、放射線利用等の分野のプロジェクトを実施しています。

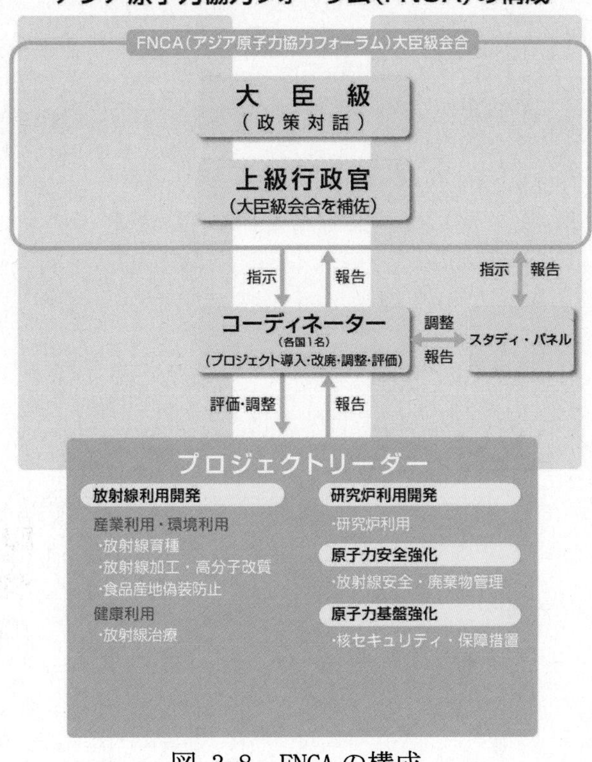

図 3-8　FNCA の構成

（出典）FNCA ウェブサイト

52 Forum for Nuclear Cooperation in Asia

1)　大臣級会合

大臣級会合では、FNCA 参加国の原子力科学担当の大臣級代表が、原子力技術の平和利用に関する地域協力推進を目的として政策対話を行っています。

2022 年 10 月には、第 23 回 FNCA 大臣級会合がモンゴル・ウランバートルにおいてハイブリッド形式で開催されました（図 3-9）。同会合では、「アジアにおける放射線がん治療の強化」を主題とした政策対話（円卓会議）が行われ、新型コロナウイルスにより停滞を余儀なくされている FNCA プロジェクト活動の正常化への努力、放射線がん治療の普及・強化に向けた加盟国間、国際機関との協力等に言及した共同コミュニケが採択されました。

図 3-9　第 23 回 FNCA 大臣級会合の様子

（出典）FNCA ウェブサイト

2)　スタディ・パネル

FNCA は従来、放射線利用等の非発電分野での協力が主でしたが、参加国におけるエネルギー安定供給及び地球温暖化防止の意識の高まりを受け、原子力発電の役割や原子力発電の導入に伴う課題等を討議する場として、スタディ・パネルを開催しています。2022 年 3 月にオンラインで開催されたスタディ・パネルでは、「原子力科学・技術に対する国民信頼の構築」をテーマとして、各国からの発表や議論が行われました。

3)　コーディネーター会合

FNCA の協力活動に関する参加国相互の連絡調整を行い、協力プロジェクト等の実施状況評価や計画討議等を行う場として、コーディネーター会合を年 1 回開催しています。

2022 年 6 月には第 22 回コーディネーター会合が開催され、各プロジェクトの活動報告や、今後の活動についての討議が行われました。

4)　プロジェクト

FNCA では、4 分野で 7 件のプロジェクトが実施されています。プロジェクトごとに、通常年 1 回のワークショップ等が開催されており、それぞれの国の進捗状況と成果が発表・討議され、次期実施計画が策定されます。2022 年度は、ハイブリッド形式でワークショップ等を開催しました。

③ 東南アジア諸国連合（ASEAN）、ASEAN+3、東アジア首脳会議（EAS）における協力

アジアの新興国の中には原子力発電の新規導入を検討している国もあり、東南アジア諸国連合（ASEAN[53]）、ASEAN+3（日中韓）及び東アジアサミット（EAS[54]：ASEAN+8（日中韓、オーストラリア、インド、ニュージーランド、ロシア、米国））の枠組みにおける原子力協力に我が国も貢献しています。

2022 年 9 月には、ASEAN+3 及び EAS のエネルギー大臣会合がオンラインで開催され、我が国からは里見経済産業大臣政務官が参加しました（図 3-10）。EAS エネルギー大臣会合では、原子力を含む様々な代替的かつ新興的な低炭素技術・システムの利用を通じて、現実的なエネルギー転換を実現することの重要性が認識されました。

図 3-10　ASEAN+3 エネルギー大臣会合において発言する里見経済産業大臣政務官
（出典）経済産業省「ASEAN+3 及び東アジアサミットのエネルギー大臣会合が開催されました」（2022 年）

④ アジア原子力安全ネットワーク（ANSN）における協力

アジア原子力安全ネットワーク（ANSN[55]）は 2002 年に開始した IAEA の活動の一つで、東南アジア・太平洋・極東諸国地域における原子力安全基盤の整備を促進し、原子力安全パフォーマンスを向上させ、地域における原子力の安全を確保することを目的としています。ANSN には日本、バングラデシュ、中国、インドネシア、カザフスタン、韓国、マレーシア、フィリピン、シンガポール、タイ及びベトナムが加盟しているほか、準加盟国としてパキスタン、協力国としてオーストラリア、フランス、ドイツ、米国が参加しています。我が国は設立当初から活動資金を拠出し、積極的に活動を支援しています。

---

[53] Association of Southeast Asian Nations
[54] East Asia Summit
[55] Asian Nuclear Safety Network

第4章 国際協力の下での原子力の平和利用と核不拡散・核セキュリティの確保

4−1 平和利用の担保

1957年に、原子力の平和的利用の促進を目的に、国際連合傘下の自治機関として国際原子力機関（IAEA）が設立されました。さらに、1970年には、国際的な核軍縮・不拡散を実現する基礎となる「核兵器不拡散条約」（NPT）が発効しました。NPTは核兵器国を含む全締約国に対して誠実な核軍縮交渉の義務を課すとともに、平和的利用の権利を認め、我が国を含む非核兵器国に対しては、原子力活動をIAEAの保障措置の下に置く義務を課しています。

我が国は、原子力基本法で原子力の研究、開発及び利用を厳に平和の目的に限るとともに、原子炉等規制法に基づき、IAEA保障措置の厳格な適用等により、原子力の平和利用を担保しています。加えて、「利用目的のないプルトニウムを持たない」との原則を堅持し、プルトニウムの管理状況の公表や利用目的の確認等を通じて、プルトニウム利用の透明性を向上し国内外の理解を得る取組を継続しています。これらの取組を通じて、国際社会における原子力の平和利用への信用の堅持に努めています。

(1)　我が国における原子力の平和利用

核セキュリティ・核不拡散に向けた我が国の取組は、国際的に確立された枠組みに基づいています（図 4-1）。我が国では、1955年に原子力基本法が制定され、原子力の研究、開発及び利用を厳に平和目的に限ることが定められました。同法の下で、平和利用を担保する体制を整えています（図 4-2）。

国内法
- ✓ 外為法及び原子炉等規制法

輸出管理体制
- ✓ 原子力供給国グループガイドライン（NSG guidelines）

条約
- ✓ 核兵器不拡散条約（NPT）
- ✓ 二国間条約

国連安全保障理事会決議
- ✓ 大量破壊兵器等の不拡散等に関する決議（UNSCR1540）
- ✓ テロ行為への資金供与防止等に関する決議（UNSCR1373）

図 4-1 核セキュリティ・核不拡散の担保

（出典）IAEA「使用済核燃料管理及び放射性廃棄物管理の安全に関する条約」第5回検討会合資料を基に内閣府作成

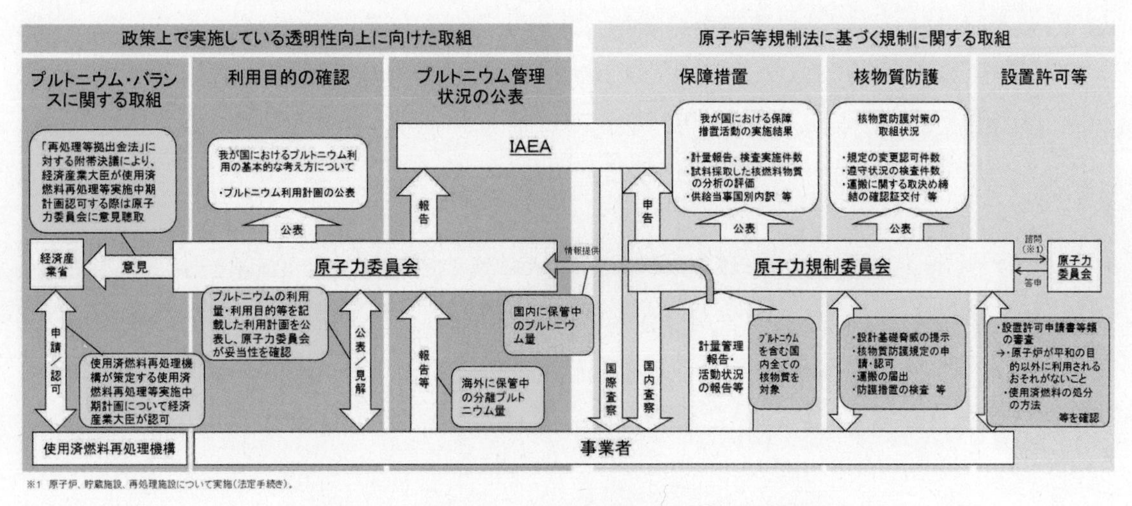

図 4-2　原子力の平和利用を担保する体制

(出典)第 27 回原子力委員会資料第 3-1 号 原子力委員会「我が国のプルトニウム利用について」(2018 年)

原子力規制委員会では、IAEA 保障措置の厳格な適用、核物質防護、原子炉等施設の設置許可審査等を通じ平和利用を担保しています(「原子炉等規制法に基づく平和利用」の担保)。

また、我が国はエネルギー資源に乏しいことから、使用済燃料を再処理してプルトニウムを利用する核燃料サイクル政策を採用しています。国内外に対する透明性向上の観点から、「利用目的のないプルトニウムを持たない」との原則を堅持し、原子力委員会において、プルトニウム管理状況の公表、プルトニウム利用計画の妥当性の確認、プルトニウム需給バランスの確保等の取組を行っています(「政策上の平和利用」の担保)。

(2)　原子炉等規制法に基づく平和利用

①　IAEA による保障措置

NPT 締約国である非核兵器国は、IAEA との間で保障措置協定を締結して、国内の平和的な原子力活動に係る全ての核物質を対象とする保障措置を受諾することが義務付けられています。これを踏まえて各国が IAEA と締結した保障措置協定を「包括的保障措置協定」といいます。

IAEA は、包括的保障措置協定の締結国が申告する核物質の計量情報や原子力関連活動に関する情報について、申告された核物質の平和利用からの転用や未申告の活動がないかを査察等により確認し、その評価結果を毎年取りまとめています。IAEA は、当該国で「申告された核物質の平和的活動からの転用の兆候が認められないこと」及び「未申告の核物質及び原子力活動が存在する兆候が認められないこと」が確認された場合、全ての核物質が平和的活動にとどまっているとの「拡大結論」を下すことができます。「拡大結論」を下した場合、IAEA は当該国に対して「統合保障措置」と呼ばれる制度を適用することができます。統合保障措置の適用により、IAEA の検認能力を維持しつつ、査察回数を削減することによる効率化が期待されます。

② 我が国における保障措置活動の実施

我が国では、1976 年に NPT を批准し、1977 年に IAEA と包括的保障措置協定を締結して IAEA 保障措置を受け入れ、原子炉等規制法等に基づく国内保障措置制度を整備しています（図 4-3）。さらに、1999 年には、保障措置を強化するための「追加議定書」を IAEA と締結しました。

我が国は、IAEA から 2003 年以降連続して「拡大結論」を得ており、2004 年 9 月から統合保障措置が適用されています。原子力規制委員会は、この適用が今後も継続されるよう努めており、原子力施設等が保有する全ての核物質の在庫量等を IAEA に報告し、その報告内容が正確かつ完全であることを IAEA が現場で確認する査察等への対応を行っています。

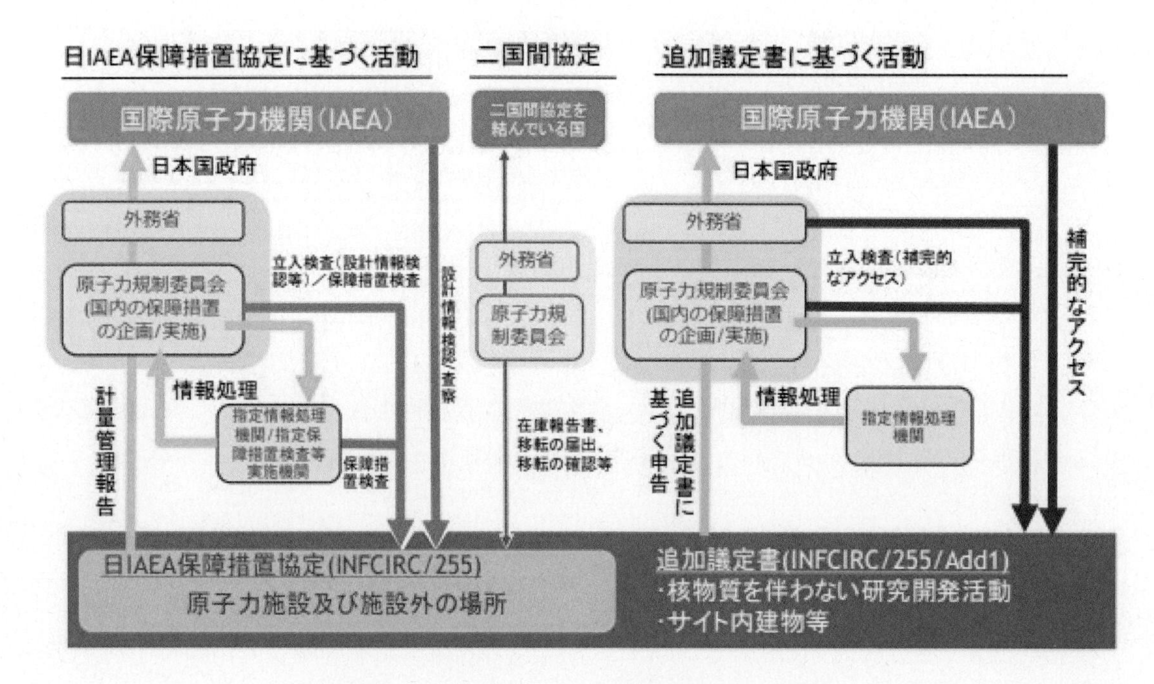

図 4-3 我が国における保障措置実施体制

（出典）原子力規制委員会「令和 3 年度年次報告」（2022 年）

2022 年には、原子炉等規制法に基づき、2,153 事業者から 4,836 件の計量管理に関する報告が原子力規制委員会に提出され、IAEA に提供されました。IAEA は我が国からの報告を基に原子力規制委員会等の立会いの下に査察等を行いました。また、原子力規制委員会等は 1,911 人・日の保障措置検査等を実施しました。

東電福島第一原発の 1～3 号機については、カメラと放射線モニターによる常時監視や、同発電所のサイト内のみに適用される特別な追加的検認活動により、未申告の核物質の移動がないことが確認されました。使用済燃料共用プールから使用済燃料乾式キャスク仮保管設備への燃料集合体の移送に伴う査察が実施されました。1～3 号機以外にある全ての核物質については、通常の軽水炉と同等の検認活動が行われました。

2022 年中に原子力規制委員会が実施した保障措置検査等により、国際規制物資使用者等による国際規制物資の計量及び管理が適切に行われていることが確認されました。

2022 年の我が国における主要な核燃料物質の移動量及び施設別在庫量は、図 4-4 に示すとおりです。

なお、我が国は、IAEA ネットワーク分析所として認定されている原子力機構安全研究センターの高度環境分析研究棟において、IAEA が査察等の際に採取した環境試料の分析への協力を行うなど、IAEA の保障措置活動へ貢献するとともに、我が国としての核燃料物質の分析技術の維持・高度化を図っています。また、「IAEA 保障措置技術支援計画」(JASPAS[1])を通じ、我が国の保障措置技術を活用して、IAEA 保障措置を強化・効率化するための技術開発への支援を行うなど、保障措置に関する国際協力を実施しています。

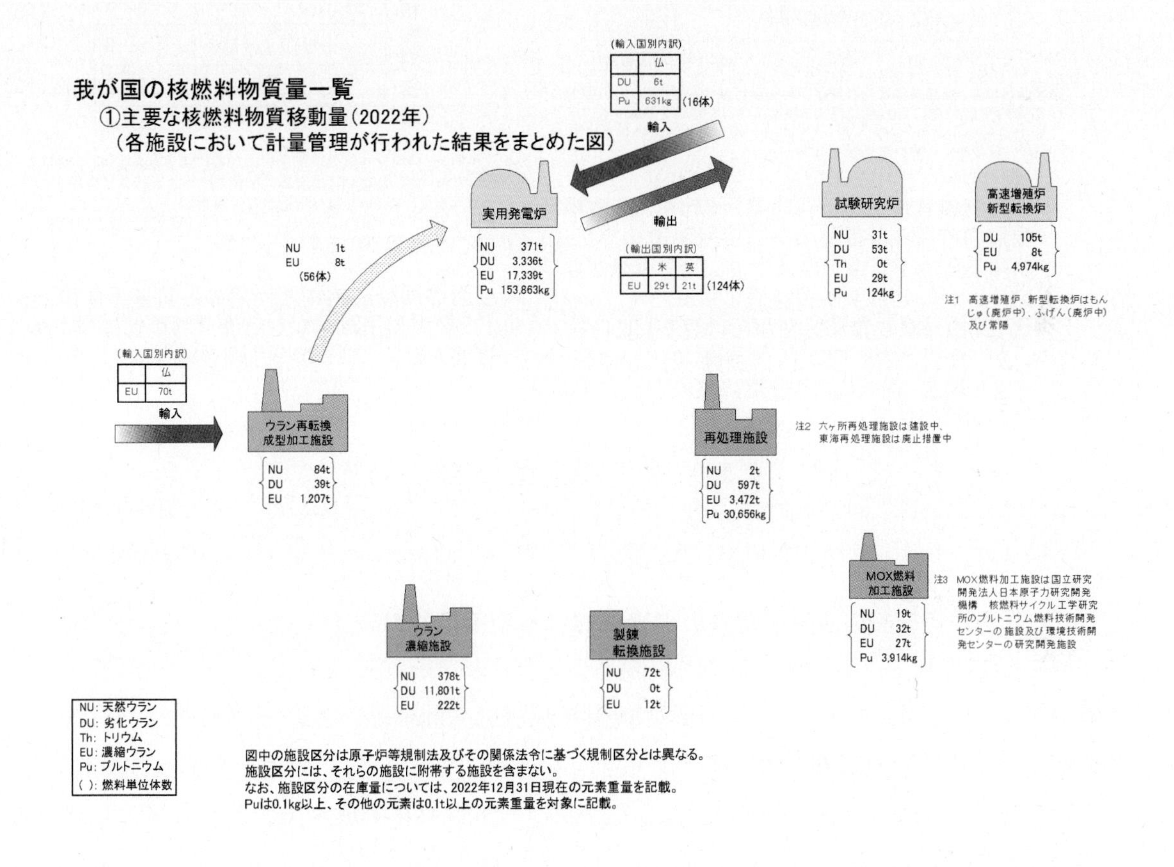

図 4-4 我が国における主要な核燃料物質の移動量及び施設別在庫量 (2022 年)

(出典)第 13 回原子力規制委員会資料 4 原子力規制庁「我が国における 2022 年の保障措置活動の実施結果」(2023 年)に基づき作成

[1] Japan Support Programme for Agency Safeguards

また、利用実態がなく保管だけされている放射性物質が、全国の多くの民間又は公的な事業所に分散して存在しており、法令上の管理下にない放射性物質が発見される例も多数あります（図 4-5）。安全上及び核物質防護上のリスクを低減させるため、このような放射性物質の集約管理を実現するための具体的な方策について、関係行政機関、原子力機構等が連携・協力して必要な検討をする必要があります。

＜我が国の核燃料物質使用者の状況＞

許可事業所数	199
（内訳※） 令第41条該当事業所 令第41条非該事業所	 11 188

（2021年2月末時点）

※核原料物質、核燃料物質及び原子炉の規制に関する法律施行令（昭和32年政令第324号）第41条に掲げる核燃料物質を使用する事業所を令第41条該当事業所という。また、令第41条に掲げる核燃料物質を使用しない事業所を令第41条非該当事業所という。

- ➢ 核燃料物質使用の許可事業所のうち、核燃料物質の貯蔵及び保管のみの使用用途の事業所が約90存在。当該事業所は、利用実態がないことから、他機関への譲渡を希望
- ➢ 現在、核燃料物質個人使用者は存在していないが、今後、管理下にない核燃料物質が発見された場合、個人による使用許可の申請が発生する可能性有

＜我が国の少量の国際規制物資使用者※の状況＞

許可事業所数		1,796
質量 保有核燃料物	天然ウラン（kg）	38.8
	劣化ウラン（kg）	42.6
	トリウム（kg）	50.9
	合計（kg）	132.2

（2019年末時点）

※核原料物質、核燃料物質及び原子炉の規制に関する法律（昭和32年法律第166号）第61条の3第1項に基づき同法施行令第39条に規定する使用の許可を要しない種類及び数量の核燃料物質（天然ウラン及び劣化ウラン：300g以下、トリウム：900g以下。以下「少量核燃料物質」という。）の使用の許可を受けた者

- ➢ 少量の国際規制物資使用の許可事業所のうち約8割が利用実態がなく、約7割が他機関への譲渡を希望（2017年9月調査時）

図 4-5　利用実態のない放射性物質

（出典）文部科学省科学技術・学術審議会 研究計画・評価分科会 原子力科学技術委員会 原子力研究開発・基盤・人材作業部会（第 6 回）資料 3 原子力規制庁「JAEA 次期中長期目標の策定に当たって」（2021 年 2 月）

③　原子炉等施設の設置許可等の審査における利用目的の確認

原子炉等規制法に基づき、原子力規制委員会は、原子炉施設等の設置（変更）の許可の段階で原子炉施設等が平和の目的以外に利用されるおそれがないことに関し、原子力委員会の意見を聴かなければならないと定められています。2022 年度には 2023 年 3 月末までに、関西電力高浜発電所 1～4 号機の設置変更許可、日本原燃再処理事業所における再処理の事業の変更許可等 11 件について、原子力規制委員会より意見を求められた原子力委員会は、平和の目的以外に利用されるおそれがないものと認められるとする原子力規制委員会の判断は妥当であるとの答申を行いました[2]。

④　核物質防護

原子炉等規制法に基づく核物質防護の取組については、第 4 章 4-2(2)①「核物質及び原子力施設の防護」に記載しています。

[2] 資料編 3(2)「原子炉等規制法等に係る諮問・答申（2022 年 4 月～2023 年 3 月）」を参照。

(3) 政策上の平和利用

① 我が国におけるプルトニウム利用の基本的な考え方

プルトニウム利用を進めるに当たり、国際社会と連携し、核不拡散に貢献し、平和利用に係る透明性を高めることが重要です。原子力委員会は、2018 年 7 月に我が国におけるプルトニウム利用の基本的な考え方の和文及び英文を公表しました（図 4-6)。

我が国の原子力利用は、原子力基本法にのっとり、「利用目的のないプルトニウムは持たない」という原則を堅持し、厳に平和の目的に限り行われてきた。我が国は、我が国のみならず最近の世界的な原子力利用をめぐる状況を俯瞰し、プルトニウム利用を進めるに当たっては、国際社会と連携し、核不拡散の観点も重要視し、平和利用に係る透明性を高めるため、下記方針に沿って取り組むこととする。

記

我が国は、上記の考え方に基づき、プルトニウム保有量を減少させる。プルトニウム保有量は、以下の措置の実現に基づき、現在の水準を超えることはない。

1. 再処理等の計画の認可（再処理等拠出金法）に当たっては、六ヶ所再処理工場、MOX 燃料加工工場及びプルサーマルの稼働状況に応じて、プルサーマルの着実な実施に必要な量だけ再処理が実施されるよう認可を行う。その上で、生産されたMOX燃料については、事業者により時宜を失わずに確実に消費されるよう指導し、それを確認する。
2. プルトニウムの需給バランスを確保し、再処理から照射までのプルトニウム保有量を必要最小限とし、再処理工場等の適切な運転に必要な水準まで減少させるため、事業者に必要な指導を行い、実現に取り組む。
3. 事業者間の連携・協力を促すこと等により、海外保有分のプルトニウムの着実な削減に取り組む。
4. 研究開発に利用されるプルトニウムについては、情勢の変化によって機動的に対応することとしつつ、当面の使用方針が明確でない場合には、その利用又は処分等の在り方について全てのオプションを検討する。
5. 使用済燃料の貯蔵能力の拡大に向けた取組を着実に実施する。

加えて、透明性を高める観点から、今後、電気事業者及び原子力機構は、プルトニウムの所有者、所有量及び利用目的を記載した利用計画を改めて策定した上で、毎年度公表していくこととする。

図 4-6 「我が国におけるプルトニウム利用の基本的な考え方」

(出典)原子力委員会「我が国におけるプルトニウム利用の基本的な考え方」(2018 年)に基づき作成

② プルトニウム管理状況の公表及び IAEA へのプルトニウム保有量の報告

我が国は、プルトニウム国際管理指針[3]に基づき、我が国のプルトニウム管理状況を IAEA に対して報告しています。2023 年 7 月、我が国は、2022 年末における我が国のプルトニウム管理状況を公表しました。また、IAEA に管理状況を報告する予定です。

2021 年末時点で、国内外において管理されている我が国の分離プルトニウム総量は約 45.8t で、その内訳は国内保管分が約 9.3t、海外保管分が約 35.9t（うち、英国保管分が約 21.8t、フランス保管分が約 14.1t）となっています（表 4-1）。我が国の分離プルトニウムの保管等の内訳等は資料編に示します。また、IAEA から公表されている、各国が 2021 年末において自国内に保有するプルトニウムの量は、表 4-2 のとおりです。

表 4-1　分離プルトニウムの管理状況

				2022 年末時点
総量（国内＋海外）				約 45.1t
内訳	国内			約 9.3t
	海外	（総量）		約 35.9t
		内訳	英国	約 21.8t
			フランス	約 14.1t

（注）四捨五入の関係で合計が合わない場合がある。
（出典）第 25 回原子力委員会資料第 2 号 内閣府「令和 4 年における我が国のプルトニウム管理状況」（2023 年）

表 4-2　プルトニウム国際管理指針に基づき IAEA から公表されている 2021 年末における各国の自国内のプルトニウム保有量を合計した値

（単位：tPu）

	未照射プルトニウム[注1]	使用済燃料中のプルトニウム[注2]
米国	49.4	783
ロシア	63.5	192
英国	140.6	27
フランス	99.9	302
中国	未報告	未報告
日本	9.3	179
ドイツ	0.0	129.3
ベルギー	(50kg 未満[注3])	46
スイス	2kg 未満	22

（注 1）100kg 単位で四捨五入した値。ただし、50kg 未満の報告がなされている項目は合計しない。
（注 2）1,000kg 単位で四捨五入した値。ただし、500kg 未満の報告がなされている項目は合計しない。
（注 3）燃料加工中、MOX 燃料等製品及びその他の場所のプルトニウム保管量（各項目 50kg 未満）。
（出典）IAEA、INFCIRC/549「Communication Received from Certain Member States Concerning Their Policies Regarding the Management of Plutonium」、第 25 回原子力委員会資料第 2 号 内閣府「令和 4 年における我が国のプルトニウム管理状況」（2023 年）に基づき作成

[3] 米国、ロシア、英国、フランス、中国、日本、ドイツ、ベルギー、スイスの 9 か国が参加し、プルトニウム管理に係る基本的な原則を示すとともに、その透明性の向上のため、保有するプルトニウム量を毎年公表することとした指針。1998 年 3 月に IAEA が発表。

③ プルトニウム利用目的の確認

使用済燃料再処理工場及びMOX燃料加工工場が操業を開始すれば、プルトニウムが分離、回収され、MOX燃料へと加工されることになります。

我が国初の商業用再処理工場である日本原燃六ヶ所再処理施設[4]は 2024 年度上期のできるだけ早期に、我が国初の商業用 MOX 燃料加工工場である日本原燃六ヶ所 MOX 燃料加工施設[5]は2024年度上期に竣工する予定です。日本原燃は2023年2月に暫定的な操業計画を公表しました（表 4-3）。

表 4-3 日本原燃による再処理施設及びMOX燃料加工施設の暫定操業計画（2023年2月）

	2023年度	2024年度	2025年度	2026年度	2027年度
再処理可能量（tU_{Pr}）	—	0	70	170	70
プルトニウム回収見込量（tPut）	—	0	0.6	1.4	0.6
MOX燃料加工可能量（tPut）	—	0	0	0.1	1.4

（出典）日本原燃「六ヶ所再処理施設およびMOX燃料加工施設 暫定操業計画」(2023年)に基づき作成

電気事業者と原子力機構は、プルトニウム利用の一層の透明性向上を図る観点から、我が国におけるプルトニウム利用の基本的な考え方に基づき、その利用目的等を記載した利用計画を毎年策定して公表し、原子力委員会がその妥当性を確認しています。

電気事業連合会は2020年12月に新たなプルサーマル計画[6]を公表し、2030年度までに少なくとも12基の原子炉でプルサーマルの実施を目指すことを明らかにしました。また、2022年12月には、「プルサーマル計画の推進に係る取組の強化について」として、電力11社がこれまでの各社におけるプルサーマルの取組に加えて、新たにアクションプランを策定し、プルサーマルを着実に推進していくための取組を一層強化することを発表しました。このアクションプランに基づき、電力各社は、「プルサーマル推進連絡協議会」（電力各社の社長により構成）を毎年度開催し、プルサーマル実施に向けた進捗状況について情報共有・各社間の連携を図るとともに、再稼働加速タスクフォース（2021年2月設置）により、審査課題の情報共有と業界全体での機動的支援を実施しています。

2021 年以降、電気事業連合会及び原子力機構は毎年、プルトニウム利用計画を策定し、プルトニウムの所有者、利用目的、利用場所、利用量等を明示しています。

2023 年 2 月に電気事業連合会が公表した利用計画では、軽水炉燃料として利用するという目的の下、関西電力株式会社高浜発電所 3、4 号機における利用計画等が示されています（表 4-4）。

---

[4] 第 2 章 2-2(3)⑦「使用済燃料の再処理に関する取組」を参照。
[5] 第 2 章 2-2(3)⑧「ウラン・プルトニウム混合酸化物（MOX）燃料製造に関する取組」を参照。
[6] 第 2 章 2-2(3)⑨「軽水炉における MOX 燃料利用（プルサーマル）に関する取組」を参照。

表 4-4　電気事業連合会によるプルトニウム利用計画（2023 年 2 月）

所有者	所有量(トンPut)*1 (2022年度末予想)	利用目的(軽水炉燃料として利用) プルサーマルを実施する原子炉及び これまでの調整も踏まえ、地元の理解を前提として、各社がプルサーマルを実施することを想定している原子炉*2	利用量(トンPut)*1,*3,*4 2023年度	2024年度	2025年度	年間利用目安量*5 (トンPut/年)	(参考) 現在貯蔵する使用済燃料の量(トンU) (2021年度末実績)
北海道電力	0.3	泊発電所３号機	－	－	－	約0.5	510
東北電力	0.7	女川原子力発電所３号機	－	－	－	約0.4	680
東京電力HD	13.6	立地地域の皆様からの信頼回復に努めること、及び確実なプルトニウム消費を基本に、東京電力HDのいずれかの原子炉で実施	－	－	－	－	7,040
中部電力	4.0	浜岡原子力発電所４号機	－	－	－	約0.6	1,380
北陸電力	0.3	志賀原子力発電所１号機	－	－	－	約0.1	170
関西電力	12.0	高浜発電所３，４号機	0.7	0.0	1.4	約1.1	4,280
		大飯発電所１～２基	－	－	－	約0.5～1.1	
中国電力	1.4	島根原子力発電所２号機*7	－	－	－	約0.4	590
四国電力	1.3	伊方発電所３号機	0.0	0.0	0.0	約0.5	900
九州電力	2.2	玄海原子力発電所３号機	0.0	0.0	0.0	約0.5	2,520
日本原子力発電	5.0	敦賀発電所２号機	－	－	－	約0.5	1,180
		東海第二発電所	－	－	－	約0.3	
電源開発	他電力より必要量を譲受*6	大間原子力発電所	－	－	－	約1.7	
合計	40.8		0.7	0.0	1.4		19,250
再処理による回収見込みプルトニウム量(トンPut)*8			－	0.0	0.6		
所有量合計値(トンPut)*11			40.1	40.1	39.3		

本計画は、今後、再稼働やプルサーマル計画の進展、MOX燃料工場の操業開始などを踏まえ、順次、詳細なものとしていく。
六ヶ所再処理工場の操業開始後におけるプルトニウム利用の見通しを示す観点から、現時点での2026年度以降の利用見通しを以下に記載。

2026年度以降のプルトニウムの利用量見通し（全社合計）
・2026年度：2.1トンPut　*9
・2027年度：1.4トンPut　*9
・2028～2030年度：～約6.6トンPut/年　*10

*1　全プルトニウム（Put）量を記載。（所有量は小数点第二位を四捨五入の関係で、合計が合わない場合がある。）
*2　従来から計画している利用場所。利用場所は今後の検討により変わる可能性がある。
*3　国内MOX燃料の利用開始時時期は、2027年度以降となる見込み。
*4　「0.0」：プルサーマルが実施できる状態の場合
　　「－」：プルサーマルが実施できる状態にない場合
*5　「年間利用目安量」は、各電気事業者の計画しているプルサーマルにおいて、利用場所に装荷するMOX燃料に含まれるプルトニウムの1年当りに換算した量を記載している。
*6　仏国回収分のプルトニウムの一部が電気事業者より電源開発に譲渡される予定。（核分裂性プルトニウム量で東北電力　約0.1トン、東京電力HD　約0.7トン、中部電力　約0.1トン、北陸電力　約0.1トン、中国電力　約0.2トン、四国電力　約0.0トン、九州電力　約0.1トンの合計約1.3トン。）
*7　島根２号機は、再稼働後、地域の皆さまのご理解をいただきながらプルサーマルを実施することとしている。（約0.3トンPut）現状運転計画が未定のためプルサーマル導入時期も未定であるが、2025年度以降のできるだけ早期に実施できるよう取り組む。
*8　「六ヶ所再処理施設およびMOX燃料加工施設　暫定操業計画」（2023年2月10日、日本原燃株式会社）に示されるプルトニウム回収見込み量。プルトニウム回収見込み量は、最終的には、使用済燃料再処理機構が策定し経済産業大臣が認可する使用済燃料再処理実施中期計画に示される。
*9　自社の保有するプルトニウムを自社のプルサーマル炉で消費することを前提に、事業者間の連携・協力等を含めて、海外に保有するプルトニウムを消費する計画である。
*10　2028年度以降、2030年度までに、800トンU再処理時に回収される約6.6トンPutを消費できるよう年間利用量を段階的に引き上げていく。
*11　プルトニウム所有量（2022年度末予想）をベースに、今後のプルトニウム利用量および「六ヶ所再処理施設およびMOX燃料加工施設暫定操業計画」（2023年2月10日、日本原燃株式会社）に示されるプルトニウム回収見込み量を用いて算出したものである。

(出典)電気事業連合会「プルトニウム利用計画について」(2023 年)

また、原子力機構による利用計画では、高速炉を活用した研究開発を目的とし、「常陽」における利用計画を示していますが、「常陽」の新規制基準への適合性確認の終了時期が未定のため、年度ごとの利用量は未定としています（表 4-5）。

これらの利用計画の公表を受けて、原子力委員会は 2023 年 2 月 28 日に見解を公表しました。同見解では、2023 年度の我が国全体のプルトニウム保有量が約 44.5t[7]となる見込み

[7] 2022 年度末の我が国全体の保有見込量約 45.2t から、2023 年度に関西電力株式会社高浜発電所３号機で消費見込みの約 0.7t を差し引いた保有見込量。

であること等を踏まえ、2023 年度のプルトニウム利用計画について「現時点においては妥当である」としました。また、今後、様々な取組の進捗に応じて状況が大きく変わり得ることから、2024 年度及び 2025 年度のプルトニウム利用計画については、見解公表時点での情報を基に暫定的なコメントを行いました。

なお、2021 年 12 月末時点の電力各社のプルトニウム所有量は、表 4-6 のとおりです。

表 4-5　原子力機構による研究開発用プルトニウム利用計画（2023 年 2 月）

所有者	所有量(トンPut)[*1] (2022年度末予想)	利用目的(高速炉を活用した研究開発)[*2]				
		利用場所	利用量(トンPut)[*3]			年間利用目安量 (トンPut/年)[*4]
			2023年度	2024年度	2025年度	
日本原子力研究開発機構	3.6[*5]	高速実験炉「常陽」	－	－	－	0.1
再処理による回収見込みプルトニウム量(トンPut)[*6]			0	0	0	
所有量(トンPut)			3.6	3.6	3.6	

今後、高速実験炉「常陽」が操業を始める段階など進捗に従って順次より詳細なものとしていく。
2026年度以降のプルトニウムの利用量の見通しを以下に記載。
・2026年度：未定
・2027年度：未定
・2028～2031年度：未定

*1　全プルトニウム（Put）量を記載している。

*2　原子力機構では、「常陽」の燃料として利用する他、研究開発施設において許可された目的・量の範囲内で再処理技術基盤研究やプルトニウム安定化等の研究開発に供する。

*3　「常陽」の新規制基準への適合性確認の終了時期が未定のため、年度毎の利用量は未定として「－」と記載している。

*4　「年間利用目安量」は、標準的な運転において、炉に新たに装荷するMOX燃料に含まれるプルトニウム量の１年あたりに換算した量を記載している。

*5　原子力機構が管理するプルトニウムのうち、電気事業者が所有するプルトニウム約1.0トンPutについては、上記の所有量に含めていない。

*6　東海再処理施設は運転を終了し、廃止措置に移行したため、今後同施設において再処理により回収されるプルトニウムはない。

(出典)原子力機構「令和 5 年度研究開発用プルトニウム利用計画の公表について」(2023 年)

表 4-6　電力各社のプルトニウム所有量（2021 年 12 月末時点）

（全プルトニウム量、kgPu）

所有者	国内所有量				海外所有量			合計
	JAEA ※1	日本原燃 ※2	発電所 ※3	小計	仏国 ※4	英国	小計	
北海道電力	－	91	－	91	106※5	137	243	334
東北電力	17	98	－	115	317	311	627	742
東京電力HD	197	951	205	1,354	3,158※5	9,121	12,279	13,633
中部電力	119	230	213	561	2,320	1,075	3,394	3,956
北陸電力	－	11	－	11	144	118	262	273
関西電力	267	698	631	1,596	6,418	3,942	10,360	11,956
中国電力	29	106	－	136	649	643	1,292	1,427
四国電力	93	167	－	260	96	972	1,068	1,328
九州電力	112	401	－	513	166	1,537	1,703	2,216
日本原子力発電	149	178	－	327	741	3,902※6	4,642	4,969
(電源開発)※4								
合計	983	2,932	1,048	4,964	14,113	21,757	35,870	40,834

※　端数処理（小数点第一位四捨五入）の関係で、合計が合わない箇所がある。また、「－」はプルトニウムを所有していないことを示す。

※1　日本原子力研究開発機構（JAEA）にて既に研究開発の用に供したものは除く。
※2　各電気事業者に引渡し済のプルトニウム量を記載している。（上記のほか、未引渡し分が全プルトニウム量で約0.5トン保管されている）
※3　MOX燃料が原子炉に装荷され、原子炉での照射が開始されると、相当量が所有量から減じられる。
※4　仏国回収分のプルトニウムの一部が電気事業者より電源開発に譲渡される予定。（核分裂性プルトニウム量で東北電力　約0.1トン、東京電力HD 約0.7トン、中部電力　約0.1トン、北陸電力　約0.1トン、中国電力　約0.2トン、四国電力　約0.0トン、九州電力　約0.1トンの合計約1.3トン）
※5　東京電力HDが仏国に保有しているプルトニウムの一部（核分裂性プルトニウム量で約40kg）が北海道電力に譲渡される予定。
※6　日本原子力発電の英国での所有量は一部推定値を含む。

(出典)電気事業連合会「各社のプルトニウム所有量(2021 年 12 月末時点)」

④　プルトニウム・バランスに関する取組

2016年5月に成立した再処理等拠出金法に対する附帯決議において、再処理機構[8]が策定する使用済燃料再処理等実施中期計画（以下「実施中期計画」という。）を経済産業大臣が認可する際には、原子力の平和利用やプルトニウムの需給バランス確保の観点から、原子力委員会の意見を聴取することとされています。また、我が国におけるプルトニウム利用の基本的な考え方においても、再処理等の計画の認可に当たっては、六ヶ所再処理工場、MOX燃料加工工場及びプルサーマルの稼働状況に応じて、プルサーマルの着実な実施に必要な量だけ再処理が実施されるよう認可を行い、生産されたMOX燃料が、事業者によって時宜を失わずに確実に消費されるよう指導・確認するとしています。

2023年3月末時点における再処理機構の実施中期計画の最新版（2022年度版）は、2023年2月に公表された日本原燃による六ヶ所再処理施設及びMOX燃料加工施設の暫定操業計画、電気事業者によるプルトニウム利用計画を踏まえて策定されたものです。再処理機構は同年3月に、具体的な再処理量等を実施中期計画に記載し、経済産業大臣に対して変更の認可申請を行いました（表4-7）。

当該申請の認可に当たり経済産業大臣から意見を求められた原子力委員会は、同年3月22日に見解を取りまとめ、同計画[9]について、現時点での状況を踏まえれば、理解できるものであるとした上で、2026年度以降のMOX燃料加工施設の稼働状況やプルサーマル炉での消費状況は不確定要素を含むものであり、今後の進捗状況によっては変わり得るものとの認識を示しました。そのため、原子力委員会は、国内施設で回収するプルトニウムの確実な利用の実現と、プルサーマルの着実な実施に必要な量だけの再処理の実施等プルトニウムの需給バランスを踏まえた再処理施設等の適切な運転の実現に向けて最大限の努力を行うこと、具体的な取組の進捗に応じて実施中期計画の見直しが必要になった場合には適宜・適切に行うこと等について、経済産業大臣が関係事業者に対して必要かつ適切な指導を行うよう求めました。この原子力委員会の意見を踏まえ、同年3月28日に経済産業大臣は実施中期計画の変更を認可しました。

表4-7　再処理機構による実施中期計画（2023年3月）において示された再処理量等

	計画			（参考）見通し	
	2023年度	2024年度	2025年度	2026年度	2027年度
再処理を行う使用済燃料の量（tU）	0	0	70	170	70
（参考）プルトニウム回収見込量（tPut）	0	0	0.6	1.4	0.6
再処理関連加工[注]を行うプルトニウムの量（tPut）	0	0	0	0.1	1.4

(注)ウラン及びプルトニウムの混合酸化物燃料加工（MOX燃料加工）
(出典)再処理機構「使用済燃料再処理等実施中期計画」(2023年)に基づき作成

[8] 第2章2-2(2)⑦1)「使用済燃料再処理機構の設立」を参照。
[9] 2023年度から2025年度までの3年間における再処理及び再処理関連加工の実施場所、実施時期及び量を記載。

4－2 核セキュリティの確保

核セキュリティとは、「核物質、その他の放射性物質、その関連施設及びその輸送を含む関連活動を対象にした犯罪行為又は故意の違反行為の防止、探知及び対応」のことをいいます。

2001年9月11日の米国同時多発テロ事件以降、国際社会は新たな緊急性を持ってテロ対策を見直し、取組を強化してきました。放射性物質の発散装置（いわゆる「汚い爆弾」）の脅威も懸念されるようになり、核爆発装置に用いられる核燃料物質だけでなく、あらゆる放射性物質へと防護の対象が広がっています。

我が国では、原子炉等規制法により、原子力事業者等に対して核物質防護措置を講じることを義務付け、その措置の実効性を国が定期的に確認する体制を整備しています。また、関連諸条約の締結を始めとして、人材育成や技術開発を含む様々な国際協力や情報交換を行いつつ、核セキュリティに関する取組を推進しています。

(1)　核セキュリティに関する国際的な枠組み

1987年2月に発効した「核物質の防護に関する条約」は、核物質の不法な取得及び使用の防止を主目的とした条約であり、2023年3月末時点の締約国は163か国と1機関（ユーラトム）です。2005年の改正（2016年5月発効）により、適用の対象が国内で使用、貯蔵、輸送されている核物質又は原子力施設へと拡大されるとともに、処罰対象の犯罪が拡大され、名称が「核物質及び原子力施設の防護に関する条約」（以下「改正核物質防護条約」という。）へと改められました。改正核物質防護条約の2023年3月末時点の締約国は130か国と1機関（ユーラトム）です。

2022年3月28日から4月1日には、オーストリアのウィーンで、改正核物質防護条約運用検討締約国会議が開催されました。同会議では、参加国及び国際機関からのステートメントに続き、改正された条約の実施状況に照らして同条約の妥当性を検討する四つのセッションが行われました。物理的防護に係るセッションでは、日本から原子力規制庁が現況を報告しました。会議は、一般的な状況に照らして、前文、運用部分全体及び附属書に関して、改正核物質防護条約が適切であるとの結論に達し、成果文書を採択して終了しました。運用検討締約国会議は数年後に再度招集される見込みです。

2001年9月11日の米国同時多発テロ事件を契機として、原子力施設自体に対するテロ攻撃や、核物質やその他の放射性物質を用いたテロ活動（いわゆる「核テロ活動」）の脅威等に対処するための対策強化が求められるようになりました。2007年7月に発効した「核によるテロリズムの行為の防止に関する国際条約」（以下「核テロリズム防止条約」という。）は、核によるテロリズムの行為の防止並びに、同行為の容疑者の訴追及び処罰のための効果的かつ実行可能な措置を取るための国際協力を強化することを目的とした条約であり、2023年3月末時点の締約国数は120か国です。

IAEA は、核物質や放射性物質の悪用が想定される脅威を、核兵器の盗取、盗取された核物質を用いた核爆発装置の製造、放射性物質の発散装置（いわゆる「汚い爆弾」）の製造、原子力施設や放射性物質の輸送等に対する妨害破壊行為の 4 種類に分類しています（図 4-7）。

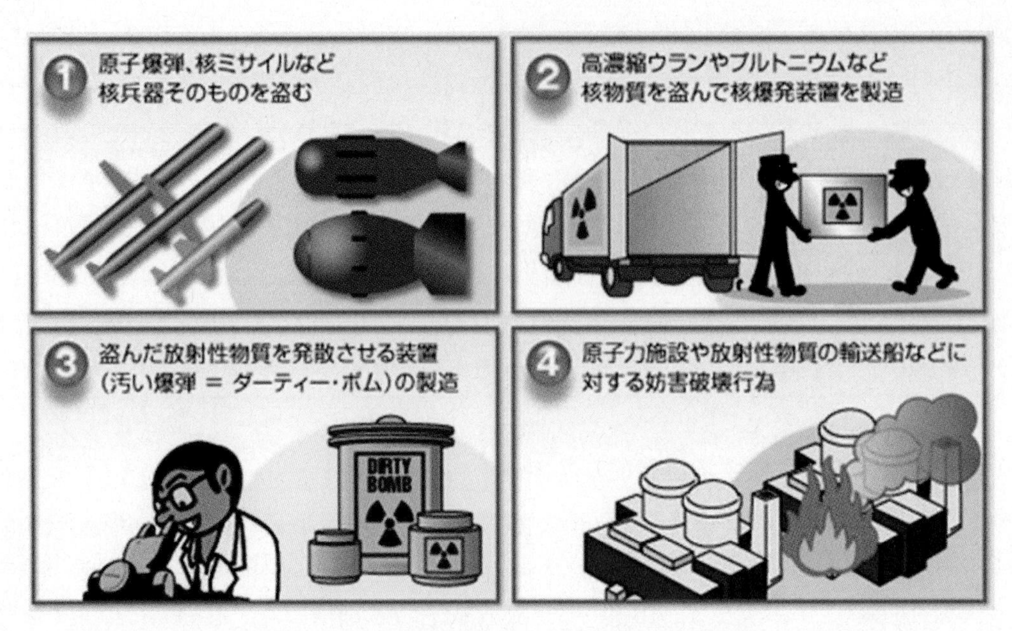

図 4-7　IAEA が想定する核テロリズム

（出典）外務省「核セキュリティ」

また、IAEA は、各国が原子力施設等の防護措置を定める際の指針となる文書（IAEA 核セキュリティ・シリーズ文書）について、体系的な整備を実施しています。最上位文書である基本文書[10]及び三つの勧告文書[11]に加えて、具体的な指針を示す原子力実施指針、技術指針も刊行され、核セキュリティを取り巻く状況を反映して順次改訂・新規発行されています。さらに、IAEA が加盟各国の核セキュリティ体制強化を支援する国際核物質防護諮問サービス（IPPAS[12]）も、改正核物質防護条約等の枠組みへの準拠と措置の実効性の向上を図る上で重要な取組の一つです。IAEA は、IPPAS を通じて、核物質及びその他の放射性物質と関連施設の防護に関する国際条約、IAEA のガイダンスの実施に関する助言を行っています。

我が国は、テロ対策のための国際的な取組に積極的に参画しており、改正核物質防護条約や核テロリズム防止条約を含め、国連その他の国際機関で採択されたテロ防止関連諸条約のうち 13 の国際約束を締結しています。

---

[10] 2013 年 2 月発刊の「国の核セキュリティ体制の基本：目的及び不可欠な要素」。

[11] 2011 年 1 月に発刊された「核物質及び原子力施設の物理的防護に関する核セキュリティ勧告改訂第 5 版」、「放射性物質及び関連施設に関する核セキュリティ勧告」及び「規制上の管理を外れた核物質及びその他の放射性物質に関する核セキュリティ勧告」。

[12] International Physical Protection Advisory Service

(2)　我が国における核セキュリティに関する取組

①　核物質及び原子力施設の防護

我が国では、原子炉等規制法により、原子力施設に対する妨害破壊行為や、特定核燃料物質[13]の輸送・貯蔵・使用時等の核物質の盗取等を防止するための対策を講じることを原子力事業者等に義務付けています（図 4-8）。原子力事業者等は、原子力施設において防護区域を定め、当該施設を鉄筋コンクリート造りの障壁等によって区画するとともに、出入管理、監視装置の設置、巡視、情報管理等を行っています。また、核物質防護管理者を選任し、核物質防護に関する業務を統一的に管理しています（図 4-9）。

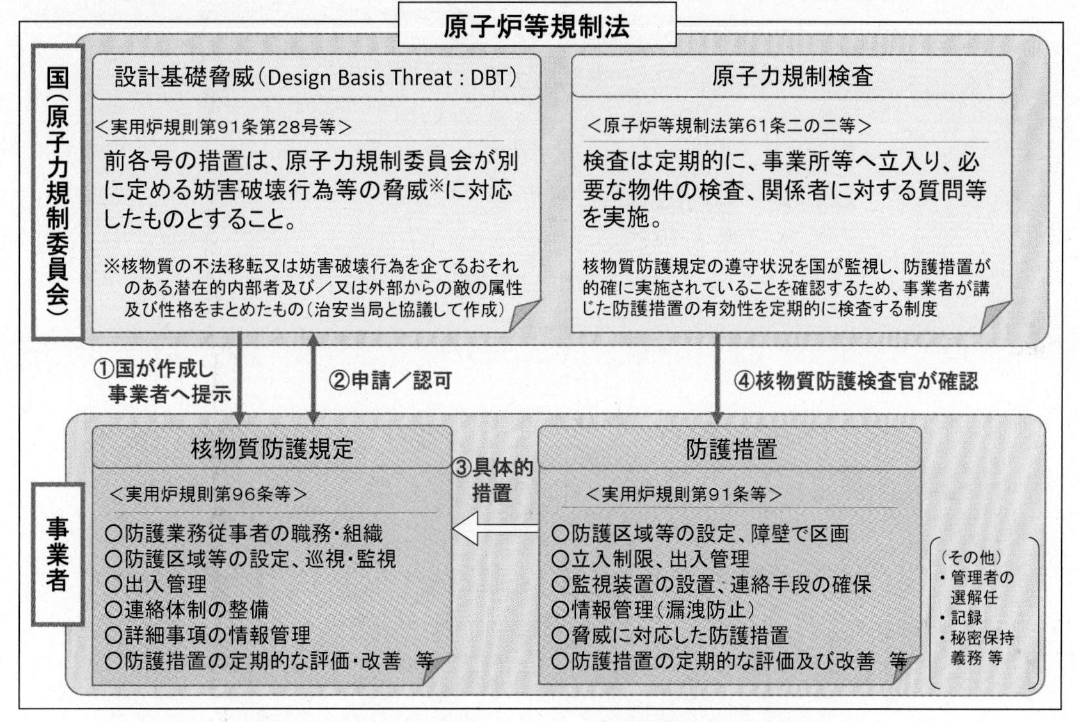

図 4-8　原子力施設における核物質防護の仕組み

(出典)原子力規制委員会作成

また、デジタル化の負の側面として、サイバー攻撃件数の増加も顕著となっていることから、原発等の安全性確保の観点で、サイバーセキュリティ対策の強化が不可欠になっています（図 4-10）。原子力規制委員会は、IAEA による勧告文書[14]を踏まえ、原子力施設における内部脅威対策（個人の信頼性確認の実施及び防護区域内における監視装置の設置）の強化に加え、サイバーセキュリティ対策の継続的な改善等に係る制度整備を着実に進めています。2022 年 3 月には、サイバーセキュリティ対策のため、核物質防護措置に係る審査基準等の一部改正を行いました。

---

[13] プルトニウム（プルトニウム 238 の同位体濃度が 100 分の 80 を超えるものを除く）、ウラン 233、ウラン 235 のウラン 238 に対する比率が天然の混合率を超えるウランその他の政令で定める核燃料物質。

[14] 「核物質及び原子力施設の物理的防護に関する核セキュリティ勧告改訂第 5 版」。

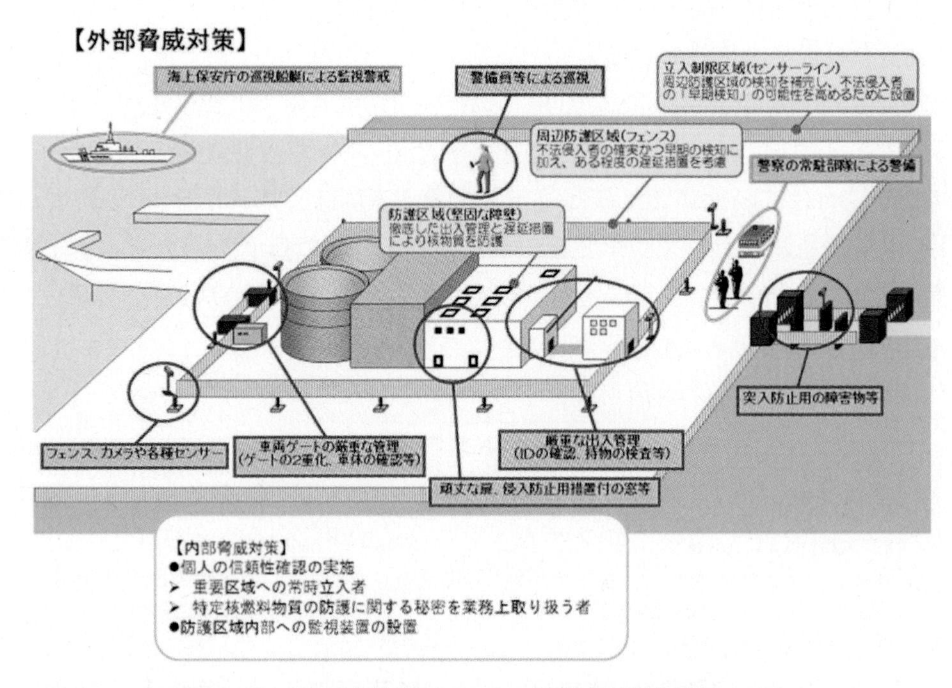

図 4-9　原子力施設における核物質防護措置の例

(出典)原子力規制委員会「令和 3 年度年次報告」(2022 年)

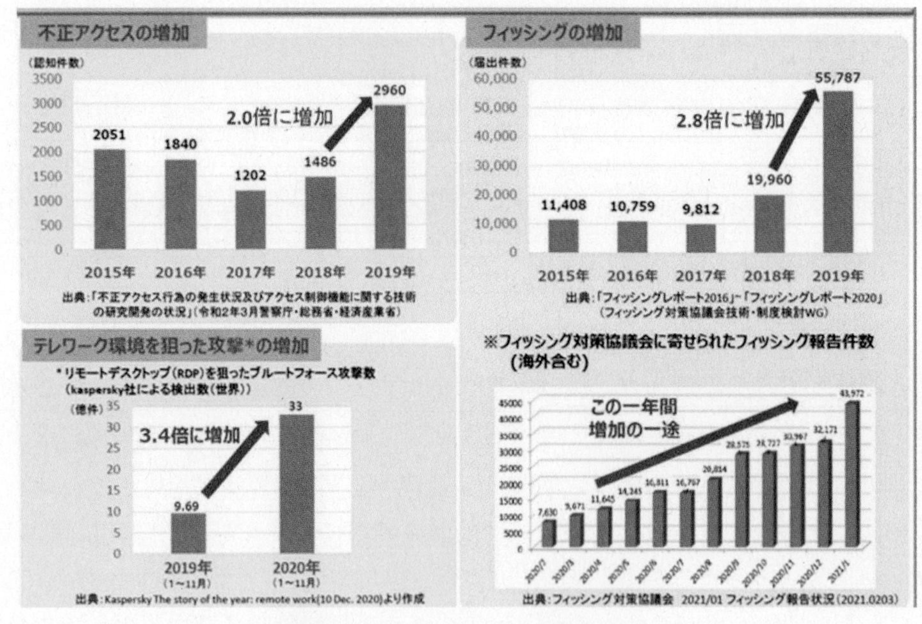

図 4-10　サイバー攻撃件数

(出典)総務省「サイバー攻撃に関する最近の動向」

また、原子力の安全性向上に向けた原子力産業界の自主的取組を行う組織である原子力エネルギー協議会（ATENA）も、原子力発電所におけるサイバーセキュリティ対策導入に関するガイドを2020年3月に発刊しました。原子力事業者は、同ガイドラインに沿った安全対策を2023年10月までに完了する予定です。

原子力事業者等が講じる防護措置の実施状況及び核物質防護規定の遵守状況については、検査（原子力規制検査）において定期的に確認しています。2020年度には、東京電力柏崎刈羽原子力発電所におけるIDカード不正使用事案及び核物質防護設備の機能の一部喪失事案を踏まえ、同発電所の原子力規制検査における対応区分が「第4区分」とされました。原子力規制委員会は、2021年4月に東京電力に対して是正措置命令を発出し、追加検査を実施しています[15]。

2022年に発生した、ロシアによるウクライナにある原子力施設等への攻撃・占拠事案では原子力施設防護・核不拡散等の問題が顕在化しました。軍事的脅威下では、原子力施設の管理等の観点でIAEA等国際機関の役割が重要となりますが、我が国としてもこのような極限の事態も想定した対応が図れるよう、自然災害などによる原子力災害との違いを認識しつつ、有事の際に指揮命令系統に混乱が生じないよう、国際機関、政府の原子力関連機関、危機管理組織等が連携して対応を不断に検証する必要があります。日本の国民の命や暮らしを守るために十分か、引き続き、関係省庁・関係機関が連携し、対応を不断に検証し、改めるべき点は改善していくことで安全確保に万全を期していく必要があります。

②　核セキュリティ文化の醸成

核セキュリティ文化とは、原子力組織に携わる人々が核セキュリティを確保するための信念、理解、習慣について話し合い、その結果を実施し根付かせていくものです。核セキュリティ文化の醸成及び維持は、原子力に携わる者全ての務めです。2012年の法令改正により、核物質防護規定において「核セキュリティ文化を醸成するための体制（経営責任者の関与を含む。）に関すること」を定めることが原子力事業者等に義務付けられました。

原子力規制委員会は、原子力事業者等との間で、経営層との面談等を通じてセキュリティに対する関与意識の強化を図っています。2021年6月に開催された第12回CNO会議[16]では、原子力規制委員会と事業者の原子力部門責任者等との間で、東京電力の核物質防護事案を踏まえた業界全体での取組についての意見交換が行われました。

また、原子力規制委員会は、2015年に「核セキュリティ文化に関する行動指針」を策定しました。同指針では、脅威に対する認識、安全との調和、幹部職員の務め、教育と自己研鑽、情報の保護と意思疎通の5点について、原子力規制委員会として自らの核セキュリティ文化を醸成するための行動指針を示しています。この指針に基づき、原子力規制委員会は、新規採用職員及び検査官への着任が見込まれる職員を対象として、核セキュリティ文化に関する研修等を継続的に実施しています。

---

[15] 第1章1-2(1)③3)ﾊ)「原子力規制検査の実施」を参照。
[16] 第1章1-2(4)②「原子力エネルギー協議会（ATENA）における取組」を参照。

③　輸送における核セキュリティ

輸送時の核セキュリティは、輸送の種類によって所管する規制行政機関及び治安当局が異なります（表 4-8）。

特定核燃料物質の輸送時の要件は、陸上輸送に関しては原子炉等規制法で、海上輸送に関しては「船舶安全法」（昭和 8 年法律第 11 号）で定められています。

表 4-8　特定核燃料物質の輸送を所管する関係省庁

	輸送物	輸送方法	輸送経路・日時
陸上輸送	原子力規制委員会	【所外輸送】国土交通省	都道府県公安委員会
		【所内輸送】原子力規制委員会	
海上輸送	国土交通省	国土交通省	海上保安庁

(注)特定核燃料物質の航空輸送は実施されない。
(出典)第 2 回核セキュリティに関する検討会資料 4 国土交通省・原子力規制庁「輸送における核セキュリティの検討について」(2013 年)

④　核セキュリティ対策強化の取組

我が国は、2010 年の核セキュリティ・サミットにおいて、主にアジア諸国の核セキュリティ強化を支援するセンターの設立を表明し、同年 12 月に原子力機構に「核不拡散・核セキュリティ総合支援センター」（ISCN[17]）を設置しました。ISCN は人材育成支援、技術開発等の活動を積極的に進めています。

人材育成支援では、コロナ禍での効果的なオンライントレーニングのために開発した教材や手法を取り込んだ新たな対面様式のトレーニングや、バーチャルリアリティ（VR）技術や核物質防護の実習施設を活用したトレーニング、保障措置の体制整備の実務者トレーニング等を実施し、各国から高い評価を受けています（図 4-11）。また、IAEA 査察官向けに、原子力機構の施設を活用した我が国でしか実施できないトレーニングを提供し、IAEA からも高く評価されています。こうした実績を踏まえて、原子力機構は、2021 年 10 月に IAEA から、核セキュリティ及び廃止措置・廃棄物管理の 2 分野において IAEA 協働センターの指定を受けました。

トレーニングコースは 2023 年 3 月までに 104 か国、6 国際機関から累計 5,632 名が受講しています。2022 年 12 月には、新型コロナウイルス感染症の影響により延期されていた対面での「輸送中の放射性物質のセキュリティに係る IAEA 国際トレーニングコース」が開催されました。本コースは、教室での講義のみでなく、シナリオに基づいたグループ演習やエクササイズが行われ、アジア、アフリカ等 13 か国の原子力規制機関、関係政府機関及び原子力事業者等から 13 名が参加しました。

[17] Integrated Support Center for Nuclear Nonproliferation and Nuclear Security

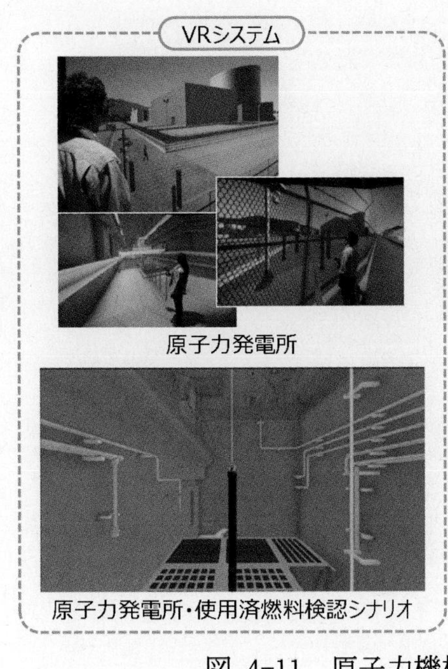

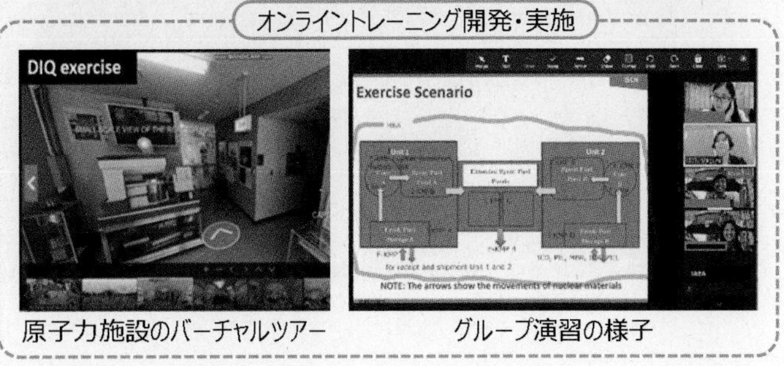

図 4-11　原子力機構 ISCN による様々なトレーニングの実施

（出典）原子力機構核不拡散・核セキュリティ総合支援センター「ISCNニューズレターNo.0281」（2020年）、原子力機構核不拡散・核セキュリティ総合支援センター「人材育成」、M. Sekine et al.「Proceedings of 2021 INMM/ESARDA Joint Annual Meeting」、Y. Kawakubo et al.「Proceedings of 2021 INMM/ESARDA Joint Annual Meeting」に基づき作成

技術開発では、欧米と協力して、押収・採取された核物質を分析して出所等を割り出す核鑑識技術、中性子線を照射して対象物を非破壊分析するアクティブ法等の技術開発を進めています。また、大規模イベント等におけるテロ活動を抑止するための核物質・放射性物質を検知する技術開発、核爆発装置や放射性物質を飛散させる装置等に核物質・放射性物質が用いられるリスクを低減するための評価研究も進めています。

原子力機構は、核セキュリティ分野について、ISCN の活動を通じ、新たな対面様式のトレーニングコースや教材の開発、先進的な核セキュリティシステムに係る技術開発協力等を進展させることにより、核セキュリティの確保に関する国際協力に一層貢献するとしています。

そのほか、ISCN では原子力平和利用と核不拡散・核セキュリティに係る国際フォーラムを毎年開催しています。2022 年 12 月にオンラインで開催した国際フォーラムでは、「ロシアのウクライナ侵攻が核不拡散・核セキュリティ・原子力平和利用に与える影響と課題」をテーマに、国内外の有識者による講演や議論が行われました（図 4-12）。国際フォーラムの開催に際し、プレイベントとして、学生セッション「ウクライナ戦争や第 10 回核兵器不拡散条約運用検討会議（NPTRC）を踏まえて、何が平和か？核関連の脅威に世界と日本はどう対応するべきか？」をオンラインで開催しました。

図 4-12　原子力平和利用と核不拡散・核セキュリティに係る国際フォーラム 2022
におけるパネルディスカッションの様子

（出典）原子力機構核不拡散・核セキュリティ総合支援センター「ISCN ニューズレターNo.0313」(2023 年)

(3)　核セキュリティに関する国際的な取組

①　核セキュリティ・サミット

米国のオバマ大統領（当時）が提唱した核セキュリティ・サミットは、2010 年 4 月から 2016 年 4 月にかけて合計 4 回開催され、核テロ対策に関する基本姿勢や取組状況、国際協力の在り方について、首脳レベルでの議論が行われました。最終回となった第 4 回では、サミット終了後の核セキュリティ強化の取組に向けた行動計画等が採択されました。

②　国連の行動計画

国連総会と国連安全保障理事会（以下「安保理」という。）は、グローバルな核セキュリティを強化する上で重要な役割を果たしています。2016 年の第 4 回核セキュリティ・サミットで発表された国連の行動計画では、国連総会及び国連安保理の関連する全ての決議に定められた、核セキュリティ関連のコミットメントと義務を完全に履行すること等を目指す方針が示されました。

③　IAEA における取組

IAEA は 2002 年 3 月、核テロ対策を支援するために、核物質及び原子力施設の防護等八つの活動分野で構成される核セキュリティ第 1 次活動計画を策定し、核物質等テロ行為防止特別基金を設立しました。2021 年 9 月には、2022 年から 2025 年までを対象とした第 6 次行動計画が承認されました。第 6 次行動計画は、優先的かつ横断的事項、情報管理、核物質及び原子力施設の防護、規制上の管理を外れた核物質の防護、プログラム開発及び国際協力の五つの分野で構成されており、2020 年 2 月に開催された IAEA 主催の閣僚級会議「核セキュリティに関する国際会議」における閣僚宣言の内容も反映されています。

また、IAEA は 2021 年から、オーストリアのサイバースドルフにおいて、核セキュリティ訓練・実証センターを建設しています。同センターでは、各国が有する核セキュリティ支援センターの機能を補完する位置付けで、核セキュリティ対応者への訓練や演習を提供することを目的としており、2023 年末に運用を開始する予定です。

④　その他の国際枠組み

上記のほか、我が国も参加する、核セキュリティの向上を目的とした代表的な国際取組として、「大量破壊兵器及び物質の拡散に対するグローバル・パートナーシップ」(GP[18])、「核テロリズムに対抗するためのグローバル・イニシアティブ」(GICNT[19])、「核セキュリティ・コンタクトグループ」(NSCG[20]) 等が挙げられます。これらは 2002 年、2006 年の G8 を機に設置されましたが、その後 G8 の枠を超えて、多くの国や国際機関が参加する取組へと拡大しています。

また、2008 年の第 52 回 IAEA 年次総会の際に設立された「世界核セキュリティ協会」(WINS[21]) は、核物質及び放射性物質がテロ目的に使用されないように管理を徹底することを目的として活動を行っています。WINS は、核セキュリティ管理に関するワークショップをオンラインや世界各地で開催しています。WINS は 2022 年 5 月に、規制外の核物質及びその他放射性物質 (MORC[22]) に対処する人材開発に関する新たな報告書を発表しました。同報告書では、核セキュリティの能力開発で最も重要な問題は設備ではなく、訓練を受けた人材であるといった指摘がなされています。また WINS は 2023 年 1 月 19 日及び 20 日に東京で、ISCN との共催ワークショップ「核セキュリティ文化の自己評価」を 3 年ぶりに対面開催しました。

⑤　ロシアによるウクライナ侵略問題への対応

ロシアは、2022 年 2 月 24 日にウクライナに対する侵略を開始しました。その直後から、チョルノービリサイトやウクライナ最大のザポリッジャ原子力発電所がロシア軍により占拠されました。また、放射性廃棄物処分場へのミサイル攻撃や核物質を扱う研究施設への砲撃も行われました。その後も原子力発電所等への攻撃は続き、外部電源の損傷、喪失など大きな被害をもたらしています。

---

[18] Global Partnership

[19] Global Initiative to Combat Nuclear Terrorism

[20] Nuclear Security Contact Group

[21] World Institute for Nuclear Security

[22] Material Out of Regulatory Control

これらの事態に対し、IAEAは累次にわたり重大な懸念を表明し、2022年3月2日及び3日に開催されたIAEA特別理事会ではグロッシーIAEA事務局長が七つの柱を提示しました（図4-13）。その後も、IAEAは累次にわたり重大な懸念を表明しています。

2022年8月29日から9月5日には同事務局長及びIAEA支援・調査ミッション（ISAMZ[23]）がザポリッジャ原子力発電所を訪問・調査しました。調査の結果としてIAEAは、同発電所の周辺に原子力安全・核セキュリティ保護区域を設定すること等を提唱し、ウクライナ及びロシアの両首脳等への働きかけを行っています。なお、ザポリッジャ原子力発電所には2022年9月以降、IAEAのスタッフが駐在しています。2023年1月以降は、同発電所だけでなく、ウクライナ国内の全原子力発電所及び関連施設にIAEAのスタッフが駐在しています。

2022年6月にドイツのエルマウで開催されたG7サミットでは、ロシアによる核に関するレトリック等の不当な使用を非難するとともに、核物質及び原子力施設の安全及び核セキュリティの分野における協力拡大等を含む「ウクライナ支援に関するG7声明」が発出されました。この声明も含めG7は、累次にわたって声明を発出し、ロシアによるザポリッジャ原子力発電所の占拠や軍事化、ウクライナ人職員の拉致等を改めて非難し、IAEAによる取組への支持を繰り返し表明しています。

また、2023年1月には日・ウクライナ首脳電話会談が行われ、岸田内閣総理大臣は、G7議長国としてウクライナとの連携を強化したい旨を伝えました。また、同年年3月には、岸田内閣総理大臣はウクライナを訪問し、両首脳は、連携をこれまで以上に強化することで合意し、「特別なグローバル・パートナーシップに関する共同声明」を発出しました。

1. 原子炉、燃料貯蔵プール、放射線廃棄物貯蔵・処理施設にかかわらず、原子力施設の物理的一体性が維持されなければならない
2. 原子力安全と核セキュリティに係る全てのシステムと装備が常に完全に機能しなければならない
3. 施設の職員が適切な輪番で各々の原子力安全及び核セキュリティに係る職務を遂行できなければならず、不当な圧力なく原子力安全と核セキュリティに関して、決定する能力を保持していなければならない
4. 全ての原子力サイトに対して、サイト外から配電網を通じた電力供給が確保されていなければならない
5. サイトへの及びサイトからの物流のサプライチェーン網及び輸送が中断されてはならない
6. 効果的なサイト内外の放射線監視システム及び緊急事態への準備・対応措置がなければならない
7. 必要に応じて、規制当局とサイトとの間で信頼できるコミュニケーションがなければならない

図4-13　グロッシーIAEA事務局長が提示した七つの柱

（出典）IAEA「Director General's Statement to IAEA Board of Governors on Situation in Ukraine」（2022年）、外務省「（仮訳）ウクライナにおける原子力安全と核セキュリティの枠組みに関するG7不拡散局長級会合（NPDG）声明」（2022年）に基づき作成

23 IAEA Support and Assistance Mission to Zaporizhzhya

4－3 核軍縮・核不拡散体制の維持・強化

我が国は、世界で唯一の戦争被爆国として、核兵器のない世界の実現に向けて、国際社会の核軍縮・核不拡散の取組を引き続き主導していく使命を有しています。そのため、国際的な核不拡散体制を維持・強化するための議論に積極的に参加するとともに、人材の育成に努め、「核不拡散と原子力の平和利用の両立を目指す趣旨で制定された国際約束・規範の遵守が、原子力利用による利益を享受するための大前提」とする国際的な共通認識の醸成に国際社会と協力して取り組むことが重要です。核兵器不拡散条約（NPT）を中心とした様々な国際枠組みの下で、核軍縮・核不拡散に向けた取組を積極的に推進しています。

(1) 国際的な核軍縮・核不拡散体制の礎石としての核兵器不拡散条約（NPT）

NPTは、米国、ロシア、英国、フランス及び中国を核兵器国と定め、これらの核兵器国には核不拡散の義務を、また、核兵器国を含む全締約国に対して誠実に核軍縮交渉を行う義務を課す一方、非核兵器国には原子力の平和的利用を奪い得ない権利として認めて、IAEAの保障措置を受託する義務を課すもので、国際的な核軍縮・核不拡散を実現し、国際安全保障を確保するための最も重要な基礎となる普遍性の高い条約として位置付けられています（図 4-14）。我が国は同条約を1976年6月に批准しており、2023年3月末時点の同条約の締約国数は191か国・地域[24]です。

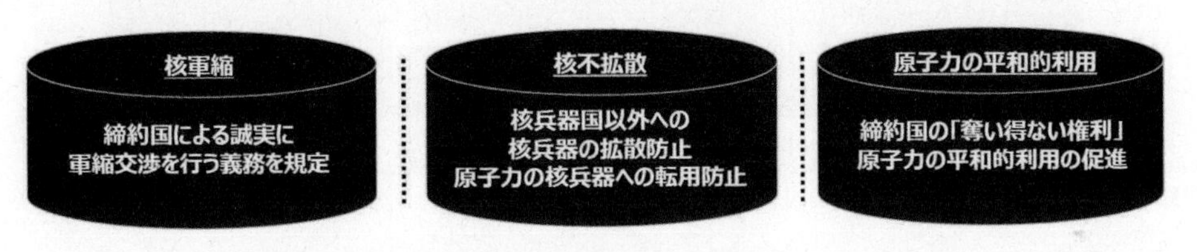

図 4-14 核兵器不拡散条約（NPT）の三つの柱

(出典)第9回原子力委員会資料第1号 外務省「不拡散政策及び原子力の平和的利用と国際協力」(2022年)

NPT運用検討会議は、条約の目的の実現及び条約の規定の遵守を確保することを目的として、5年に1度開催される国際会議です。条約が発効した1970年以来、その時々の国際情勢を反映した議論が展開されてきましたが、近年、NPT体制は深刻な課題に直面しています。我が国もNPT体制を維持・強化する観点から各国に建設的な対応を繰り返し呼びかけつつ、NPT運用検討会議の意義ある成果に向けた様々な取組を行ってきました。

当初2020年に開催予定であった第10回NPT運用検討会議は、2022年8月1日から26日まで、ニューヨークの国連本部において開催されました。最終的にはウクライナをめぐる問題を理由にロシアが反対し、成果文書のコンセンサスの採択には至らなかったものの、締約国間の真剣な議論を経て、ロシアを除く締約国間で最終成果文書案が作成されたこと自体には意義がありました。

---

[24] 国連加盟国では、インド、パキスタン、イスラエル及び南スーダンが未加入。

また、次回の運用検討会議の会期やそれに向けた会議プロセス、さらには、運用プロセス強化のための作業部会の設置が合意されました。このことは、各国のNPTの維持・強化に向けた意思の表れであり、我が国として評価しています。我が国からは岸田内閣総理大臣が日本の総理として初めてNPT運用検討会議に出席して演説を行い、「厳しい安全保障環境」という「現実」を「核兵器のない世界」という「理想」に結びつけるための現実的なロードマップの第一歩として、核リスク低減に取り組みつつ、(1)核兵器不使用の継続の重要性の共有、(2)透明性の向上、(3)核兵器数の減少傾向の維持、(4)核兵器の不拡散及び原子力の平和的利用、(5)各国指導者等による被爆地訪問の促進、の五つの行動を基礎とする「ヒロシマ・アクション・プラン」に取り組んでいくべきことを訴えました。さらに、岸田内閣総理大臣からは、2022年9月の国連総会の際の包括的核実験禁止条約（CTBT[25]）フレンズ会合の首脳級での開催、国連への1,000万ドルの拠出を通じた「ユース非核リーダー基金」の立ち上げ、「核兵器のない世界に向けた国際賢人会議」第1回会合を2022年内に広島で開催することが発表され、会議では我が国の提案や考えに多くの国からの支持・評価が得られ、最終成果文書案の中に多く盛り込まれました。

図 4-15　NPT運用検討会議で一般討論演説を行う岸田総理

（出典）外務省「岸田総理大臣による第10回核兵器不拡散条約（NPT）運用検討会議出席」(2022年)

(2)　核軍縮に向けた取組

①　核軍縮の推進に向けた我が国の取組

我が国は、唯一の戦争被爆国として、核兵器のない世界を実現するため、核軍縮・核不拡散外交を積極的に行っています。1994年以降、毎年国連総会に核兵器廃絶決議案を提出し、幅広い国々の支持を得て採択されてきています。

岸田内閣総理大臣は2022年1月の施政方針演説において、「核兵器のない世界に向けた国際賢人会議」を立ち上げることを表明しました。これは、核兵器国と非核兵器国、さらには、核兵器禁止条約の参加国と非参加国からの参加者が、それぞれの国の立場を超えて知恵を出し合い、また、各国の現職・元職の政治リーダーの関与も得て、「核兵器のない世界」の実現に向けた具体的な道筋について、自由闊達な議論を行う場です。同会議第1回会合は12月10日及び11日に広島において開催され、白石隆座長（熊本県立大学理事長）を含む日本人委員3名のほか、核兵器国、非核兵器国などからの外国人委員10名の計13名の委

[25] Comprehensive Nuclear-Test-Ban Treaty

員、また、「開催地の有識者」として小泉崇・広島平和センター理事長が対面参加しました。委員は四つのセッションで、核軍縮を取り巻く現下の国際情勢や安全保障環境についての分析を行い、核軍縮を進める上での課題、核軍縮分野で優先的に取り組むべき事項や同会議の今後の議論の進め方などについて闊達な議論を行いました。閉会セッションでは岸田内閣総理大臣が、厳しい「現実」を「理想」に近づけていくための具体的な方策について更に議論を深め、次回 NPT 運用検討会議も見据え有益な成果を達成いただくことを期待している旨を述べました。

また、我が国は、2010 年に我が国とオーストラリアが中心となって立ち上げた地域横断的な非核兵器国のグループである「軍縮・不拡散イニシアティブ」(NPDI[26]) を通じて、NPT 運用検討会議における合意事項の着実な実施に貢献するべく活動を行っています。2022 年 8 月に米国のニューヨークで開催された第 11 回 NPDI ハイレベル会合では、岸田内閣総理大臣が冒頭発言で、核戦力の透明性向上は、NPDI が立ち上げ以来主張してきた重要なポイントであり、我が国は引き続き NPDI メンバー国と共に全力を尽くす考えである旨表明し、会合の後、12 か国の共同声明が発出されました。

② 包括的核実験禁止条約 (CTBT)

「包括的核実験禁止条約」(CTBT) は、全ての核兵器の実験的爆発又は他の核爆発を禁止するもので、核軍縮・核不拡散を進める上で極めて重要な条約であり、我が国は 1997 年に批准しました。2023 年 3 月末時点で批准国は 177 か国ですが、CTBT の発効に必要な特定の 44 か国のうち批准は 36 か国[27]にとどまり条約は発効していません。我が国は、CTBT の発効を重視しており、CTBT 発効促進会議、CTBT フレンズ外相会合等を通じて未批准国への働きかけに積極的に取り組んでいます。岸田内閣総理大臣は 2022 年 8 月の NPT 運用検討会議の一般討論演説において、CTBT フレンズ会合の初となる首脳級での開催を発表しました。同会合は同年 9 月の国連総会ハイレベルウィーク期間中に開催され、岸田内閣総理大臣が出席しました。岸田内閣総理大臣は開会挨拶で CTBT の普遍化及び早期発効、検証体制の強化の重要性を訴え、我が国として、特にアジア太平洋地域における条約の運用体制の整備・強化を一層積極的に支援していくこと、また、観測施設の維持・強化を進めて国際監視制度の一層の充実を図っていく旨を表明しました。

---

[26] Non-proliferation and Disarmament Initiative

[27] 未批准の発効要件国は、インド、パキスタン、北朝鮮、中国、エジプト、イラン、イスラエル及び米国。

条約の遵守状況の検証体制については、我が国は、国内に国際監視制度（IMS[28]）の10か所の監視施設及び実験施設を維持・運営しているほか（図 4-16）、世界各国の将来のIMSステーションオペレーター（観測点の運営者）の能力開発支援や包括的核実験禁止条約機関（CTBTO[29]）への任意拠出の提供を通じて、その強化に貢献しています。

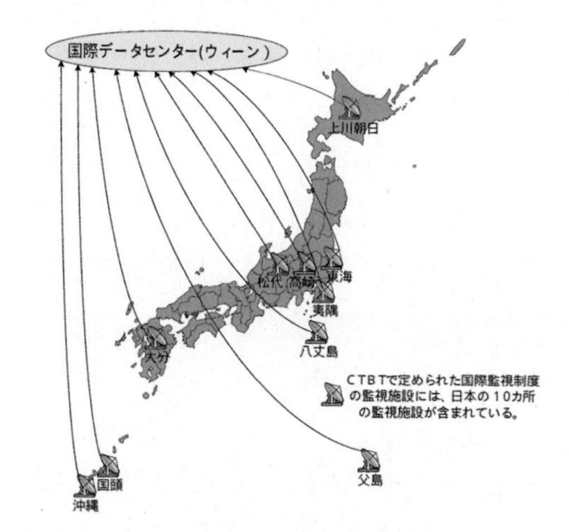

図 4-16 日本国内の国際監視施設設置ポイント

（出典）外務省「CTBT 国内運用体制の概要 日本国内の国際監視施設設置ポイント」に基づき作成

③ 核兵器用核分裂性物質生産禁止条約（「カットオフ条約」（FMCT））

1993年にクリントン米大統領（当時）が提案した「核兵器用核分裂性物質生産禁止条約」（「カットオフ条約」（FMCT[30]））は、核兵器用の核分裂性物質（高濃縮ウラン及びプルトニウム等）の生産を禁止することにより新たな核兵器保有国の出現を防ぎ、かつ核兵器国における核兵器の生産を制限するもので、核軍縮・不拡散の双方の観点から大きな意義を有します。

これまで、ジュネーブ軍縮会議（CD[31]）において、条約交渉を開始するための議論が行われてきているものの、実質的な交渉は開始されていません。そのため、2017年と2018年にハイレベルFMCT専門家準備グループの会合を開催し、条約の実質的な要素と勧告を盛り込んだ報告書を採択しました。

我が国としては、FMCTの早期交渉開始を実現すること、また、交渉妥結までの間、核兵器保有国が核兵器用核分裂性物質の生産モラトリアムを宣言することは核兵器廃絶の実現に向けた次の論理的なステップであり、核軍縮分野での最優先事項の一つと考えています。

④ 核兵器禁止条約

2021年1月に発効した「核兵器禁止条約」は、核兵器その他の核爆発装置の開発、実験、生産、製造、その他の方法による取得、占有又は貯蔵等を禁止するとともに、核兵器その他の核爆発装置の所有、占有又は管理の有無等について締約国が申告すること等について規定しています。2022年6月には、同条約の第1回締約国会議が開催されました。

核兵器禁止条約は、「核兵器のない世界」への出口ともいえる重要な条約です。しかし、現実を変えるためには、核兵器国の協力が必要ですが、同条約には核兵器国は1か国も参加していません。そのため、同条約の署名・批准といった対応よりも、我が国は唯一の戦争被

[28] International Monitoring System
[29] Comprehensive Nuclear-Test-Ban Treaty Organization
[30] Fissile Material Cut-off Treaty
[31] Conference on Disarmament

爆国として、核兵器国を関与させるよう努力していかなければならず、そのためにもまずは「核兵器のない世界」の実現に向けて、唯一の同盟国である米国との信頼関係を基礎としつつ、現実的な取組を進めていく考えです。

⑤　軍備管理枠組み

2021年2月、米国及びロシアは、「新戦略兵器削減条約」（新START[32]）を5年間延長することを発表しました。我が国としては、新STARTは米露両国の核軍縮における重要な進展を示すものであると考えており、その延長を歓迎しました。しかし、2023年2月、プーチン大統領は年次教書演説において、新STARTの履行停止を発表しました。

核兵器をめぐる昨今の情勢を踏まえると、米露を超えたより広範な国家、より広範な兵器システムを含む新たな軍備管理枠組みを構築していくことも重要であり、その観点から、我が国は様々なレベルでこの問題について関係各国に働きかけを行ってきています。例えば、2022年1月に発出した「核兵器不拡散条約（NPT）に関する日米共同声明」や5月に発出した日米首脳共同声明では、中国による核能力の増強に留意し、中国に対し、核リスクを低減し、透明性を高め、核軍縮を進展させるアレンジメントに貢献するよう要請しています。また、上記の核兵器廃絶決議においても、核軍備競争予防の効果的な措置に関する軍備管理対話を開始する核兵器国の特別な責任につき再確認することが盛り込まれています。

(3)　核不拡散に向けた取組

①　原子力供給国グループ（NSG）

1974年のインドの核実験を契機として、原子力関連の資機材を供給する能力のある国の間で「原子力供給国グループ」（NSG[33]）が設立され、2023年3月末時点で我が国を含む48か国が参加しています。NSG参加国は、核物質や原子力活動に使用するために設計又は製造された品目及び関連技術の輸出条件を定めた「NSGガイドライン・パート1[34]」を1978年に選定し、これに基づいた輸出管理を行っています。さらに、その後策定された「NSGガイドライン・パート2[35]」は、通常の産業等に用いられる一方で原子力活動にも使用し得る資機材（汎用品）及び関連技術も輸出管理の対象としています。

2022年6月には、ワルシャワ（ポーランド）において第31回NSG総会が開催されました。総会において我が国は、NPT体制におけるNSGの意義や、北朝鮮による核・ミサイル問題、ロシアのウクライナ侵略及びイランの核問題といった地域情勢に係る立場に加え、核不拡散の強化を目的としたアジア諸国等の輸出管理能力向上のためのアウトリーチの取組等についてステートメントを行いました。

---

[32] Strategic Arms Reduction Treaty
[33] Nuclear Suppliers Group
[34] 主な対象品目は、①核物質、②原子炉とその付属装置、③重水、原子炉級黒鉛等、④ウラン濃縮、再処理、燃料加工、重水製造、転換等に係るプラントとその関連資機材。
[35] 主な対象品目は、①産業用機械（数値制御装置、測定装置等）、②材料（アルミニウム合金、ベリリウム等）、③ウラン同位元素分離装置及び部分品、④重水製造プラント関連装置、⑤核爆発装置開発のための試験及び計測装置、⑥核爆発装置用部分品。

②　北朝鮮の核開発問題

北朝鮮は、累次の国連安保理決議に従った、全ての大量破壊兵器及びあらゆる射程の弾道ミサイルの完全な、検証可能な、かつ不可逆的な廃棄を依然として行っていません。北朝鮮は2021年9月以降、「極超音速ミサイル」と称するものや変則軌道で飛翔可能な短距離離弾道ミサイル（SRBM[36]）などを立て続けに発射し、その態様も鉄道発射型や潜水艦発射型などに多様化し、特に2022年以降、大陸間弾道ミサイル（ICBM[37]）級を含め、かつてない高い頻度でミサイル発射を執拗に繰り返して、国際社会に対する挑発を一方的にエスカレートさせています。

また、北朝鮮は核開発を継続する姿勢を示しており、2022年のIAEAの報告においては、2017年9月に6度目の核実験が行われた豊渓里（プンゲリ）で、2018年に部分的に解体された実験坑道を再開するための掘削作業など、核実験に向けた動きが見られることが指摘されています。引き続き、北朝鮮による全ての大量破壊兵器及びあらゆる射程の弾道ミサイルの完全な、検証可能な、かつ不可逆的な廃棄に向け、国際社会が一致結束して、安保理決議を完全に履行することが重要です。

③　イランの核開発問題

イランの核開発問題は、国際的な核不拡散体制への重大な挑戦となっていましたが、2015年7月に、EU3+3（英国、フランス、ドイツ、米国、中国、ロシア及びEU）とイランとの間で「包括的共同作業計画」（JCPOA[38]）が合意され、JCPOAを承認する安保理決議第2231号が採択されました。JCPOAは、イランの原子力活動に制約をかけつつ、それが平和的であることを確保し、これまでに課された制裁を解除していく手順を詳細に明記したものです。

しかし、2018年には米国がJCPOAから離脱し、イランに対する制裁措置を再適用しました。これに対してイランは、2019年5月にJCPOA上の義務の段階的停止を発表し、低濃縮ウラン貯蔵量の上限超過、濃縮レベルの上限超過、フォルドにある燃料濃縮施設での濃縮再開等の措置を順次講じ、2021年4月には60％までの濃縮ウランの製造を開始する旨をIAEAに通報しました。一方で、2021年4月以降、米国及びイラン双方によるJCPOAへの復帰に向けた協議が、EU等の仲介によりウィーン（オーストリア）で断続的に行われたものの、交渉は停滞しています。2023年2月3日には、フランス、ドイツ、英国、米国の4か国が、イランがIAEAへの事前通知なくフォルドにある燃料濃縮施設の仕様を大幅に変更した旨のIAEAの報告を受けて、同施設におけるIAEA保障措置の適用にイランが全面的に協力するよう求める声明を発表しました。なお、IAEA事務局長報告書によると、同年2月12日時点におけるイランの濃縮ウラン保有量は推定で3,760.8kg（JCPOAで定めた上限300kgの12倍以上）に達しており、60％までの濃縮ウランの保有量は87.5kgに達しています。

グロッシーIAEA事務局長は2023年3月3日から4日にかけてイランを訪問し、ライースィ・イラン大統領やエスラミ同国原子力庁長官らと会談を行いました。グロッシー事務局

---
36 Short-Range Ballistic Missile
37 Intercontinental Ballistic Missile
38 Joint Comprehensive Plan of Action

長とエスラミ長官の両者はイランが包括的保障措置協定に基づく義務履行について IAEA と協力すること、イランが IAEA に対し、未解決の保障措置問題に対処するため、情報や施設へのアクセスを提供する準備があること、またイランが IAEA に対し、検証及び監視活動を自発的に許容すること等で合意しました。

我が国は、国際的な核不拡散体制の強化と中東地域の安定に資する JCPOA を一貫して支持しており、引き続きイランに対し、核合意を遵守するよう働きかけるとともに、中東における緊張緩和と情勢の安定化に向け、関係国と連携していく方針です。2022 年 9 月には国連総会に出席した岸田内閣総理大臣とライースィ・イラン大統領が首脳会談を行い、日本として関係国による核合意への早期復帰を期待する旨を伝える等、あらゆる機会を捉え、イランと緊密な意思疎通を図っています。

④ ロシアのウクライナ侵略が核軍縮・核不拡散に及ぼす影響

ロシアのウクライナ侵略は、ウクライナ国内の原子力発電所の占拠等に伴う核セキュリティ上の懸念に加え、世界の核軍縮・核不拡散体制にも影響を及ぼしています。ロシアはこれまでのウクライナ侵略の過程で、核兵器による威嚇を示唆する言及を度々行っています。

こうした中、2022 年 8 月の第 10 回 NPT 運用検討会議では、最終的にウクライナをめぐる問題を理由にロシア 1 か国のみが反対し、成果文書のコンセンサス採択に至りませんでした。さらに 2023 年 2 月には、プーチン大統領は年次教書演説において、新 START の履行停止を発表しました[39]。

このようなロシアの核兵器による威嚇により「核兵器のない世界」への道のりは一層厳しくなっています。しかし我が国政府は、このような状況だからこそ「核兵器のない世界」に向けて現実的かつ実践的な取組を粘り強く進めていく必要があると繰り返し訴えてきています。

⑤ 核燃料供給保証に関する取組

ウラン濃縮や使用済燃料再処理等の機微な技術の不拡散と、原子力の平和利用との両立を目指す上で、政治的な理由による核燃料の供給途絶を回避する供給保証が重視されています。

ロシアが主導するアンガルスクの国際ウラン濃縮センター（IUEC）については、ロシアの国営企業ロスアトムが IAEA と備蓄の構築に関する協定を交わし、2011 年 2 月から燃料供給保証として 120t の低濃縮ウラン備蓄の利用が可能となりました。

また、カザフスタンの低濃縮ウラン備蓄バンクについては、同国と IAEA が協定に署名し、2017 年 8 月に開所しました。2019 年にはフランスのオラノ社及びカザフスタン国営原子力企業のカズアトムプロム社から低濃縮ウランが納入され、同バンクの操業に必要な、100 万 kWe 規模の加圧水型軽水炉（PWR[40]）1 基の炉心を満たすに十分な量の低濃縮ウランの備蓄が完了しました。

---

[39] 第 4 章 4-3(2)⑤「軍備管理枠組み」を参照。
[40] Pressurized Water Reactor

第5章 原子力利用の大前提となる国民からの信頼回復

東電福島第一原発事故の政府事故調報告書では、事故の状況や放射線の人体への影響等についての政府や東京電力から国民に対する情報提供の方法や内容に多くの課題があったことが指摘されました。また、事故が発生した際の緊急時だけでなく、平時の情報提供の在り方についても課題が指摘されています。これらの課題は、国民の原子力に対する不信・不安を招く主原因の一つとなったと考えられ、情報提供等の取組に関する政府や事業者による試行錯誤が続けられています。

今般、原子力委員会が改定した「原子力利用に関する基本的考え方」では、基本目標として、「全ての原子力関係者は、国民からの信頼回復が原子力利用の大前提であることを肝に銘じて、具体的な取組を進めていく。その際、国民の声に謙虚に耳を傾けるとともに、原子力利用に関する透明性を確保し、国民一人一人ができる限り理解を深め、『じぶんごと』としての意見を形成していくことのできる環境を整えていくことが必要である。そのため、原子力関連機関は、科学の不確実性やリスクにも十分留意しながら、情報を発信する側と情報を受け取る側の双方向の対話等をより一層進めるとともに、科学的に正確な情報や客観的な事実（根拠）に基づく情報を提供する取組を推進する。」としています。

このような目標の下で、国や事業者を始めとする原子力関係機関は、情報提供やコミュニケーション活動等の取組を進めています。

5−1 理解の深化に向けた方向性と信頼回復

東電福島第一原発事故は、福島県民を始め多くの国民に多大な被害を及ぼしました。事故から既に12年が経過した現在でも、依然として国民の原子力への不信・不安が根強く残っています。さらに、事故を契機に、我が国における原子力利用は、原子力発電施設等立地地域に限らず、電力供給の恩恵を受けてきた国民全体の問題として捉えられるようになった面があるとも言われています。

事故により失われた原子力利用に対する信頼は未だ回復するには至っていません。原子力に携わる関係者は、引き続き立地地域を始めとする国民の声に謙虚に耳を傾けるとともに、原子力利用に関する透明性を確保し、国民の不信・不安に対して真摯に向き合うことが不可欠です。そのためにまず、東電福島第一原発事故以降行われてきた取組事例の評価、検証による教訓等を活かしつつ、科学の不確実性やリスクにも十分留意しながら、双方向の対話や広聴等のコミュニケーション活動をより一層進め、国民の関心に応え、取組や活動を強化していくことが必要です。情報源、情報内容とも多様化する中、また、国民が自らの関心に応じて情報を自ら取捨選択できるよう、科学的に正確な情報や客観的な事実（根拠）に基づく情報体系を整えることに努め、このような情報に基づいて国民一人一人が理解を深めた上で自らの意見を形成していけるような環境の整備を進めることが求められます。特に、国や事業者が新たな政策や取組を実施する際には、それらのメリットを紹介するだけでなく、新たに生じる可能性のある課題にも目を向けた包括的な情報発信や国民とのコミュニケーションを図っていく必要があります。

また、IT 技術の進化に伴いコミュニケーション方法が多様化している中、インターネットやソーシャル・ネットワーキング・サービス（SNS[1]）を始めとした情報入手手段の急速な変化に柔軟に対応し、各種媒体を活用した情報整備について常に改善を図っていくことも必要です。

5−2 科学的に正確な情報や客観的な事実（根拠）に基づく情報体系の整備と国民への提供

原子力委員会は 2016 年 12 月、理解の深化に向けた根拠に基づく情報体系の構築についての見解を取りまとめました。同見解では、国民が自らの関心や疑問に応じて自ら検索し、必要に応じて専門的な情報までたどれるように、一般向け情報、橋渡し情報、専門家向け情報、根拠等の各階層をつなぐ情報体系を整備することの必要性を指摘しています（図 5-1）。

また、同見解では、国民の関心が大きく、原子力政策の観点でも重要な分野から着手するべきとしており、特に「地球環境・経済性・エネルギーセキュリティ（3E）」及び「安全・防災（S）」については、原子力関係機関による情報体系の具体化が進められています。加えて、原子力委員会が 2023 年 2 月に改定した「基本的考え方」においては、ポータルサイトなどによる情報へのアクセシビリティの向上が重要である旨を記載しています。

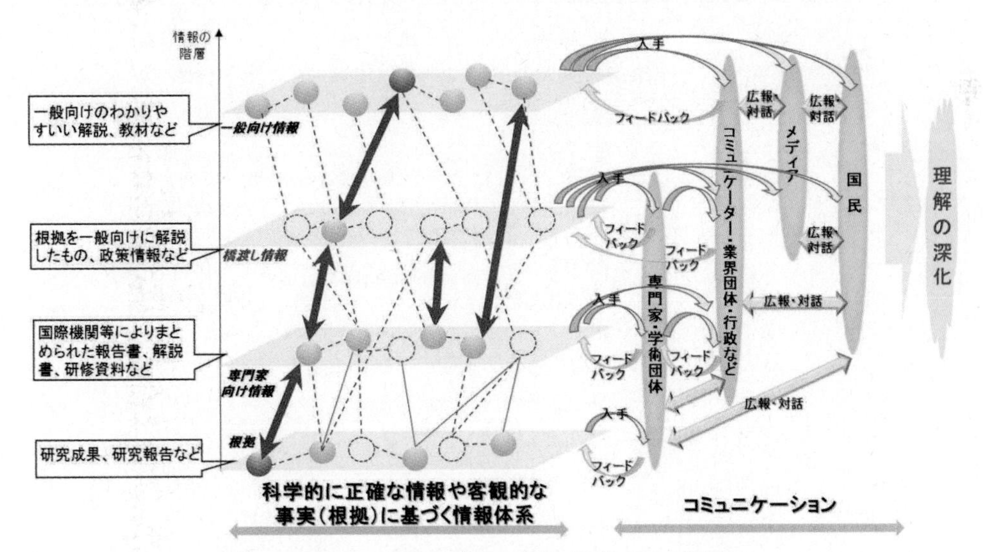

図 5-1　理解の深化～根拠に基づく情報体系の整備について～

(出典)原子力委員会 「理解の深化～根拠に基づく情報体系の整備について～(見解)」(2016 年)

[1] Social Networking Service

原子力機構は、原子力に関連した科学的かつ客観的な情報提供を行う「原子力百科事典ATOMICA[2]」の再構築を行っています。2022年度には、「高温ガス炉による核熱エネルギー利用」等の一部の記事が更新されました。

一般財団法人日本原子力文化財団は、エネルギーや原子力に関する網羅的な情報を提供するウェブサイト「エネ百科[3]」や「原子力総合パンフレット[4]」を運営しています。これらでは、原子力やエネルギーに関するさまざまな情報を子ども向けコラムや原子力防災に関するコンテンツ等も含め提供されています（図 5-2）。

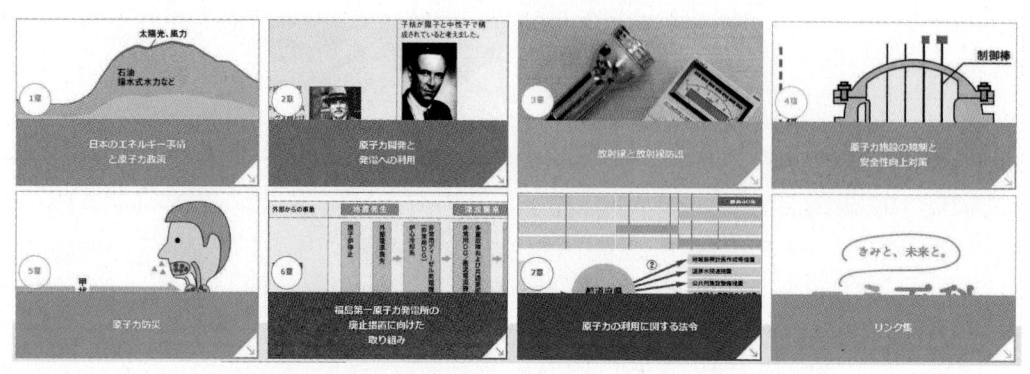

図 5-2　原子力総合パンフレット　トップページ

（出典）一般社団法人日本原子力文化財団 「原子力総合パンフレット2021年度版」を基に作成

そのほかにも、一般向けから専門家向けまで、各原子力関連機関による情報発信が行われており、電気事業連合会を中心に、それらのコンテンツ間で階層構造を整理し、互いにURLを掲載するなど、全体として情報体系を整備する取組が進められています（図 5-3）。

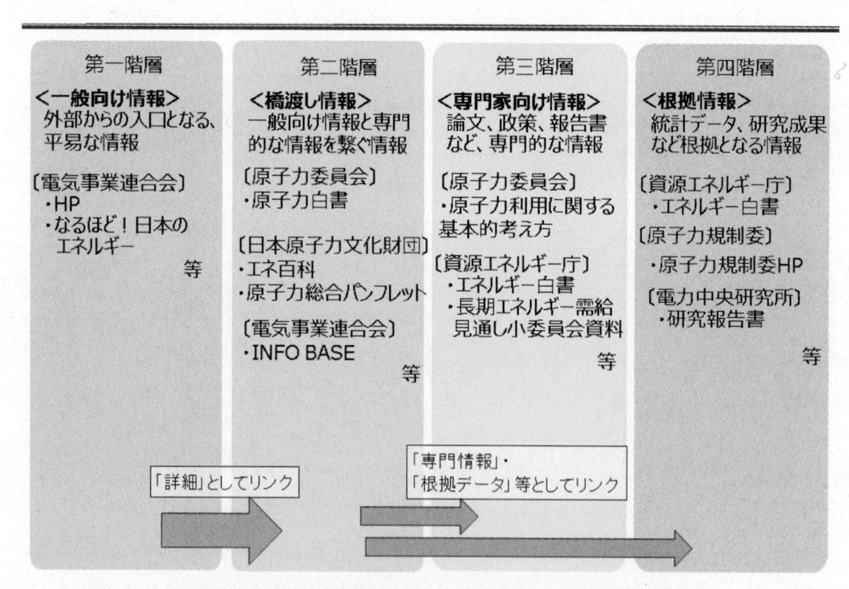

図 5-3　各原子力関連機関のコンテンツ間の接続イメージ

（出典）第11回原子力委員会資料1-2号電気事業連合会「根拠に基づく情報体系整備状況について」（2018年）を基に一部内閣府修正

2 https://atomica.jaea.go.jp/
3 https://www.ene100.jp/
4 https://www.jaero.or.jp/sogo/

コラム　～原子力に関する世論調査～

これまでも科学的に正確な情報や客観的な事実（根拠）に基づく情報体系が整備され、継続的に国民へ情報提供が行われていますが、国民における原子力や放射線に関する情報に対する理解は十分に深まっていないのが実態です。「原子力に関する世論調査(2022 年度)」によると、原子力分野（ここでは原子力発電分野を指す。）において「あなたが『聞いたことがある項目』」に関する設問と「あなたが『他の人に説明できる項目』」に関する設問（複数回答可）では、「どの項目も聞いたことがない」を選択する人は全体の 20.8%（2018 年度調査では 23.7%）でしたが、「どの項目も説明できない」を選択する人は全体の 83.3%（2018 年度調査では 85.1%）でした。また、放射線分野についての同様の設問においても、「どの項目も聞いたことがない」を選択する人は全体の 13.6%（2018 年度調査では 16.6%）でしたが、「どの項目も説明できない」の選択者は 82.3%（2017 年度調査では 83.6%）でした。この結果から、原子力や放射線に関する情報を聞いたことはある人や、他者に説明できる程度に理解している人は増えてきてはいるものの、未だ少ないことが推察されます。原子力のメリット、デメリットに関して、科学的に正確な情報や客観的な事実（根拠）に基づく情報体系に基づいて国民一人一人が理解を深めた上で自らの意見を形成していけるような環境の整備や教育の実施を今後も継続的に実施していくことが必要です。

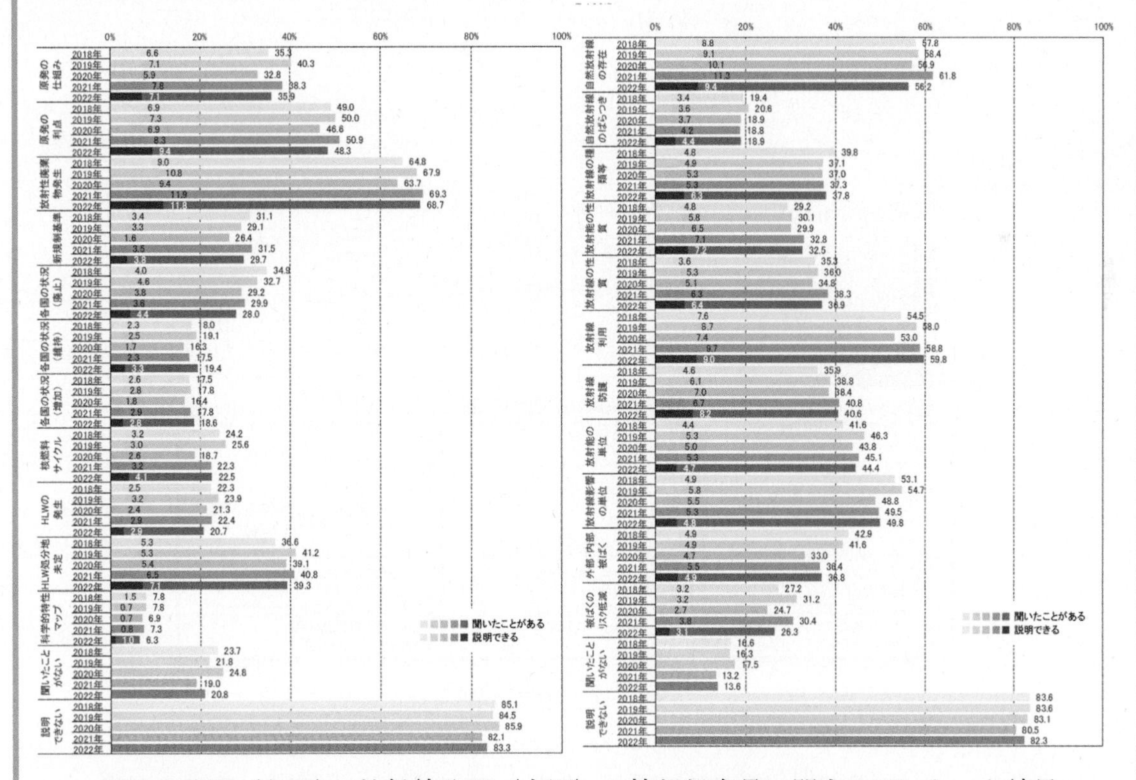

原子力分野（左図）、放射線分野（右図）の情報保有量に関するアンケート結果

(出典)一般財団法人日本原子力文化財団「原子力に関する世論調査 (2022 年度)調査結果」

5−3 コミュニケーション活動の強化

以前は、我が国の原子力分野におけるコミュニケーション活動では、情報や決定事項を一方的に提供し、それを理解・支持してもらうことに主眼が置かれてきました。しかし、現代では、個々人が様々な情報に容易にアクセスすることが可能になりました。今後、我が国のコミュニケーション活動を考える上で、従前の枠組みでは見落としがちであった図 5-4 のような視点が必要と考えられています。

- ✧ どのような者が政策や事業の影響を受けるかの把握（様々なステークホルダーの特定）
- ✧ ステークホルダーが何を知りたいかの把握
- ✧ ステークホルダーの関心やニーズを踏まえたコミュニケーション活動の実施

図 5-4　原子力に係るコミュニケーションにおいて我が国で見落としがちな視点

(出典)第 9 回原子力委員会資料第 1-1 号 原子力政策担当室「ステークホルダー・インボルブメントに関する取組について」(2018 年)に基づき作成

このような状況を踏まえ、原子力委員会は、原子力分野におけるステークホルダーと関わる取組全体を「ステークホルダー・インボルブメント」と定義し、2018 年 3 月にその基本的な考え方を取りまとめました（図 5-5）。ステークホルダー・インボルブメントを進める上では、情報環境の整備、双方向の対話、ステークホルダー・エンゲージメント（参画）のそれぞれの目的を明確に設定し、状況やテーマに応じて最適な方法を選択・組み合わせることが必要です。コミュニケーション活動には画一的な方法はなく、ステークホルダーの関心や不安に真摯に向き合い対応していくことが重要であり、関係機関で目的に応じたコミュニケーションの在り方を考え、ステークホルダーとの間での信頼関係構築につなげていくことが求められます。

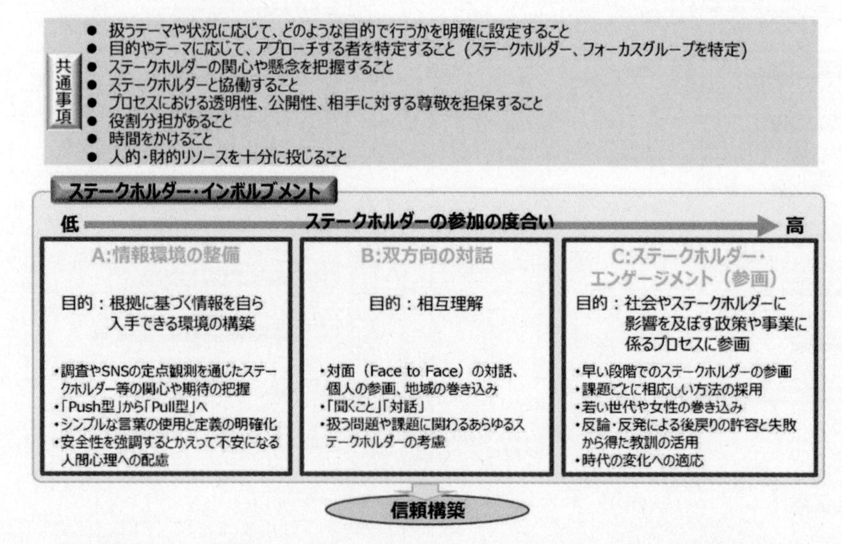

図 5-5　ステークホルダー・インボルブメントの要点

(出典)第 9 回原子力委員会資料第 1-1 号 原子力政策担当室「ステークホルダー・インボルブメントに関する取組について」(2018 年)

原子力委員会の「基本的考え方」（2023 年 2 月）においても、各関連機関が科学的に正確な情報や客観的な事実に基づいた対話やリスクコミュニケーションを進める必要性が記載されています。これらを進める上で、相互理解のための双方向の対話に加え、科学のみでは正解や解決策を提供できない問題が存在することを認識し、様々な社会情勢を踏まえた上で、国民に原子力関連の知見を分かりやすく翻訳して橋渡しすることが重要であり、それができる橋渡し人材を国や原子力関連機関で育成することも重要であると追記されました。

例えば、量研では、学校における放射線教育向上と地域住民への放射線に関する知識普及を目的として「教員のための放射線基礎コース」を開講しています。同コースでは、学校の授業で取り入れることのできる実験などを体験しながら、自然の放射線、様々な測定器について学ぶことができます。こうした原子力・放射線分野の事例や他分野におけるサイエンスコミュニケーター育成の先行事例を参考にしつつ、原子力分野におけるサイエンスコミュニケーターの育成を強化することが重要です。

5−4 原子力関係機関における取組

(1) 国による情報発信やコミュニケーション活動

原子力利用に当たっては、その重要性や安全対策、原子力防災対策等について、様々な機会を利用して、丁寧に説明することが重要です。原子力委員会は、原子力に関する活動内容を原子力白書として毎年国民に提供しています。その上で、情報提供活動の一環として、大学生等に対する講義、講演の中で直接説明を実施してきています。また、海外では、IAEA 総会での英語版（概要）の配布と説明、国際会議での講演を通じて紹介しています。このような活動については、今後も積極的に行っていくこととしています。

資源エネルギー庁では、東電福島第一原発事故の反省を踏まえ、国民や立地地域との信頼関係を再構築するために、エネルギー、原子力政策等に関する広報・広聴活動を実施しています。この活動では、立地地域はもちろん、電力消費地域や次世代層を始めとした国民全体に対して、シンポジウムや説明会等においてエネルギー政策に関する説明を 2016 年から累計 820 回以上実施し、多様な機会を捉えてエネルギー政策等の理解促進活動に取り組んでいます。

近年ではウェブサイトを通じた活動等の充実に努めています。例えば、エネルギーに関する記事を分かりやすく発信する情報サイト「みんなで考えよう、エネルギーのこれから（エネこれ）」としてウェブサイトを更新しています（図 5-6）。同コンテンツでは、2017 年 6 月の開始から、これまで約 340 本の記事を配信しており、うち原子力や福島復興関連の記事は 60 本以上配信し、原子力の基礎的な情報からイノベーションの動向などタイムリーな話題についても展開しています。

「広報・調査等交付金」事業では、立地地域の住民の理解促進を図るため、地方公共団体が行う原子力発電に係る対話や知識の普及等の原子力広報の各種取組への支援を行っています。なお、過年度に同交付金を活用して実施された広報事業等の概要と評価をまとめた報告書は、資源エネルギー庁のウェブサイトにて公開されています。

図 5-6　資源エネルギー庁情報サイト「みんなで考えよう、エネルギーのこれから（エネこれ）」
（出典）資源エネルギー庁ウェブサイト[5]より作成

高レベル放射性廃棄物の最終処分（地層処分）[6]に関しては、科学的特性マップ等を活用して国民理解・地域理解を深めていくための取組として、資源エネルギー庁、原子力発電環境整備機構（NUMO[7]。以下「原環機構」という。）により、対話型全国説明会を始めとするコミュニケーション活動が全国各地で行われています（図 5-7）。また、2020 年 11 月から北海道の寿都町及び神恵内村で文献調査が開始されたことを受けて、原環機構は 2021 年 3 月に、住民からの様々な質問や問合せにきめ細かく対応するため、職員が常駐するコミュニケーションの拠点として「NUMO 寿都交流センター」及び「NUMO 神恵内交流センター」を開設しました。2021 年 4 月からは、住民、経済産業省、原環機構等が参加し、高レベル放射性廃棄物の地層処分事業の仕組みや安全確保の考え方、文献調査の進捗状況、地域の将来ビジョン等に関する意見交換を行う場として、「対話の場」が開催されています。2022 年度は、寿都町における「対話の場」が合計 7 回、神恵内村における「対話の場」が合計 7 回、それぞれ開催されました。

図 5-7　対話型全国説明会の様子
（出典）原環機構「高レベル放射性廃棄物の最終処分に関する対話型全国説明会」

原子力規制委員会では、2017 年 11 月に行った 2012 年の発足以降 5 年間の活動に関する振り返りの議論の中で、立地地域の地方公共団体とのコミュニケーションの向上の必要性を確認したことを踏まえ、委員による現地視察及び地元関係者との意見交換を実施してい

---

5 https://www.enecho.meti.go.jp/about/special/
6 第 6 章 6-3(2)③「高レベル放射性廃棄物の最終処分事業を推進するための取組」を参照。
7 Nuclear Waste Management Organization

ます。具体的には、委員が分担して国内の原子力施設を視察するとともに、当該原子力施設に関する規制上の諸問題について、被規制者だけでなく希望する地元関係者を交えた意見交換を継続的に行っています。

そのほか、福島の復興・再生に向けた風評払拭のための取組については第 1 章 1-1(2)⑤4)「風評払拭・リスクコミュニケーションの強化」に記載しています。

コラム　～原環機構による企業と連携した広報活動～

原環機構は、高レベル放射性廃棄物の地層処分事業の周知等を目的として、企業と連携した広報活動を実施しています。具体的には、若者を主な対象としたメディアである「新 R25」の WEB サイトに、青森県六ケ所村にある再処理工場と高レベル放射性廃棄物貯蔵管理センターに関するタイアップ記事を掲載し、高レベル放射性廃棄物の現状について発信しています。ABC クッキングスタジオの WEB サイトには、同スタジオの生徒がワイン造りを通して地層処分に必要な地質環境について学習する様子を取り上げた記事が掲載されています。

新 R25 タイアップ記事

ABC クッキングスタジオタイアップ記事

（出典）原環機構「ABC クッキングスタジオと新 R25 でのタイアップ記事掲載について」（2022 年）

また、企業とタイアップした動画コンテンツによる発信も行っています。例えば、マイナビニュースによるツイッター番組「竹山家のお茶の間で団らん」とのタイアップ企画を 2 回実施しています。同企画では、カンニング竹山氏を中心とした竹山家が、北海道にある原子力機構の幌延深地層研究センター ゆめ地創館や、高レベル放射性廃棄物の最終処分に関する文献調査を実施している北海道の神恵内村を訪問する様子を配信しました。

(2)　原子力関係事業者による情報発信やコミュニケーション活動

各原子力関係事業者は、原子力発電所の周辺地域において地方公共団体や住民等とのコミュニケーションを行っています。例えば、原子力総合防災訓練に参加し、防災体制や関係機関における協力体制の実効性の確認を行うことや、発電所周辺自治体へ毎月訪問して原子力に係る情報提供や問合せ対応等を行っています。また、一般市民への説明においては、原子力発電所やその安全対策の取組についてより理解を深められるよう、投影装置、映像、ジオラマ、VR スコープを活用した説明会や見学会等が実施されています。2021 年 8 月から、中部電力株式会社（以下「中部電力」という。）は、浜岡原子力発電所のオンライン見学会を開催し、発電所の所員による発電所の概要や安全対策の解説を行っています。九州電力は、2022 年 3 月より 360° VR や CG 映像を活用したバーチャル見学会を開始しています（図 5-8）。

コラム　～英国のパブリックダイアログの支援～

国民の理解の深化に向けては根拠に基づく情報体系の構築に加えて、科学的に正確な情報や客観的な事実に基づいた対話やリスクコミュニケーションが重要です。

英国では、政府機関等により科学技術関連のパブリックダイアログ[8]を支援する取組（「Sciencewise」プログラム）が行われており、その取組の中で双方向のサイエンスコミュニケーションの場をつくる人材への支援としてパブリックダイアログの要点をまとめた「Sciencewise Guiding Principles」を提供しています。

「Sciencewise Guiding Principles」:

- 対話が促進されるような状況をつくる（目的と目標を明確にする、対話参加者同士が打ち解ける時間を設ける等）
- 対話の際に取り上げる問題や政策意見には参加者の興味を反映する（市民や公的・私的機関の科学者、政策決定者からの希望や懸念事項を包含する等）
- 対話のプロセス自体が政策の設計や実行における最適な手法となるようにする（参加者に多様な観点からの情報や見方を提示する等）
- 求める成果をもたらすような対話の場を設定する（次の学習・行動に繋がるような成果を目指す等）
- 学びに貢献するような対話のプロセスにする（第三者評価を実施する等）

具体的な取組事例として、例えば、英国ビジネス・エネルギー・産業戦略省とそのパートナー機関（Sciencewise 等）が、2020 年 1 月～2021 年 7 月に実施した先進原子力技術と小型モジュール炉（SMR）に関するパブリックダイアログがあります。「先進炉の開発と利用についての参加者の認識・希望・懸念事項を理解する」、「先進炉に対する参加者の見方に影響を及ぼしている要因や、見方を変化させうる要因を見つける」、「先進炉の立地と利用方法を検討する際に参加者が優先したい事項を理解する」の 3 点を目標に掲げ、2021 年 1 月～2 月に「Sciencewise Guiding Principles」に則して 6 週間にかけて 6 回のオンラインワークショップを開催しました。ワークショップの参加対象の抽出に当たっては、英国における年齢別人口や性別、人種、仕事における地位、居住地（都市部・地方部）の分布が反映されるように考慮されます。先進炉の将来的な立地は意図されず、原子力施設や他の産業施設との近さに基づいて対象地域の選定が行われます。今回のオンラインワークショップでは、民間企業のデータベースを利用して参加者を募集しました。そして、選定された地域の周辺住民等を含む 71 名がダイアログに参加しました。このワークショップの第三者評価報告書では「先進炉に関する疑問を有する市民との継続的な関与の出発点として寄与することへの期待が広まっている」等と評価されています。

8　将来の政策決定に関わる問題を検討することを目的として、政策立案者と科学者、その他関係者が対話を行うプロセスのこと

さらに住民等との双方向のコミュニケーションを重視した取組も行われています。例えば、2022 年 3 月、東北電力株式会社（以下「東北電力」という。）は青森県東通村砂子又地区にコミュニケーション拠点として「東通原子力発電所立地地域事務所」を開所しました。事務所の他にイベントホールや商業施設を併設しており、東北電力東通原子力発電所や地域の情報の発信の場や地域住民との交流拠点としての活用を目指しています。関西電力は、技術系社員が各戸を訪問して住民と直接対話を行う取組を行っており、美浜町や高浜町、おおい町等において実施しています（図 5-8）。

原子力発電所の立地地域や周辺地域のみでなく、電気事業連合会による広く国民全体やメディアに向けた情報発信も行われています。ツイッター等の SNS を含む様々な媒体を活用し、広報誌の発行や動画やマンガ等のコンテンツの公表等を実施しています。例えば、電気事業連合会は、有識者とタレントがエネルギー事情について分かりやすく解説する動画「エネルギーアカデミー」を YouTube に公開しています。今後も、これらの原子力関係事業者による取組を継続するとともに、より一層強化していくことが求められています。

図 5-8　関西電力の直接対話（左）及び九州電力のバーチャル見学会（右）

(出典)第 28 回 総合資源エネルギー調査会 電力･ガス事業分科会 原子力小委員会資料 5 電気事業連合会「事業者によるコミュニケーション活動および地域共生の取り組み」(2022 年)

上述のような情報提供やコミュニケーションに向けた取組に加え、原子力に対する信頼回復には、何より原子力発電事業者がコンプライアンスを遵守し、ルール違反を起こさず、不都合な情報も隠ぺいしないことが必要です。2020 年度に発覚した、東電柏崎刈羽原子力発電所における ID カード不正使用事案及び核物質防護設備の機能の一部喪失[9]は、信頼回復に強く影響する事案でした。原子力規制委員会による、東京電力に対する是正措置命令（2021 年 4 月）に対応し、改善措置を進める一方、地元への説明、また、根本原因分析、改善措置活動の計画等を取りまとめた原子力規制委員会への報告内容等に関し、柏崎市・刈羽村をはじめ、新潟県内で「コミュニケーションブース」を開催し、内容の説明とともに質問や意見を聴取してきています。改めて言うまでもなく、一度失われた信頼を再び取り戻すためには、事案に至った原因を根本にまで戻って究明し実効性のある組織内部の改善に取り組んでいくとともに、地元を中心に社会に対し真摯な取組について常に意を尽くして説明し、意見に応えていくことが必要です。

---

[9]第 1 章 1-2（1）③ 3）ハ）「原子力規制検査の実施」を参照。

(3)　東電福島第一原発の廃炉に関する情報発信やコミュニケーション活動

東電福島第一原発の廃炉については、福島県や国民の理解を得ながら進めていく必要があります。そのため、正確な情報の発信やコミュニケーションの充実が図られており、事業者や資源エネルギー庁は様々な取組を進めてきています。例えば、廃炉・汚染水・処理水対策に関して、進捗状況を分かりやすく伝えるためのパンフレットや解説動画を作成し、情報発信を行っています（図 5-9）。

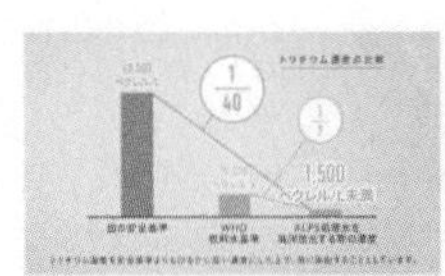

解説動画
「ALPS処理水の海洋放出」

解説動画
「燃料デブリの取り出しに向けて」

解説動画
「福島第一原子力発電所の現状」

パンフレット
「廃炉の大切な話　2022」

パンフレット
「HAIRO MIRAI」

図 5-9　東電福島第一原発の廃炉・汚染水・処理水対策に関する広報資料

（出典）資源エネルギー庁「廃炉・汚染水・処理水対策ポータルサイト」より作成

原子力損害賠償・廃炉等支援機構（NDF）は、2016年から「福島第一廃炉国際フォーラム」を実施し、廃炉の最新の進捗、技術的成果を国内外の専門家が広く共有するとともに、地元住民との双方向のコミュニケーションを実施しています。

汚染水・処理水対策に関しては、ALPS処理水の海洋放出に伴い風評影響を受け得る方々の状況や課題を随時把握するため、ALPS処理水の処分に関する基本方針の着実な実行に向けた関係閣僚会議の下にワーキンググループが新設されました。同ワーキンググループは、2021年5月から7月にかけて福島県、宮城県、茨城県、東京都内で計6回開催され、書面での意見提出も含め、自治体、農林漁業者、観光業者、消費者団体等の46団体との意見交換を実施しました（図 5-10）。この意見交換の内容等を踏まえ、2021年8月に「東京電力ホールディングス株式会社福島第一原子力発電所におけるALPS処理水の処分に伴う当面の対策の取りまとめ」が公表されました[10]。

当パッケージには、2021年4月に決定された「ALPS処理水の処分に関する基本方針」の着実な実行への貢献を目標とし、四つの考え方に立って関係省庁が一丸となり取り組む情報発信等について記載されています（図 5-11）。復興庁は、2021年8月に、ALPS処理水に関する解説動画「ALPS処理水について知ってほしい3つのこと」[11]を公開しています。2022年4月に「ALPS処理水に係る理解醸成に向けた情報発信等施策パッケージ～消費者等の安心と国際社会の理解に向けて～」は改訂され、改訂版のパッケージに基づいた情報発信等の取組強化が進められています。

---

[10] 第6章6-1(2)①「汚染水・処理水対策」を参照。

[11] https://youtu.be/-bDpyWMGSZo

安全性

・確実に浄化処理し、東電任せにせず、国際機関等外部の目で、複層的に測定・監視すべき。
・海水・水産物モニタリングを拡充、わかりやすく情報発信すべき。等

国民・国際社会の理解醸成

【基本方針への意見等】
・風評の懸念がある中、海洋放出に反対。別の方法を検討すべき。
・「理解を得るまで放出しない」とした福島県漁連への回答と、基本方針の決定との関係を説明すべき。

【説明内容】
・科学的・客観的なデータに基づく、正確な情報発信をすべき。
・放出は、基本方針の発表から約２年後と強調すべき。もう放出しているとの誤解もある。

【説明先】
・生産者、取引先、販売者などに広く説明すべき。
・学校の放射線教育を充実すべき。
・輸入規制を回避するため、海外向け説明を強化すべき。　等

風評対策

【総論】
・被災地間で、支援策に差をつけないようにするべき。
・過去の風評対策の検証が必要。

【水産業・農林業・観光業など】
・生産者に加え、サプライチェーン全体を強くする支援が必要。
・出荷前、市場など複層的な検査が必要。
・農林水産物の販売フェア、飲食店の応援が必要。
・観光メニューをつくる人の招致。地域コンテンツの磨上げ支援　等

セーフティネット・賠償

・政府が前面に立ち、最後まで責任を持つべき。
・立証責任を被害者に寄せない仕組みが必要。
・魚の一時的買取り等、安心して漁業を継続できる仕組みが必要。

将来技術ほか

・トリチウム分離技術の開発に取り組むべき。
・東電の管理体制を厳しく指導すべき。信頼回復に努めるべき。等

図 5-10　ワーキンググループ等でいただいた主な意見

(出典)第 2 回 ALPS 処理水の処分に関する基本方針の着実な実行に向けた関係閣僚等会議資料 1　廃炉・汚染水・処理水対策チーム事務局「ALPS 処理水の処分に伴う当面の対策の取りまとめ」(2021 年)

- 安全性についての情報発信のみならず、消費者等の「安心」につなげることを意識しつつ、届けて理解してもらう情報発信を関係府省庁が連携して展開する。
- 実行会議ワーキンググループ等における関係者からの意見・要望も含め、地元の声をしっかり聴いて対応する。
- 輸入規制の撤廃も念頭に、海外の国・地域ごとにきめ細かく戦略的に対応する。
- 継続的に風評に関する状況等を把握し、それに応じた必要な情報を効果的に発信する。

図 5-11　ALPS 処理水に係る理解醸成に向けた情報発信等施策パッケージの前提となる考え方

(出典)令和 4 年 4 月 26 日開催　原子力災害による風評被害を含む影響への対策タスクフォース 資料 3　原子力災害による風評被害を含む影響への対策タスクフォース「ALPS 処理水に係る理解醸成に向けた情報発信等施策パッケージ～消費者等の安心と国際社会の理解に向けて～」(2022 年)より作成

例えば、実際に処理水を用いて魚を飼育して影響がないことを実証してほしい等の意見が住民等から出たことを踏まえて、2022 年 9 月から東京電力が海水と海水で希釈した ALPS 処理水の双方において海洋生物の飼育試験[12]を実施しています。また、2022 年 12 月には ALPS 処理水の海洋放出に係る特設ウェブサイト「みんなで知ろう。考えよう。ALPS 処理水のこと（知ってほしい５つのこと）」が公開されました（図 5-12）。同サイトでは、西村経済産業大臣からのメッセージ動画やアニメーション動画等の ALPS 処理水について分かりやすくまとめたコンテンツが掲載されています。また、海外向けに英語版も公開されています。

[12] 第 6 章 6-1(2)①「汚染水・処理水対策」を参照。

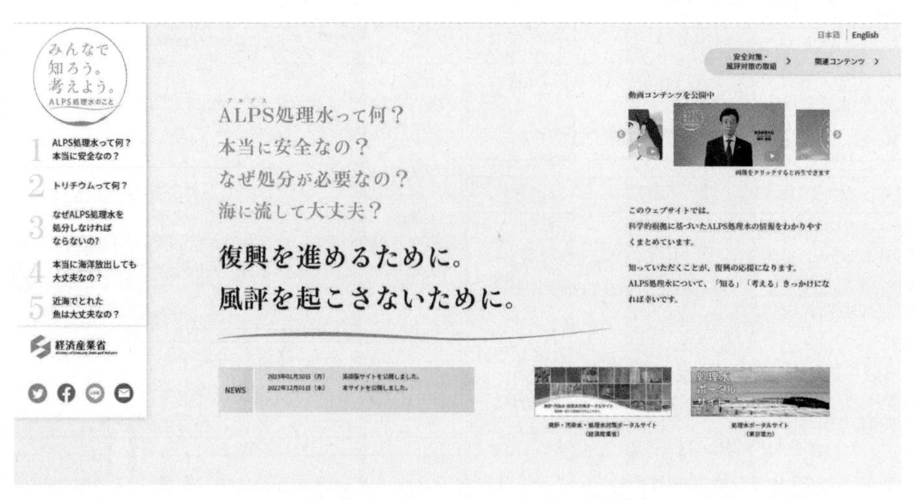

図 5-12　ALPS 処理水の海洋放出に係る特設ウェブサイト
「みんなで知ろう。考えよう。ALPS 処理水のこと（知ってほしい５つのこと）」トップページ
（出典）経済産業省「みんなで知ろう。考えよう。ALPS 処理水のこと」より作成

コラム　～各関係省庁による ALPS 処理水に係る理解醸成に向けた取組～

「ALPS 処理水に係る理解醸成に向けた情報発信等施策パッケージ～消費者等の安心と国際社会の理解に向けて～」に基づき、各関係省庁において ALPS 処理水に係る理解醸成に向けた取組が進められています。例えば、環境省では、消費者等の安心につながる取組として、放射線リスクコミュニケーション相談員支援センターが福島県内外において実施している車座意見交換会やセミナー等において ALPS 処理水を題材に取り上げ、参加者への説明を実施しています。経済産業省では、教育現場における理解醸成の取組として、福島県内外の高校等を対象とした出前授業や東電福島第一原発の視察等に取り組んでいます。また、福島県及び県内市町村自らが創意工夫によって行う風評払拭の取組への支援等も進めています。復興庁では、2021 年度に創設した地域情報発信交付金を用いて、福島県内の各地方公共団体による風評払拭に向けた情報発信を支援しています。

高校生を対象とした出前授業
（出典）原子力災害による風評被害を含む影響への対策タスクフォース（令和 4 年 4 月 26 日）資料 2-7　経済産業省「ALPS 処理水に係る対応（国民・国際社会の理解醸成に向けて）」(2022)

海外に向けた戦略的な発信策として、例えば、外務省では、欧州を代表する多言語ニュースチャンネルであるユーロニュースと連携し、復興の取組をテーマにした番組や福島産食品の安全性確保に関する取組と各国の輸入規制緩和の動向をテーマにした番組を制作・放送しました。

効果的な情報発信のために国内外の状況を継続的に把握する取組も行われています。復興庁では ALPS 処理水の安全性等に関する国内外の認識状況について調査を実施しています。

5-5 立地地域との共生

我が国の原子力利用には、原子力関係施設の立地自治体や住民等関係者の理解と協力が必要であり、関係者のエネルギー安定供給への貢献を再認識していくことが重要です。また、立地地域においては、地域経済の持続的な発展につながる地域資源の開発・観光客の誘致等の地域振興策、地域経済への影響の緩和、防災体制の充実等、地域ごとに様々な課題を抱えており、政府は真摯に向き合い、それに対する取組を進めることが必要です。

立地地域との共生を図る観点から、国は、電源三法（「電源開発促進税法」（昭和 49 年法律第 79 号）、「特別会計に関する法律」（平成 19 年法律第 23 号）、「発電用施設周辺地域整備法」（昭和 49 年法律第 78 号））に基づく地方公共団体への交付金の交付（図 5-13）等を行っています。

2023 年度予算では、「電源立地地域対策交付金」として 745 億円が計上されており、道路、水道、教育文化施設等の整備や維持補修等の公共用施設整備事業や、地域の観光情報の発信や地場産業支援等の地域活性化事業等に活用されます。

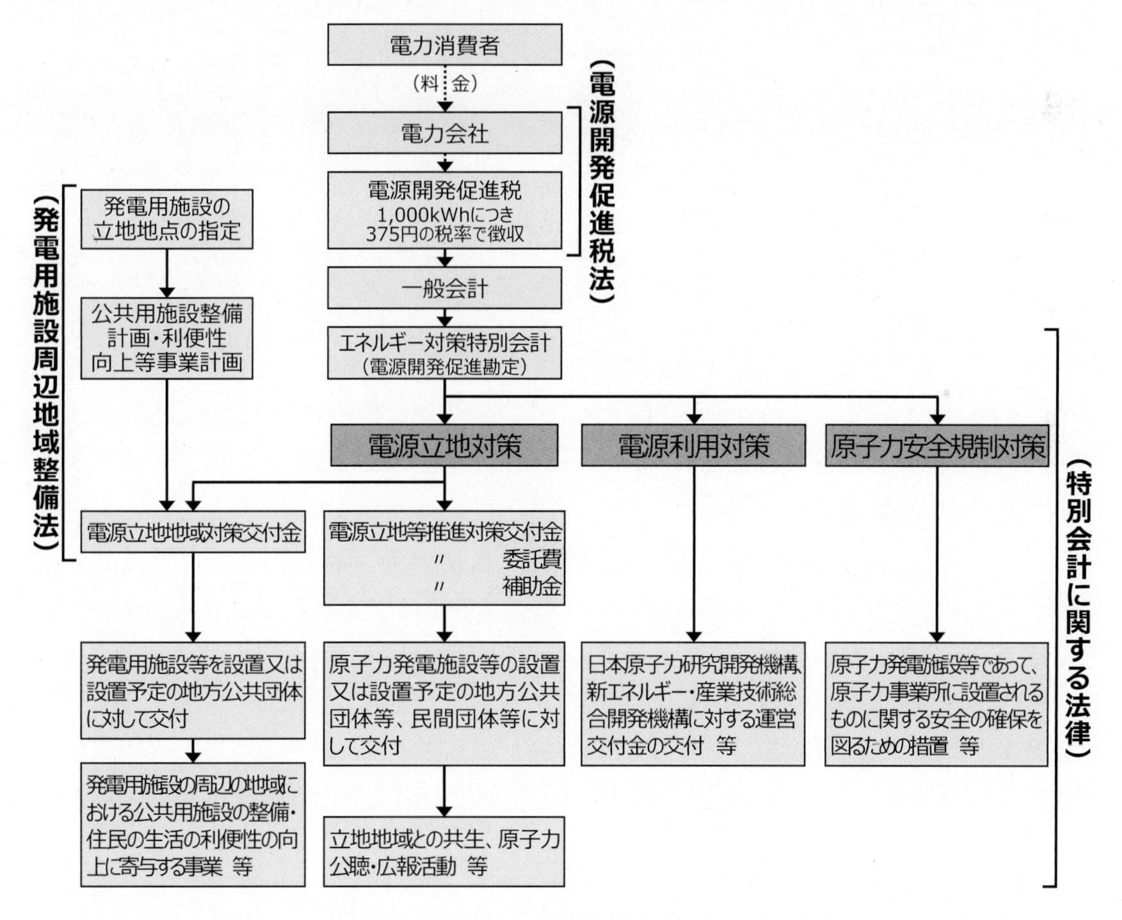

図 5-13　電源三法制度

（出典）電気事業連合会「INFOBASE」に基づき作成

原子力発電施設等の立地地域について、防災に配慮しつつ、地域振興を図ることを目的として、2000 年 12 月に 10 年間の時限を設けて成立した「原子力発電施設等立地地域の振興に関する特別措置法」（平成 12 年法律第 148 号。以下「原子力立地地域特措法」という。）は、2010 年 12 月の法改正により 10 年間延長され、2021 年 3 月の法改正により更に 10 年間延長されました。原子力立地地域特措法に基づき、避難道路や避難所等の防災インフラ整備への支援等の措置が講じられています（図 5-14）。

（1）防災インフラ整備への支援

【対象】
住民生活の安全の確保に資する道路、港湾、漁港、消防施設、義務教育施設

【支援内容】
①国の補助率のかさ上げ（50%→55%）
②地方債への交付税措置（70%）
} 地方負担は実質13.5%

（2）企業投資・誘致への支援　（不均一課税による地方団体の減収額を交付税で補てん）

【対象事業】
製造業、道路貨物運送業、倉庫業、こん包業、卸売業

【対象税目】
設備の新増設に係る事業税、不動産取得税、固定資産税

【支援内容】
地方公共団体が、不均一課税を行い、地方税を減額した場合、その減収分の一定割合（75%）を交付税で補てん

図 5-14　原子力立地地域特措法による立地地域に対する支援措置

（出典）第 42 回原子力委員会資料第 1-1 号　原子力政策担当室「原子力発電施設等立地地域の振興に関する特別措置法について」（2020 年）に基づき作成

また、エネルギーの安定供給を支えてこられた原子力発電施設の立地地域が引き続き持続的に発展していけるよう、原子力に関する研究開発等の取組や新たな産業の創出、地域産品・サービスの付加価値向上等中長期的な視点に立った地域振興に国と立地地域が一体となって取り組んでいます。

具体的には、再稼働や廃炉など、原子力発電施設を取り巻く環境変化が立地地域に与える影響を緩和するため、原子力発電施設等立地地域基盤整備支援事業による地方公共団体への交付金の交付や、地域資源の活用とブランド力の強化を図る産品・サービスの開発、販路拡大、PR 活動等の地域の取組に対し、専門家を活用した支援も実施しています。例えば、福井県高浜町における 6 次産業化施設「UMIKARA」の立ち上げに当たっては、具体的な商品開発の企画や事業計画づくりの支援をはじめ、新施設の開業に向けた全工程で伴走支援を実施しています。

加えて、経済産業省経済産業局においても、地域振興に関する取組支援として、立地地域への定期訪問を通じた地域ニーズの把握と他省庁との連携等による課題解決に向けた取組を行っています。取組の一例として、中部経済産業局は、静岡県御前崎市及び周辺市と連携して地元スイーツのスタンプラリーやタレント等による試食会を開催し、SNSによる情報発信を通じて地域の魅力・知名度向上に向けた支援をしています。九州経済産業局は、鹿児島県薩摩川内市の甑島観光について民間事業者主導の体制構築を目指し、2022度に甑島を中心とする薩摩川内市、いちき串木野市での広域観光の可能性について検討し、民間事業者が提供するサービスとの連携可能性について検証すべく、モニターツアーを実施しました。

さらに、原子力発電所立地地域の産業の複線化や新産業・雇用の創出も含め、各地域の要望に応じて立地地域の「将来像」を共に描く枠組み等を設け、各地域の実態に即した支援を進めることとしています。例えば、我が国初の40年超となる原子力発電所の運転が進む福井県嶺南地域において、「福井県・原子力発電所の立地地域の将来像に関する共創会議」が開催されました。同会議では、福井県及び県内の原子力発電所立地自治体、国、原子力事業者が、目指すべき「地域の将来像」を共有するとともに、その実現に向けた国や事業者の取組を充実、深化させていくことを目的としています。2022年度までに計4回開催され、2022年6月には、福井県・原子力発電所の立地地域の「将来像の実現に向けた基本方針と取組」の取りまとめが公表されました。同取りまとめでは、世の中の傾向や地域の環境変化・特性や「しごと」と「暮らし」における地域の取組の方向性を整理した上で、地域の将来像、その実現に向けた基本方針及び国等の取組等が示されています。今後、共創会議の下に「事業推進ワーキンググループ」を設置し、継続的に各主体による取組状況のフォローアップを行うとともに、事業の進捗や関連政策の動向を踏まえ、取組の深化・充実等を図ることとしています。

各電力事業者においても、発電所立地地域において地域の基幹産業の振興や生活基盤の整備等を目指して地域共生の取組が進められています。例えば、福井県の嶺南地域において、関西電力は農・水・食の分野において地域のニーズと先進スタートアップ企業等のシーズのマッチングを支援するプロジェクトを実施しています。

第６章 廃止措置及び放射性廃棄物への対応

6－1 東電福島第一原発の廃止措置

東電福島第一原発の廃炉は、汚染水・処理水対策、使用済燃料プールからの燃料取り出し、燃料デブリ取り出し等の作業からなり、「東京電力ホールディングス（株）福島第一原子力発電所の廃止措置等に向けた中長期ロードマップ」（以下「中長期ロードマップ」という。）に基づいて進められています。汚染水を浄化した処理水については、地元や全国の関係者からの意見を伺うなどしながら、処分方針を決定しました。

また、中長期にわたる廃止措置を遂行するためには、廃炉を支える技術の向上や、それらを担う人材の確保・育成を行うことも重要です。国や原子力関係機関は、国際社会に開かれた形で情報発信や協力を行いながら、廃炉に関する技術開発、研究開発、研究者や技術者等の人材育成、研究施設の整備等を進めています。

(1)　東電福島第一原発の廃止措置等の実施に向けた基本方針等

中長期ロードマップでは、東電福島第一原発の具体的な廃止措置の工程・作業内容、作業の着実な実施に向けた、研究開発から実際の廃炉作業までの実施体制の強化や、人材育成・国際協力の方針等が示されています。また、現場の状況等を踏まえて継続的に見直すこととされており、2019年12月に5回目の改訂が行われました（図 6-1）。これに基づき、「復興と廃炉の両立」を大原則とし、国も前面に立ち、安全かつ着実に取組が進められています。

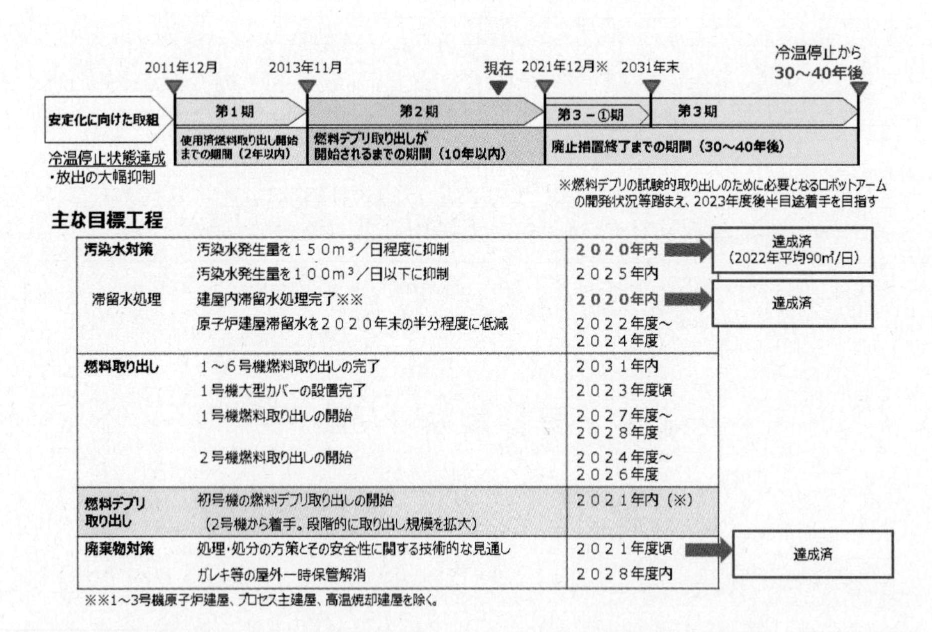

図 6-1　中長期ロードマップ（2019年12月27日改訂）の目標工程及び進捗

(出典)資源エネルギー庁提供資料

原子力損害賠償・廃炉等支援機構（NDF）は、中長期ロードマップに技術的根拠を与え、その円滑・着実な実行や改訂の検討に資することを目的として、2015 年以降毎年「東京電力ホールディングス(株)福島第一原子力発電所の廃炉のための技術戦略プラン」（以下「戦略プラン」という。）を策定しています。2022 年 10 月に公表された戦略プラン 2022 では、燃料デブリ取り出し規模の更なる拡大に向けた工法の検討状況、2 号機の試験的取り出し（内部調査及び燃料デブリ採取）に向けた取組状況、ALPS 処理水の海洋放出に向けた取組状況、廃炉の推進に向けたデブリ、廃棄物の分析戦略等が記載されています。

原子力規制委員会は、特定原子力施設監視・評価検討会を開催し、東電福島第一原発の監視・評価や同原発における放射性物質の安定的な管理に係る課題について検討を行っています。また、東電福島第一原発のリスク低減に関する目標を示すため、「東京電力福島第一原子力発電所の中期的リスクの低減目標マップ」（2015 年 2 月策定、2023 年 3 月改定。以下「リスク低減目標マップ」という。）を策定し、リスク低減目標マップに従って廃炉に向けた措置が着実に実施されていることを確認しつつ検討しています。2023 年 3 月の改定では、固形状の放射性物質に係る分野を優先して取り組むべき分野として細分化し、放射能濃度や性状等に応じた目標を設定するとともに、それらの把握に必要な分析体制の強化に係る目標が設定されています。

東京電力は 2023 年 3 月、中長期ロードマップやリスク低減目標マップに掲げられた目標を達成するため、廃炉全体の主要な作業プロセスを示す「廃炉中長期実行プラン 2023」を策定しました。廃炉作業の今後の見通しについて地元住民や国民に丁寧に分かりやすく伝えるとともに、作業の進捗や課題に応じて同実行プランを定期的に見直しながら、廃炉を安全・着実かつ計画的に進めていくとしています。

なお、東電福島第一原発の廃炉・汚染水・処理水対策に関する体制は、図 6-2 のとおりです。

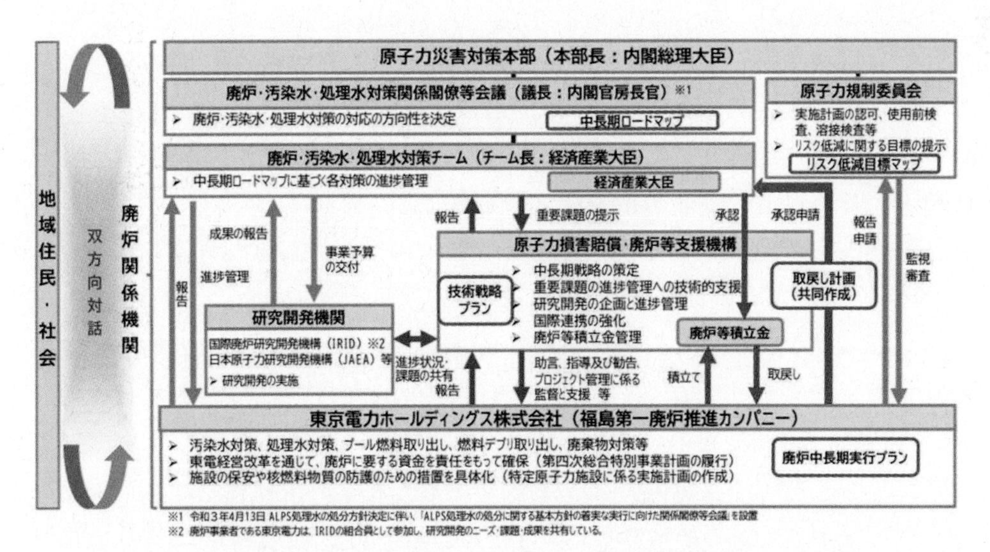

図 6-2　東電福島第一原発の廃炉に係る関係機関等の役割分担

(出典)原子力損害賠償・廃炉等支援機構「東京電力ホールディングス(株)福島第一原子力発電所の廃炉のための技術戦略プラン 2022」(2022 年)

(2)　東電福島第一原発の状況と廃炉に向けた取組

①　汚染水・処理水対策

東電福島第一原発では、燃料デブリが冷却用の水と触れることや、原子炉建屋内に流入した地下水や雨水が汚染水と混ざること等により、新たな汚染水が発生しています。そのため、「東京電力（株）福島第一原子力発電所における汚染水問題に関する基本方針」（2013年9月原子力災害対策本部決定）に基づき、「汚染源を取り除く」、「汚染源に水を近づけない」、「汚染水を漏らさない」という三つの基本方針に沿って、様々な汚染水対策が複合的に進められています（図 6-3）。

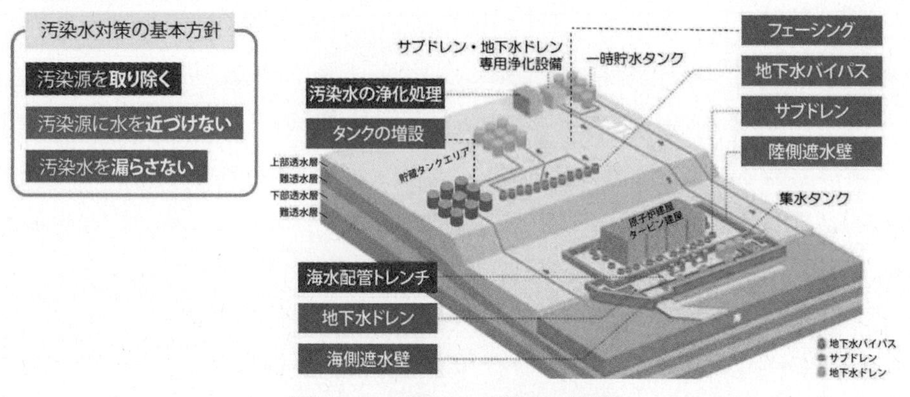

図 6-3　様々な汚染水対策

（出典）資源エネルギー庁スペシャルコンテンツ「汚染水との戦い、発生量は着実に減少、約3分の1に」（2019年）

「汚染源を取り除く」対策として、ストロンチウム除去装置や多核種除去設備（ALPS）等の複数の浄化設備により、日々発生する汚染水の浄化を行っています。浄化処理を経た処理水の量は日々増え続けており、処理水の貯蔵用タンクの数は2023年3月時点で計1,000基を超えています。

2021年4月には、廃炉・汚染水・処理水対策関係閣僚等会議において決定されたALPS処理水の処分に関する基本方針を踏まえ、東京電力は地域、関係者の意見を伺いつつ、安全確保のための設備の設計や運用等の具体的な検討を進めました。それらの検討結果に基づき、2021年12月、ALPS処理水希釈放出設備及び関連施設の基本設計等について、「福島第一原子力発電所特定原子力施設に係る実施計画変更認可申請書（ALPS 処理水の海洋放出関連設備の設置等）」を原子力規制委員会に申請しました。原子力規制委員会との議論やIAEA等からの意見を踏まえて実施計画に反映し、同計画の補正申請を行い、2022年7月、原子力規制委員会から認可を受けました。また、2022年11月に、ALPS処理水の海洋放出時の運用等に関連する実施計画変更認可申請書を原子力規制委員会に申請しました。引き続き、実施計画に基づく安全確保や、人と環境への放射線影響など科学的根拠に基づく正確な情報の国内外への発信、放射性物質のモニタリング強化等、政府の基本方針を踏まえた取組が進められています。上述した基本方針の決定を機に、風評被害の防止を目的としてALPS処理水の定義が変更され、「ALPS等の浄化装置の処理により、トリチウム以外の核種について、環境放出の際の規制基準を満たす水」のみを ALPS 処理水と呼称することとされました。なお、取り除くことの難しいトリチウムは、放出する前に ALPS 処理水を海水で大幅（100 倍以上[1]）に希釈し、現在実施している東電福島第一原発のサブドレン等の排水濃度の運用目標（1,500 ベクレル/リットル[2]未満）と同じ水準とします。この希釈に伴い、既に環境放出の際の規制基準を満たしているトリチウム以外の放射性物質についても、同様に大幅に希釈[3]されます。さらに、放出するトリチウムの年間の総量は、事故前の東電福島第一原発の放出管理値（年間 22 兆ベクレル）[4]を下回る水準になるよう放出を実施し、定期的に見直すこととされています。なお、この量は、国内外の他の原子力発電所から放出されている量の実績値の範囲内です。

また、上述の基本方針に定められた対策を、政府が一丸となって、スピード感を持って着実に実行していくため、ALPS 処理水の処分に関する基本方針の着実な実行に向けた関係閣僚等会議が新設されました。2021 年 8 月には、同会議の下に設置されたワーキンググループにおける意見交換[5]の内容等を踏まえ、「東京電力ホールディングス株式会社福島第一原子力発電所における ALPS 処理水の処分に伴う当面の対策の取りまとめ」が公表されました。この取りまとめに沿って、風評を生じさせない仕組みと、風評に打ち勝ち、安心して事業を継続・拡大できる仕組みの構築を目指し、今回盛り込んだ施策を着実に実行することとしています。当面の対策の取りまとめ以降、政府は対策を順次実施してきました。2021 年 12 月には、更に取組を加速させるため、対策ごとに今後 1 年の取組や中長期的な方向性を整理する「ALPS 処理水の処分に関する基本方針の着実な実行に向けた行動計画」（以下「行動計画」という。）を策定し、対策の実施状況を継続的に確認して、状況に応じ随時、追加・見直しを行うこととしました。2022 年 8 月と 2023 年 1 月には行動計画の改定を行い、対策の更なる強化、拡充を進めるとともに、ALPS 処理水の具体的な海洋放出の時期を、2023 年春から夏頃までと見込むと示しました（図 6-4）。

---

1 タンクに保管している水のトリチウムの濃度は約 15 万～約 250 万ベクレル/リットル（加重平均 73 万ベクレル/リットル）であり、1,500 ベクレル/リットルまで希釈するためには、約 100 倍～約 1,700 倍（加重平均約 500 倍）の希釈が必要となる。

2 告示濃度限度の 40 分の 1 であり、世界保健機関（WHO）の飲料水水質ガイドラインの 7 分の 1 程度。なお、告示濃度限度とは、原子炉等規制法に基づく告示に定められた、放射性廃棄物を環境中へ放出する際の基準。当該放射性廃棄物が複数の放射性物質を含む場合は、それぞれの放射性物質の核種の告示濃度限度に対する当該核種の放射性廃棄物中の濃度の比について、その総和が 1 未満（告示濃度比総和 1 未満）となる必要がある。

3 ALPS 処理水を 100 倍以上に希釈することで、希釈後のトリチウム以外の告示濃度比総和は、0.01 未満となる。

4 原子力発電所ごとに設定された通常運転時の目安となる値（規制基準値を大幅に下回る値）。

5 第 5 章 5-4(3)「東電福島第一原発の廃炉に関する情報発信やコミュニケーション活動」を参照。

ALPS処理水の処分に伴う対策の進捗と基本方針の実行に向けて（令和５年１月１３日）

- 令和3年4月に基本方針を策定以降、安全確保・風評対策に係る各取組を実施。令和4年8月には、風評影響に対しては対策の一層の強化が必要との認識の下、これまでに頂いた御意見を踏まえ、重点的に取り組むべき対策を整理し、取組を強化・拡充してきた。
- 令和4年8月以降、漁業者を始め地元住民等との車座対話や全国地上波のテレビCM・WEB広告・全国紙の新聞広告等を活用した情報発信等の取組も強化し、理解醸成の取組が進展してきている。また、「基金」等の漁業者の事業継続のための対策については、漁業者の方々から信頼関係構築に向けての姿勢との評価を得ているところ。
- 安全確保と風評対策のために必要な具体策のメニューは概ね出揃ってきている。今後、これらのメニューを確実に実施し、安全確保や風評対策の実効性を上げていくとともに、各対策内容について繰り返し説明・対話を重ね、頂いた御意見を踏まえて随時改善・改良・充実を図り、海洋放出に向けて、理解醸成活動に一層注力する。
- 基本方針においては、2年程度後にALPS処理水の海洋放出を開始することを目途としており、海洋放出設備工事の完了、工事後の規制委員会による使用前検査やIAEAの包括的報告書等を経て、具体的な海洋放出の時期は、本年春から夏頃と見込む。

１．風評を生じさせないための仕組みづくり

①徹底した安全性の確認と周知

- IAEAが11月に来日、2回目となるALPS処理水の安全性に関するレビューを実施。
- モニタリング・海洋生物の飼育試験の結果等を分かりやすく情報発信。
  - -9月に、東京電力がモニタリング結果の分かりやすいHPを立ち上げ。
  - 10月に流通事業者等を対象にシンポジウムを開催。
  - -10月に、東京電力が、海水で希釈したALPS処理水を使ったヒラメ・アワビの飼育を開始。

→IAEAが継続してレビューを行った上で、放出前には包括的な報告書を公表し、その内容を国内・全世界に分かりやすく発信することで、国際機関である第三者が安全性を徹底的に確認したことを国内外に周知。

放出開始直後のモニタリングの強化・拡充を具体化するとともに、サプライチェーンに関わる方々が一目でモニタリング結果を確認できるよう、分かりやすく、きめ細かく、情報発信することで、安全基準を満たした上での放出が、安全上問題がないことを確認・周知。

②全国大での安全・安心への理解醸成

- 農林漁業者等の生産者から消費者に至るサプライチェーンや自治体職員等に対して、基本方針決定以降、約1000回の説明を実施。
- ALPS処理水の安全性を、様々な媒体を通じて発信。12月には、全国地上波のテレビCM、WEB広告、全国紙の新聞広告等も活用し、全国での大規模な情報発信を実施。
- 9月以降、漁業者を始めとする地元住民等との車座対話を本格的に実施。10月には、経産大臣も含め、車座で対話、双方向のコミュニケーションを強化。
- 国際会議や二国間対話の場での説明、東電福島第一原発等の視察受け入れ等を通じた理解醸成。
- 事業者ヒアリング等を通じて、国内外の風評影響を把握。

→漁業者、流通事業者、消費者等のサプライチェーンに関わる全ての方々や海外の関係者に、ALPS処理水の処分の必要性、安全性確保、徹底した風評対策を周知・認識の浸透。

２．風評に打ち勝ち、安心して事業を継続・拡大できる仕組みづくり

③将来に亘り安心して事業継続・拡充できると、事業者が確信を深められる対応

- 11月に令和4年度第2次補正予算が成立、12月に令和5年度当初予算の政府案が決定。生産性向上や担い手確保のための支援等、被災地の水産業を始めとする事業者支援予算等を具体化。
- 11月に成立した令和4年度第2次補正予算において、ALPS処理水の海洋放出に伴う影響を乗り越えるための全国の漁業者支援の基金を措置。
- 10月に、より多くの方が三陸・常磐ものを知り、味わうためのキャンペーンを開始。三陸・常磐の水産物を扱ったメニュー等の提供、水産品の販売ブースを出展。12月には、三陸・常磐ものの魅力を発信し、消費拡大を図る「魅力発見！三陸・常磐ものネットワーク」を立ち上げ。
- 12月に、放出開始後も取引を継続できるための対策を流通関係の業界団体等と議論する連絡会を設立。
- 中小企業施策や観光支援策を通じて、農業や観光事業者への支援を実施。

→「基金」や担い手確保支援等により、漁業者等がALPS処理水の海洋放出に伴う影響を乗り越え、事業を継続・拡大することを力強く後押し。

「ネットワーク」を通じ、産業界・全国の自治体・政府関係機関を挙げた、三陸・常磐ものの消費拡大と買い支えを実現するとともに、流通事業者等の要望に応え、放出前後を通じ、変わらずに地元産品の取引が継続される状況の実現に取り組む。

④風評に伴う需要変動に対応するセーフティネット

- 万が一の風評に伴う需要減少に対応するための一時的買取り・保管等のための需要対策基金を造成。
- 12月に、立証の負担を被害者に一方的に寄せることなく、地域や業種の実情に応じた賠償を実施するための基準を公表。

→万が一風評が生じた場合の需要減少に対応する買取り・保管支援するための基金の運用を開始するとともに、今後、関係団体等と具体化する風評被害の推認等による賠償により、セーフティネットを構築。

３．将来技術（汚染水発生抑制、トリチウム分離等）の継続的な追求

- 汚染水発生量は、重層的な対策により、2021年度130㎥/日を達成（対策実施前の 1/4 程度）。
- トリチウム分離技術の公募調査を継続し、将来的に実用化に向けた要件を満たす可能性のある技術について、フィージビリティスタディの開始準備。

→汚染水発生量を減少させる取組を継続し、2028年度に約50-70㎥/日まで低減を目指すとともに、トリチウム分離技術についてフィージビリティスタディを着実に実施。

図 6-4　ALPS 処理水の処分に係る対策

（出典）第 5 回 ALPS 処理水の処分に関する基本方針の着実な実行に向けた関係閣僚等会議資料 1「ALPS 処理水の処分に伴う対策の進捗と基本方針の実行に向けて」（2023 年 1 月）

上記の行動計画等に沿った取組が、政府において、着実に進められています。例えば、安全対策については、原子力規制委員会において、東京電力から提出された ALPS 処理水の処分に係る実施計画に対する審査が、公開の場で行われました。この審査と並行して、IAEA の国際専門家が繰り返し来日し、東京電力の計画及び日本政府の対応について科学的根拠に基づき厳しく確認しています。2022 年 2 月と 11 月には ALPS 処理水の安全性について、同年 3 月と 2023 年 1 月には ALPS 処理水の規制について、IAEA によるレビューが実施されました。2022 年 2 月の安全性のレビュー結果は同年 4 月、同年 3 月の規制に関するレビュー結果は同年 6 月に IAEA の報告書として公表されています[6]。なお、同年 12 月には、東京電力及び我が国の当局から提供されるデータの正確さに信頼を与えることを目的とした「IAEA による独立したサンプリング、データの裏付け及び分析活動」に関する報告書が公表されています。また、理解醸成の取組としては、漁業者を始めとする生産者や、その取引相手となる流通・小売事業者から消費者に至るまで水産物のサプライチェーン全体に関わる皆様に対して、ALPS 処理水の安全性や処分の必要性に関する説明を行うとともに、国内外の消費者等に対して、テレビ CM やウェブ広告、新聞広告、SNS 等を活用した広報を行うなどの取

[6] 2023 年 4 月には第 2 回安全性レビューの結果、同年 5 月には第 2 回規制レビューの結果が公表されている。

組が進められています。風評対策としては、事業者が安心して事業を継続・拡大できるよう生産性向上や販路拡大に対する支援など様々な施策を講じるために必要な予算を計上しました。さらに、放出による影響を強く懸念する漁業者の方々に対しては、ALPS 処理水の放出に伴う水産物の需要減少等の事態に対応するための緊急避難的な措置として、水産物の一時的買取り・保管、販路拡大等を行うための基金を創設しました。これに加えて、ALPS 処理水の海洋放出に伴う影響を乗り越えるための漁業者支援に向けた基金も措置しました。

また、東京電力は、ALPS 処理水の処分に関する基本方針を踏まえて、実施主体として着実に履行するための対応を 2021 年 4 月に取りまとめるとともに、同年 8 月には、取水・放水設備や海域モニタリング等も含め、安全確保のための設備の具体的な設計及び運用等の検討状況、風評影響及び風評被害への対策を取りまとめました。さらに、東京電力は、国際的に認知された手法に従って定めた評価手法を用いて、ALPS 処理水の海洋放出に係る放射線の環境影響評価（設計段階）を実施し、線量限度や線量目標値、国際機関が提唱する生物種ごとに定められた値を大幅に下回り、人及び環境への影響は極めて軽微であるとする評価結果を公表しました。ALPS 処理水を含む海水環境における海洋生物の飼育試験や、取水・放水設備の詳細検討や工事の安全確保に向けた海域での地質調査等、ALPS 処理水の海洋放出開始のために必要な取組を順次進めています。

「汚染源に水を近づけない」対策は、汚染水発生量の低減を目的として、建屋への地下水等の流入を抑制するものです。建屋山側の高台で地下水をくみ上げ海洋に排水する地下水バイパス、建屋周辺で地下水をくみ上げ浄化処理後に海洋へ排水するサブドレン、周辺の地盤を凍結させて壁を作る陸側遮水壁（凍土壁）等の取組が行われています。こうした予防的・重層的な対策を進めたことにより、汚染水の発生量は、対策前の約 540m^3/日（2014 年 5 月）に対し、2022 度の実績では約 90m^3/日まで低減されました。中長期ロードマップでは、平均的な降雨に対して 2025 年内に汚染水発生量を 100m^3/日以下に抑制するとしていますが、2022 年度の降水量が平均より少なかったこと等もあり、目標達成については、2023 年度以降のデータで確認します。引き続き、既に実施している取組を着実に進めるとともに、更なる地下水流入抑制のため、局所的な建屋止水を進めていく予定です。これにより、汚染水発生量は 2028 年度までに約 50～70m^3/日への低減を目指します。さらに、近年国内で頻発している大規模な降雨に備え、2022 年の台風シーズン前までに豪雨リスクの解消を図るため、新たな排水路整備に向けた工事が実施され、敷地西側の線量が低いエリアを中心に 2022 年 8 月から供用が開始されています。また、敷地西側よりも線量が高いエリアに対しては、遠隔による連続監視を同年 11 月から開始されています。

「汚染水を漏らさない」対策としては、海洋への流出をせき止める海側遮水壁、護岸エリアで地下水をくみ上げる地下水ドレン、信頼性の高い溶接型の貯水タンクへの置き換え等の取組が実施されています。また、建屋滞留水の漏えいリスクを低減するため、1～4 号機建屋水位を順次引き下げています。1～3 号機原子炉建屋、プロセス主建屋、高温焼却炉建屋を除く建屋内滞留水については、2020 年 12 月以降、最下階床面より低い水位を維持する運用が継続されています。1～3 号機原子炉建屋については、2022 年度から 2024 年度内までに建屋滞留水を 2020 年末の半分程度（約 3,000m^3）に低減する計画です。プロセス主建屋及び高温焼却炉建屋については、建屋滞留水の中に高線量の土嚢が残置されているため、まずは土嚢を回収した後で滞留水を処理する方針です。2021 年 5 月から 8 月にかけて、エリアの線量測定や土嚢の詳細な位置の特定等を目的として、遠隔操作型の水中ロボットを用いた建屋地下階調査が実施されました。その結果を踏まえ、放射線に対する水の遮へい効果が期待できる水中回収を軸として、検討が進められています。

「汚染源に水を近づけない」と「汚染水を漏らさない」の両面から、津波の建屋流入に伴う建屋滞留水の増加と流出を防止すること等を目的に、防潮堤等の設置が進められています。日本海溝津波防潮堤については、2020 年 4 月内閣府の検討会で新たに日本海溝津波の切迫性があると評価されたことを踏まえ、2023 年度下期の完成に向け、防潮堤本体構築を継続します。

コラム　～ALPS 処理水の取扱いに係る取組（飼育試験）～

東京電力は 2022 年 9 月、東電福島第一原発で発生する ALPS 処理水の処分に係る環境モニタリングの一環として、海洋生物の飼育試験を開始しました。飼育水槽にはライブカメラが設置され、ウェブサイトでも見ることができます。

飼育を通じ、ヒラメとアワビについて ALPS 処理水を添加した水槽と通常海水の水槽との間で成長に差はないことを確認しています。さらに、トリチウム濃度は生育環境以上の濃度にならないこと、トリチウム濃度は一定期間で平衡状態に達することを確認するとともに、通常海水以上のトリチウム濃度で平衡状態に達したヒラメとアワビを通常海水に戻すと、時間経過とともにトリチウム濃度が下がることを確認しました。

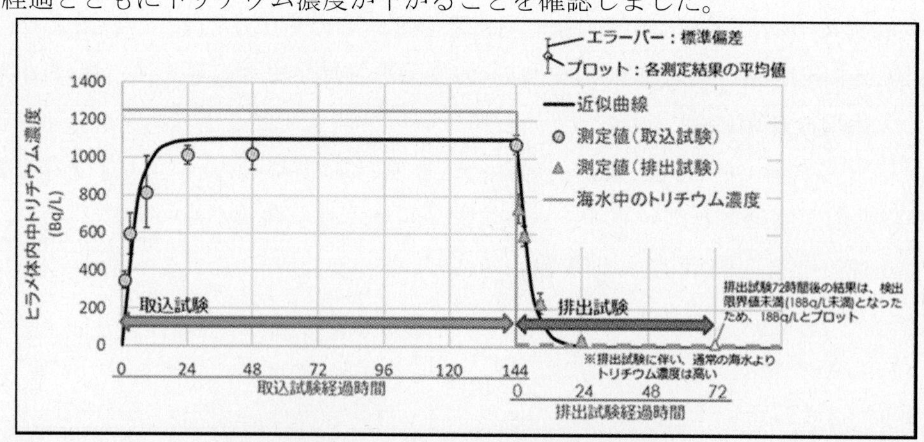

ヒラメ体内中トリチウム濃度測定結果

（出典）東京電力「ヒラメ体内のトリチウム濃度の測定結果」

②　使用済燃料プールからの燃料取り出し

「中長期ロードマップ」では、事故当時に1～4号機の使用済燃料プール内に保管されていた燃料については、リスク低減のため、まずは使用済燃料プールからの取り出しを進め、当面、共用プール等において適切に保管するとともに、共用プールの容量確保の観点から、共用プールに保管されている燃料を乾式キャスク仮保管設備へ移送・保管することとしています。また、今後、2031年内の1～6号機全ての燃料取り出し完了に向けて、乾式キャスク仮保管のため、必要な敷地を確保していくこととしています。使用済燃料プールからの燃料取り出しは、2014年12月に4号機が完了し、2021年2月に3号機が完了しました。引き続き、1、2号機の燃料取り出しの開始（「中長期ロードマップ」のマイルストーンでは1号機は2027年度～2028年度、2号機は2024年度～2026年度）に向けて順次作業を進めています。なお、5、6号機においては、1～3号機の作業に影響を与えない範囲で燃料取り出し作業を実施することとしており、まず、6号機について、使用済燃料プールから共用プールへの移送を2022年8月に開始しました。以下に各号機の進捗状況を示します。

1号機では、燃料取り出しプランについて工法の見直しも含め検討が進められた結果、オペレーティングフロア作業中のダスト対策の更なる信頼性向上や雨水の建屋流入抑制の観点から、原子炉建屋を覆う大型カバーを設置し、カバー内でガレキ撤去を行う案が選択されました（図6-5左）。2021年4月から開始した大型カバー設置工事の進捗については、構外での大型カバー設置へ向けた鉄骨等の地組作業を実施中です。仮設構台、下部架構の地組が完了し、上部架構の地組が約83%完了しました。設置を終えた箇所から、仮設構台の設置を進めており、約60%が完了しています。また、原子炉建屋最上階近傍でのアンカー削孔に向けて、作業に干渉する壁面からはみ出したガレキの先行撤去作業を2023年3月から実施しています。

2号機では、空間線量が一定程度低減していると判明していることや燃料取扱設備の小型化検討を踏まえ、ダスト飛散をより抑制するため、建屋を解体せず建屋南側に構台を設置してアクセスする工法が採用されています（図6-5右）。建屋内では、新設する燃料取扱設備の設置に干渉する燃料取扱機操作室の撤去が2022年11月に完了し、解体したガレキの搬出が2023年1月に完了しました。2023年2月から建屋内の他の干渉物（プール南側の既設設備）の撤去作業を実施中です。建屋外では、構外の低線量エリアにて組み立てた鉄骨を構内に搬入し、2023年1月から原子炉建屋南側において燃料取り出し用の構台の鉄骨の組み立て工事を開始しました。

6号機では、使用済燃料を受け入れる空き容量を確保するため、すでに共用プールに貯蔵されている使用済燃料を乾式キャスクに収納し、キャスク仮保管設備への構内輸送を実施していますが、乾式キャスクの気密性確認時に、気密性を満たさない事案が発生しています。原因は、燃料に付着しているクラッド（酸化鉄）又は炭酸カルシウムによる影響と推定しており、対策として、燃料をキャスクに装填する際、1本ごとに洗浄する手順を追加しています。これにより、6号機の使用済燃料プールからの燃料取り出しは、2025年度上期完了の予定に見直しています。

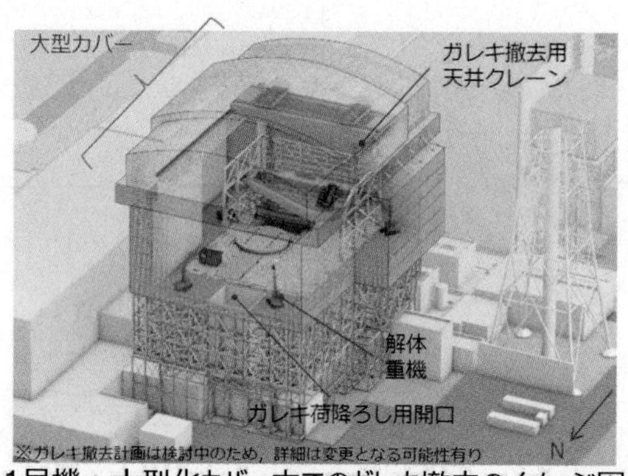

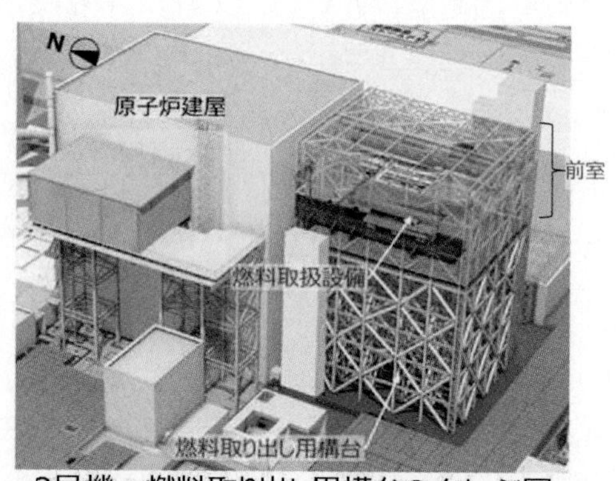

図 6-5　1号機（左）及び2号機（右）における燃料取り出し工法の概要

（出典）第86回廃炉・汚染水対策チーム会合／事務局会議資料3-2　東京電力「1号機使用済燃料取り出しに向けた大型カバーの検討状況について」（2021年）、第98回廃炉・汚染水・処理水対策チーム会合／事務局会議資料3-3　東京電力「2号機燃料取り出しに向けた工事の進捗について」（2022年）に基づき作成

③　燃料デブリ取り出し

1～3号機では、事故により溶融した燃料や原子炉内構造物等が冷えて固まった「燃料デブリ」が、原子炉格納容器内の広範囲に存在していると推測されています。「中長期ロードマップ」では、2017年9月に決定した燃料デブリ取り出し方針に基づいて、取組を進めています。なお、燃料デブリが存在することで生じる様々なリスクを可能な限り早期に低減することが重要である一方、原子炉格納容器内の状況把握や燃料デブリ取り出しに必要な研究開発等がいまだ限定的であることから、現時点で燃料デブリ取り出しの方法は不確実性が大きいことに留意し、今後の調査・分析や現場の作業等を通じて得られる新たな知見を踏まえ、不断の見直しを行うこととしています。その結果、燃料デブリ取り出しの初号機は、燃料デブリ取り出し作業における安全性、確実性、迅速性、使用済燃料プールからの燃料取り出し作業との干渉回避を含めた廃炉作業全体の最適化の観点から、2号機としています。

1号機では、2022年2月から2023年3月にかけて、原子炉格納容器（PCV[7]）内部調査として、数種類の水中ロボットをPCV底部に投入し、ガイドリング[8]取付、圧力容器を支えるコンクリート構造物（ペデスタル）内外の詳細目視、堆積物の厚さ測定、堆積物のデブリ検

[7] Primary Containment Vessel
[8] 水中ロボットのケーブル絡まり防止を目的に設置するリング。

知、堆積物サンプリング、堆積物 3D マッピングが実施されました。2022 年 12 月に実施した堆積物デブリ検知(ガンマ線（γ線）の核種分析)において、調査ポイント全てにおいて、中性子及びユーロピウム-154 のγ線が検出されたことから、燃料デブリから遊離した物質(燃料デブリ由来の物質)が調査範囲に広く存在しているものと推定されています。堆積物サンプリング調査については、2023 年の 1 月と 2 月に計 4 か所で実施されました。採取したサンプルについては、構外の分析機関への輸送が計画されています。2023 年 3 月には、ペデスタル内外に堆積物、またペデスタル開口部及びペデスタル内の壁面下部のコンクリート損傷、鉄筋の露出を確認しました（図 6-6)。今回の結果を踏まえ、東京電力はペデスタルの耐震性評価等を実施する予定です。

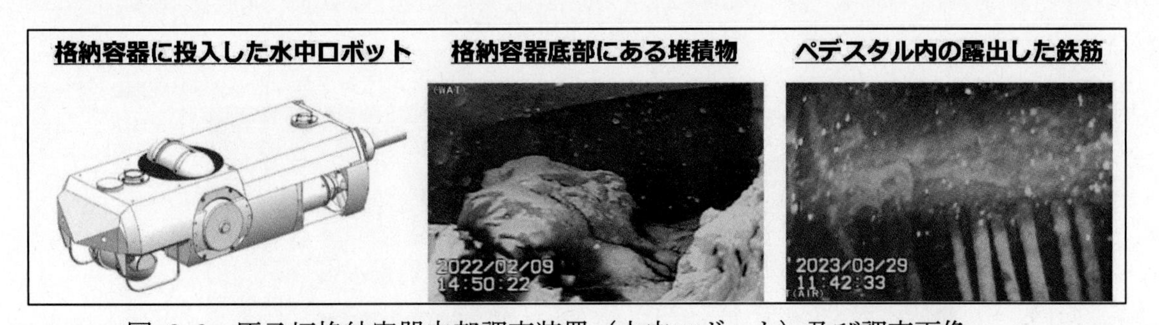

図 6-6　原子炉格納容器内部調査装置（水中ロボット）及び調査画像

(出典)第 99 回廃炉・汚染水・処理水対策チーム会合/事務局会議及び第 113 回廃炉・汚染水・処理水対策チーム会合/事務局会議　東京電力ホールディングス株式会社資料から抜粋

2 号機では、内部調査・試験的取り出し計画（図 6-7）に基づいて、PCV 内部調査及び試験的取り出しに向けた準備作業が進められています。これまでロボットやミューオン等を用いた格納容器内部の調査が行われ、2019 年にはロボットを用いて、堆積物が動くことが確認されています（図 6-8)。試験的取り出しについては、英国にて開発を進めていた 2 号機燃料デブリ試験的取り出し装置が、2021 年 7 月に我が国に到着し、2022 年 2 月から原子力機構楢葉遠隔技術開発センター（以下「楢葉モックアップ施設」という。）においてモックアップ試験を実施しています。2023 年 3 月末時点においては、試験的取り出し装置であるロボットアームのソフトウェア改良等を行っており、2023 年度後半を目途に試験的取り出しに着手する予定で進めています。また、2 号機現場の準備工事として、2021 年 11 月に X-6 ペネハッチ開放に向けた隔離部屋設置作業に着手しました[9]。引き続き安全かつ慎重に作業を進めています。

[9] 隔離部屋の設置は 2023 年 4 月に完了。

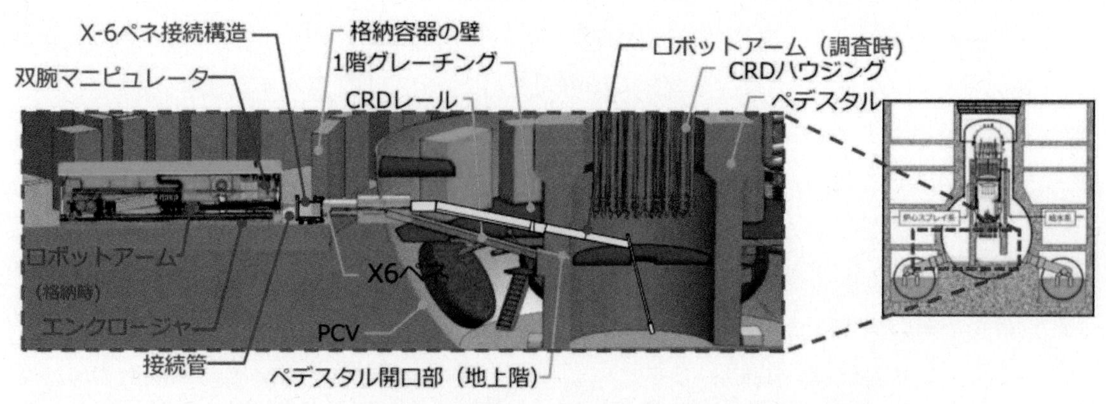

図 6-7　2 号機 内部調査・試験的取り出しの計画概要

（出典）第 109 回廃炉・汚染水・処理水対策チーム会合／事務局会議資料 3-3-3　技術研究組合国際廃炉研究開発機構、東京電力「2 号機 PCV 内部調査・試験的取り出し作業の準備状況」(2022 年)

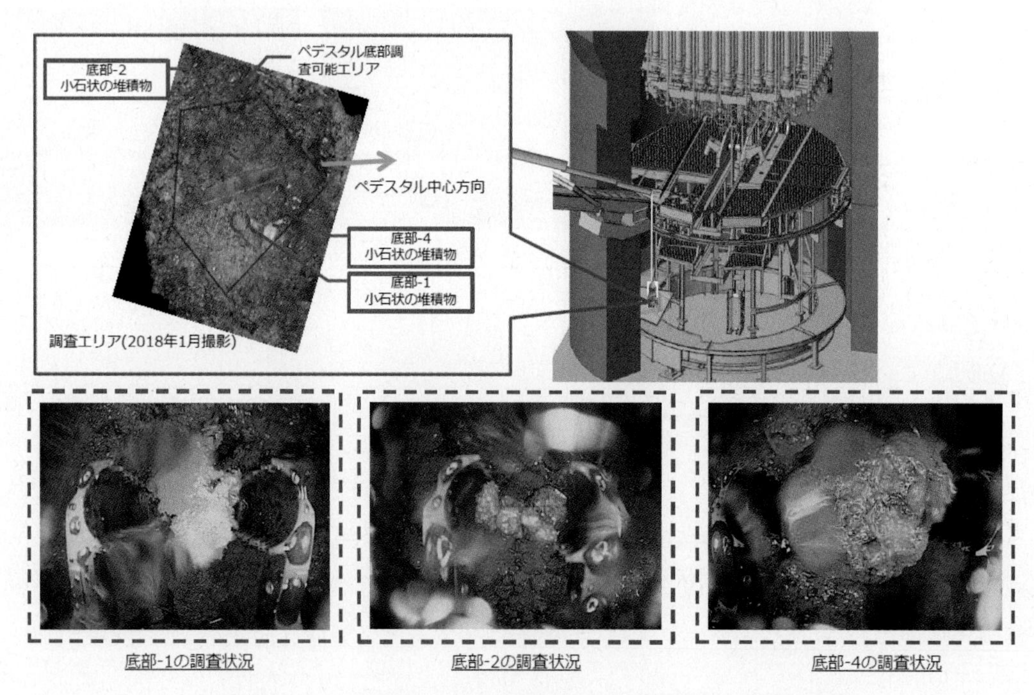

図 6-8　2 号機 原子炉格納容器内部調査　実施結果

（出典）東京電力「福島第一原子力発電所 2号機 原子炉格納容器内部調査 実施結果」(2019 年)

④　廃棄物対策

事故により、ガレキや水処理二次廃棄物等の固体廃棄物が発生しています。また、今後の燃料デブリ取り出しに伴い、燃料デブリ周辺の撤去物、機器等が廃棄物として発生します。これらは、破損した燃料に由来する放射性物質を含むこと、海水成分を含む場合があること、対象となる物量が多く汚染レベルや性状の情報が十分でないこと等、既往の原子力発電所の廃炉作業で発生する放射性廃棄物と異なる特徴があります。

中長期ロードマップでは、2021 年度頃までに、固体廃棄物の処理・処分方策とその安全性に関する技術的な見通しを示すとされています。固体廃棄物の性状把握から処理・処分に至るまで一体となった対策の専門的検討は、NDF を中心に関係機関が各々の役割に基づき取組を進めており、性状把握のための分析能力の向上、柔軟で合理的な廃棄物ストリーム（性状把握から処理・処分に至るまで一体となった対策の流れ）の構築に向けた開発を進めています。その成果を踏まえ、戦略プラン 2021 において、廃棄物量の低減に向けた進め方、性状把握を効率的に実施するための分析・評価手法の開発、処理・処分方法を合理的に選定するための手法の構築について、技術的な見通しが示されました。戦略プラン 2022 では、固体廃棄物の取扱いに関する目標が次のように示されています。

① 当面 10 年間程度に発生する固体廃棄物の物量予測を定期的に見直しながら、発生抑制と減容、モニタリングを始め、適正な保管管理計画の策定・更新とその遂行を進める。

② 2021 年度に示した処理・処分方策とその安全性に関する技術的見通しを踏まえ、固体廃棄物の特徴に応じた廃棄物ストリームの構築に向けて、性状把握を進めつつ、処理・処分方策の選択肢の創出とその比較・評価を行い、固体廃棄物の具体的管理について全体として適切な対処方策の検討を進める。

中長期ロードマップでは、2028 年度内までに、水処理二次廃棄物及び再利用・再使用対象を除く全ての固体廃棄物の屋外での保管を解消するとしています。東京電力は、2023 年 2 月に「固体廃棄物の保管管理計画」の 6 回目の改訂を行い、当面 10 年程度に発生すると想定される固体廃棄物の量を念頭に、遮へい・飛散抑制機能を備えた保管施設や減容施設を導入して屋外での一時保管を解消する計画や、継続的なモニタリングにより適正に固体廃棄物を保管していく計画を示しました（図 6-9）。

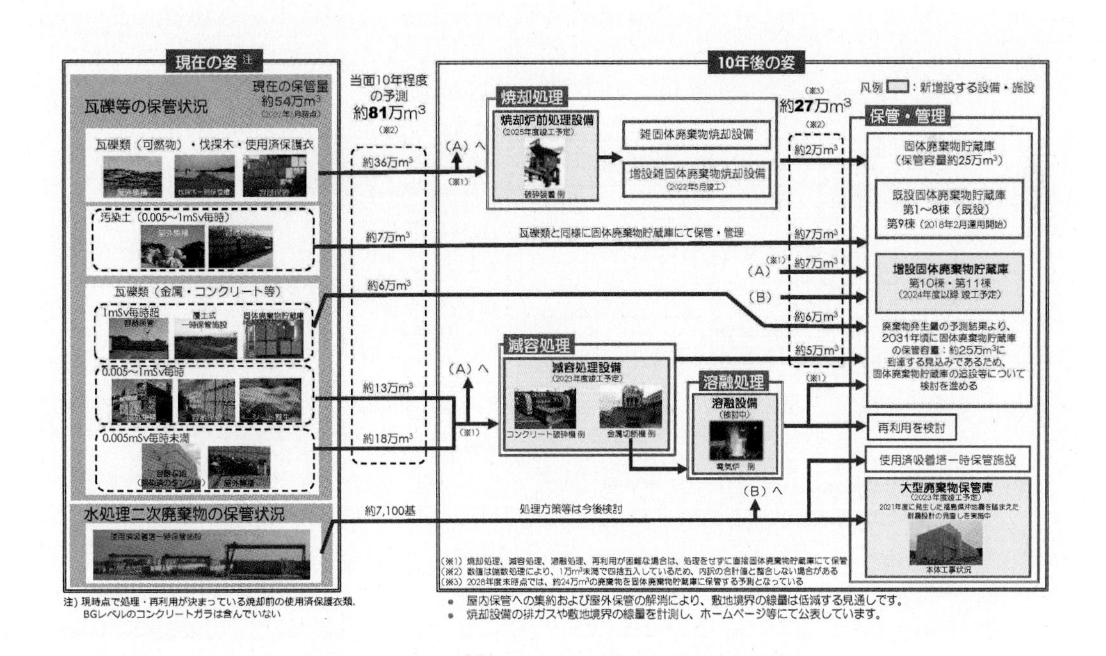

図 6-9　福島第一原子力発電所の固体廃棄物対策について

（出典）原子力規制委員会　第 105 回特定原子力施設監視・評価検討会　東京電力ホールディングス(株)「東京電力ホールディングス(株)福島第一原子力発電所の固体廃棄物の保管管理計画　2023 年 2 月版」(2023 年)

また、廃棄物の処理・処分の検討を進めていくためには、廃棄物の核種組成、放射能濃度等を分析することが必要ですが、事故炉である東電福島第一原発は、廃棄物の物量が多く、核種組成も多様であることから、分析試料数の増加に対応しながら分析を進めていくことが重要です。今後、初号機の燃料デブリ取り出し開始以降からの第3期を目前に控え、廃棄物の分析体制の強化は重要な課題の一つです。東京電力は、今後の廃炉を効率的に進めるために必要な分析対象物と分析数を年度ごとに見積もった「東京電力福島第一原子力発電所の廃止措置等に向けた固体廃棄物の分析計画」(以下「分析計画」という。)を2023年3月に公表しました。この分析計画を着実に実行していくため、政府、東京電力、NDF、原子力機構等の関係機関の連携の下、必要な「分析人材の育成・確保」、「施設の整備」、「分析を着実に実施していくための枠組みの整備」等、分析体制の強化のための取組を進めています。

⑤ 作業等環境改善

長期に及ぶ廃炉作業の達成に向けて、高度な技術、豊富な経験を持つ人材を中長期的に確保するため、モチベーションを維持しながら安心して働ける作業環境を整備することが重要です。作業環境の改善に向けて、法定被ばく線量限度の遵守に加え、可能な限りの被ばく線量の低減、労働安全衛生水準の不断の向上等の取組が行われています。2021年10月には、高放射線環境下での作業における被ばくリスクを更に減らすため、全面マスクを覆うことができる放射線防護装備が導入されました。また、多くの作業員が作業するエリアから順次、表土除去、天地返し、遮へい等の線量低減対策を実施しており、2021年度の線量状況確認では、1～4号機周辺(図 6-10)や固体廃棄物貯蔵庫周辺等の線量低下が確認されています。

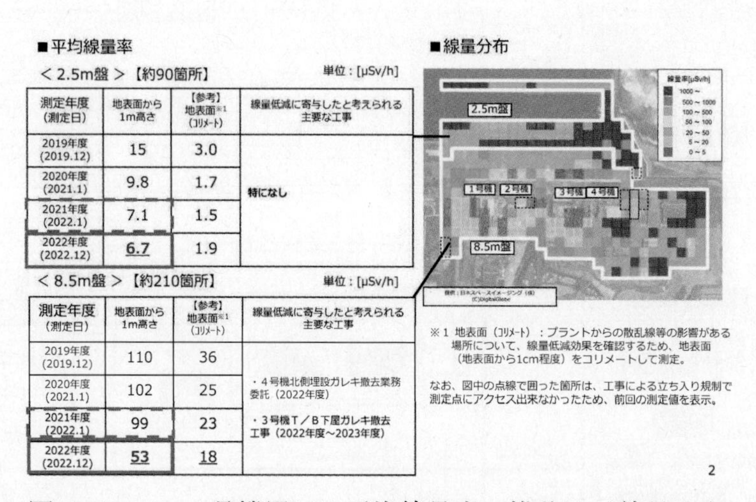

測定年度(測定日)	地表面から1m高さ	【参考】地表面※1(コリメート)	線量低減に寄与したと考えられる主要な工事
2019年度(2019.12)	15	3.0	特になし
2020年度(2021.1)	9.8	1.7	
2021年度(2022.1)	7.1	1.5	
2022年度(2022.12)	6.7	1.9	

測定年度(測定日)	地表面から1m高さ	【参考】地表面※1(コリメート)	線量低減に寄与したと考えられる主要な工事
2019年度(2019.12)	110	36	・4号機北側埋設ガレキ撤去業務委託(2022年度) ・3号機T／B下屋ガレキ撤去工事(2022年度～2023年度)
2020年度(2021.1)	102	25	
2021年度(2022.1)	99	23	
2022年度(2022.12)	53	18	

図 6-10 1～4号機周辺の平均線量率の推移及び線量分布

(注)平均線量率、線量分布ともに、胸元高さ(地表面から1mの高さ)の測定値。線量分布は30mメッシュ。
(出典)第113回廃炉・汚染水・処理水対策チーム会合／事務局会議資料 東京電力「福島第一原子力発電所構内の線量状況について」(2023年)

さらに、定期的に、東電福島第一原発の全作業員(東京電力の社員を除く)を対象とした、労働環境の改善に向けたアンケートが実施されています。2022年8月から9月にかけて実施された第13回アンケートについては、現在の労働環境に対する評価、放射線に対する不安、東電福島第一原発で働くことに対する不安、やりがい等の様々な項目に関してアンケートが行われ、作業員の現在の労働環境に対する受け止めや、更なる改善要望、意見が数多く得られました。今後も、東電福島第一原発の施設環境変化を把握するとともに、アンケート結果の内容など、意見・要望にしっかりと耳を傾け、労働環境改善に努め、「安心して働きやすい職場」作りに取り組んでいくことが示されています。

(3) 廃炉に向けた研究開発、人材育成及び国際協力

① 廃炉に向けた研究開発

国、民間企業、研究開発機関、大学等が実施主体となり、廃炉研究開発連携会議の下で連携強化を図りつつ、基礎・基盤から実用化に至る様々な研究開発が行われています（図6-11）。

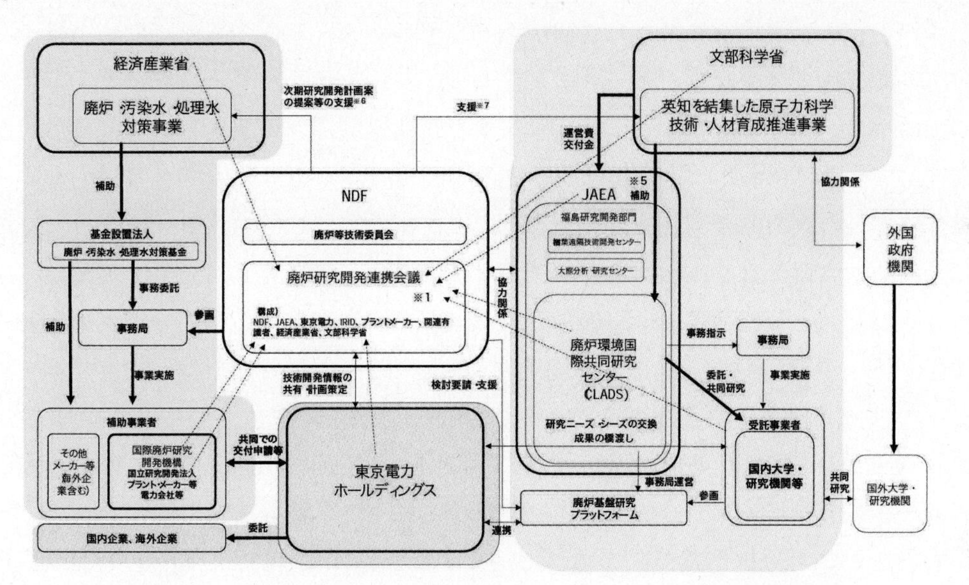

図 6-11 東電福島第一原発の廃炉に係る研究開発実施体制

（出典）原子力損害賠償・廃炉等支援機構「東京電力ホールディングス(株)福島第一原子力発電所の廃炉のための技術戦略プラン2022」(2022年)

経済産業省は、東電福島第一原発の廃炉・汚染水・処理水対策に係る技術的難度の高い研究開発のうち、国が支援するものについて研究開発を補助する「廃炉・汚染水・処理水対策事業」を実施しており、原子炉格納容器内の内部調査技術や、燃料デブリ取り出しに関する基盤技術、取り出した燃料デブリの収納・移送・保管に関する技術等の開発を進めています。

文部科学省は、「英知を結集した原子力科学技術・人材育成推進事業」（以下「英知事業」という。）を実施しており、原子力機構のCLADSを中核とし、国内外の多様な分野の知見を融合・連携させることにより、中長期的な廃炉現場のニーズに対応する基礎的・基盤的研究及び人材育成を推進しています。

NDFは、研究開発中長期計画や次期研究開発計画の企画検討及び英知事業の支援を行うとともに、関係機関の代表者や大学等の有識者をメンバーとした「廃炉研究開発連携会議」を設置し、研究開発のニーズとシーズの情報共有、廃炉作業のニーズを踏まえた研究開発の調整、研究開発・人材育成に係る協力促進等の諸課題について検討しています。NDF及び東京電力は、2020年度に廃炉の今後約10年の研究開発の全体を俯瞰した研究開発中長期計画を作成しました。研究開発中長期計画は、東京電力の廃炉中長期実行プランの改訂、燃料デブリの取り出し規模の更なる拡大に向けての概念検討、現在実施されている研究開発の進展等を踏まえ、毎年度更新されます。主な改訂は、廃炉の主要工程の最新化、基礎・基盤研究の取り込み等です。

英知事業と廃炉・汚染水・処理水対策事業の連携を図る取組も進められています。2022年2月の第10回廃炉研究開発連携会議での議論を踏まえ、東京電力、CLADS及びNDFは、10年を超える長期の課題を含めた技術課題の分析を行い、俯瞰的かつ網羅的な課題の整理を開始しました。その成果を参考として研究開発中長期計画、基礎・基盤研究の全体マップに反映していく計画です。

原子力機構は、CLADSを中心として、国内外の研究機関等との共同による基礎的・基盤的研究を進めています。また、廃炉に関する技術基盤を確立するための拠点整備も進めており、遠隔操作機器・装置の開発実証施設（モックアップ施設）として楢葉モックアップ施設を運用しています。燃料デブリや放射性廃棄物等の分析手法、性状把握、処理・処分技術の開発等を行う「大熊分析・研究センター」の放射性物質分析・研究施設では、分析実施体制の構築に向けて、低・中線量のガレキ類等の廃棄物やALPS処理水の分析を実施予定の第1棟、燃料デブリ等の分析を実施予定の第2棟の整備が進められています。このうち第1棟について、2022年6月の竣工後、試験運転・分析準備を進め、同年10月に特定原子力施設の一部として管理区域等を設定し、分析実施体制を構築しました。厳正な放射線管理を行いつつ、放射性物質を用いた分析作業が開始されています。これにより、第1棟へのALPS処理水・廃棄物試料の受け入れが効率的に行われることが期待されています。ALPS処理水の分析は、客観性・透明性の高い測定を行う観点で、東京電力による測定・確認とは独立して、原子力機構が第三者として行うものです。2022年度は、分析法の妥当性確認を進め、信頼性の高い分析・測定を行うことができるよう準備が進められました。

2023年4月に政府により設立される予定の「福島国際研究教育機構」(F-REI)[10]において実施する研究開発分野は①ロボット、②農林水産業、③エネルギー、④放射線科学・創薬医療、放射線の産業利用、⑤原子力災害に関するデータや知見の集積・発信とされており、廃炉に関する研究開発との連携も期待されます。そのため、今後、NDFは、福島国際研究教育機構の研究開発に関連したアウトリーチ活動を視野に入れつつ、研究開発の推進に関する基本計画も踏まえた連携を検討していく、とされています。

---

[10] 2023年4月1日に予定どおり設立された。

②　廃炉に向けた人材育成

東電福島第一原発の廃炉には 30 年から 40 年を要すると見込まれており、中長期的かつ計画的に、廃炉を担う人材を育成していく必要があります。

東京電力は、廃炉事業に必要な技術者養成の拠点として「福島廃炉技術者研修センター」を設置し、地元人材の育成に取り組んでいます。

文部科学省は、英知事業の一部として「研究人材育成型廃炉研究プログラム」を実施し、原子力機構を中核として大学や民間企業と緊密に連携し、将来の廃炉を支える研究人材育成の取組を推進しています。

原子力機構は、学生の受入れ制度の活用等を通じた人材育成を実施しています。また、CLADS を中心に、国内外の大学、研究機関、産業界等の人材交流ネットワークを形成しつつ、研究開発と人材育成を一体的に進める体制を構築しています。

技術研究組合国際廃炉研究開発機構（IRID[11]）は、同機構の研究開発成果を報告するとともに、若手研究者や技術者を育成することを目的として、シンポジウムを開催しています。

コラム　～廃炉等に向けた分析体制の強化～

2022 年 12 月に開催された原子力規制委員会の特定原子力施設監視・評価検討会において、東電福島第一原発の廃炉等に向けた分析体制の強化について議論が行われました。これを受け、大量に発生する廃棄物の「保管・管理」、その後の「処理・処分」を行っていくため、廃炉の時間軸に沿って分析ニーズを明らかにし、分析ニーズに基づき、分析計画を策定するとともに、高度な技術・技能を有する人材の具体的な能力を明確化し、必要人数の規模及び必要時期に係る定量化の作業を東京電力にて進めています。

また、廃炉に向けた分析の着実な遂行のため、原子力機構等において分析・評価手法の開発を進めるとともに、分析施設の確保、人材の育成・確保の取組が進められています。特に人材の育成・確保に関しては、国内の分析実務の豊富な経験・知見を有する研究者、技術者を集約した分析サポートチームを組織するとともに、新たに設立される福島国際研究教育機構（F-REI）[12]において固体廃棄物分析を担う分析作業者の育成を念頭に置いたカリキュラムを作成し、研修を実施するための準備が進められています。

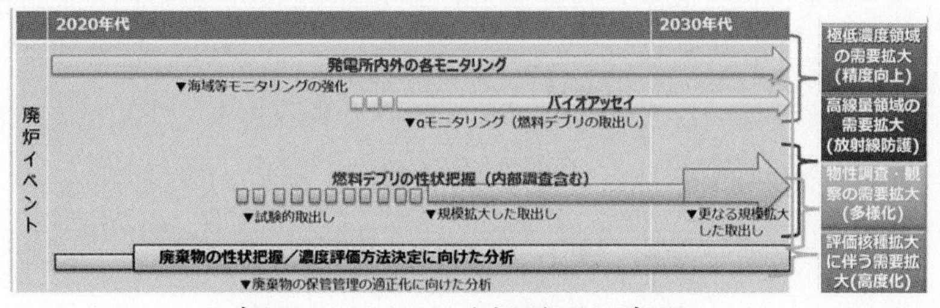

廃炉イベントと分析需要の変化

（出典）第 104 回特定原子力施設監視・評価検討会資料 1-3-2 東京電力「分析体制構築に向けた取り組み状況について」（2022 年）に基づき作成

---

[11] International Research Institute for Nuclear Decommissioning

[12] 福島国際研究教育機構（F-REI）については、第 1 章(2)⑤3)「新たな産業の創出・生活の開始に向けた広域的な復興の取組」を参照。

③ 国際社会との協力

東電福島第一原発事故を起こした我が国としては、国際社会に対して透明性を確保する形で情報発信を行い、事故の経験と教訓を共有するとともに、国際機関や海外研究機関等と連携して知見・経験を結集し、国際社会に開かれた形で廃炉等を進め、国際社会に対する責任を果たしていかなければなりません。また、廃炉作業の進捗や得られたデータ等を積極的に発信することは、福島の状況に関する国際社会の正確な理解の形成に不可欠です。

我が国は、IAEAに対して定期的に東電福島第一原発に関する包括的な情報を提供し、IAEAとの協力関係を構築しています。2021年4月には、ALPS処理水の処分に関する基本方針の公表を受けてグロッシーIAEA事務局長がビデオメッセージを発表し、我が国が選択した方法は技術的に実現可能であり国際慣行にも沿っているとの認識を改めて述べました。廃炉に向けた取組の進捗については、同年6月から8月にかけて5回目となるIAEAの廃炉レビューを受けました（図6-12）。また、我が国は、同年9月のIAEA第65回総会において、東電福島第一原発の状況について国際社会に対して科学的根拠に基づき透明性を持って説明を継続するとともに、ALPS処理水の安全性や規制面及び海洋モニタリングに関するレビューの実施に向けてIAEAと協力していく旨を示しました。さらに、2022年2月と11月にはALPS処理水の安全性について、同年3月と2023年1月にはALPS処理水の規制について、IAEAによるレビューが実施されました。2022年2月の安全性のレビュー結果は同年4月、同年3月の規制に関するレビュー結果は同年6月にIAEAが報告書として公表されています[13]。なお、同年12月には、東京電力及び我が国の当局から提供されるデータの正確さに信頼を与えることを目的とした「IAEAによる独立したサンプリング、データの裏付け及び分析活動」に関する報告書が公表されています。IAEAによる裏付け活動の三つの主要な構成要素は、以下のとおりです。

- ALPS処理水のサンプリング、分析及び分析機関間比較（ILC[14]）
- 周辺環境から採取した環境試料（海水・魚など）のサンプリング、分析及びILC
- 作業員の外部・内部放射線被ばくのモニタリングに関する線量測定サービスプロバイダーの能力評価

報告書では、これまでの進展と今後期待される活動が記載されています。また、分析結果がまとまった際には、IAEAから改めて報告書が公表されます。さらに、ALPS処理水の放出前・中・後にわたって、安全性に関するレビューが継続されるとともに、IAEAによる裏付け及び分析活動の最新情報が公開されていく予定です。

---

[13] 2023年4月には第2回安全性レビューの結果、同年5月には第2回規制レビューの結果が公表されている。

[14] Interlaboratory Comparison

ALPS 処理水関連

- ✧ 前回レビューの指摘事項に対する日本側の努力を評価。特に ALPS 処理水の処分に関して、日本政府が基本方針を決定したことは、廃炉計画全体の実行を促進するものとして評価。
- ✧ 今後の ALPS 処理水の処分に向けて、東京電力が、将来の新たな ALPS 処理水を含む多量の処理と浄水の全体バランスと放出スケジュールの分析を行うことを推奨。

その他廃炉関連

- ✧ 次の 10 年は、取り出された燃料デブリの管理オプションの特定や固体廃棄物の保管管理の次の段階といった課題に包括的にアプローチしていくべき。
- ✧ 東京電力福島第一廃炉推進カンパニーが、エンジニアリング組織としてプロジェクト管理機能等の強化や人材育成に焦点を当てて、改善を続けることを推奨。
- ✧ 経済産業省と東京電力に、廃炉作業への信頼向上に対する広報事業の貢献を評価する調査の実施を推奨。

図 6-12　IAEA 廃炉レビューによる評価報告書の主なポイント

(出典)経済産業省「IAEA 廃炉レビューミッションが来日し、評価レポートを江島経済産業副大臣が受領しました」(2021 年)に基づき作成

IAEA を通じた取組に加え、原子力発電施設を有する国の政府や産業界等の各層との協力関係が構築されており、廃炉・汚染水・処理水対策の現状について継続的に情報交換が行われています。各国の在京大使館や政府等向けには累次にわたってブリーフィングが行われており、2022 年度は合計 13 回ブリーフィングが実施されました。さらに、英語版動画やパンフレット等の説明資料が作成され、IAEA 総会サイドイベントや要人往訪の機会等、様々なルートで海外に向けて情報が発信されるとともに、経済産業省のウェブサイト[15]にも掲載されています。

また、廃炉作業に伴い得られたデータも活用し、必要な技術開発等を進めるため、様々な国際共同研究が行われています。経済産業省の廃炉・汚染水・処理水対策事業や文部科学省の英知事業では、海外の企業や研究機関等との協力による取組が実施されています。また、原子力機構の CLADS では、海外からの研究者招へい、海外研究機関との共同研究が実施されており、国際的な研究開発拠点の構築を目指した活動が実施されています。

[15] https://www.meti.go.jp/english/earthquake/nuclear/decommissioning/index.html

コラム　～身の回りのトリチウムの存在と取扱い～

トリチウムとは、水素の放射性同位体で、一般的な水素と同様に酸素と結合して水分子（トリチウム水）を構成します。ベータ崩壊し、ベータ線（電子）を放出します。トリチウムは、宇宙から地球へ降り注いでいる放射線（宇宙線）と地球上の大気が反応することにより自然に発生するため、トリチウム水の形で自然界にも広く存在し、大気中の水蒸気、雨水、海水、水道水、人の体内等にも含まれます。

トリチウムは、原子力発電所の運転や使用済燃料の再処理でも発生します。トリチウム水は普通の水と同じ性質を持つため、トリチウム水だけを分離・除去することは非常に困難です。そのため、原子力発電所や再処理施設で発生したトリチウムは、過去40年以上にわたり、各国の規制基準を遵守して海洋や大気等に排出されています。我が国では、国際放射線防護委員会（ICRP[16]）の勧告に沿って規制基準が定められています。

東電福島第一原発の汚染水の浄化により発生するALPS処理水にも、トリチウムが含まれます。ALPS処理水の処分に関する基本方針では、規制基準等の科学的な観点だけでなく、風評影響等の社会的な観点も含めた対応が示されています。同時に、トリチウム分離に関する技術動向を注視し、現実的に実用化可能な技術があれば積極的に取り入れる方針です。

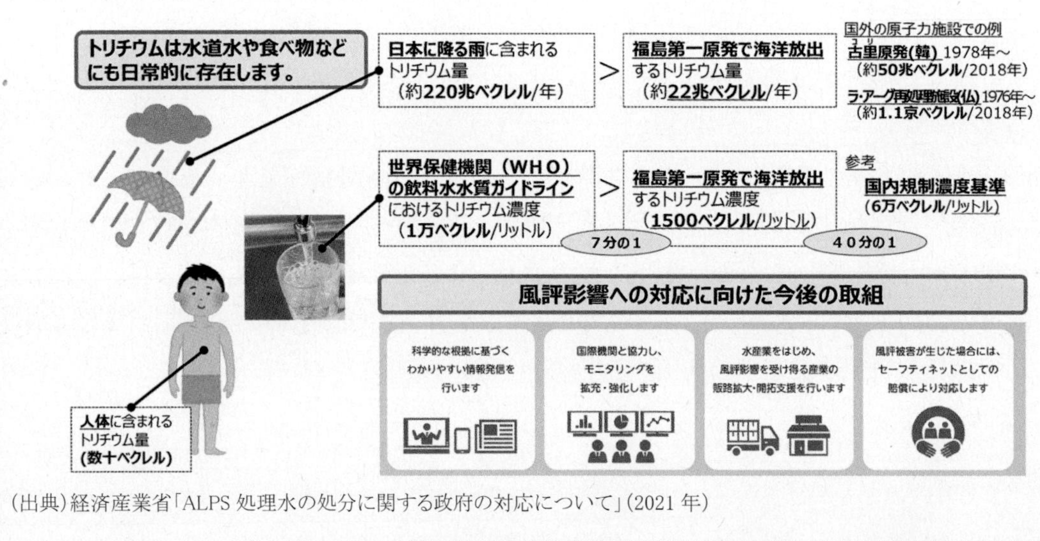

（出典）経済産業省「ALPS処理水の処分に関する政府の対応について」（2021年）

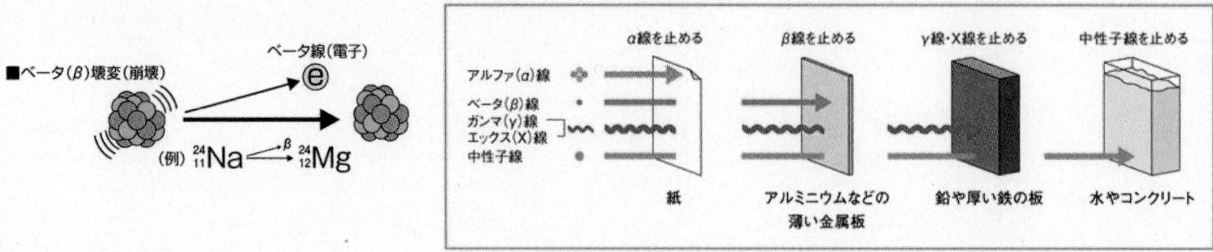

（出典）文部科学省「放射線等に関する副読本（高等学校生徒用）」

[16] International Commission on Radiological Protection

コラム　～IAEAによるALPS処理水の安全性に関するレビュー（2回目）～

東電福島第一原発で発生するALPS処理水の安全性レビューのために来日していたIAEAによるミッションが2022年11月14日から18日にかけて行われました。ALPS処理水の放出前・中・後にわたり継続的に実施されるIAEAによる安全性レビューは、2022年2月に続き2回目となります。

今回は、IAEA原子力安全・核セキュリティ局調整官のグスタボ・カルーソ氏を筆頭に7名のIAEA職員と、9名の国際専門家（アルゼンチン、中国、韓国、フランス、マーシャル諸島、ロシア、英国、米国、ベトナム）が来日し、経済産業省、東京電力との会合で、第1回レビューミッションでも議論された八つの項目[17]についてレビューが行われました。

特に、東京電力が2022年11月14日に原子力規制委員会に提出した放出を管理するための組織体制の明確化、処理水中の測定対象核種の改善等を含む実施計画の変更認可申請書について、IAEAの安全基準に基づいて専門的な議論が行われました。同年11月16日には、東電福島第一原発を訪問し、希釈放出設備の工事進捗状況等を視察し東京電力と意見交換が行われました。今回のレビューにおけるIAEA派遣団からの指摘は、これまでの意見交換における指摘と併せて、東京電力による放射線環境影響評価報告書の見直しに反映され、内容の一層の充実が図られます。同年12月にはALPS処理水の安全性レビューのうち、「IAEAによる独立したサンプリング、データの裏付け及び分析活動」に関する報告書が公表されました。東京電力及び我が国の当局から提供されるデータの正確さに信頼を与えることを目的としており、ALPS処理水の中の放射性物質に関するモニタリング、環境モニタリング及び東電福島第一原発の作業員の職業被ばくに係るデータの分析及び裏付けに関するIAEAの活動計画等について記されており、今後、分析結果がまとまった際に、IAEAから改めて報告書が公表されることとなっています。

我が国は、今後とも、ALPS処理水の放出の安全性レビューやモニタリング等の実施において、IAEAへの必要な情報提供を継続するとともに、ALPS処理水の取扱いについて、国際社会のより一層の理解を醸成していく考えです。

会合の様子

（出典）経済産業省「IAEAによる東京電力福島第一原子力発電所のALPS処理水の安全性に関するレビュー（2回目）が行われました」（2022年）

17　「横断的な要求事項と勧告事項」、「ALPS処理水／放出水の性状」、「放出管理のシステムとプロセスに関する安全性」、「放射線環境影響評価」、「放出に関する規制管理と認可」、「ALPS処理水と環境モニタリング」、「利害関係者の関与」、「職業的な放射線防護」。

6－2 原子力発電所及び研究開発施設等の廃止措置

東電福島第一原発事故後、原子力発電所や研究開発機関、大学等の研究開発施設等のうち、運転期間を終えた施設等の多くが廃止措置に移行することを決定しました。廃止措置は、安全を旨として計画的に進めるとともに、施設の解体や除染等により発生する放射性廃棄物の処理・処分と一体的に進めることが必要です。原子力委員会が改定した「原子力利用に関する基本的考え方」では、基本目標として、「東電福島第一原発事故以降、多くの原発や研究施設が廃止を決定し、これらの廃止措置が今後本格的に始まることが想定されるため、放射性廃棄物の処理・処分を含めた廃止措置を、計画性をもって、着実かつ効率的に進める。」としています。事業者や研究機関等は、廃止に伴う実施方針をあらかじめ公表するとともに、廃止が決定された施設については原子力規制委員会による廃止措置計画の認可を得て廃止措置を開始するなど、着実な取組を進めています。

(1) 廃止措置の概要と安全確保

① 廃止措置の概要

通常の実用発電用原子炉施設等の原子力施設の廃止措置では、まず、運転を終了した施設に存在する核燃料物質等を搬出し、運転中に発生した放射性物質等による汚染の除去を行った後、設備を解体・撤去します。加えて、廃止措置で生じる放射性廃棄物は、放射能のレベルに応じて適切に処理・処分されます。

IAEAは、各国の廃止措置経験等に基づき、廃止措置の方式は「即時解体」と「遅延解体」の二つに分類されるとしています（表 6-1）。以前は「密閉管理」も廃止措置の方法の一つとされていましたが、現在では、廃止措置の方法の一つというよりも、事故を経験した原子力施設等の過酷な状況にある施設の例外的な措置と捉えられています[18]。

表 6-1 IAEAによる廃止措置等の方式の分類

	方式	概要
廃止措置	即時解体	施設の無制限利用あるいは規制機関による制限付き利用ができるレベルまで、放射性汚染物を含む施設の機器、構造物、部材を撤去又は除染する方法。施設の操業を完全に停止した直後に、廃止措置を開始。
	遅延解体	安全貯蔵や安全格納とも呼ばれ、施設の無制限利用あるいは規制機関による制限付き利用ができるレベルまで、放射性汚染物質を含む施設の一部を処理又は保管しておく方法。一定期間後、必要に応じ除染して解体。
例外的な措置	密閉管理	長期間にわたり、放射性汚染物質を耐久性のある構造物に封入しておく方法。

（出典）IAEA 安全要件「GSR Part 6 Decommissioning of Facilities」（2014年）等に基づき作成

② 廃止措置の安全確保

我が国では、廃止措置に当たって、原子力事業者等は原子炉等規制法に基づき、「廃止措

[18] 米国では、事故炉ではない核開発用原子炉に適用した廃止措置を密閉管理と呼んでいる例があります。

置計画」を定め、原子力規制委員会の認可を受けます。原子力規制委員会による審査においては、廃止措置中の安全確保のため、施設の維持管理方法、放射線被ばくの低減策、放射性廃棄物の処理等の方法が適切なものであるかが確認されます。

また、施設の稼働停止から廃止へのより円滑な移行を図るため、事業の許可等を受けた事業者は、廃棄する核燃料物質によって汚染されたものの発生量の見込み、廃止措置に要する費用の見積り及びその資金調達方法等、廃止措置の実施に関し必要な事項を定める「廃止措置実施方針」をあらかじめ作成し公表することが義務付けられています。廃止措置実施方針は、記載内容に変更があった場合には遅滞なく公表するとともに、公表後5年ごとに全体の見直しを行うこととされており、各原子力事業者はウェブサイトにおいて廃止措置実施方針を公表しています。

原子力施設は、運転中と廃止措置の各段階によって、あるいは施設の規模や使用形態等によって、内在するリスクの種類や程度が大きく異なります（図 6-13）。そのため、IAEA の安全指針では、安全性を確保しつつ円滑かつ着実に廃止措置を実施するため、作業の進展に応じて変化するリスクレベルに応じて最適な安全対策を講じていく考え方（グレーデッドアプローチ）を提唱しています。原子力規制委員会においても、2022 年度の業務計画の一つとして、「これまでグレーデッドアプローチを適用してきた核燃料施設等の審査実績等規制の運用から得られた知見も踏まえた上で、施設の特徴・安全上の重要度に応じた、より実効的なグレーデッドアプローチを検討しつつ、核燃料施設等の審査を行う」ことを挙げています。また、欧米諸国では、グレーデッドアプローチを広く採用し、放射線安全の確保を前提に適切なリスク管理を行い、合理的な廃止措置を進めています。

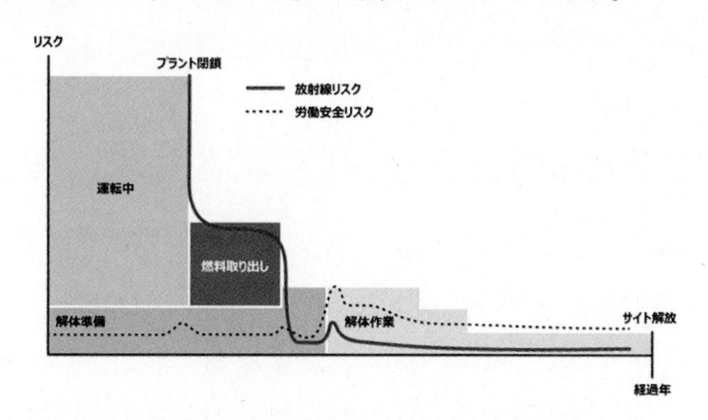

図 6-13　原子力施設のリスクレベルの変化イメージ

（注）IAEA「Safety Reports Series No. 77 Safety Assessment for Decommissioning, Annex I, Part A Safety Assessment for Decommissioning of a Nuclear Power Plant」に基づき株式会社三菱総合研究所が作成。
（出典）株式会社三菱総合研究所「廃止措置プラントのリスク管理『グレーデッドアプローチ』導入に向けて」（2020 年）

（2）　廃止措置の状況

①　原子力発電所の廃止措置

我が国では、2023 年 3 月末時点で、特定原子力施設として規制されている東電福島第一原発原子炉施設 6 基を除く実用発電用原子炉施設のうち 18 基の廃止措置計画が認可されています（表 6-2）。

表 6-2　原子力発電所の廃止措置の状況（2023 年 3 月末時点）

	施設等	炉型注	運転終了時期	廃止措置 完了予定時期	備考
日本原子力発電	東海	GCR	1998 年 3 月	2030 年度	廃止措置中
	敦賀 1	BWR	2015 年 4 月	2040 年度	廃止措置中
東北電力	女川 1	BWR	2018 年 12 月	2053 年度	廃止措置中
東京電力	福島第二 1	BWR	2019 年 9 月	2064 年度	廃止措置中
	福島第二 2	BWR	2019 年 9 月	2064 年度	廃止措置中
	福島第二 3	BWR	2019 年 9 月	2064 年度	廃止措置中
	福島第二 4	BWR	2019 年 9 月	2064 年度	廃止措置中
中部電力	浜岡 1	BWR	2009 年 1 月	2036 年度	廃止措置中
	浜岡 2	BWR	2009 年 1 月	2036 年度	廃止措置中
関西電力	美浜 1	PWR	2015 年 4 月	2045 年度	廃止措置中
	美浜 2	PWR	2015 年 4 月	2045 年度	廃止措置中
	大飯 1	PWR	2018 年 3 月	2048 年度	廃止措置中
	大飯 2	PWR	2018 年 3 月	2048 年度	廃止措置中
中国電力	島根 1	BWR	2015 年 4 月	2045 年度	廃止措置中
四国電力	伊方 1	PWR	2016 年 5 月	2056 年度	廃止措置中
	伊方 2	PWR	2018 年 5 月	2059 年度	廃止措置中
九州電力	玄海 1	PWR	2015 年 4 月	2054 年度	廃止措置中
	玄海 2	PWR	2019 年 4 月	2054 年度	廃止措置中

(注)GCR：黒鉛減速ガス冷却炉、BWR：沸騰水型軽水炉、PWR：加圧水型軽水炉
(出典)原子力規制委員会「廃止措置中の実用発電用原子炉」、一般社団法人日本原子力産業協会「日本の原子力発電炉（運転中、建設中、建設準備中など）」、東京電力ホールディングス「廃止措置実施方針」等に基づき作成

②　研究開発施設等の廃止措置

原子力機構の様々な種類の施設や、東京大学や立教大学等の大学の研究炉、民間企業の研究炉において、廃止措置が進められています（表 6-3）。

原子力機構は 2018 年 12 月に、バックエンド対策（廃止措置、廃棄物処理・処分等）の長期にわたる見通しと方針を取りまとめた「バックエンドロードマップ」を公表しました。バックエンドロードマップでは、今後約 70 年間を第 1 期、第 2 期、第 3 期に分け、現存する原子炉等規制法の許可施設を対象に、廃止措置、廃棄物処理・処分及び核燃料物質の管理の方針が示され、必要な費用の試算も行われています（図 6-14）。

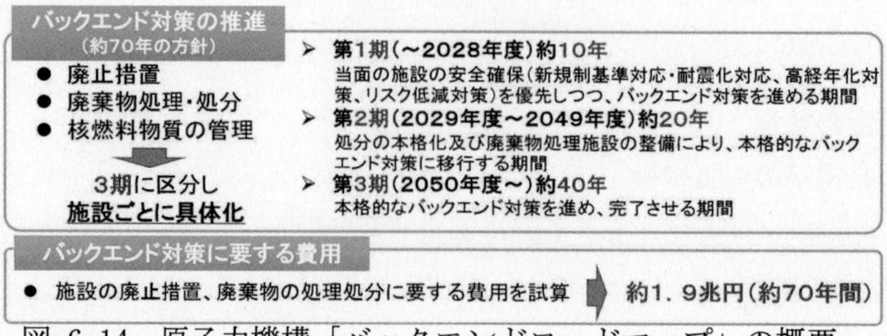

バックエンド対策の推進
(約70年の方針)
● 廃止措置
● 廃棄物処理・処分
● 核燃料物質の管理
3期に区分し
施設ごとに具体化
➢ 第1期(～2028年度)約10年
当面の施設の安全確保(新規制基準対応・耐震化対応、高経年化対策、リスク低減対策)を優先しつつ、バックエンド対策を進める期間
➢ 第2期(2029年度～2049年度)約20年
処分の本格化及び廃棄物処理施設の整備により、本格的なバックエンド対策に移行する期間
➢ 第3期(2050年度～)約40年
本格的なバックエンド対策を進め、完了させる期間
バックエンド対策に要する費用
● 施設の廃止措置、廃棄物の処理処分に要する費用を試算 ➡ 約1. 9兆円(約70年間)

図 6-14　原子力機構「バックエンドロードマップ」の概要
(出典)原子力機構「バックエンドロードマップの概要」

表 6-3　主な研究開発施設等の廃止措置の状況（2023 年 3 月 11 日時点）

	施設等[注1]	運転終了時期等	炉型等[注1]	備考
原子力機構	JPDR	1976 年 3 月	BWR	1996 年 3 月解体撤去 2002 年 10 月廃止届
	原子力第 1 船むつ	1992 年 2 月	加圧軽水冷却型	廃止措置中
	JRR-2	1996 年 12 月	重水減速冷却型	廃止措置中
	DCA	2001 年 9 月	重水臨界実験装置	廃止措置中
	ふげん	2003 年 3 月	新型転換炉原型炉	廃止措置中
	JMTR	2006 年 8 月	材料試験炉	廃止措置中
	TCA	2010 年 11 月	軽水臨界実験装置	廃止措置中
	JRR-4	2010 年 12 月	濃縮ウラン軽水減速冷却 スイミングプール型	廃止措置中
	TRACY	2011 年 3 月	過渡臨界実験装置	廃止措置中
	FCA	2011 年 3 月	高速炉臨界実験装置	廃止措置中
	もんじゅ	2018 年 3 月[注2]	高速増殖原型炉	廃止措置中
	東海再処理施設	2018 年 6 月[注2]	再処理施設	廃止措置中
	ウラン濃縮原型プラント	2001 年	ウラン濃縮設備	廃止措置中
（株）東芝	TTR-1	2001 年 3 月	教育訓練用原子炉	廃止措置中
	NCA	2013 年 12 月	臨界実験装置	廃止措置中
（株）日立製作所	HTR	1975 年	濃縮ウラン 軽水減速冷却型	廃止措置中
東京大学	弥生	2011 年 3 月	高速中性子源炉	廃止措置中
立教大学	立教大学炉	2001 年	TRIGA-Ⅱ	廃止措置中
東京都市大学 原子力研究所	武蔵工大炉	1989 年 12 月	TRIGA-Ⅱ	廃止措置中

(注1)略称の正式名称は、用語集を参照。
(注2)廃止措置計画認可時期。
(出典)原子力規制委員会「廃止措置中の試験研究用等原子炉」、原子力規制委員会等「使用済燃料管理及び放射性廃棄物管理の安全に関する条約日本国第七回国別報告」(2020 年)等に基づき作成

文部科学省及び原子力機構は、今後のバックエンド対策や費用の試算精度の向上に関する助言を受けること等を目的として、2021 年 4 月に IAEA による ARTEMIS[19]レビューミッションを受け入れました。ARTEMIS レビューは、原子力施設の廃止措置や放射性廃棄物に関する総合的レビューサービスで、2014 年の開始以来、我が国で実施されるのは初めてです。同レビューの報告書は、原子力機構が将来にわたる廃止措置の方向性を確立するとともに、直面している課題もはっきり示したロードマップを作成したことを評価した上で、原子力機構に対し、廃止措置の更なる改善のための提言と助言を示しました（図 6-15）。

[19] Integrated Review Service for Radioactive Waste and Spent Fuel Management, Decommissioning and Remediation

- ✧ 研究開発と廃止措置に係る組織と資源（人員と予算）の責任をより明確に分離し、それぞれのミッションの重点強化のための様々なオプションを検討する必要がある。
- ✧ 処分施設の整備が遅れる可能性を考慮し、全ての廃棄物区分について、計画している処分施設の利用可能性と廃棄物貯蔵能力を合わせて評価した明確な戦略を示すべきである。
- ✧ 使用済燃料やその他の核燃料物質の管理を考慮し、恒久的に停止している施設についても定期的に安全レビューを実施し、安全が長期にわたって維持されることを保証するとともに、安全性を更に高めるための可能な行動を見出していく必要がある。
- ✧ 不確実性とリスクを考慮しつつ、施設の解体に必要な総費用を包括的に理解するために、廃止措置費用の評価方法を更に発展させる必要がある。
- ✧ 廃止措置と廃棄物管理に関する教育・訓練プログラムを開発し、プログラムの実施に必要なスキル、能力、要員数に対応するための枠組みを確立する必要がある。

図 6-15　ARTEMIS レビュー報告書における、原子力機構に対する主な提言と助言

(出典)文部科学省「日本原子力研究開発機構のバックエンド対策に関する国際的なレビューの実施結果について」(2021 年)に基づき作成

原子力機構のバックエンドロードマップを具体化した「施設中長期計画」(2022 年 4 月改定）では、改定時期が第 4 期中長期目標期間（2022 年度～2028 年度）に入ることから、本計画の対象期間を第 5 期中長期目標期間末の 2035 年度までとするとともに、第 5 期中長期目標期間中に廃止措置を開始する予定の施設を廃止施設へ追加するなどの見直しが実施されました。その結果、継続使用施設が 45 施設、廃止施設が 45 施設とされています[20]。廃止施設 45 施設のうち第 3 期中長期目標期間中に 5 施設の廃止措置が終了しました。残りの 40 施設は、第 4 期中長期目標期間中に 5 施設、第 5 期中長期目標期間中に 16 施設、第 6 期中長期目標期間以降に 19 施設の廃止措置が終了できるよう廃止措置を進めるとしています。原子力機構の施設は、大規模で廃止措置に長期間を要する施設があること、数や種類が多いこと、扱う放射性核種が原子力発電所で発生するものとは異なること等の特徴があるため、各施設に応じた廃止措置が実施されます。特に規模の大きなものとして、「もんじゅ」、「ふげん」及び東海再処理施設の廃止措置が挙げられます。

「もんじゅ」については、2016 年 12 月に開催された原子力関係閣僚会議において、原子炉としての運転は再開せず、廃止措置に移行することとされました。廃止措置計画に基づいて 2018 年度より概ね 30 年間の廃止措置が進められています。廃止措置計画の第一段階においては、2022 年 10 月までに燃料体を炉心から燃料池に取り出す作業を終了し、2023 年 2 月に廃止措置計画変更認可申請について認可を受け、2023 年度からの第二段階においては、水・蒸気系等発電設備の解体作業等に着手することとしました。今後も「もんじゅ」の廃止措置については、立地地域の声に向き合いつつ、安全、着実かつ計画的に進めていくこととしています。

「ふげん」については、廃止措置計画に基づき、原子炉周辺機器等の解体撤去を進めるとともに、2026 年夏頃の使用済燃料の搬出完了に向けた仏国事業者との契約等を進めていま

[20] 第 8 章 8-3(3)「原子力機構の研究開発施設の集約化・重点化」を参照。

す。また、今後の原子炉本体の解体撤去に向けては、解体時の更なる安全性向上を図るため、新たな技術開発による工法の見直し等を行いました。

東海再処理施設については、廃止措置に70年を要する見通しであり、リスク低減の観点から、まずは高レベル放射性廃液のガラス固化処理を最優先で進めるとともに、高レベル放射性廃液を取り扱う施設の新規制基準を踏まえた安全対策を着実に進めています。ガラス固化作業は、機器のメンテナンスのため、2021年9月から中断されていましたが、2022年7月に作業を再開した後、溶融炉内への白金族元素の堆積に伴う、溶融炉の加熱性能の低下が確認されたことから、同年10月に作業を終了しました。その後、より円滑にガラス固化処理を進める観点から、溶融炉底部の構造を改良した新型溶融炉への更新に向けた取組を進めています。また、2022年6月からは廃止措置の一環として、再処理施設の一部の工程内に残存する核燃料物質を取り出す工程洗浄が進められています。

原子力委員会は2019年1月に、原子力機構における廃止措置についての見解を取りまとめました。その中で、原子力委員会は、全体像の俯瞰的な把握、規制機関との対話、合理的な安全確保、廃止措置にかかる経験や知識の継承、人材育成、廃棄物の処理計画と廃止措置との一体的な検討等の取組の必要性を指摘した上で、今後の原子力機構の廃止措置に係る進捗状況や対応状況について適宜フォローアップしていくこととしています。

(3)　廃止措置の費用措置

①　原子力発電所等の廃止措置費用

通常の実用発電用原子炉施設の廃止措置は、長期間にわたること、多額の費用を要すること、発電と費用発生の時期が異なること等の特徴を有することに加え、合理的に見積もることが可能と考えられます。そのため、解体時点で費用を計上するのではなく、費用収益対応の原則に基づいて発電利用中の費用として計上することが、世代間負担の公平を図る上で適切であるとの考え方に立ち、電気事業者が電気事業法に基づいて廃止措置費用の積立てを行っています（表 6-4）。

表 6-4　原子力発電所と火力発電所の廃止措置費用の比較

	原子力発電所	火力発電所等
解体撤去への着手時期	安全貯蔵期間の後	運転終了後、直ちに着手可能
廃止措置の期間	約30年程度	1～2年程度
廃止措置の費用	小型炉（50万kW級）：360～530億円程度 中型炉（80万kW級）：460～690億円程度 大型炉（110万kW級）：590～850億円程度	～30億円程度 （50万kW級以下）
廃止に必要な費用の扱い	原子力発電施設解体引当金省令に基づき、運転期間中、発電量に応じて引当を行い、料金回収。	固定資産除却費として廃止の際に当期費用計上し、料金回収。

（出典）総合資源エネルギー調査会電力・ガス事業部会電気料金審査専門小委員会廃炉に係る会計制度検証ワーキンググループ「原子力発電所の廃炉に係る料金・会計制度の検証結果と対応策」（2013年）より経済産業省にて一部改訂

② 研究開発施設等の廃止措置費用

原子力機構は、バックエンドロードマップにおいて、廃止措置を含むバックエンド対策に要する費用の合計額を約 1.9 兆円と見積もっています（図 6-14）。廃止措置の実施に当たり、原子力機構の本部組織に廃止措置や廃棄物処分等を担う「バックエンド統括本部」が設置され、同本部のマネジメントの下で、拠点・施設ごとの具体的な廃止措置が実施されています。主務大臣から交付される運営費交付金について、理事長裁量により原子力機構内における配分を決定し、廃止措置費用に充てています。

(4) 廃止措置の円滑化に向けた国の検討状況

2020 年代半ば以降には、これまでの国内商業用原子炉では実績のない原子炉領域の設備解体等の作業が順次本格化していく見通しであり、将来的には、複数の原子力発電所において、こうした作業が同時並行で進行することが見込まれています。第 6 次エネルギー基本計画では、「最終処分、廃炉等の原子力事業を取り巻く様々な課題に対して、総合的かつ責任ある取組を進めていくことが必要である」としています。

これを受けて、総合資源エネルギー調査会電力・ガス事業分科会原子力小委員会は2022年 12 月に「今後の原子力政策の方向性と行動指針（案)」を取りまとめました。同行動指針（案）では、「2020 年代半ば以降に原子炉等の解体作業が本格化することが見込まれる中、我が国における着実かつ効率的な廃炉を実現するため、廃炉に関する知見・ノウハウの蓄積・共有や必要な資金の確保等を行うための仕組みを構築する。また、クリアランス対象物のフリーリリースを見据えた理解活動を推進するとともに、福井県等の自治体関係者を含むリサイクルビジネスの組成と連携・協働する。」とし、廃止措置のプロセス加速化のための行動指針案として以下を提言しています。

ｉ）廃炉全体の総合的なマネジメントや拠出金制度等の創設
- 国及び事業者等の関係者の連携による、廃炉に関する知見・ノウハウの蓄積・共有や資金の着実な手当てを担う主体の創設
- 国及び事業者等の関係者による、商用炉以外の原子力施設の廃止措置の円滑化に資する連携・協働

ⅱ）クリアランス対象物の再利用促進に向けた国及び事業者の取組
- クリアランス対象物の再利用のための実証、その安全性確認や再利用方法の合理化の推進
- クリアランス制度の社会定着に向けた、制度や安全面等に関する理解活動の強化
- 福井県嶺南Ｅコースト計画等のリサイクルビジネスの組成との協働やサポートの強化

また、制度措置の具体的イメージとして、①我が国全体の廃炉の総合的なマネジメント、②廃炉に関する研究開発等の事業者に共通する課題への対応、③廃炉のための資金の確保・管理や事業者が実施する廃炉に要する費用の支弁、の業務を担う認可法人を、業務の類似性

が高い既存法人の再処理機構の活用を検討して創設することを提言しています(図 6-16)。

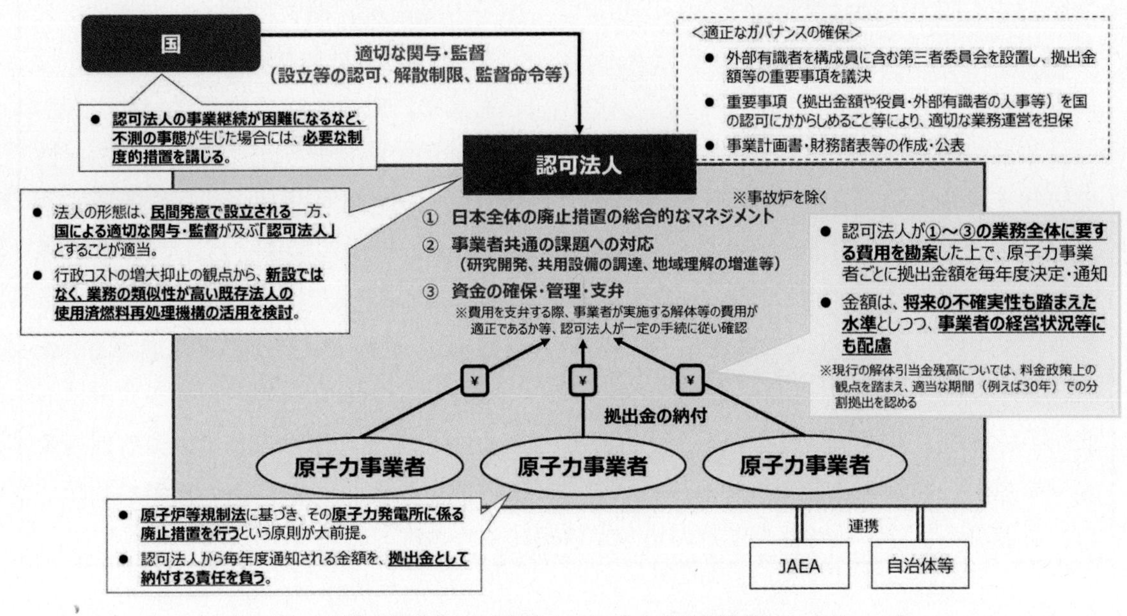

図 6-16 廃止措置の円滑化に向けた制度措置のイメージ

(出典)第 35 回総合資源エネルギー調査会 電力・ガス事業分科会原子力小委員会資料 5「今後の原子力政策の方向性と実現に向けた行動指針(案)のポイント」(2022 年)

2023 年 2 月 10 日に閣議決定された「GX 実現に向けた基本方針」に基づき、地域と共生した再エネの最大限の導入促進、安全確保を大前提とした原子力の活用に向けて、2023 年 2 月 28 日、「脱炭素社会の実現に向けた電気供給体制の確立を図るための電気事業法等の一部を改正する法律案」が閣議決定され、第 211 回通常国会に提出されました[21]。これらの中で、廃止措置に関するものとしては、原子力基本法において、原子力発電の利用に係る原則の明確化(安全を最優先とすることなどの原子力利用の基本原則や、バックエンドのプロセス加速化、自主的安全性向上等の国・事業者の責務を明確化)を行うとともに、再処理等拠出金法において、円滑かつ着実な廃炉の推進(今後の廃炉の本格化に対応するため、再処理機構の業務に、全国の廃炉の総合的調整などの業務を追加し、同機構の名称を使用済燃料再処理・廃炉推進機構とする。また、原子力事業者に対して、同機構に廃炉拠出金を納付することを義務付け。)を目指すとしています。

[21] 2023 年 5 月 31 日参議院本会議で可決され、成立した。

6－3 現世代の責任による放射性廃棄物処分の着実な実施

全ての人間の活動は廃棄物を生み出します。原子力発電所、核燃料サイクル施設、大学、研究施設、医療機関等における原子力のエネルギー利用や放射線利用、施設の廃止措置等においても、廃棄物が発生します。これらの廃棄物には放射性物質を含むものがあり、放射性廃棄物と呼ばれます。人間の生活環境に有意な影響を与えないように放射性廃棄物を処分することは、原子力利用に関する活動の一部として重要です。今般原子力委員会が改定した「原子力利用に関する基本的考え方」では、基本目標として、「放射性廃棄物は、現世代が享受した原子力による便益の代償として実際に存在していることに鑑み、現世代の責任として、原子力関係事業者等は、その処理・処分を着実に進める。また、処分場確保に向けて、発生者責任の原則の下、原子力関係事業者等の取組が着実に進むよう、国としても関与していくべきである。」としています。原子力利用による便益を享受し放射性廃棄物を発生させた現世代の責任として、将来世代に負担を先送りしないという認識の下で、放射性廃棄物の処分が着実に進められています。

(1) 放射性廃棄物の処分の概要と安全確保

① 放射性廃棄物の処分の概要

放射性廃棄物の処分に当たっては、原子力利用による便益を享受し放射性廃棄物を発生させた現世代の責任として、その処分を確実に進め、将来世代に負担を先送りしないとの認識を持つことが必要です。IAEA の安全要件では、放射性廃棄物の発生は可能な限り抑制することとされており、廃棄物発生の低減、当初意図されたとおりの品目の再使用、材料のリサイクル、そして最終的に放射性廃棄物として処分する、という順序で検討されます。

我が国でも、最終的に処分する放射性廃棄物について、含まれる放射性核種の種類と量に応じて適切に区分した上で処分するという方針の下で、必要な安全規制等の枠組みの整備が進められています（図 6-17）。放射性廃棄物は、高レベル放射性廃棄物と低レベル放射性廃棄物に大別され、それぞれの性質に応じた取組が進められています。また、放射線による障害の防止のための措置を必要としない放射能濃度のものについては、再利用又は一般の産業廃棄物として取り扱うことができる「クリアランス制度」の運用も行われています。

② 放射性廃棄物の処分の安全確保

我が国では、放射性廃棄物の処分事業を行おうとする者は、埋設の種類（表 6-5）ごとに原子力規制委員会の許可を受ける必要があります。許可を受けるに当たり、廃棄する核燃料物質又は核燃料物質によって汚染されたものの性状及び量、廃棄物埋設施設の位置、構造及び設備並びに廃棄の方法を記載した申請書を原子力規制委員会に提出しなければならないとされています。

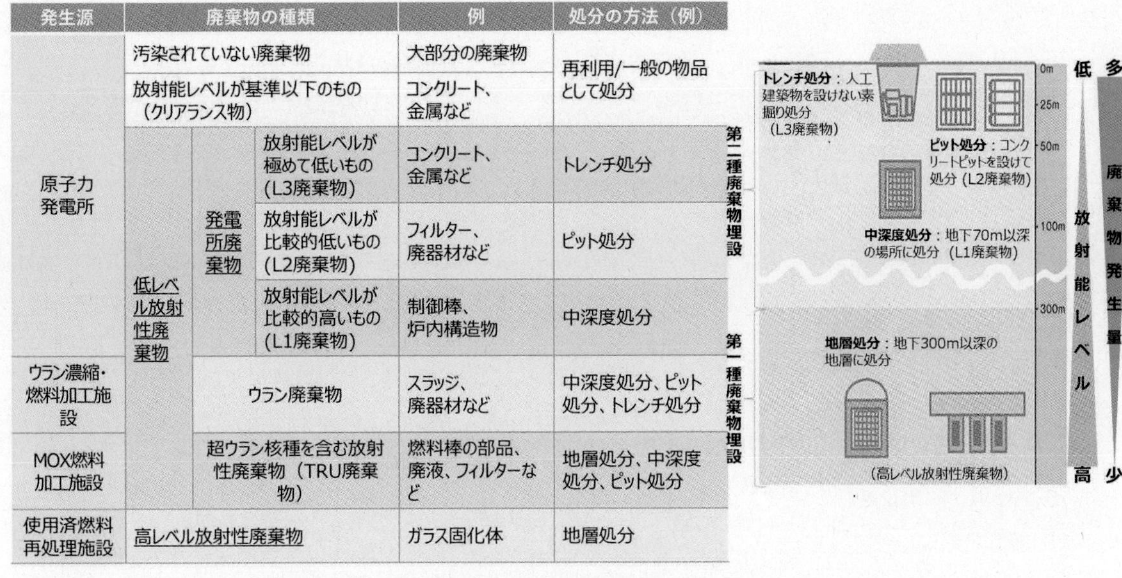

発生源	廃棄物の種類			例	処分の方法（例）
原子力発電所	汚染されていない廃棄物			大部分の廃棄物	再利用/一般の物品として処分
原子力発電所	放射能レベルが基準以下のもの（クリアランス物）			コンクリート、金属など	再利用/一般の物品として処分
原子力発電所	低レベル放射性廃棄物	発電所廃棄物	放射能レベルが極めて低いもの（L3廃棄物）	コンクリート、金属など	トレンチ処分
原子力発電所	低レベル放射性廃棄物	発電所廃棄物	放射能レベルが比較的低いもの（L2廃棄物）	フィルター、廃器材など	ピット処分
原子力発電所	低レベル放射性廃棄物	発電所廃棄物	放射能レベルが比較的高いもの（L1廃棄物）	制御棒、炉内構造物	中深度処分
ウラン濃縮・燃料加工施設	低レベル放射性廃棄物	ウラン廃棄物		スラッジ、廃器材など	中深度処分、ピット処分、トレンチ処分
MOX燃料加工施設	低レベル放射性廃棄物	超ウラン核種を含む放射性廃棄物（TRU廃棄物）		燃料棒の部品、廃液、フィルターなど	地層処分、中深度処分、ピット処分
使用済燃料再処理施設	高レベル放射性廃棄物			ガラス固化体	地層処分

図 6-17　放射性廃棄物の種類と処分方法

(注) TRU 廃棄物とは、超ウラン核種(原子番号 92 のウランよりも原子番号が大きい元素)を含む放射性廃棄物
(出典)第 43 回原子力委員会資料第 2 号　内閣府「低レベル放射性廃棄物等の処理・処分を巡る動向等について」(2021 年)、一般社団法人日本原子力文化財団「原子力・エネルギー図面集」等に基づき作成

表 6-5　放射性廃棄物の埋設の種類

埋設の区分	概要	具体的な処分方法
第一種 廃棄物埋設	人の健康に重大な影響を及ぼすおそれがあるものとして政令で定める基準を超える放射性廃棄物を、埋設の方法により最終処分すること	地層処分
第二種 廃棄物埋設	第一種廃棄物埋設に該当しない放射性廃棄物を、埋設の方法により最終処分すること	中深度処分、 ピット処分、 トレンチ処分

(出典)「原子炉等規制法」等に基づき作成

原子力規制委員会は、許可を与えるに当たり、①その事業を適確に遂行するに足りる技術的能力及び経理的基礎があること、②廃棄物埋設施設の位置、構造及び設備が核燃料物質又は核燃料物質によって汚染されたものによる災害の防止上支障がないものとして原子力規制委員会規則で定める基準に適合するもの及び廃棄物埋設施設の保安のための業務に係る品質管理に必要な体制が原子力規制委員会規則で定める基準に適合するものであることを審査します。

なお、現在処分場が設置され、操業している放射性廃棄物の処分場は、実用発電用原子力施設の操業中に発生した低レベル放射性廃棄物を処分する日本原燃の浅地中ピット処分場だけです。処分場確保の状況や実施主体は「表 6-6　我が国における処分場確保の状況」のとおりとなっており、制度等の状況は「表 6-7　放射性廃棄物等に係る制度状況」のとおりとなっています。

表 6-6　我が国における処分場確保の状況

	処分方法	処分場確保の状況	処分実施主体
実用発電用原子力施設	地層処分	未定	原子力発電環境整備機構（NUMO）
	中深度処分	未定	未定
	ピット処分	設置済・操業中 （操業中に発生する放射性廃棄物のみ）	日本原燃(株)
	トレンチ処分	未定	各原子力事業者
研究開発関連施設 （研究開発施設、大学、医療機関、民間企業等）	地層処分	未定	未定
	中深度処分	未定	日本原子力研究開発機構（JAEA）
	ピット処分	未定	日本原子力研究開発機構（JAEA）
	トレンチ処分	未定	日本原子力研究開発機構（JAEA）

(注)なお、研究施設等廃棄物のうち、一般的な地下利用に対して十分に余裕を持った深度（地表から 50 メートル以深）に処分する方法による処分（余裕深度処分[22]）が必要となる廃棄物については、今後の原子力利用の進捗等を踏まえつつ、その取り扱いについて検討を進める。(「埋設処分業務の実施に関する基本方針」(2008 年))
(出典)第 3 回原子力委員会資料 1-2 号　内閣府「原子力利用に関する基本的考え方　参考資料」(2023 年)

表 6-7　放射性廃棄物等に係る制度状況

<table>
<tr><th rowspan="2">処分区分</th><th rowspan="2">事業許可施設区分</th><th rowspan="2">原子力委員会</th><th colspan="7">原子力規制委員会</th></tr>
<tr><th>指定廃棄物埋設区域規制</th><th>埋設事業規則</th><th>濃度上限値</th><th>許可基準規則及び同解釈</th><th>審査ガイド</th><th>保安規定審査基準</th><th>定期安全評価ガイドライン</th></tr>
<tr><td colspan="10">原子炉等規制法</td></tr>
<tr><td>地層</td><td>施設限定無し</td><td>TRU廃棄物基本的考え方</td><td rowspan="3">指定廃棄物規則</td><td colspan="2">[第一種埋設事業規則整備済]
濃度上限値はない</td><td colspan="4">【未整備】</td></tr>
<tr><td rowspan="2">中深度</td><td rowspan="3">原子炉設置
製錬事業
加工事業
再処理事業
貯蔵事業
廃棄事業
核燃料物質等使用等

RI法から炉規法への委託(見做し)廃棄物</td><td rowspan="2">余裕深度処分廃棄物基本的考え方</td><td colspan="2" rowspan="3">[第二種埋設事業規則整備済]
●中深度の濃度上限値は炉規法施行令
●ピット及びトレンチの濃度上限値は事業規則</td><td rowspan="3">[整備済]</td><td>設計プロセスガイド
【新規に整備予定】</td><td colspan="2" rowspan="3">[整備済]</td></tr>
<tr><td rowspan="2">埋設地に関する審査ガイド
【整備済】</td></tr>
<tr><td>ピット
トレンチ</td><td>低レベル廃棄物処分方策
低レベル廃棄物体制等

RI・研廃棄物基本的考え方
TRU廃棄物基本的考え方
ウラン廃棄物基本的考え方</td><td>対象外</td></tr>
<tr><td colspan="10">放射線規制法、医療法等</td></tr>
<tr><td rowspan="2">中深度
ピット
トレンチ</td><td>放射線規制法(RI法)施設</td><td rowspan="2">RI・研廃棄物基本的考え方</td><td rowspan="2">対象外</td><td colspan="2">[放射線規制法施行規則整備済]
【廃止措置後の線量基準・濃度上限値は未整備】
放射線安全規制検討会で上限値は検討済</td><td colspan="4">該当無し</td></tr>
<tr><td>医療法等施設</td><td colspan="6">【未整備】
(医療放射線の適正管理に関する検討会(平成31年3月,令和3年6月)において厚労省の方針案は提示済)</td></tr>
</table>

(出典)内閣府作成

---

22 「余裕深度処分」は、「核燃料物質又は核燃料物質によって汚染された物の第二種廃棄物埋設の事業に関する規則」において、「中深度処分」（地表から深さ七十メートル以上の地下に設置された廃棄物埋設地において放射性廃棄物を埋設の方法により最終的に処分することをいう）に改正された。

(2)　高レベル放射性廃棄物の処理・処分に関する取組と現状

①　高レベル放射性廃棄物の発生・処理・保管

原子炉を稼働させると使用済燃料が発生します。この使用済燃料を再処理することで生じる放射能レベルの非常に高い廃液は、ガラス原料と混ぜて溶融し、キャニスタと呼ばれるステンレス製の容器に注入した後、冷却し固体化します。出来上がったガラス固化体と呼ばれる高レベル放射性廃棄物（図 6-18）は、最初、強い放射線を発し、製造直後の表面温度が200℃を超えるため、発熱量が十分小さくなるまで専用の貯蔵施設で30年から50年間程度保管されます。

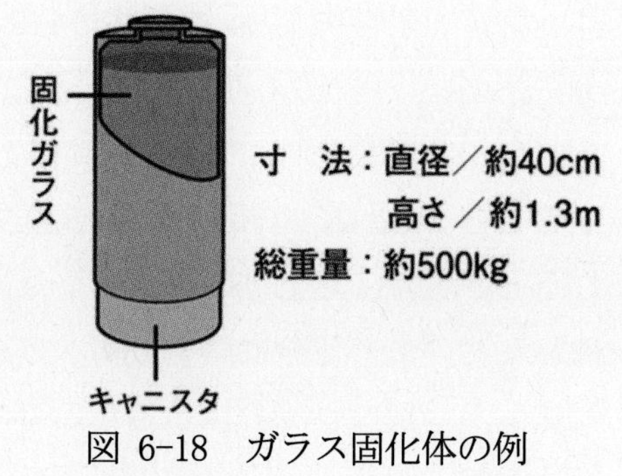

図 6-18　ガラス固化体の例

（出典）資源エネルギー庁「高レベル放射性廃棄物」に基づき作成

2023年2月末時点で、国内に保管されているガラス固化体は合計2,530本です（表 6-8）。このうち、日本原燃の高レベル放射性廃棄物貯蔵管理センターで保管されているガラス固化体は、我が国の原子力発電により生じた使用済燃料がフランス及び英国の施設において再処理された際に発生し、我が国に返還されたもの及び日本原燃の再処理施設で行われたアクティブ試験[23]の過程で製造されたものです。2016年10月末までに両国から合計1,830本が返還されており、今後、更に英国から約380本の返還が予定されています。

表 6-8　高レベル放射性廃棄物（ガラス固化体）の保管量（2023年2月末時点）

施設名		2022年3月末時点の保管量（本）	2022年度内の発生量又は受入量（本）	2023年2月末時点の総保管量（本）	備考
原子力機構東海再処理施設		329	25	354	廃止措置の過程で、施設に貯蔵されている廃液の固化を順次実施中
日本原燃再処理事業所	再処理施設	346	0	346	アクティブ試験の過程で製造されたもの
	高レベル放射性廃棄物貯蔵管理センター	1,830	0	1,830	（内訳）フランスから返還：1,310本 英国から返還：520本
合計		2,505	25	2,530	－

（出典）原子力機構「再処理廃止措置技術開発センター（週報）」、日本原燃「再処理工場の運転情報（月報）」、日本原燃「高レベル放射性廃棄物貯蔵管理センターの運転情報（月報）」に基づき作成

---

[23] 再処理工場では操業開始前に段階的に試験運転を行っており、アクティブ試験は通水作動試験や化学試験、ウラン試験という段階的な試験の一環として、操業前の最終段階の試験として実施するもの。

②　高レベル放射性廃棄物の最終処分に向けた取組方針

「特定放射性廃棄物[24]の最終処分に関する法律」（平成12年法律第117号。以下「最終処分法」という。）により、高レベル放射性廃棄物及び一部の低レベル放射性廃棄物（地層処分対象TRU廃棄物）は、地下300m以上深い安定した地層中に最終処分（地層処分、図 6-19）することとされています。同法に基づき、最終処分事業の実施主体である原環機構が設立されるとともに、処分地の選定プロセスが定められました。また、2015年5月に「特定放射性廃棄物の最終処分に関する基本方針」の改定が閣議決定され、国、原環機構、事業者、研究機関が適切な役割分担と相互の連携の下、国民の理解と協力を得ながら、責務を果たしていく方針が改めて示されました。

最終処分に必要な費用については、2000年以降、廃棄物発生者である電気事業者等から処分実施主体である原環機構へ納付され、その拠出金は、公益財団法人原子力環境整備促進・資金管理センターにより資金管理・運用されています。

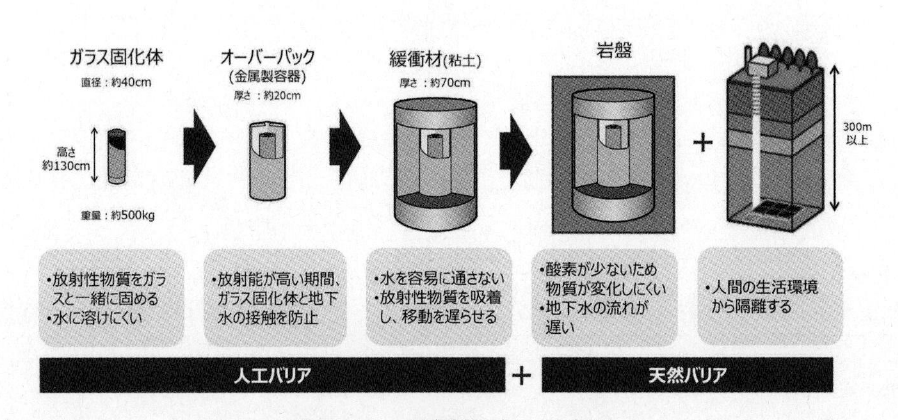

図 6-19　地層処分の仕組み

（出典）原環機構「高レベル放射性廃棄物の最終処分に関する対話型全国説明会説明資料」(2023年)

③　高レベル放射性廃棄物の最終処分事業を推進するための取組

高レベル放射性廃棄物の処分地選定に当たっては、既存の文献により過去の火山活動の履歴等を調査する「文献調査」、ボーリング等により地上から地下の状況を調査する「概要調査」、地上からに加え地下施設を設置した上で地下環境を詳細に調査する「精密調査」といった段階的な調査を行うことが最終処分法により定められています（図 6-20）。

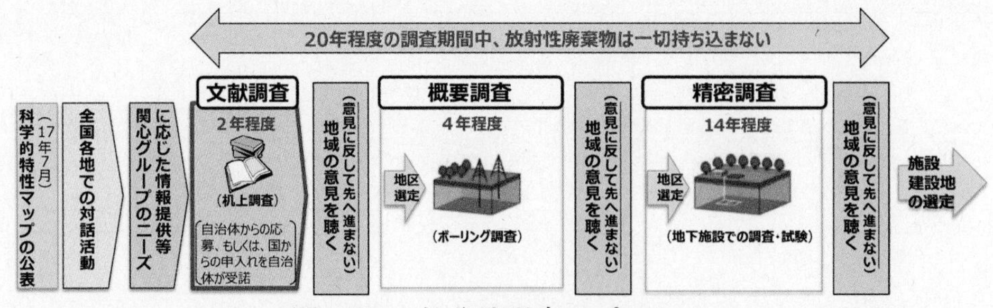

図 6-20　処分地選定のプロセス

（出典）第21回総合資源エネルギー調査会電力・ガス事業分科会原子力小委員会資料3　資源エネルギー庁「原子力政策の課題と対応について」(2021年)

---

[24] 高レベル放射性廃棄物及び一部の低レベル放射性廃棄物（地層処分対象TRU廃棄物）。

経済産業省は2017年7月に、地層処分の仕組みや日本の地質環境等について理解を深めていただくため、客観的なデータに基づいて、火山や断層といった地層処分に関して考慮すべき科学的特性を4色の色で塗り分けた「科学的特性マップ」(図 6-21)を公表しました。科学的特性マップの公表以降、経済産業省及び原環機構によって対話型全国説明会が実施されています。こうした活動の結果、地層処分に関心を持ち、自主的に勉強や情報発信に取り組むグループ(NPOや経済団体等)が、2023年1月時点で、全国で約160団体にまで増えてきています。引き続き、対話活動を通じて、地域理解に取り組むとともに、全国のできるだけ多くの地域で事業について関心を持っていただき、文献調査を実施できるよう、全国での対話活動が継続されています[25]。

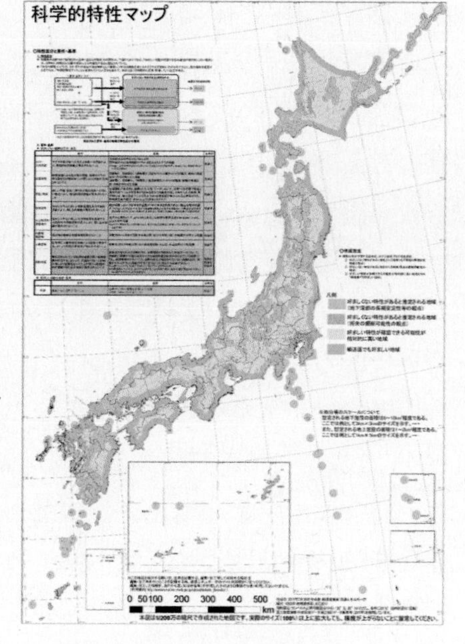

図 6-21　科学的特性マップ
(出典)資源エネルギー庁「科学的特性マップ公表用サイト」

このような中、北海道の寿都町、神恵内村において、文献調査が2020年11月から実施されており、原環機構は2021年3月に「NUMO寿都交流センター」及び「NUMO神恵内交流センター」を開設するとともに、同年4月から寿都町と神恵内村でそれぞれ「対話の場」を開催しています。「対話の場」では地層処分事業のリスクと安全対策、文献調査の進捗状況等について説明と対話を行っています。また、参加者の意向を最大限尊重するとともに、「対話の場」で頂いたご意見を踏まえて、勉強会や視察見学会の開催など、地層処分について、多くの住民の方に知っていただく機会を作りながら、着実に対話活動を行っています。

文献調査に関しては、今後の「文献調査報告書」の取りまとめについて放射性廃棄物ワーキンググループで審議され、技術的・専門的な意見を聞きながら、透明性のあるプロセスで丁寧に評価していくことが重要と認識すること、調査の実施主体である原環機構が、調査結果をどのように評価するかという考え方(文献調査段階の評価の考え方(案))を整理した上で、これについて、技術的・専門的な観点から、審議会で議論・評価を行い、審議会で議論した考え方に基づき、原環機構が「文献調査報告書」を取りまとめていくこと、議論の場は地層処分技術ワーキンググループとすること、メンバーは放射性廃棄物ワーキンググループの技術系専門家、関連学会[26]からの推薦・紹介、科学的特性マップの策定等に係るこれまでの議論に精通した専門家により構成すること、とされています。それを地層処分技術ワーキンググループで技術的・専門的な議論・評価の後、放射性廃棄物ワーキンググループが全体を議論・評価します。

---

[25] 第5章5-4(1)「国による情報発信やコミュニケーション活動」を参照。
[26] 日本地震学会、日本地質学会、日本活断層学会、日本火山学会、日本第四紀学会など。

原環機構は最終処分法で定められた要件、科学的特性マップの考え方、原子力規制委員会の「特定放射性廃棄物の最終処分における概要調査地区等の選定時に安全確保上少なくとも考慮されるべき事項」を踏まえて「文献調査段階の評価の考え方（案）」を取りまとめ、2022 年 11 月、2023 年 1 月、3 月の地層処分技術ワーキンググループで「文献調査段階の評価の考え方（案）」を提示し審議が行われています。

我が国は、2023 年 2 月 10 日に閣議決定された「GX 実現に向けた基本方針」において、「最終処分の実現に向けた国主導での国民理解の促進や自治体等への主体的な働きかけを抜本強化するため、文献調査受け入れ自治体等に対する国を挙げての支援体制の構築、実施主体である原環機構の体制強化、国と関係自治体との協議の場の設置、関心地域への国からの段階的な申入れ等の具体化を進める。」との方針を示しています。また、原環機構は、2018 年 11 月に「包括的技術報告：我が国における安全な地層処分の実現－適切なサイトの選定に向けたセーフティケースの構築－」（レビュー版）」を公表しました。その後、技術的な信頼性を確認するために、日本原子力学会特別専門委員会のレビューを受け、2021 年 2 月にその結果を反映した改訂版を公表しました。さらに、2021 年 11 月から 2023 年 1 月にわたり OECD/NEA による国際レビューを受け、レビュー結果を取りまとめた報告書が OECD/NEA のウェブサイトに公表されています。包括的技術報告書は、サイト調査の進め方、安全な処分場の設計・建設・操業・閉鎖、さらに、閉鎖後の長期間にわたる安全性確保に関し、これまで蓄積されてきた科学的知見や技術を統合し、サイトを特定しない一般的なセーフティケース[27]として説明したものであり、事業の進展に応じて作成するサイト固有のセーフティケースの基盤として活用していくとされています。

最終処分の実現に向けた各国の取組を加速するため、国際協力の強化も進められています。2019 年 6 月に、世界の主要な原子力利用国の政府が参加する「最終処分国際ラウンドテーブル」が立ち上げられました。2020 年 8 月には、ラウンドテーブルを共催した OECD/NEA が、政府の役割や各国の対話活動の知見・経験・ベストプラクティス、研究開発協力の方向性等を盛り込んだ報告書を公表しました。我が国は、最終処分国際ラウンドテーブルの報告書において掲げられた、研究開発で国際協力を強化すべき分野の具体化に向けた議論の場として、2022 年 11 月に北海道幌延町等において、OECD/NEA とともに、地下研究所の共同利用に関する国際ワークショップを開催しました。ワークショップでは、各国の地下研究所の研究開発の現状に関する話題提供、同町の原子力機構幌延深地層研究センターの視察、パネルディスカッション等を通じ、地下研究所を活用した研究開発による国際協力の方向性等について議論しました。また、原子力機構は、OECD/NEA の協力を得て、同センターの地下研究施設を活用した国際共同プロジェクトの詳細を議論するための準備会合を 2022 年 2 月に開始しました。その後、複数回の準備会合を行い、その結果を踏まえて最終的にプロジェクトへの参加を決定した機関との間で、順次契約を締結しています。協定発効の条件である

---

[27] 処分場の安全性が確かなものであることを科学技術的な論拠や証拠を多面的に駆使して説明した一連の文書。

2 機関署名を満たしたことから、幌延国際共同プロジェクトの協定が 2023 年 2 月に発効しました。国際共同プロジェクトの目的は、アジア地域の地層処分に関わる国際研究開発拠点として、研究開発を国内外の機関で協力しながら推進し、我が国のみならず参加国における先進的な安全評価技術や工学技術に関わる研究開発の成果を最大化することとしています。本プロジェクトでは、国際的に関心の高い物質移行試験、処分技術の実証と体系化、実規模の人工バリアシステム解体試験を行うこととしています。

コラム

～原環機構（NUMO）の取組～

原環機構は、地層処分の対象となる放射性廃棄物の最終処分のため、最終処分法に基づき、最終処分施設建設地選定のための調査を行います。最初に行う文献調査は、地質図や学術論文などの文献・データをもとにした机上調査であり、ボーリングなどの現地作業は行いません。地層処分事業に関心を示していただけた地域に、事業を更に深く知っていただくとともに、更なる調査（概要調査）を実施するかどうかを検討してもらうための材料を集める、事前調査的な位置付けです。したがって、処分場の受け入れを求めるものではなく、今後、概要調査地区、精密調査地区及び最終処分施設建設地を選定しようとする際には、改めて地域の意見を聴き、反対の場合は先へ進みません。2020 年 11 月、原環機構は北海道の寿都町及び神恵内村において文献調査の実施に着手しました。

文献調査では、情報を抽出した文献・データの具体名をリストにしてHPに公開しており、2023 年 3 月時点では 863 件の文献・データの数が公開されており、不足するものがあれば今後も追加されていきます。これらをもとに評価が進められ、評価に用いた情報の出典である文献・データを引用文献として、報告書にも掲載されます。また、個別の火山、断層などの特性に関する情報を整理した上で、読み解きを進め、その結果の再整理も行われており、収集した文献・データに不足などがないか、情報の読み解きが妥当かなどについて、分野ごとの有識者に個別に意見を伺っています。情報の読み解きと整理の結果に基づき、最終処分法で定められた要件に照らした評価、技術的・経済社会的観点からの検討を実施します。情報の読み解きと整理に並行して、文献・データの収集の考え方も含め、文献調査段階の評価の考え方の策定に向けて検討中です。

抽出・整理された情報の例

項目	火山・火成活動など	断層活動	隆起・侵食	鉱物資源	未固結堆積物、地形及び地質・地質構造
整理した情報の例	火山活動の様式・変遷、火山噴出物、貫入岩（岩脈）、地質分布、熱・熱水活動の様式、熱水変質帯、温泉、地温、pHなど	位置・形態、確実度、活動度、過去の活動、現地調査結果（地表踏査、トレンチ調査、反射法地震探査などの物理探査、ボーリング調査）、被害地震・震源などに関する記載・データなど	測地観測結果、旧汀線高度、平均隆起速度、侵食速度、マスムーブメント、沖積層の層厚、背斜・向斜構造、活断層、最終氷期最盛期の海水準、海底谷など	位置、鉱床型、胚胎母岩、鉱種、鉱量、品位、稼働状況、坑道の配置など	（地層の単元について）分布、層厚、岩相、岩石・鉱物学的特徴、年代、層序、物性など、（地質構造）形成場、褶曲・撓曲・ひずみ集中帯、地殻変動傾向、第四紀の発達史など、（地形）海底地形、丘陵、台地、段丘など

（出典）第 37 回 総合資源エネルギー調査会 電力・ガス事業分科会原子力小委員会放射性廃棄物 WG 資料 4 原子力発電環境整備機構「原子力発電環境整備機構（NUMO）の取組みについて～前回 WG 以降の対応を中心に～」（2022 年）

④　高レベル放射性廃棄物の処理・処分に関する研究開発

高レベル放射性廃棄物の処理に関しては、原子力機構や日本原燃において研究開発が行われています。原子力機構では、高レベル放射性廃液のガラス固化施設の開発、運転を行い、ガラス溶融炉の改良等の技術開発を進め、運転技術、保守技術等を蓄積しています。また、日本原燃は、現行のガラス溶融炉でのトラブル対処で得た情報や知見を反映させた新型ガラス溶融炉の開発やガラス素材の開発を進め、実機への導入判断に向けた検討を行っています。

高レベル放射性廃棄物等の地層処分に関しては、原環機構において、処分事業の安全な実施、経済性及び効率性の向上等を目的とする技術開発が行われています。また、原子力機構等の関係機関により、基盤的な研究開発が行われています。原子力機構では、上述の幌延深地層研究センターにおいて、「令和2年度以降の幌延深地層研究計画」に基づき堆積岩を対象とした研究開発を進めており、深地層を体験・理解するための貴重な場として見学会等も実施しています。また、岐阜県土岐市の東濃地科学センターにおいて、地質環境の長期安定性に関する研究開発を実施しているとともに、茨城県東海村の核燃料サイクル工学研究所において、設計・評価に活用する評価モデルやデータベース等の技術基盤整備に関する研究開発を実施しています。なお、結晶質岩を対象とした岐阜県瑞浪市の研究施設は2019年度末で調査研究を終了し、2022年1月に地下施設の埋め戻し及び地上施設の撤去が完了しました。2023年3月末時点では、埋め戻し後の地下水の環境モニタリング調査等を実施しています。

高レベル放射性廃棄物等の地層処分に関する研究は、地質環境調査・評価技術、工学・設計技術、処分場閉鎖後の長期安全性を確認するための安全評価技術等の多岐にわたる分野の技術を統合し、重複を避け効率的かつ効果的に実施する必要があります。そのため、国や原環機構、原子力機構を始めとする関連研究機関で構成される「地層処分研究開発調整会議」において、「地層処分研究開発に関する全体計画（平成30年度～令和4年度）」が策定されました。これらの機関が緊密に連携を図りつつ、地層処分に関する研究開発が計画的に進められています。2022年6月に再開された同会議において、次期（2023年度以降）の全体計画の策定に向けて、開発戦略の明示や、事業の進展に伴い「実証」に向けた内容の充実化などの検討が行われ、2023年3月には「地層処分研究開発に関する全体計画（令和5年度～令和9年度）」が公表されました。

地層処分の規制に関しては、特定放射性廃棄物の最終処分に関する基本方針（2015年5月22日閣議決定）で、「原子力規制委員会は、概要調査地区等の選定が合理的に進められるよう、その進捗に応じ、将来の安全規制の具体的な審査等に予断を与えないとの大前提の下、概要調査地区等の選定時に安全確保上少なくとも考慮されるべき事項を順次示すことが適当である。」とされています。これを受けて、原子力規制委員会は、2022年7月まで実施した科学的・技術的意見募集も踏まえて、同年8月の原子力規制委員会において、「特定放射性廃棄物の最終処分における概要調査地区等の選定時に安全確保上少なくとも考慮されるべき事項」を決定しました。

⑤　最終処分のプロセス加速化のための検討状況

最終処分の実現に向け、全国各地での対話活動等と並行し、文献調査の実施地域の拡大を目指し、審議会等において、更なる取組の方向性について議論を重ねてきました。これに加えて、2022年末の「GX実行会議」及び「最終処分関係閣僚会議」を踏まえ、政府全体での連携体制の構築など更なる取組の具体化を進めるため、関係府省と検討・調整を実施してきました。2023年2月10日開催の最終処分関係閣僚会議（第8回）では、構成員の拡充を行い、「高レベル放射性廃棄物の最終処分の実現に向けた政府を挙げた取組の強化について」を取りまとめるとともに、これまでの一連の検討結果を、最終処分法に基づく「特定放射性廃棄物の最終処分に関する基本方針」改定案として取りまとめを行いました[28]。また、同年2月14日に最終処分法に基づき意見を求められた原子力委員会は同年2月28日に答申(案)をまとめ、妥当なものと認める、としています。

「高レベル放射性廃棄物の最終処分の実現に向けた政府を挙げた取組の強化」の概要は「図　6-22　「高レベル放射性廃棄物の最終処分の実現に向けた政府を挙げた取組の強化」の概要」のとおりです。

高レベル放射性廃棄物の最終処分の実現に向けた政府を挙げた取組の強化

国は、政府一丸となって、かつ、政府の責任で、最終処分に向けて取り組んでいく。

1．国を挙げた体制構築

○関係府省庁連携の体制構築
・「最終処分関係閣僚会議」のメンバーを拡充。
・「関係府省庁連絡会議」（本府省局長級）及び「地方支分部局連絡会議」（地方支分部局長級）を新設。

○国・NUMO・電力の合同チームの新設/全国行脚
・国（経産省、地方支分部局）が主導し、地元電力・NUMO協働で全国行脚（100以上の自治体を訪問）。
・処分事業主体であるNUMOの地域体制を強化。

2．国による有望地点の拡大に向けた活動強化

○国から首長への直接的な働きかけの強化
・国主導の全国行脚（再掲）、全国知事会等の場での働きかけ。

○国と関係自治体との協議の場の新設
・関心や問題意識を有する首長等との協議の場を新設（順次、参加自治体を拡大）。

3．国の主体的・段階的な対応による自治体の負担軽減、判断の促進

○関心地域への国からの段階的な申入れ
・関心地域を対象に、文献調査の受け入れ判断の前段階から、地元関係者（経済団体、議会等）に対し、国から、様々なレベルで段階的に、理解活動の実施や調査の検討などを申し入れ。

4．国による地域の将来の持続的発展に向けた対策の強化

○関係府省庁連携による取組の強化
・文献調査受け入れ自治体等を対象に、関係府省庁で連携し、最終処分と共生する地域の将来の持続的発展に向けた各種施策の企画・実施。

図 6-22　「高レベル放射性廃棄物の最終処分の実現に向けた政府を挙げた取組の強化」の概要

(出典)第5回原子力委員会資料3-1号　経済産業省「高レベル放射性廃棄物の最終処分の実現に向けた政府を挙げた取組の強化について」(2023年)

[28] 2023年2月10日から3月12日にかけて行われた意見公募の結果を踏まえ、同年4月28日に開催された最終処分関係閣僚会議において審議され、同日、閣議決定された。

コラム　～海外事例：スイスにおける最終処分地選定の取組～

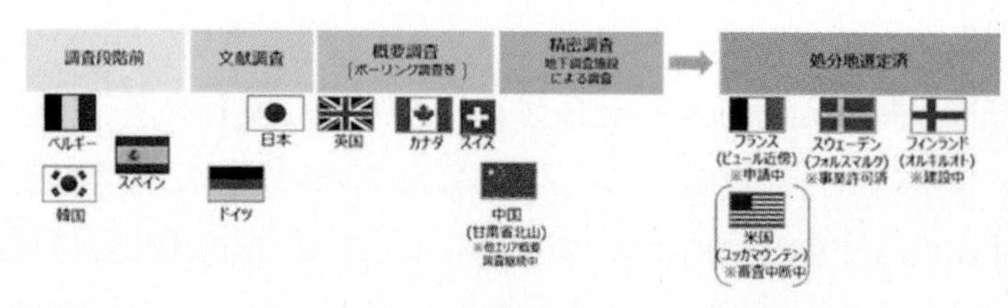

ここでは、地層処分を計画している国のうち、現在概要調査の段階であるスイスの事例を紹介します。スイスでは、処分実施主体の放射性廃棄物管理共同組合（NAGRA）が2022年9月に、「北部レゲレン」を地層処分場の最終候補地域として提案することを公表しました。高レベル放射性廃棄物と低中レベル放射性廃棄物を、1か所で処分する複合処分場（コンバインドパターン）とする計画です。

スイスでは1978年に国内処分の実現可能性実証のための調査が開始され、2006年に政府がNAGRAによる報告書を承認し、スイス国内の粘土層における放射性廃棄物の地層処分が実施可能であるとの見通しが確認されました。その後、処分場サイト選定手続きの策定を経て、2008年からサイト選定が実施されています。

スイスのサイト選定は公募方式を採らず、地質学的安全性の観点に基づきNAGRAが提案した複数候補から、3段階で絞り込みを行っています。第1段階では2011年に、6か所（うち3か所は全種の放射性廃棄物を処分可能、ほか3か所は低中レベルのみ）が選定され、2018年に完了した第2段階では、3か所（いずれも全種の廃棄物を処分可能）に絞り込まれました。第3段階ではボーリング調査等の結果、2022年9月に北部レゲレンが最終候補として提案され、今後は、処分場プロジェクトに対する政府承認が発給されることで、2031年頃までにサイトが確定する予定です。操業開始は、低中レベル処分場が2050年、高レベル処分場が2060年の見込みです。

地質学的安全性の観点からの候補地絞り込みに加え、スイスのサイト選定で特徴的なのが、「地域会議」を中心とした、サイト選定手続きへの公衆関与の枠組みです。地域会議は、サイト地域を含む州や自治体の当局、市民で構成され、NAGRAやサイト選定の関係当局から情報提供を受けるだけではなく、処分場の地上施設の設置区域やレイアウトを、NAGRAとともに検討するなど、大きな役割を果たしています。処分場の地上施設は当初、全てを地下施設と同じ地域内に設置する想定でしたが、2022年9月のNAGRAによる最終候補提案では、地域会議からの要請を取り入れる形で、地上設備の一部を、ヴュレンリンゲン放射性廃棄物集中中間貯蔵施設の敷地に増設して設置する案が示されました。同施設は北部レゲレンの地域外ですが、既存原子力施設のインフラや知見の活用が可能で、コストも縮約できるメリットがあります。

特別計画「地層処分場」(方針部分) の策定　2006~2008年
特別計画「地層処分場」の実施部分
第1段階：複数の地質学的候補エリアの選定
方針部分で定められた基準に基づいてNAGRAが"地質学的候補エリア"を複数提案し、官庁の審査や意見聴取を踏まえ、連邦評議会が承認する。　2008~2011年
第2段階：2カ所以上の候補サイトの選定
複数の"地質学的候補エリア"内から、地上施設の設置案と組み合わせた"候補サイト"をNAGRAが提案し、官庁の審査や意見聴取を踏まえ、連邦評議会が承認する。　2011~2018年
第3段階：処分サイトの決定と概要承認
NAGRAは弾性波探査、ボーリングなどの地球科学的調査を実施（必要な場合）し、処分サイトの提案内容、環境影響評価の報告書、安全評価報告書等を含む概要承認を申請する。　2018年~
連邦評議会が「概要承認」を発給　2031年頃
地下特性調査施設の建設等の詳細な地球科学的調査　2032年以降
建設許可　2045~2048年頃
操業許可　2060年頃

スイスの処分場選定の流れ

（出典）資源エネルギー庁「諸外国における高レベル放射性廃棄物の処分について」(2022年)

このように、スイスでは公衆との協働を交えながら、最終処分場選定を進めています。

コラム　～海外事例：EU タクソノミーと最終処分場～

欧州連合（EU）では、持続可能な経済活動への投資をより確実なものにするため、何が持続可能な経済活動と呼べるのか、その分類と基準・条件を法的文書として示す「EU タクソノミー」の取組を進めてきました。原子力発電については、発電時における温室効果ガスの排出量がほぼゼロであることから、一定の条件を満たすことにより、気候変動の緩和に貢献する活動として、持続可能な経済活動と認めることが 2022 年に決定されました。

持続可能な活動と認められるためには、その活動が気候変動対策として有効であるだけでなく、汚染防止など、他の環境目的を阻害しないものでなければなりません。EU タクソノミーでは原子力発電に対して、様々な条件を課しています。特に長期間にわたる人・環境への影響の観点から、放射性廃棄物の最終処分については、以下のように複数の条件が示されています。特に高レベル放射性廃棄物以外の処分場について、操業中の処分場があることを条件に入れていることから、これらの条件を現時点で満たせる国は少なく、EU タクソノミーに適合する持続可能な活動との位置付けで原子力発電を行っていくには、加盟各国による最終処分に向けた積極的かつ迅速な取組が必要です。

- 2050 年までの高レベル放射性廃棄物処分場の操業に向けた詳細かつ文書化された計画があること
    - 計画文書には、以下を詳細に記述すること
        i. 使用済燃料及び放射性廃棄物の発生から処分までの概念、計画及び技術的対応
        ii. 処分施設の閉鎖後の監視期間を含む概念、計画及び施設に関する知識の長期維持手段
        iii. 計画遂行の責任体制と計画進捗管理のための重要業績評価指標（KPI）
        iv. コスト評価と資金スキーム
- 全ての極低レベル、低レベル、中レベル放射性廃棄物について、最終処分場が操業していること
- 放射性廃棄物は原則として国内で処分とする。処分先の EU 加盟国との合意があれば国際処分も可能だが、その場合は処分先の加盟国に放射性廃棄物を管理・処分するための計画が存在し、EU の放射性廃棄物管理に関する基準に適合した処分場が操業していること

(3)　低レベル放射性廃棄物の処理・処分に関する取組と現状

①　低レベル放射性廃棄物の発生・処理

低レベル放射性廃棄物は、発生源別に分類されています。具体的には、原子力発電所から発生するもの（発電所廃棄物）、再処理施設、MOX 燃料加工施設から発生するもの（TRU 廃棄物）、ウラン濃縮施設、ウラン燃料加工施設から発生するもの（ウラン廃棄物）、大学、研究所、医療機関等における原子力のエネルギー利用、放射線利用、関連する研究開発から発生するもの（研究施設等廃棄物）に分類されています。

原子力施設等の運転、廃止措置に伴い、様々な廃棄物が気体状、液体状、固体状で発生します。気体状の廃棄物（放射性気体廃棄物）は、放射性物質の濃度に応じて、減衰、洗浄等により処理し、高性能フィルターで放射性物質を取り除いた後、排気中の放射性物質濃度が規制基準値以下であることを確認した上で、大気中に放出します。液体状の廃棄物（放射性液体廃棄物）は、ろ過、脱塩、あるいは蒸発濃縮処理を行います。濃縮廃液はセメントやアスファルト等で固化処理し、放射性固体廃棄物としてドラム缶に詰めます。蒸発分や放射性物質の濃度が極めて低いものについては、再利用、あるいは放射性物質濃度が規制基準値以下であることを確認した上で施設外に放出します。固体状の廃棄物（放射性固体廃棄物）は、可燃性、難燃性、不燃性に仕分をしてドラム缶等の容器に入れます。廃棄物の性状によっては、焼却処理、圧縮処理、溶融処理、セメント充填固化処理等の減容・安定化処理を施した後で、ドラム缶等に詰めます。

一方で、廃止措置等によって発生する蒸気発生器や給水加熱器等の大型金属は、現状、国内では専用の施設や設備を有さず、処理が困難な状況となっています。そのため、第 6 次エネルギー基本計画では、関連する国際条約や再利用に係る海外の実例等を踏まえ、相手国の同意を前提に有用資源として安全に再利用される等の一定の基準を満たす場合に限り例外的に輸出することが可能となるよう、必要な輸出規制の見直しを進めることとしました。これを受けて、2022 年 12 月、例外的に輸出の承認を行えるように「放射性廃棄物の輸出確認証の交付要領」が制定される等の制度改正が行われ、2023 年 1 月から運用が可能となりました。なお、輸出承認申請を行うに当たっては、資源エネルギー庁長官が交付する輸出確認証が必要です。

②　低レベル放射性固体廃棄物の保管

ドラム缶等に詰められた放射性固体廃棄物は、各原子力施設等で保管されます。2022 年 3 月末時点の、我が国における低レベル放射性固体廃棄物の保管状況は、表　6-9 のとおりです。

原子力発電所等については、原子力発電所で約 707,100 本(200 リットルドラム缶換算値、以下同様)、加工施設（ウラン濃縮施設、ウラン燃料加工施設）で約 64,800 本、再処理施設で約 52,900 本、廃棄物管理施設では 1,100 本、それぞれ保管されています。

研究開発施設等については、原子炉等規制法施設で約 356,400 本、「放射性同位元素等の規制に関する法律」（昭和 32 年法律第 167 号。以下「放射性同位元素等規制法」という。）による規制を受ける施設では約 267,600 本、それぞれ保管されています[29]。

表 6-9　低レベル放射性固体廃棄物の保管量
（地層処分相当低レベル放射性廃棄物と想定されるものを含む）

（2022年3月末時点）

規制法	発生施設区分	廃棄物発生施設	事業者	事業所数	低レベル放射性固体廃棄物保管量*1	
					本数*4	備考
原子炉等規制法*2	原子力発電所等	実用発電用原子炉施設	北海道電力、東北電力、東京電力、中部電力、北陸電力、関西電力、中国電力、四国電力、九州電力、日本原子力発電	18	707,100	・東日本大震災前の東電福島第一原発の保管量、約188,600本を含む。 ・このほか、蒸気発生器保管庫、給水加熱器保管庫、使用済燃料プール、サイトバンカ、タンク等に保管されている。
		加工施設	日本原燃等民間企業	5	64,800	・このほか、使用済金属胴遠心機が保管されている。
		再処理施設	日本原燃	1	52,900	・このほか、せん断被覆片等が約221本（1,000リットルドラム缶換算）保管されている。
		廃棄物管理施設	日本原燃	1	1,100	
	研究開発施設等	研究開発段階発電用原子炉施設	原子力機構（ふげん、もんじゅ）	2	27,600	・このほか、使用済燃料プール、タンク等に保管されている。
		試験研究用等原子炉施設	原子力機構、研究機関、教育機関、民間機関	12	131,100	・試験研究用等原子炉施設、核燃料物質使用施設及び放射性同位元素使用施設の多重規制施設についてはその合計値。
		加工施設	原子力機構	1	640	
		再処理施設	原子力機構	1	76,800	・このほか、高レベル放射性固体廃棄物が約6,900本保管されている。
		核燃料物質使用施設	原子力機構、大学等	6	89,000	・核燃料物質使用施設の単独規制施設だけの合計値。
		廃棄物管理施設	原子力機構	1	31,300	
放射性同位元素等規制法*3		使用事業所	許可事業所合計（2,056）、届出事業所合計（5,415）	7,471		
			教育機関	461	1,869	
			研究機関	316	7,421	
			医療機関	1,148	625	
			民間企業	4,573	3,308	
			その他の機関	973	67	
		廃棄業者	原子力機構、日本アイソトープ協会*5等	7	254,350	・原子力機構は、原子炉施設、核燃料物質使用施設及び放射性同位元素使用施設にも該当しており、本表の値は両施設を含む合算値である。

*1　固体廃棄物貯蔵庫の保管量を示す。このほかの保管は施設毎に注記した。
*2　実用発電用原子炉等が原子力規制委員会に提出した「令和3年度下期放射線管理等報告書」（2022年）により整理。
*3　原子力規制委員会「規制の現状」参照。
*4　200リットルドラム缶本数あるいは200リットルドラム缶換算本数の合計概算値。
*5　日本アイソトープ協会は放射性同位元素等規制法の許可廃棄業者及び医療法等の指定を受けて放射性同位元素等規制法単独規制施設及び医療法等（医療法、臨床検査技師等に関する法律、医薬品、医療機器等の品質、有効性及び安全性の確保等に関する法律）規制施設から放射性廃棄物を集荷し処理・保管を行っている。

（出典）実用発電用原子炉設置者等が原子力規制委員会に提出した「令和 3 年度下期放射線管理等報告書」（2022 年）、原子力規制委員会「規制の現状」に基づき作成

[29] 法令で届出を義務付けられていない医療法等廃棄物は含まれていない。

③　低レベル放射性固体廃棄物の処分

低レベル放射性廃棄物の発生源、性状等は幅広く、含まれる放射性核種の種類と量に応じて、主にトレンチ処分、ピット処分、中深度処分に適切に区分して処分されます（図 6-17）。地層処分の実施主体は原環機構、地層処分以外については、発電所廃棄物等の処分実施主体は原子力事業者等[30]、研究施設等廃棄物の処分実施主体は原子力機構となっています。

トレンチ処分とは、放射能レベルが極めて低い廃棄物を、浅地中に定置して覆土する処分方法です。原子力機構は、動力試験炉（JPDR[31]）の解体で発生した極低レベルのコンクリート廃棄物を対象に、敷地内でトレンチ処分の埋設実地試験を行っています。1997 年までの埋設段階終了後、埋設地の巡視点検等を行う保全段階の管理を 2025 年まで継続する予定です（図 6-23）。また、日本原子力発電は、東海発電所の解体に伴い発生する極低レベル放射性廃棄物を発電所敷地内でトレンチ処分する計画で、原子力規制委員会による審査が進められています。

図 6-23　原子力機構の埋設実地試験における埋設段階（左）及び保全段階（右）の様子

（出典）原子力機構「埋設実地試験」

ピット処分とは、放射能レベルの比較的低い廃棄物を、浅地中にコンクリートピット等の人工構築物を設置して埋設する処分方法です。原子力発電所の運転に伴い発生するものは、各原子力発電所で固化処理された後、青森県六ヶ所村の日本原燃低レベル放射性廃棄物埋設センターに運ばれます。同センターの 1 号埋設施設では、濃縮廃液、使用済樹脂、焼却灰等をドラム缶に収納し、セメント等で固めた廃棄体（均質固化体）を、2 号埋設施設では、雑固体廃棄物（金属、プラスチック類、保温材、フィルター類等）をドラム缶に収納し、モルタルで固めた廃棄体（充填固化体）を対象として受け入れており、2023 年 2 月末時点で、ドラム缶換算で合計約 34 万本の廃棄体を埋設しています（表 6-10）。

---

[30] 操業中の発電所から発生する放射性廃棄物の処分については、日本原燃がピット処分を実施中。

[31] Japan Power Demonstration Reactor

表 6-10　日本原燃における低レベル放射性廃棄物のピット処分量（2023 年 2 月末時点）

	2022 年 3 月末時点の延べ埋設量（本）	2022 年度の受入量（本）	2022 年度の埋設量（本）	2023 年 2 月末時点の延べ埋設量（本）
1 号埋設施設	149,435	0	312	149,747
2 号埋設施設	186,112	7,560	7,200	193,312
合計	335,547	7,560	7,512	343,059

（出典）日本原燃「低レベル放射性廃棄物埋設センターの運転情報（日報）」に基づき作成

中深度処分とは、放射能レベルの比較的高い廃棄物を、地表から深さ 70m 以上の地下に設置された人工構造物の中に埋設する処分方法です。我が国ではまだ実施されておらず、具体的な管理の内容については、今後検討することとされています。

研究開発施設等の廃棄物については、国が 2008 年に策定した「埋設処分業務の実施に関する基本方針」に基づき、原子力機構は、「埋設処分業務の実施に関する計画」（2009 年 11 月策定、2019 年 11 月最終変更）において、埋設処分業務の対象とする放射性廃棄物の種類及びその量の見込み等を示しています。また、原子力機構は、2018 年 12 月に取りまとめたバックエンドロードマップ（図 6-14）において、研究施設等廃棄物の埋設事業は放射能レベルの低いトレンチ処分及びピット処分から優先的に進め、第 2 期（2029 年度から 2049 年度まで）での本格化を目指すとしています。この方針に基づき、処分場所の立地対応を進めるとともに、様々な種類の放射性核種が含まれる研究炉廃棄物中の放射能評価手法の確立に向けた検討等が進められています。

また、原子力委員会は 2021 年 12 月に見解を取りまとめ、低レベル放射性廃棄物の処理・処分に当たっての基本的な考え方や、低レベル放射性廃棄物等の処理・処分に当たって留意すべき事項等を示しました（図 6-24）。

低レベル放射性廃棄物等の処理・処分に当たっての基本的な考え方
- ✧ 現世代の責任との認識の共有
- ✧ 国際的な考え方（管理及び処分の責任主体は発生者、廃棄物発生の最小限化等）の再認識
- ✧ 前提とすべき 4 つの原則（発生者責任、廃棄物最小化、合理的な処理・処分、発生者と国民や地元との相互理解に基づく実施）の共有

低レベル放射性廃棄物等の処理・処分に当たって留意すべき事項（横断的事項）
- ✧ 処分事業者による安全性評価の公開
- ✧ 放射性物質による汚染状況に応じた廃棄物の適切な処理・処分の実施
- ✧ 発生者等による処分場の確保のための取組の着実な推進
- ✧ 処理・処分に関する知識継承、技術開発及び人材育成
- ✧ 国による低レベル放射性廃棄物の国内保有量と将来発生量の把握及び関係者間の情報共有

研究施設から発生する放射性廃棄物に関する課題
- ✧ 予算の確保、保管施設の確保、合理的な処分等

図 6-24　「低レベル放射性廃棄物等の処理・処分に関する考え方について（見解）」の概要

（出典）原子力委員会「低レベル放射性廃棄物等の処理・処分に関する考え方について（見解）」（2021 年）に基づき作成

④ 低レベル放射性廃棄物処分の規制

原子力規制委員会は、2021年10月までに委員会規則等を制定あるいは改正し、ウラン廃棄物を含む全ての原子力施設から発生する廃棄物を対象とした第二種廃棄物埋設（浅地中処分（ピット処分及びトレンチ処分）及び中深度処分）の規制基準を整備しました。なお、中深度処分に関しては、2022年4月に、第二種廃棄物埋設の廃棄物埋設地に関する審査ガイドの一部改正（中深度処分の廃棄物埋設地に関する審査ガイドの改正）が行われました。また、設計プロセスに係る審査ガイド案については、立地条件やより詳細な施設設計が明らかになった時点で策定することになっています。

研究施設等廃棄物については、発生源は多岐にわたることから、発生する放射性廃棄物の処分事業を規制する法律も原子炉等規制法、放射性同位元素等規制法、医療法等[32]にまたがり、複数の許可が必要となります。2017年4月の放射性同位元素等規制法の改正により、廃棄に係る特例として、許可届出使用者及び許可廃棄業者は、放射性同位元素等の廃棄を原子炉等規制法に基づく廃棄事業者に委託できることとされ、原子炉等規制法と放射性同位元素等規制法の間で処理・処分の合理化が図られました。また、原子力機構が保管している放射性廃棄物の中には、放射性物質で汚染された鉛等が混入しているものがあり、放射性廃棄物に含まれる重金属等の有害物質は、現時点ではどのような法令に基づき規制を行うか明確になっていないことから、安全規制の在り方について検討が行われています。

(4) クリアランス

① クリアランス制度

原子力施設等の廃止措置に伴って発生する廃材等の大部分は、放射性物質によって汚染されていない廃棄物や、放射能濃度が極めて低く、人の健康への影響がほとんどないことから「放射性物質として扱う必要がないもの」です（図6-17）。このうち、後者については「クリアランス制度」が適用されます。クリアランス制度とは、放射能濃度が基準値以下であることを原子力規制委員会が確認したものを、原子炉等規制法による規制から外し、再利用又は一般の産業廃棄物として処分することができる制度です。2020年8月にクリアランスに係る規則が改正され、施設ごとに分かれていた規則が廃止され、全ての原子力施設から発生する資材及び廃棄物（ウラン廃棄物については金属くずのみ）がクリアランスの対象となりました。さらに、2021年10月に行われたクリアランスに係る規則の改正により、金属くず以外のウラン廃棄物についてもクリアランスの対象に追加されました。

---

[32]「医療法」（昭和23年法律第205号）、「臨床検査技師等に関する法律」（昭和33年法律第76号）、「医薬品、医療機器等の品質、有効性及び安全性の確保等に関する法律」（昭和35年法律第145号）及び「獣医療法」（平成4年法律第46号）。

コラム　～海外事例：諸外国における低レベル放射性廃棄物の分類と処分方法～

2023年3月末時点

<table>
<tr><th>IAEA分類
国名</th><th>中レベル
放射性廃棄物[注1]</th><th>低レベル
放射性廃棄物</th><th>極低レベル
放射性廃棄物</th><th>極短寿命廃棄物</th><th>規制免除・
クリアランス</th></tr>
<tr><td>英国</td><td colspan="2">低レベル放射性廃棄物：
浅地中処分</td><td>サイト内埋立処分[注2]
一般埋立処分[注3]</td><td>有</td><td>有</td></tr>
<tr><td rowspan="2">フランス</td><td colspan="2">長寿命低レベル放射性廃棄物：
浅地中処分（検討中）</td><td rowspan="2">特定埋立処分[注4]</td><td rowspan="2">有</td><td rowspan="2">制度なし。限定的免除有り。基本は極低レベル放射性廃棄物として処分。</td></tr>
<tr><td colspan="2">短寿命低中レベル放射性廃棄物：
浅地中処分</td></tr>
<tr><td>ドイツ</td><td colspan="2">非発熱性放射性廃棄物：
地層処分（建設中）</td><td>条件付きクリアランスによる一般埋立処分[注5]</td><td>有</td><td>有</td></tr>
<tr><td>フィンランド</td><td colspan="2">中レベル廃棄物、低レベル廃棄物：
岩盤空洞内処分</td><td>サイト内埋立処分[注2]
（TVO が環境影響評価報告書を提出）</td><td>有</td><td>有</td></tr>
<tr><td>スウェーデン</td><td colspan="2">短寿命低中レベル廃棄物：
岩盤空洞内処分</td><td>短寿命極低レベル廃棄物：
サイト内埋立処分[注2]</td><td>有</td><td>有</td></tr>
<tr><td>スイス</td><td colspan="2">低中レベル廃棄物：
地層処分（サイト選定中）</td><td>認可機関の承認による一般埋立処分[注5]</td><td>有</td><td>有</td></tr>
<tr><td rowspan="4">カナダ[注6]</td><td colspan="3">原子力発電の中低レベル放射性廃棄物：
オンタリオ・パワー・ジェネレーション社による地層処分（計画中止し代替オプションを検討中）</td><td rowspan="4">有</td><td rowspan="4">有</td></tr>
<tr><td colspan="3">原子力研究開発（遺産、事業継続中、医療・大学等を含む）の中レベル放射性廃棄物：未定</td></tr>
<tr><td colspan="3">同上の低レベル放射性廃棄物：
浅地中処分（申請段階）</td></tr>
<tr><td colspan="3">歴史的低レベル放射性廃棄物：
地上長期廃棄物管理（建設中）</td></tr>
<tr><td rowspan="5">米国</td><td colspan="3">クラスC超：処分方法検討中</td><td rowspan="4">有
（枠組み）</td><td rowspan="5">制度なし。
個別審査を実施。</td></tr>
<tr><td colspan="3">クラスC：浅地中処分</td></tr>
<tr><td colspan="3">クラスB：浅地中処分</td></tr>
<tr><td colspan="3">クラスA：浅地中処分</td></tr>
<tr><td colspan="3">クラスAの低いレベル：
一般埋立処分[注3]等（枠組み見直し中）</td><td></td></tr>
</table>

（注1）地層処分対象を除く
（注2）原子力施設サイトの許可された埋立処分場
（注3）認可された一般の埋立処分場
（注4）原子力施設から発生した廃棄物に限定する環境保護指定施設
（注5）一般の埋立処分場
（注6）このほか、ウラン採鉱・製錬廃棄物がある
免除・クリアランスされた廃棄物は規制上の放射性廃棄物としての管理は受けない。
網掛けは、操業中あるいは実施中であることを示す。網掛けなしは、建設中、サイト選定中、検討中、見直し中のいずれかである。

（出典）内閣府作成

②　クリアランスの実績

我が国では、これまで、原子炉等規制法に基づく原子力発電所、加工施設、一部の核燃料物質使用施設等の原子力施設の運転及び廃止措置・解体により発生した金属くず、コンクリート破片等にクリアランス制度が適用されています。2022 年 9 月時点で、原子力施設から発生した金属 2,826.9t とコンクリート 3,866t がクリアランスされており、その一部は再利用されています（図 6-25、表 6-11）。これまでのところ、我が国では、クリアランス制度が社会に定着するまでの間は、電気事業施設や発電所内の施設で再利用するなど、電気事業者等が自主的に再利用先を限定することで、市場に流通することがないよう運用されています。今後、廃止措置の本格化に伴いクリアランス物の発生量の増加が見込まれる中、廃止措置の円滑な推進や資源の有効利用のため、再利用先の拡大とともに、クリアランス制度が社会に定着することが必要です。原子力規制庁は、2020 年 3 月から「クリアランスの測定及び評価の不確かさに関する事業者との意見交換会」を開催しており、不確かさの取扱いについて理解を深め規制上の検討に役立てるための具体的な議論を行っています。

なお、放射性同位元素の使用施設等から発生する放射性廃棄物についてもクリアランス制度が導入されていますが、実績はありません。

図 6-25　クリアランスされた金属等の再利用実績例

（出典）第 22 回総合資源エネルギー調査会電力・ガス事業分科会原子力小委員会　資源エネルギー庁「着実な廃止措置に向けた取組」（2021 年）

表 6-11　クリアランスされた金属等の再利用実績例

施設名	クリアランスとして認められた量[t]	主な再利用先
東海発電所	約400	ベンチ、テーブル、ブロック等（電力会社で使用中、関係省庁等で展示中）
浜岡原子力発電所	約80	未定
JAEA（原子力科学研究所）	約3,870（コンクリートがら）	全て機構内路盤材等
JAEA（人形峠環境技術センター）	約22	見学坑道の花壇、正門警備所前広場にテーブルやベンチ
JAEA（原子炉廃止措置研究開発センター）	認可申請中	（原子力規制庁へ認可申請中）
敦賀発電所1号炉	認可申請中	（原子力規制庁へ認可申請中）

（出典）電気事業連合会「国内でのクリアランス制度の導入実績と状況」

(5) 廃止措置・放射性廃棄物連携プラットフォーム（仮称）

「廃止措置・放射性廃棄物連携プラットフォーム（仮称）[33]」では、国内の様々な関係機関の連携により、当該分野における情報体系の整備（図 6-26）や、海外情報を含む各関係機関の取組の紹介による情報共有等を実施しています。また、2022 年 3 月からは、2021 年 12 月に原子力委員会が取りまとめた見解（図 6-24）を踏まえ、低レベル放射性廃棄物の国内保有量と将来発生量の把握及び関係者間の情報共有や、安全性評価のひな形の整備についても同プラットフォームで実施することとしています。

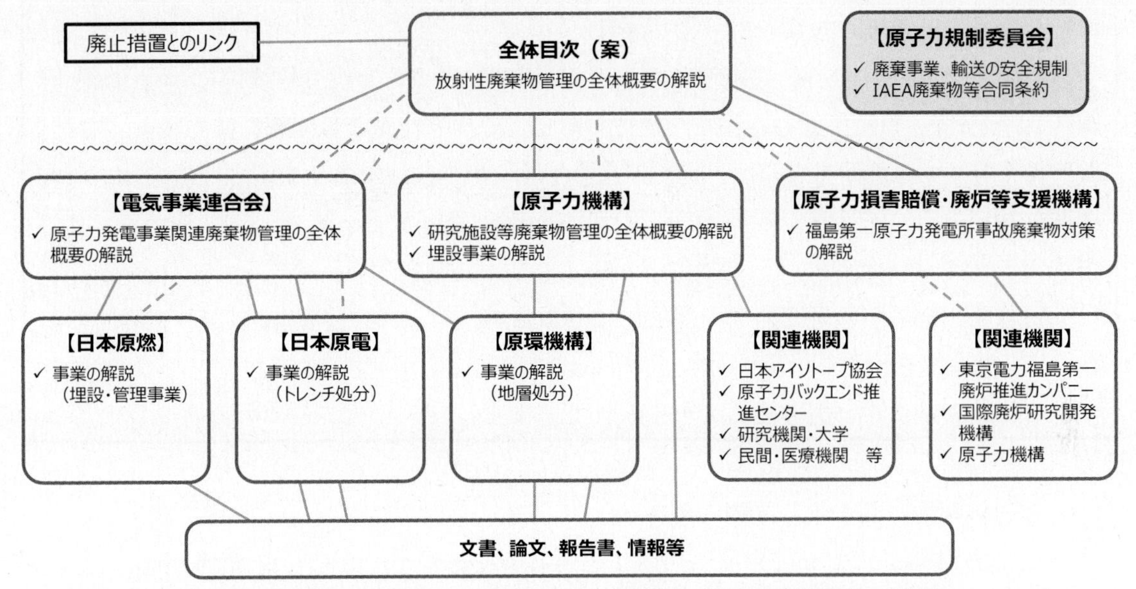

図 6-26　放射性廃棄物に関する根拠情報の整備に係る関連機関の連携イメージ
(出典)内閣府作成

[33] プラットフォームについては、第 8 章 8-1(3)「原子力関係組織の連携による知識基盤の構築」を参照。

第7章 放射線・放射性同位元素の利用の展開

7−1 放射線利用に関する基本的考え方と全体概要

放射線・放射性同位元素（RI）の利用（以下「放射線利用」という。）は、原子力エネルギー利用と共通の科学的基盤を持ち、工業、医療、農業を始めとした幅広い分野において社会を支える重要な技術となっています。

放射線には、アルファ線（α線）、ベータ線（β線）、ガンマ線（γ線）、エックス線（X線）、中性子線、重粒子線等の様々な種類があり、それぞれ異なる性質を持ちます。また、放射線を発生する装置やものは、RI、加速器、原子炉等の様々あります。医療機関、研究機関、教育機関、民間企業等では、利用目的や手段に応じてこれらを適切に使い分けています。

放射線発生装置等の研究開発の進展により放射線・RI の利用範囲は広がりをみせており、分野間連携を促進し、国や大学、研究機関、民間企業が連携してオールジャパン体制で取り組んでいくことが今後更に求められています。

(1) 放射線利用に関する基本的考え方

放射線は生体組織に対して過度に照射すると有害な影響をもたらしますが、図 7-1 に示すような特性を有しています。これらの性質を産業や医療、学術研究等に幅広く活用することにより、国民生活の水準向上等に大きく貢献しています。

原子力委員会の「基本的考え方」では、放射線・RI が幅広い分野で活用されており社会基盤を支える重要な技術となっていること、今後も更に国民の福祉や生活の質の向上、社会基盤の維持向上とともに、環境問題や食糧問題等の地球規模の課題の解決に資するため、より一層推進していくことが示されています。また、2021 年 6 月に閣議決定された「成長戦略フォローアップ」では、最先端技術の研究開発を加速するため、試験研究炉等を使用した RI の製造に取り組むことが示されました。このような状況を踏まえ、2021 年 11 月から、原子力委員会の下に設置された「医療用等ラジオアイソトープ製造・利用専門部会」で医療用を始めとする RI の製造・利用推進に係る検討が進められ、2022年5月に制定されたアクションプランでは、今後 10 年以内に実現すべき四つの目標と、それに向けたアクションプランが提示されました。

- ✧ 物質を透過するため、物質や生体の内部を細部まで調べることができる。
- ✧ 局所的にエネルギーを集中させ、材料の加工や特殊な機能の付与ができる。
- ✧ 細菌やがん細胞等に損傷を与えて、不活性化することができる。
- ✧ 化学物質等に照射して別の物質に変えることができる。

図 7-1 放射線の特性

（出典）内閣府作成

コラム　～医療用等ラジオアイソトープ製造・利用推進アクションプラン～

放射性同位元素（RI）は医療分野や工業・農業分野等における活用が進められていますが、特に医療分野では、RI を用いた診断や治療を通して、我が国の医療体制を充実し、国民の福祉向上に貢献することが重要です。また、高い経済効果が見込まれることから、諸外国において医療用 RI の製造や利用のための研究を国策として強化する動きが見られています。

一方で、我が国では現在は多くを輸入に依存している医療用 RI 及び重要 RI の国産化を実現するために、原子力委員会の医療用等ラジオアイソトープ製造・利用専門部会は 2022 年 5 月に、「医療用等ラジオアイソトープ製造・利用推進アクションプラン」を取りまとめました。アクションプランでは、今後 10 年間に実現すべき目標として、「モリブデン-99/テクネチウム-99m の一部国産化による安定的な核医学診断体制の構築」、「国産 RI による核医学治療の患者への提供」、「核医学治療の医療現場での普及」、「核医学分野を中心としたラジオアイソトープ関連分野を我が国の『強み』へ」の 4 点を挙げています。

さらに、この目標に照らして取り組むべき 4 つの事項に関して、具体的なアクションが整理されています。本アクションプランに基づく取組を推進するためには、関係省庁、国立研究開発法人、大学、学協会、関係公益法人、企業等が連携して取り組むことが必要不可欠であり、国以外のステークホルダーに対し期待される取組についても提言されています。本アクションプランは、2022 年に閣議決定された「経済財政運営と改革の基本方針 2022」（骨太方針 2022）、「新しい資本主義のグランドデザイン及び実行計画・フォローアップ」、「統合イノベーション戦略」及び 2023 年 3 月に閣議決定された「がん対策推進基本計画（第 4 期）」においても、その重要性が記載されました。

目標実現に向け取り組むべき課題と具体的なアクション

＜重要ラジオアイソトープの国内製造・安定供給のための取組推進＞
- ✓ JRR-3・加速器を用いたモリブデン-99/テクネチウム-99m の安定供給（可能な限り 2027 年度末に国内需要の約 3 割を製造し、国内へ供給）
- ✓ 「常陽」・加速器を用いたアクチニウム-225 大量製造のための研究開発強化（「常陽」において 2026 年度までに製造実証）
- ✓ アスタチン-211 実用化に向けた取組強化（2028 年度を目途に医薬品としての有用性を示す）　等

＜医療現場でのラジオアイソトープ利用促進に向けた制度・体制の整備＞
- ✓ 核医学治療を行える病室の整備（特別措置病室等）（核医学治療実施までの平均待機月数について、3.8 か月（2018 年）→平均 2 か月（2030 年））
- ✓ ガリウム-68 等、新たな放射性医薬品への対応　等

＜ラジオアイソトープの国内製造に資する研究開発の推進＞
- ✓ 研究炉・加速器による製造のための技術開発支援
- ✓ 福島国際研究教育機構による取組推進
- ✓ 新たな核医学治療薬の活用促進に向けた制度・体制の整備　等

＜ラジオアイソトープ製造・利用のための研究基盤や人材、ネットワークの強化＞
- ✓ 人材育成の強化（研究人材、医療現場における人材　等）
- ✓ 国産化を踏まえたサプライチェーン強化
- ✓ 廃棄物の処理・処分に係る仕組みの検討　等

（出典）原子力委員会「医療用等ラジオアイソトープ製造・利用推進アクションプラン」（2022 年）を基に作成

(2)　放射線の種類

放射線には、電離放射線と非電離放射線の二種類があります。電離放射線は、原子や分子から電子を引き離しイオン化（電離）する能力を持ちます。電離放射線には、α線、β線及び陽子線のように電荷を持った粒子線や、中性子線のような電荷を持たない粒子線、X線やγ線のような電磁波等、様々な種類があります。一方、非電離放射線は、電離放射線のような相互作用をしない可視光線やマイクロ波等です。一般的に、放射線というと電離放射線を指します（図 7-2）。

多くの放射線は、物質に当たるときや物質中を透過するとき、物質の分子や原子と相互作用します。その相互作用は放射線の種類によって異なり、例えば、X線は物質を通り抜ける能力が高い、α線は物質内部で止まる際に局所的・集中的にエネルギーを与える、といった特徴があります。このような特徴を生かし、様々な放射線利用が行われています。

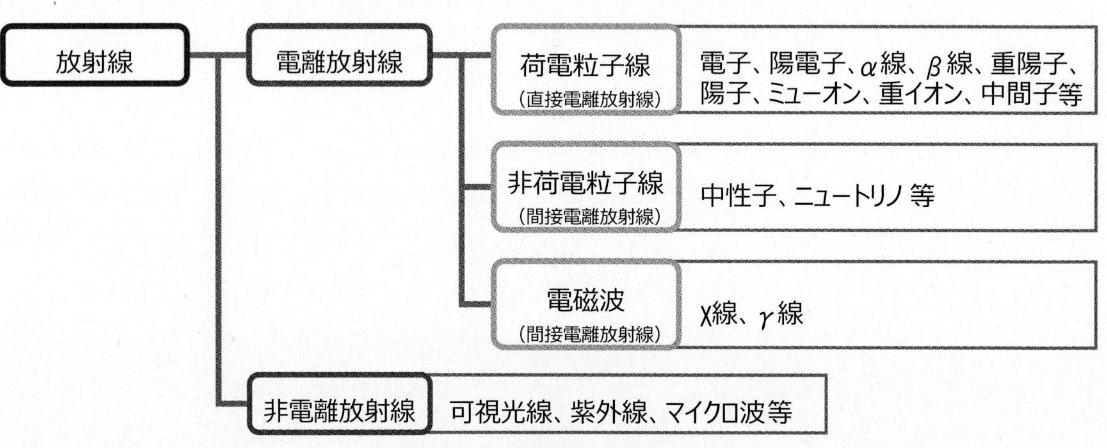

図 7-2　放射線の種類

（出典）地人書館　中村尚司著「放射線物理と加速器安全の工学」（1995 年）、環境省「放射線による健康影響等に関する統一的な基礎資料　令和 3 年度版」（2022 年）等に基づき作成

(3)　放射線源とその供給

放射線を発生する装置やものには、RI、加速器、原子炉等、様々あり、それらから得られる放射線の種類にも特徴があります。これらを目的や手段に応じて使い分けて、効果的に放射線利用が行われています。

①　放射性同位元素（RI）

RIは、それ自体が放射線源となります。RIは原子核が不安定であるため、より安定な状態に移行しようとして別の原子に変わる放射性崩壊を起こし、その際に放出される放射線（α線、β線、γ線、中性子線）が利用されています。天然に存在するRIの利用は効率が低いため、原子炉や加速器を用いてRIを人工的に製造しています。

原子炉でのRI製造は、原子核の核分裂反応あるいは中性子を吸収する反応により行われます。我が国でRI製造・供給を行うことのできる原子炉（研究炉）は、過去にJRR-3[1]、材料試験炉（JMTR[2]）、京都大学研究用原子炉（KUR[3]）の3基ありました。このうち、JMTRは新規制基準対応のための耐震工事費用等を勘案し廃止が決定されましたが、KURは2017年に、JRR-3は2021年2月にそれぞれ運転再開しました[4]。運転を再開したJRR-3では、モリブデン99（Mo-99）製造試験が実施されています。原子力機構の高速実験炉「常陽」についても、運転再開後のRI製造への利用に向けた取組が、「医療用等ラジオアイソトープ製造・利用推進アクションプラン」で示されています。

加速器でのRI製造は、加速された荷電粒子（陽子、α線等）をいろいろな試料に照射することにより行われます。国立研究開発法人理化学研究所（以下「理化学研究所」という。）のRIビームファクトリーでは、様々な加速器を用いたRI製造が行われており、公益社団法人日本アイソトープ協会を通じて国内の大学や研究機関に頒布されています。

我が国では、主要なRI医薬品のテクネチウム99m（Tc-99m）の原料であるモリブデン99（Mo-99）の全量を海外から輸入しており、製造に用いられる研究炉の老朽化や故障、供給元からの輸送トラブル等の課題を抱えており、製品の欠品など供給が不安定な状況です（図7-3）。そのため、研究機関や民間企業において、原子炉や加速器によるMo-99の国内製造に向けた取組が進められています。

「医療用等ラジオアイソトープ製造・利用推進アクションプラン」においては、重要RIの国内原子炉や加速器等を活用した製造や研究開発の取組の強化が示されています。

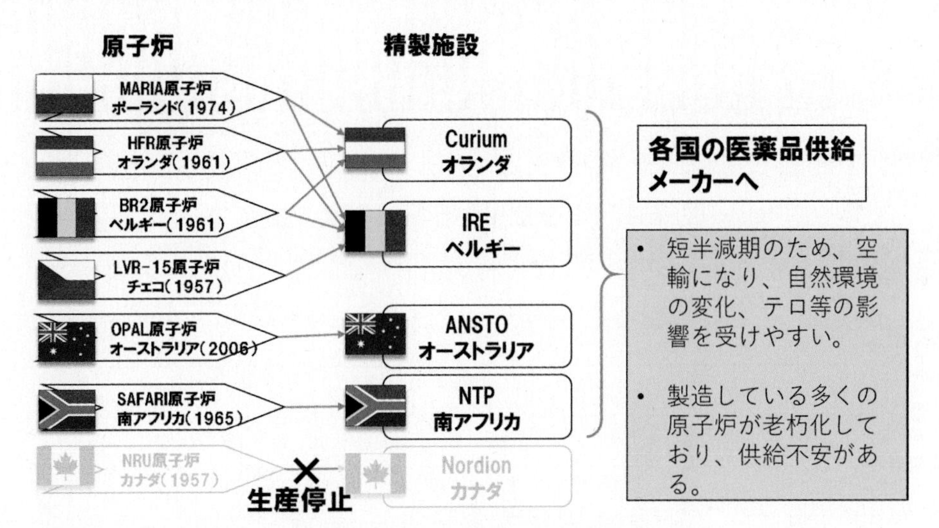

図 7-3 Mo-99のサプライチェーン

(出典)第18回原子力委員会資料第1号 公益社団法人日本アイソトープ協会 北岡 麻美「医療用RIの需要と供給をめぐる状況について」(2021年)

---

[1] Japan Research Reactor No.3

[2] Japan Materials Testing Reactor

[3] Kyoto University Research Reactor

[4] 2022年4月、京都大学は、2026年5月までにKURの運転を終了すると発表。

供給されるRIの形態には、容器に密封されたRI（密封RI）と、密封されていないRI（非密封RI）の二つがあります。密封RIは民間企業への供給量が特に多く、非破壊検査や計測等の装置、医療機器や衛生材料の滅菌等に使用されています。また、非密封RIは教育機関を中心に供給されており、分子生物学等の研究分野において、地表の物質の移動現象や動植物等の生体内における元素の移動現象を追跡できる、感度の高いトレーサーとして利用されています。

RIを使用する事業所は2022年3月末時点で7,493か所あり、機関別に見ると、民間企業が4,486か所、医療機関が1,143か所、研究機関が400か所、教育機関が468か所、その他の機関が996か所です（図 7-4）。民間企業では、化学工業、パルプ・紙製造業、鉄鋼業、電気機器製造業を始めとして、幅広い業種において使用されています（図 7-5）。

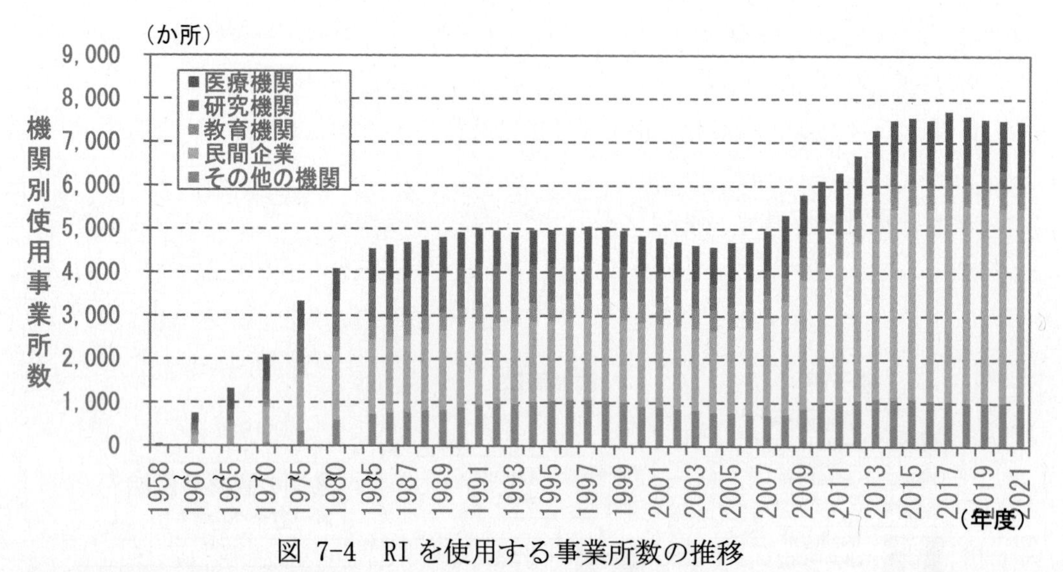

図 7-4　RIを使用する事業所数の推移

（出典）原子力規制委員会「規制の現状　表2 機関別使用事業所数の推移」に基づき作成

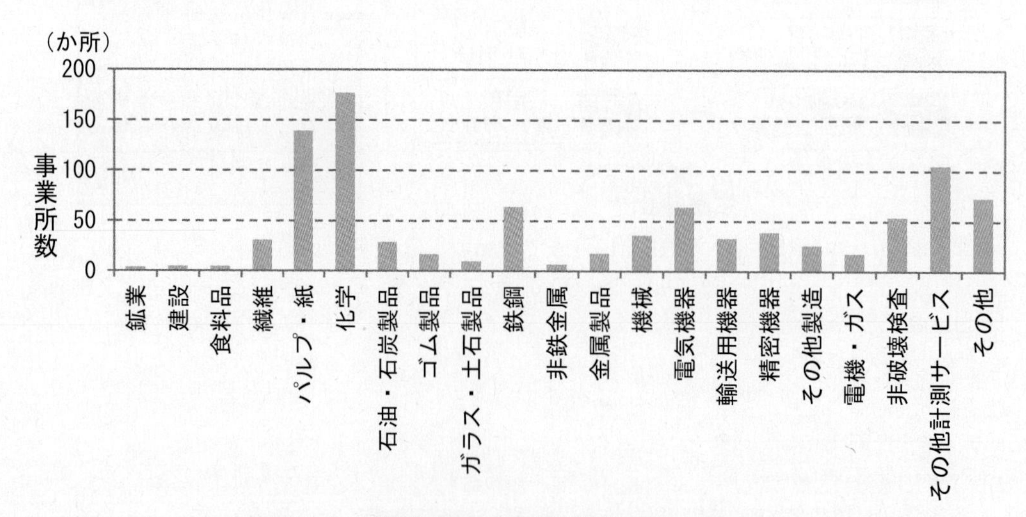

図 7-5　RIを使用する民間企業の業種別事業所数（2019年3月末時点）

（出典）公益社団法人日本アイソトープ協会「放射線利用統計2019（第3版）」に基づき作成

②　原子炉

原子炉では、RI 製造以外にも、核分裂の際に放出される中性子が利用できます。研究炉では、中性子をビームとして炉心から取り出し、学術研究のほか、前述したRI製造に加え、医療にも利用されています。KURでは、炉心から取り出された中性子を利用した脳腫瘍、頭頸部腫瘍等のホウ素中性子捕捉療法(BNCT[5])が行われてきました。この成果を踏まえて、大阪医科薬科大学、総合南東北病院の二つの医療機関において、小型加速器によるBNCTの保険診療が開始されています。これにより、KURを使用したBNCTの臨床試験は終了しました。

③　加速器

加速器は、RI 製造以外にも、電子、陽子、炭素原子核等の粒子を光の速度近くまで加速して、エネルギーの高い電子線、陽子線、重粒子線の状態で取り出すことができます。粒子を加速する形状により、直線的に加速する線形加速器と、円軌道を描かせながら次第に加速する円形加速器の 2 種類に大別されます。例えば、円形加速器では、電子の加速により、様々な波長の電磁波が含まれる放射光を発生させることができます。放射光から、目的に応じて特定の波長の電磁波を取り出し、タンパク質の構造解析等に利用されています。

放射性同位元素等規制法の許可を受けて使用されている加速器（放射線発生装置）は、2019 年 3 月末時点で 1,747 台です（図 7-6）。このうち 1,310 台は医療機関に設置され、がん治療等に利用されています。また、教育機関、研究機関、民間企業等でも利用されています。そのほか、放射性同位元素等規制法の規制対象とならない低エネルギー電子加速器、イオン注入装置等も民間企業等に多数導入され、コーティング、殺菌・滅菌や半導体製造等幅広く利用されています。

なお、中性子源として用いる加速器には持ち運び不可能な大規模な装置が必要ですが、X線や電子線を発生する加速器は小型化・軽量化が進められ、非破壊検査等、利用対象が広がっています。

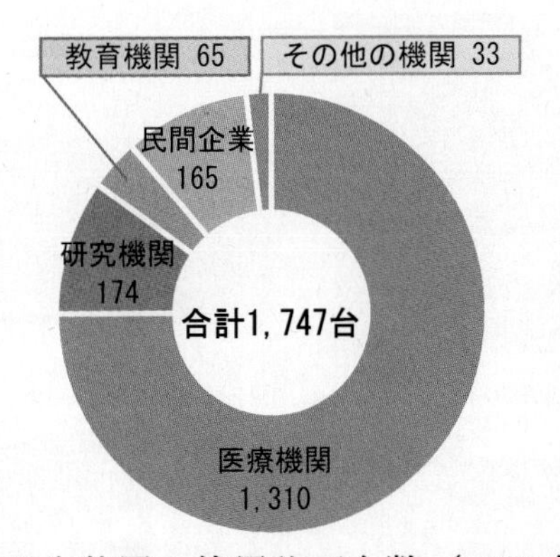

図 7-6　放射線発生装置の使用許可台数（2019 年 3 月末時点）

(出典)公益社団法人日本アイソトープ協会「放射線利用統計 2019(第 3 版)」に基づき作成

5　Boron Neutron Capture Therapy

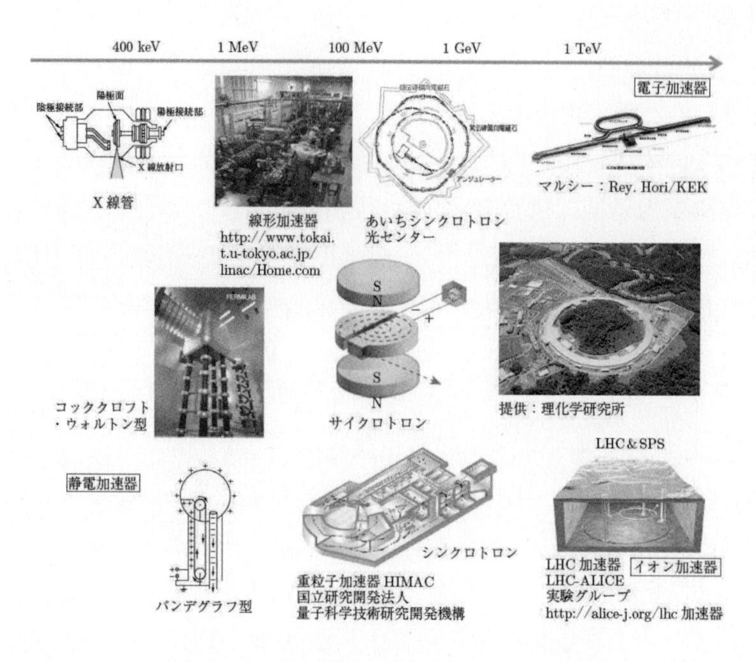

図 7-7　加速器のエネルギーと種類

（出典）「放射線生物学」（丸善出版）

④　その他（X線発生装置、レーザー発振器）

X線発生装置では、陰極と陽極の間に高電圧をかけ、陰極から出た熱電子が高速で陽極とぶつかったときにX線が発生します。X線は、レントゲンや非破壊検査等に利用されています。

レーザー発振器は、気体や固体の原子の電子エネルギーを変化させて取り出した光を増幅し、ほぼ単一の波長の電磁波であるレーザー光として発振します。指向性が優れている、エネルギー密度が高いなどの理由から、レーザー溶接や歯の治療等に利用されています（図7-8）。

(a) 放射線化学用Sバンド(2.856GHz)　(b) X線自由電子レーザー用Cバンド(5.712GHz)

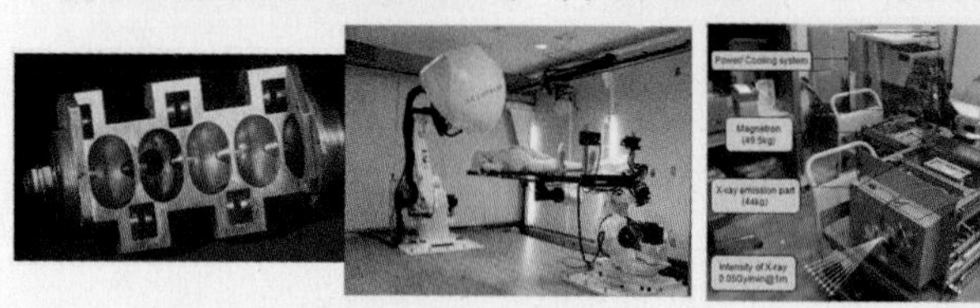

(c) 医療用・非破壊検査用Xバンド(9.3GHz)(左から加速管、6MeV、950keV)

図 7-8　代表的な電子リニアックシステム

（出典）「原子力・量子・核融合事典　第Ⅳ分冊　量子ビームと放射線医療」（丸善出版）

7−2 様々な分野における放射線利用

RI から放出される放射線や加速器、原子炉から取り出される放射線は、その特性を生かして先端的な科学技術、工業、農業、医療、環境保全、核セキュリティ等の様々な分野で利用されており、技術インフラとして国民の福祉や生活水準向上等に大きく貢献しています。加えて、物質の構造解析や機能理解、新元素の探索、重粒子線や α 線放出 RI 等による腫瘍治療を始めとして、今後ますます発展していくことが見込まれます。国や大学、研究機関、民間企業が連携して、先端的な利用技術の研究開発や、そのための装置の開発が進められています。

(1) 放射線の利用分野の概要

放射線は、私たちの身近なところから広く社会の様々な分野で有効に利用されています（図 7-10）。我が国における 2015 年度の放射線利用（工業分野、医療・医学分野、農業分野）の経済規模は約 4 兆 3,700 億円と評価されています（図 7-9）。この経済規模は、放射線を利用したサービスの価格や放射線照射の割合を考慮した製品の市場価格等から推計したもので、放射線が国民の生活にどの程度貢献しているかを示す指標の一つと捉えることができます。

IAEA が 2021 年 9 月に公表した原子力関連技術の動向に関する報告書「Nuclear Technology Review 2021」においても、放射線利用の技術動向が紹介されています。医療分野では、新型コロナウイルス感染症を始めとする感染症の検出や診断における放射性医薬品の役割や、治療時の線量評価等が挙げられています。また、農業分野では食品中の残留農薬測定が、環境保全分野では気候変動の影響に対処するための RI を用いた有機炭素測定等が取り上げられています。

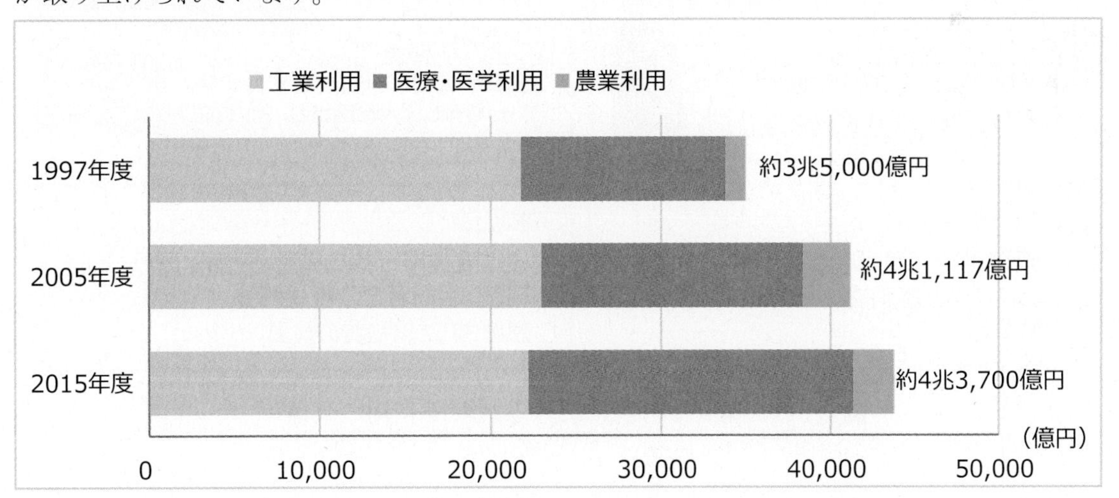

図 7-9 我が国における放射線利用の経済規模の推移

（出典）内閣府作成

【科学技術】

○X線・中性子・量子ビームによる構造解析や材料開発等

○RIイメージングによる追跡解析

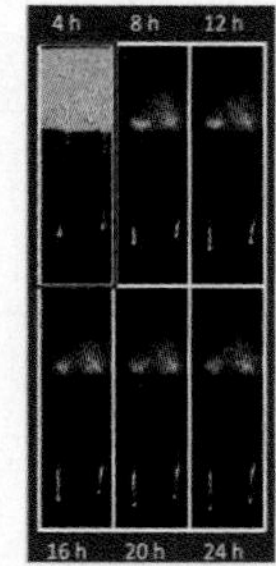

RIイメージングによる追跡実験

大強度陽子加速器施設 J-PARC

（出典）日本原子力研究開発機構

【医療】

＜放射線による診断＞

○レントゲン

○X線CT

○PET

○シンチグラフィ（SPECT）

＜放射線による治療＞

○X線治療

○ガンマナイフ

○粒子線治療

○ホウ素中性子捕捉療法（BNCT）

○核医学治療（RI内用療法）

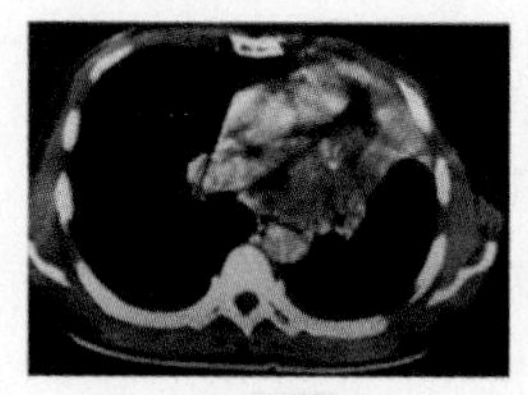

CT画像

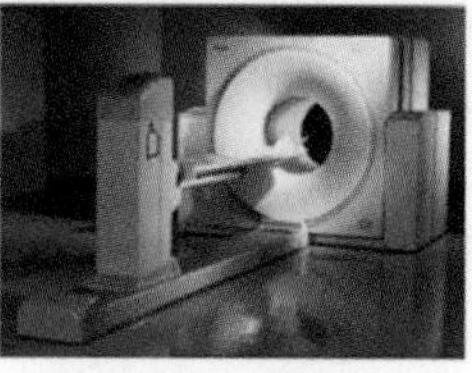

PET-CT装置

【工業】

○材料の改良・機能性材料の創製（自動車タイヤ、半導体素子加工プロセス等）

○精密計測

○非破壊検査

○滅菌・殺菌等（医療器具等）

半導体の製造

微細加工、不純物導入等、放射線による加工技術を利用して半導体を製造。

半導体

ラジアルタイヤの製造

電子線照射により、ゴムの粘着性の制御を容易にできることを利用。

【農業】

○品種改良

○食品照射

○害虫防除

放射線照射を利用した新品種開発

黒斑病への耐病性を有するナシ品種「ゴールド二十世紀」

ゴールド二十世紀

出典：農研機構

ジャガイモ芽止め

放射線照射によってジャガイモ発芽を防止

（未照射）（照射済み）

ウリミバエの根絶

放射線を照射し不妊化したオスを大量に放ち、孵化しない卵を産ませ、害虫を根絶

【環境保全】

○窒素酸化物、硫黄酸化物等の分解、除去

○ダイオキシンの要因となる揮発性有機化合物の分解等

【核セキュリティ】

○核鑑識技術（核物質等の出所、履歴、輸送経路、目的等を分析・解析）

○隠匿された核物質の検出

図 7-10　様々な分野における放射線利用の具体例

（出典）原子力委員会「原子力利用に関する基本的考え方　参考資料」（2023 年）に基づき作成

(2)　工業分野での利用

①　材料加工

放射線の照射により、強度、耐熱性、耐摩耗性等の機能性向上のための材料改質が行われています。例えば、自動車用タイヤの製造では、ゴムに電子線を照射することにより、強度を増しつつ、精度よく成形した高品質なラジアルタイヤが製造されています。特に利用規模が大きい半導体加工においても、電子線や中性子線等を照射することにより、特性の向上が行われています。また、宝石にγ線等を照射し色合いを変える改質処理も実施されています。

②　測定・検査

部材や製品の厚さ、密度、水分含有量等の精密な測定や非破壊検査等において、放射線が利用されています。例えば、老朽化した社会インフラの保全において、コンクリート構造物の内部損傷や劣化状態を調べるため、放射線を用いた非破壊検査が行われています。製造工程管理、プラントの設備診断、エンジンの摩耗検査、航空機等の溶接部検査等にも広く利用されています。このような測定や検査に用いられるRI装備機器は、2019年3月時点で、厚さ計が2,357台、レベル計が1,235台、非破壊検査装置が971台設置されています。

③　滅菌

製品や材料にγ線や電子線を照射することにより、残留物や副生成物を残すことなく、確実に滅菌を行うことができます。そのため、注射針等の医療機器、化粧品の原料や容器、マスク等の衛生用品等の滅菌に広く利用されています。

(3)　農業分野での利用

①　品種改良

植物にγ線等を照射することにより多様な突然変異体を作り出し、その中から有用な性質を持つものを選抜することにより、効率的に品種改良を行うことができます(図 7-11)。これまでに、大粒でデンプン質が多く日本酒醸造に適した米、黒斑病に強いナシ、斑点落葉病に強いリンゴ、花の色や形が多彩なキクやバラ、冬でも枯れにくい芝等、多数の新品種が作り出されてきました。新品種は、農薬使用量の低減により環境負荷の低減や農業関係者の負担軽減につながるとともに、消費者の多様なニーズに合った商品開発にも貢献しています。

国立研究開発法人農業・食品産業技術総合研究機構では、多様な突然変異体を利用して有用遺伝子の探索や機能解析を進めるとともに、放射線育種場において、外部からの依頼による花きや農作物等への照射も行っています[6]。また、理化学研究所では、重イオンビームの照射による突然変異誘発技術を用いて、品種改良ユーザーと連携した新品種育成や遺伝子の機能解析等を行っています。

---

[6] 放射線育種場は2022年度で照射業務を終了し、2022年12月に外部からの依頼受付を終了。

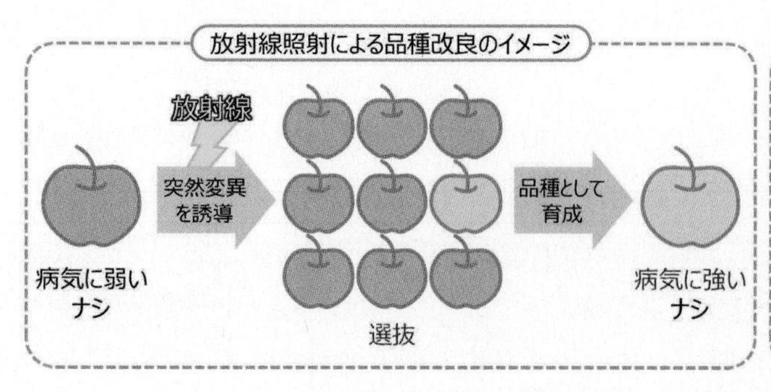

図 7-11　放射線照射による品種改良のイメージ

（出典）バイオステーション「さまざまな品種改良の方法」及び国立研究開発法人農業・食品産業技術総合研究機構「放射線育種場」に基づき作成

②　食品照射

食品や農畜産物にγ線や電子線等を照射することにより、発芽防止、殺菌、殺虫等の効果が得られ、食品の保存期間を延長することが可能です。我が国では、ばれいしょ（じゃがいも）の発芽防止のための照射が実用化されています。

③　害虫防除

害虫駆除の例として、不妊虫放飼法があります。これは、γ線照射によって不妊化した害虫を大量に野外に放つことにより、交尾しても子孫が生まれない確率を上げ、数世代かけて害虫の数を減少させ最終的に根絶させるという方法です。放飼法を実施している地域と実施していない地域との間で対象となる害虫の行き来がないこと等、成功させるための条件もありますが、殺虫剤で駆除しきれない場合にも駆除が可能となるという優れた特徴を持ちます。我が国では、沖縄県と奄美群島において、キュウリやゴーヤ等のウリ類に寄生するウリミバエの根絶が行われました。

(4)　医療分野での利用

医療分野では、診断と治療の両方に放射線が活用されています。診断では、レントゲン検査、X線CT[7]検査、PET[8]検査や骨シンチグラフィ等の核医学検査（RI検査）等が広く実施されています。治療では、高エネルギーX線・電子線治療、陽子線治療、重粒子線治療、ホウ素中性子捕捉療法、小線源治療、核医学治療（RI内用療法）等、腫瘍の効果的な治療に利用されており、今後の更なる進展が期待される領域の一つです。また、特に放射線治療分野では、医学、薬学、生物学、物理学、放射化学、工学等の多数の専門領域が関与しており、医

[7] Computed Tomography（コンピュータ断層撮影）
[8] Positron Emission Tomography（陽電子放出断層撮影）

師、診療放射線技師、看護師、医学物理士[9]等がそれぞれの専門性を生かして密接に連携することが求められます。

①　放射性同位元素（RI）による核医学検査・核医学治療

核医学検査（RI 検査）とは、対象となる臓器や組織に集まりやすい性質を持つ化合物にRIを組み合わせた医薬品を、経口や静脈注射により投与し、放出される γ 線をガンマカメラやPETカメラを用いて体外から検出し、画像化する検査方法です。γ 線の分布や集積量等の情報から、病巣部の位置、大きさ、臓器の変化状態等を精度よく知り、様々な病態や機能を診断することができます。核医学検査では、内部被ばく線量を極力抑えるために、表 7-1に示すような半減期の短いRIが選択されます。

核医学治療（RI 内用療法、標的アイソトープ治療）とは、対象となる腫瘍組織に集まりやすい性質を持つ化合物に α 線や β 線を放出するRIを組み合わせた医薬品を、経口や静脈注射により投与し、体内で放射線を直接照射して腫瘍を治療する方法（図 7-12）です。核医学治療では、周囲の正常な細胞に影響を与えないようにするために、放出される粒子の飛ぶ距離が短いRIが選択されます。表 7-1に示す国内承認済みの治療用の RI を用いた医薬品は保険診療に用いることが可能[10]となっており、その実績は増加傾向にあります（図 7-13）。また、アクチニウム 225（Ac-225）やアスタチン 211（At-211）のような α 線放出 RI を用いたがん治療の研究等も進められています。

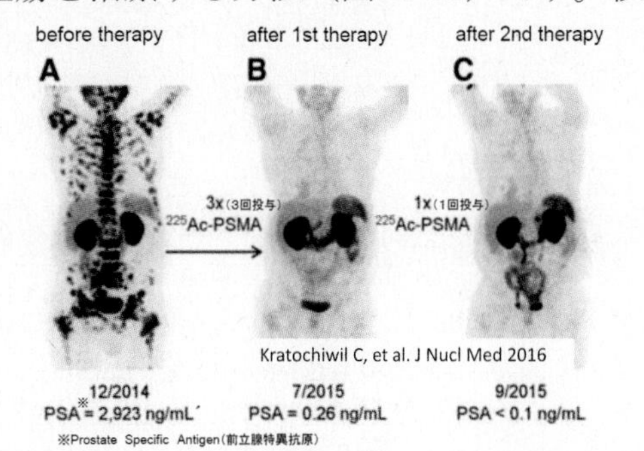

図 7-12　α 線放出RIによる治療例

（出典）第１回医療用等ラジオアイソトープ製造・利用専門部会資料3「医療用等ラジオアイソトープ（RI）製造・利用促進の検討について（案）」（2021年）

一方で、精度の高い放射線治療の更なる推進に向けて、放射線療法を担う専門的な医療従事者の育成に課題があることから、「第４期がん対策推進基本計画」（2023年３月閣議決定）では、粒子線治療を含む高度な放射線治療に係る安全性・有効性等の検証を進めるとともに、粒子線治療施設の効率的かつ持続可能な運用について検討するとしています。

[9] 放射線医学における物理的及び技術的課題の解決に先導的役割を担う者。一般財団法人医学物理士認定機構による認定資格。

[10] I-131、Y-90、Ra-223、Lu-177 を用いた医薬品は、医療機関等で保険診療に用いられる医療用医薬品として、薬価基準に収載されている品目リスト（2023 年 4 月 1 日時点）に掲載。なお、ストロンチウム 89（Sr-89）を用いた医薬品「メタストロン注」については、2007 年に薬価基準に収載されたものの、製造販売終了に伴い 2020 年 4 月 1 日以降は除外。

表 7-1　代表的な核医学用 RI と種類

利用目的 / 核種（下線は国内承認済 RI）		半減期	壊変形式	製造装置	主な核反応（候補も含む）	主な適応
PET検査用	$\underline{^{18}F}$	110 m	β^+	サイクロトロン	^{18}O (p, n)^{18}F	悪性重瘍，虚血性心疾患など
	^{64}Cu	12.7 h	β^+, β^-	原子炉 サイクロトロン	^{63}Cu (n, γ)^{64}Cu ^{64}Ni (p, n)^{64}Cu	低酸素腫瘍 注)
	^{68}Ga	67.7 m	β^+, EC	サイクロトロン	^{69}Ga (p, 2n)^{68}Ge->^{68}Ga	前立腺がん，リンパ腫など
	^{89}Zr	78.4 h	β^+, EC	サイクロトロン	^{89}Y (p, n)^{89}Zr	乳がん診断など
SPECT検査用	$\underline{^{99m}Tc}$	6 h	IT（γ）	原子炉 電子ライナック γ 線源	U (n, f)^{99}Mo->^{99m}Tc ^{100}Mo (γ, n)^{99}Mo->^{99m}Tc	脳血流検査，腎疾患診断など
	$\underline{^{123}I}$	13.2 h	EC（γ）	サイクロトロン	^{124}Xe (p, 2n)^{123}Cs->^{123}Xe->^{123}I	パーキンソン病診断，心疾患診断など
	^{67}Ga	3.3 d	EC（γ）	サイクロトロン	^{68}Zn (p, 2n)^{67}Ga	悪性腫瘍診断，炎症診断など
β 線内用治療用	$\underline{^{90}Y}$	64 h	β^-	原子炉	^{89}Y (n, γ)^{90}Y	リンパ腫
	$\underline{^{131}I}$	8 d	β^-	原子炉	U (n, f) ^{131}I ^{130}Te (n, γ)^{131}Te->^{131}I	甲状腺がん，甲状腺機能亢進症
	^{67}Cu	61.8 h	β^-	サイクロトロン	^{68}Zn (p, n)^{67}Cu	大腸がん，リンパ腫など
	^{177}Lu	6.6 h	β^-	原子炉	^{176}Yb (n, γ)^{177}Yb->^{177}Lu	去勢抵抗性前立腺がんなど
α 線内用治療用	$\underline{^{223}Ra}$	11.4 d	α	（ウラン壊変生成物）	^{227}Ac->^{227}Th->^{223}Ra	骨前立腺がん骨転位
	^{211}At	7.2 h	α	サイクロトロン	^{209}Bi (α, 2n)^{211}At	卵巣がんなど
	^{225}Ac	9.9 d	α	（ウラン壊変生成物） サイクロトロン 電子ライナック γ 線源	^{229}Th->^{225}Ra->^{225}Ac ^{226}Ra (p, 2n)^{225}Ac ^{226}Ra (γ, n)^{225}Ra->^{225}Ac	前立腺がん，急性骨髄性白血病など
小線源治療用	$\underline{^{125}I}$	59.4 d	EC（γ）	原子炉	^{124}Xe (n, γ)^{125}Xe->^{125}I	前立腺がん
	$\underline{^{192}Ir}$	73.2 d	γ	原子炉	^{191}Ir (n, γ)^{192}Ir	前立腺がん，舌がんなど

注）^{64}Cu は β^+ 線だけでなく β^- 線も放出するため治療にも利用可能

EC：電子捕獲（Electron Capture），IT：各異性体転位（Isomeric Transition）

（出典）「医用工学ハンドブック」（エヌ・ティー・エス）（2022 年）

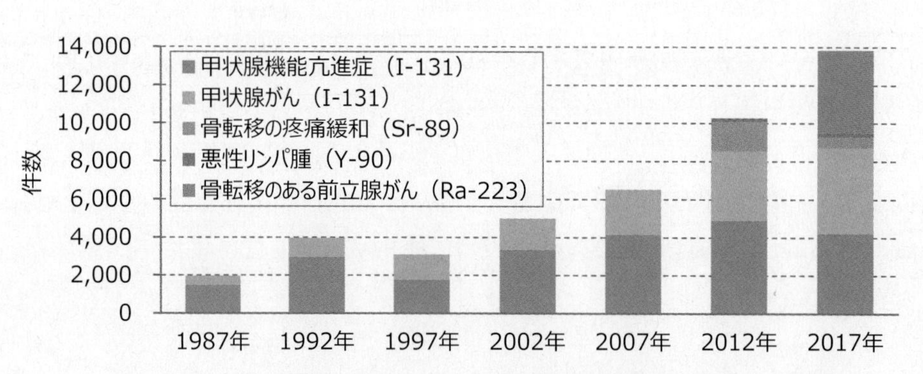

図 7-13　非密封 RI を用いた核医学治療件数（年間）の推移

（出典）第 12 回原子力委員会　公益社団法人日本アイソトープ協会「核医学診療の現状と課題」（2021 年）、公益社団法人日本アイソトープ協会「第 8 回全国核医学診療実態調査報告書」（2018 年）に基づき作成

コラム ～アスタチン211(At-211)に係る国際協力に向けたIAEA総会サイドイベント

2022年9月に、原子力委員会の主催により、第66回IAEA総会サイドイベント「α線薬剤の開発とアイソトープの供給-アスタチン 211 と国際機関における役割の可能性-」がハイブリッド形式で開催されました。各国・地域及び国際機関から約240名が参加し、IAEA、日本（大阪大学及び住友重機械工業、福島県立医科大学）、米国・欧州の製造・供給網の代表者、At-211 の製造・研究開発について先進的な取組を推進している各国研究者から、At-211 の製造・供給に関する取組状況等の共有が行われました。サイドイベントの総評として、IAEA物理化学部門のメリッサ・デネケ部長は、各国の地域的な取組が連結し一層の研究の発展につながることへの期待を表明するとともに、IAEAが国際的なネットワークを提供することができれば議論の場や共同研究の発出点として使えることを述べました。これを契機に、At-211を始めとするα線放出RIを用いた医薬品の研究や医療応用について、国際連携が進展することが期待されます。

上坂原子力委員長による開会挨拶

（出典）第44回原子力委員会資料第2号 内閣府「国際原子力機関（IAEA）第 66 回総会内閣府主催サイドイベントの結果報告」（2022年）

② 中性子線ビームを利用したホウ素中性子捕捉療法（BNCT）

BNCTは、中性子線を利用して腫瘍を治療する方法です（図 7-14）。BNCTではまず、中性子と核反応（捕獲）しやすいホウ素を含み悪性腫瘍に集まる性質を持つ医薬品を、点滴により投与します。その後、患部にエネルギーの低い中性子線を照射すると、中性子は医薬品の集積していない正常な細胞を透過しますが、医薬品の集積した悪性腫瘍の細胞では医薬品中のホウ素により中性子が捕獲されます。中性子を捕獲したホウ素は分裂してリチウム 7（Li-7）とα線を放出し、これらが悪性腫瘍の細胞を攻撃します。Li-7 とα線が放出される際に飛ぶ距離はごく短く、一般的な細胞の直径を超えないため、悪性腫瘍の細胞のみを選択的に破壊することができます。

以前は中性子源を原子炉に依存していたため普及に制限がありましたが、病院内に設置できる加速器を用いた小型BNCTシステムの開発が進められ、医療機器として実用化されています（図 7-15）。臨床試験も数多く実施されており、2020年6月には、一部の腫瘍[11]を対象として保険適用が開始されました。

[11] 切除不能な局所進行又は局所再発の頭頸部癌。

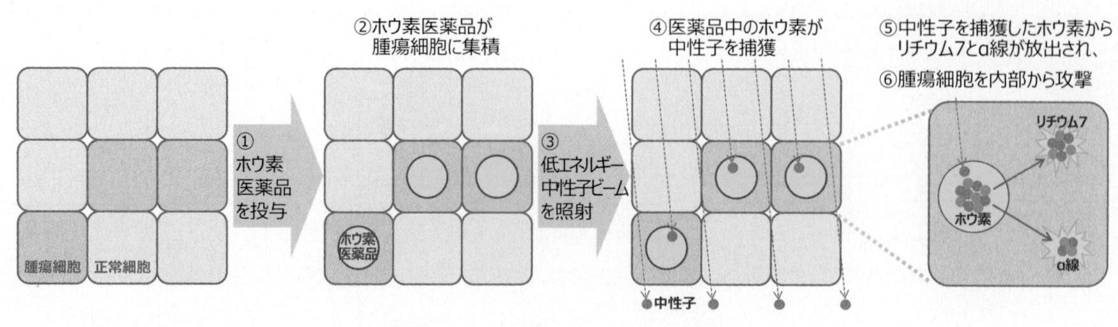

図 7-14　BNCT のイメージ

(出典)内閣府作成

南東北 BNCT 研究センター陽子ビーム加速器と輸送装置

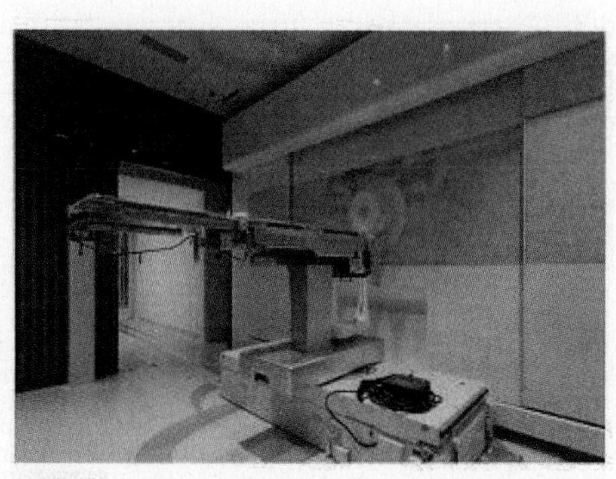
同治療室

図 7-15　BNCT 治療システム　(南東北 BNCT 研究センターの例)

(出典)総合南東北病院　広報誌 SOUTHERN CROSS Vol.87「究極のがん治療　ホウ素中性子補足療法(BNCT)」

③　粒子線治療（陽子線治療、重粒子線治療）

粒子線の照射による腫瘍の治療として、水素原子核を加速した陽子線を利用する陽子線治療と、ヘリウムよりも重い原子核（一般に治療に利用されているのは炭素原子核）を加速した重粒子線を利用する重粒子線治療が行われています。照射された粒子線は、体内組織にあまりエネルギーを与えず高速で駆け抜け、ある深さで急に速度を落とし、停止する直前に周囲へ与えるエネルギーがピークになる性質があります。そのため、ピークになる深さをコントロールすることにより、がん細胞を集中的に攻撃することができます。また、重粒子線には生物効果（殺細胞効果）や直進性が高いという優れた特性がありますが、治療装置が大型であるため、量研では「量子メス[12]」と呼ばれる小型治療装置の研究開発が進められています。2022 年 5 月、量研は、量子メスを構成する主要装置の 1 つである、マルチイオン源[13]の開発に世界で初めて成功したと発表しました（図 7-16）。

[12] https://www.qst.go.jp/site/qst-kakushin/39695.html

[13] 現在の炭素イオンビームを用いた重粒子線治療を高度化して、ネオン、酸素、ヘリウムといった複数のイオンによるマルチイオン治療を可能とするマルチイオン源。量子メスでは、腫瘍の悪性度に応じて最適な種類のイオンビームを組み合わせて用いるマルチイオン治療により、細胞殺傷効果を更に高めつつも副作用を低減することが期待されている。

陽子線治療、重粒子線治療ともに、一部[14]は保険適用対象となっており、また、先進医療として実施されているものもあります。2022 年 4 月には粒子線治療の保険適用範囲が拡大されました。粒子線治療を実施している医療機関は、図 7-17 のとおりです。

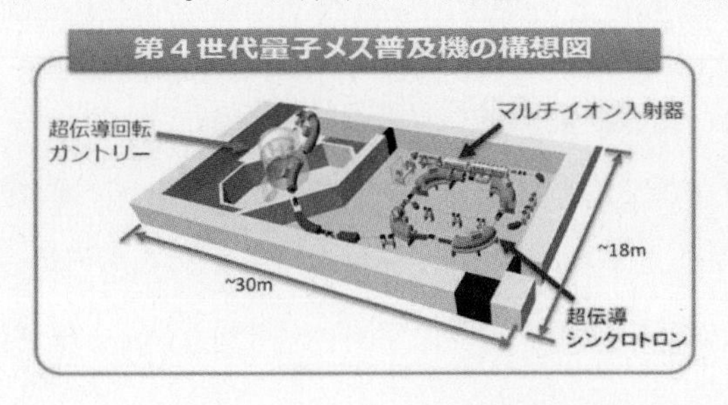

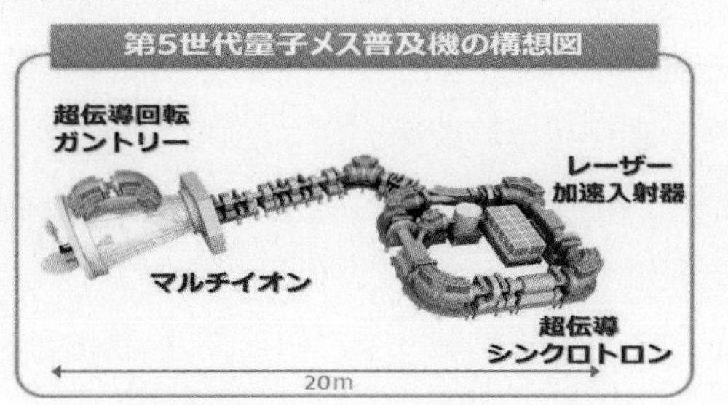

図 7-16　量子メスの構想図

(出典)量子科学技術研究開発機構ウェブサイト「量子メス研究プロジェクト」

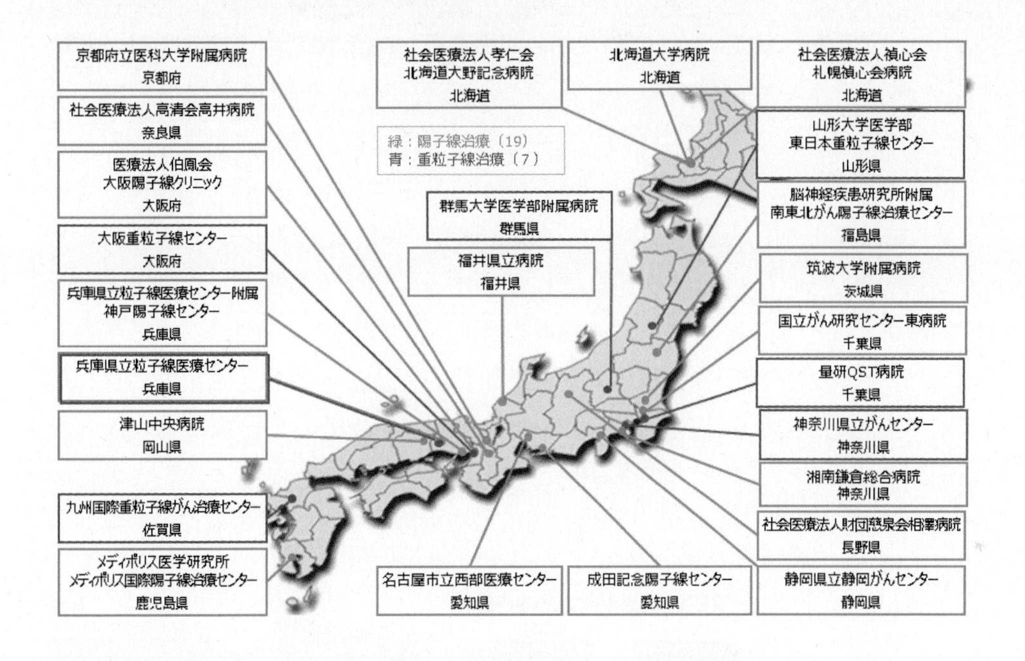

図 7-17　我が国において粒子線治療を実施している医療機関（2023 年 3 月末時点）

(出典)厚生労働省「先進医療を実施している医療機関の一覧」に基づき作成

---

[14] 2022 年 4 月 1 日時点における保険適用の範囲は以下のとおり。

重粒子線治療：手術による根治的な治療法が困難である限局性の骨軟部腫瘍、頭頸部悪性腫瘍（口腔・咽喉頭の扁平上皮癌を除く。）、手術による根治的な治療法が困難である肝細胞癌（長径 4 センチメートル以上のものに限る。）、手術による根治的な治療法が困難である肝内胆管癌、手術による根治的な治療法が困難である局所進行性膵癌、手術による根治的な治療法が困難である局所大腸癌（手術後に再発したものに限る。）、手術による根治的な治療法が困難である局所進行性子宮頸部腺癌又は限局性及び局所進行性前立腺癌（転移を有するものを除く。）に対して根治的な治療法として行った場合。

陽子線治療：小児腫瘍（限局性の固形悪性腫瘍に限る。）、手術による根治的な治療法が困難である限局性の骨軟部腫瘍、頭頸部悪性腫瘍（口腔・咽喉頭の扁平上皮癌を除く。）、手術による根治的な治療法が困難である肝細胞癌（長径 4 センチメートル以上のものに限る。）、手術による根治的な治療法が困難である肝内胆管癌、手術による根治的な治療法が困難である局所進行性膵癌、手術による根治的な治療法が困難である局所大腸癌（手術後に再発したものに限る。）又は限局性及び局所進行性前立腺癌（転移を有するものを除く。）に対して根治的な治療法として行った場合。

コラム　～重粒子線治療の全身被ばくを高精度に評価するシステムの開発～

放射線治療では腫瘍領域以外の正常組織への照射を完全に無くすことはできず、2次がん[15]などの副作用が発生するリスクがあります。2次がんなどの確率的に非常に低い割合で起きる晩発の副作用の原因を究明するには、患者体内の詳細な被ばく線量分布を基に、臓器ごとの被ばくの程度と副作用の発生確率を膨大な数の患者に対して調べる必要があります。重粒子線治療はX線やγ線の治療に比べて2次がんの発生率が有意に低いとの報告があるものの、統計的に十分な症例データに対して正常組織への被ばく線量を調べるシステムがなく、定量的な評価がされていませんでした。

原子力機構と量研では重粒子線治療後の副作用の発生原因の調査に必要となる詳細な被ばく線量データを取得するため、治療部位から遠く離れた正常組織を含む全身の正確な線量分布を評価できるシステム（RT-PHITS for CIRT[16]）の開発を行いました。本システムは、重粒子線治療の治療計画データから治療時の照射体系の再構築に必要な情報を抽出し、コンピュータ上の仮想空間に再現し、原子力機構が中心となって開発したモンテカルロ放射線挙動解析コードPHITS[17]を用いて、照射体系内の重粒子線及び2次粒子の挙動を正確にシミュレーションします。これにより、患者全身の詳細な線量分布の評価を実現しました。また、治療計画データを直接読み込み、線量分布を自動的に計算するシステムも構築でき、膨大な数の患者データの処理が可能です。

本システムは、世界最多の重粒子線治療実績がある量研で、過去の重粒子線治療の再評価に活用される予定です。評価結果を治療後の疫学データと組み合わせることで、2次がんなどの放射線治療後の副作用と被ばく線量の相関関係を明らかにすることができます。この再評価を通して重粒子線治療の2次がん発生率の低い理由や放射線治療における副作用の発生の仕組みを究明し、現状の腫瘍周辺のみの線量を評価する治療計画を超えて、将来的な副作用の発生リスクの低減を考慮した新たな放射線治療計画の作成に寄与することが期待されます。

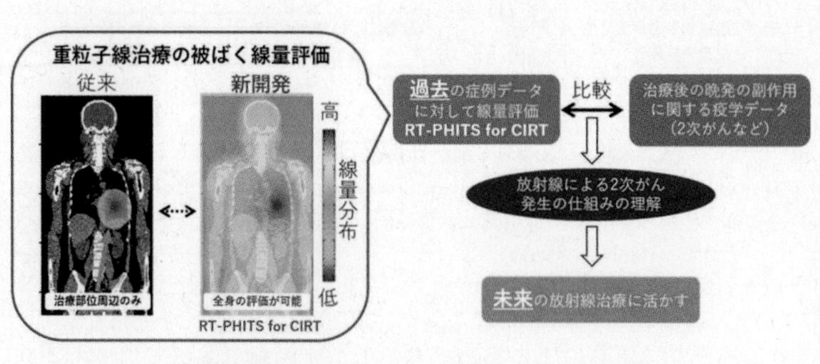

線量評価システムの役割イメージ図

（出典）原子力機構「重粒子線治療の全身被ばく線量評価システムが完成-過去の重粒子線治療の症例から学び、未来の放射線治療に活かす-」（2022年）

---

[15] 最初のがんが治癒して5～10年後以降に、1次がんとは異なる種類（起源）の細胞ががんになる場合、2次がんという。

[16] Radio Therapy package based on PHITS for Carbon Ion Radio Therapy

[17] 任意の3次元体系中の様々な放射線の挙動を最新の核データや核反応モデルを用いてシミュレーションする汎用のモンテカルロ放射線挙動解析コード。

(5)　科学技術分野での利用

科学技術分野では、構造解析、材料開発、追跡解析、年代測定等に放射線が利用されており、物質科学、宇宙科学、地球科学、考古学、環境科学、生命科学等とも接点があり、境界領域や融合領域の発展が期待されます。また、高エネルギー物理、原子核物理、中性子科学等における新たな発見のためにも、放射線（特に量子ビーム）が利用されています。量子ビームは、電子、中性子、陽子、重粒子、光子、ミューオン、陽電子等を細くて強いビームに整えたものの総称です。それぞれの線源と物質との相互作用の特徴を生かして、物質の構造や反応のメカニズムの解析等が行われています。これにより物質科学や生命科学が発展し、様々な分野へ応用され、イノベーションを生み出しています。量子ビームを取り出すことができる加速器施設や原子炉施設（量子ビーム施設）は、図 7-18 のとおりです。

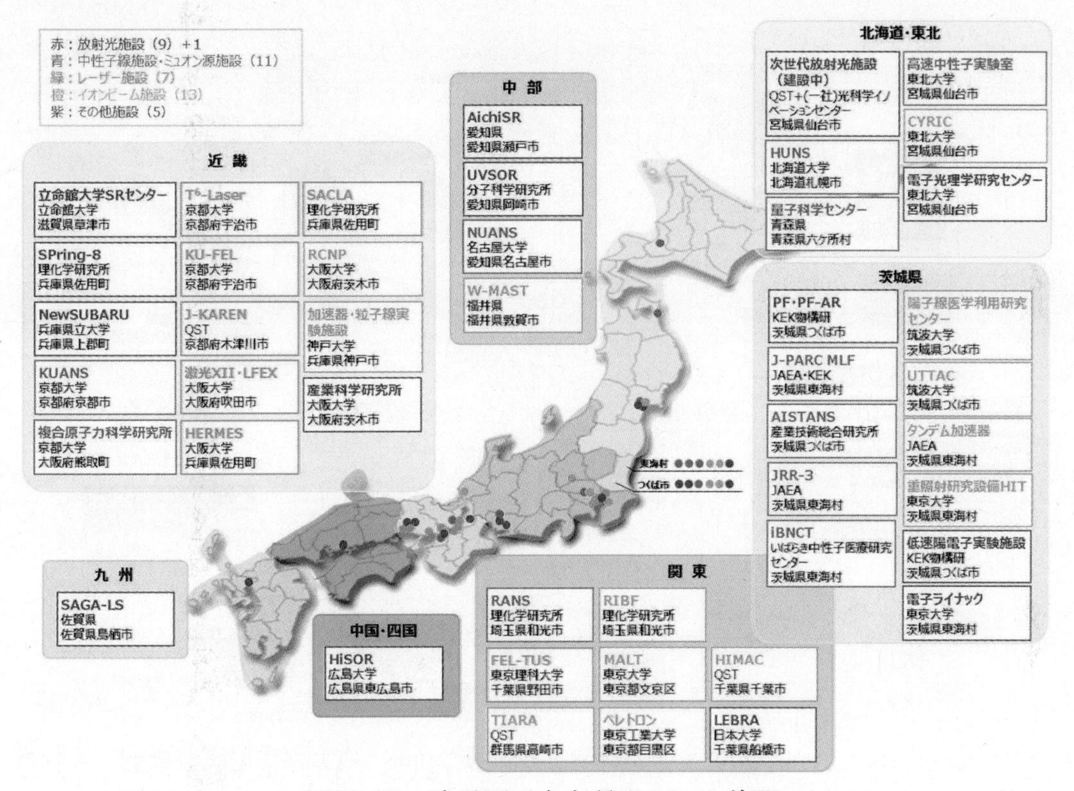

図 7-18　我が国の主な量子ビーム施設

（出典）文部科学省提供資料

また、文部科学省の量子ビーム利用推進小委員会では、2021 年 2 月に公表した「我が国全体を俯瞰した量子ビーム施設の在り方（とりまとめ）」を踏まえ、量子ビーム連携プラットフォームの構築・推進、各施設における DX の推進、人材育成等の政策の具体化等について検討を進めることとしています。2022 年には計 4 回の会議が開催され、官民地域パートナーシップによる次世代放射光施設の推進の中間評価や大強度陽子加速器施設（J-PARC[18]）中間評価フォローアップ等についての議論がなされました。

[18] Japan Proton Accelerator Research Complex

①　中性子線ビームの利用

大強度パルス中性子源[19]を使ったビーム利用実験が可能な代表的な施設に、大強度陽子加速器施設 J-PARC の物質・生命科学実験施設（MLF[20]）があります。

MLF には、中性子線を利用する装置だけでなく、ミューオンを取り出して利用する装置もあります。ミューオンは電子と同じ仲間の素粒子で、電磁的な相互作用をします。ミューオンの特性を利用した研究手法[21]は、物質の磁気的な性質や物質中に存在する微量の水素原子の存在状態の探索等の物質研究において非常に有効なツールとなっています（図 7-19）。

MLF を利用した研究の一例として、中性子やミューオンの特長を生かしたリチウムイオン電池の研究開発があります。電池の大容量化、劣化、安全性に関する研究開発は、電気自動車や再生可能エネルギーの普及のために重要な役割を果たします。

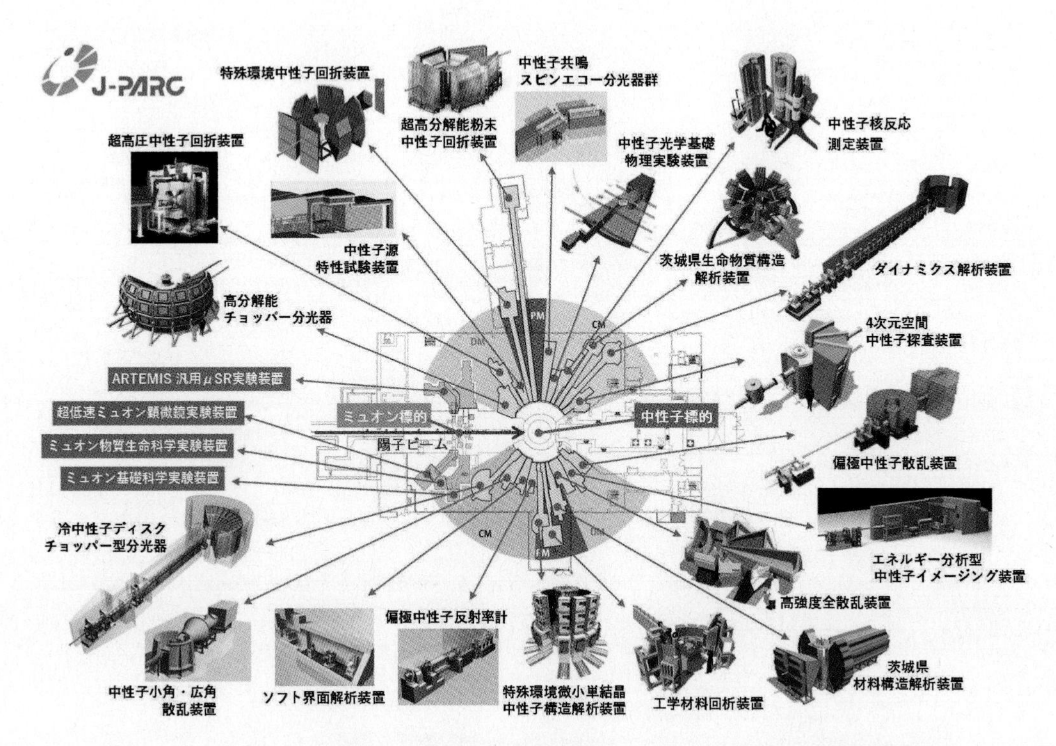

図 7-19　J-PARC 物質・生命科学実験施設（MLF）の実験装置配置概要

（出典）J-PARC センター提供資料

また、中性子ビーム利用を主目的とした施設として、「もんじゅ」サイトを活用した新たな試験研究炉の検討が進められています。2022 年 12 月には、新たな試験研究炉計画の詳細設計段階以降における実施主体として原子力機構が選定されました。

---

[19] 100 万分の１秒等の短い時間（パルス）に極めて大きなエネルギーを持った（大強度）中性子を繰り返し発生させる装置。

[20] Materials and Life Science Experimental Facility

[21] ミューオンスピン回転・緩和・共鳴法（μSR）。

②　放射光の利用

大型放射光源を使ったビーム利用実験が可能な代表的な施設に、大型放射光施設 SPring-8[22]があります。SPring-8 は、微細な物質の構造や状態の解析が可能な世界最高性能の放射光施設であり、生命科学、環境・エネルギーから新材料開発まで広範な分野において、先端的・革新的な研究開発に貢献しています。SPring-8 の研究成果として、比較的波長の長い X 線（軟 X 線）ナノビームを用いた磁石の結晶構造解析があります。資源が中国等に偏在する貴重な希土類元素を用いない高性能永久磁石の開発に向けて、成果を上げています。また、極めて短い時間間隔での分析が可能な X 線吸収微細構造（XAFS[23]）測定により、粘土鉱物へのセシウム取り込み過程を追跡する福島環境回復研究も行われています。燃料デブリの形成過程を詳細に解明するためにも放射光が用いられており、東電福島第一原発の安全な廃炉作業を支援しています。なお、理化学研究所では、現行の SPring-8 の 100 倍以上の輝度を実現する次期計画「SPring-8-II」の概念設計書がウェブサイトに公開されています。

また、X 線自由電子レーザー[24]（XFEL[25]）施設 SACLA[26]は、非常に高速のパルス光を利用できるため、X 線による試料損傷の影響の低減が期待できるとともに、物質を原子レベルの大きさで、かつ非常に速く変化する様子をコマ送りのように観察することが可能です。SACLA の研究成果として、光合成による水分解反応を触媒する光化学系Ⅱ複合体（PSII[27]）の構造解明研究があります。この研究成果は人工光合成開発への糸口となるもので、エネルギー、環境、食糧問題解決への貢献が期待されています。

さらに、次世代放射光施設（軟 X 線向け高輝度 3GeV 級放射光源）の整備に向け、官民地域パートナーシップにより、2023 年度の稼働開始を目指して建屋工事や機器の製作、線量評価が行われています（図 7-20）。同施設は、物質の構造解析に加え、機能に影響を与える電子状態等の詳細な解析が可能であるという特徴を持ちます。創薬、新たな高活性触媒、磁石やスピントロニクス素子等の研究開発への利用が期待されています。また、これまで放射光と縁がなかった企業や学術研究機関がイノベーションを起こすために次世代放射光施設を活用するための仕組みとして、コアリション（有志連合）が結成され、活用の準備が進められています（図 7-21）。2022 年 6 月にはこの次世代放射光施設の愛称「NanoTerasu」が発表されました。

図 7-20　次世代放射光施設の完成イメージ
（出典）一般財団法人光科学イノベーションセンター提供資料

---

[22] Super Photon ring-8 GeV

[23] X-ray Absorption Fine Structure

[24] X 線でのレーザーを作る方式の一つ。従来の物質中での発光現象を使う方式ではなく、電子を高エネルギー加速器の中で制御して運動させ、それから出る光を利用する方式で、原子からはぎ取られた自由な電子を用いて X 線レーザーを作ることが X 線自由電子レーザーと呼ばれる由来。

[25] X-ray Free Electron Laser

[26] SPring-8 Angstrom Compact free electron LAser

[27] Photosystem II

NanoTerasuとは？

官民地域パートナーシップによる次世代放射光施設の推進

東北大学青葉山新キャンパス内に建設を進める「NanoTerasu（次世代放射光施設）」は「**官民地域パートナーシップ**」という**官民共同の仕組み**により整備を実施。

今後、**2023 年度の稼働**、**2024年度の運用開始**を目指している。

【国側の整備運用主体】
国立研究開発法人 **量子科学技術研究開発機構（QST）**
（理事長 平野俊夫）

【パートナー】
一般財団法人 **光科学イノベーションセンター（PhoSIC）**（フォシック）
（理事長 高田昌樹）

宮城県
（知事 村井嘉浩）

国立大学法人**東北大学**
（総長 大野英男）

仙台市
（市長 郡和子）

一般社団法人**東北経済連合会**
（会長 増子次郎）

2024年度運用開始

項目	役割分担
加速器	国
ビームライン	国（3本）及びパートナー（7本）が分担
基本建屋	パートナー
整備用地	

整備費用の概算総額：約380億円（整備用地の確保・造成の経費を含む）
（国の分担：約200億円／パートナーの分担：約180億円）

図 7-21 NanoTerasu 官民パートナーシップ
（出典）文部科学省 NanoTerasu（次世代放射光施設）の利活用の在り方に関する有識者会議（第1回） 資料 2

③ RI ビームの利用

RI ビームを使ったビーム利用実験が可能な代表的な施設に、理化学研究所の RI ビームファクトリーがあります。RI ビームファクトリーは、水素からウランまでの全元素の RI を、世界最大の強度でビームとして発生させる加速器施設です（図 7-22）。宇宙における元素の起源や生成、素粒子の振る舞いの解明等の学術的、基礎的な研究から、植物の遺伝子解析による品種改良技術への適用、RI 製造技術の高度化研究等の応用・開発研究まで、幅広い領域での活用が進められています。

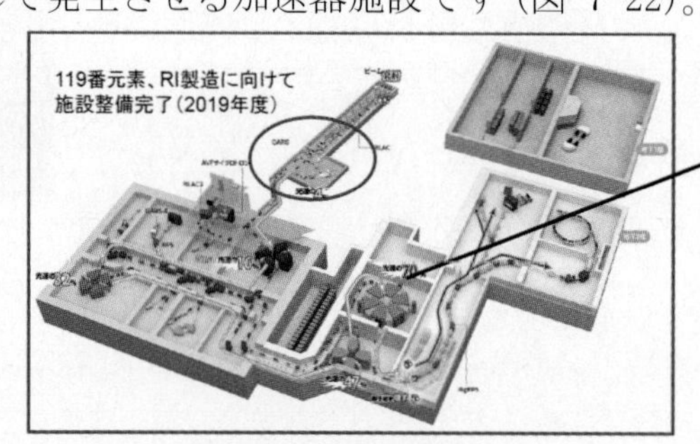

図 7-22 RI ビームファクトリー
（出典）第 24 回原子力委員会資料第 2 号 理化学研究所仁科加速器科学研究センター 櫻井博儀「理化学研究所での RI 製造の取り組み」（2021 年）

RI ビームファクトリーを利用した大きな研究成果として、新元素「ニホニウム」の発見があります。これは、RI ビームファクトリーで合成に成功した原子番号 113 の元素であり、理化学研究所を中心とする研究グループが新元素の命名権を獲得したものです。

コラム ～放射光施設を活用した高レベル放射性液中の元素の分別に向けた取組～

放射性廃棄物の地層処分の負担を減らすためは、長期的な有害性が高い放射性元素（特にアクチノイド[28]元素の一つであるアメリシウム）を放射性廃棄物から分別することが重要です。高レベル放射性廃液に含まれるアクチノイドやランタノイド[29]と呼ばれる元素群は化学的な性質がほぼ同じため、通常の化学的な手法で分別することは困難です。一方、各元素は吸収する光の波長が異なるため、光吸収により元素を選んでエネルギーを付与できます。この特徴が分別に役立つのではないかと考えられましたが、単純な光吸収ではエネルギーが足りないため化学反応を誘起できず分別の原理としては不完全でした。

原子力機構は、アメリシウムに特徴的な吸収波長のレーザーを硝酸水溶液中のアメリシウムに照射することにより酸化反応が誘起されることを見いだしました。また、反応には硝酸イオンが必要なことを見いだすとともに、生成物分析の結果から酸化反応が起きていることを明らかにしました。さらに、ランタノイド共存下でアメリシウムだけを選択的に酸化し、その溶液を溶媒抽出することにより、酸化されたアメリシウムとランタノイドをきれいに分離できることを実証しました。この反応の仕組みを解明するために、大型放射光施設 SPring-8 における放射光 X 線吸収分光及び原子力機構の大型計算機による量子化学計算を行い、光吸収後の電子の振る舞いを明らかにしました。放射光分析と量子化学計算の結果、今回の光反応の出発物質である錯体の安定構造の予想がなされています。

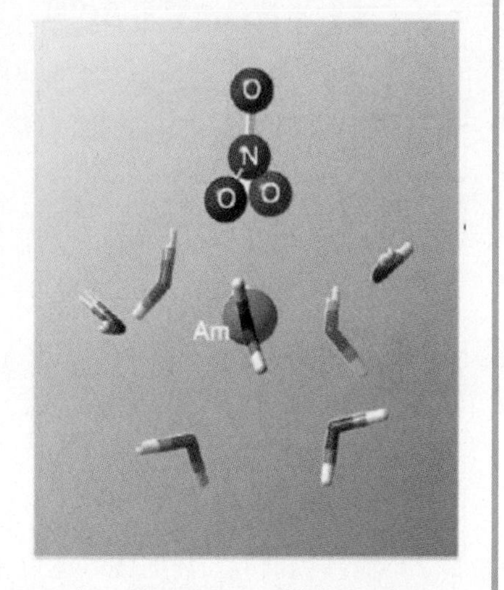

光反応の起点となる錯体構造の理論予想

（出典）原子力機構「高レベル放射性廃液中の元素を光で選別、分別回収の革新的原理を実証-デザインされた光により、光反応の元素選択性と反応性を両立させることに成功-」（2022 年）

これらの結果は、今回の手法が放射性廃棄物の分別原理として新たな選択肢となりうることを示唆しています。また、アメリシウム以外のランタノイド・アクチノイドに対しても有効な選別原理になると考えられるため、希少金属の再利用を促進する超高純度精製法への発展が期待できます。持続可能な資源循環型社会の実現に貢献する日本発の新技術が誕生する可能性があります。

---

[28] 原子番号 89 から 103 の元素。不安定な放射性物質として存在し、原子炉や加速器で人工的に作られるものが大部分を占める。

[29] 原子番号 57 から 71 の元素。プロメチウム以外は安定元素として天然に存在し、希少資源として磁石などに産業利用されている。ウランの核分裂で生成する元素もある。

7−3 放射線利用環境の整備

様々な分野で利用され、私たちの生活や社会に便益をもたらす放射線ですが、取扱いを誤れば、環境を汚染したり人体に悪影響を与えたりする可能性があります。放射線・RIを安全かつ適切に利用するために、廃棄物の処理・処分を含め、様々な規則が定められています。これらの規則は、国際的に合意された放射線防護体系の考え方を取り入れており、科学的知見に基づき策定される国際基準等に照らし、必要な改正が行われます。今般原子力委員会が改定した「原子力利用に関する基本的考え方」では、医療用放射性廃棄物の処理・処分の規定整備が重点的取組の一つとされています。

また、放射線防護や線量評価等を実施する際に根拠となるデータを得るための調査・研究や、原子力災害に備えた専門的な被ばく医療人材の育成も進められています。

(1)　放射線利用に関する規則

放射性同位元素等規制法は、RI や放射線発生装置の使用等を規制することにより、放射線障害を防止し、公共の安全を確保するとともに、セキュリティ対策の観点から、特に危険性の高い RI（特定 RI）の防護を図ることを目的としています。ほかにも、放射線利用は、放射線障害等から労働者を保護する「労働安全衛生法」（昭和 47 年法律第 57 号）、放射線や RI 等を診断や治療の目的で用いる際の基準等を定める医療法、医薬品等の安全性等の確保のために必要な規制を行う医薬品、医療機器等の品質、有効性及び安全性の確保等に関する法律等に基づいて、厳格な安全管理体制の下で進められています。医療機関において使用される放射性医薬品のうち、一部の未承認放射性医薬品は医療法と放射性同位元素等規制法による二重規制を受ける状況となっています。二重規制の改善等の検討が進められており、2022 年 11 月には、放射性同位元素等規制法施行令の一部を改正する政令が閣議決定されました。この改正によって、放射性同位元素等規制法の適用を除外する RI を列挙していた施行令の構成を見直し、放射性医薬品等の使用その他の取扱いについて放射性同位元素等規制法と同等の規制が行われる法律を明示した上で、放射性同位元素等規制法の適用が除外されるものを告示で指定することとなりました。改正政令及び告示は 2024 年 1 月に施行されることとなっています。なお、我が国の放射線利用に関する規則は、国際的に合意された放射線防護体系（図 7-23）の考え方を尊重し取り入れています。

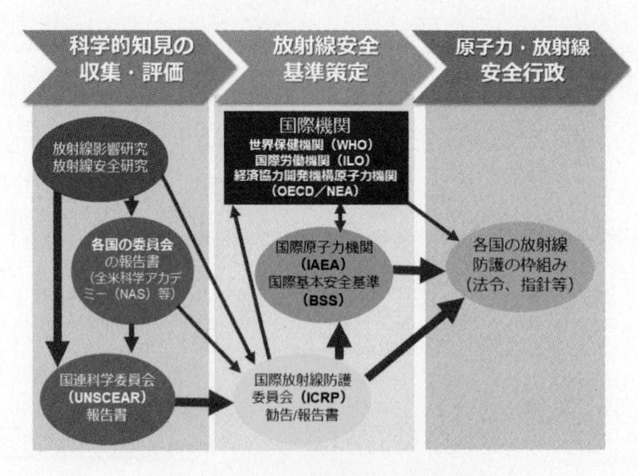

図 7-23　放射線防護体系

（出典）環境省「放射線による健康影響等に関する統一的な基礎資料 令和 3 年度版」（2022 年）

放射線利用を進める上では、それに伴い発生する放射性廃棄物を適切に取り扱うことも重要です。研究開発施設等から発生するRI廃棄物の処理・処分については、放射性同位元素等規制法における廃棄に係る特例により、原子炉等規制法と放射性同位元素等規制法との間で処理・処分の合理化が図られました[30]。また、医療機関等から発生する医療用RI廃棄物についても、処理・処分の合理化を図るための検討が進められています。医療用等ラジオアイソトープ製造・利用推進アクションプランにおいても、今後のRIの国内外からの安定供給や医療現場での活用の基盤をなすものとして、医療利用に供するための研究用RIや医療用RIの廃棄物処理・処分が挙げられています。

(2) 放射線防護に関する研究と原子力災害医療体制の整備

原子力規制委員会では、放射線源規制・放射線防護による安全確保のための根拠となる調査・研究を推進するため、2017年度から2021年度までの間、「放射線安全規制研究戦略的推進事業」が実施されました。同事業では、原子力規制委員会が実施する規制活動におけるニーズ、国内外の動向や放射線審議会等の動向を踏まえ、年度ごとに重点テーマが設定され、研究が実施されました。同事業の「研究評価委員会」において研究計画及び研究成果の評価が行われ、今後も安全研究における評価の枠組みの中で追跡評価が実施され、その結果は原子力規制委員会に報告することになっています。

原子力規制委員会は、従来の緊急被ばく医療体制を十分に活用しつつ、救急医療及び災害医療体制が原子力災害時にも有効に機能するよう「原子力災害拠点病院等の施設要件」を定め、この施設要件に基づいて「原子力災害拠点病院」、「原子力災害医療協力機関」、「高度被ばく医療支援センター」及び「原子力災害医療・総合支援センター」が国又は原子力災害対策重点区域内の道府県により指定又は登録されてきました。2022年4月には、それぞれの施設に求められる役割等を別立てにし、要件の位置付けを整理して、名称が「原子力災害拠点病院等の役割及び指定要件」に改められました。

原子力機構は、外部被ばくや内部被ばくの線量評価に関する研究や関連する基礎データの整備等を進めており、核医学検査・治療に伴う患者の被ばく線量評価のための米国核医学会の線量計算用放射性核種データ集の改訂に貢献する等の成果も上げています。

量研は、原子力災害時の医療体制で高度専門的な被ばく医療を行う高度被ばく医療支援センターにおいて中心的、先導的な役割を担う「基幹高度被ばく医療支援センター」の指定を受け、内部被ばくの個人線量評価、高度被ばく医療支援センター及び原子力災害医療・総合支援センターの医療従事者や専門技術者等を対象とした高度専門的な教育研修、原子力災害医療に関する研修情報等の一元管理等を行っています。2021年5月には、新たな拠点となる「高度被ばく医療線量評価棟」が完成し、最新の計測機器や分析装置が導入されました。

[30] 第6章6-3(3)④「低レベル放射性廃棄物処分の規制」を参照。

第8章 原子力利用に向けたイノベーションの創出

8－1 研究開発に関する基本的考え方と関係機関の役割・連携

原子力エネルギーが、安定的な電力供給や2050年カーボンニュートラル実現に貢献するためにも、事故炉の廃炉や放射性廃棄物の処理・処分等の困難な課題を解決していくためにも、また、安全で豊かな生活及び生活環境を維持、向上していく上でも研究開発を推進することは重要です。

今般、原子力委員会が改定した「原子力利用に関する基本的考え方」では、基本目標として、「世界的に開発が進む革新炉や更なる安全性確保のための研究などエネルギー分野での研究開発を強化するほか、医療分野での放射線利用など、様々な分野での原子力イノベーションの創出を目指す。その際、科学的知見や技術の成熟度、社会ニーズに応じて、知の探究としての基礎研究から、近い将来の利用を念頭に置いた応用研究まで、効率的・効果的な実施を追求する。研究開発の実施に当たっては、原子力機構等の研究開発機関と民間企業や大学等との連携・協働をより一層強化していく。」としています。また、我が国全体の原子力利用の基盤と国際競争力の強化に資するためには、基礎的研究・応用の研究からニーズ対応型の研究開発まで、幅広い分野で成果を創出することが求められていると指摘しています。さらに、エネルギー利用を越えた様々な分野における原子力の多様な価値発現を通じて、新たな社会的課題に向き合い、その政策的要請・期待に応えていくことも求められると提言しています。今後の研究開発に当たっては、過去の研究開発プロジェクトの教訓をしっかりと踏まえたマネジメントを行うことの必要性も強調しています。

政府や研究開発機関は、東電福島第一原発事故の反省・教訓、原子力を取り巻く環境の変化、国際動向等を踏まえ、研究開発計画を策定・推進するとともに、適切なマネジメント体制の構築に向けた取組を行っています。また、科学的知見や知識の収集・体系化・共有により、知識基盤の構築を進めるため、原子力関係組織における分野横断的・組織横断的な連携・協働に向けた取組も進められています。

(1)　研究開発に関する基本的考え方

「第6期科学技術・イノベーション基本計画」(2021年3月閣議決定)では、カーボンニュートラルの実現に向けて、多様なエネルギー源の活用等のための研究開発・実証等を推進するため、エネルギー基本計画等を踏まえ、原子力、核融合等に関する必要な研究開発や実証、国際協力を進めるとしています。文部科学省は、第6期科学技術・イノベーション基本計画等の下で文部科学省として行うべき研究及び開発の計画等について検討を行い、原子力科学技術分野や核融合科学技術分野を含む「分野別研究開発プラン」を2022年8月に取りまとめました（2022 年 11 月最終改訂)。同プランでは、原子力発電所の廃炉やエネルギーの安定供給・原子力の安全性向上・先端科学技術の発展等を図るためのプログラム、及び原子力分野の研究・開発・利用の基盤整備を図るためのプログラムを計画しています。

第 6 次エネルギー基本計画では、「原子力については、引き続き、万が一の事故のリスクを下げていくため、過酷事故対策を含めた軽水炉の一層の安全性・信頼性・効率性の向上に資する技術の開発を進めると同時に、放射性廃棄物の有害度低減・減容化、資源の有効利用による資源循環性の向上、再生可能エネルギーとの共存、カーボンフリーな水素製造や熱利用といった多様な社会的要請に応えていく。」としています。2023 年 2 月に改定された原子力委員会の「基本的考え方」では、重点的取組として、研究開発マネジメントの強化、原子力イノベーションと基礎研究の推進、研究開発機関や原子力事業者の連携・協働の推進、研究開発活動を支える基盤的施設・設備の強化が掲げられています（表 8-1)。

表 8-1　原子力利用に関する基本的考え方において示された重点的取組（概要）

研究開発マネジメントの強化	原子力機構等の研究開発機関は、自らの研究のほか、民間企業の活力発揮に資するなど成果を社会に還元する役割を担うことが重要。 今後の研究開発に当たっては、過去の研究開発プロジェクトの教訓をしっかりと踏まえたマネジメントを行うとともに、強力なリーダーシップ、戦略的な予算配分、立地地域との適切なコミュニケーションの下、開発を進めていくことが必要。
原子力イノベーションと基礎研究の推進	革新炉の開発や非エネルギー分野での活用等、世界で進む原子力イノベーションの動きを踏まえつつ、国による強力かつ継続的な支援が重要。その際、基礎・基盤研究を重視するとともに、課題も含め個々の技術を継続的かつ客観的に比較・評価しつつ、利用から廃棄物処理・処分、核燃料サイクル等、事業化段階でのライフサイクル全体を見据えた包括的な開発・導入に向けた検討を行うことが、原子力イノベーションの実現に重要。 関係省庁連携の下で、デジタル技術の活用やものづくり現場のスキル習得等の産業界のニーズに応じた産学官の原子力人材育成体制を拡充していく必要がある。また、デジタルトランスフォーメーション（DX）の取組等、非原子力産業も参入できるような環境を整え、サプライチェーンの多様化を図るべき。
研究開発機関や原子力事業者の連携・協働の推進	新しい技術を市場に導入するのは主として原子力関係事業者である一方、技術創出に必要な新たな知識や価値を生み出すのは主として研究開発機関や大学であり、両者の連携や協働、人事交流等を深化させていくことが重要。
研究開発活動を支える基盤的施設・設備の強化	国や研究開発機関等は、新規設置も含め、ニーズに対応した基盤的施設・設備の構築・運営を図っていくべき。

（出典）原子力委員会「原子力利用に関する基本的考え方」(2023 年）に基づき作成

第 6 次エネルギー基本計画及び「基本的考え方」等に基づいて策定された「今後の原子力政策の方向性と行動指針（案）」[1]では、研究開発態勢の整備として、「官民のリソースを結集する態勢を構築するべく、ステークホルダーが共有できる将来見通しを確立し、具体的プロジェクトに沿った実効的な研究開発態勢を構築する」としています。

[1] 当該行動指針（案）は 2023 年 4 月 28 日に原子力関係閣僚会議にて決定された。

「技術開発・研究開発に対する考え方」(2018年6月原子力委員会決定)では、原子力エネルギーは、地球温暖化防止に貢献しつつ、安価で安定に電気を供給できる電源として役割を果たすことが期待できるとした上で、既設軽水炉の再稼働を進め、長期に安定、安全に利用できるように努力すること、また、新たな原子力技術については多様な選択肢と戦略的な柔軟性を維持しつつ、技術開発・研究開発の実施に際しては実用化される市場や投資環境を考慮することが重要であるとしています。このような考え方を踏まえ、政府、国立研究開発機関及び産業界の各ステークホルダーの果たすべき役割を示しています(表 8-2)。

表 8-2 技術開発・研究開発に対する考え方において示された関係機関の役割

政府の役割	政府は長期的なビジョンを示し、その基盤となる技術開発・研究開発のサポートをする役割を担うべきであり、新たな「補助スキーム」の構築が必要である。このスキームは、新たな炉型の研究開発との位置付けではなく、民間が技術開発・研究開発を経て原子力発電方式を決定・選択するための支援をするものと位置付ける必要がある。予算補助の在り方も技術の成熟度や利用目的等に応じて補助の割合を考えるべきである。
国立研究開発機関のあるべき役割	国立研究開発機関が行う研究開発とは、本来、知識基盤を整備するための取組であり、今後は一層、民間による技術開発・研究開発の努力を支援する役割が期待される。知識基盤を企業等関係者ともしっかり共有することによって、ニーズに対応した研究開発が可能になり、効率化がもたらされるだけでなく、イノベーションの基盤が構築でき、重層的な我が国の原子力の競争力強化につながると考えられる。
産業界のあるべき役割	産業界は、電力市場が自由化された中で国民の便益と負担を考え、安価な電力を安全かつ安定的に供給するという原点を考える必要がある。こうした視点から、今後何を研究開発し、どの技術を磨いていくべきかの判断を自ら真剣に行い、相応のコスト負担を担い、民間主導のイノベーションを達成すべきである。

(出典)原子力委員会「技術開発・研究開発に対する考え方」(2018年)に基づき作成

また、2021年11月から原子力委員会の下に設置された「医療用等ラジオアイソトープ製造・利用専門部会」では、医療用を始めとするRIの製造・利用推進に係る検討が進められ、2022年5月に制定されたアクションプラン[2]では、「ラジオアイソトープの国内製造に資する研究開発の推進」が取り組むべき事項の一つとして挙げられています。この中で三つの目標が示されています(図 8-1)。

- ✧ モリブデン-99/テクネチウム-99mについて、2025 年度までに、試験研究炉等を活用し、国内需要の約3割の国産化に必要な技術の確立を目指す
- ✧ アクチニウム-225について、2026年度までに、高速実験炉「常陽」を活用した製造実証を始めとして、国産化に必要な体制の構築を図る
- ✧ 2023年度までに、核医学治療薬の非臨床試験に関するガイドラインを整備する

図 8-1 ラジオアイソトープの国内製造に資する研究開発の推進の目標

(出典)原子力委員会「医療用等ラジオアイソトープ製造・利用推進アクションプラン」(2022年)

[2] 第7章7-1(1)「放射線利用に関する基本的考え方」を参照。

(2) 原子力機構の在り方

原子力機構は、2019年10月に将来ビジョン「JAEA 2050 +」を公表し、原子力機構が将来にわたって社会に貢献し続けるために、2050年に向けて何を目指し、そのために何をすべきかを取りまとめました。2020年11月には「イノベーション創出戦略 改定版」を公表し、「JAEA 2050 +」に示した「新原子力[3]」の実現に向けて、イノベーションを持続的に創出する組織に変革するための10年後の在るべき姿と、それを達成するために強化すべき取組の方針を提示しました。2021年10月には、イノベーション創出に向けた取組を強化するために「JAEA イノベーションハブ」を設置し、外部機関との連携や他分野との融合によるオープンイノベーションの取組等を推進しています。

原子力機構の中長期目標は、主務大臣である文部科学大臣、経済産業大臣、原子力規制委員会が定めることとされています。2021年度には第4期中長期目標期間（2022年4月1日から2029年3月31日まで）における中長期目標の策定に向けた検討が行われました。原子力委員会は2022年1月に第4期中長期目標の策定についての見解を公表し、カーボンニュートラルを目指す上でのイノベーションによる解決の最大限の追求、技術の継承や人材育成の観点も踏まえた高速炉研究開発の推進、放射性医薬品の実用化・展開のための原子力関連事業者や製薬企業等との連携の強化、東電福島第一原発の廃止措置等の早期実現や環境回復への貢献、に関して強い期待等を示しました。

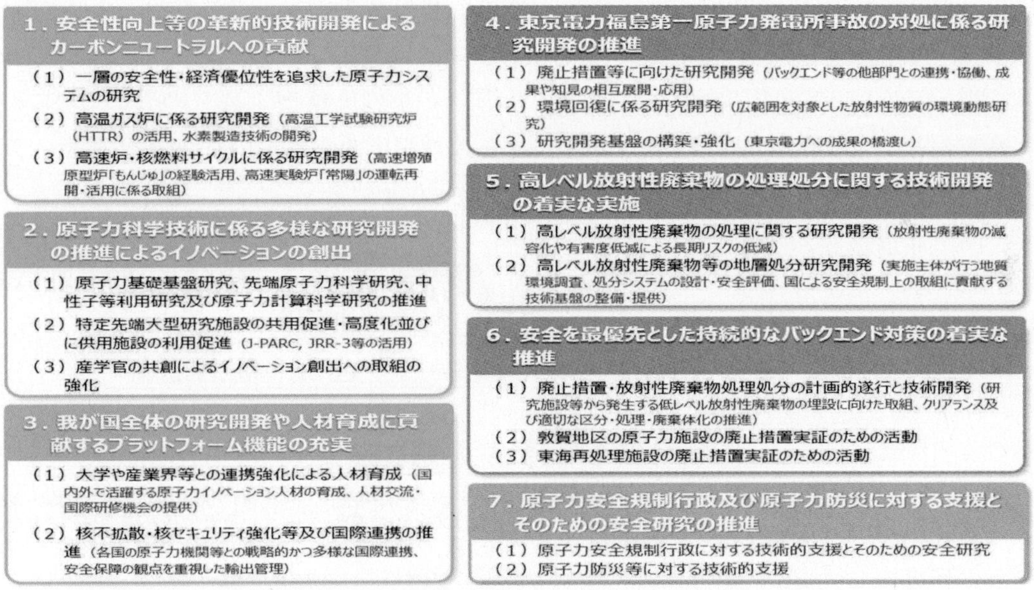

1．安全性向上等の革新的技術開発によるカーボンニュートラルへの貢献

（1）一層の安全性・経済優位性を追求した原子力システムの研究
（2）高温ガス炉に係る研究開発（高温工学試験研究炉（HTTR）の活用、水素製造技術の開発）
（3）高速炉・核燃料サイクルに係る研究開発（高速増殖原型炉「もんじゅ」の経験活用、高速実験炉「常陽」の運転再開・活用に係る取組）

2．原子力科学技術に係る多様な研究開発の推進によるイノベーションの創出

（1）原子力基礎基盤研究、先端原子力科学研究、中性子等利用研究及び原子力計算科学研究の推進
（2）特定先端大型研究施設の共用促進・高度化並びに供用施設の利用促進（J-PARC, JRR-3等の活用）
（3）産学官の共創によるイノベーション創出への取組の強化

3．我が国全体の研究開発や人材育成に貢献するプラットフォーム機能の充実

（1）大学や産業界等との連携強化による人材育成（国内外で活躍する原子力イノベーション人材の育成、人材交流・国際研修機会の提供）
（2）核不拡散・核セキュリティ強化等及び国際連携の推進（各国の原子力機関等との戦略的かつ多様な国際連携、安全保障の観点を重視した輸出管理）

4．東京電力福島第一原子力発電所事故の対処に係る研究開発の推進

（1）廃止措置等に向けた研究開発（バックエンド等の他部門との連携・協働、成果や知見の相互展開・応用）
（2）環境回復に係る研究開発（広範囲を対象とした放射性物質の環境動態研究）
（3）研究開発基盤の構築・強化（東京電力への成果の橋渡し）

5．高レベル放射性廃棄物の処理処分に関する技術開発の着実な実施

（1）高レベル放射性廃棄物の処理に関する研究開発（放射性廃棄物の減容化や有害度低減による長期リスクの低減）
（2）高レベル放射性廃棄物等の地層処分研究開発（実施主体が行う地質環境調査、処分システムの設計・安全評価、国による安全規制上の取組に貢献する技術基盤の整備・提供）

6．安全を最優先とした持続的なバックエンド対策の着実な推進

（1）廃止措置・放射性廃棄物処理処分の計画的遂行と技術開発（研究施設等から発生する低レベル放射性廃棄物の埋設に向けた取組、クリアランス及び適切な区分・処理・廃棄体化の推進）
（2）敦賀地区の原子力施設の廃止措置実証のための活動
（3）東海再処理施設の廃止措置実証のための活動

7．原子力安全規制行政及び原子力防災に対する支援とそのための安全研究の推進

（1）原子力安全規制行政に対する技術的支援とそのための安全研究
（2）原子力防災等に対する技術的支援

図 8-2　原子力機構の第4期中長期目標における
「研究開発の成果の最大化その他の業績の質の向上に関する事項」のポイント

(出典)第 12 回科学技術・学術審議会研究計画・評価分科会原子力科学技術委員会原子力研究開発・基盤・人材作業部会資料1　文部科学省「国立研究開発法人日本原子力研究開発機構　第4期中長期目標の概要」(2022年)

---

[3] JAEA 2050 +では、「新原子力」を、「東京電力福島第一原子力発電所事故の反省のうえに立って原子力安全の価値を再認識し、変わっていかなければならないと認識しています。そのために、わたしたちは、従来の原子力の取組を超えて、将来社会への貢献をめざしたこれからの新たな取組を、“新原子力”と称し」と説明しています。

2022年2月には、研究開発の成果の最大化等に関する7項目の目標（図 8-2）を含む第4期中長期目標が決定され、同年3月には第4期中長期目標を達成するための計画が主務大臣の認可を受けました。また、「今後の原子力政策の方向性と行動指針（案）」では、基盤的研究開発・基盤インフラの整備及び人材育成等の取組強化における指針として、次世代革新炉の研究開発やそのための人材育成の基礎を構築していくため、原子力機構を中核とする基盤的研究開発や基盤インフラの整備における今後の課題を整理し、国内の開発環境を維持・向上させる措置を講じる、としています。この中で原子力機構は、産業界のニーズも踏まえ、大学の技術的知見を蓄積・活用するために「知の集約拠点」として貢献することが期待されています。

(3)　原子力関係組織の連携による知識基盤の構築

原子力利用に向けたイノベーションの創出において、新技術を市場に導入する事業者と、技術創出に必要な新たな知識や価値を生み出す研究開発機関や大学との連携や協働は重要です。しかし、我が国の原子力分野では分野横断的・組織横断的な連携が十分とはいえず、科学的知見や知識も組織ごとに存在していることが課題となっていました。このような状況を踏まえ、原子力委員会は、改定前の「基本的考え方」において、原子力関連機関がそれぞれの役割を互いに認識し尊重し合いながら情報交換や連携を行う場を構築し、科学的知見や知識の収集・体系化・共有により厚い知識基盤の構築を進めるべきであると指摘するとともに、2018年に「連携プラットフォーム」を立ち上げました。連携プラットフォームでは「軽水炉長期利用・安全」、「過酷事故・防災[4]」、「廃止措置・放射性廃棄物[5]」の三つのテーマについて、産業界と研究機関等の原子力関係機関による連携が進められています（図 8-3）。軽水炉長期利用・安全プラットフォームの下には、更に「燃料プラットフォーム」が設置されており、2020年度から2022年度までは、フェーズ2として、フェーズ1（2018年10月から2020年3月まで）で抽出した軽水炉燃料に関する研究開発課題について、国内外の研究開発状況の調査やロードマップの検討等を進めています。

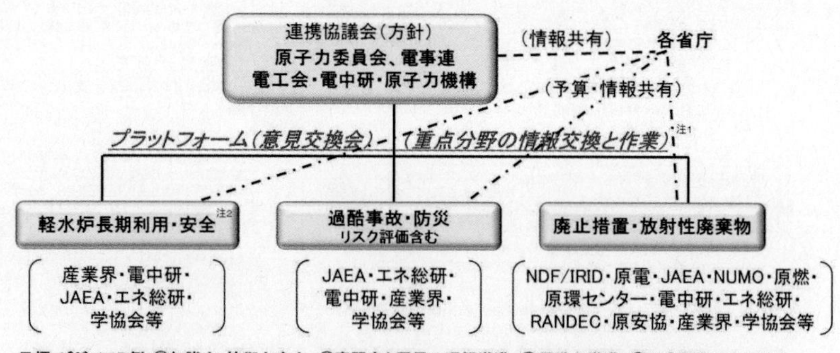

図 8-3　原子力関係組織の連携プログラム

（出典）第14回原子力委員会資料第2-1号 原子力委員会「『原子力利用の基本的考え方』のフォローアップ～原子力関係組織の連携・協働の立ち上げ～」(2018年)に基づき作成

---

[4] 第1章1-3(3)「過酷事故プラットフォーム」を参照。

[5] 第6章6-3(5)「廃止措置・放射性廃棄物連携プラットフォーム（仮称）」を参照。

コラム　～非原子力分野の参画によるサプライチェーンの多様化～

原子力産業は、国内企業に技術が集積されており、年間２兆円規模の収益と５万人規模の雇用効果をもたらしています。技術導入の当初こそ海外からの輸入割合が高かったものの、1970年以降に営業運転を開始した原子力発電所の多くでは国産化率が90％を超えており、原子炉容器や炉内構造物、関連機器の製造からエンジニアリングまで幅広い範囲でサプライチェーンが構築されています。一方、東電福島第一原発事故以降は国内の新設プロジェクトが中断されるなど将来の事業見通しが立たなくなり、原子力事業から撤退する企業も出てきています。そのため、サプライチェーンの脆弱化が懸念されています。

国内のサプライチェーンを維持することは、経済安全保障の観点に加え、既設炉においては迅速かつ高品質なメンテナンスが継続的に受けられるという点で、新設においては安定した価格と納期で調達を行えるという点で重要です。また、革新炉の導入に当たっては新たなサプライチェーン構築も想定されます。そのためにも高い技術力を有するサプライチェーンが構築されていることが重要となります。米国や英国では脆弱化した自国サプライチェーンの支援策として、製造能力増強や研究開発に政府が投資しています。我が国においても、原子力発電所の安全運転や研究開発の基盤的インフラであるサプライチェーンの維持・強化に向けた検討が進められています。

その中で、一般産業品や3Dプリンタ、デジタル技術といった新技術の活用が注目されています。一般産業品の活用については、原子力産業では他産業よりも厳しい品質基準やトレーサビリティが要求されていることからこれまで進んできませんでした。一方で、原子力専用品だけでサプライチェーンを維持することは容易ではありません。なお、この一般産業品の活用は、米国では1980年代から検討され、欧州原子力産業協会も2020年に報告書を、2022年にはガイドラインを公表しています。

また、3Dプリンタによる代替品の製造・適用可能性の検証や、デジタル技術を用いた省人化や品質管理の支援も検討されています。これら一般産業品や新技術の活用について、デモンストレーションや試作を確実に行い、規格やガイドラインを整備して非原子力分野の企業・技術の参画を促進することでサプライチェーンが多様化し、安全運転や研究開発の基盤が整備されることが期待されます。

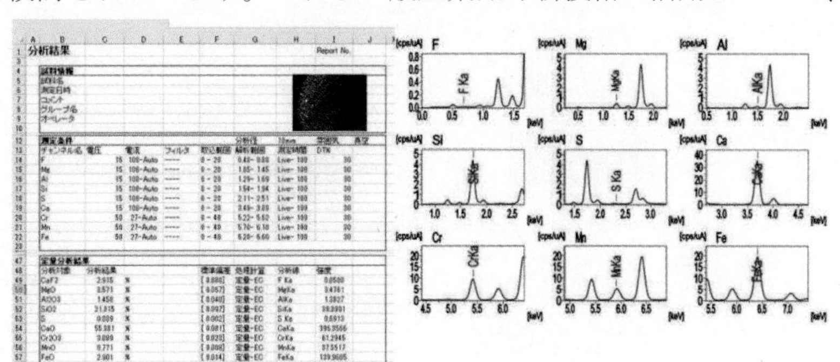

デジタル技術を用いた品質管理システム

（出典）第３回総合資源エネルギー調査会電力・ガス事業分科会原子力小委員会革新炉ワーキンググループ資料３　資源エネルギー庁「エネルギーを巡る社会動向を踏まえた革新炉開発の課題」（2022年）

8－2 研究開発・イノベーションの推進

第６次エネルギー基本計画や「統合イノベーション戦略 2022」（2022 年６月閣議決定）においては、原子力について、安全性・信頼性・効率性の一層の向上に加えて、再生可能エネルギーとの共存、カーボンフリーな水素製造や熱利用等の多様な社会的要請に応える原子力関連技術のイノベーションを促進する観点の重要性が挙げられています。その上で、2050 年に向けて、人材・技術・産業基盤の強化、安全性・経済性・機動性に優れた炉の追求、バックエンド問題の解決に向けた技術開発を進めていくとしています。

これらやグリーン成長戦略[6]に基づき、原子力関係機関による連携や国際協力により、基礎的・基盤的なものから実用化を見据えたものまで様々な研究開発・技術開発が推進されています。

(1)　基礎・基盤研究から実用化までの原子力イノベーション

原子力発電技術は実用段階にある脱炭素化の選択肢として国内外で社会に定着しています。発電に加え、熱エネルギーの有効活用など多様な適用可能性を秘めた技術として、国、研究開発機関、大学、企業等が連携し、基礎・基盤研究から実用化に至るまでの中長期的な視点に立って、軽水炉の安全性向上に向けた研究開発に加え、高速炉、小型モジュール炉（SMR）、高温ガス炉、核融合等に関する研究開発等を推進しています（図 8-4）。また、人的・資金的資源を分担し、成果を共有する国際的な枠組みで進めることが合理的であるという認識の下、国際協力の枠組みを活用した研究開発も進めています。

図 8-4　安全性・経済性等の向上に向けた原子力イノベーションの推進

(出典)第 50 回総合資源エネルギー調査会基本政策分科会資料 1 資源エネルギー庁「エネルギーの安定供給の再構築」(2022 年)に基づき作成

---

[6] 第２章 2-1(5)「地球温暖化対策と原子力」を参照。

原子力に関する基礎的・基盤的な研究開発は、主に原子力機構、量研、大学等で実施されています。原子力機構は、我が国における原子力に関する総合的研究開発機関として、核工学・炉工学研究、燃料・材料工学研究、環境・放射線工学研究、先端基礎研究、高度計算科学技術研究等、原子力の持続的な利用と発展に資する基礎的・基盤的研究等を担っています。量研は、量子科学技術についての基盤技術から重粒子線がん治療や疾病診断研究等の応用までを総合的に推進するとともに、これまで国立研究開発法人放射線医学総合研究所が担ってきた放射線影響・被ばく医療研究についても実施しています。

また、文部科学省と資源エネルギー庁は、開発に関与する主体が有機的に連携し、基礎研究から実用化に至るまで連続的にイノベーションを促進することを目指し、2019 年 4 月に NEXIP (Nuclear Energy × Innovation Promotion) イニシアチブを立ち上げました。同イニシアチブでは、文部科学省の「原子力システム研究開発事業」と経済産業省の「原子力の安全性向上に資する技術開発事業」及び「社会的要請に応える革新的な原子力技術開発支援事業」について、原子力機構の研究基盤等も活用しながら相互に連携することにより、原子力イノベーションの創出を目指しています (図 8-5)。

2022 年 4 月には、原子力発電の新たな社会的価値を再定義し我が国の炉型開発に係る道筋を示すため、資源エネルギー庁の原子力小委員会の下に革新炉ワーキンググループが設置されました。同ワーキンググループは 2022 年度に 6 回開催され、「カーボンニュートラルやエネルギー安全保障の実現に向けた革新炉開発の技術ロードマップ (骨子案)」が取りまとめられました。これには革新炉の導入に向けた技術ロードマップに加え、各炉型の評価や、2050 年カーボンニュートラルに向けた開発ポートフォリオなどが示されています (表 8-3)。

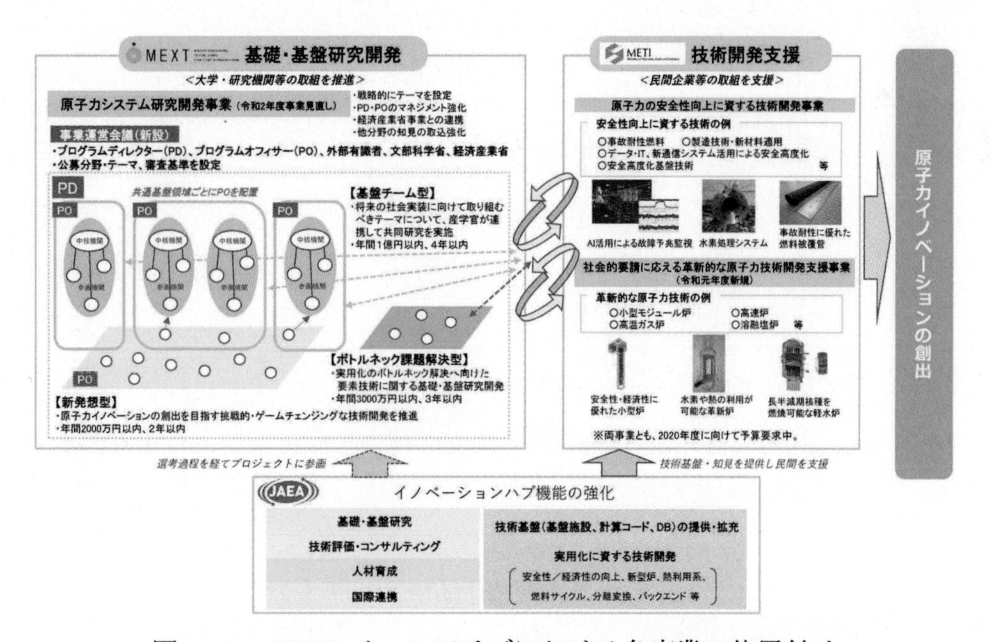

図 8-5　NEXIP イニシアチブにおける各事業の位置付け

(出典)第 2 回科学技術・学術審議会研究計画・評価分科会原子力科学技術委員会原子力研究開発・基盤・人材作業部会資料 1-1　文部科学省「原子力イノベーションの実現に向けた研究開発事業の見直しについて」(2019 年)

さらに、2022年8月の第2回GX実行会議で、岸田内閣総理大臣から新たな安全メカニズムを組み込んだ次世代革新炉の開発・建設等について具体的な検討指示が示されたことを踏まえ、同年9月には、次世代革新炉開発に必要な研究開発項目及び基盤インフラの整備などの課題について、リソースを考慮しないという前提で課題整理を行うため、文部科学省研究開発局長の下に有識者による検討会が設置され、2023年3月には同検討会において次世代革新炉の開発に必要な研究開発基盤の整備に関する提言が取りまとめられました。

表 8-3　カーボンニュートラルやエネルギー安全保障の実現に向けた革新炉開発の技術ロードマップ（骨子案）で示されたポートフォリオ

革新軽水炉	足元で我が国が強みとする軽水炉サプライチェーンをつなぎ、規制の予見性が高く実現時期が見通せ、革新的安全性向上を図る革新軽水炉の開発を最優先に取り組む。燃料については、当面は従来燃料の活用も想定しつつ、燃料被覆管を金属でコーティングすること等により、酸化や水素発生を防ぎ安全性を高める事故耐性燃料の実用化に向けた技術開発を推進していく。
小型軽水炉	安全保障の観点から国際協力貢献とサプライチェーンの事業機会獲得の支援を行いつつ、米欧において2030年前後に運転開始を目指す先行プロジェクトの状況を踏まえながら、投資リスク低減や分散電源等の将来ニーズを念頭に置いたオプション確保のため、小型軽水炉の開発に取り組む。
高速炉	高速炉技術を活用することによって、既存の軽水炉を含めた原子力技術が資源循環性を獲得することを可能とする。21世紀半ば頃に高速炉の運転開始を期待するとした高速炉開発会議・戦略ワーキンググループにおける議論も踏まえ、開発炉型を具体化していく。「常陽」「もんじゅ」の経験を強みとして最大限活用し、国際連携も推進。
高温ガス炉	産業の脱炭素のためにカーボンフリーの電力・熱・水素をコジェネレーションすることを念頭に、国際連携の可能性も追及しながら、高温ガス炉の開発を推進。試験炉「高温工学試験研究炉（HTTR）」を活用して熱利用・水素実証も推進。
核融合	核融合エネルギーの実現に向け、国際協力で進められているITER（国際熱核融合実験炉）計画や幅広いアプローチ活動等（原型炉に向けた設計活動）を通じて、核融合発電に必須となる基幹技術を着実に推進。

出典）第6回総合資源エネルギー調査会電力・ガス事業分科会原子力小委員会革新炉ワーキンググループ資料4「カーボンニュートラルやエネルギー安全保障の実現に向けた 革新炉開発の技術ロードマップ（骨子案）」（2022年）に基づき作成

（2）　軽水炉利用に関する研究開発

世界において、1950年代、1960年代には様々な炉型の数十基の試験炉が建設されました。これらのうち、水により中性子を減速・冷却する軽水炉は、最も多く建設され利用されてきた炉型です。2021年末時点では、運転中の437基の原子炉のうち軽水炉は364基で、発電設備容量では約90%を占めています（図 8-6）。今もなお、原子力発電の主流は軽水炉によるものであり、世界の多くの国で継続的に利用され、新規建設も行われています。我が国でも、再稼働している原子力発電所、再稼働を目指している原子力発電所、建設中の原子力発電所は、全て軽水炉です（第2章　図 2-4）。

地球温暖化対策に貢献しつつ安価で安定的に電気を供給できる電源として、これらの軽水炉を長期的に利用していくためには、安全性、信頼性、効率性を維持し向上していくことが重要です。そのため、高経年化対策、安全性向上[7]、過酷事故対策[8]、稼働率向上、発電出力の増強、建設期間の短縮、建設性の向上、セキュリティ対策等の様々な課題に対応するための研究開発が、関係機関の連携により継続的に実施されています。原子力機構は 2022 年 1 月に軽水炉研究推進室を設置し、軽水炉研究のニーズの把握と関係機関との連携を調整すると共に、原子力機構として進める軽水炉研究の戦略を策定し、原子力機構内の組織横断的な連携や研究成果創出のための支援を行うこととしています。

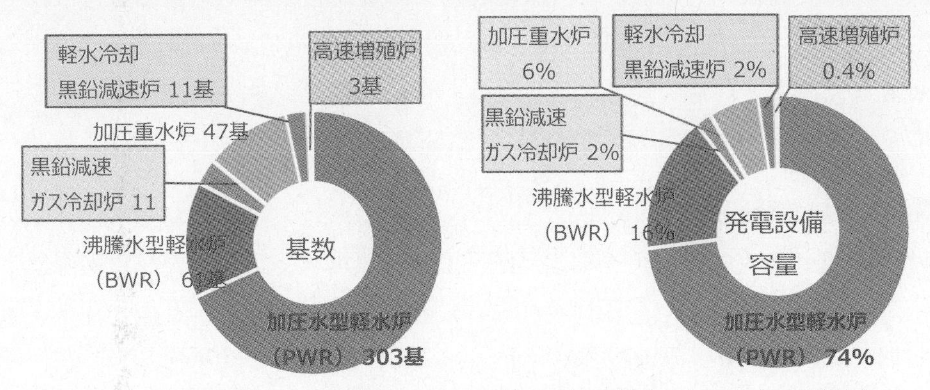

図 8-6 世界の原子力発電所における各炉型の割合（2021 年末時点）

(出典)IAEA「Nuclear Power Reactors in the World 2022 Edition」(2022 年)に基づき作成

また、革新技術を導入することで安全性を向上させるとともに、自然エネルギーとの共存等の社会ニーズを踏まえてプラント機能を向上させた軽水炉が提案されています（図 8-7)。この革新軽水炉の開発は、国内原子炉メーカーが主導し NEXIP イニシアチブにおける基盤的研究も活用して進められています。具体的には、事故耐性燃料やセキュリティ高度化といった安全性向上に向けた技術開発、溶融炉心対策や放射性物質放出防止といった過酷事故対策のための設計、出力調整機能の強化などが行われています。

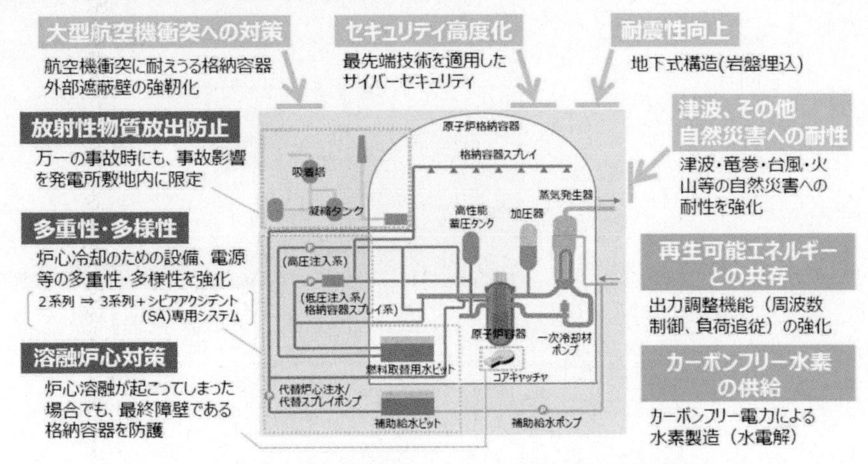

図 8-7 革新軽水炉の安全性向上の例

(出典)第1回 総合資源エネルギー調査会 電力・ガス事業分科会 原子力小委員会革新炉ワーキンググループ
資料6 資源エネルギー庁「エネルギーを巡る社会動向を踏まえた革新炉開発の価値」(2022 年)

---

7 第 1 章 1-2(2)②「原子力安全研究」を参照。

8 第 1 章 1-3(2)「過酷事故に関する原子力安全研究」を参照。

(3) 高温ガス炉に関する研究開発

高温ガス炉は、冷却材に化学的に安定なヘリウムガスを使用しています。また、万が一、冷却材がなくなるような事故が起きても自然に炉心が冷却されるという固有の安全性を有しています。900℃を超える高温の熱を供給することが可能であり、発電のみならず水素製造を含む多様な産業利用についても期待されています。2021 年 6 月に策定されたグリーン成長戦略では、高温工学試験研究炉（HTTR[9]）を活用し、安全性の国際実証に加え、2030 年までに大量かつ安価なカーボンフリー水素製造に必要な技術開発を進めるとされています。

NEXIP イニシアチブにおいても高温ガス炉に関する研究開発が行われており、水素製造と発電が可能な高温ガス炉コジェネプラントと、溶融塩蓄熱システムを併設した蓄熱型高温ガス炉の 2 つの炉システムが経済産業省による開発支援を受けています。

① 高温工学試験研究炉（HTTR）

HTTR は、我が国初かつ唯一の高温ガス炉であり、高温ガス炉の基盤技術の確立を目指してデータを取得・蓄積しています。1998 年に初臨界を達成した後、2010 年 3 月に定格出力 3 万 kW、原子炉出口冷却材温度約 950℃での 50 日間の連続運転を実現しました。原子力機構は、2020 年 6 月に原子力規制委員会から新規制基準への適合性に係る設置変更許可を取得し、2021 年 7 月に運転を再開しました。2022 年 1 月には、OECD/NEA の国際共同研究プロジェクトとして、原子炉出力約30％における炉心冷却喪失試験[10]を世界で初めて実施しました。

また、950℃の熱供給能力を有効利用できるカーボンフリー水素製造技術（熱化学法 IS[11]プロセス）の開発も進めています。2022 年 4 月には、HTTR に水素製造施設を新たに接続して HTTR から得られる高温熱を活用した水素製造技術の確証を行う「超高温を利用した水素大量製造技術実証事業」が開始されました（図 8-8）。同事業では、実証炉を見据えた機器開発計画の検討や製造効率の向上が期待できる水素製造方法の検討が行われています。

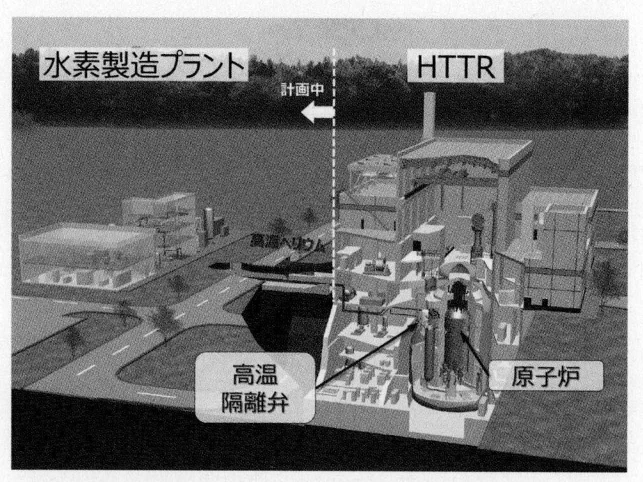

図 8-8 HTTRー水素製造試験施設

（出典）原子力機構「カーボンニュートラル実現に向けた HTTR による水素製造実証事業の開始」

9 High Temperature Engineering Test Reactor

10 制御棒による原子炉出力操作を行うことなく全ての冷却設備を停止し、冷却機能の喪失を模擬した試験。

11 Iodine-sulfur

②　高温ガス炉研究開発に関する国際協力

高温ガス炉の研究開発について、ポーランド及び英国との国際協力が進められています。

ポーランドとの国際協力では、2017年5月の日・ポーランド外相会談における「日・ポーランド戦略的パートナーシップに関する行動計画」への署名を受け、原子力機構は、ポーランド国立原子力研究センターと「高温ガス炉技術に関する協力のための覚書」に署名しました。さらに、両者は2019年9月に「高温ガス炉技術分野における研究開発協力のための実施取決め」に署名し、研究データ共有等による研究協力の範囲で、高温ガス炉の設計研究、燃料・材料研究、原子力熱利用の安全研究等の協力を実施しています。2022年11月には、同取決めを改定し、協力分野に研究炉の基本設計を追加しました。これに続き、2023年3月に基本設計のうち最後となる安全設計に関する研究協力契約を締結しました。ポーランド政府は、脱炭素化に向けた石炭火力の代替として、化学産業用の熱源に利用することを想定し、2020年代後半に高温ガス炉研究炉（熱出力30MW）の導入を計画しています。

英国との国際協力では、2019年7月に署名された「日本国経済産業省と英国ビジネス･エネルギー･産業戦略省との間のクリーンエネルギーイノベーションに関する協力覚書」を受け、原子力機構は2020年10月に、英国国立原子力研究所（NNL）と署名している包括的な技術協力取決めを改定し新たに「高温ガス炉技術分野」を追加しました。さらに、同年11月には、英国原子力規制局（ONR[12]）との間で高温ガス炉の安全性に関する情報交換のための取決めに署名しました。これにより、開発と規制の両輪で英国との高温ガス炉開発の協力体制が強化されています。2022年9月には原子力機構、NNL及び英国企業から構成されるチームが英国の先進モジュール炉研究開発･実証プログラム[13]における予備調査実施事業者として採択されました。英国政府は脱炭素化に向けた原子力利用の最有力候補として高温ガス炉に着目しており、2030年代初頭までに高温ガス炉の実証につなげる予定としています。

原子力機構は、これらの国際協力を通じて、HTTRの建設及び運転で培った我が国の高温ガス炉技術の高度化と国際標準化を図り、国際競争力の強化を目指すとしています。

(4)　高速炉に関する研究開発

高速の中性子を減速せずに利用する高速炉及びそのサイクル技術（高速炉サイクル技術）は、使用済燃料に含まれるプルトニウムを燃料として再利用する技術です。2022年12月に原子力関係閣僚会議が改訂した戦略ロードマップ[14]では、開発目標（表8-4）が示されるとともに、2028年度頃までに実証炉の概念設計を実施するとしています。また、グリーン成長戦略では、「常陽」や「もんじゅ」の運転・保守経験で培われたデータ等を最大限活用し、国際連携を活用した高速炉開発を着実に推進するとしています。

---

[12] Office for Nuclear Regulation

[13] 英国ビジネス・エネルギー・産業戦略省が、2030年代初頭に高温ガス炉を実証する目標に向けて、2022年に開始したプログラム。フェーズAとして予備調査を実施し、フェーズB以降は概念設計等が実施される計画。

[14] 第2章2-2(3)⑩「高速炉によるMOX燃料利用に関する方向性」を参照。

はじめに
特集
第1章
第2章
第3章
第4章
第5章
第6章
第7章
第8章
第9章
資料編
用語集

NEXIP イニシアチブでは高速炉に関する研究開発も行われており、小型ナトリウム冷却金属燃料高速炉、軽水冷却高速炉、溶融塩炉など様々な炉型が経済産業省による開発支援を受けています。

表 8-4　高速炉の開発目標（抜粋）

項目	開発目標
安全性・信頼性	• 東電福島第一原発事故の教訓を踏まえ、高い安全性を追求すること • 炉システムについては、今後の国際設計基準等で次世代炉に期待されるより高い安全性・信頼性を実現する設計上の工夫を施すこと
経済性	• 基幹電源として利用するプラントは他の基幹電源と競合しうる経済性を有し、小型電源や多目的用途に利用する場合には市場ニーズに応じた経済性を有すること
環境負荷低減性	• 高レベル放射性廃棄物量減容・潜在的有害度低減のため、マイナーアクチノイドを分離・回収し、燃料として利用できるようにすること • ライフサイクルでの環境影響が他電源と比して少ないこと
資源有効利用性	• 軽水炉及び軽水炉のプルサーマル利用から高速炉へ円滑に移行できること • エネルギー需給や資源の不確かさへの対処を始め、社会のニーズに合った増殖比に柔軟に対応可能であること
核拡散抵抗性	• 核拡散抵抗性と核物質防護を担保できる高速炉サイクルとすること
柔軟性・その他市場性	• エネルギー供給システム全体の中で、再生可能エネルギーとの共存等を視野に、原子炉出力規模の選択肢や負荷追従能力等、必要な柔軟性に適切に対応できること

（出典）原子力関係閣僚会議「戦略ロードマップ」(2022 年)に基づき作成

①　高速実験炉原子炉施設（「常陽」）

「常陽」は、我が国初の高速実験炉であり、高速炉の実用化のための技術開発（増殖特性の確認）や燃料・材料の開発に貢献しています。1977 年の初臨界以来、累積運転時間約 70,798 時間、累積熱出力約 62.4 億 kWh[15]に達しており、588 体の運転用燃料、220 体のブランケット燃料及び 101 体の試験燃料等を照射し、高速炉炉心での燃料集合体や燃料ピンの安全性と照射特性を明らかにしてきました。早期の運転再開を目指し、原子力機構は 2017 年 3 月に新規制基準への適合性審査に係る設置変更許可申請を行い、原子力規制委員会による審査が進められています。また、原子力機構は、「常陽」における医療用ラジオアイソトープ（RI）製造に向けた研究開発も行っています（図 8-9）。

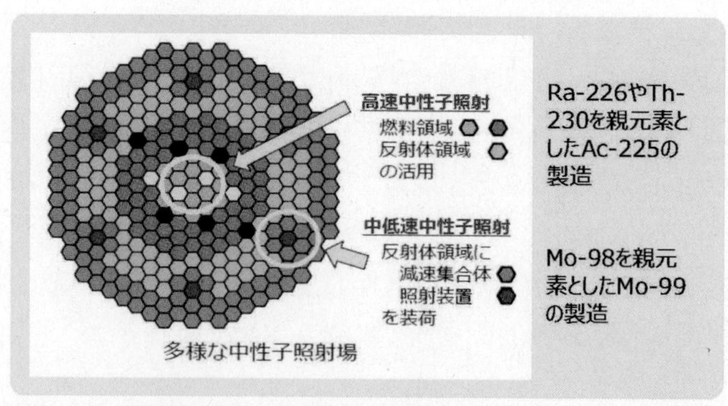

図 8-9　常陽における医療用放射性同位体（RI）製造

（出典）内閣府原子力委員会 第 5 回医療用等ラジオアイソトープ製造・利用専門部会 資料 2 文部科学省「試験研究炉を用いた RI 製造の現状・課題及び今後の展望について」

15 発電設備を有しないため電気出力はなく、熱出力のみ。

② 高速炉開発に関する国際協力

高速炉の開発について、フランス及び米国との国際協力が進められています。フランスとの国際協力では、日仏両政府が 2014 年 5 月に、フランスの第 4 世代ナトリウム冷却高速炉実証炉（ASTRID[16]）計画及びナトリウム冷却炉の開発に関する一般取決めに署名し、日仏間の研究開発協力を開始しました。その後、フランスの方針見直しを踏まえ、2019 年 6 月、日仏政府間で高速炉研究開発の枠組みについて新たな取決めに署名しました。また、同年 12 月には、原子力機構、三菱重工業株式会社、三菱 FBR システムズ株式会社、フランスの原子力・代替エネルギー庁（CEA[17]）及びフラマトム社の間で、ナトリウム冷却高速炉開発の協力に係る実施取決めに署名がなされました。同取決めの下で、シミュレーションや実験等の協力を行っています。

米国では、ナトリウム冷却高速炉である多目的試験炉（VTR[18]）の建設を検討中です。2019 年 6 月に日米政府間で VTR 計画への研究協力に関する覚書に署名し、安全に関する研究開発等の協力が進められています。また、2022 年 1 月には、原子力機構、三菱重工業株式会社、三菱 FBR システムズ株式会社、米国テラパワー社との間で、ナトリウム冷却高速炉の開発に係る覚書に署名がなされました。

(5) 小型モジュール炉（SMR）に関する研究開発

小型モジュール炉（SMR）は、現在のところ確定した定義はありませんが、IAEA の説明では、１モジュールあたり最大 300MWe の電力を供給する先進的原子炉とされています。これはまた、工場で製造され、需要に応じて単一モジュールまたは複数ジュールとして発電所に設定できるよう設計される、とされています（表 8-5）。

表 8-5 SMR の分類

分類	技術的特徴	具体例/適用
軽水炉-SMRs：単機型 (Single-unit)	現行の成熟した軽水炉技術が基礎	SMR-160（米）、BWRX-300（米-日本）、UK SMR（英）他
軽水炉-SMRs：マルチモジュール型 (Multi-module)	現行の成熟した軽水炉技術が基礎。モジュール化により中規模出力への増強が可能。	NuScale（米）、RITM-200（ロ）、Nuward（仏）他
移動可能型 SMRs (Mobile/transportable)	現行の成熟した軽水炉技術が基礎。海上も含め移動可能。	浮体原子力発電所（ロシア、アカデミック・ロモノソフ52MWx2基）等
第Ⅳ世代 (Gen Ⅳ) SMRs	革新的かつ非軽水炉技術が基礎。Gen Ⅳとして開発が進められた技術。	高温ガス炉、高速炉、溶融塩炉
Micro modular reactors (MMRs)	10 Mwe以下の出力。移動の容易性。Gen Ⅳ技術を含め、非軽水炉型が主流。	遠隔地等グリッド接続の無い場所での使用等を念頭

（出典）原子力委員会「原子力利用に関する基本的考え方　参考資料」（2023 年）

---

16 Advanced Sodium Technological Reactor for Industrial Demonstration

17 Commissariat à l'énergie atomique et aux énergies alternatives

18 Versatile Test Reactor

簡単に言うならば、規格化されたモジュールとして工場生産し、現地に運搬して組み上げることができる原子炉です。炉心が小さいため、固有の安全性や自然法則による安全機能（受動的安全）の概念を取り入れて、安全システムをシンプルにかつその信頼性向上を図れることや、工場でのモジュール生産による工期短縮により初期投資コストの削減を図れることが期待されています。

グリーン成長戦略では、海外の実証プロジェクトとの連携により、2030年までにSMR技術の実証を目指すとしています。原子力委員会の「基本的考え方」では、SMRに対する期待を「表 8-6　SMRに対する期待と求められる対応」のとおりまとめています。

NEXIPイニシアチブでは、SMRに関する研究開発・技術開発も行われています。また、米国、英国、カナダ等でSMRの実証プロジェクトが進められており（図 8-10）、その一部には我が国の企業も参画しています。2023年1月には、西村経済産業大臣とグランホルム米国DOE省長官が共同声明を発表しました。共同声明では、経済産業省と米国エネルギー省は、SMRを含む革新炉の開発・建設などの原子力協力の機会を各国内及び第三国において開拓する意向であるとしています。

表 8-6　SMRに対する期待と求められる対応

論点項目	期　待	求められる対応
安全性	簡素化設計や低エネルギー密度は過酷事故につながる事象を低減し安全裕度の向上。	自然循環冷却等の受動的安全機能、過酷な故障モード等新たな技術の実証が必要。
規制	軽水炉ベースSMRは、現行の大型炉同様の運転条件等であるため、許認可プロセスが容易の可能性。	軽水炉型以外のSMRは新しい設計が多く、経験ベースがより限定的。新たな規制項目に係る検討と対策が必要。
経済性	モジュール化等による工期短縮は先行投資額、財務リスクの低減につながり参入意欲拡大の可能性。SMRが提供できる電力系統の負荷追従や非電力利用は経済性向上に寄与し得る。	スケールデメリットの点で大型炉に比べ不利。世界市場に向けた大量生産の実現が必要。そのためには、世界的な規制調和と市場の統合が必要。
サプライチェーン	研究機関や大学との連携により、SMR サプライチェーンは、熟練した労働力と研究開発インフラストラクチャの利活用を確保。	SMRプロジェクトの展開のためには、主要コンポーネントの戦略的パートナーシップが不可欠。
立地	大型原子炉と同様、雇用創出の機会等地域社会に魅力的なものとなる可能性。高い受動的安全特性等により、遮蔽要求水準の緩和（reduced shielding requirements）やEPZの縮小、エネルギー需要地域近傍への立地の可能性あり。	EPZ の削減等が実施されても、安全目標を満たし、高いレベルで公衆の信頼を得ることにつながることを実証する必要あり。
燃料サイクル／廃棄物	－	一部のSMRはU235の濃縮度5～20%の低濃縮ウラン（HALEU）の使用を想定しており、この核燃料サプライチェーンと燃料サイクル全体への影響を評価する必要あり。また、SMRの使用済燃料の特殊性を踏まえた貯蔵･処分の検討も必要。

（出典）原子力委員会「原子力利用に関する基本的考え方　参考資料」（2023年）

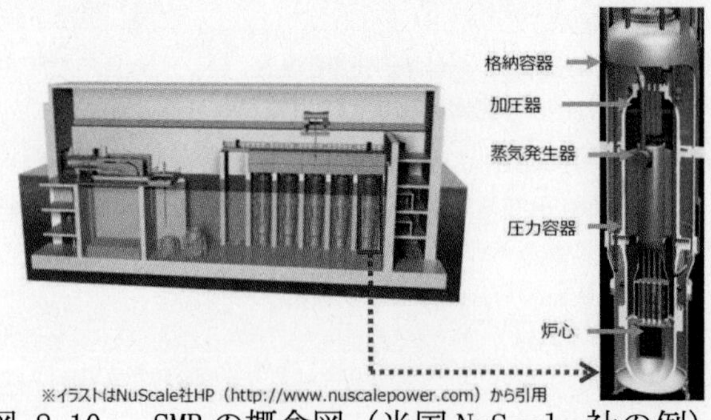

図 8-10　SMRの概念図（米国NuScale社の例）

（出典）第13回原子力委員会資料第3号　資源エネルギー庁「原子力産業を巡る動向について」（2022年）に基づき作成

(6)　核融合に関する研究開発

核融合エネルギーは、軽い原子核同士が融合してより重い原子核に変わる際（重水素、三重水素の融合反応の場合、ヘリウムと中性子が発生）、反応前後の質量の減少分がエネルギーとなって発生するものです。将来的かつ長期的な安定供給が期待されるエネルギー源として、量研、大学共同利用機関法人自然科学研究機構核融合科学研究所と大学等が相互に連携・協力して段階的に研究開発を推進しています。

グリーン成長戦略では、ITER 計画等の国際連携を通じた核融合研究開発を着実に推進し、21 世紀半ばまでに核融合エネルギー実用化の目処を得ることを目指すとされています。また、2021 年 8 月には、文部科学省の核融合科学技術委員会が「核融合発電に向けた国際競争時代における我が国の取組方針」を取りまとめ、核融合発電の早期実現のために基幹技術の速やかな獲得に向けた研究開発を強化すべきであることや、人材育成や産学官の多様な機関間の協働の仕組み等の基盤整備が必要であること等を示しました。さらに、2022 年 9 月には、「イノベーション政策強化推進のための有識者会議『核融合戦略』」が設置され、核融合戦略の策定に向けた議論がなされました。同年 12 月には、「核融合戦略中間的整理（案）」が取りまとめられました[19]。

また、文部科学省は、国際約束に基づき、日本・欧州・米国などの 7 極 35 か国共同で「ITER（国際熱核融合実験炉）計画」を推進しており、サイトのあるフランス・サン＝ポール＝レ＝デュランス市カダラッシュでは核融合実験炉 ITER の建設作業が本格化しています（図 8-11）。我が国は、ITER の建設に当たり重要機器の製作を担っており、このうち超伝導トロイダル磁場コイルについては、我が国が製作を担当する最終号機（予備機を除く）が完成し、2023 年 2 月に完成式典が行われました 。また、核融合発電に不可欠な、核融合炉から熱としてエネルギーを取り出す機器であるブランケットは、現在 ITER で実施する試験に向けた設計活動が進んでおり、2022 年 10 月には量研ブランケット工学試験棟（青森県六ヶ所村）に整備された試験装置の運用開始式典が行われました。

Credit©ITER Organization

図 8-11　ITER の概要

（出典）ITER ORGANIZATION ウェブサイト

[19] 2023 年 4 月 14 日の統合イノベーション戦略推進会議で「フュージョンエネルギー・イノベーション戦略」が決定された。

また、「幅広いアプローチ（BA[20]）」活動は、ITER計画を補完・支援するとともに、核融合原型炉に必要な技術基盤を確立することを目的とした先進的研究開発プロジェクトであり、日欧協力により我が国で実施しています。我が国では量研が実施機関となっており、青森県六ヶ所村にある六ヶ所研究所では、核融合原型炉に必要な高強度材料の開発を行う施設の設計・要素技術開発のほか、核融合原型炉の概念設計及び研究開発並びにITERでの実験を遠隔で行うための施設の整備を進めています。さらに、茨城県那珂市にある那珂研究所では、先進超伝導トカマク装置JT-60SAを用いて、核融合原型炉建設に求められる安全性・経済性等のデータの取得や、ITERの運転や技術目標達成を支援・補完するための取組等を進めるため、運転開始に向けた準備を進めています。このような取組状況を踏まえ、2022年1月に核融合科学技術委員会が「核融合原型炉研究開発に関する第1回中間チェックアンドレビュー報告書」を取りまとめ、この段階までの目標の達成度について「おおむね順調に推移している」と評価しました。これを受け、2022年度は核融合科学技術委員会及び原型炉開発総合戦略タスクフォースにおいて、核融合発電の実施時期等について検討が行われ、2025年以降に予定されている第2回中間チェックアンドレビューの結果を踏まえて、引き続き、実施時期について検討を行うこととなりました。

加えて、IAEAや国際エネルギー機関（IEA[21]）の枠組みでの多国間協力、米国、欧州等との二国間協力も推進しています。これらの協力を通じて、ITERでの物理的課題の解決のために国際トカマク物理活動（ITPA[22]）で実施されている装置間比較実験へ参加するとともに、協力相手国の装置での実験に参加しています。

（7） 研究開発に関するその他の多国間連携

① 第4世代原子力システムに関する国際フォーラム（GIF）

第4世代原子力システムに関する国際フォーラム（GIF[23]）は、「持続可能性」、「経済性」、「安全性・信頼性」及び「核拡散抵抗性・核物質防護」の開発目標の要件を満たす次世代の原子炉概念を選定し、その実証段階前までの研究開発を国際共同作業で進めるためのフォーラムとして2001年に設立されました。2023年3月末時点で、13か国（アルゼンチン、オーストラリア、ブラジル、カナダ、中国、フランス、日本、韓国、ロシア、南アフリカ、スイス、英国、米国）及び1機関（EU27か国の代表としてユーラトム）が参加しており、OECD/NEAが技術事務局を務めています[24]。2030年代以降に実用化が可能と考えられる6候補概念（ガス冷却高速炉、溶融塩炉、ナトリウム冷却高速炉（MOX燃料、金属燃料）、鉛冷却高速炉、超臨界圧水冷却炉、超高温ガス炉）を対象に、多国間協力で研究開発を推進する

---

[20] Broader Approach
[21] International Energy Agency
[22] International Tokamak Physics Activity
[23] Generation IV International Forum
[24] ただし、アルゼンチンとブラジルは「第四世代の原子力システムの研究及び開発に関する国際協力のための枠組協定」に未署名。

とともに、経済性、核拡散抵抗性・核物質防護及びリスク・安全性についての評価手法検討ワーキンググループで横断的な評価手法の整備を進めています。2022 年 4 月にはガス冷却高速炉及び超臨界圧水冷却炉の核拡散抵抗性・核物質防護白書が、同年 10 月には超高温ガス炉の同白書が公開されました。

② 原子力革新 2050（NI2050）イニシアチブ

原子力革新 2050（NI[25]2050）イニシアチブは、原子力エネルギーが低炭素エネルギーミックスにおいて重要な役割を果たすこと、新たな原子力技術を開発及び商用化するに当たりイノベーションが必要であることを踏まえ、OECD/NEA が 2015 年に開始した活動です。原子炉システム、燃料サイクル、廃棄物、廃止措置、発電以外への活用等、幅広い技術領域を対象にしており、2050 年を念頭に置いた将来のロードマップを策定しています。

コラム　～IAEA カンファレンス　原子力施設の安全に関する話題/TIC～

2022 年 10 月 17 日から 21 日まで、IAEA 本部（ウィーン）で開催されたカンファレンス「2022 International Conference on Topical Issues in Nuclear Installation Safety: Strengthening Safety of Evolutionary and Innovative Reactor Designs（原子力施設の安全に関する話題(TIC)」のパネルディスカッションに、原子力委員会上坂充委員長が登壇し、IAEA 幹部と意見交換を行いました。同カンファレンスは、原子力安全規制当局、プラント設計者及び運転者、技術支援組織、その他関係者が、関心のある加盟国及び他の国際機関から集まり、原子力施設の安全に関する現在の実践と課題について話し合うために 1998 年から定期的に開催されています。

上坂充原子力委員会委員長　発言内容

日本では、2050 年カーボンニュートラルの実現に向けて様々な革新炉の開発・導入の加速が急務となっていることから、革新炉の国際的な安全基準策定は、日本を含む世界の革新炉導入の加速に不可欠である。このために IAEA に期待するところは大きく、安全基準の策定のみならず、各国の革新炉開発や安全審査の経験の情報を収集し、メンバー国に提供していく活動も有益である。日本は、高温ガス炉 HTTR、ナトリウム冷却高速実験炉「常陽」の安全審査経験を有していることに加え、IAEA や第 4 世代原子炉システム国際フォーラム(GIF)において、これらの安全基準策定の活動に参加しているところであり、引き続き貢献していきたい。

[25] Nuclear Innovation

8－3 基盤的施設・設備の強化

研究開発や技術開発、人材育成を進める上で、研究開発機関や大学等が保有する基盤的施設・設備は不可欠です。しかし、多くの施設・設備は高経年化が進んでいることに加え、東電福島第一原発事故以降は、新規制基準への対応のために一旦全ての研究炉の運転が停止しました。関係機関では、運転再開に向けた取組や、求められる機能を踏まえた選択と集中を進めています。

(1)　基盤的施設・設備の現状及び課題

研究炉や放射性物質を取り扱う研究施設等の基盤的施設・設備は、研究開発や人材育成の基盤となる不可欠なものです。しかし、高経年化や新規制基準への適合性から、研究開発機関、大学等における利用可能な基盤的施設・設備等は減少しており、その強化・充実が喫緊の課題となっています。そのため、国、原子力機構及び大学は、長期的な見通しの下に求められる機能を踏まえて選択と集中を進め、国として保持すべき研究機能を踏まえてニーズに対応した基盤的施設・設備の構築・運営を図っていく必要があります。

また、研究開発機関及び大学等が保有する基盤的施設・設備は、産学官の幅広い供用の促進や、そのための利用サービス体制の構築、共同研究等の充実により、効果的かつ効率的な成果の創出に貢献することが期待されます。

文部科学省は、原子力の基盤研究や人材育成に広く資する研究炉について、今後の取組の方向性を検討していく上での論点整理を行い、2022年12月に「我が国の試験研究炉を取り巻く現状・課題と今後の取組の方向性について（中間まとめ）」を公表しました。ここでは、研究炉が減少したことで潜在的なユーザーニーズを十分にカバーできるだけの環境を国内に確保できておらず、原子力産業や関連する学術研究を支える基盤が脆弱化し、人材や技術の継承が大きな危機に直面していると指摘しています。また、今後の取組の方向性として、現時点から中長期的に必要となることが見込まれる研究ニーズ等を整理していくことが重要であるとしています。

(2)　研究炉等の運転再開に向けた新規制基準対応状況

原子力機構、大学等の研究炉や臨界実験装置は、最も多い時期には20基程度運転していましたが、2023年3月末時点では停止中のものを含めても8基にまで減少しています（図8-12）。その多くが建設から40年以上経過するなど高経年化が進んでいることに加え、東電福島第一原発事故以降は全ての研究炉が一旦運転を停止し、新規制基準への対応を行っています。原子力機構の研究炉のうち、原子炉安全性研究炉（NSRR）、JRR-3、高温工学試験研究炉（HTTR）、定常臨界実験装置（STACY[26]）は新規制基準への適合に係る設置変更が許可されました。NSRRは2018年6月、JRR-3は2021年2月、HTTRは2021年7月に運転が再開さ

[26] Static Experiment Critical Facility

れており、STACYは2024年5月頃の運転再開が計画されています。「常陽」については、新規制基準への適合性確認に係る審査対応を進めています。また、京都大学臨界集合体実験装置（KUCA[27]）、京都大学研究用原子炉（KUR）、近畿大学原子炉（UTR-KINKI）は、新規制基準への適合に係る設置変更が許可され、運転を再開しています。なお、京都大学は2022年4月に、KURの運転を2026年5月までに終了することを発表しています。

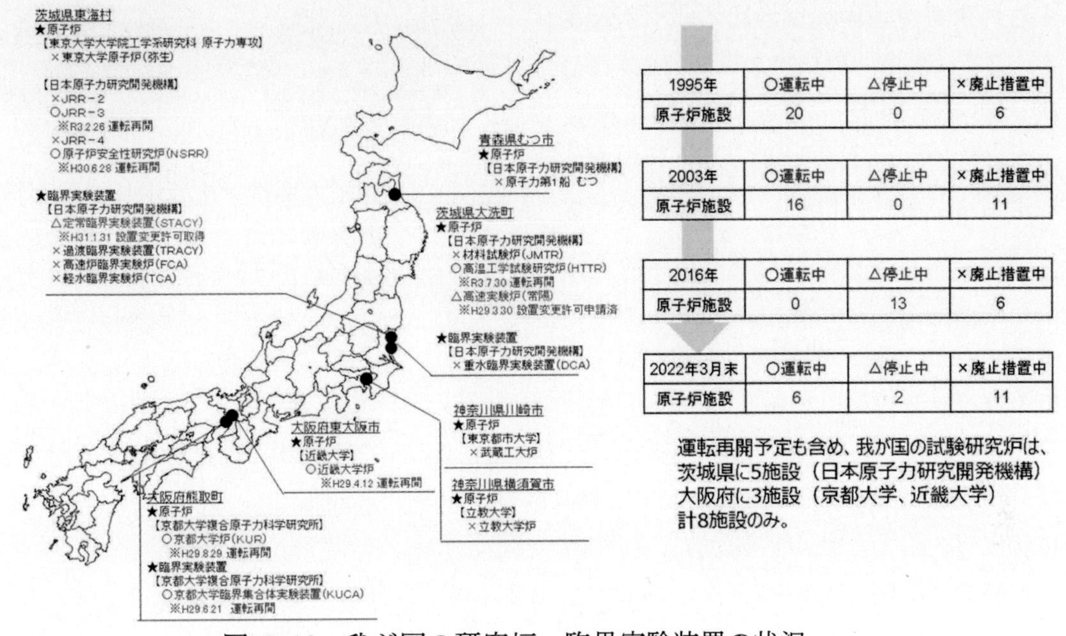

図 8-12　我が国の研究炉・臨界実験装置の状況

(出典)文部科学省提供資料を一部改変

(3)　原子力機構の研究開発施設の集約化・重点化

文部科学省の原子力科学技術委員会の下に設置された原子力研究開発基盤作業部会[28]が2018年4月に取りまとめた「中間まとめ」では、国として持つべき原子力の研究開発機能を大きく7つに整理しています（表 8-7）。

表 8-7　国として持つべき原子力の研究開発機能

	研究開発機能
1.	東電福島第一原発事故の対処に係る、廃炉等の研究開発
2.	原子力の安全性向上に向けた研究
3.	原子力の基礎基盤研究
4.	高速炉の研究開発
5.	放射性廃棄物の処理・処分に関する研究開発等
6.	核不拡散・核セキュリティに資する技術開発等
7.	人材育成

(出典)科学技術・学術審議会研究計画・評価分科会原子力科学技術委員会原子力研究開発基盤作業部会「原子力科学技術委員会 原子力研究開発基盤作業部会 中間まとめ」(2018年)に基づき作成

[27] Kyoto University Critical Assembly

[28] 2019年8月、原子力人材育成作業部会、群分離・核変換技術評価作業部会、高温ガス炉技術研究開発作業部会とともに、「原子力研究開発・基盤・人材作業部会」に改組・統合。

原子力機構が管理・運用している原子力施設は、研究開発のインフラとして欠かせないものです。2022年10月時点で、加速器施設等も含めて11施設・設備が供用施設として大学、研究機関、民間企業等に属する外部研究者に提供されています。また、東電福島第一原発事故以前は、現在量研に移管されたイオン照射研究施設（TIARA[29]）等も含め、年間1,000件程度の利用実績がありました。しかし、施設の多くは高経年化への対応が課題となっていることに加え、継続利用する施設の新規制基準への対応にも、閉鎖する施設の廃止措置及びバックエンド対策[30]にも多額の費用が発生することが見込まれます。このような状況を踏まえ、原子力機構は、施設の集約化・重点化、施設の安全確保、バックエンド対策を三位一体で進める総合的な計画として「施設中長期計画」を2017年4月に策定し、以降は進捗状況等を踏まえて毎年度改定しています（図 8-13）。

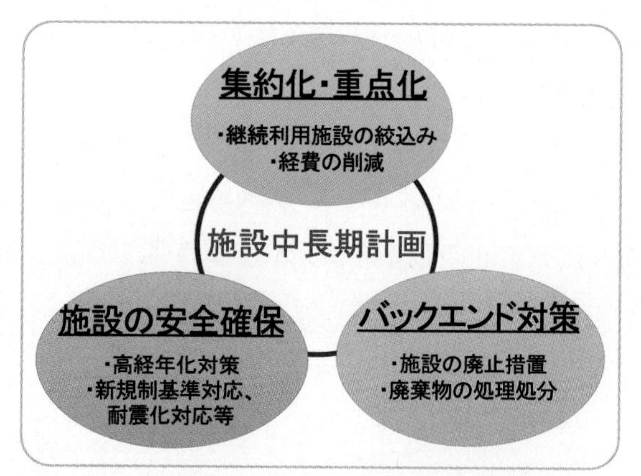

図 8-13　原子力機構「施設中長期計画」の概要

（出典）原子力機構「施設中長期計画（令和4年4月1日）」（2022年）

施設の集約化・重点化に当たっては、最重要分野とされる「安全研究」及び「原子力基礎基盤研究・人材育成」に必要不可欠な施設や、東電福島第一原発事故への対処、高速炉研究開発、核燃料サイクルに係る再処理、燃料製造及び廃棄物の処理処分研究開発等の原子力機構の使命達成に必要不可欠な施設については継続利用とする方針の下で、検討が進められました。2022年4月に改定された計画では、全90施設のうち、45施設が継続利用施設、廃止措置中のものを含めて45施設が廃止施設とされています（図 8-14）。

廃止施設の中には、各種照射実験、中性子ビーム実験、放射性同位体（RI）製造や医療照射等に利用された研究炉であるJRR-2[31]、放射化分析、半導体用シリコンの照射、原子力技術者の養成等に利用されたJRR-4[32]、放射性物質の放出挙動を究明するための過渡臨界実験装置（TRACY[33]）、重水臨界実験装置（DCA[34]）、我が国で唯一の材料試験炉であるJMTR等も含まれています。JMTR廃止により機能が失われる照射利用について、原子力機構に設置されたJMTR後継炉検討委員会が2021年3月に「JMTR後継となる新たな試験照射炉の建設に向けた検討報告書」を取りまとめました。同報告書では、社会的要請・利用ニーズの再整理、海外施設利用に関する調査の結果を踏まえ、JMTR後継炉の概略仕様の検討結果が示されるとともに、

---

29 Takasaki Ion Accelerators for Advanced Research Application

30 第6章6-2(2)②「研究開発施設等の廃止措置」を参照。

31 Japan Research Reactor No.2

32 Japan Research Reactor No.4

33 Transient Experiment Critical Facility

34 Deuterium Critical Assembly

今後の対応として、国レベルでの透明性の高い議論を進めていくこと、規制プロセスのリスク低減を図ること等が提案されました。さらに、これらの提案事項について、同委員会は2021年度に、新照射試験炉の建設に向けた具体的な対応方針の検討を進めました。

また、2016年12月に「もんじゅ」を廃止措置とする政府方針を決定した際に、「もんじゅ」サイトを活用して新たな試験研究炉を設置し、今後の研究開発や人材育成を支える基盤となる中核的拠点となるよう位置付けることとされました。「もんじゅ」サイトに設置する新たな試験研究炉については、2020年9月に、西日本における研究開発・人材育成の中核的拠点としてふさわしい機能の実現及び地元振興への貢献の観点から、中性子ビーム利用を主目的とした中出力炉とする方針が示されました。これを受け、中核的機関（原子力機構、京都大学、福井大学）、学術界、産業界、地元関係機関等からなるコンソーシアムが構築され、試験研究炉の詳細設計や運営の在り方検討等が進められています。2022年12月には、試験研究炉の詳細設計段階以降における実施主体として原子力機構が選定されました。

JAEA

別表1　施設の集約化・重点化計画

ー継続利用施設、廃止施設【全原子力施設マップ】ー

継続利用施設
:主要な研究開発施設
:小規模研究開発施設(維持管理費＜約0.5億円/年)及び拠点運営のために必要な施設(廃棄物管理、放射線管理等)
:継続利用施設であるが、施設の一部を廃止する施設

廃止施設
:廃止措置中/計画中の施設
:廃止措置が終了した施設(施設中長期計画策定(H29.4)以降に廃止措置が終了した施設)

令和4年4月1日現在

	継続利用施設(45施設)				廃止施設(45施設)(廃止措置中及び計画中のものを含む)*1				
	原科研	核サ研	大洗研	その他	敦賀	原科研	核サ研	大洗研	その他
原子炉施設	定常臨界実験装置(STACY) JRR-3 原子炉安全性研究炉(NSRR) 放射性廃棄物処理場		高温工学試験研究炉(HTTR) 常陽		もんじゅ ふげん	過渡臨界実験装置(TRACY) JRR-2 JRR-4 軽水臨界実験装置(TCA) 高速炉臨界実験装置(FCA)		重水臨界実験装置(DCA) 材料試験炉(JMTR)	青)関根施設(むつ)
核燃料使用施設 政令41条該当	バックエンド研究施設(BECKY) 燃料試験施設(RFEF) 廃棄物安全試験施設(WASTEF)	Pu燃料第三開発室(Pu-3) 第2Pu廃棄物貯蔵施設(第2PWSF) Pu廃棄物処理開発施設(PWTF) ウラン廃棄物処理施設(焼却施設、UWSF、第2UWSF) M棟 高レベル放射性物質研究施設(CPF)	照射燃料集合体試験施設(FMF) 照射装置組立検査施設(IRAF) 固体廃棄物前処理施設(WDF)	人)廃棄物処理施設		ホットラボ〈核燃料物質保管部〉 ホットラボ〈解体部〉 放射性廃棄物処理場の一部(汚染除去場、液体処理場、圧縮処理施設)	Pu燃料第一開発室(Pu-1) Pu燃料第二開発室(Pu-2) J棟 B棟 Pu廃棄物貯蔵施設(PWSF) 東海地区ウラン濃縮施設(第2U貯蔵庫、廃水処理室、廃油保管庫、L棟)	JMTRホットラボ 照射燃料試験施設(AGF) 燃料研究棟	人)濃縮工学施設 人)製錬転換施設
核燃料使用施設 政令41条非該当	高度環境分析研究棟 放射線標準施設 RI製造棟 JRR-3実験利用棟(第2棟) タンデム加速器建家 第4研究棟	安全管理棟 放射線保健室 計測機器校正室 洗濯場	放射線管理棟 環境監視棟 安全管理棟	青)大湊施設研究棟 人)開発試験棟 人)解体物管理施設(旧製錬所)		再処理特別研究棟 JRR-1残存施設 核燃料倉庫 トリチウムプロセス研究棟(TPL) Pu研究1棟 核融合中性子源施設(FNS)建家 バックエンド技術開発建家 保障措置技術開発試験室 ウラン濃縮研究棟 原子炉特研(核燃料使用施設)	応用試験棟 A棟 燃料製造機器試験室	照射材料試験施設(MMF) 第2照射材料試験施設(MMF-2)(核燃部分を廃止) Na分析室 燃料溶融試験試料保管室(NUSF)	
再処理施設							東海再処理施設		
その他(加工、RI、廃棄物管理施設等)	原子炉特研(RI使用施設) 第2研究棟 大型非定常ループ実験棟 リニアック建家 FEL研究棟	地層処分放射化学研究施設(QUALITY)	第2照射材料試験施設(MMF-2)(RI使用施設として活用) 廃棄物管理施設	東濃)土岐地球年代学研究所 人)総合管理棟・校正室	重水精製建屋	環境シミュレーション実験棟			人)ウラン濃縮原型プラント

*1：一部の廃止施設は、廃棄物処理や外部ニーズ対応等の活用後に廃止。

人）：人形峠環境技術センター
青）：青森研究開発センター
東濃）：東濃地科学センター

14

図 8-14　原子力機構における施設の集約化・重点化計画

（出典）原子力機構「施設中長期計画（令和4年4月1日）」（2022年）

第9章 原子力利用の基盤となる人材育成の強化

9－1 サプライチェーン及び人材育成・確保の動向及び課題

東電福島第一原発事故の教訓を踏まえ、安全性を追求しつつ原子力エネルギーや放射線の利用を行っていくためには、高度な技術と高い安全意識を持った人材の確保が必要です。人材育成は、イノベーションを生み出すための基盤と捉えることもできます。

今般原子力委員会が改定した「原子力利用に関する基本的考え方」では、基本目標として、「国は、人材こそ原子力利用の基盤であるという認識の下、事業者等が安心して人材投資に積極的に取り組めるよう確固たる原子力政策を打ち出しつつ、必要な予算確保に努め、体系的な原子力人材育成を進めるとともに、若者が魅力に感じる原子力イノベーションにつながる活動を作り出していく。また、人材育成においては多様性も意識し、若い世代や女性の比率を高めたり、人材の文理融合を強化したりすることで、研究開発機関や原子力関係事業者内に多角的な視点を取り入れ、研究開発・イノベーションに適した環境を醸成し、原子力利用のための基盤強化を推進する。」としています。

一方で、我が国では、原子力利用を取り巻く環境変化や世代交代等により、人材が不足し、知識・技術が継承されないことへの懸念が生じています。原子力関連事業が存在する限り、原子力関連人材の必要性が薄れることはなく、連続する世代交代の枠組みの中で技術・知見を確実に継承していく必要があります。

安全確保を図りつつ原子力利用を進めるためには、発電事業に従事する人材、廃止措置に携わる人材、大学や研究機関の教員や研究者、利用政策及び規制に携わる行政官、医療、農業、工業等の放射線利用を行う技術者等、幅広い分野において様々な人材が必要とされます。

しかしながら、原子力利用を取り巻く環境変化等を受け、大学では、原子力分野への進学を希望する学生の減少（図 9-1）や、学部や専攻の大くくり化等による原子力専門科目の開講科目数の減少、原子力分野を専門とする大学教員、特に若手教員の減少、稼働している教育試験炉の減少に伴う実験・実習の機会の減少が進んでいます。高等教育段階の学生が実験・実習の機会を得ることは人材育成において貴重ですが、そのために長距離の移動を要するといった課題が顕在化しており、研究施設等も含めた研究・教育基盤の維持・強化が求められています[1]。

企業においても、原子力産業を志望する学生が減少していることにより、人材の確保が困難になっています。また、国内での原子力発電所建設が中断していることから、建設プロジェクト従事経験者の高齢化が進み、技術継承が課題となっています。さらに、1970 年以

[1] 基盤的施設・設備に関する取組については第 8 章 8-3「基盤的施設・設備の強化」を参照。

降に営業運転を開始した原子力発電所の多くで国産化率が 90%を超えていましたが、東電福島第一原発事故以降には、将来的な事業の見通しが得られないことから原子力事業から撤退する企業も出てきており、国内のサプライチェーンの脆弱化が懸念されています（図 9-2）。また、このような状況により、人材が不足し、知識や技術の継承が途絶えてしまい、原子力利用の推進と安全管理の両方に支障を来すことが懸念されます。

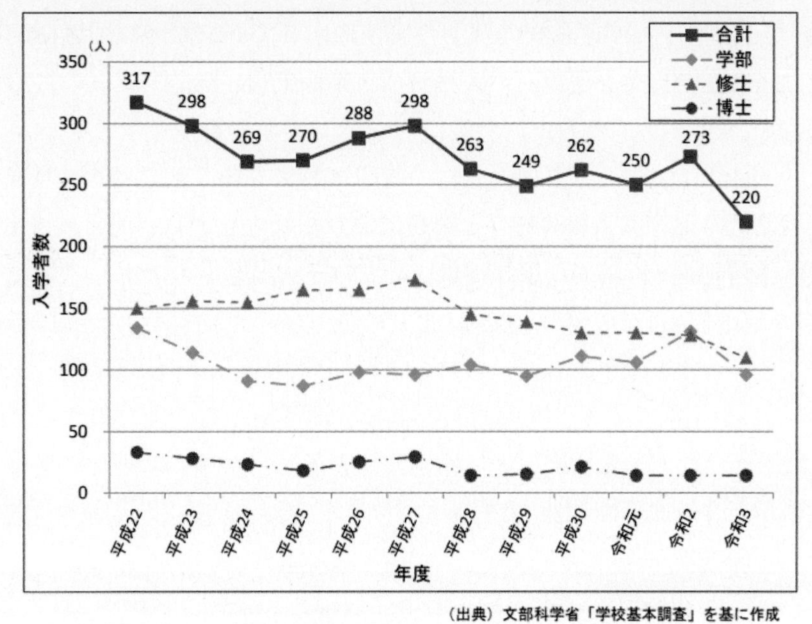

図 9-1　原子力関係学科等における入学者数の推移

（出典）第 12 回科学技術・学術審議会研究計画・評価分科会原子力科学技術委員会原子力研究開発・基盤・人材作業部会資料 2　文部科学省「原子力人材育成に関する現状と課題について」(2022 年)

原子力サプライヤの撤退社数の推移

■ 2017年以降、撤退社数が増加・高止まり
⇒ 震災後に計20社もの企業が既に撤退している

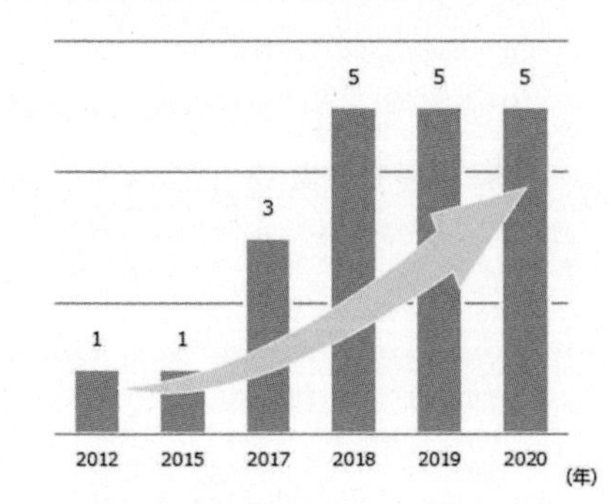

（出所）日本電気工業会資料、各種資料より資源エネルギー庁作成

原子力事業からの撤退

大手企業

■ 川崎重工業（廃止措置、発電所の保守管理等）
■ 住友電気工業・古河電気工業（燃料製造加工）
■ 甲府明電舎（DCモータ）

要素技術を持つ中核サプライヤ

■ ジルコプロダクツ（燃料部材）【2017年廃業】
⇒ BWR用燃料被覆管部材は国内で調達できない状況に
■ 日本鋳鍛鋼（圧力容器・タービン等部材）【2020年廃業】
⇒ 原子炉圧力容器部材の供給企業は国内残り1社に

図 9-2　我が国の原子力サプライヤの撤退

（出典）第 6 回 総合資源エネルギー調査会 電力・ガス事業分科会 原子力小委員会 革新炉ワーキンググループ「革新炉開発に関する検討事項の深堀について（事務局資料）」(2022 年)

フィンランド、フランス、米国では原子力発電所の建設が大きく遅延した例があります。これは、新規建設が長年行われなかったことにより、原子力発電所特有の建設や製造経験の継承に失敗したことも一因であると分析されています。英国では 2016 年に原子力発電所の建設が決定されましたが、建設が約 20 年間中断されたことで自国のサプライチェーンが衰退し、フランス企業が中心となって建設を進めています。

2022 年 12 月に原子力関係閣僚会議で示された「今後の原子力政策の方向性と行動指針（案）」[2]においては、原子力関連企業の個別の実情に応じてハンズオンで積極的サポートを行うため、地方経済産業局等と連携し、人材育成・確保支援、部品・素材の供給途絶対策、事業承継支援など、サプライチェーン全般に対する支援態勢を構築することが示されました。具体的には、産学官における原子力人材の育成体制拡充や「ものづくり現場スキル」の習得推進等の戦略的な原子力人材の確保・育成に取り組むとともに、地方経済産業局に、原子力関連企業の実情把握・恒常的な情報提供、足下の経営課題へのアドバイスや支援ツールの紹介等に向けた相談窓口を設置し、技術・事業承継や供給途絶対策等の支援を進めていくこととしています。また、原子力技術・人材の維持に向けて、国・関係機関・主要メーカー等の連携により、「炉型別チーム」を編成した上で、海外原子力企業に対する国内サプライヤの実績・技術的強みなどの積極発信・対外交流等を通じ、海外市場機会の獲得を官民で支援していく方針が示されました（図 9-3）。

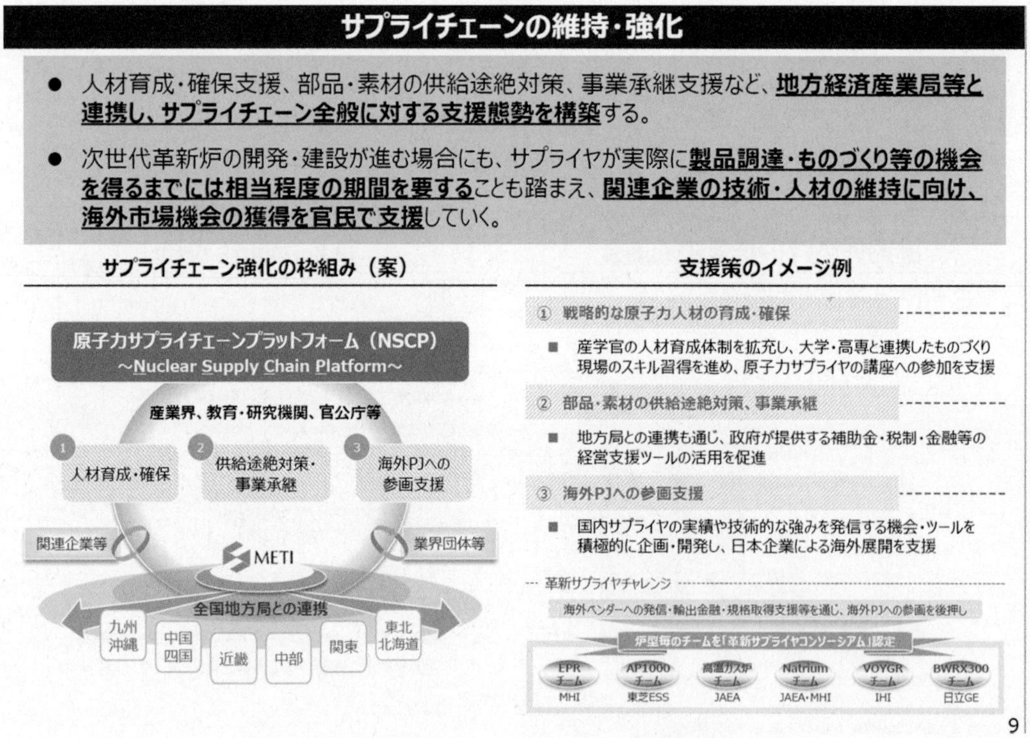

図 9-3　サプライチェーン強化の枠組み

（出典）第 35 回総合資源エネルギー調査会 電力・ガス事業分科会 原子力小委員会 資料 5「今後の原子力政策の方向性と実現に向けた行動指針（案）のポイント」（2022 年）

---

[2] 2023 年 4 月 28 日に開催された原子力関係閣僚会議において決定された。

原子力委員会は、2018 年 2 月に「原子力分野における人材育成について（見解）」を取りまとめ、優秀な人材の勧誘、高等教育段階と就職後の仕事を通じた人材育成について、それぞれ留意すべき事項を示しました。また、令和元年度版原子力白書では、原子力分野を担う人材の育成を特集として取り上げ、我が国の大学における原子力教育の質向上に向けて取り組むべき方向性例を示しました（図 9-4）。さらに、2023 年 2 月には「基本的考え方」を改定し、人材育成の強化に係る今後の重点的取組を示しました（図 9-5）。原子力委員会は、若い世代の減少による高年齢化や女性比率の低さが我が国の原子力分野の問題であり（図 9-6）、原子力分野の魅力を発信して若い世代の確保に取り組む必要性や、あらゆる世代、性別、分野の能力が発揮しやすい環境を整備する必要性を指摘しています。

- ✧ 原子力教育の改善（質確保の仕組み、双方向コミュニケーション等）
- ✧ 研究・教育の国際的なプレゼンスの向上（優秀な留学生の獲得、諸外国との連携等）
- ✧ 大学における原子力教育の維持（若手教員の確保、実験設備の維持等）
- ✧ 大学外での人材育成（企業や研究開発機関との連携、インターンシップ等）
- ✧ 原子力分野の魅力の発信（原子力分野の人気向上等）

図 9-4　大学における原子力教育の質向上に向けて取り組むべき方向性例

（出典）原子力委員会「令和元年度版原子力白書」（2020 年）に基づき作成

- ✧ 異分野の多種多様な人材交流・連携
- ✧ 産業界のニーズに応じた産学官の人材育成体制拡充
- ✧ 若手・女性の活用、専門分野を問わない人材の多様性確保・次世代教育

図 9-5　人材育成の強化に係る今後の重点的取組

（出典）原子力委員会「原子力利用に関する基本的考え方」（2023 年）に基づき作成

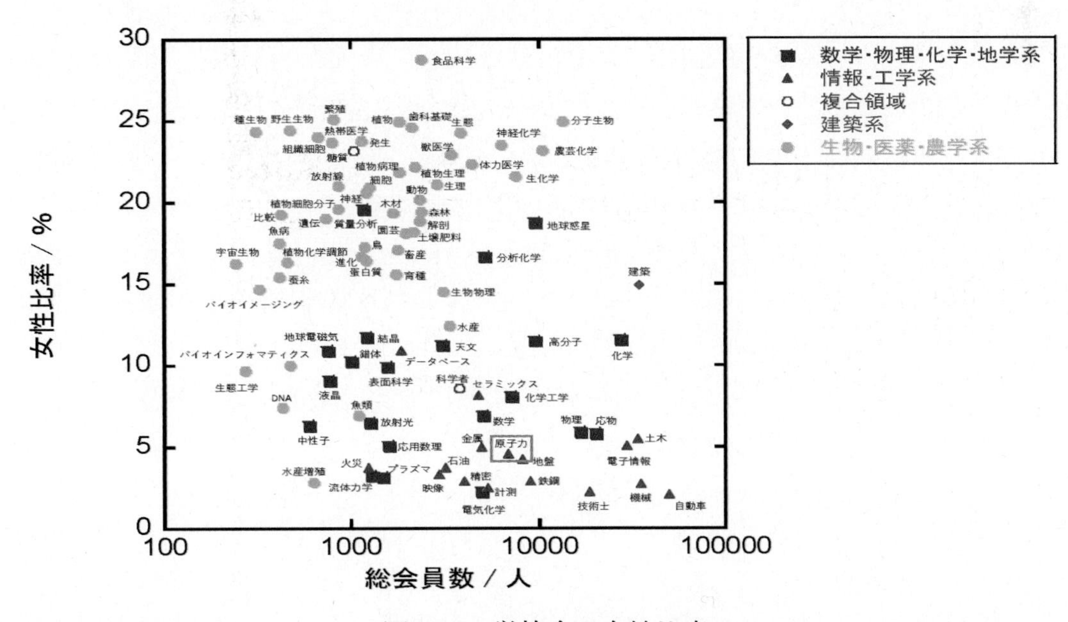

図 9-6　学協会の女性比率

（出典）男女共同参画学協会連絡会「連絡会加盟学協会における女性比率に関する調査」（2017 年）

コラム　～ダイバーシティの重要性～

社会情勢や市場環境の変化等への対応は、原子力産業に限らず、あらゆる産業で重要です。我が国の社会課題となっている少子高齢化の中で人材を確保し、多様化する社会やリスクへの対応力を高める上では、ダイバーシティ（多様性）が重要であると認識されています。ダイバーシティが確保されている組織では、多様な人材が異なる分野の知識、経験、価値観を持ち寄ることで新たな発想が生まれたり、働き方を工夫することにより多様な人材が能力を発揮できる環境が整い、創造性が高まることなどが期待されます。経済産業省では、ダイバーシティ経営を「多様な人材を活かし、その能力が最大限発揮できる機会を提供することで、イノベーションを生み出し、価値創造につなげている経営」と定義し、2017年3月に「ダイバーシティ2.0行動ガイドライン」（2018年6月改訂）を策定しました。

ダイバーシティの一つであるジェンダーバランスの重要性は、原子力分野でも広く認識されています。OECD/NEAは、科学・技術・工学・数学（STEM）分野におけるジェンダーギャップが原子力の将来に大きな影響を与えると指摘し、タスクグループを構成して対策の検討を進め、2023年3月に報告書「原子力分野部門のジェンダーバランス」を公表しました。OECD/NEAはこの報告書において、原子力部門におけるジェンダーバランスに関する国際的なデータを掲載し、STEM分野や指導的立場の人材不足等を示すとともに、ジェンダーバランスの改善のために包括的かつ協調的な解決策を講じること等を勧告しています。

IAEAは、ジェンダーバランスを達成するために、「Gender at the IAEA」という女性向けウェブページを作成したり、「核セキュリティにおける女性イニシアティブ」を実施したりしています。また、2022年9月に開催された第66回IAEA総会のパネルディスカッションでは、原子力分野でキャリアを積む女性数を増やすこと、及び包括的な人材育成を実現するための戦略立案が重要なテーマとして取り上げられました。これらの国際機関の他にも、1992年に設立された国際NPOのWomen in Nuclear Global（WiN Global）は、国、地域、国際機関等に140の支部を有し、原子力分野に携わる女性を支援しています。

我が国においても、WiN Globalの日本支部であるWiN-Japanが、女性や次世代層を重点対象とした原子力・放射線利用への理解促進活動や、気候変動、ジェンダーバランス等に関する活動を実施しています。また、原子力損害賠償・廃炉等支援機構（NDF）は、福島の課題に取り組む理工系女性人材を育成するために、理工系への進路選択を後押しする「国際メンタリングワークショップJoshikai in Fukushima」をOECD/NEAと共催しています。

このような取組が世界及び我が国で進められている一方で、我が国の原子力産業は、若い世代の減少による高年齢化や女性比率の低さに悩まされています。東電福島第一原発の廃炉や放射性廃棄物の処理・処分といった課題を抱えている原子力分野では、それらの課題を解決する上でイノベーションが重要であり、そのためにも産業界全体でダイバーシティ確保に向けた取組を促進していく必要があるといえます。

9−2 サプライチェーン強化及び人材育成・確保に向けた取組

サプライチェーン強化及び人材育成・確保における課題は原子力関係機関の共通認識となっており、各機関の特色を生かしつつ、大学における教育、研究機関における専門知識を持つ研究者・技術者の育成、民間企業における現場を担う人材の育成、国等の行政機関の職員の育成等が進められています。また、人材育成に関する取組の重要性は、研究開発機関や原子力関係事業者に限られたものではなく、安全規制や放射線防護に携わる規制側の人材や、国民からの信頼を回復する上で重要な専門家と国民との間の橋渡しとなるコミュニケータ人材においても同様です。

これらの人材育成・確保に向けた取組では、原子力分野の社会インフラとしての重要性の発信や、組織や専門分野の枠を超えた異分野・異文化の多種多様な人材交流・連携が重要です。

(1) 産学官連携による取組

「原子力人材育成ネットワーク」は、国（内閣府、外務省、文部科学省、経済産業省）の呼び掛けにより 2010 年 11 月に設立されました。2022 年 11 月時点で 83 機関[3]が参加し、産学官連携による相互協力の強化と一体的な原子力人材育成体制の構築を目指して、機関横断的な事業を実施しています（図 9-7）。

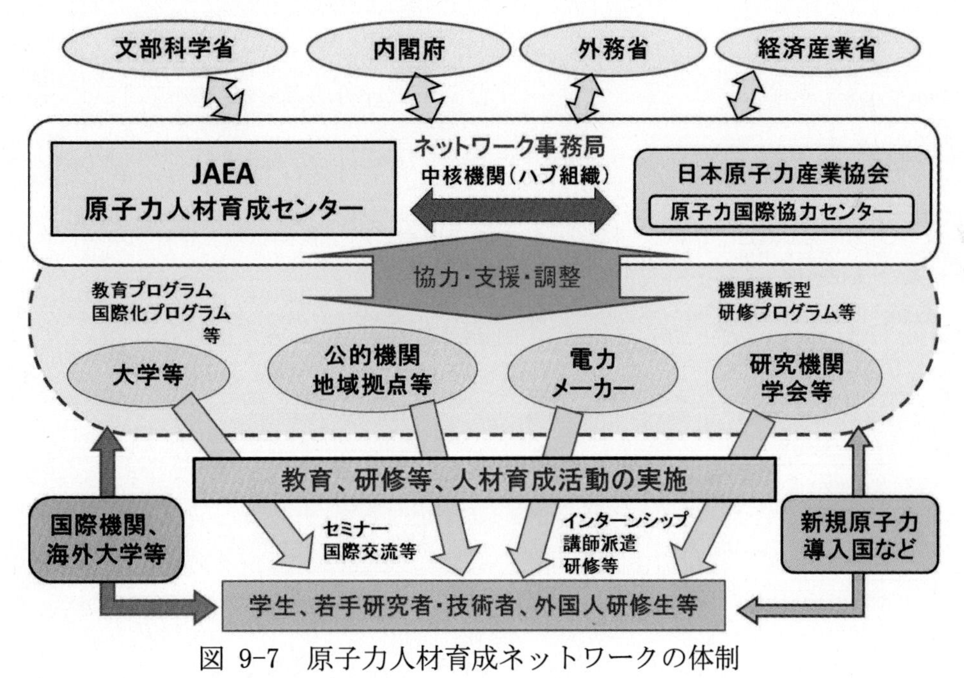

図 9-7 原子力人材育成ネットワークの体制

（出典）原子力人材育成ネットワークパンフレット[4]

---

[3] 大学等 (27)、電力事業者等 (14)、原子力関連メーカー (7)、研究機関・学会 (10)、原子力関係団体 (16)、行政機関 (7)、その他 (2)。

[4] https://jn-hrd-n.jaea.go.jp/material/common/pamphlet20210702.pdf

具体的には、国内外の関係機関との連携協力関係の構築、ネットワーク参加機関への連携支援、国内外広報、国際ネットワーク構築、機関横断的な人材育成活動の企画・運営、海外支援協力（主に新規原子力導入国）の推進等を行っています[5]。2022 年 8 月には、オンライン会議システムを活用したバーチャル原子力施設見学会を開催し、15 名の学生が参加しました。

(2)　国による取組

文部科学省は、「国際原子力人材育成イニシアティブ事業」や英知事業等により、産学官が連携した国内外の人材育成の取組を支援しています。国際原子力人材育成イニシアティブ事業では、2021 年に「未来社会に向けた先進的原子力教育コンソーシアム」(ANEC[6]) を創設し、我が国の原子力分野の人材育成機能を維持・充実していくために、大学や研究機関等が組織的に連携して共通基盤的な教育機能を補い合う取組を進めています（図 9-8)。

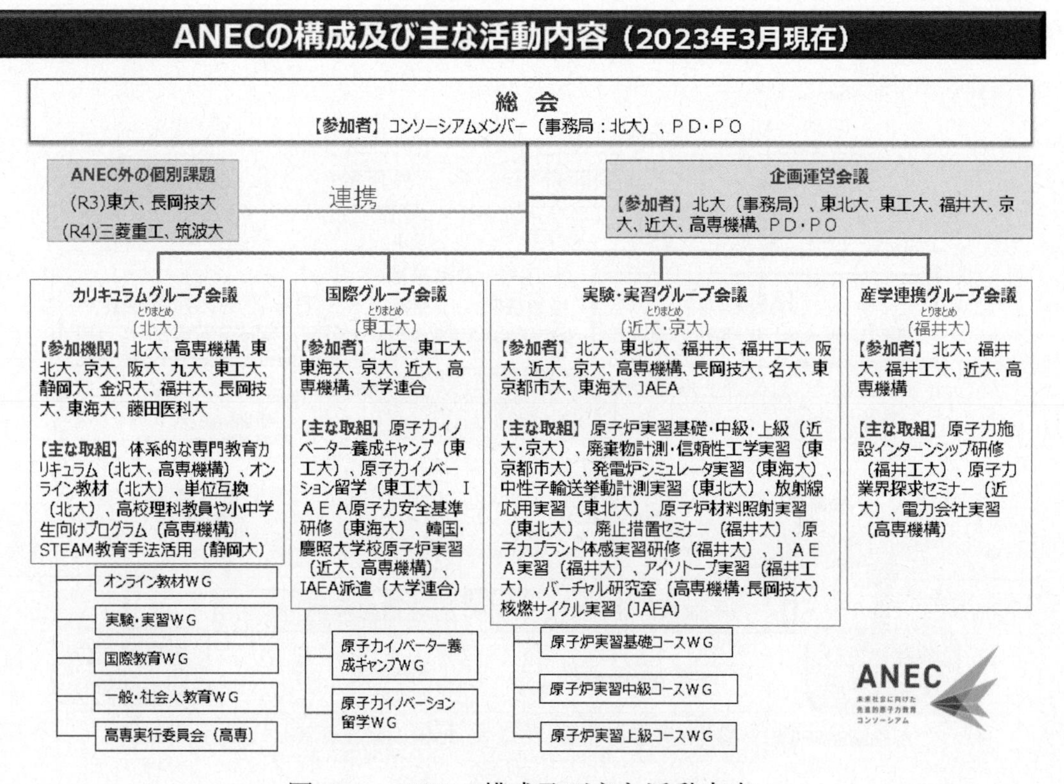

図 9-8　ANEC の構成及び主な活動内容

（出典）文部科学省提供資料

---

[5] 原子力人材育成ネットワーク等が IAEA と共催している「Japan-IAEA 原子力エネルギーマネジメントスクール」等の開催については、第 3 章 3-3(1)①4)「原子力発電の導入に必要な人材育成の支援」を参照。

[6] Advanced Nuclear Education Consortium for the Future Society

また、原子力科学技術委員会の下に原子力研究開発・基盤・人材作業部会を設置し、研究開発、研究基盤、人材育成に関する課題や在り方等について、国内外の最新動向を踏まえつつ一体的・総合的に検討を行っています。

さらに、多様性ある人材の確保に資する次世代教育として、小学生向け及び中学生・高校生向けに放射線副読本を作成しています（図 9-9）[7,8]。同副読本では、放射線に関する科学的な理解や、東電福島第一原発事故と復興に対する当事者意識の醸成を目指しています。

資源エネルギー庁は、我が国の原子力施設の安全を確保するための人材の維持・発展を目的の一つとして、「原子力産業基盤強化事業」において、世界トップクラスの優れた技術を有するサプライヤーの支援や、技術開発・再稼働・廃炉等の現場を担う人材の育成等を推進しています。2023 年 3 月には、「原子力サプライチェーンシンポジウム」において、西村経済産業大臣より、地方経済産業局や日本原子力産業協会等の関係機関と連携し、原子力関連企業を支援する枠組みである、原子力サプライチェーンプラットフォームの設立を発表しました。また、小中学生向けに、学習指導要領に準拠したエネルギー教育副教材を作成しています（図 9-9）。同副教材では、原子力を含む様々な発電方法や燃料の長所と短所の両面や、持続可能な社会に向けたエネルギーミックスの考え方等を説明し、エネルギー問題に対する児童・生徒の当事者意識の醸成を目指しています。

放射線副読本の作成・配布
- ✧ 児童・生徒が放射線に関する科学的な知識を身につけ、理解を深められることを目指すもの
- ✧ 文部科学省が作成
- ✧ 小学生用、中学生・高校生用の２種類
- ✧ 全国の焼酎高等学校等へ配布

エネルギー教育副教材の作成
- ✧ エネルギー問題に関する児童・生徒の当事者意識の醸成を目指すもの
- ✧ 資源エネルギー庁が作成
- ✧ 小学生用、中学生用の２種類

図 9-9　放射線副読本、エネルギー教育副教材

(出典）文部科学省「放射線副読本（令和 3 年改訂（令和 4 年一部修正））」及び資源エネルギー庁「副教材の作成（エネルギー教育）」を基に作成

[7] https://www.mext.go.jp/content/20220810-mxt_kyoiku01-20220808171843_1.pdf
[8] https://www.mext.go.jp/content/20220810-mxt_kyoiku01-20220808171843_2.pdf

原子力規制委員会は、「原子力規制人材育成事業」により国内の大学等と連携し、原子力規制に関わる人材を効果的・効率的・戦略的に育成するための取組を推進しています。また、同委員会の下に設置された原子力安全人材育成センターでは、「原子力規制委員会職員の人材育成の基本方針」に沿って職員への研修や人材育成制度等の充実に取り組んでいるほか、原子炉主任技術者及び核燃料取扱主任者の国家試験を行っています。

内閣府は、原子力災害への対応の向上を図るため、原子力災害対応を行う行政職員等を対象とした各種の研修等を実施しています。

外務省は、若手人材を国際機関に派遣する JPO[9]派遣制度や経済産業省と共催でのウェビナー開催等を通じ、国際的に活躍する国内人材の育成を行っているほか、IAEA の技術協力事業を通じた海外人材の育成支援を実施しています。

(3) 産業界による取組

製造業界では、各企業が再稼働対応や保全、海外プロジェクトへの参画等を通じて人材・技術の維持・継承に取り組んでいます。一方、原子力発電を支える技術は幅広く、新設以外では設計・製作の機会がない機器も存在します。そのような機器に関する技術は講義や演習等によって継承が図られていますが、新設の現場で経験者と若手が共同して作業に取り組むことで継承していくことが望まれています。

電気事業者は、原子力発電所を安全に運転するために人材育成に取り組んでいますが、自社では再稼働した発電所を有さない事業者もあります。そこで、JANSI が中心となり、運転中の発電所での現場経験がない職員への技術継承を目的として、既に再稼働した発電所での研修が実施されています。

人材の確保に向けた取組としては、一般社団法人原子力産業協会が実施している合同企業説明会など、産業界全体での取組が見られます。

(4) 研究開発機関による取組

原子力機構、量研では、それぞれが保有する多様な研究施設を活用しつつ、研究者、技術者、医療関係者等幅広い職種を対象とした様々な研修を実施しています。

原子力機構の原子力人材育成センターでは、RI・放射線技術者や原子力エネルギー技術者を養成するための国内研修、専門家派遣や学生受入れ等による大学との連携協力、近隣アジア諸国を対象とした国際研修等を行っています（図 9-10 左）。

量研の人材育成センターでは、放射線の安全利用に係る技術者の育成、原子力災害、放射線事故、核テロ対応の専門家育成、及び将来の放射線技術者育成に向けた若手教育と学校教育支援を通し、放射線に関わる知識の普及と専門人材の育成を実施しています（図 9-8 右）。

[9] Junior Professional Officer

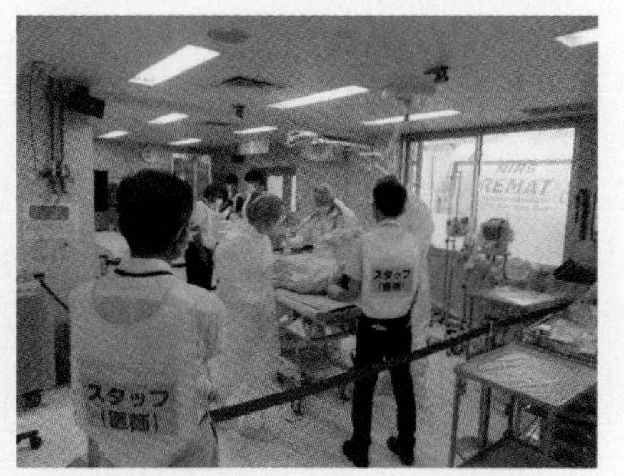

図 9-10　原子力機構における研修（左）、量研による被ばく医療研修（右）の様子
(出典)左:原子力機構「原子力人材育成センターパンフレット」、右:量研人材育成センター提供資料

(5)　大学・高等専門学校による取組

大学や高等専門学校（以下「高専」という。）においても、特色のある人材育成の取組が進められています。

例えば、東京大学の原子力専攻（専門職大学院）における授業科目の一部は、国家資格である核燃料取扱主任者及び原子炉主任技術者の一次試験を一部免除できるものとして、原子力規制委員会により認定されています。京都大学では、京都大学臨界集合体実験装置（KUCA）を用いて京都大学及び他大学の大学院生が参加する大学院生実験を実施しており、原子炉の基礎実験だけでなく、燃料の取扱い、原子炉運転操作等、原子炉に直接接する貴重な体験を提供しています（図 9-11）。近畿大学でも、近畿大学原子炉（UTR-KINKI）を用いて、全国の大学の学生・研究者に原子炉実機を扱う実習を提供しています。大阪大学は、放射線科学基盤機構を設置し、人材育成を部局横断で機動的に行っています。

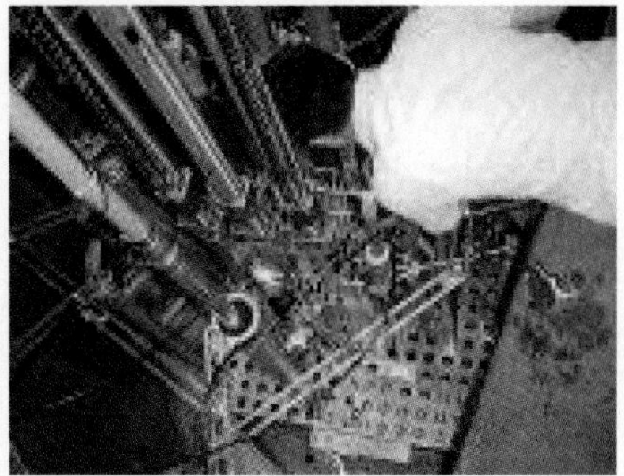

図 9-11　京都大学臨界集合体実験装置（KUCA）における大学院生実験
(出典)京都大学臨界集合体実験装置ウェブサイト「大学院生実験　実験模様」

国立高専機構は、モデルコアカリキュラムを策定し、全国の高専で育成する技術者が備えるべき能力についての到達目標等を提示しています。分野別の専門的能力のうち電気分野では、到達目標の一つとして、原子力発電の原理について理解し、原子力発電の主要設備を説明できることが挙げられています。各高専では、同カリキュラムに基づき、社会ニーズに対応できる技術者の育成に向けた実践的教育が実施されています。

文部科学省が立ち上げた「未来社会に向けた先進的原子力教育コンソーシアム」では、大学・国立高専機構が企業や研究機関の参画を得ながら、構成機関の相互補完による体系的なカリキュラム構築や原子力施設等における実験・実習の実施などが進められています。これらの取組は、我が国全体として原子力分野の人材育成機能を維持・充実していくことを目的として複数の機関が連携し、共通基盤的な教育機能を補い合うものです。

(6) 原子力関係団体や各地域による取組

JANSIは、緊急時対応力の向上のためのリーダーシップ研修、原子力発電所の運転責任者に必要な教育・訓練、運転責任者に係る基準に適合する者の判定、原子力発電所の保全工事作業者を対象とした保全技量の認定等を構築、運用しています。また、公益社団法人日本アイソトープ協会や公益財団法人原子力安全技術センター等では、地方公共団体、大学、民間企業等の幅広い参加者を対象に、放射線取扱主任者等の資格取得に関する講習等を実施しています。

また、原子力安全技術センターは、資源エネルギー庁の事業を継続的に実施し、原子力緊急時にリスクコミュニケーションを実施できる人材の育成等を行っています。さらに、各地域において、原子力関連施設の立地環境を生かした取組が進められています。福井県では1994年9月に若狭湾エネルギー研究センター、2011年4月に同研究センターの下に福井県国際原子力人材育成センターが、茨城県では2016年2月に原子力人材育成・確保協議会が、青森県では2017年10月に青森県量子科学センターがそれぞれ設立され、当該地域の関係機関等が協力して原子力人材の育成に取り組んでいます。

福井県は2020年に、原子力を始めとする様々なエネルギーを活用した地域経済の活性化やまちづくりを目指すことにより、人・企業・技術・資金が集まるエリアの形成を図る「嶺南Eコースト計画」を策定しました。同計画は、原子力関連研究の推進及び人材の育成を基本戦略の一つに掲げ、国内外の研究者等が集まる研究・人材育成拠点の形成や、新たな試験研究炉を活用したイノベーションの創出及び利活用の促進が進められています。

小学校、中学校、高等学校におけるエネルギーや原子力に関する教育の改善等に向けた取組も行われています。日本原子力学会の教科書調査ワーキンググループは、教科書における放射線利用、エネルギー資源、原子力利用等に関する記述の調査を行い、コメントや提言を行っています（図 9-12）。

「新学習指導要領に基づく高等学校教科書のエネルギー・環境・原子力・放射線関連記述に関する調査と提言」

✧ 日本原子力学会の教育委員会教科書調査WGが実施

✧ 地理歴史、公民、理科、保健体育、家庭及び工業の教科書の記述を調査

新学習指導要領に基づく高等学校教科書の
エネルギー・環境・原子力・放射線関連記述
に関する調査と提言
−地理歴史，公民，理科，保健体育，
家庭および工業の調査−

令和４年７月

一般社団法人　日本原子力学会
教育委員会

調査した教科書	件数
地理歴史(地理総合)	6
地理歴史(歴史総合)	12
公民(公共)	11
理科(科学と人間生活)	5
理科(物理基礎)	10
理科(化学基礎)	11
理科(地学基礎)	5
保健体育(保健体育)	3
家庭(家庭基礎)	5
家庭(家庭総合)	3
工業(工業化学)	1

計 72 件

図 9-12　日本原子力学会教科書調査ワーキンググループ

(出典)第１回原子力委員会 杉本純氏「教科書調査報告」(2023年)を基に作成

コラム　～国際若手原子力会議（IYNC）～

2022年11月27日から同年12月2日にかけて、福島県郡山市で「IYNC2022 KORIYAMA」が開催されました。IYNC[10]は、原子力の平和利用の促進や世代・国境を越えた知識継承を目的に、2000年に第1回がスロバキアで開催されて以降、2年に1度開催されています。原子力業界の若手（原則39歳以下）を対象とする世界最大規模の国際会議であり、会議のプログラム策定や資金調達といった全運営を若手が担っていることが特徴です。

IYNC2022 は当初ロシアで開催される予定でしたが、ロシアによるウクライナ侵略問題を受けて開催地が変更された結果、初めて我が国で開催されることになりました。オンライン参加も含めて40か国以上から300名が参加し、各国の若手による自国原子力産業の紹介や、参加者同士の交流会、東電福島第一原発や原子力機構等を対象としたテクニカルツアーなどが実施されました。また、福島特別セッションとして、ALPS処理水の処分に向けた取組を含む東電福島第一原発の廃炉の状況が紹介されました。これらのプログラムは一般社団法人日本原子力学会の若手連絡会が中心となって策定・運営されました。

IYNC2022 KORIYAMAの様子

(出典)一般社団法人日本原子力学会若手連絡会提供資料

10 International Youth Nuclear Congress

資料編

1　我が国の原子力行政体制

我が国の原子力の研究、開発及び利用は、1956年以来、「原子力基本法」（昭和30年法律第186号）に基づき、平和の目的に限り、安全の確保を旨として、民主的な運営の下に自主的に推進されてきています。また、これを担保するため、原子力委員会、原子力規制委員会、原子力防災会議が設置されています。

原子力委員会は、原子力利用に関する国の施策を計画的に遂行し、原子力行政の民主的な運営を図るため、内閣府に設置され、原子力利用に関する事項（安全の確保のうちその実施に関するものを除く）について企画し、審議し、及び決定することを担当しています。

原子力規制委員会は、原子力利用における安全の確保を図るため、環境省の外局として設置されています。

原子力防災会議は、内閣総理大臣を議長として、政府全体としての原子力防災対策を進めるため、関係機関間の調整や計画的な施策遂行を図る役割を担う機関として内閣に設置されています。

また、関係行政機関として、総務省、外務省、文部科学省、厚生労働省、農林水産省、経済産業省、国土交通省、環境省等があり、原子力委員会の所掌事項に関する決定を尊重しつつ、原子力行政事務が行われています。

このように、原子力行政機関は「推進行政」と「安全規制行政」を担当する機関が分離されています。

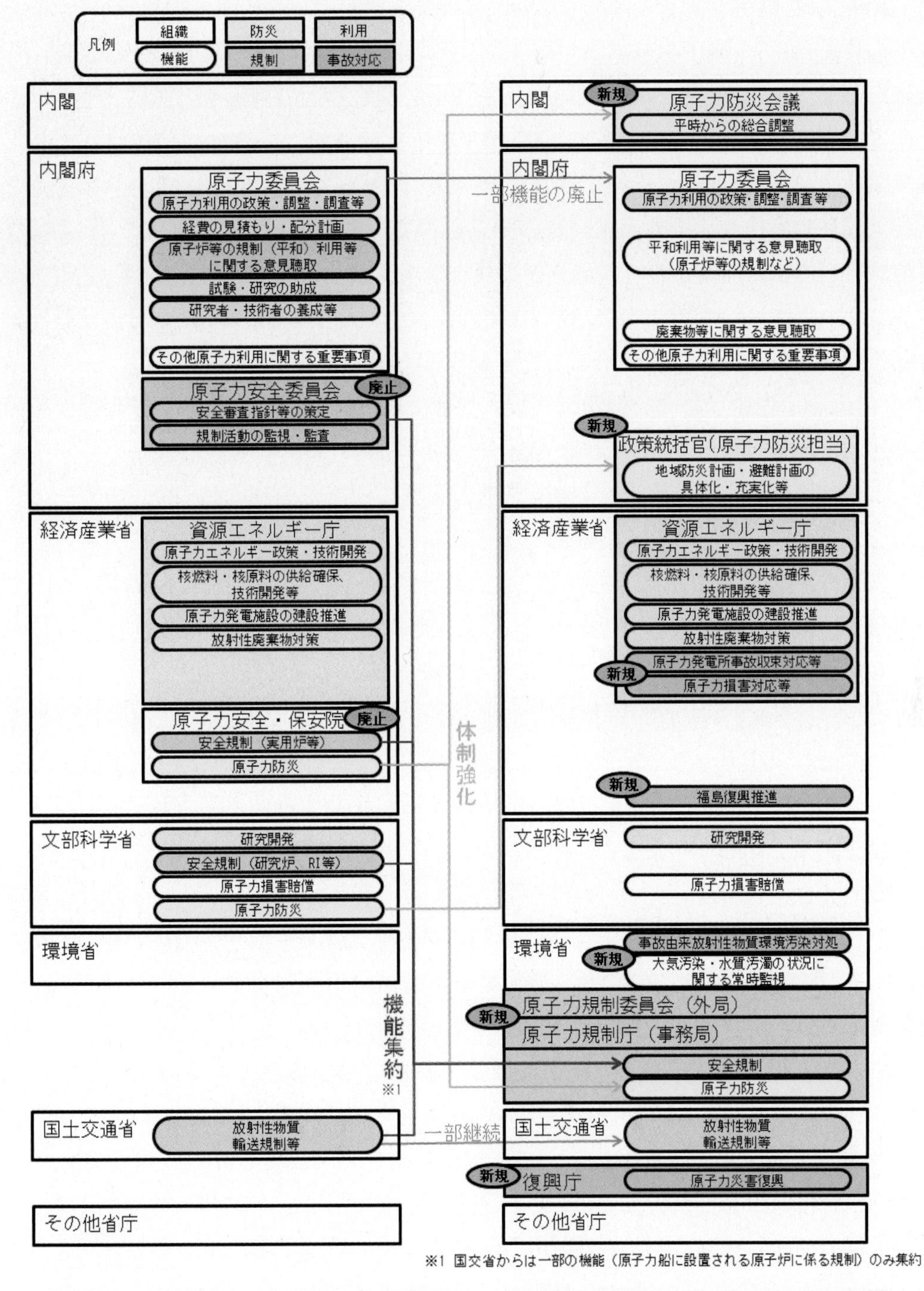

東電福島第一原発事故前後の原子力行政の体制

はじめに
特集
第1章
第2章
第3章
第4章
第5章
第6章
第7章
第8章
第9章
資料編
用語集

2　原子力委員会

原子力委員会は、「原子力基本法」及び「原子力委員会設置法」（昭和30年法律第188号）（当時）に基づき、原子力の研究、開発及び利用に関する国の施策を計画的に遂行し、原子力行政の民主的運営を図る目的をもって、1956年1月1日、総理府に設置されました（国家行政組織法（昭和23年法律第120号）第8条に基づく審議会等）。国務大臣をもって充てられた委員長と4人の委員（両議院の同意を得て、内閣総理大臣が任命）から構成され、設置時は、正力松太郎委員長、石川一郎委員、湯川秀樹委員、藤岡由夫委員、有澤廣巳委員の5名でした。なお、同年5月に科学技術庁が設置され、それ以降、委員長は科学技術庁長官たる国務大臣をもって充てることとされました。

1974年の原子力船「むつ」問題を直接の契機として設けられた原子力行政懇談会の報告を参考とし、原子力行政体制の改革・強化を図るため、1978年7月に原子力基本法等の改正が公布されました。この改正により、推進と規制の機能が分割され、複数の省庁にまたがる規制を一貫化し、責任体制の明確化が図られました。同時に、従来の原子力委員会が有していた安全の確保に関する機能を分離して、新たに安全の確保に関する事項について企画し、審議し、及び決定する原子力安全委員会が設置され、行政庁の行う審査に対しダブルチェックを行うこととするなど、規制体制の整備充実が図られました。

2001年1月には、中央省庁等改革により、原子力委員会が内閣府に設置されることとされました。それまで科学技術庁長官たる国務大臣をもって充てられていた委員長については、委員と同様に両議院の同意を得て内閣総理大臣が任命することとされ、学識経験者が委員長に就任することとなりました。

その後、2011年3月に発生した東京電力福島第一原子力発電所（以下「東電福島第一原発」という。）事故を踏まえた安全規制体制の見直しにより、独立性の高い原子力規制組織である原子力規制委員会が設置され、原子力安全委員会の事務を含む原子力委員会が担ってきた事務の一部が原子力規制委員会に移管されました。

さらに、東電福島第一原発事故により原子力をめぐる環境が大きく変化したことを踏まえ、原子力委員会の在り方の見直しのための有識者会議が開催され、2013年12月に報告書「原子力委員会の在り方見直しについて」が取りまとめられました。同報告書を踏まえ、2014年12月に原子力委員会設置法の一部を改正する法律が施行されました。これにより、原子力委員会の所掌事務は、原子力利用に関する政策の重要事項に重点化することとし、形骸化している事務を廃止・縮小するなどの所要の処置が講じられ、委員長及び委員2名から構成される新たな体制で原子力委員会が発足しました。

原子力委員会委員（2023 年 3 月末時点）

	原子力委員会委員長　上坂充 （元　東京大学大学院工学系研究科原子力専攻教授） 安全でサステナブルな原子力のために全力を尽くします。将来の原子力のため、人材育成が重要と考えます。原子力発電・放射線応用を含めた広い、かつ若い世代が夢を持てる原子力をわかりやすく説明していきます。
	原子力委員会委員　佐野利男 （元　軍縮会議日本政府代表部特命全権大使） 東電福島の過酷事故後の安全性確保、地球温暖化に対するパリ協定の実施、電力自由化後の市場における競争など原子力発電をめぐる環境が激変する中、国民の理解を得つつ、国際核不拡散問題や核セキュリティ問題に貢献する形で我が国における原子力の平和利用をいかに確保していくかが大きな課題と考えております。
	原子力委員会委員　岡田往子 （東京都市大学理工学部客員准教授） 高純度材料中の極微量なウラン及びトリウムの分析法の開発を行ってきました。3.11 以降は火山性内陸湖沼の群馬県赤城大沼湖水中の放射性セシウムの動態研究を行っています。また、長年、初等中等教育向けの放射線教育や理工系女性研究者・技術者を増やす活動に力を注いできました。原子力分野で活躍する女性を増やす方策を考えていきたいと考えております。

3 原子力委員会決定等

(1) 原子力委員会の決定一覧（原子炉等規制法に係る諮問・答申を除く）（2022 年 4 月～2023 年 3 月）

年月日	件名
2022.5.31	医療用等ラジオアイソトープ製造・利用推進アクションプラン
2023.2.20	原子力利用に関する基本的考え方

(2) 原子炉等規制法等に係る諮問・答申（2022 年 4 月～2023 年 3 月）

諮問年月日	答申年月日	件名
2022.3.30	2022.4.20	京都大学複合原子力科学研究所の原子炉設置変更承認（臨界実験装置の変更）について
2022.4.27	2022.5.18	関西電力株式会社高浜発電所の発電用原子炉の設置変更許可（1 号、2 号、3 号及び 4 号発電用原子炉施設の変更）について
2022.4.27	2022.5.18	東北電力株式会社女川原子力発電所の発電用原子炉の設置変更許可（2 号発電用原子炉施設の変更）について
2022.7.13	2022.7.27	東京電力ホールディングス株式会社柏崎刈羽原子力発電所の発電用原子炉の設置変更許可（6 号及び 7 号発電用原子炉施設の変更）について
2022.7.13	2022.8.3	国立研究開発法人日本原子力研究開発機構原子力科学研究所の原子炉設置変更許可（放射性廃棄物の廃棄施設等の変更）について
2022.8.31	2022.9.21	日本原燃株式会社再処理事業所における再処理の事業の変更許可について
2022.9.7	2022.9.21	東京電力ホールディングス株式会社柏崎刈羽原子力発電所の発電用原子炉の設置変更許可（6 号及び 7 号発電用原子炉施設の変更）について
2022.11.2	2022.11.30	関西電力株式会社高浜発電所の発電用原子炉の設置変更許可（1 号及び 2 号発電用原子炉施設の変更）について
2022.12.16	2022.12.27	日本原子力発電株式会社東海第二発電所の発電用原子炉の設置変更許可（発電用原子炉施設の変更）について
2022.12.28	2023.1.25	四国電力株式会社伊方発電所の発電用原子炉の設置変更許可（3 号原子炉施設の変更）について
2023.1.11	2023.2.1	リサイクル燃料貯蔵株式会社リサイクル燃料備蓄センターにおける使用済燃料の貯蔵の事業の変更許可について
2023.2.14	2023.2.28	高レベル放射性廃棄物の最終処分の実現に向けた政府を挙げた取組の強化について

4　2021年度～2023年度原子力関係経費

単位：百万円
債：国庫債務負担行為限度額

		2021年度	2022年度	2023年度
一　般　会　計		債　33,993	債　8,797	債　666
		79,058	82,481	82,184
	内閣府	債　0	債　0	債　0
		194	205	221
	外務省	債　0	債　0	債　0
		4,918	5,390	5,817
	文部科学省	債　16,960	債　8,788	債　21
		60,721	60,439	60,464
	国土交通省	債　0	債　0	債　0
		19	22	36
	環境省	債　0	債　0	債　0
		1,544	1,454	1,422
	原子力規制庁	債　17,033	債　10	債　645
		11,661	14,970	14,223
エネルギー対策特別会計 電源開発促進勘定		債　10,319	債　1,108	債　26,487
		329,683	322,486	334,431
	内閣府	債　0	債　0	債　370
		12,089	12,324	12,390
	文部科学省	債　669	債　0	債　0
		108,803	108,564	108,590
	経済産業省	債　0	債　0	債　0
		167,794	161,175	172,743
	環境省	債　0	債　0	債　0
		367	286	287
	原子力規制庁	債　9,650	債　1,108	債　13,777
		40,630	40,136	40,421
・電源立地対策		債　0	債　0	債　0
		166,622	160,049	162,945
	文部科学省	債　0	債　0	債　0
		13,999	13,727	13,718
	経済産業省	債　0	債　0	債　0
		152,623	146,321	149,227
・電源利用対策		債　669	債　0	債　0
		110,625	110,541	119,279
	文部科学省	債　669	債　0	債　0
		94,804	94,837	94,872
	経済産業省	債　0	債　0	債　0
		15,171	14,854	23,516
	原子力規制庁	債　0	債　0	債　0
		650	850	891
・原子力安全規制対策		債　9,650	債　1,108	債　14,146
		52,436	51,896	52,207
	内閣府	債　0	債　0	債　370
		12,089	12,324	12,390
	環境省	債　0	債　0	債　0
		367	286	287
	原子力規制庁	債　9,650	債　1,108	債　13,777
		39,980	39,286	39,530
エネルギー対策特別会計 エネルギー需給勘定 エネルギー需要構造高度化対策		債　0	債　0	債　0
		7,200	7,200	7,200
	経済産業省	債　0	債　0	債　0
		7,200	7,200	7,200
東日本大震災復興特別会計		債　2,458	債　2,880	債　7,808
		83,856	64,216	63,536
	内閣府	債　0	債　0	債　0
		0	0	0
	文部科学省	債　0	債　0	債　0
		5,076	4,990	4,951
	農林水産省	債　0	債　0	債　0
		5,863	5,280	5,459
	経済産業省	債　0	債　0	債　0
		261	243	253
	環境省	債　2,458	債　2,880	債　7,808
		69,197	50,215	49,488
	原子力規制庁	債　0	債　0	債　0
		3,459	3,488	3,386
合　計		債　46,770	債　12,786	債　34,961
		499,797	476,383	487,351

注1）原子力関係経費には、原子力の研究、開発及び利用に関する経費、東京電力福島原子力発電所の事故に伴う経費を計上している。具体的には、原子力（エネルギー及び放射線）に係る安全対策（原子力災害対策、原子力防災、放射線モニタリング等を含む）、核セキュリティ、平和利用の担保、廃止措置や放射性廃棄物の処理・処分、人材育成・確保、国民・地域社会との共生、エネルギーや放射線の利用、研究開発、国際的な取組、東京電力福島原子力発電所事故収束に関する活動等に係る経費である。
注2）当初予算を記載。
注3）一部の事業については、予算額全額が原子力のために使用されているわけではない事業もあるが、電源種ごとに支出額を算出することが困難なため、当該事業の予算額全額を原子力関係予算として計上している。
注4）最終的に事業者負担となる経費や事業者に求償する予算は、含めていない。
注5）四捨五入により、端数において合致しない場合がある。

5　我が国の原子力発電及びそれを取り巻く状況

(1)　我が国の原子力発電所の状況（2023 年 3 月時点）

	設置者名	発電所名（設備番号）	所在地	炉型	認可出力（万kW）	運転開始年月日等
稼働中	関西電力（株）	美浜（3号）	福井県三方郡美浜町	PWR	82.6	1976-12-01
		高浜（3号）	福井県大飯郡高浜町	〃	87.0	1985-01-17
		〃（4号）		〃	87.0	1985-06-05
		大飯（3号）	福井県大飯郡おおい町	〃	118.0	1991-12-18
		〃（4号）	〃	〃	118.0	1993-02-02
	四国電力（株）	伊方（3号）	愛媛県西宇和郡伊方町	〃	89.0	1994-12-15
	九州電力（株）	玄海原子力（3号）	佐賀県東松浦郡玄海町	〃	118.0	1994-03-18
		〃（4号）	〃	〃	118.0	1997-07-25
		川内原子力（1号）	鹿児島県薩摩川内市	〃	89.0	1984-07-04
		〃（2号）	〃	〃	89.0	1985-11-28
新規制基準に基づき設置変更の許可がなされた炉	日本原子力発電（株）	東海第二	茨城県那珂郡東海村	BWR	110.0	1978-11-28
	東北電力（株）	女川原子力（2号）	宮城県牡鹿郡女川町、石巻市	〃	82.5	1995-07-28
	東京電力ホールディングス（株）	柏崎刈羽原子力（6号）	新潟県柏崎市、刈羽郡刈羽村	ABWR	135.6	1996-11-07
		〃（7号）	〃	〃	135.6	1997-07-02
	関西電力（株）	高浜（1号）	福井県大飯郡高浜町	PWR	82.6	1974-11-14
		〃（2号）	〃	〃	82.6	1975-11-14
	中国電力（株）	島根原子力（2号）	島根県松江市	BWR	82.0	1989-02-10
小計				（17基）	1706.5	
新規制基準への適合性を審査中の炉	日本原子力発電（株）	敦賀（2号）	福井県敦賀市	PWR	116.0	1987-02-17
	北海道電力（株）	泊（1号）	北海道古宇郡泊村	〃	57.9	1989-06-22
		〃（2号）	〃	〃	57.9	1991-04-12
		〃（3号）	〃	〃	91.2	2009-12-22
	東北電力（株）	東通原子力（1号）	青森県下北郡東通村	BWR	110.0	2005-12-08
	中部電力（株）	浜岡原子力（3号）	静岡県御前崎市	〃	110.0	1987-08-28
		〃（4号）	〃	〃	113.7	1993-09-03
	北陸電力（株）	志賀原子力（2号）	石川県羽咋郡志賀町	ABWR	120.6	2006-03-15
小計				（8基）	777.3	
新規制基準に対して未申請の炉	東北電力（株）	女川原子力（3号）	宮城県牡鹿郡女川町、石巻市	BWR	82.5	2002-01-30
	東京電力ホールディングス（株）	柏崎刈羽原子力（1号）	新潟県柏崎市、刈羽郡刈羽村	〃	110.0	1985-09-18
		〃（2号）	〃	〃	110.0	1990-09-28
		〃（3号）	〃	〃	110.0	1993-08-11
		〃（4号）	〃	〃	110.0	1994-08-11
		〃（5号）	〃	〃	110.0	1990-04-10
	中部電力（株）	浜岡原子力（5号）	静岡県御前崎市	ABWR	138.0	2005-01-18
	北陸電力（株）	志賀原子力（1号）	石川県羽咋郡志賀町	BWR	54.0	1993-07-30
小計				（8基）	824.5	
建設中（新規制基準への適合性を審査中の炉）	電源開発（株）	大間原子力	青森県下北郡大間町	ABWR	138.3	未定
	中国電力（株）	島根原子力（3号）	島根県松江市	〃	137.3	未定
建設中（新規制基準に対して未申請の炉）	東京電力ホールディングス（株）	東通原子力（1号）	青森県下北郡東通村	〃	138.5	未定
小計				（3基）	414.1	

（参考）

	設置者名	発電所名（設備番号）	所在地	炉型	出力	運転終了年月日等
廃止決定・廃止措置中	日本原子力発電（株）	東海	茨城県那珂郡東海村	GCR	16.6	1998-03-31
		敦賀（1号）	福井県敦賀市	BWR	35.7	2015-04-27
	東北電力（株）	女川原子力（1号）	宮城県牡鹿郡女川町、石巻市	〃	52.4	2018-12-21
	東京電力ホールディングス（株）	福島第一原子力（1号）	福島県双葉郡大熊町、双葉町	〃	46.0	2012-04-19
		〃（2号）	〃	〃	78.4	2012-04-19
		〃（3号）	〃	〃	78.4	2012-04-19
		〃（4号）	〃	〃	78.4	2012-04-19
		〃（5号）	〃	〃	78.4	2014-01-31
		〃（6号）	〃	〃	110.0	2014-01-31
		福島第二原子力（1号）	福島県双葉郡楢葉町、富岡町	〃	110.0	2019-09-30
		〃（2号）	〃	〃	110.0	2019-09-30
		〃（3号）	〃	〃	110.0	2019-09-30
		〃（4号）	〃	〃	110.0	2019-09-30
	中部電力（株）	浜岡原子力（1号）	静岡県御前崎市	〃	54.0	2009-01-30
		〃（2号）	〃	〃	84.0	2009-01-30
	関西電力（株）	美浜（1号）	福井県三方郡美浜町	PWR	34.0	2015-04-27
		〃（2号）	〃	〃	50.0	2015-04-27
		大飯（1号）	福井県大飯郡おおい町	〃	117.5	2018-03-01
		〃（2号）	〃	〃	117.5	2018-03-01
	中国電力（株）	島根原子力（1号）	島根県松江市	BWR	46.0	2015-04-30
	四国電力（株）	伊方（1号）	愛媛県西宇和郡伊方町	PWR	56.6	2016-05-10
		〃（2号）	〃	〃	56.6	2018-05-23
	九州電力（株）	玄海原子力（1号）	佐賀県東松浦郡玄海町	〃	55.9	2015-04-27
		〃（2号）	〃	〃	55.9	2019-04-09
	日本原子力研究開発機構	新型転換炉原型炉 ふげん	福井県敦賀市	ATR（原型炉）	16.5	2003-03-29
		高速増殖原型炉 もんじゅ	〃	FBR（原型炉）	28.0	2017-12-06 廃止措置計画認可

（注）BWR：沸騰水型軽水炉
PWR：加圧水型軽水炉
ABWR：改良型沸騰水型軽水炉
APWR：改良型加圧水型軽水炉
ATR：新型転換炉
FBR：高速増殖炉
GCR：黒鉛減速ガス冷却炉

（出典）一般社団法人日本原子力産業協会「日本の原子力発電炉（運転中、建設中、建設準備中など）」等に基づき作成

(2)　我が国における核燃料物質在庫量

①　原子炉等規制法上の規制区分別内訳

2022年12月31日現在
( )内は2021年12月31日現在

核燃料物質の区分[注1]／原子炉等規制法上の規制区分[注2]	天然ウラン (t)	劣化ウラン (t)	トリウム (t)	濃縮ウラン U(t)	濃縮ウラン U-235(t)	プルトニウム (kg)
加工	462 (463)	11,839 (11,839)	0 (0)	1,429 (1,368)	58 (55)	– (–)
試験研究用等原子炉	31 (31)	63 (63)	0 (0)	34 (34)	2 (2)	1,840 (1,840)
実用発電用原子炉	371 (370)	3,336 (3,330)	– (–)	17,339 (17,392)	341 (349)	153,863 (151,619)
研究開発段階発電用原子炉	– (–)	95 (95)	– (–)	3 (3)	0 (0)	3,257 (3,279)
再処理	2 (2)	597 (597)	0 (0)	3,472 (3,472)	33 (33)	30,656 (30,657)
使用	120 (121)	252 (252)	5 (5)	49 (48)	1 (1)	3,995 (3,997)
原子力利用国際規制物資使用者	0 (0)	0 (0)	0 (0)			
非原子力利用国際規制物資使用者	0 (0)	0 (0)	0 (0)			
合計[注3]	986 (987)	16,183 (16,177)	5 (5)	22,326 (22,317)	435 (440)	193,612 (191,391)

・表中の「ー」については在庫を保有していないことを表し、「0」については0.5未満の在庫を保有していることを表す。

注1 原子力基本法及び核燃料物質、核原料物質、原子炉及び放射線の定義に関する政令の規定に基づいている。物理的、化学的な状態によらず区分毎の合計量を記載。

注2 原子炉等規制法に基づき国際規制物資を使用している者の区分。加工事業者（第13条第1項）、試験研究用等原子炉設置者（第23条第1項）、発電用原子炉設置者（第43条の3の5第1項）、再処理事業者（第44条第1項）、核燃料物質の使用者（第52条第1項）、国際規制物資使用者（第61条の3第1項）に区分され、そのうち、発電用原子炉設置者は実用発電用原子炉設置者と研究開発段階発電用原子炉設置者に、国際規制物資使用者は原子力利用国際規制物資使用者と非原子力利用国際規制物資使用者に分類される。製錬事業者（第3条第1項）、使用済燃料貯蔵事業者（第43条の4第1項）及び廃棄事業者（第51条の2第1項）は施設数が0のため記載せず。

注3 四捨五入の関係により、合計が一致しない場合がある。

(出典)第13回原子力規制委員会資料4 原子力規制庁「我が国における2022年の保障措置活動の実施結果」(2023年)

② 供給当事国区分別内訳

2022年12月31日現在
( )内は2021年12月31日現在

核燃料物質の区分[注] / 供給当事国区分	天然ウラン (t)	劣化ウラン (t)	トリウム (t)	濃縮ウラン U(t)	濃縮ウラン U-235(t)	プルトニウム (kg)
アメリカ	80 (80)	3,774 (3,754)	1 (1)	16,108 (16,137)	310 (314)	137,503 (136,429)
イギリス	12 (12)	447 (447)	0 (0)	2,300 (2,311)	41 (43)	21,450 (20,855)
フランス	36 (36)	6,520 (6,514)	0 (0)	6,142 (6,086)	99 (98)	60,818 (60,042)
カナダ	676 (676)	5,293 (5,293)	0 (0)	5,723 (5,719)	100 (100)	56,546 (55,998)
オーストラリア	20 (20)	1,031 (1,031)	– (–)	3,979 (3,994)	76 (79)	32,603 (31,803)
中国	27 (27)	254 (254)	– (–)	297 (297)	7 (7)	2,237 (2,236)
ユーラトム	48 (48)	6,521 (6,515)	0 (0)	8,121 (8,093)	168 (171)	26,781 (25,072)
カザフスタン	– (–)	– (–)	– (–)	37 (37)	1 (1)	– (–)
韓国	– (–)	– (–)	– (–)	– (–)	– (–)	– (–)
ベトナム	– (–)	– (–)	– (–)	– (–)	– (–)	– (–)
ヨルダン	– (–)	– (–)	– (–)	– (–)	– (–)	– (–)
ロシア	– (–)	– (–)	– (–)	67 (67)	3 (3)	– (–)
トルコ	– (–)	– (–)	– (–)	– (–)	– (–)	– (–)
UAE	– (–)	– (–)	– (–)	– (–)	– (–)	– (–)
インド	– (–)	– (–)	– (–)	– (–)	– (–)	– (–)
IAEA	1 (1)	2 (2)	– (–)	0 (0)	0 (0)	1 (1)
その他	168 (168)	2,075 (2,075)	4 (4)	358 (358)	8 (8)	4,249 (4,233)

・ 二国間原子力協定及びIAEAウラン供給協定の対象となる核燃料物質の量を締約国毎に記載。なお、複数の協定の対象となる核燃料物質は、それぞれの供給当事国区分に重複して計上。
・ 表中「－」については在庫を保有していないことを表し、「0」については0.5未満の在庫を保有していることを表す。
注 原子力基本法及び核燃料物質、核原料物質、原子炉及び放射線の定義に関する政令の規定に基づいている。物理的・化学的形状によらず区分毎の合計量を記載。

(出典) 第13回原子力規制委員会資料4 原子力規制庁「我が国における2022年の保障措置活動の実施結果」(2023年)

③　2022 年における国内に保管中の分離プルトニウムの期首・期末在庫量と増減内訳

単位:kgPu

＜合計＞ (注1)

炉内に装荷し照射した総量	△ 629
各施設の受払量	631
各施設内工程での増減量	△ 4
増減	△ 2

【再処理施設】

再処理の分離・精製工程から混合転換の原料貯蔵庫まで(注1)

令和4年1月1日 (令和3年末)現在の在庫量			3,793
増減内訳		受入による増量(令和4年一年間の搬入量)	0
		払出による減量(令和4年一年間の搬出量)	△ 0
		再処理施設内工程での増減量 (注2)	△ 0
	詳細内訳	受払間差異	2.2
		保管廃棄	△ 4.2
		保管廃棄再生	4.5
		核的損耗	△ 0.6
		測定済廃棄	△ 3.2
		在庫差	1.3
令和4年12月末現在の在庫量			3,793

【燃料加工施設】

MOXの粉末原料から燃料集合体に仕上げるまで(注1)

令和4年1月1日 (令和3年末)現在の在庫量			3,913
増減内訳		受入による増量(令和4年一年間の搬入量)	0
		払出による減量(令和4年一年間の搬出量)	△ 0
		燃料加工施設内工程での増減量 (注2)	△ 2
	詳細内訳	核的損耗	△ 2.5
		在庫差	0.8
令和4年12月末現在の在庫量			3,912

【原子炉施設等】

「高速炉」、「実用発電炉」及び「研究開発施設等」(注1)

令和4年1月1日　(令和3年末)現在の在庫量			1,573
増減内訳	受入による増量(令和4年一年間の搬入量)		631
	炉内に装荷し照射したことによる減量(令和4年一年間の装荷し照射した量)		△ 629
	払出による減量(令和4年一年間の搬出量)		△ 0
	原子炉施設等内での増減量(注2)		△ 3
	詳細内訳	核的損耗　等	△ 2.7
令和4年12月末現在の在庫量			1,572

(注1)　四捨五入の関係で合計が合わない場合がある。「△」は、減量を示す。

(注2)　各施設内工程での増減量の内訳には、施設への受入れ、施設からの払出し以外の計量管理上の在庫変動(受払間差異、保管廃棄、保管廃棄再生、核的損耗、測定済廃棄等)及び在庫差がある。これらの定義は以下のとおりであり、計量管理上、国際的にも認められている概念である。なお、この表中では、プルトニウムの増減をわかりやすく示す観点から、在庫量が減少する場合には負(△)、増加する場合には正(符号なし)の量として示している。そのため、計量管理上の表記と異なる場合があるので注意されたい。

○ 受払間差異:異なる施設間で核燃料物質の受渡しが行われた際の、受入側の測定値から払出し側が通知した値を引いた値。

○ 保管廃棄:使用済燃料溶解液から核燃料物質を回収する過程で発生する高放射性廃液や低放射性廃液等に含まれるプルトニウムなど、当面回収できない形態と認められる核燃料物質を保管する場合に、帳簿上の在庫から除外された量。

○ 保管廃棄再生:保管廃棄された核燃料物質のうち、再び帳簿上の在庫に戻された量。

○ 核的損耗:核燃料物質の自然崩壊により損耗(減少)した量。

○ 測定済廃棄:測定され又は測定に基づいて推定され、かつ、その後の原子力利用に適さないような態様(ガラス固化体等)で廃棄された量。

○ 在庫差:実在庫確認時に実際の測定により確定される「実在庫量」から「帳簿上の在庫量」を引いた値。測定誤差やプルトニウムを粉末や液体で扱う施設においては、機器等への付着等のため、発生する。

(出典)第25回原子力委員会資料第2号　内閣府「令和4年における我が国のプルトニウム管理状況」(2023年)

④　2022年における我が国の分離プルトニウムの施設内移動量・増減量及び施設間移動量

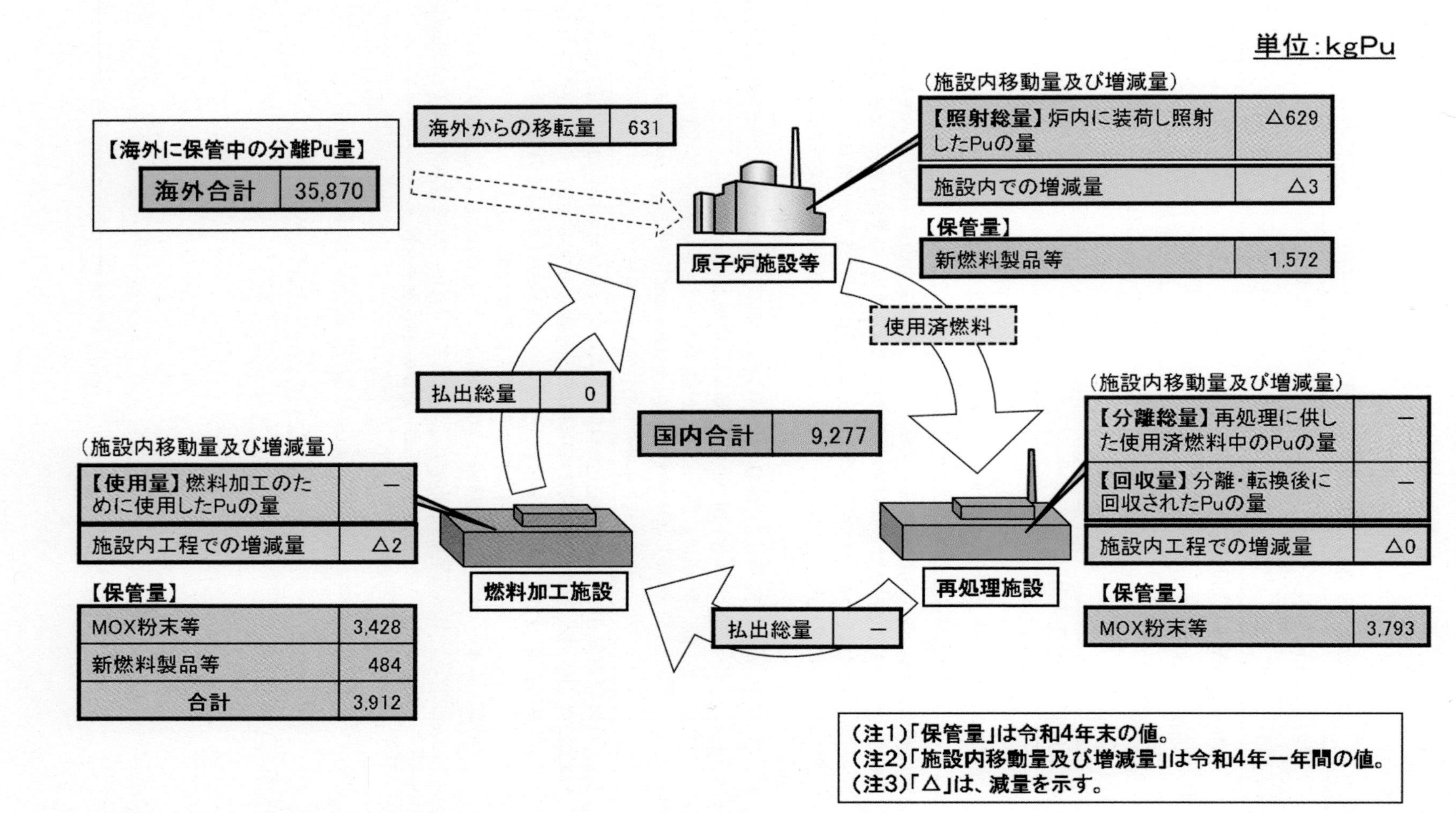

（出典）第25回原子力委員会資料第2号　内閣府「令和4年における我が国のプルトニウム管理状況」（2023年）

⑤ 原子炉施設等における分離プルトニウムの保管等の内訳（2022 年末時点）

事業者名等		保管プルトニウム(注1)（分離プルトニウム量）(kgPu)	うち、核分裂性プルトニウム量 (kgPuf)	うち、炉内に装荷されているプルトニウム(注2)（分離プルトニウム量）(kgPu)	うち、核分裂性プルトニウム量 (kgPuf)	（参考）（令和4年末までに炉内に装荷された分離プルトニウム総量）－（炉外へ取り出した照射済みプルトニウム総量）(注3) (kgPu)	うち、核分裂性プルトニウム量 (kgPuf)
高速炉	日本原子力研究開発機構	411	286	－	－	261	184
実用発電炉	東京電力ホールディングス(株)	205	138	－	－	210	143
	中部電力(株)	213	145	－	－	－	－
	関西電力(株)	631	404	－	－	810	520
	四国電力(株)	－	－	－	－	198	136
	九州電力(株)	－	－	－	－	160	103
研究開発施設等	日本原子力研究開発機構（臨界実験装置その他の研究開発施設）	113	91				
	その他機関	0	0				

（注1）令和4年末の分離プルトニウム量。
（注2）令和4年末の分離プルトニウムのうち、炉内に装荷されているプルトニウム量。
　令和4年の一年間に分離プルトニウムを照射したのは、関西電力高浜 4 号機、629kgPu。
（注3）令和4年末時点で炉内に装荷中のMOX燃料の未照射時点でのプルトニウム量を記載。なお、定期事業者検査のため、一時MOX燃料を炉外に移動し保管されている場合もある。

参考データ（令和4年末）
原子炉施設等に貯蔵されている使用済燃料等に含まれるプルトニウム　155,828kgPu
再処理施設に貯蔵されている使用済燃料に含まれるプルトニウム　26,734kgPu
放射性廃棄物に微量含まれるプルトニウム等、当面回収できないと認められているプルトニウム　135kgPu

（出典）第 25 回原子力委員会資料第 2 号　内閣府「令和 4 年における我が国のプルトニウム管理状況」(2023 年)

⑥　プルトニウム国際管理指針に基づきIAEAを通じて公表する2022年末における我が国のプルトニウム保有量

（　）内は2021年末の公表値

民生未照射プルトニウム年次保有量*1　（単位：tPu）

項目	2022年末	（2021年末）
1. 再処理工場製品貯蔵庫中の未照射分離プルトニウム	3.8	(3.8)
2. 燃料加工又はその他製造工場又はその他の場所での製造又は加工中未照射分離プルトニウム及び未照射半加工又は未完成製品に含まれるプルトニウム	3.4	(3.5)
3. 原子炉又はその他の場所での未照射MOX燃料（炉内に装荷された照射前を含む）又はその他加工製品に含まれる未照射プルトニウム	1.9	(1.9)
4. その他の場所で保管される未照射分離プルトニウム	0.1	(0.1)
［上記1-4の合計値］*2	［ 9.3	(9.3) ］
（ｉ）上記1-4のプルトニウムのうち所有権が他国であるもの	0	(0)
（ⅱ）上記1-4のいずれかの形態のプルトニウムであって他国に存在し、上記1-4には含まれないもの	35.9*3	(36.5*3)
（ⅲ）上記1-4のいずれかの形態のプルトニウムであって、国際輸送中で受領国へ到着前のものであり、上記1-4には含まれないもの	0	(0)

使用済民生原子炉燃料に含まれるプルトニウム推定量*4　（単位：tPu）

項目	2022年末	（2021年末）
1. 民生原子炉施設における使用済燃料に含まれるプルトニウム	156	(152)
2. 再処理工場における使用済燃料に含まれるプルトニウム	27	(27)
3. その他の場所で保有される使用済燃料に含まれるプルトニウム	<0.5	(<0.5)
［上記1-3の合計値］*5	［ 183	(179) ］
（定義） 1：民生原子炉施設から取り出された燃料に含まれるプルトニウムの推定量 2：再処理工場で受け入れた燃料のうち、未だ再処理されていない燃料に含まれているプルトニウムの推定量		

*1；100kg単位で四捨五入した値。
*2, *5；合計値はいずれも便宜上算出したものであり、IAEAの公表対象外。
*3；再処理施設に保管されているプルトニウムについては、Pu241の核的損耗を考慮した値。
*4；1,000kg単位で四捨五入した値。

（出典）第25回原子力委員会資料第2号　内閣府「令和4年における我が国のプルトニウム管理状況」（2023年）

(3)　核兵器不拡散条約（NPT）締約国とIAEA保障措置協定締結国（2023年3月時点）

NPT締約国 191か国

★：IAEA加盟国 176か国

包括的保障措置協定締結国 182か国
●：追加議定書締結国 141か国
○：追加議定書署名済み 13か国

□ IAEA理事国（2022年～2023年）（35か国）

NPT締約国 191か国

包括的保障措置協定締結国 181か国

東アジア
- **★ 日本 ●**
- **★ 韓国 ●**
- 北朝鮮
- ★ モンゴル ●

東南アジア
- ★ インドネシア ●
- ★ カンボジア ●
- **★ シンガポール ●**
- ★ タイ ●
- ★ フィリピン ●
- ★ ブルネイ
- **★ ベトナム ●**
- ★ マレーシア ○
- ★ ミャンマー ○
- ★ ラオス ○

オセアニア
- **★ オーストラリア ●**
- キリバス ○
- ★ サモア
- ソロモン
- ツバル
- ★ トンガ
- ナウル
- ★ ニュージーランド ●
- ★ パプアニューギニア
- ★ バヌアツ ●
- ★ パラオ ●
- ★ フィジー ●
- ★ マーシャル諸島 ●
- ミクロネシア

中東・南アジア
- ★ アフガニスタン ●
- ★ アラブ首長国連邦 ●
- ★ イエメン
- ★ イラク ●
- ★ イラン ○
- ★ オマーン
- **★ カタール**
- ★ クウェート ●
- **★ サウジアラビア**
- ★ シリア
- ★ スリランカ
- ★ ネパール
- ★ バーレーン ●
- パレスチナ
- ★ バングラデシュ ●
- ブータン
- モルジブ
- ★ ヨルダン ●
- ★ レバノン

西ヨーロッパ
- ★ アイスランド ●
- **★ アイルランド ●**
- アンドラ ●
- ★ イタリア ●
- ★ オーストリア ●
- ★ オランダ ●
- ★ ギリシャ ●
- ★ キプロス ●
- ★ サンマリノ
- **★ スイス ●**
- ★ スウェーデン ●
- ★ スペイン ●
- **★ デンマーク ●**
- **★ ドイツ ●**
- **★ トルコ ●**
- ★ ノルウェー ●
- ★ バチカン ●
- **★ フィンランド ●**
- ★ ベルギー ●
- ★ ポルトガル ●
- ★ マルタ ●
- ★ モナコ ●
- ★ リヒテンシュタイン ●
- ★ ルクセンブルク ●

東ヨーロッパ
- ★ アゼルバイジャン ●
- ★ アルバニア ●
- ★ アルメニア ●
- ★ ウクライナ ●
- ★ ウズベキスタン ●
- ★ エストニア ●
- ★ カザフスタン ●
- ★ 北マケドニア ●
- ★ キルギス ●
- ★ ジョージア ●
- ★ クロアチア ●
- ★ スロバキア ●
- **★ スロベニア ●**
- ★ セルビア ●
- ★ タジキスタン ●
- **★ チェコ ●**
- ★ トルクメニスタン ●
- ★ ハンガリー ●
- **★ ブルガリア ●**
- ★ ベラルーシ ○
- ★ ポーランド ●
- ★ ボスニア・ヘルツェゴビナ ●
- ★ モルドバ ●
- ★ モンテネグロ ●
- ★ ラトビア ●
- ★ リトアニア ●
- ★ ルーマニア ●

アフリカ
- ★ アルジェリア ○
- ★ アンゴラ ●
- ★ ウガンダ ●
- ★ エジプト
- ★ エスワティニ ●
- ★ エチオピア ●
- ★ エリトリア ●
- ★ ガーナ ●
- カーボベルデ ●
- ★ カメルーン ●
- ★ ガボン ●
- ★ ガンビア ●
- ギニアビサウ ●
- **★ ケニア ●**
- ★ コートジボワール ●
- ★ コモロ ●
- ★ コンゴ共和国 ●
- ★ コンゴ民主共和国 ●
- サントメ・プリンシペ ●
- ★ ザンビア ○
- ★ シエラレオネ ○
- ★ ジブチ ●
- ★ ジンバブエ ●
- ★ スーダン
- ★ セイシェル ●
- ★ セネガル ●
- ★ タンザニア ●
- ★ チャド ●
- ★ 中央アフリカ ●
- ★ チュニジア ○
- ★ トーゴ ●
- ★ ナイジェリア ●
- **★ ナミビア ●**
- ★ ニジェール ●
- ★ ブルキナファソ ●
- **★ ブルンジ ●**
- ★ ベナン ●
- ★ ボツワナ ●
- ★ マダガスカル ●
- ★ マラウイ ●
- ★ マリ ●
- **★ 南アフリカ ●**
- ★ モーリシャス ●
- ★ モーリタニア ●
- ★ モザンビーク ●
- ★ モロッコ ●
- **★ リビア ●**
- ★ リベリア ●
- ★ ルワンダ ●
- ★ レソト ●

北・南アメリカ
- **★ アルゼンチン**
- ★ アンティグア・バーブーダ ●
- **★ ウルグアイ ●**
- ★ エクアドル ●
- ★ エルサルバドル ●
- ★ ガイアナ
- **★ カナダ ●**
- ★ キューバ ●
- **★ グアテマラ ●**
- ★ グレナダ
- **★ コスタリカ ●**
- **★ コロンビア ●**
- ★ ジャマイカ ●
- スリナム
- ★ セントクリストファー・ネービス ●
- ★ セントビンセント・グレナディーンズ
- ★ セントルシア
- ★ チリ ●
- ★ ドミニカ
- ★ ドミニカ共和国 ●
- ★ トリニダード・トバゴ
- ★ ニカラグア ●
- ★ ハイチ ●
- ★ パナマ ●
- ★ バハマ
- ★ パラグアイ ●
- ★ バルバドス
- **★ ブラジル**
- ★ ベネズエラ
- ★ ベリーズ
- ★ ペルー ●
- ★ ボリビア ○
- ★ ホンジュラス ●
- ★ メキシコ ●

東南アジア
- 東ティモール ○

アフリカ
- ギニア ○
- 赤道ギニア
- ソマリア

自発的保障措置協定締結国 5か国
（核兵器国）
- **★ 米国 ●**
- **★ イギリス ●**
- **★ フランス ●**
- **★ ロシア ●**
- **★ 中国 ●**

その他の保障措置協定締結国 3か国
- ★ イスラエル
- **★ インド ●** ※
- **★ パキスタン**

<その他>
- IAEAは台湾とも保障措置協定を締結済み。
- IAEAはユーラトムとも追加議定書を締結済み。
- ※インドは2014年7月25日にモデルAPの「補完的アクセス」部分を始めとする主要な要素が含まれない形の「AP」を締結。

（出典）国際連合軍縮部ウェブサイト「Treaty on the Non-Proliferation of Nuclear Weapons」、IAEAウェブサイト「Safeguards agreements」、「Status List」、「Status of the Additional Protocol」、「List of Member States」、「Board of Governors」等に基づき作成

(4) 原子力関連年表（2022年4月～2023年3月）

- 2022年

月日	国内	国際
4.4		• 欧州と米国の原子力学会がロシアによるウクライナの原子力施設への軍事攻撃等を非難する共同声明を発表 • 米国政府とラトビア政府が「小型モジュール炉（SMR）技術の責任ある利用のための基礎インフラ」に基づくパートナーシップを締結
4.7		英国ビジネス・エネルギー・産業戦略省(BEIS)が原子力プロジェクトの加速等を含む「エネルギー安全保障戦略」を公表
4.11		米国ウェスチングハウス（WH）社がチェコ企業9社とドコバニ原子力発電所増設に係る覚書を締結したと発表
4.12		• エストニア企業とカナダのオンタリオ・パワー・ジェネレーション（OPG）社子会社がエストニアにおけるSMR建設に向けた協力協定を締結 • チェコ電力（CEZ）がテメリン原子力発電所の燃料調達先に米国 WH 社とフランスのフラマトム社を選定 • 米国エネルギー省（DOE）が原子力関連分野の学生を対象とした奨学金及び研究奨励制度として計500万ドル超の支援を発表
4.13		カナダのSNC-ラバリン・グループがSMRの開発及び導入に向けた戦略的パートナーシップを英国モルテックス・エナジー社と締結したと発表
4.18		パキスタンのカラチ原子力発電所3号機が商業運転を開始
4.19		米国DOEが国内既存炉の早期閉鎖防止を目的とした「民生用原子力発電クレジットプログラム」の第1回申請受付を開始
4.20		中国国務院が三門、海陽、陸豊の各原子力発電所における計6基の大型炉建設の計画を承認
4.22		• 米国ニュースケール・パワー社がSMRの商業化に向けて米国原子炉鍛造企業連合と協力協定を締結したと発表 • 韓国水力原子力会社（KHNP）がAPR1400の6基建設に係る事業提案書をポーランド政府に提出
4.25		• 韓国斗山エナビリティ社が米国ニュースケール・パワー社製SMRの建設に向けた主要機器の製造開始に係る契約を同社と締結したと発表 • 米国ベクテル社がポーランド企業12社とポーランドにおける原子炉2基の建設に向けた覚書を締結
4.29	国際原子力機関（IAEA）が東電福島第一原発のALPS処理水の安全性に係るレビュー結果をまとめた報告書を公表	

月日	国内	国際
5.2		• フィンランド企業がハンヒキビ原子力発電所1号機建設に向けたロシアRAOSプロジェクト社との設計・調達・建設契約の終了を発表 • 米国とアルメニアが民生用原子力分野の協力強化に係る覚書を締結
5.3		ロシアからの燃料調達を中止していたスウェーデン企業が、米国WH社及びフランスのフラマトム社と燃料供給契約を締結
5.5		• IAEAが原子力による水素製造の商業展開に向けたロードマップを策定するイニシアティブの設立を発表 • ハンガリー企業がパクシュ原子力発電所の増設プロジェクトをロシアのロスアトムと継続すると発表
5.6		ベルギー企業がフランス電力（EDF）とEDFが開発するSMR「NUWARD」のエンジニアリングサービス契約を締結したと発表
5.11		米国Xエナジー社と英国キャベンディッシュ・ニュークリア社が英国における高温ガス炉（HTGR）の建設に係る覚書を締結したと発表
5.12		ウクライナ国家原子力規制局がロシアとの原子力分野における国際協定を終了する手続の開始を発表
5.13		英国BEISが新規の原子力プロジェクトを支援する「未来原子力実現基金」の設立を発表
5.17		韓国SKグループ傘下2社がSMR事業における包括的な事業協力に係る米国テラパワー社との覚書の締結を発表
5.18	• 原子力規制委員会がALPS処理水の海洋放出関連設備の設置等を含む東電福島第一原発の実施計画変更認可申請に係る審査書案を了承 • 萩生田経済産業大臣（当時）がIAEAグロッシー事務局長との会談を通じてALPS処理水の安全性に関するレビュー等における連携等を確認	カナダのサスカチュワン研究評議会と米国WH社カナダ法人がサスカチュワン州における同社製マイクロ原子炉「eVinci」建設に係る覚書の締結を発表
5.20		米国のパリセード原子力発電所が恒久閉鎖
5.23	革新炉及びSMRの開発への協力等を含む日米首脳共同声明を発表	• 米国ニュースケール・パワー社がルーマニアにおけるSMR建設に向けてルーマニア国営原子力発電会社及び初号機建設サイト所有者との覚書の締結を発表 • 米国国家核安全保障局が日本の原子力施設3か所から米国への高濃縮ウランの移送が完了したと発表

月日	国内	国際
5.24		• ベルギーのドゥ＝クロー首相が原子力研究センターにSMRに関する研究のために1億ユーロの拠出を表明 • フィンランド企業がハンヒキビ原子力発電所1号機の建設許可申請取下げを発表 • ルーマニア企業が同国における米国ニュースケール・パワー社製SMR「VOYGR」の展開に向け、同社及び建設サイト所有者と覚書を締結したと発表 • 米国WH社が同社製原子炉「AP1000」の世界展開に向けて韓国の現代建設と戦略的協力協定を締結したと発表
5.25		韓国原子力研究院（KAERI）とバングラデシュ原子力委員会が原子力分野の研究開発の協力強化に係る覚書を締結
5.31	• 札幌地方裁判所が北海道電力（株）泊発電所の運転差止請求を認める判決 • 原子力委員会が「医療用等ラジオアイソトープ製造・利用推進アクションプラン」を決定	
6.2	島根県知事が島根県議会において、島根原子力発電所2号機の再稼働を容認する判断をした旨を表明。	• ブラジルの原子力発電公社とフランスEDFが原子力プロジェクト開発の相互協力促進に向けた覚書を締結 • フランスEDFが、フランス、フィンランド及びチェコの原子力規制当局が同社製SMR「NUWARD」の審査を共同実施すると発表
6.3		米国WH社がウクライナ内におけるAP1000の新設等の協力拡大に係る追加契約をウクライナ企業と締結したことを発表
6.7	• 令和3年度エネルギーに関する年次報告（エネルギー白書2022）が閣議決定 • 政府が5年ぶりに「電力需給に関する検討会合」を開催し、「2022年度の電力需給に関する総合対策」を決定	
6.8	東芝エネルギーシステムズ（株）が米国現地法人と共にポーランド初の原子力発電所向けの機器納入に係る協業に関して米国ベクテル社と合意したことを発表	
6.12	福島県葛尾村の特定復興再生拠点区域の避難指示が午前8時に解除	
6.14	島根県知事が昨年9月に梶山経済産業大臣（当時）から理解要請のあった、島根原子力発電所2号機の再稼働に向けた政府の方針について、萩生田経済産業大臣（当時）に対して回答	
6.16		ロシア経済発展省と同国ロスアトム社が、サハ共和国におけるSMR建設契約に係る協力協定を締結
6.17	最高裁判所が東電福島第一原発事故における国の責任を認めないとする判決	アラブ首長国連邦（UAE）の原子力規制庁（FANR）がバラカ原子力発電所3号機の運転許可を発給
6.21		米国GEスチームパワー社が蒸気タービン3基の設計・製造等に係る契約をインド企業と

月日	国内	国際
		締結したと発表
6.22		ポーランド企業が同国におけるSMR導入に向けた基本合意を米国ラスト・エナジー社と締結したと発表
6.23		中国の紅沿河原子力発電所6号機が商業運転を開始
6.24		世界原子力協会と日本、米国、カナダ、英国、欧州の原子力産業団体がG7首脳に既存炉の運転期間延長や再稼働の支援等を求める共同声明を発表
6.26		米国バイデン大統領がルーマニアにおける米国ニュースケール・パワー社製SMR導入に向けた建設計画への資金提供を発表
6.27	原子力規制委員会がIAEAと共同実施した分析機関間比較の報告書を公表	カナダのサスカチュワン州営電力会社が州内に建設するSMRとして米国GE日立ニュークリア・エナジー（GEH）社製SMR「BWRX-300」を選定したと発表
6.28		• 韓国KHNP社がカザフスタン原子力発電所会社とカザフスタンにおける原子炉新設に係る覚書を締結したことを発表 • スウェーデン企業がリングハルス原子力発電所の隣接地におけるSMR建設に関する実現可能性調査を開始することを発表
6.29		ロシアのロスアトム社がエジプト初の原子炉となるダバ原子力発電所1号機の建設許可を取得
6.30	• 福島県大熊町の特定復興再生拠点区域の避難指示が午前9時に解除 • 住友商事（株）が米国の核融合関連企業であるTAEテクノロジーズ社に出資 • 資源エネルギー庁の原子力小委員会が廃炉等円滑化ワーキンググループを設置	• 欧州委員会（EC）がチェコのドコバニ原子力発電所の増設計画に対する同国の支援がEUの国家補助規則に適合しているか調査を開始すると発表 • 国際エネルギー機関がネットゼロ目標達成には2020～2050年に原子力発電容量の倍増が必要とのシナリオを提示した報告書「Nuclear Power and Secure Energy Transitions」を刊行 • 英国リンカンシャー州で地層処分場建設の立地検討を行うコミュニティパートナーシップが設立
7.4		• IAEAがSMRを含む先進炉の建設促進を目指し「原子力調和・標準化イニシアティブ」の開始を発表 • 英国ロールス・ロイスSMR社が同社製SMRの原子炉圧力容器を製造する最初の工場建設候補地6カ所を選定したことを発表
7.6		欧州議会が原子力と天然ガスを含むEUタクソノミー補完委任規則への反対決議案が否決されたと発表
7.8		• フランス政府が放射性廃棄物の地層処分場設置に関する公益宣言を発出 • ポーランド企業が同国の原子力庁（PAA）に米国GE日立ニュークリア・エナジー社のBWRX-300の設計に関する技術評価を申請したことを発表

月日	国内	国際
7.11		• 米国 WH 社がウクライナにおける AP1000 の 2 基建設に向けた技術情報提供に係る契約をウクライナ企業と締結したことを発表 • ロシアのロスアトム社とミャンマー科学技術省がミャンマーにおける原子力分野の訓練等の実施に係る覚書を締結
7.12		カナダ OPG 社が、同国において米国 X エナジー社製 SMR「Xe-100」の産業利用に導入するための枠組み協定を同社と締結したと発表
7.13		ロシアのロスエネルゴアトム及びロスアトム技術アカデミーとウズベキスタンの原子力開発庁がウズベキスタンにおける原子力のインフラ開発に係る覚書を締結
7.19		英国政府が国産の原子力燃料製造を支援する原子力燃料基金の始動を発表
7.20		英国 BEIS がサイズウェル C 原子力発電所に開発合意令を発給
7.22	原子力規制委員会が東電福島第一原発における ALPS 処理水の海洋放出関連設備等に係る実施計画の変更を認可	ベルギー政府がドール 4 号機とチアンジュ 3 号機の運転期間延長に向けエンジー社と原則合意
7.26		世界の 40 超の原子力関連団体が原子力による水素製造技術の開発推進を目的として原子力水素イニシアティブ（NHI）を発足
7.28	原子力委員会が「令和 3 年度版原子力白書」を決定	米国ラスト・エナジー社のポーランド現地法人とポーランド企業がポーランドにおける SMR10 基の建設に向けた基本合意書を締結
7.29		米国原子力規制委員会（NRC）が同国のニュースケール・パワー社製 SMR 設計の設計認証に関する最終規則の発行を発表
7.31	岸田内閣総理大臣が日本の総理大臣として初めて核兵器不拡散条約(NPT)運用検討会議(第 10 回）に出席（～8 月 1 日）	
8.1		英国のヒンクリーポイント B 原子力発電所が恒久閉鎖
8.2		欧州復興開発銀行がスロバキアのボフニチェ原子力発電所 2 基の解体作業が完了したと発表
8.4	東京電力が ALPS 処理水希釈放出設備及び関連施設に係る設備工事を開始	
8.10		G7 外相がウクライナのザポリッジャ原子力発電所における原子力安全及び核セキュリティの促進に向けた IAEA の取組を支持する声明を公表
8.11		カナダのテレストリアル・エナジー社が同国のアルバータ州投資公社と小型モジュール式の一体型溶融塩炉（IMSR）の商業化支援に係る MOU を締結したことを発表
8.16		• 米国で気候・エネルギー投資として原子力発電を支援する規定を含むインフレ抑制法が成立

月日	国内	国際
8.17		• カナダ OPG 社が米国テネシー峡谷開発公社と両国における SMR の導入に関して協働することを発表 • ポーランド政府が原子力施設への投資の準備・実施等に関する改正法案を閣議決定
8.18		米国ウルトラ･セーフ･ニュークリア社(USNC)がテネシー州オークリッジに TRISO 及び FCM 燃料のパイロット製造施設の開設を発表
8.25		• 米国ニュースケール・パワー社とエストニア企業がエストニアへのニュースケール・パワー社製 SMR 導入に向けた設計評価に係る覚書を締結 • 英国ロールス・ロイス SMR 社が同社製 SMR のオランダへの導入に係る独占契約をオランダ企業と締結したことを発表 • ロシアのロスアトム社が、同社傘下企業と韓国 KHNP 社がエジプトのダバ原子力発電所のタービン施設建設に係る契約を締結したと発表 • スロバキア原子力安全局がモホフチェ原子力発電所 3 号機に運転許可を発給
8.26		ハンガリー原子力庁がパクシュ原子力発電所 5、6 号機の建設許可を発給
8.29		米国ウルトラ･セーフ･ニュークリア社(USNC)が韓国の現代建設とガス冷却マイクロ炉の開発・導入プロジェクトにおける調達・協働に係る枠組み合意を締結したと発表
8.30	• 廃炉・汚染水・処理水対策関係閣僚等会議が「ALPS 処理水の処分に伴う対策の強化・拡充の考え方」を新たに取りまとめるとともに、「ALPS 処理水の処分に関する基本方針の着実な実行に向けた行動計画」を改定 • 福島県双葉町の特定復興再生拠点区域の避難指示が午前 0 時に解除	英国コアパワー社が米国 MIT エナジー・イニチアティブ及び米国アイダホ国立研究所と共に原子力エネルギー大学プログラムにおいて米国 DOE から 3 年間の浮体式原子力発電技術の開発資金を提供されることを発表
9.1		米国のサザン・ニュークリア社がハッチ原子力発電所 1、2 号機の 20 年間の運転期間延長を申請する意向を NRC に通知
9.2		• 英国 BEIS が先進モジュール炉（AMR）研究開発・実証プログラムの第一フェーズの資金提供先として 6 件のプロジェクトを採択 • 米国カリフォルニア州知事がディアブロキャニオン原子力発電所の運転期間延長を支援する法案に署名
9.5	原子力機構が、英国政府による AMR 研究開発・実証プログラムへの参画を発表	• ドイツ政府が電力不足回避のため原子炉 2 基を 2022 年末の閉鎖後も待機させる方針を発表 • 英国ロールス・ロイス SMR 社がチェコ及び中央ヨーロッパ諸国への SMR 導入に向けた覚書をチェコ企業と締結したと発表

月日	国内	国際
9.6		• ロシアのロスアトム社とミャンマーの科学技術省及び電力省が 2022～2023 年の原子力平和利用に向けた協力ロードマップに署名 • ルーマニア企業とポーランド企業が SMR 開発における協力に係る拘束力のない覚書に署名したと発表 • IAEA がウクライナのザポリッジャ原子力発電所への安全地帯の設置等を国連安全保障理事会に要請
9.8		• 米国 GEH 社が英国への BWRX-300 導入支援に関して英国シェフィールド・フォージマスターズ社との協力に同意したと発表 • 米国 WH 社が VVER-440 用燃料製造の協働に向けたスペイン企業とのパートナーシップの拡大を発表
9.9		米国ミシガン州知事が 2022 年 5 月に恒久閉鎖したパリセード原子力発電所の運転再開の支援を表明し、DOE に協力を求める書簡を提出
9.12	統合イノベーション推進戦略会議が「核融合戦略有識者会議」を設置	• 米国政府とポーランド政府がポーランドにおける原子炉 6 基の建設や民生原子力分野の二国間協力枠組みに関するロードマップを策定 • スイスの放射性廃棄物管理協同組合が放射性廃棄物地層処分場の立地候補として北部レゲレンを提案
9.15		IAEA 理事会がロシアに対して、ザポリッジャ原子力発電所やその他のウクライナの原子力施設におけるあらゆる活動を停止するよう求める決議を採択
9.19		欧州経済委員会が同委員会加盟の欧州、北米、中央アジア諸国におけるカーボンニュートラル達成に向け、原子力の利用拡大等を提言
9.22		米国 WH 社がポーランド等における AP1000 の建設に向けてポーランドのサプライヤー22 社と覚書を締結したことを発表
9.23		ベルギーのドール原子力発電所 3 号機が恒久閉鎖
9.26		• 米国マイクロソフト社がカナダ OPG 社と、原子力発電由来のクリーンエネルギークレジット購入を含む戦略的パートナーシップを締結したと公表 • ブラジル企業とロシアのロスアトム社が原子力分野における相互協力強化に向けた覚書を締結
9.27		• インド原子力規制委員会とウズベキスタン国家産業安全委員会が放射線・原子力安全分野の規制の協力及び知見共有に係る覚書を締結 • ルーマニア企業が SMR 事業を担う合弁会社を設立したことを発表

月日	国内	国際
9.28	総合資源エネルギー調査会の基本政策分科会が GX 実行会議を受けてエネルギー供給体制の見直しに関する議論を開始	• UAE の FANR と韓国 KAERI が原子力安全分野における研究・開発の協力強化に向けた覚書を締結 • 英国 EDF エナジー社がハートルプール及びヘイシャム原子力発電所 1 号機の 2024 年 3 月以降の運転継続を検討
9.29	• 三菱重工業（株）が革新軽水炉「SRZ-1200」を電力事業者 4 社と共同開発すると発表 • 文部科学省が「次世代革新炉の開発に必要な研究開発基盤の整備に関する検討会」を設置	• ロシアのロスアトム社が系列企業による中国の高速炉「CFR-600」への燃料供給の開始を発表 • IAEA が未使用密封線源管理に関するピアレビューサービスを開始 • カナダのオンタリオ州のエネルギー相がピッカリング B 原子力発電所の運転期間を 2026 年まで延長する OPG 社の計画を支持すると発表 • カナダのオンタリオ州政府がピッカリング B 原子力発電所の運転期間を 30 年間延長できる可能性がある改修の実現可能性評価を更新するよう OPG 社に要請
9.30	東京電力が福島第一原発で発生する ALPS 処理水を含む海水での海洋生物飼育試験を開始	
10.3	岸田内閣総理大臣が所信表明演説において、次世代革新炉の開発・建設等について、専門家による議論の加速を指示	• 米国 WH 社が鉛冷却高速炉（LFR）技術に基づく原子力プラントの共同開発に係る契約をイタリア企業と締結したと発表 • 米国のバージニア州知事が SMR 導入を含む同州の 2022 年版エネルギー計画を発表
10.10		米国 DOE が原子力の技術革新を加速するゲートウェイ（GAIN）イニシアティブにおいて企業 3 社への先進炉のサイト選定及び使用済燃料リサイクルの新たな技術開発支援を発表
10.11		• 米国ホルテック・インターナショナル社が同社製 SMR のチェコにおける建設計画推進に係る合意をチェコのシュコダ・プラハ社及び韓国の現代建設と締結 • カナダ OPG 社とチェコ企業が SMR を含む原子力技術の導入推進における協働に係る覚書を締結 • カナダ企業らが戦略的パートナーシップを構築し、米国 WH 社を買収すると発表 • 英国の原子力廃止措置機関（NDA）が同国のグムニ・エギノ社と北ウェールズにおける SMR 開発支援に係る MOU を締結したことを発表
10.12	九州電力（株）が川内原子力発電所 1～2 号機の運転期間延長認可に係る申請書を原子力規制委員会へ提出	
10.13		• カナダ企業とポーランド企業がポーランドにおける SMR 開発・導入支援に係る基本サービス契約を締結 • 米国の X エナジー社の子会社がテネシー州において北米初の TRISO 燃料製造施設の建設を開始
10.14		スウェーデン新政権の与党含む 4 党が原子炉の新設や維持を含む政策合意を公表

月日	国内	国際
10.17		カナダ企業と英国原子力公社が磁化標的核融合エネルギーの商業化推進プロジェクトを開始
10.19		ドイツ政府が原子炉3基の一時的な運転継続に向けた原子力法の改正案を承認
10.21		米国GEH社がSMRや先進炉に関する能力の強化に向けてウィルミントンにおける事業の拡大を発表
10.26	太田経済産業副大臣がIAEA主催の「21世紀の原子力エネルギーに関する国際閣僚会議」等に参加（～10月28日）	• 米国ニュースケール・パワー社がカナダ企業と協力してSMR技術を用いた海洋原子力発電施設の新しい概念設計を行ったことを発表 • 日本、米国、ガーナの各政府が、ガーナにおけるSMR導入に向けた戦略的パートナーシップを発表
10.27		米国テラパワー社とパシフィコープ社が2035年までにエネルギー貯蔵システムを組み合わせたナトリウム冷却型原子炉を最大5基導入する実現可能性調査の実施を発表
10.28	原子力委員会と原子力規制委員会が「原子力利用に関する基本的考え方」の改定などに関して意見交換を実施	
10.31		• 韓国KHNP社がポーランドにおけるAPR1400建設等に係る意向表明書をポーランド企業2社と締結したことを発表 • 米国コンステレーション・エナジー社がイリノイ州のクリントン及びドレスデン両原子力発電所の運転期間延長をNRCに申請する意向を発表 • カナダOPG社がカナダ原子力安全委員会（CNSC）に対してダーリントン原子力発電所サイトにおけるSMRの建設許可申請を提出 • エジプト原子力規制・放射線当局がエルダバ原子力発電所2号機の建設許可を発給
11.1		UAEと米国が原子力発電を含むクリーンエネルギー移行への連携強化に向けた二国間パートナーシップ「PACE」を締結
11.2		ポーランド政府が同国の原子力発電所に米国WH社のAP1000技術を採用することを発表
11.4		米国ゼネラル・エレクトリック（GE）社が子会社の原子力事業買収に係る拘束力のある契約をフランスEDFと締結
11.7		• カナダ企業が既存の石炭火力発電所を原子力発電へ切り替える「Repowering Coal」プログラムにおける協働に係る基本合意書を米国テラプラクシス社と締結したことを発表 • フランス政府が原子力発電所の新設を推進する省庁間代表組織を設置
11.9		• 英国ロールス・ロイスSMR社が同社製SMRの建設における優先候補地4地点を選定したことを発表 • 米国DOEがナインマイルポイント、デービ

月日	国内	国際
		ス・ベッセ、プレーリー・アイランド、パロベルデ原子力発電所における水素実証プロジェクトに対して支援を実施していることを発表
11.11		• 米国政府がウクライナにおいて SMR による水素及びアンモニア製造実証事業を実施する計画を発表 • ドイツ連邦議会が 2022 年末閉鎖予定の原子炉 3 基の運転を 2023 年 4 月 15 日まで延長する法案を可決し、脱原子力の後ろ倒しが確定 • 英国ロールス・ロイス SMR 社がカンブリア州西部に建設予定の SMR に同社製技術が採用されたことを発表
11.14	IAEA が ALPS 処理水の安全性に関する 2 回目のレビューを実施（～11 月 18 日）	インド政府が国連気候変動枠組条約事務局に対して原子力発電の設備容量を 2032 年までに 3 倍にすることを含む長期低排出開発戦略を提出
11.15		ルーマニア企業が同社の合弁会社による同国への SMR 導入に係る MOU の締結を発表
11.16		• 英国 EDF エナジー社が原子力を利用した水素製造事業に対して BEIS から資金支援を受けたことを発表 • 英国 EDF エナジー社が英国 BEIS からアスファルトやセメント製造における原子力発電由来水素の利用プロジェクトの実現可能性調査に対する資金提供を受けたことを発表
11.20		米国政府がタイにおける SMR 導入を支援するイニシアティブの開始を発表
11.22	原子力機構がポーランド国立原子力研究センターと同国における高温ガス炉研究炉の基本設計に関する研究開発協力を開始	米国 WH 社がフィンランドのロヴィーサ原子力発電所の新たな VVER-440 型燃料の設計及び許認可、供給に係る契約をフィンランドのフォータム社と締結したことを発表
11.24		チェコ企業がロシアのエンジニアリンググループ OMZ 社からシュコダ社を買収する手続を完了
11.25	関西電力（株）が高浜発電所 3、4 号機の運転期間延長認可申請を行う方針を発表	
11.27		インドのジテンドラ・シン国務大臣が民間セクターやスタートアップ企業に SMR の技術開発への参加の呼びかけを発表
11.29		• エストニア企業とウクライナ企業がウクライナにおける SMR 導入を目的とした研究での協力に関する覚書を締結 • フランスのオラノ社がカザフスタン企業とウラン採掘における協力強化に向けた覚書を締結 • フランス企業がカザフスタンの政府基金とカザフスタンにおける原子炉新設の協力に関する覚書を締結
11.30		ベルギー企業が南アフリカ企業と南アフリカのクバーグ原子力発電所の運転期間延長支援等に係る新たな契約を締結したことを発表

月日	国内	国際
12.1		• 米国ニュースケール・パワー社がオランダ企業らと SMR を利用した水素製造システムを共同開発すると発表 • 米国ニュースケール・パワー社が同社製 VOYGR による水素製造における経済的に最適化された統合エネルギーシステム（IES）のコンセプトの開発・評価を米国のシェル・グローバル・ソリューションズ社らと共同実施することを発表
12.2		ベルギー政府が高レベル及び長寿命放射性廃棄物を地層処分する方針を示した王令を制定
12.7		• 英国と米国がエネルギー安全保障強化やエネルギー価格低廉化等を目的として、原子力分野での協力を含む新たなパートナーシップを締結 • インド政府が加圧重水炉（PHWR）10 基の建設及び新たな建設サイト 5 カ所を承認したことを発表 • 韓国の新韓蔚原子力発電所 1 号機が商業運転を開始
12.8	資源エネルギー庁の原子力小委員会が「原子力政策の方向性と実現に向けた行動指針（案）」を発表	フランス EDF がフィンランド企業とフィンランドとスウェーデンへの SMR 及び大型炉導入に向けた協力に係る枠組み合意を締結
12.13		英国政府が核燃料製造や次世代先進炉開発等に対する 1 億 200 万ポンド規模の支援策を発表
12.14		米国 ThorCon 社がフランスのビューローベリタス社と、インドネシアで導入が検討されている溶融塩高速炉を搭載したバージ(はしけ)の技術評価や開発に係る合意を締結したことを発表
12.15		• 米国 USNC 社とフィンランドのラッペーンランタ工科大学がラッペーンランタにおけるマイクロモジュール炉（MMR）導入に係る覚書を締結 • 米国 USNC 社がカナダ企業と中東や北アフリカ、カリブ海地域への MMR 導入に係る覚書を締結したことを発表 • 米国 WH 社とポーランド企業がポーランド初の原子力発電所建設サイトのレイアウトや許認可支援等に係る新たな契約を締結 • フィンランド企業がスウェーデン企業とスウェーデンにおける新しい SMR 開発に係る MOU を締結したことを発表
12.21	原子力規制委員会が「高経年化した発電用原子炉に関する安全規制の概要（案）」を策定	
12.22	GX 実行会議が原子力の持続的活用を含む「GX 実現に向けた基本方針（案）～今後 10 年を見据えたロードマップ～」を発表	米国 WH 社がブルガリアのコズロドイ原子力発電所と 10 年間にわたる燃料製造・供給に係る契約を締結したことを発表
12.23	原子力関係閣僚会議が高速炉開発に係る「戦略ロードマップ」を改訂	
12.28		米国のニュースケール・パワー社がルーマニア企業と同国のドイチェシュティにおける導入が計画されている SMR の基本設計業務の第

月日	国内	国際
		一フェーズに係る契約を締結
12.29	IAEA が ALPS 処理水の安全性レビューに関連して「IAEA による独立したサンプリング、データの裏付け及び分析活動」に関する報告書を公表	

- 2023 年

月日	国内	国際
1.9	経済産業省と米国 DOE が原子力分野を含むエネルギー安全保障及びクリーンエネルギー移行における協力に関する共同声明を発表	ベルギー連邦政府とフランス企業がドール原子力発電所 4 号機及びチアンジュ原子力発電所 3 号機の運転期間延長に向けた基本合意を締結
1.11		スウェーデン政府が新たなサイトでの原子炉建設を可能にするなどの規定を盛り込んだ法改正を提案
1.13		• フランス EDF とポーランド企業がポーランドでのフランス製 SMR の NUWARD の技術開発に関する協力協定を締結したことを発表 • スロベニア政府が同国のクルスコ原子力発電所に 2043 年までの運転期間延長の許可を発給
1.16	IAEA が東電福島第一原発の ALPS 処理水の規制に関する 2 回目のレビューを実施（～1 月 20 日）	フランスで放射性廃棄物管理機関（ANDRA）が地層処分場の設置許可申請書を政府に提出
1.17		• SMR である Xe-100 の開発を進める米国 X エナジー社が、同社に対して韓国の DL E&C 社及び斗山エナビリティ社が 2,500 万ドルを出資したことを発表 • ブルガリア政府はコズロドイ及びベレネ原子力発電所における各 2 基の新設を含む 2023～53 年のエネルギー戦略を策定したことを発表
1.19		• 米国 NRC が同国ニュースケール・パワー社製 SMR の設計認証規則を策定 • 英国原子力規制局（ONR）がカナダ CNSC と AMR 及び SMR の共同技術審査に向けた MOU を締結したことを発表
1.27		カナダ OPG 社が同国の SNC ラヴァリン社、Aecon 社、米国 GEH 社とカナダのダーリントン原子力発電所における BWRX-300 建設に係る合意を締結したことを発表
1.30		• 韓国電力公社（KEPCO）がトルコに原子力発電所建設の予備提案書を提出 • 米国 GSE ソリューションズ社が米国ニュースケール・パワー社と同社製 VOYGER による水素製造プラントのシミュレーター開発支援に係る契約を締結したことを発表
2.1		ベルギーのチアンジュ原子力発電所 2 号機が恒久閉鎖
2.4		フランス、インド、UAE が原子力分野を含む 3 国間の協力イニシアティブに関する共同声明を発表

月日	国内	国際
2.8		• カナダ企業がウクライナ企業と 2035 年までの天然六フッ化ウラン（UF6）供給に係る契約条件で合意したことを発表 • エストニア企業が同国で建設する SMR として米国 GEH 社の BWRX-300 を選定したことを発表 • 英国ロールス・ロイス SMR 社がポーランドの産業グループとポーランドへの SMR 導入に向けた協力に関する基本合意書（MOI）を締結したことを発表
2.9		英国シェフィールド・フォージマスターズ社が米国ホルテック・インターナショナル社の英国部門と SMR-160 コンポーネントの共同開発に係る MOU を締結したことを発表
2.10	• 原子力発電を含む脱炭素電源への転換等を盛り込んだ「GX 実現に向けた基本方針」が閣議決定 • 最終処分関係閣僚会議が「特定放射性廃棄物の最終処分に関する基本方針」の改定案を発表	
2.13	原子力規制委員会が「高経年化した発電用原子炉に関する安全規制の概要」を決定	• ポーランド原子力庁（PAA）とカナダ CNSC が SMR 分野での規制活動の協力拡大に向けた MOU を締結したことを発表 • 欧州委員会が一定基準を満たす原子力由来の水素等の燃料を再生可能エネルギー目標に充当可能な燃料とすることを含む新たな規則案を公表
2.14		チェコ企業が 60 年超運転に向けてテメリン原子力発電所の設備の更新を実施することを発表
2.16		フィンランド政府がロヴィーサ原子力発電所 2 基の 2050 年までの運転許可を発給
2.20	原子力委員会が「原子力利用に関する基本的考え方」を改定	
2.21		米国 WH 社がマイクロ炉「eVinci」許認可の共同審査に関する趣意書（LOI）を米国 NRC とカナダ CNSC に提出したことを発表
2.22	原子力規制委員会が「高経年化した発電用原子炉の安全規制に関する検討チーム」初回会合を開催	ポーランド企業が米国 WH 社とポーランド初の原子力発電所の設計準備に係る契約を締結
2.23		カナダ連邦政府が SMR のサプライチェーン構築及び SMR から発生する廃棄物への対応を支援するプログラムの立ち上げを発表
2.24		UAE の原子力公社（ENEC）がバラカ原子力発電所 3 号機の商業運転開始を発表
2.28	• 「脱炭素社会の実現に向けた電気供給体制の確立を図るための電気事業法等の一部を改正する法律案」を閣議決定 • 内閣が、原子力委員会の「原子力利用に関する基本的考え方」を尊重する旨を閣議決定	米国、英国、カナダ、フランスの原子力関連機関が廃止措置等における協力継続に関する共同声明を発表
3.1		米国 USNC が USNC 製マイクロ炉用の濃縮ウラン製品（EUP）供給に係る契約を英国ウレンコ社の米国支社と締結したことを発表

月日	国内	国際
3.2		米国 WH 社がブルガリア企業と AP1000 導入の計画立案に係る MOU を締結したことを発表
3.6	資源エネルギー庁が国内原子力企業による海外展開や事業承継・人材育成支援等の原子力サプライチェーンの維持・強化策を議論する「原子力サプライチェーンシンポジウム」を開催	・フランス EDF が EDF グループとイタリア企業グループの計 4 社がイタリアへの SMR 導入を検討するために趣意書を締結したことを発表 ・米国初の WH 社製 AP1000 であるボーグル原子力発電所 3 号機が初臨界を達成
3.7		米国コンステレーション・エナジー社が、ナインマイルポイント原子力発電所で、米国発となる水素の実証製造を開始
3.8		ノルウェーのノルスク・ケネルクラフト社と英国のロールス・ロイス SMR 社はノルウェーへの SMR 導入を目指して覚書を締結
3.14		・台湾の國聖 2 号機が 40 年の運転期間を満了し永久閉鎖。 ・WH 社は、同社の先進ドープペレット技術（ADOPT）燃料を米国の PWR にて使用することを米国 NRC が認可したと発表
3.15		米 GE 日立・ニュークリア・エナジー社の SMR・BWRX-300 について、カナダ原子力安全委員会のベンダー設計審査の主要段階完了
3.20		米国とインドネシアは、インドネシアにおける SMR の導入支援、原子力エネルギー開発を目的とした戦略的パートナーシップの締結を発表
3.21		英国のロールス・ロイス SMR 社は、フィンランドとスウェーデンで同社製の SMR の建設機会を共同で模索していくため、フィンランドのフォータム社と協力覚書を締結
3.23		・カナダ、米国及びポーランドで GE 日立・ニュークリア・エナジー社製の BWRX-300 の建設を計画している各事業者らが、チームを組んで標準設計開発に協力することで合意 ・カナダのアルバータ州のインベスト・アルバータ社は、米国の ARC クリーン・テクノロジー社のカナダ法人と同州内で ARC 社製の SMR である ARC-100 の建設と商業化に向けた了解覚書を締結
3.25		ロシアのロスアトム社の傘下企業がベラルーシで建設しているベラルシアン原子力発電所 2 号機が初臨界達成
3.28	文部科学省の「次世代革新炉の開発に必要な研究開発基盤の整備に関する検討会」が、高速炉及び高温ガス炉を中心に今後開発に必要となる研究開発・基盤インフラの整備に向け提言を発表	
3.29	原子力機構とポーランド国立原子力研究センターがポーランド高温ガス炉研究炉の基本設計のうち安全設計に関する研究協力契約を締結	エジプトの原子力・放射線規制機関（ENRRA）は、原子力発電庁（NPPA）が同国初の原子力発電所として建設中のエルダバ発電所 3 号機の建設許可を発給
3.31	福島県浪江町の特定復興再生拠点区域の避難指示が午前 10 時に解除	

6　世界の原子力発電の状況

(1)　世界の原子力発電の状況（2023年3月時点）

（MWe　運転中はネット電気出力、その他はグロス電気出力）

国地域		原子力による年間発電量(2021年)	原子力発電比率(2021年)	運転中		建設中		計画中	
		TWh	%	出力	基数	出力	基数	出力	基数
1	米国	771.6	19.6	94,718	92	2,500	2	2,550	3
2	中国	383.2	5.0	53,181	55	23,531	21	52,610	47
3	フランス	363.4	69.0	61,370	56	1,650	1	0	0
4	ロシア	208.4	20.0	27,727	37	2,810	3	23,525	25
5	韓国	150.5	28.0	24,489	25	4,200	3	0	0
6	カナダ	86.8	14.3	13,624	19	0	0	0	0
7	ウクライナ	81.1	55.0	13,107	15	1,900	2	0	0
8	ドイツ	65.4	11.9	4,055	3	0	0	0	0
9	日本	61.3	7.2	31,679	33	2,756	2	1,385	1
10	スペイン	54.2	20.8	7,123	7	0	0	0	0
11	スウェーデン	51.4	30.8	6,935	6	0	0	0	0
12	ベルギー	48.0	50.8	3,928	5	0	0	0	0
13	英国	41.8	14.8	5,883	9	3,440	2	3,340	2
14	インド	39.8	3.2	6,795	22	6,700	8	8,400	12
15	チェコ	29.0	36.6	4,212	6	0	0	1,200	1
16	台湾	26.8	10.8	1,874	2	0	0	0	0
17	フィンランド	22.6	32.8	4,394	5	0	0	1,170	1
18	スイス	18.6	28.8	2,973	4	0	0	0	0
19	ブルガリア	15.8	34.6	2,006	2	0	0	1,000	1
20	パキスタン	15.8	10.6	3,256	6	0	0	1,170	1
21	ハンガリー	15.1	46.8	1,916	4	0	0	2,400	2
22	スロバキア	14.6	52.3	2,308	5	471	1	0	0
23	ブラジル	13.9	2.4	1,884	2	1,405	1	0	0
24	南アフリカ	12.2	6.0	1,854	2	0	0	0	0
25	メキシコ	11.6	5.3	1,552	2	0	0	0	0
26	ルーマニア	10.4	18.5	1,300	2	0	0	1,440	2
27	アルゼンチン	10.2	7.2	1,641	3	29	1	1,150	1
28	UAE	10.1	7.0	4,035	3	1,400	1	0	0
29	スロベニア	5.4	36.9	688	1	0	0	0	0
30	ベラルーシ	5.4	14.1	1,110	1	1,194	1	0	0
31	オランダ	3.6	3.1	482	1	0	0	0	0
32	イラン	3.2	1.0	915	1	1,057	1	1,057	1
33	アルメニア	1.9	25.3	448	1	0	0	0	0
34	トルコ	0.0	0.0	0	0	4,800	4	0	0
35	エジプト	0.0	0.0	0	0	2,400	2	2,400	2
36	バングラデシュ	0.0	0.0	0	0	2,400	2	0	0
37	ウズベキスタン	0.0	0.0	0	0	0	0	2,400	2
合計		2,653	10.3	393,462	437	64,643	58	107,197	104

（注1）原子力発電比率は、総発電量に占める原子力による発電量の割合。
（注2）WNAの集計によるデータであり、5(1)「我が国の原子力発電所の状況（2023年3月時点）」に示した日本原子力産業協会のデータに基づく表の基数と整合しない部分がある。
（出典）世界原子力協会（WNA）「World Nuclear Power Reactors & Uranium Requirements」に基づき作成

(2)　世界の原子力発電所の運転開始・着工・閉鎖の推移（2010年以降）

年	営業運転開始		建設開始		閉鎖（運転終了）	
	基	国地域（原子炉）	基	国地域（原子炉）	基	国地域（原子炉）
2010年	5	中、中、印、印、露	16	日、中、中、中、中、中、中、中、中、中、中、印、印、露、露、伯	1	仏
2011年	4	中、韓、印、パキ	4	印、印、パキ、パキ	13	日、日、日、日、独、独、独、独、独、独、独、独、英
2012年	4	中、韓、韓、露	7	中、中、中、中、韓、露、UAE	3	英、英、加
2013年	3	中、中、イラン	10	米、米、米、米、中、中、中、韓、UAE、ベラルーシ	6	日、日、米、米、米、米
2014年	6	中、中、中、中、中、印	3	UAE、ベラルーシ、アルゼンチン	1	米
2015年	8	中、中、中、中、中、中、韓、露	8	中、中、中、中、中、中、UAE、パキ	7	日、日、日、日、日、独、英
2016年	12	米、中、中、中、中、中、中、中、韓、露、パキ、アルゼンチン	3	中、中、パキ	4	日、米、瑞典、露
2017年	5	中、中、印、パキ、露	4	韓、印、印、バングラ	5	日、独、瑞典、西、韓
2018年	9	中、中、中、中、中、中、中、露、露	5	英、韓、露、バングラ、トルコ	7	日、日、日、日、米、台、露
2019年	5	中、中、中、韓、露	5	英、中、中、露、イラン	13	日、日、日、日、日、米、米、独、瑞典、瑞西、韓、台、露
2020年	3	中、露、露	5	中、中、中、中、トルコ	6	米、米、仏、仏、瑞典、露
2021年	7	中、中、中、露、UAE、パキ、ベラルーシ	10	中、中、中、中、中、中、印、印、露、トルコ	10	米、独、独、独、英、英、英、台、パキ、露
2022年	5	中、中、UAE、パキ、韓	10	中、中、中、中、中、エジプト、エジプト、トルコ、露、露	5	英、英、英、米、ベルギー

(注1)2013年に建設が開始された米国の4基のうち2基は、その後建設が中止された。
(注2)中:中国、印:インド、露:ロシア、日:日本、伯:ブラジル、仏:フランス、韓:韓国、パキ:パキスタン、独:ドイツ、英:英国、加:カナダ、米:米国、瑞典:スウェーデン、バングラ:バングラデシュ、西:スペイン、台:台湾、瑞西:スイス
(出典)日本原子力産業協会「世界の最近の原子力発電所の運転・建設・廃止動向」、IAEA-PRIS(Power Reactor Information System)、日本原子力産業協会「世界の最近の原子力発電所の運転・建設・廃止動向」(2023)に基づき作成

（3） 世界の原子力発電所の設備利用率の推移

単位：%　（　）内は基数

暦年 国名又は地域名	2005年	2006年	2007年	2008年	2009年	2010年	2011年	2012年	2013年	2014年	2015年	2016年	2017年	2018年	2019年	2020年	2021年
米国	91.1(103)	90.8(103)	92.2(104)	91.4(104)	90.3(104)	91.2(104)	89.0(104)	86.5(104)	90.1(104)	91.8(100)	92.1(99)	92.4(100)	91.8(99)	92.6(99)	93.2(97)	92.6(95)	92.7(93)
フランス	77.8(59)	77.6(59)	75.8(59)	75.6(59)	70.7(59)	74.1(59)	76.6(58)	76.0(58)	76.0(58)	79.6(58)	78.6(58)	71.5(58)	70.4(58)	73.0(58)	71.0(58)	64.7(58)	68.8(56)
日本	69.7(54)	70.2(55)	64.4(55)	58.0(55)	64.7(56)	68.3(54)	38.0(54)	4.3(50)	3.5(50)	0.0(48)	1.2(48)	8.0(43)	8.4(42)	16.3(42)	36.6(22)	29.1(17)	41.6(17)
中国	87.2(9)	87.9(9)	87.5(11)	88.1(11)	88.9(11)	90.4(13)	88.2(14)	89.2(15)	89.5(17)	86.9(22)	87.4(27)	89.6(35)	89.2(37)	90.6(43)	89.6(47)	92.0(48)	90.7(51)
ロシア	73.4(31)	75.9(31)	77.7(31)	79.6(31)	80.2(31)	81.5(32)	81.5(32)	80.6(32)	77.0(33)	81.0(33)	85.7(34)	82.2(35)	82.2(35)	77.9(37)	78.3(36)	81.2(38)	82.8(38)
韓国	95.1(20)	92.3(20)	89.4(20)	93.1(20)	91.1(20)	90.9(20)	90.4(21)	81.6(23)	75.8(23)	85.7(23)	84.6(24)	79.4(24)	71.1(25)	64.6(24)	68.1(25)	74.9(24)	74.2(24)
カナダ	81.3(18)	83.7(18)	79.8(18)	79.9(18)	77.3(18)	77.6(18)	80.0(18)	79.1(20)	81.1(19)	85.0(19)	81.4(19)	80.8(19)	80.5(19)	79.1(19)	79.9(19)	76.7(19)	72.2(19)
ウクライナ	74.2(14)	73.9(15)	76.0(15)	73.4(15)	67.9(15)	73.1(15)	73.9(15)	75.2(15)	76.5(15)	77.5(15)	74.0(15)	67.9(15)	70.8(15)	67.9(15)	67.4(15)	68.0(15)	70.1(15)
ドイツ	86.3(18)	89.1(17)	74.4(17)	78.4(17)	71.2(17)	74.1(17)	68.9(17)	90.5(9)	88.6(9)	89.0(9)	89.7(9)	86.3(8)	78.4(8)	88.1(7)	87.1(7)	88.0(6)	94.4(6)
英国	72.6(23)	66.9(23)	63.1(19)	54.2(19)	70.9(19)	64.0(19)	71.1(19)	77.1(18)	78.8(16)	70.3(16)	77.1(16)	82.6(15)	81.5(15)	75.7(15)	65.6(15)	58.8(15)	58.5(15)
スウェーデン	87.1(11)	82.8(10)	81.3(10)	77.6(10)	63.5(10)	68.4(10)	71.2(10)	74.5(10)	76.6(10)	74.7(10)	64.9(10)	71.2(10)	81.0(9)	86.9(8)	85.1(8)	72.4(7)	84.6(6)
スペイン	82.7(9)	87.5(9)	80.8(8)	86.3(8)	77.5(8)	90.1(8)	83.2(8)	88.7(8)	84.5(8)	87.9(7)	87.6(7)	89.8(7)	89.0(7)	85.5(7)	89.7(7)	90.6(7)	87.3(7)
ベルギー	89.2(7)	86.9(7)	89.9(7)	84.8(7)	87.6(7)	88.0(7)	88.5(7)	74.1(7)	78.1(7)	61.6(7)	54.4(7)	79.6(7)	77.5(7)	52.2(7)	79.6(7)	62.6(7)	92.0(7)
インド	67.2(15)	54.2(16)	48.4(17)	39.7(17)	44.5(17)	56.7(19)	75.5(20)	77.3(20)	78.4(20)	80.1(20)	74.5(21)	73.4(21)	56.9(14)	64.6(22)	75.4(21)	74.4(21)	73.2(21)
台湾	89.8(6)	89.1(6)	90.4(6)	90.4(6)	91.6(6)	91.4(6)	92.5(6)	87.7(6)	90.0(6)	91.5(6)	87.1(6)	90.2(6)	75.0(6)	71.7(6)	85.1(5)	89.5(4)	79.5(4)
チェコ	76.8(6)	79.7(6)	78.7(6)	78.5(6)	80.0(6)	82.1(6)	81.9(6)	86.0(6)	86.4(6)	83.8(6)	73.6(6)	65.6(6)	77.5(6)	81.8(6)	82.7(6)	81.9(6)	84.4(6)
スイス	78.4(5)	93.5(5)	93.9(5)	92.9(5)	92.6(5)	89.4(5)	89.9(5)	84.8(5)	86.0(5)	90.8(5)	76.0(5)	69.4(5)	67.1(5)	83.8(5)	87.0(5)	88.5(4)	71.4(4)
フィンランド	95.7(4)	93.5(4)	95.3(4)	93.1(4)	95.7(4)	92.3(4)	93.2(4)	91.0(4)	93.5(4)	93.7(4)	92.3(4)	91.8(4)	88.7(4)	90.1(4)	93.6(4)	91.1(4)	92.4(4)
ブルガリア	72.9(4)	76.1(4)	82.0(2)	88.1(2)	85.2(2)	85.3(2)	91.4(2)	88.5(2)	86.7(2)	88.8(2)	86.5(2)	88.3(2)	86.8(2)	88.6(2)	89.4(2)	89.0(2)	88.5(2)
ブラジル	55.2(2)	78.0(2)	74.1(2)	85.2(2)	74.5(2)	83.5(2)	89.6(2)	92.0(2)	83.9(2)	87.1(2)	84.2(2)	90.0(2)	89.6(2)	89.1(2)	92.3(2)	80.4(2)	83.7(2)
ハンガリー	84.7(4)	81.4(4)	87.2(4)	86.2(4)	87.6(4)	88.6(4)	88.9(4)	89.0(4)	86.5(4)	88.1(4)	89.1(4)	90.5(4)	90.9(4)	88.6(4)	91.3(4)	89.9(4)	89.5(4)
南アフリカ	77.6(2)	63.9(2)	79.9(2)	80.6(2)	73.4(2)	81.8(2)	80.9(2)	77.4(2)	84.0(2)	90.8(2)	67.4(2)	93.4(2)	92.6(2)	65.0(2)	83.5(2)	71.1(2)	75.0(2)
スロバキア	76.4(6)	77.6(6)	79.5(5)	85.3(5)	86.3(4)	86.8(4)	90.2(4)	90.4(4)	92.0(4)	90.7(4)	89.7(4)	87.0(4)	89.0(4)	87.5(4)	90.0(4)	89.7(4)	89.9(4)
アルゼンチン	77.8(2)	87.3(2)	82.1(2)	83.4(2)	92.7(2)	81.7(2)	72.0(2)	71.9(2)	74.3(2)	95.8(2)	87.6(2)	46.5(3)	40.5(3)	45.1(3)	55.4(3)	69.4(3)	70.8(3)
メキシコ	86.6(2)	87.3(2)	83.5(2)	82.0(2)	88.8(2)	49.1(2)	81.8(2)	62.6(2)	97.6(2)	78.4(2)	88.0(2)	76.5(2)	77.6(2)	96.8(2)	79.9(2)	79.5(2)	85.2(2)
ルーマニア	89.1(1)	90.2(1)	95.8(2)	90.5(2)	95.0(2)	94.0(2)	94.9(2)	92.6(2)	93.5(2)	94.1(2)	93.8(2)	91.0(2)	92.8(2)	91.9(2)	90.9(2)	92.2(2)	91.3(2)
イラン	—	—	—	—	—	—	—	—	95.1(1)	56.4(1)	64.4(1)	73.9(1)	80.0(1)	77.5(1)	72.5(1)	71.0(1)	69.3(1)
パキスタン	64.7(2)	68.4(2)	62.0(2)	46.6(2)	70.8(2)	68.8(2)	68.1(3)	84.3(3)	72.8(3)	77.4(3)	72.8(3)	85.1(4)	87.8(5)	82.6(5)	80.3(5)	83.5(5)	92.3(6)
スロベニア	97.7(1)	91.3(1)	93.0(1)	102.1(1)	93.6(1)	92.2(1)	97.9(1)	86.5(1)	83.0(1)	100(1)	88.5(1)	89.2(1)	98.5(1)	90.6(1)	91.3(1)	99.3(1)	89.6(1)
オランダ	95.7(1)	82.5(1)	94.6(1)	92.9(1)	95.5(1)	88.9(1)	92.8(1)	86.9(1)	63.7(1)	91.2(1)	90.5(1)	87.8(1)	75.6(1)	78.3(1)	86.8(1)	91.7(1)	86.4(1)
アルメニア	76.0(1)	73.5(1)	71.3(1)	68.6(1)	69.7(1)	69.6(1)	71.8(1)	66.4(1)	64.4(1)	67.3(1)	77.4(1)	65.4(1)	71.4(1)	55.8(1)	57.2(1)	70.3(1)	49.5(1)
リトアニア	91.9(1)	76.5(1)	87.4(1)	87.8(1)	96.6(1)	—	—	—	—	—	—	—	—	—	—	—	—
ベラルーシ	—	—	—	—	—	—	—	—	—	—	—	—	—	—	—	—	58.8(1)
UAE	—	—	—	—	—	—	—	—	—	—	—	—	—	—	—	—	85.4(1)

（出典）IAEA-PRIS（Power Reactor Information System）に基づき作成

(4)　世界の原子炉輸出実績

輸出元の国名	炉型	輸出先の国・地域名（最初の原子炉の運転開始年）
米国	沸騰水型軽水炉 (BWR)	イタリア（1964）、オランダ（1969）、インド（1969）、 日本（1970）、スペイン（1971）、スイス（1972）、 台湾（1978）、メキシコ（1990）
	加圧水型軽水炉 (PWR)	ベルギー（1962）、イタリア（1965）、ドイツ（1969）、 スイス（1969）、日本（1970）、スウェーデン（1975）、 韓国（1978）、スロベニア（1983）、台湾（1984）、 ブラジル（1985）、英国（1995）、中国（2018）
英国	黒鉛減速ガス冷却炉 (GCR)	イタリア（1964）、日本（1966）
フランス	GCR	スペイン（1972）
	PWR	ベルギー（1975）、南アフリカ共和国（1984）、 韓国（1988）、中国（1994）、フィンランド（2022）
カナダ	カナダ型重水炉 (CANDU 炉)	パキスタン（1972）、インド（1973）、韓国（1983）、 アルゼンチン（1984）、ルーマニア（1996）、中国（2002）
ドイツ	PWR	オランダ（1973）、スイス（1979）、スペイン（1988）、 ブラジル（2001）
	圧力容器型重水炉	アルゼンチン（1974）
スウェーデン	BWR	フィンランド（1979）
ロシア (旧ソ連)	黒鉛減速軽水冷却 沸騰水型原子炉 (RBMK)	ウクライナ（1978）、リトアニア（1985）
	ロシア型加圧水型 軽水炉 (VVER)	ブルガリア（1974）、フィンランド（1977）、 アルメニア（1977）、スロバキア（1980）、 ウクライナ（1981）、ハンガリー（1983）、中国（2007）、 イラン（2013）、インド（2014）、ベラルーシ（2020）
中国	PWR	パキスタン（2000）
韓国	PWR	アラブ首長国連邦（2020）

（出典）IAEA「Country Nuclear Power Profiles 2020」、「Power Reactor Information System（PRIS）」に基づき作成

(5) 世界の高レベル放射性廃棄物の処分場

国名	処分地、候補岩種、処分深度（計画）	対象廃棄物、処分量注1	処分実施主体	事業計画等
フィンランド	処分地：エウラヨキ自治体オルキルオト 岩種：結晶質岩 深度：約400～450m	使用済燃料：6,500tU	ポシバ社	2001年：最終処分地の決定 2016年：処分場建設開始 2020年代：処分開始予定
スウェーデン	処分地：エストハンマル自治体フォルスマルク 岩種：結晶質岩 深度：約500m	使用済燃料：12,000tU	スウェーデン核燃料・廃棄物管理会社（SKB社）	2011年：立地・建設許可申請 2022年1月：最終処分への事業許可発給 2030年代：処分開始予定
フランス	処分地：ビュール地下研究所近傍の候補サイトを特定 岩種：粘土層 深度：約500m	ガラス固化体:12,000㎥ TRU廃棄物等:72,000㎥	放射性廃棄物管理機関（ANDRA）	2010年：地下施設展開区域の決定 2023年：地層処分場の設置許可申請 2035年頃：処分開始予定
スイス	処分地:3か所の地質学的候補エリアを連邦政府が承認 岩種：オパリナス粘土 深度：約400～900m	ガラス固化体、使用済燃料：9,280㎥ TRU廃棄物等：981㎥	放射性廃棄物管理共同組合（NAGRA）	2008年：特別計画に基づくサイト選定の開始 2060年頃：処分開始予定
ドイツ	処分地：未定 岩種：未定 深度：300m以上	ガラス固化体、使用済燃料、固形物収納体等：27,000㎥	連邦放射性廃棄物機関（BGE）	2031年：処分場サイトの決定 2050年代以降：処分開始予定
英国	処分地：未定 岩種：未定 深度：200～1,000m程度	ガラス固化体:9,880㎥ 中レベル放射性廃棄物：503,000㎥ 低レベル放射性廃棄物：5,110㎥	原子力廃止措置機関（NDA） 放射性廃棄物管理会社（RWM社）	2018年：サイト選定プロセス開始 2040年頃：低レベル放射性廃棄物、中レベル放射性廃棄物の処分開始予定 2075年頃：高レベル放射性廃棄物の処分開始予定
カナダ	処分地：未定 岩種：結晶質岩又は堆積岩 深度：500～1,000m	使用済燃料：処分量未定	核燃料廃棄物管理機関（NWMO）	2010年：サイト選定開始 2040～2045年頃：処分開始予定
米国	処分地：ネバダ州ユッカマウンテン注2 岩種：凝灰岩 深度：200～500m	使用済燃料、ガラス固化体：70,000t	エネルギー長官注2	2013年：エネルギー省（DOE）の管理・処分戦略 2048年：処分開始予定
スペイン	処分地：未定 岩種：未定 深度：未定	使用済燃料、ガラス固化体、長寿命中レベル放射性廃棄物：12,800㎥	放射性廃棄物管理公社（ENRESA）	1998年：サイト選定プロセスの中断 2050年以降：処分開始予定
ベルギー	処分地：未定 岩種：粘土層 深度：未定	ガラス固化体、使用済燃料、TRU廃棄物等：11,700㎥	ベルギー放射性廃棄物・濃縮核分裂性物質管理機関（ONDRAF/NIRAS）	2035～2040年：TRU廃棄物等の処分開始予定 2080年：ガラス固化体、使用済燃料の処分開始予定
日本	処分地：未定 岩種：未定 深度：300m以上	ガラス固化体:4万本以上 TRU廃棄物：19,000㎥以上	原環機構（NUMO）	2002年：「最終処分場施設の設置可能性を調査する区域」の公募開始 処分開始予定時期は未定

(注1)処分量は、異なる時期に異なる算定ベースで見積もられている可能性や、処分容器を含む値の場合がある。
(注2)現行の法律では、処分地はネバダ州ユッカマウンテン、処分実施者はエネルギー長官と定められている。
(出典)資源エネルギー庁「諸外国における高レベル放射性廃棄物の処分について」(2022年)に基づき作成

（6） 北米

① 米国

米国は、2023 年 3 月時点で 93 基の原子炉が稼働する、世界第 1 位の原子力発電利用国であり、2021 年の原子力発電比率は約 20％です。2023年 3 月には、ボーグル原子力発電所 3 号機が初臨界を達成。4 号機も温態機能試験が開始されています。

米国では、シェールガス革命により 2009 年頃から天然ガス価格が低水準で推移していることや、連邦政府や州政府の支援も背景に再生可能エネルギーによる発電が拡大していることも背景として、原子力発電の経済性が相対的に低下しています。こうした状況は電気事業者の原子力発電の継続や新増設に関する意思決定にも影響を及ぼしています。連邦議会では、原子力発電に対しては、共和・民主両党の超党派的な支持が得られています。2021 年 1 月に就任した民主党のバイデン大統領は、気候変動対策の一環として先進的原子力技術等の重要なクリーンエネルギー技術のコストを劇的に低下させ、それらの商用化を速やかに進めるために投資を行っていく方針です。高速炉や小型モジュール炉（SMR）等の開発にも積極的に取り組み、エネルギー省（DOE）が「原子力分野のイノベーション加速プログラム（GAIN）」や「革新的原子炉実証プログラム（ARDP）」等を通じて開発支援を行っており、多数の民間企業も参画しています。連邦政府の支援も受け、ニュースケール・パワー社が開発している SMR は原子力規制委員会（NRC）による設計認証を受け、2023 年 1 月に連邦官報において設計認証規則が公表されています。さらに、バイデン政権では、米国内にとどまらず原子力分野における国際協力も進められています。2021 年 4 月には、国務省が気候変動対策の一環として国際支援プログラム「SMR 技術の責任ある利用のための基礎インフラ（FIRST）」を始動しました。同年 11 月に国務省が公表した、原子力導入を支援する「原子力未来パッケージ」では、米国の協力パートナーとして、ポーランド、ケニア、ウクライナ、ブラジル、ルーマニア、インドネシア等が挙げられています。連邦議会では、2021 年 11 月に成立したインフラ投資・雇用法において、経済的な困難によって運転中の原子力プラントが早期閉鎖するのを防ぐための運転継続支援プログラムが導入され、2022 年 8 月に成立したインフレ抑制法には、運転中のプラントを対象とした税制優遇措置が盛り込まれています。

米国における原子力安全規制は、NRC が担っています。NRC は、我が国の原子力規制検査の制度設計においても参考とされた、稼働実績とリスク情報に基づく原子炉監視プロセス（ROP）等を導入することで、合理的な規制の実施に努めています。2019 年 1 月には、NRC に対し予算・手数料の適正化や先進炉のための許認可プロセス確立を指示する「原子力イノベーション・近代化法」が成立しており、規制の側からも既存炉・先進炉の開発を支援する取組が進むことが期待されています。また、産業界の自主規制機関である原子力発電運転協会（INPO）や、原子力産業界を代表する組織である原子力エネルギー協会（NEI）も、安全性向上に向けた取組を進めています。

既存の原子力発電所を有効に活用するため、設備利用率の向上、出力の向上、運転期間延長の取組も進められています。2019 年 12 月にターキーポイント原子力発電所 3、4 号機が、

2020年3月にピーチボトム2、3号機が、2021年5月にサリー1、2号機が、NRCから2度目となる20年間の運転認可更新の承認を受け、80年運転が可能となりました[1]。このほか、2023年3月末時点で、ノースアナ1、2号機、ポイントビーチ1、2号機、オコニー1、2、3号機、セントルーシー1、2号機、モンティセロについて、NRCが2度目の運転認可更新を審査中です。

1977年のカーター民主党政権が使用済燃料の再処理を禁止したことを受けて、米国では再処理は行われておらず、使用済燃料は事業者が発電所等で貯蔵しています。最終処分場については、民生・軍事起源の使用済燃料や高レベル放射性廃棄物を同一の処分場で地層処分する方針に基づき、ネバダ州ユッカマウンテンでの処分場建設が計画され、ブッシュ共和党政権期の2008年6月にDOEがNRCに建設認可申請を提出しました。2009年に発足したオバマ民主党政権は、同プロジェクトを中止する方針でした。2017年に誕生したトランプ共和党政権は一転して計画継続を表明しましたが、2018から2021会計年度にかけて連邦議会は同計画への予算配分を認めませんでした。バイデン政権下で公表された2022及び2023会計年度の予算要求でも、ユッカマウンテン計画を進めるための予算は要求されていません。

② カナダ

カナダは世界有数のウラン生産国の一つであり、世界全体の生産量の約22%を占めています。カナダでは、2023年3月時点で19基の原子炉がオンタリオ州（18基）とニューブランズウィック州（1基）で稼働中であり、2021年の原子力発電比率は約14%です。原子炉は全てカナダ型重水炉（CANDU炉）で、国内で生産される天然ウランを濃縮せずに燃料として使用しています。

州政府や電気事業者は、現在や将来の電力需要への対応と気候変動対策の両立手段として原子力利用を重視しており、近年は、電力需要の伸びの鈍化等も踏まえ、経済性の観点から、原子炉の新増設よりも既存原子炉の改修・寿命延長計画を優先的に進めています。オンタリオ州では10基の既存炉を段階的に改修する計画で、2020年6月にはダーリントン2号機が改修工事を終え、4年ぶりに運転を再開しました。また、同年9月に同3号機、2022年2月には同1号機の改修工事が開始されています。

一方で、カナダはSMRの研究開発に力を入れています。2018年11月には、州政府や電気事業者等で構成される委員会によりSMRロードマップが策定され、SMRの実証と実用化、政策と法制度、公衆の関与や信頼、国際的なパートナーシップと市場の4分野の勧告が提示されました。ロードマップの勧告を実現に移すために、2020年12月には連邦政府がSMR行動計画を公表しました。同計画では、2020年代後半にカナダでSMR初号機を運転開始することを想定し、政府に加え産学官、自治体、先住民や市民組織等が参加する「チームカナダ」体制で、SMRを通じた低炭素化や国際的なリーダーシップ獲得、原子力産業における能力や

[1] ただし、ターキーポイント3、4号機とピーチボトム2、3号機については、環境影響評価手続上の問題が解消されるまでの間は、運転認可の有効期間を1度目の運転認可の更新で認められた期間までに変更するとの決定をNRCが行っている。

ダイバーシティ拡大に向けた取組を行う方針です。SMR 行動計画の枠組みで出力 30 万～40 万 kW の発電用 SMR ベンダーの選定を進めていたオンタリオ・パワー・ジェネレーション社は、2021 年 12 月に、米国 GE 日立ニュークリア・エナジー社の BWRX-300 を選定したことを公表し、2022 年 10 月には、安全規制機関であるカナダ原子力安全委員会（CNSC）に建設許可申請を提出しました。オンタリオ・パワー・ジェネレーション社は、早ければ 2028 年にカナダ初の商業用 SMR として完成させることを目指しています。また、2022 年 6 月にはサスカチュワン州のサスクパワー社も、建設する SMR として BWRX-300 を選定したことを公表しています。こうした取組のほか、カナダ原子力研究所（CNL）は、同研究所の管理サイトにおいて SMR の実証施設建設・運転プロジェクトを進めています。さらに、CNSC は、事業者による建設許可等の申請に先立ち、予備的な設計評価サービスであるベンダー設計審査を進めています。

カナダでは、使用済燃料の再処理は行わず高レベル放射性廃棄物として処分する方針をとっており、使用済燃料は原子力発電所サイト内の施設で保管されています。地層処分に関する研究開発は 1978 年に開始され、1998 年には、政府が設置した環境評価パネルが、地層処分は技術的には可能であるものの社会受容性が不十分であるとする報告書を公表しました。このような経緯を踏まえ、2002 年には「核燃料廃棄物法」が制定され、処分の実施主体として核燃料廃棄物管理機関（NWMO）が設立されました。NWMO が国民対話等の結果を踏まえて使用済燃料の長期管理アプローチを提案し、政府による承認を経て、同アプローチに基づく処分サイト選定プロセスが進められており、2023 年 3 月時点ではオンタリオ州の 2 自治体（イグナス、サウスブルース）を対象として現地調査が実施されています。2024 年秋には、この 2 自治体のうちから 1 か所が、好ましいとされるサイトとして選定される予定です。

(7) 欧州

欧州連合（EU）では、欧州委員会（EC）が 2019 年 12 月に、2050 年までに EU における温室効果ガス排出量を実質ゼロ（気候中立）にすることを目指す政策パッケージ「欧州グリーンディール」を発表しました。これに基づき、2021 年 6 月に「欧州気候法」が改正され、2030 年までの温室効果ガス排出削減目標が、従来の 1990 年比 40%減から 55%以上減に強化されました。また、同年 7 月には、EC がこの目標達成に向けた施策案をまとめた「Fit for 55」パッケージを公表しました。

温室効果ガスの排出削減方法やエネルギーミックスの選択は各加盟国の判断に委ねられており、原子力発電の位置付けや利用方策について、EU として統一的な方針は示されていません。しかし、EU ではこの数年、気候変動適応・緩和などの環境目的に貢献する持続可能な経済活動を示す「EU タクソノミー」について、原子力に関する活動を含めるか否かの検討を進めてきました。加盟各国や専門家グループからの意見聴取等を経て、2022 年 2 月に、EC は原子力を持続可能な経済活動と認定する規則を承認しました。この規則は、欧州議会・理事会の審査を経て確定し、2023 年 1 月 1 日に発効しています。規則では、原子力を持続可能な経済活動と認定するに当たって、2050 年までの高レベル放射性廃棄物処分場操業に向けた詳細な文書化された計画があること、全ての極低レベル、低レベル、中レベル放射性廃棄物について最終処分施設が稼働していること等の条件が設けられています。

また、EC は、低炭素エネルギー技術開発及び域内の原子力安全向上の側面から、原子力分野における技術開発を推進する方針を示しています。これに基づき、EU における研究開発支援制度である「ホライズン 2020」の枠組みにおいて、EU 加盟国の研究機関や事業者等を中心に立ち上げられた研究開発プロジェクトに対し、資金援助が行われてきました。2021 年からは、後継となる「ホライズン・ヨーロッパ」の枠組みでの取組が行われています。

① 英国

英国では、2023 年 3 月時点で 9 基の原子炉が稼働中であり、2021 年の原子力発電比率は約 15%です。

1990 年代以降は原子炉の新設が途絶えていましたが、北海の油田・ガス田の枯渇や気候変動が問題となる中、英国政府は 2008 年以降一貫して原子炉新設を推進していく政策方針を掲げています。2020 年 11 月には、原子力を始めとする地球温暖化対策技術への投資計画である「10-Point Plan」を公表しました。2021 年 10 月に公表された「ネットゼロ戦略」では、「10-Point Plan」を更に進める形で、大型原子炉新設に向けた支援措置を講じることや、SMR 等の先進原子力技術を選択肢として維持するために 1.2 億ポンドの新たなファンドを創設することが示されました。さらに、2022 年 4 月に公表された「英国エネルギー安全保障戦略」では、長期的には 2050 年までに原子力発電設備容量を現在の 3 倍となる最大 2,400 万 kW に増強し、原子力発電比率を 25%に引き上げるとしています。また、短・中期的には現在建設中のヒンクリーポイント C 原子力発電所に加えて、2024 年までに 1 件の建設プロジェクトを確定させ、2030 年までには最大 8 基の原子炉建設を承認するとしています。

2023 年 3 月時点では、フランス電力（EDF）と中国広核集団（CGN）の出資により、ヒンクリーポイント C 原子力発電所（欧州加圧水型原子炉（EPR）2 基）において建設が、サイズウェル C 原子力発電所（EPR2 基）及びブラッドウェル B 原子力発電所（華龍 1 号 2 基）において新設計画が進められています。このうちヒンクリーポイント C サイトにおける建設プロジェクトについては、2016 年 9 月に政府、EDF、CGN の 3 者が差額決済契約（CfD）と投資合意書に署名しています。CfD 制度により、発電電力量当たりの基準価格を設定し、市場における電力価格が基準価格を下回った場合には差額の補填を受けることができるため、長期的に安定した売電収入を見込めることになります。サイズウェル C サイトにおける建設計画については、2022 年 11 月に政府は EDF との間で、政府が 6 億 7,900 万ポンドを出資し、50%の株式を取得することで合意しました。これを受け、CGN は出資を引き上げることになりました。一方、ブラッドウェル B サイトにおける建設計画については、これまでどおり、EDF と CGN が出資しています。2022 年 2 月には、華龍 1 号の一般設計評価が完了し、設計が規制基準に適合していることが認証されました。なお、一般設計評価とは、英国で初めて建設される原子炉設計に対して、建設サイトを特定せずに安全性や環境保護の観点から規制基準への適合性を認証する制度です。一般設計評価による認証を受けた場合も、実際に建設するためには別途許認可を取得する必要があります。

EPR のような大型炉以外にも、英国政府は SMR や新型モジュール炉（AMR）の建設も検討しており、そのための技術開発支援や規制対応支援を実施しています。2020 年 11 月には、2030 年代初頭までに SMR の開発と AMR 実証炉の建設を行うことを目指し、3.85 億ポンドの革新原子力ファンドを創設しました。同ファンドを活用した SMR 開発支援として、2021 年 11 月には、軽水炉ベースの SMR 開発を進めているロールス・ロイス SMR 社に対して 2.1 億ポンドの資金援助を決定しました。同社が開発する SMR は 2030 年頃の発電開始を目指しており、2022 年 3 月には一般設計評価が開始されました。また、同年 11 月に同社は、有望な建設候補地として 4 か所を特定する評価報告書を発表しました。AMR 開発については、2021 年 12 月に、同ファンドの一部を活用した AMR 実証プログラムにおいて、高温ガス炉実証炉の建設を目指す方針が示されました。2022 年 9 月には、実現性の検討や概念設計、潜在的なエンドユーザーに関する検討等を行うフェーズ A が開始されました。同年 12 月には、最大 5,500 万ポンドを提供して 2 件のプロジェクトが規制レビュープロセスに進めるようにするフェーズ B に参画する事業者の公募が開始されています。

このような政府による支援が行われる一方で、原子炉新設は民間企業によって実施されるものであるため、巨額の初期投資コストを賄うための資金調達が大きな課題となります。ウィルファサイトでの新設を計画していた日立製作所が 2020 年 9 月にプロジェクトから撤退したことも、英国政府による資金調達支援の協議の難航が要因の一つでした。こうしたことを受け、2022 年 3 月に、新たな資金調達支援策として、規制機関が認めた収入を事業者が確保できることで投資回収を保証する規制資産ベース（RAB）モデルを導入するための法律が制定されました。同年 11 月には、サイズウェル C サイトにおける建設計画に RAB モデルを適用することが決定されました。

英国では、1950 年代から 2018 年 11 月まで、セラフィールド再処理施設で国内外の使用済燃料の再処理を行っていました。政府は 2006 年 10 月、国内起源の使用済燃料の再処理で生じるガラス固化体について、再処理施設内で貯蔵した後で地層処分する方針を決定しました。2014 年 7 月に公表した白書「地層処分－高レベル放射性廃棄物の長期管理に向けた枠組み」や公衆からの意見聴取結果を踏まえ、2018 年 12 月に新たな白書「地層処分の実施－地域との協働：放射性廃棄物の長期管理」を公表し、地域との協働に基づくサイト選定プロセスが新たに開始されました。2021 年 11 月には、カンブリア州コープランド市中部において、自治体組織の参画を得ながら地層処分施設の立地可能性を中長期的に検討するための組織である「コミュニティパートナーシップ」が英国内で初めて設立されました。2023 年 3 月時点では、同州コープランド市南部、同州アラデール市、リンカシャー州イーストリンジー市においてもコミュニティパートナーシップが設立されています。

② フランス

フランスでは、2023 年 3 月時点で 56 基の原子炉が稼働中です。我が国と同様にエネルギー資源の乏しいフランスは、総発電電力量の約 7 割を原子力発電で賄う原子力国であり、その設備容量は米国に次ぐ世界第 2 位です。また、10 年ぶりの新規原子炉となるフラマンビル 3 号機（EPR、165 万 kW）の建設が、2007 年 12 月以降進められています。

2012 年に発足したオランド前政権は、総発電電力量に占める原子力の割合を 2025 年までに 50%に削減する減原子力目標を掲げ、2015 年 8 月制定の「グリーン成長のためのエネルギー転換に関する法律」（エネルギー転換法）でこの目標を法制化しました。2017 年に発足したマクロン政権も当初この方針を踏襲しましたが、温室効果ガスの排出量を増加させる可能性があるとして、減原子力の目標達成時期を 2035 年に先送りしました。2020 年 4 月に政府が公表した改定版多年度エネルギー計画（PPE）では、2035 年までに合計 14 基（このうち 2 基はフェッセンハイム原子力発電所の 2 基で、2020 年 6 月末までに閉鎖済）の 90 万 kW 級原子炉を閉鎖する一方で、2035 年以降も低炭素電源を確保するため、原子炉新設の要否を検討する方針も示されました。2021 年 10 月には、送電系統運用会社（RTE）が、複数の電源構成シナリオの比較を実施した分析結果を公表しました。この分析では、2050 年までに EPR14 基を新設し、既存炉と合わせて 40GW 以上の原子力発電容量を確保するシナリオの経済性が最も高いとの評価が示されました。これを受け、マクロン大統領は同年 11 月に原子炉を新設する方針を示し、2022 年 2 月には、EPR6 基の新設と更に 8 基の新設検討を行うとともに、90 万 kW 級原子炉の閉鎖を撤回して全て 50 年超運転することを発表し、2035 年までの減原子力の目標を撤回しました。こうした原子力方針の転換に伴い、政府は 2023 年 6 月に、PPE の改定案を議会に提出する予定です。フランスでは今後の原子炉新設の円滑化に向けて、体制・制度面の対応策が進められています。政府は 2022 年 7 月、国内の全原子力発電所を所有・運転する EDF を、完全国有化する方針を示しました。政府は EDF の株式の 84%を保有していましたが、残る株式の公開株式買付（TOB）を行い、2023 年 1 月時点で、政府保有比率は 90%超となっています。2022 年 11 月には、既存原子力発電所サイト近傍での原子炉新設及び既存炉運転延長の手続きの加速化を目的とした法案が議会に提出され、2023 年 3 月末時点で議会審議中です。

SMR 開発については、政府は 2021 年 10 月の政府による投資計画「フランス 2030」において、2030 年までに 10 億ユーロを投じる方針を示しており、EDF などのコンソーシアムが、Nuward と呼ばれる国産炉の開発を進めています。2023 年 1 月現在概念設計段階であり、実証炉の建設は 2030 年頃と見込まれています。

燃料サイクル事業はオラノ社、原子炉製造事業はフラマトム社が、それぞれ担っています。オラノ社には、日本原燃及び三菱重工業株式会社がそれぞれ 5%ずつ出資しています。また、フラマトム社の株式の 75.5%を EDF が、19.5%を三菱重工業株式会社が、5%をフランスのエンジニアリング会社アシステム社が保有しています。フランス政府は原子力事業者による原子炉等の輸出を支持しています。フラマトム社が開発した EPR は、既に中国で 2 基の運転が開始されているほか、フランスで1基、英国で2基の建設が進められています。

高レベル放射性廃棄物処分に関しては、2006 年に制定された「放射性廃棄物等管理計画法」に基づき、可逆性のある地層処分を基本方針としています。放射性廃棄物の処分実施主体は、放射性廃棄物管理機関（ANDRA）が、フランス東部ビュール近傍で地層処分場の設置に向けた準備を進めています。2022 年 7 月には政府によって、処分事業用地の収用に必要な公益宣言が交付されました。ANDRA は 2023 年 1 月に処分場の設置許可申請を行っており、操業開始は 2030 年頃と見込まれています。なお、地層処分場の操業は、地層処分場の可逆性と安全性の立証を目的としたパイロット操業フェーズから開始される予定です。その後、地層処分の可逆性の実現条件を定める法律が制定され、原子力安全局（ASN）により地層処分場の全面的な操業許可に係る審査が行われます。

③　ドイツ

ドイツでは、2023 年 3 月時点で 3 基の原子炉が稼働中であり、2021 年の原子力発電比率は約 12%です。

ドイツは 2002 年の「原子力法」改正以降、原子炉の新規建設を禁止するとともに、既存の原子炉に閉鎖までに発電可能な電力量の上限を定めることで、段階的な脱原子力を進めてきました。しかし東電福島第一原発事故後、連邦政府は「安全なエネルギー供給に関する倫理委員会」を設置し、倫理的側面から、原子力利用の在り方を再検討しました。同委員会は 2011 年 5 月に最終報告書を政府に提出し、「10 年以内の脱原子力完了の実現」を勧告しました。この勧告に基づいた 2011 年 8 月の法改正により、各原子炉の閉鎖期日が定められ、2022 年に最後の 3 基となるイザール 2、エムスラント、ネッカル 2 が閉鎖されることで、ドイツは脱原子力を完了する予定でした。しかしながら、2022 年のロシアのウクライナ侵略などを背景に、欧州で電力やエネルギー供給の状況が悪化したことを踏まえ、連邦政府は脱原子力の後ろ倒しを決定しました。複数のオプションが検討されましたが、最終的にはショルツ首相の判断により、2022 年 10 月に、直近の冬季の電力需要ピークへの対応として、上掲の 3 基を 2022 年末に閉鎖せず、2023 年 4 月 15 日まで運転延長することを決定しました。当初予定より 4 か月半後ろ倒しとはなりましたが、ドイツでは 2023 年春に脱原子力が完了します。

高レベル放射性廃棄物処分に関しては、1970 年代からゴアレーベンを候補地として処分場計画が進められてきましたが、2000 年から 2010 年の調査活動凍結を経て、東電福島第一原発事故後の原子力政策見直しの一環で白紙化されました。その後、公衆参加型の新たなサイト選定プロセスにより、複数の候補地から段階的に絞り込みを行う方針が決定されました。この方針を受け、「発熱性放射性廃棄物の処分場サイト選定法」が制定され、2017 年に新たなプロセスによるサイト選定が開始されました。同法では、2031 年末までに処分場サイトを確定することを目標として定めています。処分実施主体である連邦放射性廃棄物機関（BGE）は 2020 年に、文献調査をもとに、地質学的な基準・要件を満たす 90 か所のサイト区域を選定しました。なお、かつての候補地ゴアレーベンは、この90か所に含まれていません。BGEは2022年12月に、これらのサイト区域から絞り込みを行い、2027年にいくつかのサイト地域を提示できる見込みであると発表しました。その上でBGEは、2031年という法律上の期限の達成は現実的ではないとして、スケジュールの再検討と具体化が必要との考えを示しています。

④　スウェーデン

スウェーデンでは、2023年3月時点で6基の原子炉が稼働中であり、2021年の原子力発電比率は約31%です。

スウェーデンにおける原子力政策は、国民投票の結果や政権交代により何度も転換されてきました。1980年の国民投票の結果を受け、2010年までに既存の原子炉12基（当時）を全て廃止するとの議会決議が行われましたが、代替電源確保の目途が立たない中、2006年に政府は脱原子力政策を凍結しました。2014年10月に発足した社会民主党と緑の党の連立政権は一転して脱原子力政策を推進することで合意しましたが、2016年6月には、同連立政権と一部野党が、既存サイトにおいて10基を上限としてリプレースを認める方針で合意しました。その後、2022年9月の総選挙を受けて10月に、穏健党、キリスト教民主党及び自由党の代表で構成される連立政権が発足し、スウェーデン民主党も加えた4党の政策協定が公表されました。協定では、エネルギー政策の目標を、従来の再生可能エネルギー100%から、原子力を含む非化石エネルギー100%に変更することが示されています。また、電気料金の高騰も背景に原子力発電について、安全に運転されている限り発電を行う権利を保障すること、廃止済みのリングハルス1、2号機の運転再開について調査を行うこと、既存の原子炉があるサイト以外の場所での建設を認め基数も10基という上限を撤廃することなどが示されています。

スウェーデンでは、使用済燃料の再処理は行わず、高レベル放射性廃棄物として地層処分する方針です。使用済燃料は、各発電所で冷却された後、オスカーシャム自治体にある集中中間貯蔵施設（CLAB）で貯蔵されています。地層処分場のサイト選定は段階的に進められ、2001年にエストハンマル自治体が、2002年にオスカーシャム自治体が、それぞれサイト調査の受入れを決めました。サイト調査や地元での協議等を経て、2009年6月には立地サイトとしてエストハンマル自治体のフォルスマルクが選定され、使用済燃料処分の実施主体であるスウェーデン核燃料・廃棄物管理会社（SKB社）が2011年3月に立地・建設の許可申請を行いました。原子力施設を建設するためには、「環境法典」に基づく事業許可と、「原子力活動法」に基づく建設・運用許可の二つの許可が必要となり、前者は土地・環境裁判所が、後者は放射線安全機関（SSM）による審査が進められました。2018年1月、土地・環境裁判所とSSMは政府に対して審査意見書を提出し、許可の発給を勧告しました。審査意見書において土地・環境裁判所がSKB社からの補足資料提出を条件とするよう推奨したことを受け、2019年4月に、SKB社は政府に補足資料を提出しました。このような経緯を踏まえ、2022年1月に政府は、SKB社の地層処分事業計画を承認するとともに、地層処分場の建設・

操業を許可することを決定しました。今後、処分場の建設、試験操業、通常操業のそれぞれの開始に先立ち、SSM が安全性の精査を行う予定です。

⑤ フィンランド

フィンランドでは、2023 年 3 月時点で 5 基の原子炉が稼働中であり、2021 年の原子力発電比率は約 33%です。

政府は、気候変動対策やロシアへのエネルギー依存度の低減を目的として、エネルギー利用の効率化や再生可能エネルギー開発の推進と合わせて、原子力発電も活用する方針です。この方針に沿って、ティオリスーデン・ボイマ社は国内 5 基目の原子炉となるオルキルオト 3 号機（EPR、172 万 kW）の建設を 2005 年 5 月に開始しました。当初、2009 年の運転開始が予定されていましたが、工事の遅延により大幅に遅れて 2022 年 3 月に送電網に接続されました。給水ポンプのひび割れにより中断していた試運転が同年 12 月に再開され、営業運転は 2023 年 4 月に開始される予定となっています。また、国内 6 基目の原子炉として、フェンノボイマ社がハンヒキビ原子力発電所 1 号機の建設を計画しており、2015 年 9 月から建設許可申請の審査が行われていました。しかしながら、ロシアのウクライナ侵略後の 2022 年 5 月に同社は、プラント供給契約を締結していたロスアトムのフィンランド法人である RAOS プロジェクト社のプロジェクト実施の遅延を理由として、RAOS プロジェクト社との契約を解除したことを公表しています。

フィンランドは、高レベル放射性廃棄物の処分地が世界で初めて最終決定された国です。地元自治体の承認を経て、政府は 2000 年末に、地層処分場をオルキルオトに建設する方針を決定しました。2003 年には地下特性調査施設（オンカロ）の建設が許可され、建設作業と調査研究が実施されています。その後、地層処分事業の実施主体であるポシバ社が 2012 年 12 月に地層処分場の建設許可申請を行い、政府は 2015 年 11 月に建設許可を発給しました。また、2020 年代の操業開始に向け、ポシバ社は 2021 年 12 月に地層処分場の操業許可申請書を政府に提出しました。2022 年 12 月には最初の処分坑道が完成しています。なお、オンカロは、将来的には処分場の一部として活用される計画です。

⑥ スイス

スイスでは、2023 年 3 月時点で 4 基の原子炉が稼働中であり、2021 年の原子力発電比率は約 29%です。

2011 年 3 月の東電福島第一原発事故を受けて、「改正原子力法」が 2018 年に発効し、段階的に脱原子力を進めることになりました。改正原子力法では、新規炉の建設と既存炉のリプレースを禁止していますが、既存炉の運転期間には制限を設けていません。また、従来英国及びフランスに委託して実施していた使用済燃料の再処理も禁止となったため、使用済燃料の全量が直接処分されます。なお、法的な運転期限はありませんが、ミューレベルク原子力発電所については、運転者が経済性の観点から閉鎖する方針を決定し、2019 年 12 月に閉鎖されました。

放射性廃棄物に関しては、実施主体として1972年に放射性廃棄物管理共同組合（NAGRA）が設立されました。また、1978年の「原子力法に関する連邦決議」により、既存原子力施設の運転継続や新規発電所の認可に際し、放射性廃棄物が確実に処分可能であることが条件とされました。NAGRAが実施した地層処分の実現可能性に関する調査等を踏まえ、1988年に連邦政府は、スイス国内における安全な地層処分場の建設が可能であると確認されたとする評価を示しました。地層処分場の選定手続きは2008年に開始され、3段階で候補地の絞り込みが進められています。第1段階では2011年に6か所の候補が選定され、第2段階では2018年に、チューリッヒ北東部、ジュラ東部及び北部レゲレンの3エリアに絞り込まれました。現在、最終の第3段階にあり、2022年9月にNAGRAは、地層処分場サイトの最終候補として北部レゲレンを提案しました。提案によれば、同サイトには高レベル放射性廃棄物だけでなく低中レベル放射性廃棄物も処分されます。2029年には、計画の大枠に対する政府承認である概要承認が発給される見込みです。なお、概要承認の発給を不服とした国民投票が実施される場合もあり、その場合は2031年頃に国民投票の結果が出て、サイト選定の結果が確定する見込みです。

⑦　イタリア

イタリアでは、1986年のチョルノービリ原子力発電所事故により原子力への反対運動が激化した後、1987年に行われた国民投票の結果を受け、政府が既設原子力発電所の閉鎖と新規建設の凍結を決定しました。その結果、2023年3月時点で、主要先進国（G7）の中で唯一、イタリアでは原子力発電所の運転が行われていません。

電力供給の約10%以上を輸入に頼るという国内事情から、産業界等から原子力発電の再開を期待する声が上がったため、2008年4月に発足したベルルスコーニ政権（当時）は、原子力発電再開の方針を掲げて必要な法整備を進めました。しかし、2011年3月の東電福島第一原発事故を受けて、国内世論が原子力に否定的な方向に傾く中で、原子力発電の再開に向けて制定された法令に関する国民投票が実施された結果、原子力発電の再開に否定的な票が全体の約95%を占め、政府は原子力再開計画を断念しました。

⑧　ベルギー

ベルギーでは、2023年3月時点で5基の原子炉（全てPWR）が稼働中であり、2021年の原子力発電比率は約51%です。

2003年には脱原子力を定める連邦法が制定され、新規原子力発電所の建設を禁止するとともに、7基の原子炉の運転期間を40年に制限し、原則として2015年から2025年までの間に全て停止することが定められました。

その後も、脱原子力の方針を維持しつつも、電力需給の安定性確保の観点から、原子炉の閉鎖時期の見直しが議論されていました。7基のうち、2015年に閉鎖予定であったドール

1、2 号機及びチアンジュ 1 号機の合計 3 基は、閉鎖による電力不足の可能性が指摘されたこと等を受けて、法改正により閉鎖期限が 10 年後ろ倒しされ、2025 年まで運転を継続することが可能になりました。2021 年 12 月に政府は、2025 年までに既存炉 7 基を全て閉鎖することで原則合意しましたが、最も新しいドール 4 号機とチアンジュ 3 号機については、エネルギー安定供給を保証できない場合に限り 2025 年以降も運転継続する可能性を残しました。さらに、2022 年 3 月に、ロシアによるウクライナ侵略等の地政学的状況を踏まえ、化石燃料からの脱却を強化する観点から、政府は両基の運転を 10 年間延長することを決定しました。2023 年 1 月には両基の現在の運転者であるエレクトラベル社と、運転延長に際し、政府と同社が法人を設立して両基を共同運営することなどで合意しました。

ベルギーでは、高レベル放射性廃棄物及び長寿命の低中レベル放射性廃棄物を、同一の処分場で地層処分することとされており、1970 年代から研究開発が進められています。1980 年代には、モル地域に広がる粘土層に設置した地下研究所（HADES）を利用した研究開発が開始されました。2022 年 12 月には、これらの放射性廃棄物を自国内で地層処分する方針とその実施に向けての手続きを規定した王令が制定されました。なお、ベルギーは使用済燃料の再処理をフランスの再処理会社に委託していたため、ガラス固化体と使用済燃料の 2 種類が高レベル放射性廃棄物として扱われています。

⑨　オランダ

オランダでは、2023 年 3 月時点で 1 基の原子炉が稼働中であり、2021 年の原子力発電比率は約 3％です。稼働中の唯一のボルセラ原子力発電所（PWR）は、1973 年に運転を開始した後、2006 年には運転期間が 60 年間に延長され、2033 年までの運転継続が可能となりました。

1960 年代から 1970 年代にかけてオランダでは 2 基の原子炉が建設されましたが、1960 年代初頭に大規模な埋蔵量の天然ガスが発見されたことや、チョルノービリ原発事故後の世論の影響等を受け、1986 年に原子力発電所の新規建設プロジェクトが凍結されました。原子力発電所の建設は法的に禁止されていませんが、それ以来、政権交代等による政策の転換もあり、原子炉の建設は行われていません。しかし、カーボンニュートラル達成に向けて温室効果ガスを排出しないエネルギー源の必要性が高まる中、2021 年 12 月、第 4 次ルッテ新政権は、2025 年までの政策方針をまとめた合意文書において、既存のボルセラ原子力発電所の運転継続と原子炉 2 基の新設を行う方針を表明しました。さらに政府は 2022 年 12 月、2 基の新設のサイトとしてボルセラを挙げるとともに、既設炉の 2033 年以降の運転継続のための実現可能性調査を行うことを閣議決定しました。

放射性廃棄物に関しては、1984 年の政策文書において、まずは隔離と管理から開始し、最終的に地層処分を行う方針が決定されました。放射性廃棄物は少なくとも 100 年間地上で貯蔵することとされており、この貯蔵期間に地層処分に関する研究が進められています。初期の研究では、オランダの地下深部にある適切な岩層（岩塩層と粘土層）において放射性廃棄物を地層処分することが可能であることが示されました。

⑩ スペイン

スペインでは、2023年3月時点で7基の原子炉（PWR6基、BWR1基）が稼働中であり、2021年の原子力発電比率は約21%です。

化石燃料資源に乏しいスペインは、1960年代から原子力発電を導入してきましたが、1979年の米国スリーマイル島事故や1986年のチョルノービリ原子力発電所事故を受け、脱原子力政策に転換しました。近年は、脱原子力を完了する前に、気候変動対策のために既存の原子炉を活用する方針です。政府は、2020年1月に「国家エネルギー・気候計画2021-2030」を策定し、温室効果ガス排出量を2030年までに1990年比で少なくとも20%削減する目標を掲げました。同計画では、目標達成のため当面は既存原子炉の40年超運転も行い、7基のうち4基を2030年までに、残りの3基を2035年末までに閉鎖するとしました。全ての原子炉は10年ごとに安全レビューを受けることが義務付けられており、その評価に基づき、通常は10年間の運転許可更新が付与されます。2021年10月に運転期間の延長が許可されたアスコ原子力発電所1、2号機を含め、2023年3月時点で、稼働中の7基のうち6基は40年を超える運転が許可されています。

放射性廃棄物の管理及び原子力発電所の廃止措置は、政府によって承認される総合放射性廃棄物計画（GRWP）に基づき、放射性廃棄物管理会社（ENRESA）が行っています。2023年3月時点で最新のGRWPは、2006年に決定された第6次GRWPです。スペインは、海外に委託して使用済燃料の再処理を実施していましたが、政府は1983年以降、再処理を行わない方針に変更しました。使用済燃料を含む高レベル放射性廃棄物の処分に向けて、1980年代にENRESAが施設の立地活動を開始しましたが、自治体等による反対を受けて1990年代に中断され、政府は放射性廃棄物の最終的な管理方針の決定を延期しました。その後も、ENRESAは、花こう岩、粘土層及び岩塩層を候補地層とした地層処分に係る研究開発を続けています。第7次GRWPの草案は、これまで複数回公表されていますが、2022年11月の草案では地層処分場の操業開始は2073年を目標としており、それまでの間、使用済燃料は各原子力発電所サイトで貯蔵することとされています。

⑪ 中東欧諸国

中東欧諸国では、2023年3月時点で、ブルガリア（2基）、チェコ（6基）、スロバキア（5基）、ハンガリー（4基）、ルーマニア（2基）、スロベニア（1基）の6か国で計20基の原子炉が稼働中、スロバキアで1基が建設中です。また、ポーランドでも原子力発電の新規導入が計画されています。なお、この地域で運転中の原子炉は、ルーマニアの2基（CANDU炉）とスロベニアの1基（米国製加圧水型軽水炉（PWR））を除き、全て旧ソ連型の炉です。

このうちEU加盟国では、EU加盟に際し、旧ソ連型炉の安全性を懸念する西側諸国の要請を受けて複数の原子炉を閉鎖しました。一方で、電力需要の増加と低炭素化、天然ガス供給国であるロシアへの依存度低減等の観点から、複数の国で原子炉の新増設や社会主義体制崩壊後に建設が中断された原子炉の建設再開等が計画されています。国際的な経済情勢の下で、EUの国家補助（State Aid）規則や公正競争に係る規則への抵触を避けつつ、いかに原子力事業に係る資金調達を行うかが大きな課題となっています。

ポーランドでは、2021年2月に、2040年までの長期エネルギー政策（PEP2040）が閣議決定されました。PEP2040には原子力新規導入のロードマップも含まれており、2033年に初号機を運転開始後、10年間で発電用の中大型炉を合計6基まで拡大していく方針です。2021年12月には、初号機のサイトとしてバルト海沿岸のルビャトボ・コパリノが選定されました。また、2022年11月には、同サイトに3基の米国ウェスチングハウス社製AP1000を導入することが閣議決定されました。さらに、発電用原子炉の次の段階として、産業での熱利用を想定した小型炉の導入も検討しています。また、国家による計画に加え、エネルギー供給企業や需要家である化学産業等の参画による、産業主導でのSMR等の導入検討も進められています。

(8)　旧ソ連諸国

①　ロシア

ロシアでは、2023年3月時点で37基の原子炉が稼働中であり、2021年の原子力発電比率は約20%です。このうち2基は、2020年5月に商業運転を開始した、SMRかつ世界初の浮体式原子力発電所であるアカデミック・ロモノソフです。高速炉についても、ベロヤルスクでナトリウム冷却型高速炉の原型炉1基、実証炉1基の合計2基が稼働しています。また、3基が建設中です。このうち1基は、鉛冷却高速炉のパイロット実証炉BREST-300で、2021年6月にシベリア化学コンビナートサイトで建設が開始されました。

ロシアは、2030年までに発電電力量に占める原子力の割合を25%に高め、従来発電に用いていた国内の化石燃料資源を輸出に回す方針です。加えて、2021年10月には、2060年までにカーボンニュートラルを達成する方針を定めた政令が制定されました。原子力行政に関しては、2007年に設置された国営企業ロスアトムが民生・軍事両方の原子力利用を担当し、連邦環境・技術・原子力監督局が民生利用に係る安全規制・検査を実施しています。原子力事業の海外展開も積極的に進めており、ロスアトムは旧ソ連圏以外のイラン、中国、インドにおいてロシア型加圧水型原子炉（VVER）を運転開始させているほか、トルコやバングラデシュ、エジプト等にも進出しています。原子炉や関連サービスの供給と併せて、建設コストの融資や投資建設（Build）・所有（Own）・運転（Operate）を担うBOO方式での契約も行っており、初期投資費用の確保が大きな課題となっている輸出先国に対するロシアの強みとなっています。

また、政治的理由により核燃料の供給が停止した場合の供給保証を目的として、2007年5月にシベリア南東部のアンガルスクに国際ウラン濃縮センター（IUEC）を設立しました。2010年以降、IAEAの監視の下で約120tの低濃縮ウランを備蓄しています。

ロシアでは、原則として使用済燃料を再処理する方針であり、使用済燃料は発電所内や集中貯蔵施設で、再処理に伴い発生するガラス固化体は再処理工場のあるマヤークのサイト内で、それぞれ貯蔵されています。ガラス固化体の処分については、2011 年 7 月に「放射性廃棄物管理法」が制定され、地層処分することが定められました。2018 年以降、地層処分場のサイト決定に向けた地下研究所の建設が行われています。

② ウクライナ

ウクライナでは、2023 年 3 月時点で 15 基の原子炉が稼働中であり、2021 年の原子力発電比率は約 55%です。

ウクライナ政府は、2017 年 8 月に策定された新エネルギー戦略において、2035 年まで総発電量が増加する中で、原子力発電比率を約 50%に維持する目標を設定しました。かつては、核燃料供給や石油・天然ガス等、エネルギー源の大部分をロシアに依存していましたが、クリミア問題等に起因する両国の関係悪化もあり、2022 年のロシアによる侵略以前から、原子力分野も含めてロシアへの依存脱却に向けた取組を進めていました。1990 年に建設途上で中断したフメルニツキ 3、4 号機については、両機を VVER として完成させる計画で 2010 年にロシアと協力協定を締結しましたが、議会は 2015 年に計画の撤回及び同協定の取消しを決議しました。その後、2016 年に韓国水力・原子力会社（KHNP）と協力協定を締結し、ロシアからの事業引継に関する検討を行うなど、ロシア以外の国との関係を強化しています。このほか、既存原子炉への燃料供給元の多様化や寿命延長のための安全対策等にも、欧米の企業や国際機関の協力を得て取り組んでいます。

なお、チョルノービリ原子力発電所では、1986 年に事故が発生した 4 号機を密閉するため、国際機関協力の下で老朽化したコンクリート製「石棺」を覆うシェルターが建設され、2019 年 7 月にウクライナ政府に引き渡されました。

2022 年 2 月には、ロシアがウクライナへの侵略を開始しました。同年 2 月から 3 月にかけて、ロシア軍は、チョルノービリ原子力発電所やウクライナ最大の原子力発電所であるザポリッジャ原子力発電所を占拠するとともに、放射性廃棄物処分場へのミサイル攻撃や核物質を扱う研究施設への砲撃も実施しました。このような事態に対し、IAEA を始めとする国際社会は重大な懸念を表明しており、ウクライナにおける原子力施設の安全や核セキュリティの確保等のための取組を進めています[2]。

③ カザフスタン

カザフスタンは、2023 年 3 月時点で原子力発電所を保有していませんが、世界一のウラン生産国です。

ウルバ冶金工場（UMP）において、国営原子力会社カズアトムプロムがウラン精錬、転換及びペレット製造等を行っています。同社は、2030 年までに世界の核燃料供給の 3 割を占めることを目標に、事業の多国籍化・多角化を図っており、UMP 内のプラントにラインを増設して様々な炉型向けの燃料を製造する計画です。また、同社は、低濃縮ウランの国際備蓄

[2] 第 4 章 4-2（3）⑤「ロシアによるウクライナ侵略問題への対応」を参照。

にも大きく関与しています。IAEA との協定に基づき UMP で建設が進められていたウラン燃料バンクは、2017 年 8 月に開所した後、2019 年 12 月までにフランスのオラノ社及びカズアトムプロムから 90 t の低濃縮ウラン納入が完了し、備蓄が開始されました。さらに、カズアトムプロムは、ロシアの IUEC に 10%出資しています。

原子力発電については、中小型炉を中心とした本格導入が検討されています。2030 年までに原子力発電設備容量を 150 万 kW とする発電開発計画が 2012 年に策定され、2014 年にはロスアトムとカズアトムプロムの間で設備容量合計 30〜120 万 kW の原子炉建設に係る協力覚書に署名しました。ただし、導入計画は進んでおらず、原子力発電所の建設についてカザフスタン政府の決定は行われていません。一方で、2021 年 12 月には、米国ニュースケール・パワー社との間で、SMR 導入検討に関する覚書を締結しています。

④ その他の旧ソ連諸国

アルメニアでは、2023 年 3 月時点で、アルメニア原子力発電所の 1 基の原子炉（VVER、44.8 万 kW）が稼働中であり、2021 年の原子力発電比率は約 25%です。2022 年 1 月には、原子炉増設に向け、ロシアのロスアトムが同発電所との間で覚書を締結したことを発表しました。

ベラルーシでは、2021 年 6 月に、初の原子炉となるオストロベツ原子力発電所 1 号機（VVER、111 万 kW）が営業運転を開始しました。同発電所の建設はロシアのロスアトムが担っており、2023 年には 2 号機の運転開始が見込まれています。

ウズベキスタンは、原子力発電の導入に向け、2018 年 9 月にロシアとの間で VVER2 基の建設に係る政府間協定を締結しました。2030 年までの運転開始を目指してサイト選定が行われており、2023 年 1 月には IAEA による立地評価・安全設計レビューが完了しています。

エストニアでは、原子力発電の導入に向けた検討を行うため、2021 年 4 月に政府がワーキンググループを設置しました。また、同国のフェルミ・エネルギア社は、SMR の導入を目指し、複数の外国企業と協力覚書を締結しています。さらに、2022 年 9 月に同社は、米国ニュースケール・パワー社、米国 GE 日立ニュークリア・エナジー社、英国ロールス・ロイス社のメーカー3 社に入札の案内を送付したことを発表しました。

(9) アジア

① 韓国

韓国では、2023 年 3 月時点で 25 基の原子炉が稼働中で、2021 年の原子力発電比率は約 28%です。また、3 基の原子炉が建設中です。

2022 年 5 月に発足した尹錫悦（ユン・ソンニョル）政権は、文在寅（ムン・ジェイン）前政権の脱原子力政策を撤回し、原子力開発を推進する政策を打ち出しています。2022 年 7 月の閣議では「新政府のエネルギー政策の方向性」が採択されました。その中では 2050 年のカーボンニュートラルに向けた「エネルギーミックスの再構築」がうたわれ、原子力については、原子力発電比率を現在の 28%から 2030 年には 30%以上に引き上げることとされました。また、その目標を実現するため、既設炉の運転期間延長、建設中の 4 基（そのうちの1 基は既に運転を開始しています）の竣工、中断された 2 基の建設計画の早期再開を実施することが掲げられました。これらの施策は、2023 年1 月に策定された「第 10 次電力需給基本計画」に盛り込まれています。

韓国では、前政権は国内で脱原子力政策を進める一方で、輸出については国益にかなう場合は推進する方針をとっていました。尹政権も輸出を積極的に推進する方針であり、「新政府のエネルギー政策の方向性」では 2030 年までに原子炉 10 基を輸出するとの目標が示されています。韓国電力公社（KEPCO）は、アラブ首長国連邦（UAE）のバラカ原子力発電所において、2012 年から 4 基の韓国次世代軽水炉 APR-1400 の建設を進めてきました。1 号機は 2021 年4 月に営業運転を開始しており、2013 年に建設が開始された 2 号機も 2022 年3 月に営業運転を開始しました。また、2014 年に建設が開始された 3 号機は、2022 年10 月に送電網に接続されています。韓国政府はそのほかにも、サウジアラビア、チェコ、ポーランド等の原子炉の新設を計画する国に対してアプローチしています。サウジアラビアとは、2015 年に、10 万 kW 級の中小型原子炉（SMART）の共同開発の覚書を締結しています。ヨルダンには、熱出力 0.5 万kW の研究用原子炉を建設し、2016 年に初臨界を達成しました。

高レベル放射性廃棄物の管理・処分に関しては、使用済燃料の再処理は行わないこととしています。2016 年 7 月に「高レベル放射性廃棄物管理基本計画」が策定され、中間貯蔵施設や地層処分場を同一サイトにおいて段階的に建設する方針が示されました。文政権による計画見直しが進められましたが、2021 年 12 月に策定された「第 2 次高レベル放射性廃棄物管理基本計画」においても、中間貯蔵施設や地層処分場を同一サイトに建設する方針が維持されています。

②　中国

中国では、2023 年 3 月時点で 55 基の原子炉が稼働中であり、2021 年の原子力発電比率は約 5%ですが、設備容量は合計 5,000 万 kW を超え、発電電力量では米国に次ぐ世界第 2 位です。また、21 基の原子炉が建設中です。

原子力発電の拡大が進められており、米国ウェスチングハウス社製の AP1000 やフランスのフラマトム社が開発した EPR も運転を開始しています。2021 年 3 月には、2021 年から 2025 年までを対象とした「第 14 次五か年計画」が策定され、2025 年までに原子力発電の設備容量を 7,000 万kW とする目標が示されています。

軽水炉の国産化及び海外展開にも力を入れており、米国及びフランスの技術をベースに、中国核工業集団公司（CNNC）と中国広核集団（CGN）が双方の第 3 世代炉設計を統合して国産の PWR である華龍 1 号を開発し、2015 年 12 月には両社出資による華龍国際核電技術有限公司（華龍公司）が発足しました。華龍 1 号は、中国国内では福清 5、6 号機が運転を開始しており、更に 10 基が建設中です。海外でも、華龍 1 号を採用したパキスタンのカラチ原子力発電所において、2号機が2021年5月に、3号機が2022年4月に営業運転を開始しています。また、英国でも、2015年の両国首脳合意に基づき、ヒンクリーポイントC原子力発電所で中国企業も出資して新規建設が進められており、ブラッドウェルB原子力発電所では華龍1号の建設も検討されています。そのほか、中国の原子力事業者は、中東やアジア、南米等においても、高温ガス炉や、AP1000の技術に基づき中国が自主開発しているCAP1400等を含む各種原子炉の建設協力に向け、協力覚書の締結等を進めています。

さらに、高速炉、高温ガス炉、SMR等の開発も進められています。中国実験高速炉CEFRは2010年に初臨界を達成し、2011年に送電を開始しており、2017年には高速実証炉初号機の建設が開始されました。高温ガス炉については、石島湾発電所の実証炉が2021年12月に送電網に接続されています。SMRについては、2021年7月に玲龍1号の実証炉の建設が開始されました。

中国では、軽水炉から発生する使用済燃料を再処理する方針であり、使用済燃料は発電所の原子炉建屋内の燃料プール等で貯蔵されています。再処理に伴い発生するガラス固化体の処分については、2006年2月に公表された「高レベル放射性廃棄物地層処分に関する研究開発計画ガイド」に基づき、今世紀半ばまでの処分場建設を目指すこととされています。

③　台湾地域

台湾地域では、2023年3月時点で3基の原子炉が稼働中であり、2020年の原子力発電比率は約11%です。

台湾地域における原子力政策は、住民投票の結果や政権交代により、原子力政策が何度も転換されてきました。2000年に発足した民進党政権は、段階的脱原子力政策を掲げていました。その後、2008年の政権交代で発足した国民党政権は、再生可能エネルギー社会に至るまでの過渡的な電源として原子力発電を維持する方針を示し、龍門で建設中であった第四原子力発電所（改良型沸騰水型軽水炉（ABWR）2基、各135万kW）の建設を継続するとともに、既存炉のリプレースや増設も検討する意向を示しました。しかし、2011年3月の東電福島第一原発事故を受け、同年6月、中長期的な脱原子力発電へと再度政策を転換し、既存炉の寿命延長やリプレースを行わないことが決定されました。

蔡政権（民進党）下の2017年1月には、2025年までに原子力発電所の運転を全て停止するとの内容を含む「改正電気事業法」が成立しましたが、2018年11月に実施された住民投票によりこの脱原子力条文は失効しています。しかし、2019年1月に、政府は脱原子力政策を継続する方針を発表しました。2021年7月には國聖第二原子力発電所1号機が早期閉鎖され、同年12月に実施された住民投票では第四原子力発電所の建設再開への反対意見が多数を占めました。今後、第四原子力発電所の建設や既存炉の運転延長が実施されなければ、運転認可の満了により2025年には全ての原子力発電所が閉鎖されることになります。

④　ASEAN諸国

ASEANを構成する10か国は、2023年3月時点で、いずれも原子力発電所を保有していません。しかし、気候変動対策やエネルギー安全保障の観点から、原子力計画への関心を示す国が増加しています。

ベトナムでは2009年に、2020年の運転開始を目指して原子力発電所を2か所（100万kW級の原子炉計4基）建設する計画が国会で承認されました。ニントゥアン第1、第2原子力発電所は、ロシアと我が国がそれぞれ建設プロジェクトのパートナーに選定されました。しかし、2016年11月、政府は国内の経済事情を背景に両発電所の建設計画の中止を決定し、国会もこれを承認しました。

インドネシアは、2007年に制定された「長期国家開発計画（2005年から2025年まで）に関する法律」において、2015年から2019年までに初の原子炉の運転を開始し、2025年までに追加で4基の原子炉を運転開始させる計画を示しました。しかし、ムリア半島における初号機建設計画は2009年に無期限延期となり、2010年以降は原子力発電所建設の決定には至っていません。一方で、政府は、ロシアや中国の協力を得て実験用発電炉（高温ガス炉）の建設計画を進めるなど、商用発電炉導入に向けたインフラ整備を進めています。

タイは、2010年に公表した電源開発計画（PDP2010）において、2020年から2028年までの間に5基の原子炉（各100万kW）を運転開始する方針を示していましたが、東電福島第一原発事故や2014年の軍事クーデター後の政情不安等に伴い、計画は先送りされています。軍による暫定政権下で2015年に発表された電源開発計画（PDP2015）では、初号機を2035年、2基目を2036年に運転開始するとされていました。しかしながら、その後に策定されたPDP2018には、原子力発電の計画は含まれていません。

マレーシアは、2010年に策定した「経済改革プログラム」において原子力発電利用を検討し、2011年にマレーシア原子力発電会社（MNPC）を設立しました。2021年と2022年に原子炉各1基を運転開始することを目標としていましたが、2018年9月にマハティール首相（当時）が行った演説では原子力利用の可能性を否定しています。

フィリピンでは、ドゥテルテ大統領（当時）が2020年7月に大統領令第116号を発出し、原子力政策の再検討や長期的な発電オプションとして原子力を利用する可能性の検討が必要であるとの認識の下、国家原子力計画の策定に向けた省庁間委員会の設置を指示しました。2021年12月に省庁間委員会が提出した報告書を踏まえ、2022年2月には大統領令第146号を発出し、エネルギーミックスに原子力を加える国家原子力計画を承認しました。同大統領令は省庁間委員会に対し、1986年の完成後も運転しないままとなっているバターン原子力発電所（62万kW）の利用や、他の原子力利用施設の設置について検討することを求めました。なお、バターン原子力発電所については、2017年11月にロシアのロスアトムとの間で修復を含むプラント状態の技術監査に係る協力覚書に署名したものの、大統領は、まずは周辺住民の意見を聴取すべきであるとの見解を表明しています。また、フィリピン政府とロスアトムは、2022年1月に、SMRの検討を進めるための予備的な実現可能性調査に関する共同行動計画を策定しました。

⑤　インド

インドでは、2023 年 3 月時点で 22 基の原子炉が稼働中であり、2021 年の原子力発電比率は約 3%です。このうち 16 基が国産の加圧重水炉（PHWR）、2 基が沸騰水型軽水炉（BWR）、2 基が VVER、2 基が CANDU 炉です。また、8 基の原子炉が建設中です。

原子力発電の利用については、急増するエネルギー需要を賄うために拡大する方針です。2018 年から 2027 年までを対象とする国家電力計画では、原子力発電設備容量を、2017 年の約 600 万 kW から 2027 年 3 月までに約 1,700 万 kW へと拡大する見通しが示されています。また、インドは、2021 年 11 月の国連気候変動枠組条約第 26 回締約国会議（COP26）に際して、2070 年までのカーボンニュートラル達成を目指すことを宣言しました。さらに、2022 年 11 月に公表された「インドの長期低炭素開発戦略」では、2032 年までに原子力発電の設備容量を現在の 3 倍にすることや、SMR の導入に向けた取組を進めていくことなどの方針が示されています。この方針に基づき、国家電力計画も改定される予定です。

核兵器不拡散条約（NPT）未締約国であるインドに対しては、従来、核実験実施に対する制裁として国際社会による原子力関連物資・技術の貿易禁止措置が講じられており、専ら国産 PHWR を中心に原子力発電の開発を独自に進めてきました。しかし、2008 年以降に米国、フランス、ロシア等と相次いで二国間原子力協定を締結したことにより、諸外国からも民生用原子力機器や技術を輸入することができるようになりました。既に運転を開始しているロシアの VVER に加え、2018 年にはフランスからの EPR 導入について枠組み合意が結ばれました。2019 年には、米国との高官協議において AP1000 導入に合意しました。

また、インドは独自のトリウムサイクル開発計画に基づき、高速増殖炉（FBR）の開発・導入を進めています。1985 年に運転を開始した高速増殖実験炉（FBTR）については、2011 年に、2030 年までの運転延長が決定しました。また、上述の建設中 8 基のうちの 1 基は高速増殖原型炉（PFBR）です。

⑥　その他の南アジア諸国

パキスタンでは、2023 年 3 月時点で 6 基の原子炉が稼働中であり、2021 年の原子力発電比率は約 11%です。2014 年に公開された原子力エネルギービジョン 2050 では、2050 年までに原子力発電設備容量を約 4,000 万 kW へと拡大する見通しが示されています。パキスタンは、インドと同じく NPT 未締約国であるため、中国や米国等と二国間原子力協定を締結して核物質、原子力、資機材技術の輸入を行っています。特に中国との関係性が強く、中国の華龍 1 号が採用されたカラチ原子力発電所 2、3 号機では、2021 年 5 月に 2 号機の、2022 年 4 月に 3 号機の営業運転が開始されています。

バングラデシュは、2041 年までに先進国入りすることを目標とする「ビジョン 2041」政策を掲げており、その一環として、電力需要の増加への対応や電気の普及率向上等のため、原子力発電の導入を目指しています。2023 年 3 月時点で、2 基（VVER、各 120 万 kW）が建設中です。

（10） 中東諸国

中東地域では、2023 年 3 月時点で、イランで 1 基、UAE で 3 基の原子炉が稼働中です。また、その他の国においても、電力需要の伸びを背景として、原子力発電所の建設・導入に向けた動きが活発化しています。

イランでは、ロシアとの協力で建設されたブシェール原子力発電所 1 号機が 2013 年に運転を開始しました。また、両国は 2014 年、イランに更に 8 基の原子炉を建設することで合意し、このうちブシェール 2 号機の建設が 2019 年 11 月に開始されています。

UAE では、電力需要の増加により、2020 年までに 4,000 万 kW 分の発電設備が必要との見通しを受け、フランス、米国、韓国と協力し原子力発電の導入を検討してきました。2020 年までにバラカに 100 万 kW 級原子炉 4 基を建設するプロジェクトに関する国際入札の結果、2009 年末に、KEPCO を中心とするコンソーシアムが建設等の発注先として選定されました。2012 年に建設が開始された 1 号機は 2021 年 4 月に、営業運転を開始しました。それに続いて、2 号機は 2022 年 3 月に営業運転を開始し、3 号機は同年 10 月に送電網に接続されています。

トルコは、経済成長と電力需要の伸びを背景にして、原子力発電の導入を進めています。アックユ原子力発電所ではロシアが 120 万 kW 級原子炉 4 基を建設する予定で、1 号機は 2018 年 4 月、2 号機は 2020 年 4 月、3 号機は 2021 年 3 月に、4 号機は 2022 年 7 月に建設が開始されています。

サウジアラビアは、2030 年までに 16 基の原子炉を建設する計画です。原子力導入に向けて、2018 年 7 月には、2 基の商用炉を新設するプロジェクトの応札可能者として米国、ロシア、中国、フランス及び韓国の事業者が選定されています。

ヨルダンは、フランス、中国、韓国と原子力協定に署名し、同国初の原子力発電所建設を担当する事業者の選定を進めていました。2013 年 10 月にはロシアを優先交渉権者として選定し、2015 年 10 月に原子力発電所の建設・運転に関する政府間協定を締結したものの、2018 年 7 月にロシアからの商用炉導入計画の中止が公表されました。

（11） アフリカ諸国

アフリカでは、2023 年 3 月時点で、唯一南アフリカ共和国で原子力発電所が稼働しています。また、その他の国においても、原子力発電所の建設・導入に向けた動きが見られます。

南アフリカ共和国では、クバーグ原子力発電所で 2 基の原子炉（PWR）が稼働しており、2021 年の原子力発電比率は約 6％です。同国では、今後の原子力導入に関する検討が続けられており、2019 年 10 月に策定された統合資源計画（IRP2019）では、2030 年以降の石炭発電の減少分をクリーンエネルギーで賄うために、SMR の導入を含めて検討を進める必要性が指摘されています。

エジプトは、ロシアとの間で、2015年11月に120万kW級の原子炉（VVER）4基の建設・運転に関する政府間協定を締結し、さらに、2017年12月にはダバ原子力発電所建設に係る契約を締結しました。エジプト原子力発電庁は、2021年6月に同発電所1、2号機の建設許可を、同年12月には同発電所3、4号機の建設許可を原子力規制・放射線当局に申請しました。2022年7月には1号機、同年11月には2号機の建設が開始されています。

アルジェリアは、2027年の運転開始を目指して国内初の原子力発電所の建設を計画しており、2007年12月のフランスとの原子力協定締結を始めとして、米国、中国、アルゼンチン、南アフリカ共和国、ロシアと原子力協定を締結しています。

モロッコは、2009年に公表した国家エネルギー戦略に基づき、2030年以降のオプションとして原子力発電の導入を検討する方針です。2017年10月には、ロシアとの間で原子力協力覚書を締結しており、モロッコ国内での原子力発電導入を目的とした共同研究を開始することとしています。

ナイジェリアは、2025年までに120万kW分の原子力発電所の運転開始を目指し、2035年までに合計480万kWまで増設する計画です。同国はロシアとの間で、2009年3月に原子力協力協定を、2017年10月にはナイジェリアにおける原子力発電所の建設・運転に向けた協定を締結しています。

ケニアは、中長期的な開発計画であるVision 2030の中で、総発電電力設備容量を1,900万kWまで拡大する目標を掲げており、この目標の達成に向けて原子力を活用する方針です。この方針に基づき、韓国、中国、ロシアとの協力を進めています。また、2038年までに国内初の原子力発電所を運転させることも目標としています。

ガーナでは、SMRの導入に向けた検討が進められています。これに対して、我が国と米国政府が支援を行うことになっているほか、我が国と米国の企業がSMRに関する実現可能性調査を実施することになっています。

(12) 大洋州諸国

大洋州諸国は、2023年3月時点で、いずれも原子力発電所を保有していません。

オーストラリアは、世界最大のウラン資源埋蔵量を有していますが、豊富な石炭資源を背景に、これまで原子力発電は行われていません。ただし、温室効果ガス排出削減の観点から、原子力発電導入の是非が度々議論されています。

オーストラリアでは、2005年の京都議定書発効後、保守連合政権下で原子力発電の導入を検討する方針が示されましたが、2007年に原子力に批判的な労働党へと政権が交代し、検討は中止されました。近年は、パリ協定の目標達成に向けた気候変動対策と電気料金高騰抑制の観点から、原子力発電導入の可能性を検討する機運が再び高まっています。2017年には、オーストラリア原子力科学技術機構（ANSTO）が、第4世代原子力システムに関する国際フォーラム（GIF）に正式加盟しました。2019年には、連邦議会下院の環境エネルギー

はじめに 特集 第1章 第2章 第3章 第4章 第5章 第6章 第7章 第8章 第9章 資料編 用語集

常任委員会が政府に報告書を提出し、原子力利用に関して、第3世代プラス以降の先進炉を将来のエネルギーミックスの一部として検討すること等を提言しました。また、2020 年 5 月に連邦政府が公表した温室効果ガス削減に向けた技術投資ロードマップでは、低炭素技術の一つとして SMR の導入可能性に言及し、海外の開発状況を注視するとしています。その後、2022 年 5 月の連邦議会総選挙を受け労働党が政権に返り咲いており、新政権からは原子力発電の導入について方針等は示されていません。

オーストラリアにおけるウラン輸出については、2021 年に初の原子力発電所が営業運転を開始したUAEに加え、長年禁輸対象であったインド、燃料供給のロシア依存度低減に取り組むウクライナ等と協定を締結し、新興国等への輸出拡大を図っています。

(13) 中南米諸国

中南米諸国では、2023 年 3 月時点で、メキシコ（2 基）、アルゼンチン（3 基）、ブラジル（2 基）の 3 か国で計 7 基の原子炉が稼働中です。

メキシコでは、2 基の BWR が稼働中であり、2021 年の原子力発電比率は約 5%です。2018 年に発行された国家電力システム開発プログラム（PRODESEN）2018-2032 では、2029 年から 2031 年までに 1 基ずつ、計 3 基を運転開始する計画が示されていました。しかし、2021 年に公表された PRODESEN2020-2034 では、2034 年までの期間について原子力発電所の建設計画は示されていません。

アルゼンチンでは、PHWR2 基と CANDU 炉 1 基の計 3 基が稼働中であり、2021 年の原子力発電比率は約 7%です。2022 年 2 月には、アトーチャ 3 号機の計画について、中国との間で華龍 1 号の建設に係る契約を締結しました。また、その後の計画として、ロシア製 VVER の建設も検討されています。

ブラジルでは、2 基の PWR が稼働中であり、2021 年の原子力発電比率は約 2%です。経済不況により 1980 年代に建設を中断していたアングラ 3 号機は、2010 年に建設が再開されましたが、2015 年以降は建設が再度中断されています。2019 年には、政府が同機の建設を再開する方針を公表し、発注事業者の選定手続きなどが進められており、運転開始は 2026 年頃と見込まれています。さらに、2022 年 1 月に公表されたエネルギー拡張 10 か年計画（PDE2031）では、新たに 100 万 kW 級原子炉の運転を 2031 年に開始する方針を示しました。また、核燃料工場を始めとする核燃料サイクル施設が立地するレゼンデでは、燃料自給を目的としてウラン濃縮工場が 2006 年から稼働しており、段階的に拡張されています。

キューバでは、1980 年代に 2 基の原子炉が着工されましたが、提供者であった旧ソ連の崩壊に伴い建設中止となりました。キューバとロシアは、2016 年 9 月に原子力の平和利用に関する二国間協定を締結しており、2019 年には多目的照射センターの建設について合意しています。

ボリビアでは、ロシアとの協力により、研究炉 1 基や円形加速器（サイクロトロン）を含む、原子力技術研究開発センターが建設されています。

7　特集：「原子力に関する研究開発・イノベーションの動向」の参考資料

トピック１：安全性向上と脱炭素推進を兼ね備えた革新炉の開発

参考資料１：

小型軽水炉 VOYGR

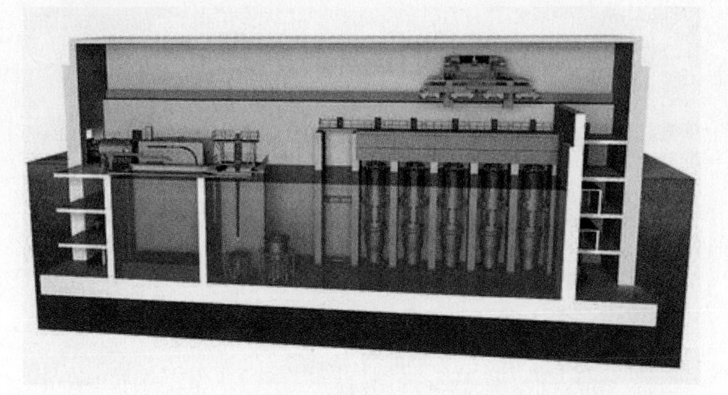

（出典）米国ニュースケール・パワー社ウェブサイト

高温ガス炉

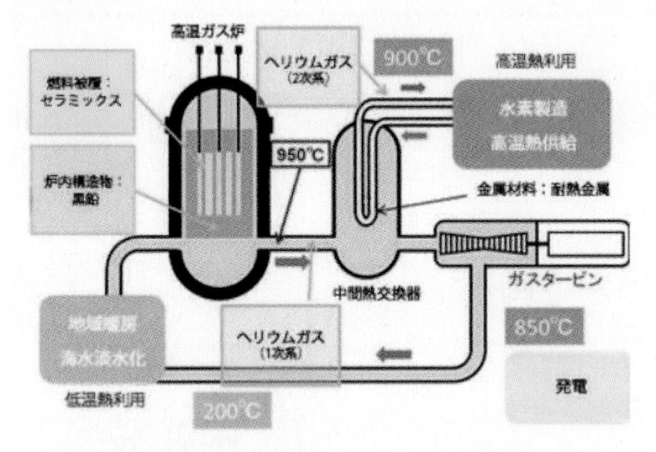

（出典）原子力機構大洗研究所ウェブサイト

ナトリウム冷却高速炉

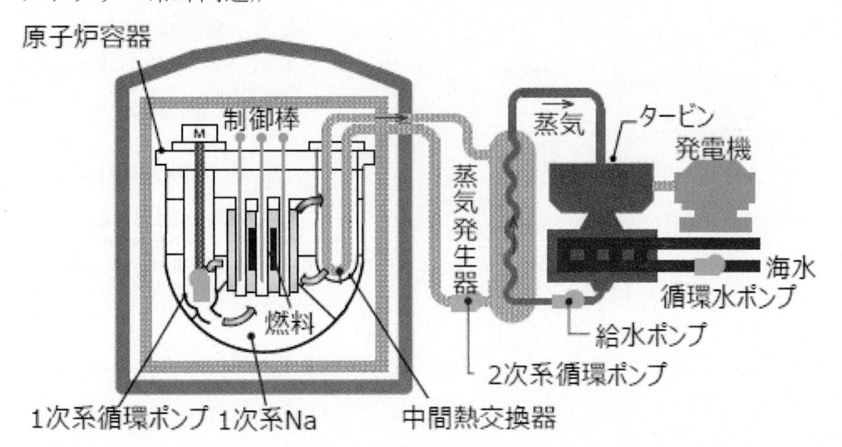

（出典）第１回総合資源エネルギー調査会 原子力小委員会革新炉ワーキンググループ
資料第８号 「三菱革新炉開発の取組み」（三菱重工業提供資料）

参考資料２：

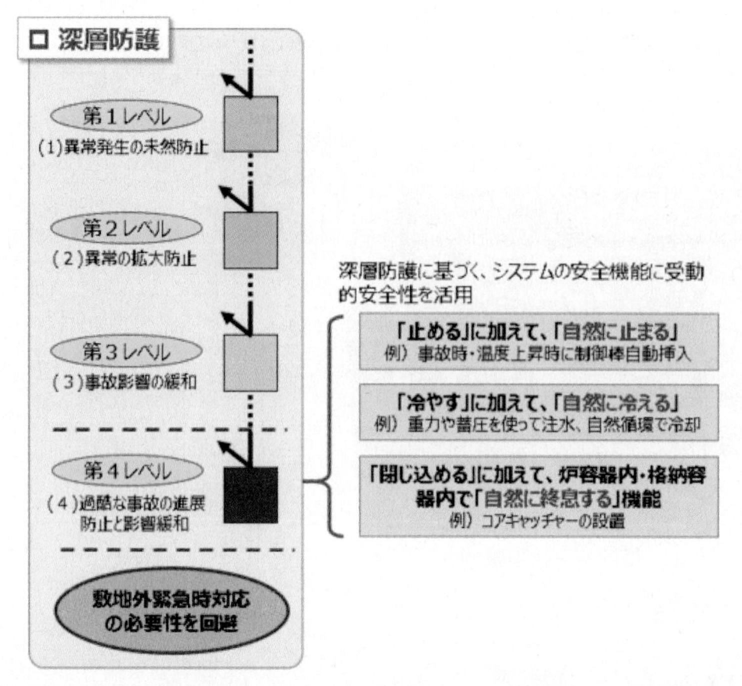

（出典）第 11 回原子力委員会 資料 第1号「革新炉（高速炉（サイクル）、高温ガス炉+SMR）開発の現状とポテンシャルについて」（2023 年）を基に内閣府作成

注：受動的安全性には「『閉じ込める』に加えて、炉容器内・格納容器内で『自然に終息する』機能」とあるが、本白書の特集では、まずは従来の安全規制で求めていなかった「閉じ込める」に焦点を当てている。

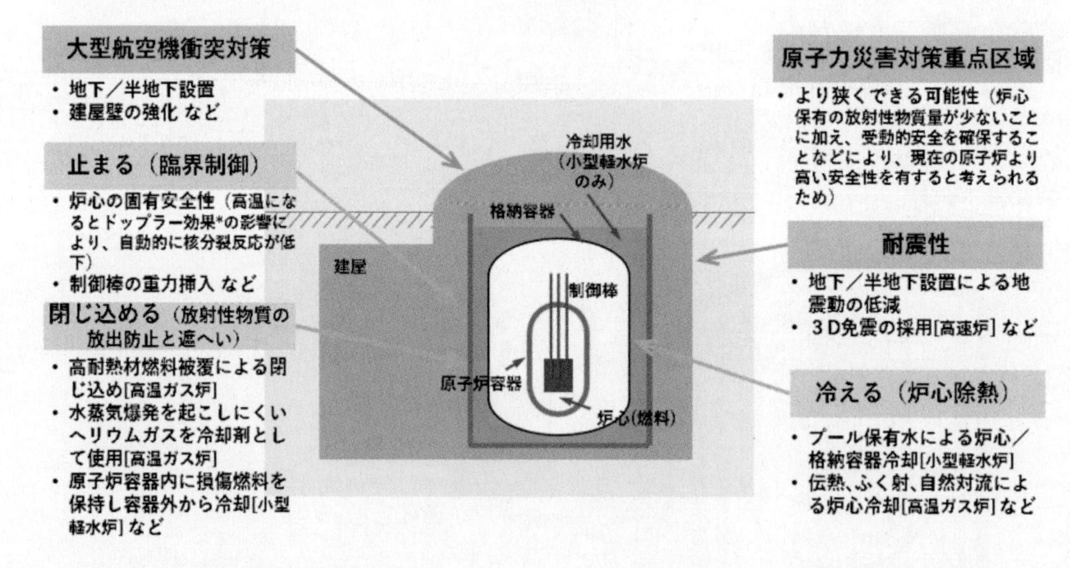

* ドップラー効果：原子炉内の温度が上昇した際に炉心の反応度が低下する効果。物質の原子核の熱運動が活発になって中性子を吸収しやすくなり、結果として核分裂反応に必要な中性子が減少する。

（出典）第１回総合資源エネルギー調査会 原子力小委員会革新炉ワーキンググループ 資料第８号「三菱革新炉開発の取組み」（三菱重工業提出資料）を参考に内閣府作成

参考資料 3：

固有安全炉としての高温ガス炉

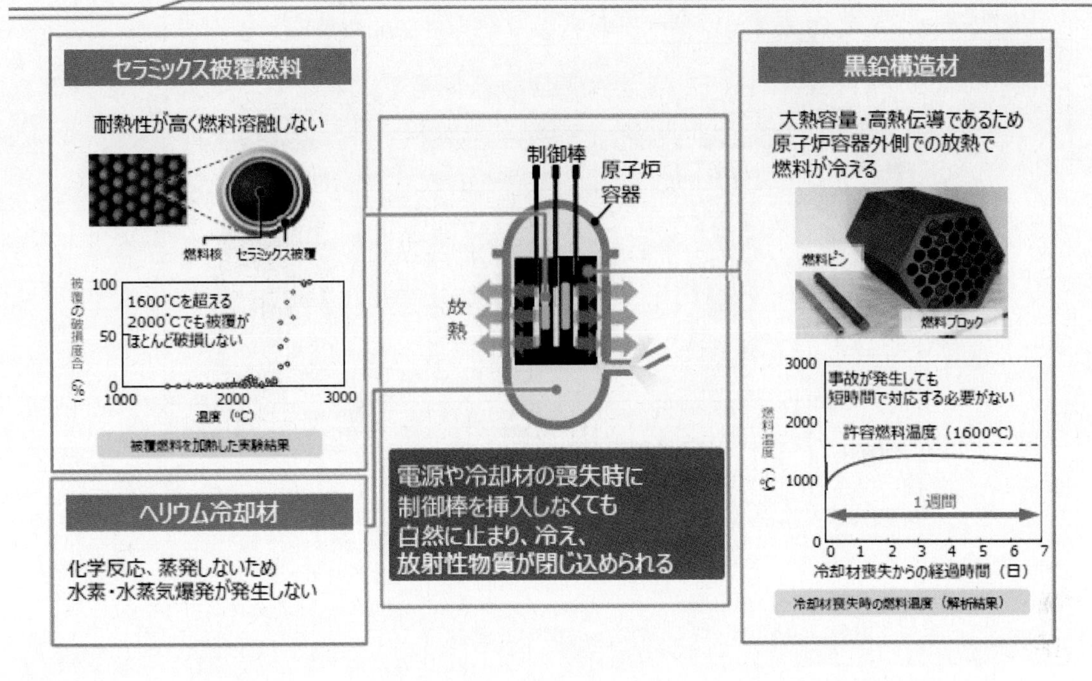

（出典）第 11 回原子力委員会 資料第 1 号「革新炉（高速炉（サイクル）、高温ガス炉 ＋SMR）開発の現状とポテンシャルについて」（2023 年）p.14

参考資料 4：

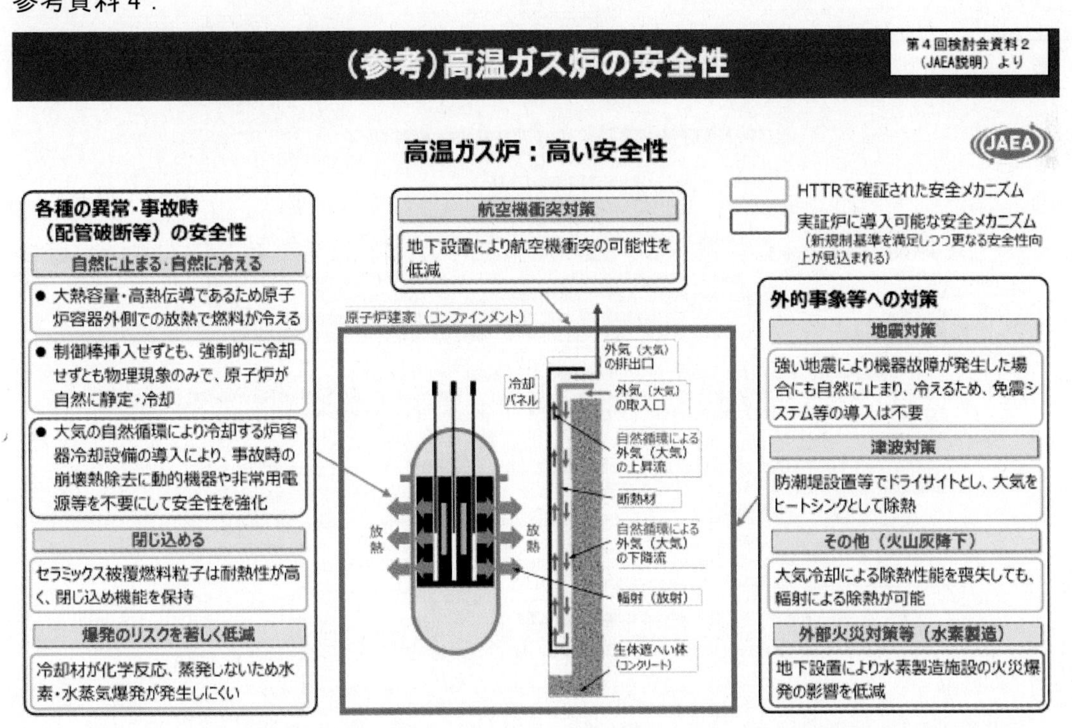

（出典）次世代革新炉の開発に必要な研究開発基盤の整備に関する提言（2023 年） p.20

参考資料５：

原子力機構は HTTR の運転再開に当たり、新規性基準に適合するように、本文で例示した安全性向上技術を新たに設置して原子力規制委員会に申請しました。令和 2 年に新規性基準に適合するとして設置許可を得て、令和 3 年 7 月に運転を再開しました。

HTTRの新規制基準適合性審査結果

事象 ＼ 設備・機能	1次冷却設備二重管破断 + 原子炉停止機能の喪失	1次冷却設備二重管破断 + 炉心冷却機能の喪失	1次冷却設備二重管破断 + 閉じ込め機能の喪失
想定の概要			
評価結果*1	● スクラム失敗でも負の温度係数により出力低下 ● 自然放熱により原子炉の崩壊熱は除去 ● 多量の放射性物質放出に至る恐れなし	● 制御棒挿入により原子炉停止 ● 自然放熱により原子炉の崩壊熱は除去 ● 多量の放射性物質放出に至る恐れなし	● 制御棒挿入により原子炉停止 ● 自然放熱により原子炉の崩壊熱は除去

*1：国立研究開発法人日本原子力研究開発機構大洗研究所（北地区） 原子炉設置変更許可申請書、添付書類十

（出典）第 11 回原子力委員会 資料 第 1 号「革新炉（高速炉（サイクル）、高温ガス炉＋SMR）開発の現場とポテンシャルについて」（2023 年）p.20

運転再開後は原子炉熱出力 30%（9MW）で炉心冷却喪失試験を世界で初めて令和 4 年 1 月に実施し、高温ガス炉の安全性を確認しています。

令和4年1月31日
国立研究開発法人日本原子力研究開発機構

HTTR（高温工学試験研究炉）における国際共同試験の実施について
（お知らせ）
－炉心冷却喪失試験の実施－

国立研究開発法人日本原子力研究開発機構（理事長 児玉敏雄、以下「原子力機構」という。）では、OECD/NEA（経済協力開発機構/原子力機関）の国際共同研究プロジェクトとして、HTTR（高温工学試験研究炉)において原子炉の冷却ができない状態を模擬した試験（Loss Of Forced Cooling, LOFC）を進めています。令和4年1月28日（金）、原子炉出力約30%(9MW)において、制御棒による原子炉出力操作を行うことなく、全ての冷却設備を停止し、冷却機能の喪失を模擬した試験（以下「炉心冷却喪失試験」という。）を世界で初めて実施しました。その結果、原子炉が冷却できない状態においても自然に原子炉出力が低下し、燃料温度の異常な上昇等も無く、安定な状態を維持することにより、高温ガス炉の高い固有の安全性を確認しました。当該試験は、計画どおりに終了しております。

炉心冷却喪失試験は、平成22年12月に実施した「炉心流量喪失試験」注1）（制御棒による原子炉出力操作を行うことなく、炉心を直接冷却する冷却材ヘリウムガスの流量をゼロとし、冷却能力の著しい低下を模擬した試験）の条件に、さらに、原子炉停止後に残留熱を除去するため設けている原子炉圧力容器周りに設置した炉容器冷却設備を同時に停止させ、全ての冷却機能の喪失を模擬した試験です。

本プロジェクトでは、今回の炉心冷却喪失試験を含め3つの試験を計画しており、今後、原子炉出力100%（30MW）における炉心流量喪失試験を3月に実施する予定です。

高温ガス炉は、炉心には高温に耐える黒鉛を使用していることから、炉心の熱容量（熱を貯めこむ能力）が大きく、万一の事故に際しても炉心温度の変化が緩やかで、燃料破損（炉心溶融）に至らないという高い固有の安全性を有しております。原子力機構では、本プロジェクトを通して、高温ガス炉の固有の安全性を示すとともに、高温ガス炉の実用化に必要な、高温ガス炉の安全上の特徴を反映した安全基準の国際標準化や、我が国の高温ガス炉技術の国際競争力強化に貢献していきます。

引き続き、安全確保を最優先に、ＨＴＴＲの運転を慎重に進めてまいる所存です。

注1）炉出力30%における炉心流量喪失試験。（平成２２年１２月２２日原子力機構プレス発表）

（出典）原子力機構プレスリリース：https://www.jaea.go.jp/02/press2021/p22013101/

今後は定格熱出力 100%（30MW）での炉心流量喪失試験を計画しています。

参考資料 6：

（参考）ナトリウム冷却高速炉の安全性

第４回検討会資料２（JAEA説明）より

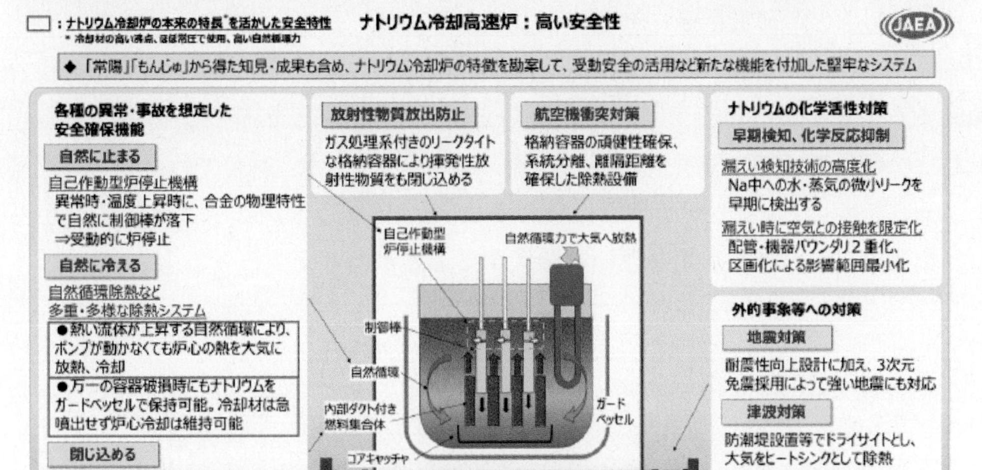

（出典）次世代革新炉の開発に必要な研究開発基盤の整備に関する提言（2023 年） p.19

参考資料 7：

日本でも 1995 年に「もんじゅ」からナトリウムが漏れ火災となり、社会問題となりました。このナトリウム漏えい事象については、国際的に使われる INES（国際原子力・放射線事象評価尺度）では一番低いレベル 1 とされており、安全面からは「事故」という扱いではなく「異常な事象」と位置付けられています。ただし、ナトリウムは扱いが難しく、他の産業での利用も一部に限られることから、世界的な知見の活用共有が重要です。

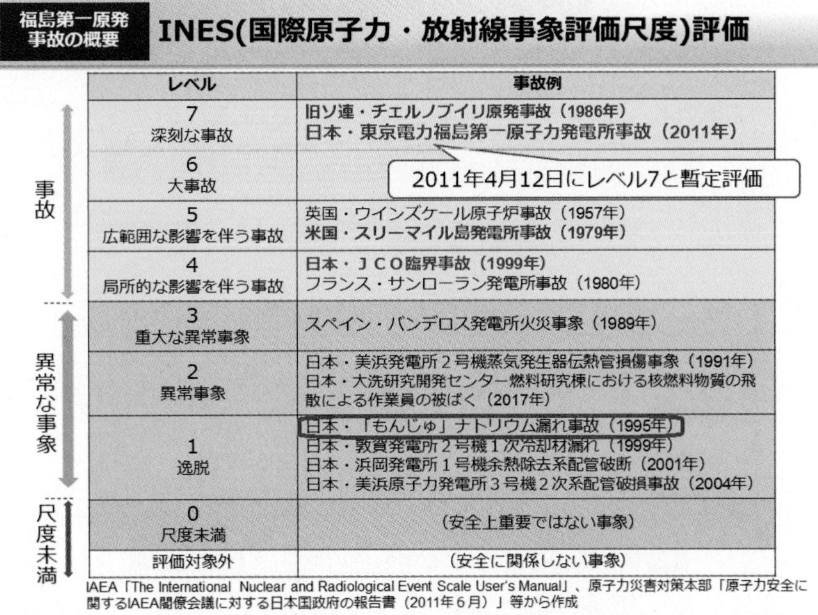

福島第一原発事故の概要　**INES(国際原子力・放射線事象評価尺度)評価**

	レベル	事故例
事故	7 深刻な事故	旧ソ連・チェルノブイリ原発事故（1986年） 日本・東京電力福島第一原子力発電所事故（2011年）
事故	6 大事故	2011年4月12日にレベル7と暫定評価
事故	5 広範囲な影響を伴う事故	英国・ウインズケール原子炉事故（1957年） 米国・スリーマイル島発電所事故（1979年）
事故	4 局所的な影響を伴う事故	日本・ＪＣＯ臨界事故（1999年） フランス・サンローラン発電所事故（1980年）
異常な事象	3 重大な異常事象	スペイン・バンデロス発電所火災事象（1989年）
異常な事象	2 異常事象	日本・美浜発電所２号機蒸気発生器伝熱管損傷事象（1991年） 日本・大洗研究開発センター燃料研究棟における核燃料物質の飛散による作業員の被ばく（2017年）
異常な事象	1 逸脱	日本・「もんじゅ」ナトリウム漏れ事故（1995年） 日本・敦賀発電所２号機１次冷却材漏れ（1999年） 日本・浜岡発電所１号機余熱除去系配管破断（2001年） 日本・美浜原子力発電所３号機２次系配管破損事故（2004年）
尺度未満	0 尺度未満	（安全上重要ではない事象）
	評価対象外	（安全に関係しない事象）

IAEA「The International Nuclear and Radiological Event Scale User's Manual」、原子力災害対策本部「原子力安全に関するIAEA閣僚会議に対する日本国政府の報告書（2011年６月）」等から作成

（出典）環境省「放射線による健康影響等に関する統一的な基礎資料 令和 3 年度版」（2022年）

参考資料8：

原子力発電で負荷追従を行うに当たっては、制御棒を上下することにより核分裂反応を変化させることに伴い、燃料棒が破損（PCI 破損）する可能性があります。そのため、耐出力変動性の良い燃料などの研究開発を進める必要があります。また、出力を下げた時に発生する核分裂生成物（サマリウム-149、キセノン-135 等）は中性子をより多く捕獲して核分裂反応を抑制する効果があるため、いざ発電量を上げてもしばらくの間は核分裂反応が思うように上がらない状態が続きます。これを「毒作用」といいます。長期にわたって発電量を下げるなど、反応低下状況からの早期回復に必要な、安全で安定的な原子炉の運転に係る研究開発などを進め、安全で安定的な運転を確保する必要があります。

参考資料9：

水電解以外の革新技術の位置付けにある技術として、IS プロセス、メタンからの水素製造新技術、人工光合成などが挙げられます。ここでは、メタンからの水素製造新技術は、既に商用化が進んでいる水蒸気改質に加えて、熱分解、水素を副生するベンゼン生産、ドライ改質、部分酸化などを挙げることができますが、いずれも反応の低温化や高温での水素分離技術など、現在実現できていない技術の確立が強く求められています。

IS プロセスは、高温ガス炉水素製造システムの一部として開発が進められています。

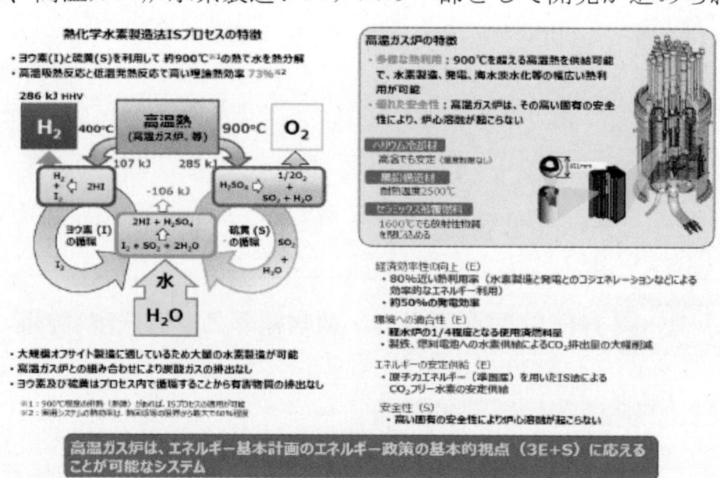

図 4-7 高温ガス炉水素製造システムの概要

出所：日本原子力研究開発機構（第３回エネルギー・環境技術のポテンシャル・実用化評価検討会資料 7-3）

メタンからの水素製造		反応温度(°C)	ΔH(kJ/mol)
水蒸気改質	$CH_4 + H_2O \rightarrow CO + 3H_2$	750-900	+206*
熱分解	$CH_4 \rightarrow 1/6C_6H_6 + 3/2H_2$ (ベンゼン)	650-750	+89
	$CH_4 \rightarrow C + 2H_2$	550-900	+75
ドライ改質	$CH_4 + CO_2 \rightarrow 2CO + 2H_2$	800-900	+247
部分酸化	$CH_4 + 1/2O_2 \rightarrow CO + 2H_2$	850-1650	-36

*自己熱改質法により$\Delta H = +45 \sim +85$ kJ/mol, $H_2/CO = 2 \sim 2.5$

原理的に可能な反応⇒ 実用触媒・プロセス技術化可能

反応の低温化と効率的な熱供給がキー

図 4-8 メタンからの水素製造技術

出所：三井化学株式会社（第３回エネルギー・環境技術のポテンシャル・実用化評価検討会資料 7-5）

（出典）経済産業省・文部科学省「エネルギー・環境技術のポテンシャル・実用化評価検討会 報告書」（2019 年）

参考資料 10：

製鉄における水素価格面の課題について

12

- 2050年断面における政府の水素コスト目標（20円/Nm³）を前提としても、現状コストとの比較においては大きなギャップが生ずる
- 我が国の産業競争力の源泉である国内製鉄業の競争力維持の観点からは、現状コストとの値差解消が必要

現状と比較した水素の価格面課題
～日本鉄鋼連盟によるパリティコスト試算～

現状(炭素還元)と等価にする場合の水素価格は約8円/Nm³(7.7¢/Nm³)

（試算条件）

- 原料炭価格前提：$200/t
- 1tの銑鉄製造時の原料炭使用量：700kg/t-p
- 原料炭のうち還元機能で消費される分のみ考慮(55%)
- 新規設備コストは含まない
- 為替前提：$＝100円

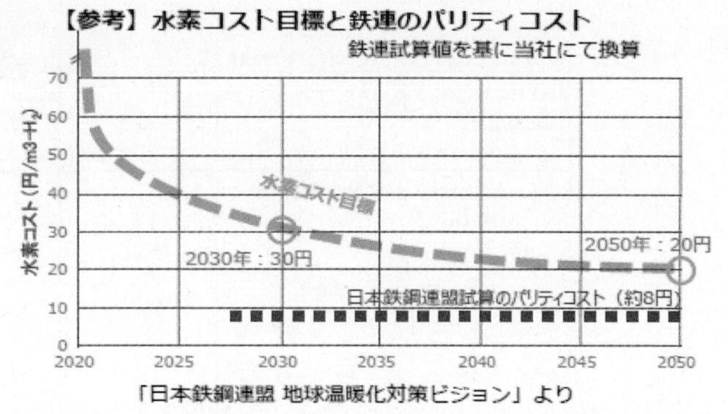

「日本鉄鋼連盟 地球温暖化対策ビジョン」より

NIPPON STEEL

（出典）総合資源エネルギー調査会 アンモニア等脱炭素燃料政策小委員会合同会議 資料 1

参考資料 11：

- 通常の実用発電炉と比較し、SMRは使用済燃料や低レベル放射性廃棄物の発生量が増加する見込み
- 総発電量や核燃料サイクル全体での総合した検討が必要

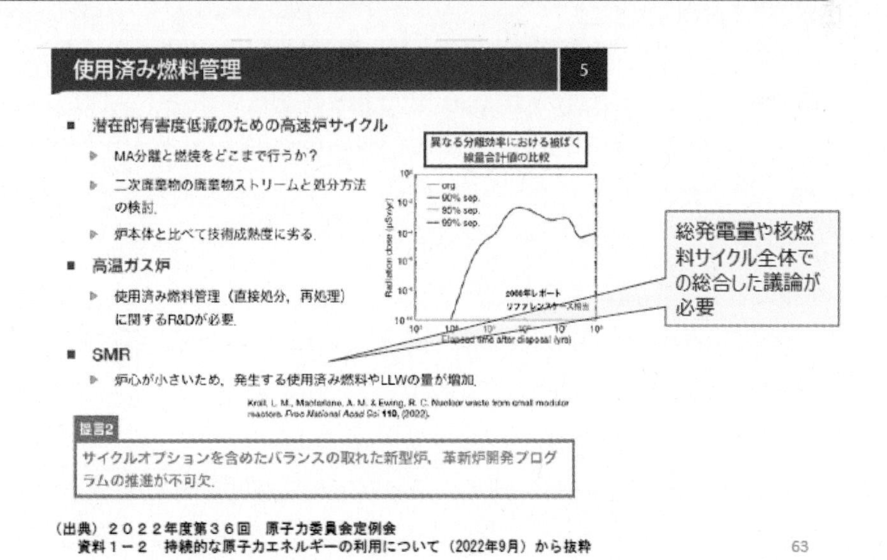

（出典）原子力委員会「原子力利用に関する基本的考え方 参考資料」（2023 年）

参考資料 12：

以下の資料に、米国で開発されている小型軽水炉（VOYGR）、ナトリウム冷却高速炉（Natrium）、高温ガス炉（Xe-100）の使用済燃料から発生する放射性廃棄物の量（SNF mass, t/GWe-year）と体積（SNF volume, m^3/GWe-year）が記載されています（2行目、3行目を参照してください）。

Table E-2 Comparison of nuclear waste metric values calculated in this study

	Ref. PWR	VOYGR™ a)	Natrium a)	Xe-100 a)
DU mass, t/GWe-year	179	220 (1.23)	209 (1.17)	174 (0.97)
SNF mass, t/GWe-year	21.7	23.9 (1.10)	6.10 (0.28)	5.41 (0.25)
SNF volume, m^3/GWe-year	9.58	10.4 (1.08)	5.56 (0.58)	118 (12.3)
SNF activity (Ci/GWe-year) compared to Ref PWR @ 10^1, 10^2, 10^3, 10^4, 10^5 years		(1.07, 1.08, 1.04, 1.05, 1.08)	(0.63, 0.71, 0.63, 1.40, 1.17)	(0.79, 0.80, 0.45, 0.38, 0.58)
SNF decay heat, kW/GWe-year				
@ 10 years	40.6	42.2 (1.04)	24.5 (0.60)	32.2 (0.79)
@ 100 years	9.76	10.3 (1.05)	4.65 (0.48)	6.36 (0.65)
SNF radiotoxicity, x10^8 Sv/GWe-year				
@ 10,000 years	1.21	1.27 (1.06)	1.78 (1.47)	0.413 (0.34)
@ 100,000 years	0.0860	0.0912 (1.06)	0.127 (1.48)	0.0406 (0.47)
Decommissioning LLW volume				
Classes A, B, and C, m^3/GWe-year	645.3	573 (0.9)	N/A b)	N/A b)
GTCC, m^3/GWe-year	0.13	0.72 (5.7)	0.0 – 0.55 (0.0 – 4.4)	0.0 – 24.5 (0.0-193.1)

a) Values in parentheses indicate the ratio of a waste metric to that of the reference PWR.
b) Not available because the open information is insufficient to calculate the LLW volume.

（出典）USDOE, Nuclear Waste Attributes of SMRs Scheduled for Near-Term Deployment, ANL/NSE-22/98, Rev.1 November 18, 2022

参考資料 13：

我が国においては、2022 年 11 月に「カーボンニュートラルやエネルギー安全保障の実現に向けた革新炉開発の技術ロードマップ（骨子案）」が取りまとめられ、実証炉運転開始の時期が想定されています。

小型軽水炉は従来の軽水炉技術を活用しているため、技術成熟度は高く、2030 年代前半での運転開始を、高温ガス炉は 2030 年代半ばの運転開始を、高速炉は 2040 年頃に実証炉建設に着工し 2040 年代半ば頃からの運転開始を目指しています。

ただし、いずれも「実際に建設を行う場合の運転開始時期等は立地地域の理解確保を前提に」とあり、このロードマップの達成に当たっては、「技術的課題に加えて社会的課題が解決されること」が前提となっています。

今後は実際にロードマップを達成するためには、社会的課題の解決や事業者と規制側との対話の推進などについても、運転開始時期から逆算して「いつまでに何を達成するべき」というマイルストーンを設定し、適当な頻度で進捗を見直すことが重要であると考えます。

トピック３：原子炉の長期利用に向けた経年劣化評価手法の開発

参考資料 14：

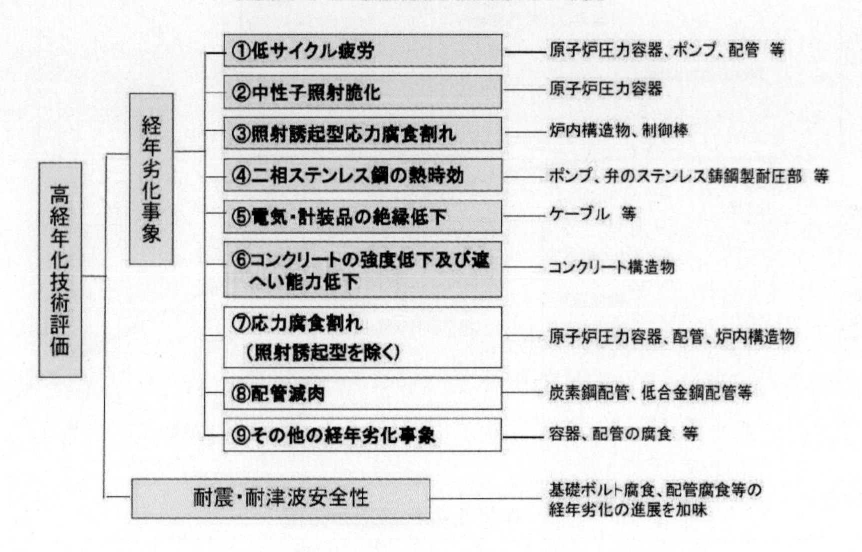

高経年化技術評価書の内容

（出典）第 50 回原子力委員会　資料第２号　原子力規制庁「高経年化した発電用原子炉に関する安全規制の検討（第５回）」（2022年）

参考資料 15：

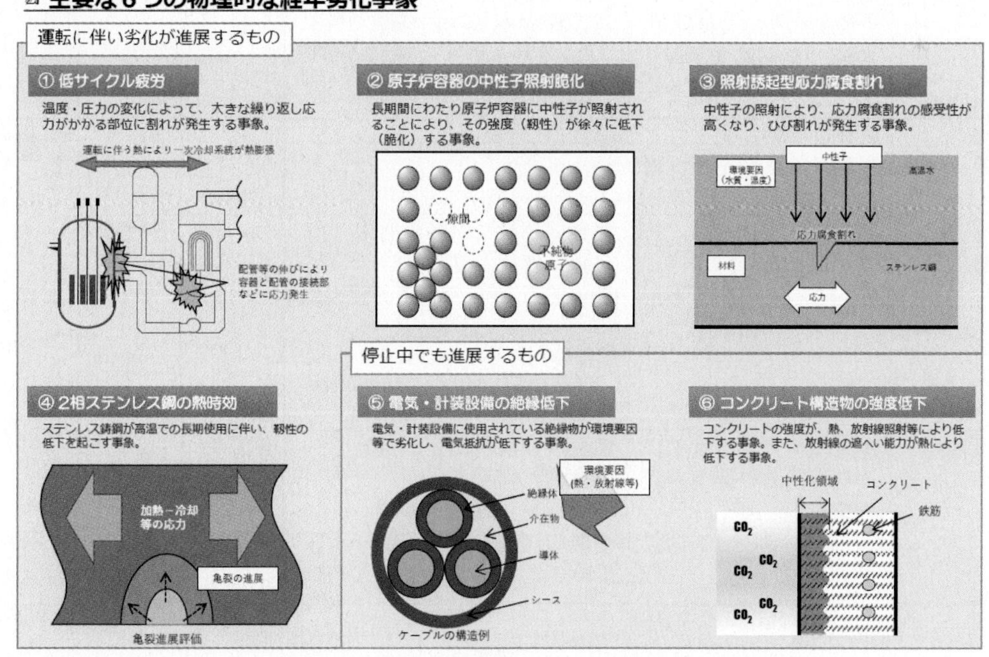

主要な６つの物理的な経年劣化事象

（出典）原子力規制委員会「運転開始から長期間経過した発電用原子炉の安全性を確保するための規制制度の全体像について」

参考資料 16：

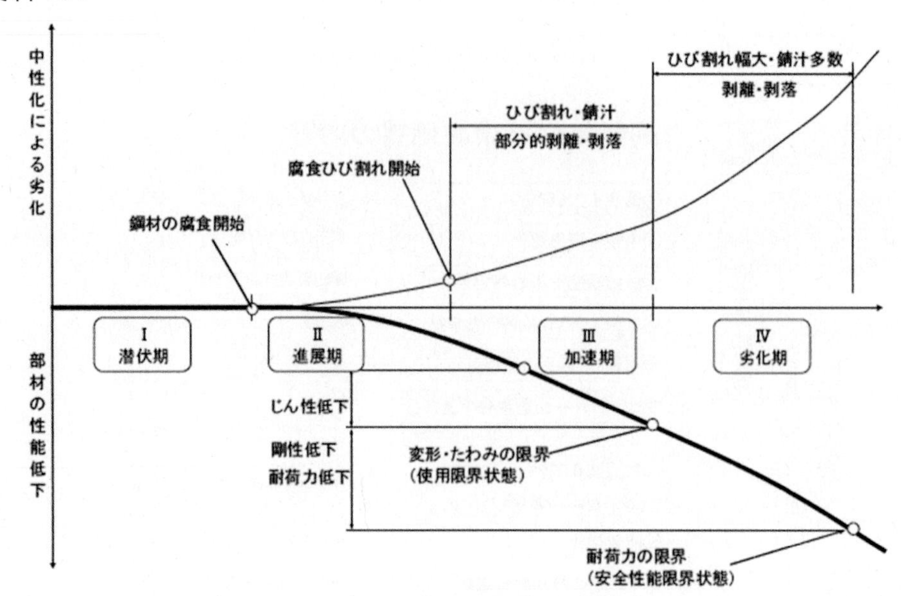

中性化劣化過程の特徴

劣化過程	定　義	外　観 ※印は「鉄道土木構造の耐久性 02」（山海堂）P38	標準的な機能低下		
			安全性能	使用性能	美観景観
Ⅰ.潜伏期	中性化深さが腐食発生限界に到達するまでの期間	外観上の変状は見られない			
Ⅱ.進展期	鋼材の腐食開始から腐食ひび割れ発生までの期間 中性化残りが発錆限界未満、(鉄筋腐食が開始)	外観上の変状は見られないが後期には多少のひび割れ、錆汁が見られる ※ひび割れ幅 0.35mm以上の場合、鉄筋が腐食開始している可能性が高い（供用年数 40 年以上の場合）			
Ⅲ.加速期前期	腐食ひび割れ発生により鋼材の腐食速度が増大する期間	腐食ひび割れ 錆汁が発生			美観の低　下
Ⅲ.加速期後期		腐食ひび割れが多数発生 多数の錆汁が見られる 部分的な剥離・剥落が見られる ※経過年数が 40 年以上の場合、ひび割れ幅に関係なく鉄筋腐食が進んでいる可能性がある		剛性の低　下	
Ⅳ.劣化期	鋼材の腐食量の増加により耐荷力の低下が顕著な期間	腐食ひび割れが多数発生 ひび割れ幅が大きい 錆汁が見られる 多数の剥離・剥落が見られる 変位・たわみが大きい	耐荷力の低下 じん性の低下		

コンクリートの劣化要因別劣化過程の特徴（中性化）

（出典）農林水産省　農業水利施設の機能保全の手引き（参考資料編）

参考資料 17：

電線･ケーブルの種類	布設状況	目安耐用年数
絶縁電線 （IV，HIV，DV 等）	屋内、電線管、ダクト布設、盤内配線	20～30 年
	屋外布設	15～20 年
低圧ケーブル （VV，CV，CVV 等）	屋内、屋外（水の影響がない）	20～30 年
	屋外（水の影響がある）	15～20 年
高圧ケーブル （CV 等）	屋内布設	20～30 年
	直埋、管路、屋外ピット布設 （水の影響がある）	10～20 年

注） 移動用のキャブタイヤケーブル等は、使用状況により耐用年数は大きく異なり、一概に決められない。その使用状況に見合った耐用年数を考えて更新してゆく必要がある。

電線・ケーブルの耐用年数を短くする劣化要因としては次のような要因がある。

（１） 電気的要因（過電圧や過電流等）
（２） 電線ケーブルの内部への浸水（結果的に物理的/電気的劣化を起こす）
（３） 機械的要因（衝撃、圧縮、屈曲、捻回、引張、振動　等）
（４） 熱的要因（低温、高温による物性の低下）
（５） 化学的要因（油、薬品による物性低下や化学トリーによる電気的劣化
（６） 紫外線・オゾンや塩分付着（物性低下）
（７） 鼠や白蟻による食害
（８） かび等の微生物による劣化
（９） 施工不良（端末および接続処理、接地処理、外傷　等）

また上記（１）～（９）の組合わせによる場合には、さらに劣化が促進されることが考えられる。

（出典）一般社団法人日本電線工業会　絶縁電線専門委員会　技術資料「電線・ケーブルの耐用年数について」

参考資料 18：

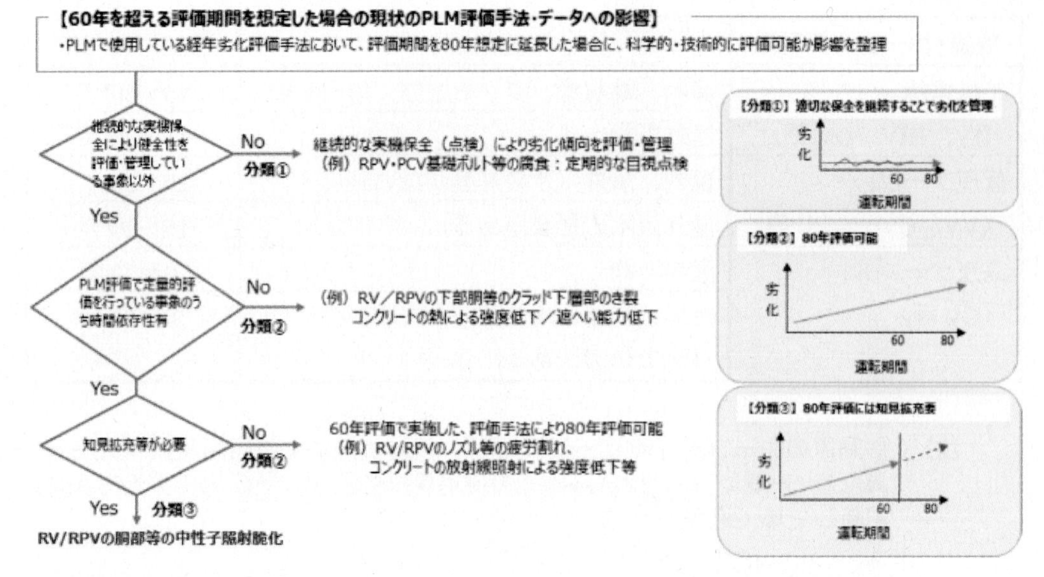

60 年を超える評価期間を想定した場合の現状の PLM 評価[3]手法・データへの影響

（出典）ATENA「安全な長期運転に向けた経年劣化に関する知見拡充レポート」（2022 年）

参考資料 19：

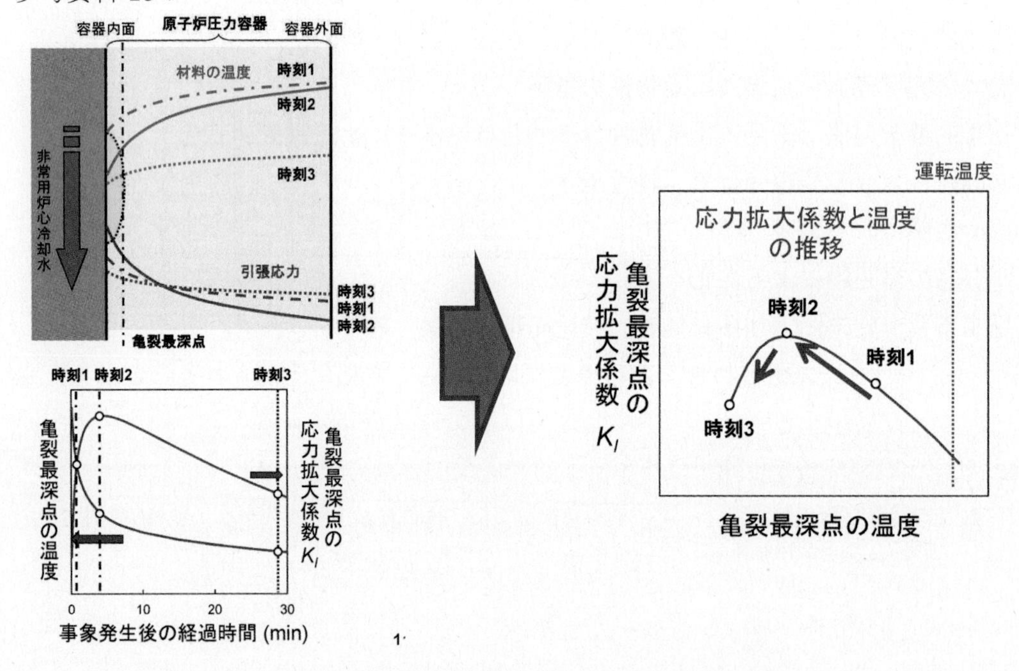

加圧熱衝撃（PTS）時の応力拡大係数

（出典）第 19 回原子力委員会資料第 1 号 原子力機構「原子炉圧力容器の健全性評価について－現行手法と確率論的手法－」(2023 年)を基に作成

[3] Plant Life Management 評価：長期間運転することを想定した高経年化技術評価。

トピック４：高線量を克服する廃炉に向けた技術開発

参考資料 20：

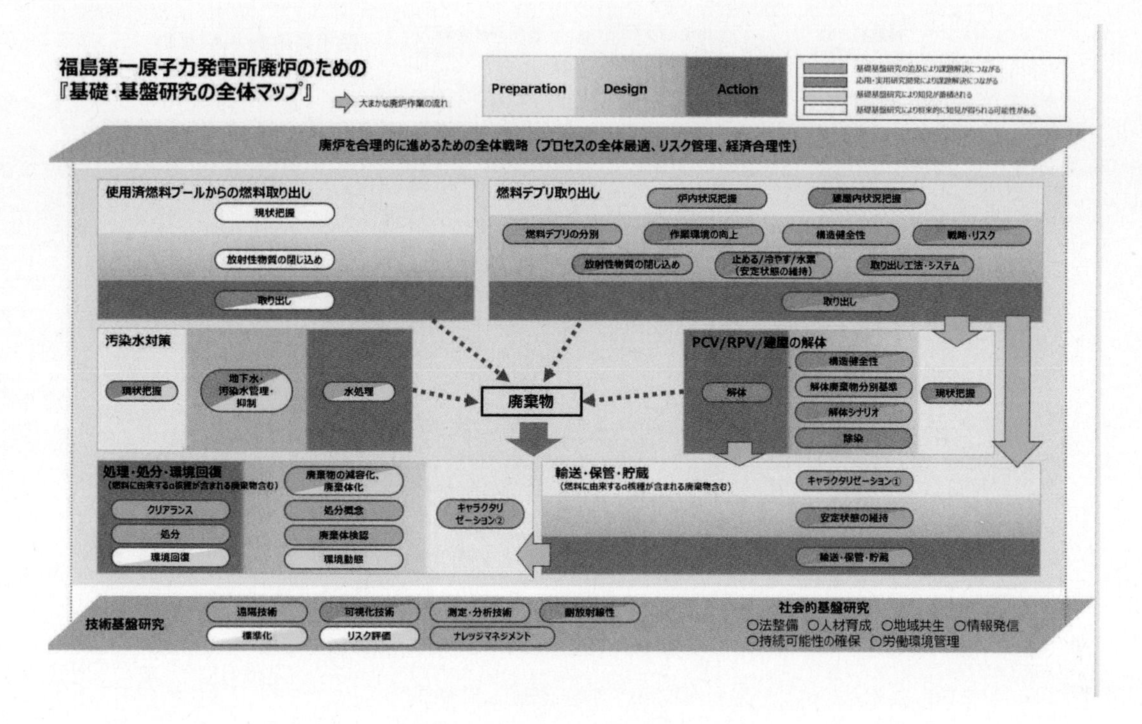

基礎・基盤研究の全体マップ

（出典）廃炉環境国際共同研究センターウェブサイト

参考資料 21：

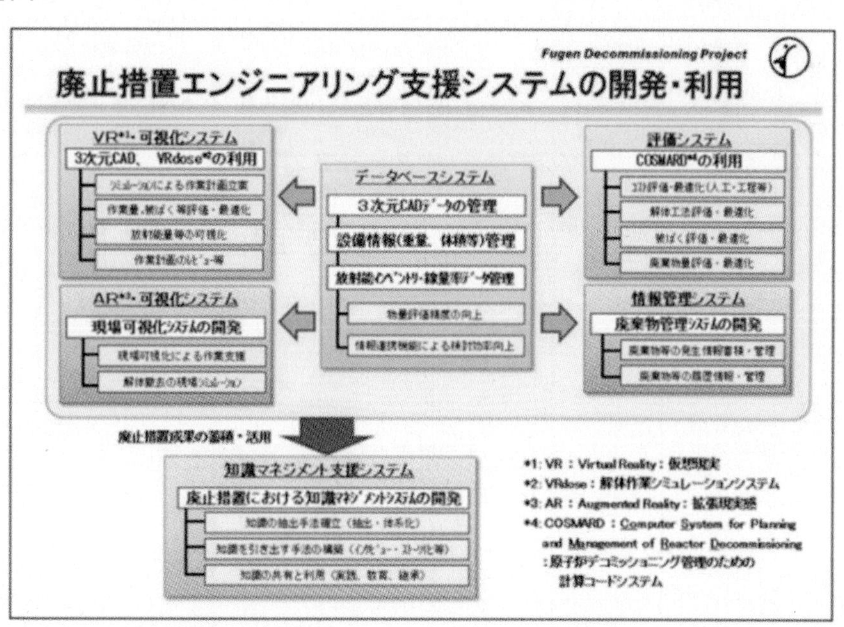

原子力機構の廃止措置エンジニアリング支援システム

（出典）原子力機構「既存技術の改良・高度化　廃止措置エンジニアリング支援システム」

トピック５：核変換による使用済燃料の有害度低減への挑戦

参考資料 22：

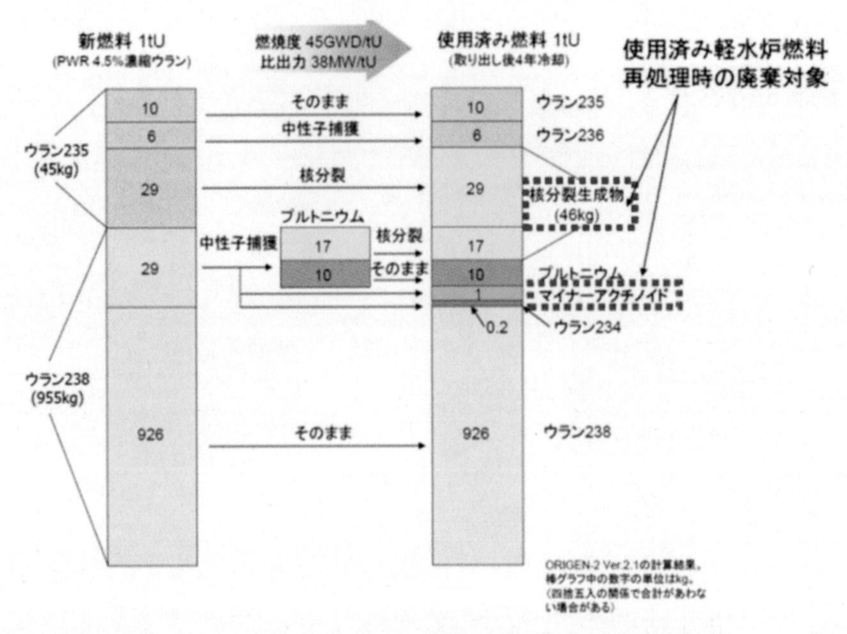

原子炉燃料の燃焼による組成の変化

（出典）原子力機構「分離変換技術の目的（2021 年６月）」

参考資料 23：　使用済軽水炉燃料１トン当たりに含まれる核燃料物質、MA、長半減期 FP の量、被ばく線量、発熱量

核種	半減期(年)	線量換算係数 (μSv/kg)	比発熱 (W/g)	使用済燃料１トン当たり					
				(PWR-UO2, 45GWd/t-5 年冷却)			(PWR-MOX, 45GWd/t-5 年冷却)		
				含有量(kg)	被ばく線量 (μSv)	発熱量(W)	含有量(kg)	被ばく線量 (μSv)	発熱量(W)
U-235	7.04 億	3.76×10^{6}	6.00×10^{-8}	8.29	3.12×10^{7}	4.97×10^{-4}	0.99	3.72×10^{6}	5.95×10^{-5}
U-238	4.47 億	5.60×10^{5}	8.51×10^{-9}	928	5.20×10^{8}	7.89×10^{-3}	904	5.06×10^{8}	7.69×10^{-3}
Pu-238	87.7	1.46×10^{14}	5.67×10^{-1}	0.268	3.90×10^{13}	1.52×10^{2}	1.11	1.62×10^{14}	6.31×10^{2}
Pu-239	24,100	5.74×10^{11}	1.92×10^{-3}	6.03	3.46×10^{12}	1.16×10^{1}	18.0	1.03×10^{13}	3.44×10^{1}
Pu-240	6,560	2.10×10^{12}	7.10×10^{-3}	2.68	5.63×10^{12}	1.90×10^{1}	13.8	2.89×10^{13}	9.78×10^{1}
Pu-241	14.3	1.84×10^{13}	3.20×10^{-3}	1.32	2.44×10^{13}	4.22×10^{0}	6.49	1.20×10^{14}	2.07×10^{1}
Np-237	214 万	2.86×10^{9}	2.16×10^{-5}	0.633	1.81×10^{9}	1.36×10^{-2}	0.171	4.89×10^{8}	3.68×10^{-3}
Am-241	433	2.54×10^{13}	1.14×10^{-1}	0.411	1.04×10^{13}	4.69×10^{1}	2.45	6.23×10^{13}	2.80×10^{2}
Am-243	7,370	1.48×10^{12}	6.41×10^{-3}	0.171	2.52×10^{11}	1.10×10^{0}	1.27	1.88×10^{12}	8.14×10^{0}
Cm-244	18.1	3.59×10^{14}	$2.83\times10^{+0}$	0.0557	2.00×10^{13}	1.58×10^{2}	0.613	2.20×10^{14}	1.74×10^{3}

Se-79	29.5万	1.65×10^{9}	1.73×10^{-5}	0.00615	1.01×10^{7}	1.07×10^{-4}	0.00555	9.16×10^{6}	9.64×10^{-5}
Sr-90	28.8	1.43×10^{14}	1.58×10^{-1}	0.635	9.09×10^{13}	1.00×10^{2}	0.314	4.49×10^{13}	4.97×10^{1}
Zr-93	153万	1.02×10^{8}	2.90×10^{-7}	0.958	9.82×10^{7}	2.78×10^{-4}	0.679	6.95×10^{7}	1.97×10^{-4}
Tc-99	21.1万	4.06×10^{8}	8.51×10^{-6}	1.052	4.27×10^{8}	8.95×10^{-3}	1.04	4.21×10^{8}	8.82×10^{-3}
Pd-107	650万	7.05×10^{5}	3.05×10^{-8}	0.312	2.20×10^{5}	9.52×10^{-6}	0.684	4.82×10^{5}	2.09×10^{-5}
Sn-126	23.0万	2.15×10^{9}	5.88×10^{-4}	0.0306	6.58×10^{7}	1.80×10^{-2}	0.0485	1.04×10^{8}	2.85×10^{-2}
I-129	1,570万	7.19×10^{8}	8.17×10^{-8}	0.241	1.74×10^{8}	1.97×10^{-5}	0.304	2.19×10^{8}	2.48×10^{-5}
Cs-135	230万	8.53×10^{7}	3.85×10^{-7}	0.522	4.45×10^{7}	2.01×10^{-4}	1.02	8.69×10^{7}	3.92×10^{-4}
Cs-137	30.1	4.18×10^{13}	9.63×10^{-2}	1.49	6.22×10^{13}	1.43×10^{2}	1.51	6.30×10^{13}	1.45×10^{2}

(出典) 使用済燃料の核種組成：安藤、高野；「使用済軽水炉燃料の核種組成評価」JAERI-Research 99-004 (1999.2) より引用

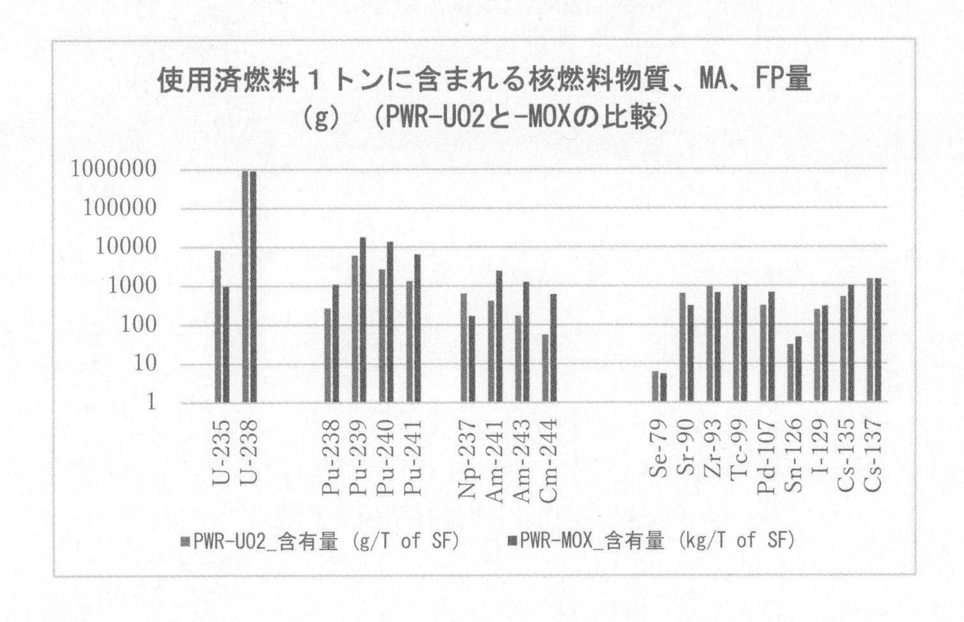

(出典) 使用済燃料の核種組成：安藤、高野；「使用済軽水炉燃料の核種組成評価」JAERI-Research 99-004 (1999.2) より引用

参考資料 24：　異なる冷却期間の使用済燃料１トン中に含まれる核燃料核種、MA、FPの量（g）、各核種からの被ばく線量（μSv）、発熱量（W）

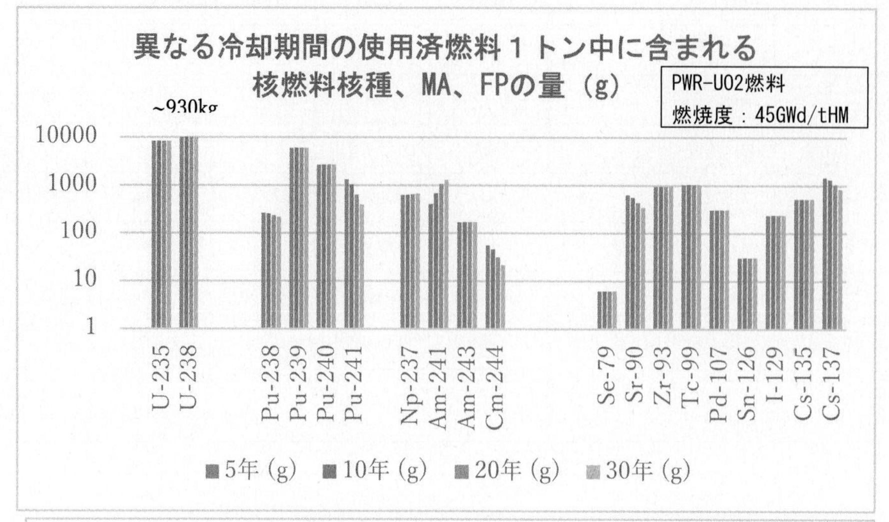

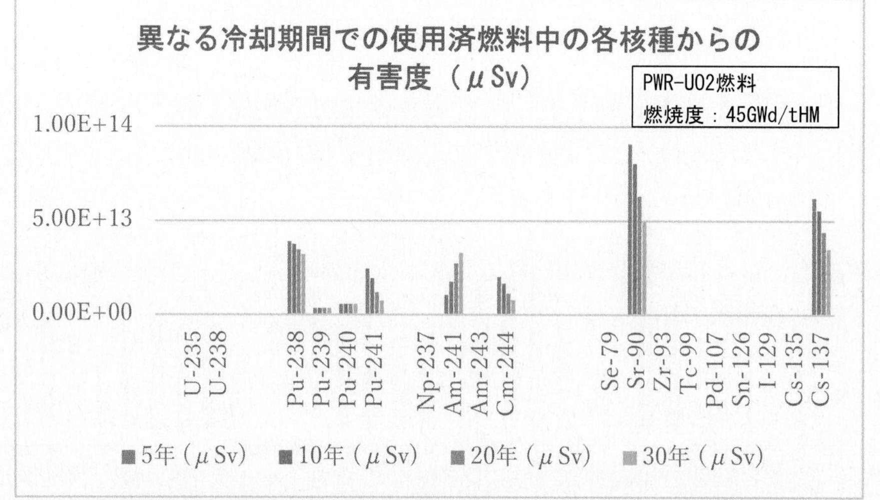

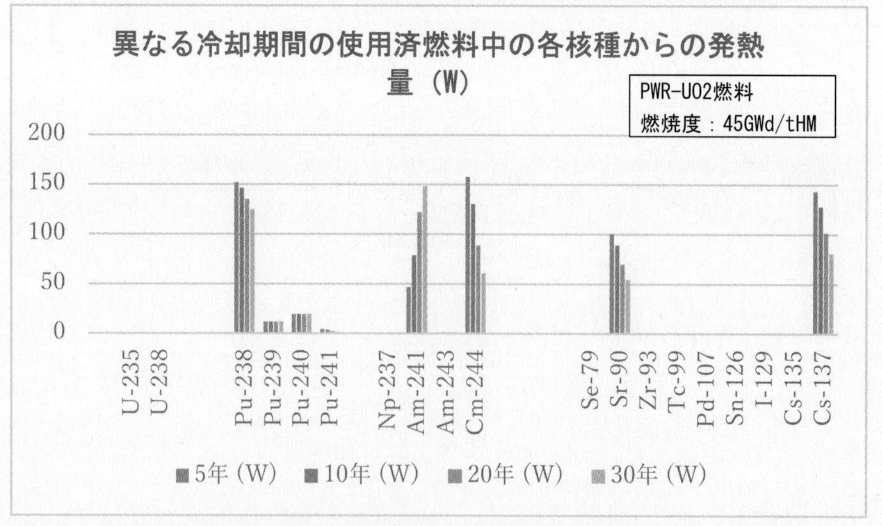

（出典）使用済燃料の核種組成：安藤、高野；「使用済軽水炉燃料の核種組成評価」JAERI-Research 99-004　(1999.2) より引用

参考資料 25：

分離変換技術の導入効果試算の諸条件

諸元	軽水炉	高速炉
設備利用率	80%	90%
熱効率	35%	40%
燃焼度	45GWd/t	150GWd/t
冷却期間	10 年	-
MA 添加率	-	4%
核変換率	-	40%

※上記条件の下計算すると、軽水炉からの年間 MA 発生量が 28.6kg、高速炉による年間 MA 変換量が 87.6kg と評価される。

（出典）一般社団法人日本原子力学会「分離変換技術総論」（2016 年）に基づき作成

参考資料 26：

・バタイユ法

1991 年に「放射性廃棄物管理の研究に関する法律」（バタイユ議員が中心となり制定したためバタイユ法とも呼ばれる。）が制定され、放射性廃棄物の管理について長寿命放射性核種の分離・核変換を含む三つの方策について研究を行うことを規定しています。2004 年と 2012 年に研究を評価した報告書では、「分離変換は限られた核種のみ可能で、地層処分の必要性をなくすことができず、分離変換の過程で地層処分の必要な廃棄物を生み出す。また、長寿命 FP の核変換の研究は中断し、MA の中でもアメリシウムのみの分離変換に関する研究を継続する。」旨を決定しています。

・フランス原子力安全局（ASN）の意見書

バタイユ法の枠内で実施された高レベル・長寿命放射性廃棄物の管理研究等に対して、フランス原子力安全局（ASN）から、「分離変換の技術的実現可能性については確立されておらず、発生した長半減期の放射性廃棄物すべてを処理することはできず、他の解決策が必要。」との意見が出されています。

参考資料 27：

MAの回収率と有害度低減効果の関係

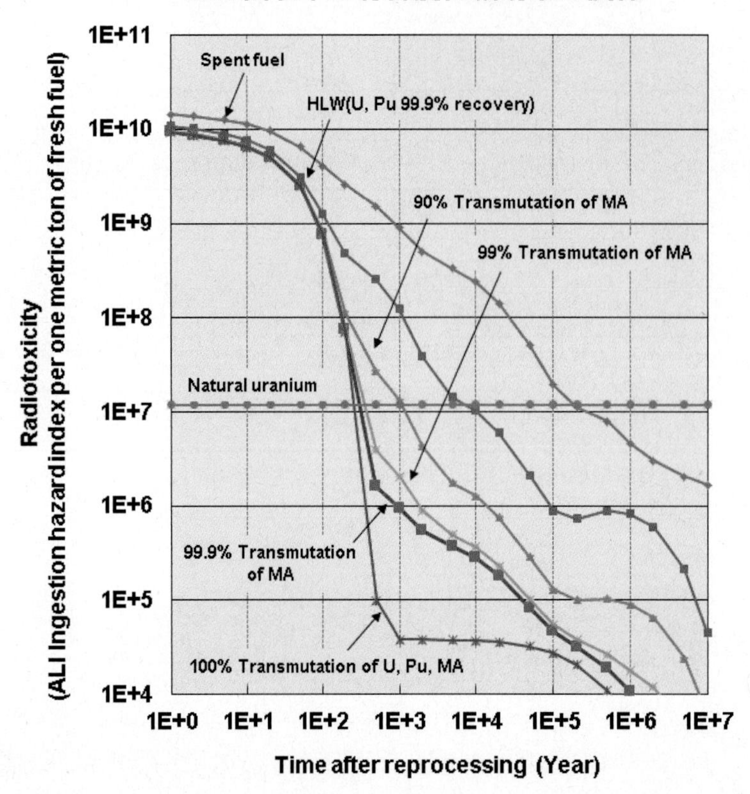

（出典）原子力機構による「潜在的放射性毒性（潜在的有害度）評価のためのデータベース」（https://nsec.jaea.go.jp/ndre/ndre3/trans/publication1.html）に基づき、内閣府が作成

参考資料 28：

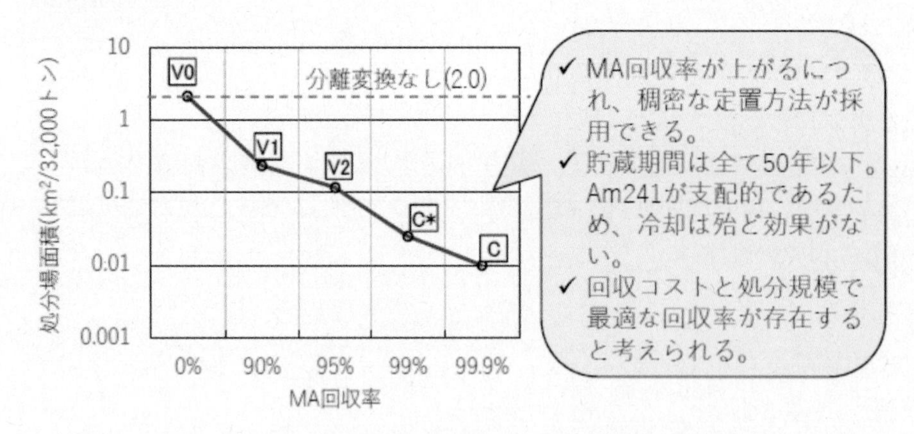

MA の回収率と必要となる廃棄物処分場面積の関係

（出典）原子力機構

トピック６：経済・社会活動を支える放射線による内部透視技術開発

参考資料 29：

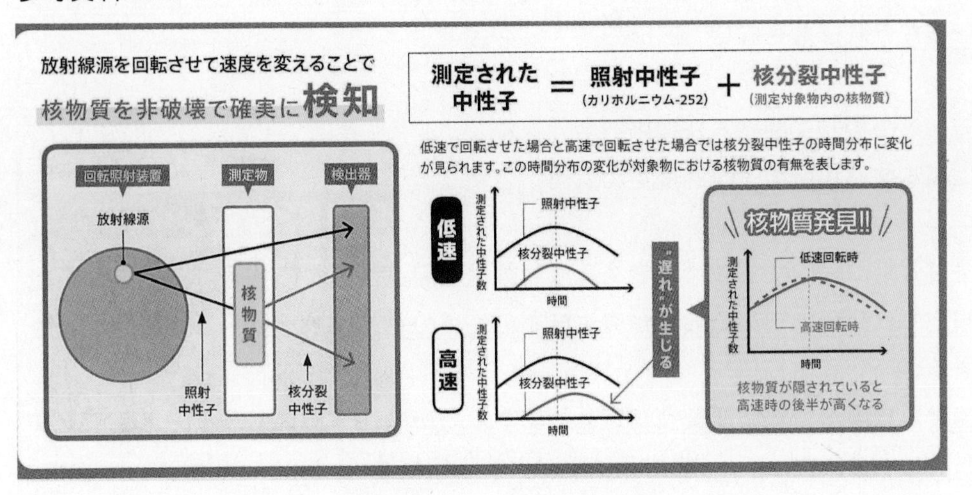

放射性物質を正確に検知するシステム

（出典）未来へげんき Gen-Ki Vol.64 2022 （原子力機構広報誌）

参考資料 30：

放射性同位元素等の規制に関する法律　抜粋

（使用の届出）

第三条の二　前条第一項の放射性同位元素以外の放射性同位元素の使用をしようとする者は、政令で定めるところにより、あらかじめ、次の事項を原子力規制委員会に届け出なければならない。ただし、表示付認証機器の使用をする者（当該表示付認証機器に係る認証条件に従つた使用、保管及び運搬をするものに限る。）及び表示付特定認証機器の使用をする者については、この限りでない。

一　氏名又は名称及び住所並びに法人にあつては、その代表者の氏名

二　放射性同位元素の種類、密封の有無及び数量

三　使用の目的及び方法

四　使用の場所

五　貯蔵施設の位置、構造、設備及び貯蔵能力

２　前項本文の届出をした者（以下「届出使用者」という。）は、同項第二号から第五号までに掲げる事項を変更しようとするときは、原子力規制委員会規則で定めるところにより、あらかじめ、その旨を原子力規制委員会に届け出なければならない。

（使用施設等の変更）

第十条

６　許可使用者は、使用の目的、密封の有無等に応じて政令で定める数量以下の放射性同位元素又は政令で定める放射線発生装置を、非破壊検査その他政令で定める目的のため一

時的に使用をする場合において、第三条第二項第四号に掲げる事項を変更しようとするときには、原子力規制委員会規則で定めるところにより、あらかじめ、その旨を原子力規制委員会に届け出なければならない。

放射性同位元素等の規制に関する法律施行令　抜粋
（許可使用に係る使用場所の一時的変更の届出）
第九条
２　法第十条第六項に規定する政令で定める放射線発生装置は、次の各号に掲げるものとし、同項に規定する政令で定める放射線発生装置の使用の目的は、それぞれ当該各号に定めるものとする。
一　直線加速装置（原子力規制委員会が定めるエネルギーを超えるエネルギーを有する放射線を発生しないものに限る。）　橋梁又は橋脚の非破壊検査
二　ベータトロン（原子力規制委員会が定めるエネルギーを超えるエネルギーを有する放射線を発生しないものに限る。）　非破壊検査のうち原子力規制委員会が定めるもの
三　コッククロフト・ワルトン型加速装置（原子力規制委員会が定めるエネルギーを超えるエネルギーを有する放射線を発生しないものに限る。）　地下検層

トピック７：原子力利用に関する社会科学の側面からの研究
参考資料31：

高レベル放射性廃棄物の処分に関するオンライン上の討論型世論調査 結果概要

主な効果
✧ オンライン上の討論型世論調査は、通常の世論調査の問題点を克服し、無作為抽出された市民から構成される討議の場における民意の形成に有力な手法である。
✧ オンライン上の討論型世論調査は、高レベル放射性廃棄物の処分に係る国民的合意形成にも有効な方法である。

主な課題
✧ 討議による態度変容の安定性について、これまで十分な実証研究がなされていない。討議結果を政策形成に活かすには、安定性に関する評価を積み重ねる必要がある。
✧ オンライン上の討論型世論調査を政策決定に活用するには、実験の規模をスケールアップし、参加者数を増やす必要がある。

オンライン上の討論型世論調査の主な効果・課題
（出典）日本学術会議 社会学委員会討論型世論調査分科会「高レベル放射性廃棄物の処分をテーマとしたWeb上の討論型世論調査」

8　放射線被ばくの早見図

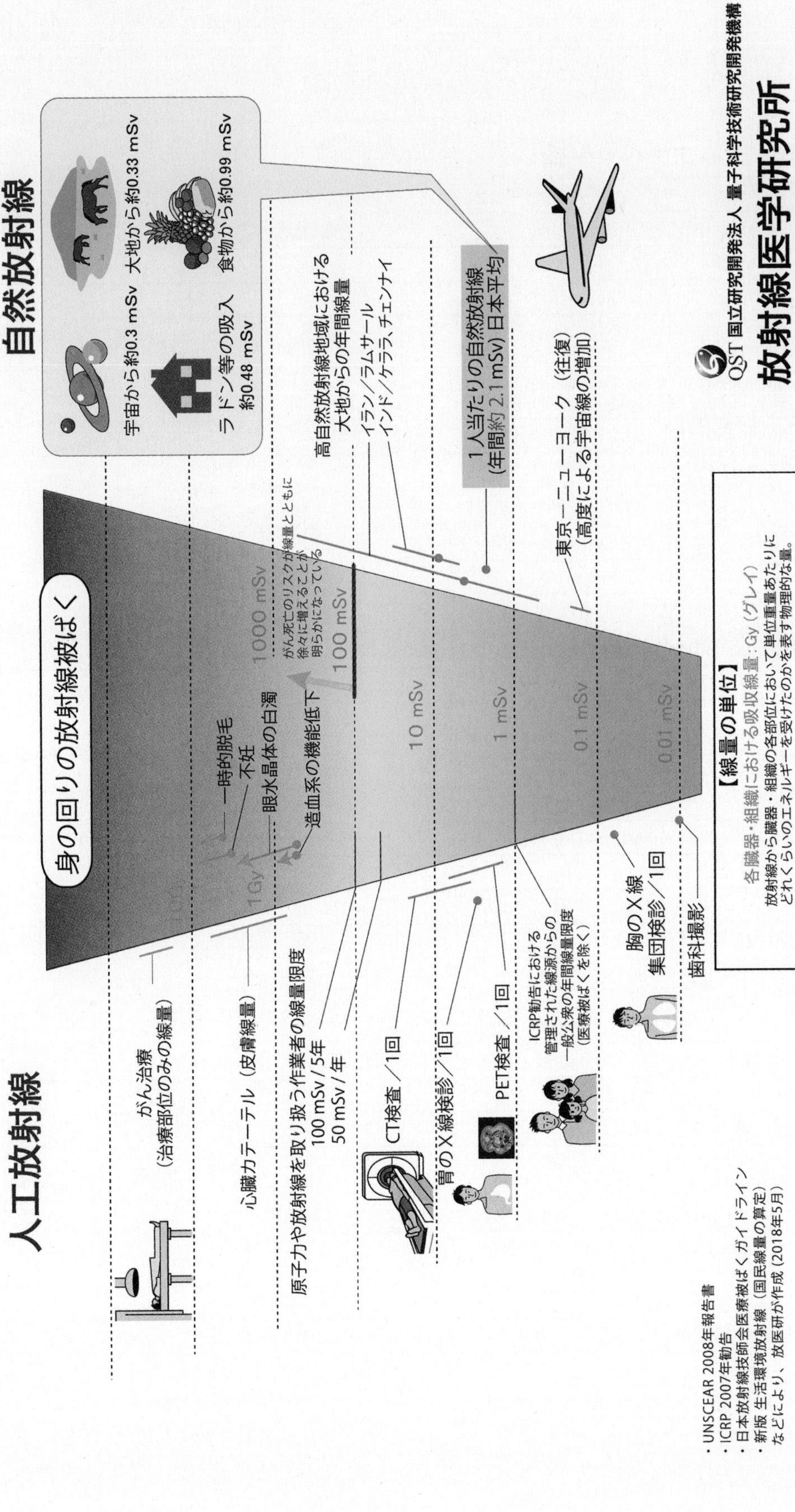

・UNSCEAR 2008年報告書
・ICRP 2007年勧告
・日本放射線技師会医療被ばくガイドライン
・新版 生活環境放射線（国民線量の算定）
　などにより、放医研が作成（2018年5月）

【ご注意】
1）数値は有効数字などを考慮した概数です。
2）目盛（点線）は対数表示になっています。
　目盛がひとつ上がる度に10倍となります。
3）この図は、引用している情報が更新された場合
　変更される場合があります。

（出典）量研放射線医学研究所「放射線被ばくの早見図」（2021年）

はじめに 特集 第1章 第2章 第3章 第4章 第5章 第6章 第7章 第8章 第9章 資料編 用語集

用語集

1　主な略語（アルファベット順）

略語	正式名称	日本語名称等
ADS	Accelerator Driven System	加速器駆動核変換システム
ALPS	Advanced Liquid Processing System	多核種除去設備
AMR	Advanced Modular Reactor	新型モジュール炉
ANDRA	Agence nationale pour la gestion des déchets radioactifs	（フランス）放射性廃棄物管理機関
ANEC	Advanced Nuclear Education Consortium for the Future Society	未来社会に向けた先進的原子力教育コンソーシアム
ANSN	Asian Nuclear Safety Network	アジア原子力安全ネットワーク
APT	Atom Probe Tomography	3次元アトムプローブ
ARC-F	Analysis of Information from Reactor Building and Containment Vessels of Fukushima Daiichi Nuclear Power Station	福島第一原子力発電所の原子炉建屋及び格納容器内情報の分析
ARDP	Advanced Reactor Demonstration Program	革新的原子炉実証プログラム
ARTEMIS	Integrated Review Service for Radioactive Waste and Spent FuelManagement, Decommissioning and Remediation Programmes	放射性廃棄物及び使用済燃料管理、廃止措置、除染等に係る統合的評価サービス
ASEAN	Association of Southeast Asian Nations	東南アジア諸国連合
ASN	Autorité de sûreté nucléaire	(フランス)原子力安全局
ASTRID	Advanced Sodium Technological Reactor for Industrial Demonstration	フランスが開発を進めるナトリウム冷却高速炉実証炉
ATENA	Atomic Energy Association	原子力エネルギー協議会
ATF	Accident Tolerant Fuel	事故耐性燃料
BA	Broader Approach	幅広いアプローチ
BNCT	Boron Neutron Capture Therapy	ホウ素中性子捕捉療法
BSAF	Benchmark Study of the Accident at the Fukushima Daiichi Nuclear Power Station	福島第一原発事故のベンチマーク研究
BWR	Boiling Water Reactor	沸騰水型軽水炉
CANDU	Canadian Deuterium Uranium (reactor)	カナダ型重水炉
CAP	Corrective Action Program	是正処置プログラム
CBC	Capacity Building Centre	（RANETの）研修センター
CD	Conference on Disarmament	ジュネーブ軍縮会議
CEA	Commissariat à l'énergie atomique et aux énergies alternatives	（フランス）原子力・代替エネルギー庁
CGN	China General Nuclear Power Corporation	中国広核集団
CLADS	Collaborative Laboratories for Advanced Decommissioning Science	廃炉環境国際共同研究センター
CNL	Canadian Nuclear Laboratories	カナダ原子力研究所
CNNC	China National Nuclear Corporation	中国核工業集団公司
CNO	Chief Nuclear Officer	原子力部門の責任者
CNSC	Canadian Nuclear Safety Commission	カナダ原子力安全委員会
COP	Conference of the Parties	国連気候変動枠組条約締約国会議
CSC	Convention on Supplementary Compensation for Nuclear Damage	原子力損害の補完的な補償に関する条約

略語	正式名称	日本語名称等
CT	Computed Tomography	コンピュータ断層撮影
CTBT	Comprehensive Nuclear Test Ban Treaty	包括的核実験禁止条約
CTBTO	Comprehensive Nuclear Test Ban Treaty Organization	包括的核実験禁止条約機関
DCA	Deuterium Critical Assembly	重水臨界実験装置
DECOST	The Simplified Decommissioning Cost Estimation Code for Nuclear Facilities	廃止措置費用簡易評価コード
DEXUS	Decommissioning Engineering Support System	廃止措置エンジニアリング支援システム
DOE	Department of Energy	（米国）エネルギー省
EAS	East Asia Summit	東アジア首脳会議
EC	European Commission	欧州委員会
EDF	Électricité de France	フランス電力
EFTA	European Free Trade Association	欧州自由貿易連合
EGRRS	The Expert Group on the Application of Robotic and Remote Systems in the Nuclear Back-end	原子力バックエンドにおけるロボットおよびリモートシステムの適用に関する専門家グループ
EPR	European Pressurised Water Reactor	欧州加圧水型原子炉
EU	European Union	欧州連合
FACE	Fukushima Daiichi Nuclear Power Station Accident Information Collection and Evaluation	福島第一原子力発電所事故情報の収集及び評価
FCA	Fast Critical Assembly	高速炉臨界実験装置
FIP	Feed in Premium	フィードインプレミアム
FIRST	Foundational Infrastructure for Responsible Use of Small Modular Reactor Technology	SMR技術の責任ある利用のための基礎インフラ
FIT	Feed in Tariff	固定価格買取
FMCT	Fissile Material Cut-off Treaty	核兵器用核分裂性物質生産禁止条約（「カットオフ条約」）
FNCA	Forum for Nuclear Cooperation in Asia	アジア原子力協力フォーラム
FP	Fission Product	核分裂生成物
F-REI	Fukushima Institute for Research, Education and Innovation	福島国際研究教育機構
GCR	Gas Cooled Reactor	黒鉛減速ガス冷却炉
GICNT	Global Initiative to Combat Nuclear Terrorism	核テロリズムに対抗するためのグローバル・イニシアティブ
GIF	Generation IV International Forum	第4世代原子力システムに関する国際フォーラム
GP	Global Partnership	大量破壊兵器及び物質の拡散に対するグローバル・パートナーシップ
GX	Green Transformation	グリーン・トランスフォーメーション
HTGR	High Temperature Gas-cooled Reactor	高温ガス炉
HTR	Hitachi Training Reactor	日立教育訓練用原子炉
HTTR	High Temperature Engineering Test Reactor	高温工学試験研究炉
IAEA	International Atomic Energy Agency	国際原子力機関
ICRP	International Commission on Radiological Protection	国際放射線防護委員会
IEA	International Energy Agency	国際エネルギー機関
IFNEC	International Framework for Nuclear Energy Cooperation	国際原子力エネルギー協力フレームワーク
ILC	Interlaboratory Comparison	分析機関間比較

略語	正式名称	日本語名称等
IMS	International Monitoring System	国際監視制度
INPO	Institute of Nuclear Power Operations	（米国）原子力発電運転協会
INPRO	International Project on Innovative Nuclear Reactors and Fuel Cycles	革新的原子炉及び燃料サイクルに関する国際プロジェクト
IPPAS	International Physical Protection Advisory Service	国際核物質防護諮問サービス
IRID	International Research Institute for Nuclear Decommissioning	技術研究組合国際廃炉研究開発機構
IRRS	Integrated Regulatory Review Service	総合規制評価サービス
IRSN	Institut de radioprotection et de sûreté nucléaire	（フランス）放射線防護原子力安全研究所
ISCN	Integrated Support Center for Nuclear Nonproliferation and Nuclear Security	核不拡散・核セキュリティ総合支援センター
IS	Iodine-sulfur (process)	IS プロセス（熱化学水素製造法）
ITER	ITER（ラテン語で「道」を意味する単語）	イーター（国際熱核融合実験炉）
ITPA	International Tokamak Physics Activity	国際トカマク物理活動
IUEC	International Uranium Enrichment Centre	国際ウラン濃縮センター
IYNC	International Youth Nuclear Congress	国際若手原子力会議
JANSI	Japan Nuclear Safety Institute	一般社団法人原子力安全推進協会
JASPAS	Japan Support Programme for Agency Safeguards	IAEA 保障措置技術支援計画
JBIC	Japan Bank for International Cooperation	株式会社国際協力銀行
JCPOA	Joint Comprehensive Plan of Action	包括的共同作業計画
JMTR	Japan Materials Testing Reactor	材料試験炉
JOGMEC	Japan Organization for Metals and Energy Security	独立行政法人エネルギー・金属鉱物資源機構
J-PARC	Japan Proton Accelerator Research Complex	J-PARC（大強度陽子加速器施設）
JPDR	Japan Power Demonstration Reactor	動力試験炉
JPO	Junior Professional Officer	ジュニア・プロフェッショナル・オフィサー
JRR-2	Japan Research Reactor No. 2	JRR-2（試験研究用等原子炉施設）
JRR-3	Japan Research Reactor No. 3	JRR-3（試験研究用等原子炉施設）
JRR-4	Japan Research Reactor No. 4	JRR-4（試験研究用等原子炉施設）
KEPCO	Korea Electric Power Corporation	韓国電力公社
KUCA	Kyoto University Critical Assembly	京都大学臨界集合体実験装置
KUR	Kyoto University Research Reactor	京都大学研究用原子炉
LIBS	Laser-Induced Breakdown Spectroscopy	レーザー誘起ブレークダウン分光法
LNG	Liquefied Natural Gas	液化天然ガス
LOCA	Loss of Coolant Accident	一次冷却材喪失事故
MA	Minor Actinide	マイナーアクチノイド
MLF	Materials and Life Science Experimental Facility	物質・生命科学実験施設
MOX	Mixed Oxide	ウラン・プルトニウム混合酸化物
NCA	Toshiba Nuclear Critical Assembly	東芝臨界実験装置
NDF	Nuclear Damage Compensation and Decommissioning Facilitation Corporation	原子力損害賠償・廃炉等支援機構
NEI	Nuclear Energy Institute	原子力エネルギー協会

略語	正式名称	日本語名称等
NEMS	Nuclear Energy Management School	Japan-IAEA 原子力エネルギーマネジメントスクール
NEXI	Nippon Export and Investment Insurance	株式会社日本貿易保険
NEXIP	Nuclear Energy × Innovation Promotion	NEXIP（文部科学省と経済産業省の連携による原子力イノベーション促進イニシアチブ）
NI2050	Nuclear Innovation 2050	（OECD/NEA）原子力革新 2050
NNL	National Nuclear Laboratory	（英国）国立原子力研究所
NPDI	Non-proliferation and Disarmament Initiative	軍縮・不拡散イニシアティブ
NPT	Treaty on the Non-Proliferation of Nuclear Weapons	核兵器不拡散条約
NRC	Nuclear Regulatory Commission	（米国）原子力規制委員会
NRRC	Nuclear Risk Research Center	原子力リスク研究センター
NSCG	Nuclear Security Contact Group	核セキュリティ・コンタクトグループ
NSG	Nuclear Suppliers Group	原子力供給国グループ
NSRR	Nuclear Safety Research Reactor	原子炉安全性研究炉
NUMO	Nuclear Waste Management Organization of Japan	原子力発電環境整備機構（原環機構）
NuRO	Nuclear Reprocessing Organization of Japan	使用済燃料再処理機構（再処理機構）
NWMO	Nuclear Waste Management Organization	（カナダ）核燃料廃棄物管理機関
OECD/NEA	Organisation for Economic Co-operation and Development/Nuclear Energy Agency	経済協力開発機構/原子力機関
ONR	Office for Nuclear Regulation	（英国）原子力規制局
PET	Positron Emission Tomography	陽電子放出断層撮影
PPE	Programmations pluriannuelles de l'énergie	（フランス）多年度エネルギー計画
PreADES	Preparatory Study on Analysis of Fuel Debris	燃料デブリの分析に関する予備的研究
PRA	Probabilistic Risk Assessment	確率論的リスク評価
PUI	Peaceful Uses Initiative	平和的利用イニシアティブ
PWR	Pressurized Water Reactor	加圧水型軽水炉
RANET	Response and Assistance Network	緊急時対応援助ネットワーク
RCA	Regional Cooperative Agreement for Research, Development and Training Related to Nuclear Science and Technology	原子力科学技術に関する研究、開発及び訓練のための地域協力協定
RI	Radio Isotope	放射性同位元素
RIDM	Risk-Informed Decision-Making	リスク情報を活用した意思決定
RS	Regulatory Science	レギュラトリーサイエンス
RTE	Réseau de Transport d'Électricité	（フランス）送電系統運用会社
SA	Severe Accident	過酷事故
SACLA	SPring-8 Angstrom Compact free electron LAser	SACLA（XFEL 施設）
SALTO	Safety Aspects of Long Term Operation	（IAEA）安全な長期運転のための支援プログラム
SFR	Sodium-cooled Fast Reactor	ナトリウム冷却高速炉
SMR	Small Modular Reactor	小型モジュール炉
SPring-8	Super Photon ring-8 GeV	SPring-8（大型放射光施設）
STACY	Static Experiment Critical Facility	定常臨界実験装置
START	Strategic Arms Reduction Treaty	戦略兵器削減条約

略語	正式名称	日本語名称等
TCA	Tank-type Critical Assembly	軽水臨界実験装置
TCF	Technical Cooperation Fund	技術協力基金
TCOFF	Thermodynamic Characterisation of Fuel Debris and Fission Products Based on Scenario Analysis of Severe Accident Progression at Fukushima Daiichi Nuclear Power Station	福島第一原子力発電所の事故進展シナリオ評価に基づく燃料デブリと核分裂生成物の熱力学特性の解明に係る協力
TIARA	Takasaki Ion Accelerators for Advanced Research Application	TIARA（イオン照射研究施設）
TRACY	Transient Experiment Critical Facility	過渡臨界実験装置
TRIGA	Training, Research, Isotopes, General Atomics	TRIGA 炉（教育訓練・アイソトープ生産用原子炉）
TRL	Technical Readiness Levels	技術成熟度
TTR-1	Toshiba Training Reactor	東芝教育訓練用原子炉施設
UAE	United Arab Emirates	アラブ首長国連邦
UKAEA	United Kingdom Atomic Energy Authority	英国原子力公社
UNSCEAR	United Nations Scientific Committee on the Effects of Atomic Radiation	原子放射線の影響に関する国連科学委員会
VTR	Versatile Test Reactor	多目的試験炉
VVER	Voda Voda Energo Reactor	ロシア型加圧水型軽水炉
WANO	World Association of Nuclear Operators	世界原子力発電事業者協会
WINS	World Institute for Nuclear Security	世界核セキュリティ協会
WNA	World Nuclear Association	世界原子力協会
XAFS	X-ray Absorption Fine Structure	X 線吸収微細構造
XFEL	X-ray Free Electron Laser	X 線自由電子レーザー

2　主な略語（五十音順）

略語	正式名称等
ALPS 処理水	ALPS 等の浄化装置の処理により、トリチウム以外の核種について、環境放出の際の規制基準を満たす水
安保理	安全保障理事会
英知事業	英知を結集した原子力科学技術・人材育成推進事業
改正核物質防護条約	核物質及び原子力施設の防護に関する条約
核テロリズム防止条約	核によるテロリズムの行為の防止に関する国際条約
学会事故調	一般社団法人日本原子力学会東京電力福島第一原子力発電所事故に関する調査委員会
原環機構	原子力発電環境整備機構（NUMO）
研究炉	研究用原子炉
原子力機構	国立研究開発法人日本原子力研究開発機構
国会事故調	東京電力福島原子力発電所事故調査委員会
コモンアプローチ	OECD 環境及び社会への影響に関するコモンアプローチ
再処理機構	使用済燃料再処理機構
CNO 会議	主要原子力施設設置者の原子力部門の責任者との意見交換会（原子力規制委員会）
「常陽」	高速実験炉原子炉施設
政府事故調	東京電力福島原子力発電所における事故調査・検証委員会
戦略プラン	東京電力ホールディングス(株)福島第一原子力発電所の廃炉のための技術戦略プラン
TRU 廃棄物	超ウラン核種（原子番号 92 のウランよりも原子番号が大きい元素）を含む放射性廃棄物
電中研	電力中央研究所
東京電力	東京電力株式会社、東京電力ホールディングス株式会社（2016 年 4 月社名変更）
東電福島第一原発	東京電力株式会社福島第一原子力発電所
日本原燃	日本原燃株式会社
日本原子力発電	日本原子力発電株式会社
放射線利用	放射線・放射性同位元素（RI）の利用
民間事故調	福島原発事故独立検証委員会
「もんじゅ」	高速増殖原型炉もんじゅ
ユーラトム	欧州原子力共同体
理化学研究所	国立研究開発法人理化学研究所
リスク低減目標マップ	東京電力福島第一原子力発電所の中期的リスクの低減目標マップ
量研	国立研究開発法人量子科学技術研究開発機構

3　主な関連政策文書（五十音順）

名称	略称	決定
2050 年カーボンニュートラルに伴うグリーン成長戦略	グリーン成長戦略	2020 年 12 月策定、 2021 年 6 月改訂
ALPS 処理水の処分に関する基本方針の着実な実行に向けた行動計画	―	2021 年 12 月　ALPS 処理水の処分に関する基本方針の着実な実施に向けた関係閣僚等会議決定 2023 年 1 月改訂
GX 実現に向けた基本方針～今後 10 年を見据えたロードマップ～	GX 実現に向けた基本方針	2023 年 2 月閣議決定
医療用等ラジオアイソトープ製造・利用推進アクションプラン	―	2022 年 5 月原子力委員会決定
技術開発・研究開発に対する考え方	―	2018 年 6 月原子力委員会決定
クリーンエネルギー戦略　中間整理	―	2022 年 5 月閣議決定
検査計画、出荷制限等の品目・区域の設定・解除の考え方	―	2011 年 4 月原子力災害対策本部決定、 2021 年 3 月最終改正
原子力施設主要資機材の輸出等に係る公的信用付与に伴う安全配慮等確認の実施に関する要綱	―	2015 年 10 月原子力関係閣僚会議決定
原子力分野における人材育成について（見解）	―	2018 年 2 月原子力委員会決定
原子力利用に関する基本的考え方	基本的考え方	2017 年 7 月原子力委員会決定、 2023 年 2 月改定 政府として尊重する旨閣議決定
高速炉開発について（見解）	―	2018 年 12 月原子力委員会決定
高速炉開発の方針	―	2016 年 12 月原子力関係閣僚会議決定
今後の原子力政策の方向性と行動指針	―	2023 年 4 月原子力関係閣僚会議決定
使用済燃料対策に関するアクションプラン	―	2015 年 10 月最終処分関係閣僚会議決定
成長戦略フォローアップ	―	2021 年 6 月閣議決定
戦略ロードマップ	―	2018 年 12 月原子力関係閣僚会議決定
「第 2 期復興・創生期間」以降における東日本大震災からの復興の基本方針	―	2019 年 12 月閣議決定、 2021 年 3 月改定
第 4 期がん対策推進基本計画	―	2023 年 3 月閣議決定
第 6 期科学技術・イノベーション基本計画	―	2021 年 3 月閣議決定
第 6 次エネルギー基本計画	―	2021 年 10 月閣議決定
地球温暖化対策計画	―	2021 年 10 月閣議決定
低レベル放射性廃棄物等の処理・処分に関する考え方について（見解）	―	2021 年 12 月原子力委員会決定
東京電力（株）福島第一原子力発電所における汚染水問題に関する基本方針	―	2013 年 9 月原子力災害対策本部決定
東京電力ホールディングス株式会社福島第一原子力発電所における多核種除去設備等処理水の処分に関する基本方針	ALPS 処理水の処分に関する基本方針	2021 年 4 月廃炉・汚染水・処理水対策関係閣僚等会議決定
東京電力ホールディングス（株）福島第一原子力発電所の廃止措置等に向けた中長期ロードマップ	中長期ロードマップ	2019 年 12 月廃炉・汚染水対策関係閣僚等会議決定
統合イノベーション戦略 2022	―	2022 年 6 月閣議決定
特定復興再生拠点区域外への帰還・居住に向けた避難指示解除に関する考え方	―	2021 年 8 月原子力災害対策本部・復興推進会議決定
特定放射性廃棄物の最終処分に関する基本方針	―	2015 年 5 月閣議決定 2023 年 4 月改定
「もんじゅ」の取扱いに関する政府方針	―	2016 年 12 月原子力関係閣僚会議決定
「もんじゅ」の廃止措置に関する基本方針	―	2017 年 6 月「もんじゅ」廃止措置推進チーム決定
理解の深化～根拠に基づく情報体系の整備について～（見解）	―	2016 年 12 月原子力委員会決定
我が国におけるプルトニウム利用の基本的な考え方	―	2018 年 7 月原子力委員会決定

4　主な関連法律（五十音順）

名称	略称	法律番号
核原料物質、核燃料物質及び原子炉の規制に関する法律	原子炉等規制法	昭和 32 年法律第 166 号
原子力基本法	―	昭和 30 年法律第 186 号
原子力災害対策特別措置法	原災法	平成 11 年法律第 156 号
原子力損害の賠償に関する法律	原賠法	昭和 36 年法律第 147 号
原子力発電施設等立地地域の振興に関する特別措置法	原子力立地地域特措法	平成 12 年法律第 148 号
原子力発電における使用済燃料の再処理等の実施に関する法律	再処理等拠出金法	平成 17 年法律第 48 号
脱炭素社会の実現に向けた電気供給体制の確立を図るための電気事業法等の一部を改正する法律	GX 脱炭素電源法	令和 5 年法律第 44 号
中間貯蔵・環境安全事業株式会社法	JESCO 法	平成 15 年法律第 44 号
電気事業法	―	昭和 39 年法律第 170 号
電源開発促進税法	―	昭和 49 年法律第 79 号
特定放射性廃棄物の最終処分に関する法律	最終処分法	平成 12 年法律第 117 号
特別会計に関する法律	―	平成 19 年法律第 23 号
発電用施設周辺地域整備法	―	昭和 49 年法律第 78 号
平成二十三年三月十一日に発生した東北地方太平洋沖地震に伴う原子力発電所の事故により放出された放射性物質による環境の汚染への対処に関する特別措置法	放射性物質汚染対処特措法	平成 23 年法律第 110 号
放射性同位元素等の規制に関する法律	放射性同位元素等規制法	昭和 32 年法律第 167 号

令和４年度版　原子力白書

令和５年10月20日　発行　　　定価は表紙に表示してあります。

編　集　原　子　力　委　員　会
〒100-8914
東京都千代田区永田町１－６－１ 中央合同庁舎第8号館6階
電　話　(03) 6257-1315

発　行　シンソー印刷株式会社
〒161-0032
東京都新宿区中落合１－６－８
電　話　(03) 3950-7221

ISBN978-4-9911881-3-8
※落丁･乱丁はお取り替え致します。